普通高等教育机械类系列教材

金属材料科学基础

胡心平　王晓丽　主编

電子工業出版社
Publishing House of Electronics Industry
北京 · BEIJING

内 容 简 介

本教材编排主线为从微观结构到组织再到性能，因此第 1 章为金属的晶体学基础，第 2 章为晶体缺陷，第 3 章为固态金属中的扩散，第 4 章为单元系相图及液固和气固相变，第 5 章为二元相图及合金的凝固，第 6 章为三元相图及典型三元合金凝固分析，第 7 章为材料的变形及回复与再结晶，第 8 章为材料的亚稳态结构。本教材在编写时加强了对一些重要理论应用公式的推导介绍，建议教师在授课时酌情取舍；读者在学习本教材时要培养先建立数学物理模型，简化求解讨论，再解决实际问题的实用理工科思想。

本教材可以作为偏金属类的材料科学与工程、材料成型及控制工程等专业的教材。

图书在版编目（CIP）数据

金属材料科学基础 / 胡心平，王晓丽主编. —北京：电子工业出版社，2023.5
ISBN 978-7-121-45547-6

Ⅰ. ①金… Ⅱ. ①胡… ②王… Ⅲ. ①金属材料－材料科学－教材 Ⅳ. ①TG14

中国国家版本馆 CIP 数据核字（2023）第 080500 号

责任编辑：杜　军　　特约编辑：田学清
印　　刷：北京天宇星印刷厂
装　　订：北京天宇星印刷厂
出版发行：电子工业出版社
　　　　　北京市海淀区万寿路 173 信箱　　邮编：100036
开　　本：787×1 092　1/16　印张：19.25　字数：540 千字
版　　次：2023 年 5 月第 1 版
印　　次：2024 年 3 月第 2 次印刷
定　　价：59.90 元

凡所购买电子工业出版社图书有缺损问题，请向购买书店调换。若书店售缺，请与本社发行部联系，联系及邮购电话：（010）88254888，88258888。

质量投诉请发邮件至 zlts@phei.com.cn，盗版侵权举报请发邮件至 dbqq@phei.com.cn。

本书咨询联系方式：dujun@phei.com.cn。

前　言

材料是人类用来制造有用的构件、器件和其他物品的物质。材料科学是研究材料的组织结构、性质、生产流程和使用效能及它们之间相互关系的科学。它以物理、化学、力学、冶金学等基本学科为基础，来研究、开发、生产和应用金属材料、无机非金属材料、高分子材料、复合材料和功能材料等。材料是早已存在的名词，但材料科学的提出时间是在20世纪60年代。

材料是人类赖以生存和发展的物质基础。在旧石器时代，原始人以石头作为工具。在新石器时代，人类对石器进行加工，使之成为器皿和精致的工具，还学会了利用黏土烧制陶器。在公元前5 000年，人类在寻找石器的过程中认识了矿石，在烧陶生产中产生了冶铜术，从而进入青铜器时代。在公元前1 200年，人类开始使用铸铁，从而进入了铁器时代。随着技术的进步，又出现了钢的制造技术。在公元元年，人类开始进入水泥时代。在18世纪，钢铁工业成为产业革命的重要内容和物质基础，到19世纪中叶，随着现代炼钢技术的进步，人类真正进入了钢铁时代。现在，我国多地将新材料产业打造成战略性支柱产业集群和战略性新兴产业集群。

20世纪70年代，人们把信息、材料和能源当作社会文明的支柱。20世纪80年代，人们又把新材料与信息技术、生物技术并列作为新技术革命的重要标志。现代社会，材料已成为国民经济建设、国防建设和人民生活的重要组成部分。

材料科学的形成和发展是科技不断进步的结果。材料科学的基本原理与材料制备及加工、组成及结构、性能及应用等系统基础知识不断融合。现代材料科学和科学技术的发展正推动着各类材料从多样化、单一化走向一体化和复合化，相关内容也日渐融合。

材料科学基础课程是材料科学与工程、材料成型及控制工程等专业重要的专业基础理论课程。材料成型及控制工程专业是普通高等学校本科专业，属机械类专业，全国有120多所院校开设了该专业，这些院校研究的材料主要为金属材料，相关毕业生主要进入钢铁企业、机械制造业、汽车及船舶制造业、金属及橡塑材料加工业等行业，主要从事与材料成型、模具设计与制造等内容相关的生产过程控制、技术开发、科学研究、经营管理、贸易营销等方面的工作。基于此，编者编写本书作为材料科学基础课程的教材，并定位于高等本科院校学生，既有理论内容，又有实践知识和技能。

编者在教材编写过程中总结了课程教学的经验，与国内外同类教材进行了对比研究，力求科学性、系统性和适用性的统一。虽然本教材取名为《金属材料科学基础》，但由于金属材料、无机非金属材料、高分子材料、复合材料、功能材料等材料的结构原理和性能变化联系紧密相关，因此本教材也介绍了部分其他材料的内容。编者在编写过程中注意帮助读者提高技能应用能力、实践能力和应用领域的创新能力，并且注意帮助读者提升应用基础知识的学习能力和问题解决能力。例如，本书引入了最新材料来研究部分热点问题，引用部分最新发表论文的实践实验成果，对部分传统问题进行了例题分析详解，并且在每章后面附有课后练习题。

在本教材编排过程中，尽量做到名词术语统一。但部分名词的解释和某些规律的表达，在不同学科的内容介绍中会有所不同。其主要原因是编者希望读者能准确理解和灵活应用这些基础知识，不死记硬背。例如，著名的Hall-Petch公式，在分别描述层片间距和晶粒大小对材料强度的影响时，其表达式不一样。铁碳合金相图，我们特意举出两个中外特征数值不一致的相图，旨在向读者说明，要重视的是杠杆定律的应用而非相图中精确的点线位置。

本教材的内容编排主线为从微观结构到组织再到性能，本教材第 1 章为金属的晶体学基础，第 2 章为晶体缺陷，第 3 章为固态金属中的扩散，第 4 章为单元系相图及液固和气固相变，第 5 章为二元相图及合金的凝固，第 6 章为三元相图及典型三元合金凝固分析，第 7 章为材料的变形及回复与再结晶，第 8 章为材料的亚稳态结构。高分子材料、生物材料、复合材料、电磁材料、信息材料、功能材料等就不单独列章节进行介绍了。本教材是在齐鲁工业大学教材建设基金资助下完成的，同时获得了齐鲁工业大学机械工程学部学科专业建设经费的支持。

材料科学基础课程在不同的学校授课的课时数肯定不同，少的可能为 32 学时，多的可能为 126 学时，而本教材编者所在学校以前的授课课时为 48 学时、56 学时，现在为 64 学时。鉴于该教材在编写时，有意识地加强了对一些重要理论应用公式的推导介绍，建议授课教师在授课时酌情取舍。

本教材第 3 章、第 5 章由王晓丽博士编写，其余章节由胡心平博士编写，最后由胡心平博士统稿。

由于编者水平有限，书中难免存在不足之处，敬请读者批评指正。

编　者

2023 年 1 月

相关阅读请扫二维码

目　　录

第 1 章　金属的晶体学基础……1
1.1　原子结构……1
1.2　原子间的键合……3
1.2.1　金属键……3
1.2.2　离子键……4
1.2.3　共价键……4
1.2.4　范德瓦耳斯键……5
1.2.5　氢键……5
1.2.6　混合键……6
1.2.7　结合键的本质与原子间距……7
1.2.8　结合键与性能……8
1.2.9　原子的电负性……8
1.3　原子排列方式……9
1.4　晶体学基础……10
1.4.1　空间点阵和晶胞……10
1.4.2　密勒指数……13
1.4.3　晶体对称性……18
1.4.4　极射投影……20
1.4.5　倒易点阵……22
1.5　金属的晶体结构……23
1.5.1　典型金属晶体结构……23
1.5.2　原子堆垛方式和间隙……26
1.5.3　多晶型性……28
1.6　合金相结构……28
1.6.1　固溶体……29
1.6.2　中间相……32
1.7　晶体材料组织及其观察……37
课后练习题……39
第 2 章　晶体缺陷……41
2.1　点缺陷……41
2.1.1　点缺陷的类型……41

2.1.2 点缺陷的平衡浓度 …… 42
2.1.3 点缺陷的运动 …… 44
2.2 位错 …… 44
2.2.1 位错的基本类型和特征 …… 45
2.2.2 柏氏矢量 …… 48
2.2.3 位错运动 …… 50
2.2.4 位错的弹性性质 …… 56
2.2.5 位错的生成和增殖 …… 63
2.2.6 实际晶体结构中的位错 …… 66
2.2.7 位错的观察 …… 72
2.3 界面及表面 …… 73
2.3.1 晶界 …… 73
2.3.2 孪晶界和相界 …… 76
2.3.3 表面 …… 78
课后练习题 …… 81
第3章 固态金属中的扩散 …… 83
3.1 扩散的宏观规律 …… 83
3.1.1 菲克第一定律 …… 83
3.1.2 菲克第二定律 …… 84
3.1.3 扩散定律的应用 …… 85
3.2 扩散驱动力 …… 88
3.3 扩散的微观理论与机制 …… 90
3.3.1 原子的跃迁 …… 90
3.3.2 扩散机制 …… 91
3.3.3 扩散系数 …… 95
3.3.4 扩散激活能 …… 96
3.4 反应扩散 …… 99
3.5 扩散的影响因素 …… 100
课后练习题 …… 102
第4章 单元系相图及液固和气固相变 …… 104
4.1 单元系相变热力学及相平衡 …… 104
4.1.1 相平衡状态和相律 …… 104
4.1.2 单元系相图 …… 104
4.2 金属凝固的理论与应用 …… 106
4.2.1 液态金属结构 …… 106

4.2.2 凝固的热力学条件 ······ 106
4.2.3 形核 ······ 107
4.2.4 晶体长大 ······ 113
4.2.5 结晶动力学及凝固组织 ······ 116
4.2.6 凝固理论的应用举例 ······ 119
4.3 气固-相变与薄膜生长 ······ 122
4.3.1 蒸气压 ······ 122
4.3.2 蒸发和凝聚的热力学条件 ······ 123
4.3.3 气体分子的平均自由程 ······ 123
课后练习题 ······ 124
第 5 章 二元相图及合金的凝固 ······ 125
5.1 相图的表示和实验测定 ······ 125
5.2 计算相图的热力学基础 ······ 126
5.2.1 固溶体的自由能-成分曲线 ······ 127
5.2.2 多相平衡的公切线原理 ······ 127
5.2.3 混合物的自由能和杠杆法则 ······ 128
5.2.4 自由能-成分曲线计算相图举例 ······ 129
5.2.5 二元相图的几何规律 ······ 130
5.3 二元相图分析 ······ 131
5.3.1 匀晶相图和固溶体凝固 ······ 131
5.3.2 共晶相图及其合金凝固 ······ 134
5.3.3 包晶相图及其合金凝固 ······ 138
5.3.4 溶混间隙相图与调幅分解 ······ 140
5.3.5 其他类型的二元相图 ······ 141
5.3.6 复杂二元相图的分析方法 ······ 147
5.3.7 根据相图推测合金的性能 ······ 148
5.3.8 铁碳合金的组织及其性能 ······ 149
5.4 二元合金的凝固理论 ······ 155
5.4.1 固溶体的凝固理论 ······ 155
5.4.2 共晶凝固理论 ······ 163
5.4.3 合金铸锭（件）的组织与缺陷 ······ 169
5.4.4 合金的铸造和二次加工 ······ 174
5.5 高分子合金和陶瓷合金简介 ······ 175
课后练习题 ······ 176

第 6 章　三元相图及典型三元合金凝固分析 …… 180
6.1　三元相图的基础 …… 180
6.1.1　三元相图成分表示方法 …… 180
6.1.2　三元相图的空间模型 …… 183
6.1.3　三元相图的截面图和投影图 …… 183
6.1.4　三元相图中的杠杆定律及重心定律 …… 185
6.2　具有两相共晶反应的三元相图 …… 188
6.3　固态互不溶解的三元共晶相图 …… 191
6.4　固态有限互溶的三元共晶相图 …… 195
6.5　包共晶型三元相图 …… 198
6.6　具有四相平衡包晶转变的三元相图 …… 200
6.7　形成稳定化合物的三元相图 …… 201
6.8　三元相图举例 …… 202
6.9　三元相图小结 …… 205
课后练习题 …… 207
第 7 章　材料的变形及回复与再结晶 …… 209
7.1　弹性和黏弹性 …… 209
7.1.1　弹性变形的微观解释 …… 209
7.1.2　弹性变形的特征和弹性模量 …… 210
7.1.3　弹性的不完整性 …… 212
7.1.4　黏弹性 …… 214
7.2　晶体的塑性变形 …… 214
7.2.1　单晶体的塑性变形 …… 215
7.2.2　多晶体的塑性变形 …… 224
7.2.3　合金的塑性变形 …… 227
7.2.4　塑性变形对材料组织与性能的影响 …… 232
7.3　回复和再结晶 …… 237
7.3.1　冷变形金属在加热时的组织与性能变化 …… 237
7.3.2　回复 …… 238
7.3.3　再结晶 …… 240
7.3.4　晶粒长大 …… 246
7.3.5　再结晶退火后的组织 …… 251
7.4　热变形与动态回复、再结晶 …… 252
7.4.1　动态回复与动态再结晶 …… 252
7.4.2　热加工对组织性能的影响 …… 255

7.4.3 蠕变 …… 256
7.4.4 超塑性 …… 257
7.5 陶瓷材料和高聚物的变形特点 …… 259
课后练习题 …… 262
第 8 章 材料的亚稳态结构 …… 263
8.1 纳米晶材料 …… 263
8.1.1 纳米晶材料的结构 …… 264
8.1.2 纳米晶材料的性能及其形成 …… 265
8.2 准晶态 …… 267
8.3 非晶态材料 …… 268
8.3.1 非晶态的形成 …… 269
8.3.2 非晶态的结构 …… 272
8.3.3 非晶态的性能 …… 273
8.3.4 高分子的玻璃化转变 …… 274
8.4 固态相变形成的亚稳相 …… 276
8.4.1 亚稳相热力学基础 …… 276
8.4.2 固溶体脱溶分解产物 …… 278
8.4.3 马氏体转变 …… 286
8.4.4 贝氏体转变 …… 293
课后练习题 …… 295
参考文献 …… 296

第 1 章　金属的晶体学基础

1.1　原子结构

原子由原子核及分布在原子核周围的电子组成。原子核内有中子和质子，原子核的体积很小，却集中了原子的绝大部分质量。电子绕着原子核在一定的轨道上旋转，但电子的旋转轨道不是任意的，它的确切的途径是测不准的。但得到电子在核外空间各位置出现的概率就相当于给出了电子运动的轨道。这一轨道是由四个量子数确定的，它们分别为主量子数 n、次量子数 l、磁量子数 m 及自旋量子数 m_s。

四个量子数中最重要的是主量子数 n，n =1，2，3，4，…，它是确定电子离核远近和能级高低的主要参数。在紧邻原子核的第一壳层上，电子的主量子数 n =1，而 n =2、n =3、n =4 分别代表电子处于第二壳层、第三壳层、第四壳层。在同一壳层上的电子，又可依据次量子数 l 分成若干个能量水平不同的亚壳层，l =0，1，2，3，…，这些亚壳层习惯上以 s、p、d、f 表示。量子轨道并不一定总是球形的，次量子数反映了轨道的形状，s、p、d、f 各轨道在原子核周围的角度分布不同，又称角量子数或轨道量子数。n 相同而 l 不同的轨道，它们的能级也不同，能量水平按 s、p、d、f 顺序依次升高。磁量子数以 m 表示，m=0，±1，±2，±3，…，它基本上确定了轨道的空间取向，s、p、d、f 各轨道依次有 1、3、5、7 种空间取向。第四个量子数为自旋量子数 m_s，m_s=+1/2 和−1/2，表示在每个状态下可以存在自旋方向相反的两个电子。这两个电子只是在磁场下才具有略微不同的能量。对于 n =1、n =2、n =3、n =4、n =5、n =6 的各壳层，它们能够容纳的电子总数分别为 2、8、18、32、64，也就是 $2n^2$。原子核外电子的分布与四个量子数有关，且服从泡利不相容原理（Pauli Exclusion Principle）和最低能量原理（Minimum Energy Principle）。泡利不相容原理指一个原子中不可能存在四个量子数完全相同的两个电子。最低能量原理指电子总是优先占据能量低的轨道，以使系统处于最低的能量状态。

1869 年，俄国化学家门捷列夫发现了元素性质是按原子相对质量的增加呈周期性变化的，该规律就是原子周期律。所有元素按相对原子质量及电子分布方式排列成的表即元素周期表（Periodic Table of Elements），如图 1-1 所示。元素周期表中各行称为周期，共七个周期，周期的开始对应着电子进入新的壳层（或新的主量子数），而周期的结束对应着该主量子数的 s 层和 p 层已充满。第一周期的主量子数 n =1，只有 1 个亚壳层 s，能容纳 2 个自旋方向相反的一对电子，故该周期只有 2 个元素，原子序数分别为 1、2，即氢和氦，它们的电子状态可分别记作 $1s^1$、ls^2。第二周期（主量子数 n=2）有 2 个亚壳层 s、p，其中 s 层能容纳一对自旋方向相反的电子，p 层能容纳三对自旋方向相反的电子，全部充满后共有 8 个电子，分别对应第二周期的 8 个元素，它们的原子序数（Atomic Number）为 3～10。对于第三周期（主量子数 n=3），它有 3 个亚壳层 3s、3p、3d，然而由于 4s 的轨道能量低于 3d，因此当 3s 层、3p 层充满后，之后的电子不是进入 3d 层，而是进入新的主壳层（n=4），因而建立了第四周期，这样第三周期仍是 8 个元素。在第四周期中，电子先进入 4s 层，接着进入内壳层 3d，当 3d 层的 10 个位置被占据后，再进入外壳层 4p 的 6 个位置，下一个电子就应进入亚壳层 5s。从图 1-1 可知第五周期的电子排列方式同第四周期一致，即按 5s—4d—5p 的顺序排列，所以第四周期、第五周期均为 18 个元素，称为长周期。到此为止，4f 层的电子尚未填入，因为 4f 层的能量比 5s、5p、6s 的高。从第六周期开始，电子要填充 2 个内壳层，即 4f 和 5d，在填满 6s 层后，电子先依次填入远离外壳层的 4f 层的 14 个位置，

元素周期表

原子序数——92 U——元素符号，下划线指放射性元素

元素名称——铀——外围电子层排布，括号指可能的电子层排布（$5f^36d^17s^2$）

注*的是人造元素

238.0——相对原子质量（加括号的数据为该放射性元素半衰期最长同位素的质量数）

镧系、锕系各15种元素未列出

金属 | 非金属 | 过渡元素

族/周期	I A	II A	IIIB	IVB	VB	VIB	VIIB	VIII	VIII	VIII	I B	II B	IIIA	IVA	VA	VIA	VIIA	0	电子层	0族电子数
1	H 氢 $1s^1$ 1.008																	He 氦 $1s^2$ 4.003	K	2
2	3 Li 锂 $2s^1$ 6.941	4 Be 铍 $2s^2$ 9.012											B 硼 $2s^22p^1$ 10.81	C 碳 $2s^22p^2$ 12.01	N 氮 $2s^22p^3$ 14.01	O 氧 $2s^22p^4$ 16.00	F 氟 $2s^22p^5$ 19.00	Ne 氖 $2s^22p^6$ 20.18	L K	8 2
3	11 Na 钠 $3s^1$ 22.99	12 Mg 镁 $3s^2$ 24.31											13 Al 铝 $3s^23p$ 26.98	Si 硅 $3s^23p^2$ 28.09	P 磷 $3s^23p^3$ 30.97	S 硫 $3s^23p^4$ 32.06	Cl 氯 $3s^23p^5$ 35.45	Ar 氩 $3s^23p^6$ 39.95	M L K	8 8 2
4	19 K 钾 $4s^1$ 39.10	20 Ca 钙 $4s^2$ 40.08	21 Sc 钪 $3d^14s^2$ 44.96	22 Ti 钛 $3d^24s^2$ 47.87	23 V 钒 $3d^34s^2$ 50.94	24 Cr 铬 $3d^54s^1$ 52.00	25 Mn 锰 $3d^54s^2$ 54.94	26 Fe 铁 $3d^64s^2$ 55.85	27 Co 钴 $3d^74s^2$ 58.93	28 Ni 镍 $3d^84s^2$ 58.69	29 Cu 铜 $3d^{10}4s^1$ 63.55	30 Zn 锌 $3d^{10}4s^2$ 65.41	31 Ga 镓 $4s^24p^1$ 69.72	32 Ge 锗 $4s^24p^2$ 72.64	As 砷 $4s^24p^3$ 74.92	Se 硒 $4s^24p^4$ 78.96	Br 溴 $4s^24p^5$ 79.90	Kr 氪 $4s^24p^6$ 83.80	N M L K	8 18 8 2
5	37 Rb 铷 $5s^1$ 85.47	38 Sr 锶 $5s^2$ 87.62	39 Y 钇 $4d^15s^2$ 88.91	40 Zr 锆 $4d^25s^2$ 91.22	41 Nb 铌 $4d^45s^1$ 92.91	42 Mo 钼 $4d^55s^1$ 95.94	43 Tc 锝 $4d^55s^2$ (98)	44 Ru 钌 $4d^75s^1$ 101.1	45 Rh 铑 $4d^85s^1$ 102.9	46 Pd 钯 $4d^{10}$ 106.4	47 Ag 银 $4d^{10}5s^1$ 107.9	48 Cd 镉 $4d^{10}5s^2$ 112.4	49 In 铟 $5s^25p^1$ 114.8	50 Sn 锡 $5s^25p^2$ 118.7	51 Sb 锑 $5s^25p^3$ 121.8	Te 碲 $5s^25p^4$ 127.6	I 碘 $5s^25p^5$ 126.9	Xe 氙 $5s^25p^6$ 131.3	O N M L K	8 18 18 8 2
6	55 Cs 铯 $6s^1$ 132.9	56 Ba 钡 $6s^2$ 137.3	57-71 La-Lu 镧系	72 Hf 铪 $5d^26s^2$ 178.5	73 Ta 钽 $5d^36s^2$ 180.9	74 W 钨 $5d^46s^2$ 183.8	75 Re 铼 $5d^56s^2$ 186.2	76 Os 锇 $5d^66s^2$ 190.2	77 Ir 铱 $5d^76s^2$ 192.2	78 Pt 铂 $5d^96s^1$ 195.1	79 Au 金 $5d^{10}6s^1$ 197.0	80 Hg 汞 $5d^{10}6s^2$ 200.6	81 Tl 铊 $6s^26p^1$ 204.4	82 Pb 铅 $6s^26p^2$ 207.2	83 Bi 铋 $6s^26p^3$ 209.0	84 Po 钋 $6s^26p^4$ (209)	砹 $6s^26p^5$ (210)	氡 $6s^26p^6$ (222)	P O N M L K	8 18 32 18 8 2
7	87 Fr 钫 $7s^1$ (223)	88 Ra 镭 $7s^2$ (226)	89-103 Ac-Lr 锕系	104 Rf * ($6d^27s^2$) (261)	105 Db * ($6d^37s^2$) (262)	106 Sg * (266)	107 Bh * (264)	108 Hs * (277)	109 Mt * (268)	110 Ds * (281)	111 Rg * (272)	112 Cn 鎶* (285)	113 Uut *	114 Uuq Fl*	115 Uup *	116 Uuh Lv*	117 Uus *	*		

图1-1 元素周期表

在此过程中外面两个壳层上的电子分布没有变化，而确定化学性能的正是外壳层的电子分布，因此这些元素具有几乎相同的化学性能，成为一组化学元素而进入周期表的一格。它们的原子序数 Z=57～71，通常称为镧系稀土族元素。其后的元素再填充 5d、6p 直至 7s，故第六周期包括原子序数为 55～86 的 32 个元素。第七周期的情况相似，存在类似于镧系元素的锕系，它们对应电子填充 5f 层的各个元素。在同一周期中，各元素的原子核外电子层数虽然相同，但从左到右，核电荷数依次增多，原子半径逐渐减小，电离能逐渐增大，失电子能力逐渐减弱，得电子能力逐渐增强，金属性逐渐减弱，非金属性逐渐增强。

元素周期表上的各列称为族，同一族元素具有相同的外壳层电子数。同一主族的元素从上到下电子层数增多，原子半径增大，电离能一般趋于减小，失电子能力逐渐增强，得电子能力逐渐减弱，元素的金属性逐渐增强，非金属性逐渐减弱。元素周期表的 IA、ⅡA、ⅢA……ⅦA 各族分别对应外壳层价电子为 1、2、3、4、5、6、7 的情况，对应的元素具有非常相似的化学性能。例如，IA 族的 Li、Na、K 等都具有一个价电子，很容易失去价电子成为+1 价的正离子，是化学性质非常活泼的碱金属元素，都能与ⅦA 族元素氟、氯形成相似的氟化物和氯化物。最右列的 0 族元素，它们的外壳层 s、p 层均已被充满，电子能量很低，价电子数为零，无电子可参与化学反应，化学性质十分稳定，不易形成离子，不能参与化学反应，是不活泼元素，在常温下原子不会形成凝聚态（液态或固态），故以气体形式存在，被称为惰性气体。

元素周期表中部的ⅢB 族至ⅦB 族对应着内壳层电子逐渐填充的过程，这些内壳层未填满的元素被称为过渡元素，由于外壳层电子状态没有改变，都只有 1 到 2 个价电子，这些元素都有典型的金属性。与ⅦB 族相邻的ⅠB 族、ⅡB 族元素，外壳层价电子数分别为 1 和 2，这与ⅠA 族、ⅡA 族元素相似，但ⅠA、ⅡA 族元素的内壳层电子尚未填满，而ⅠB 族、ⅡB 族元素的内壳层已填满，因此在化学性能上表现为ⅠB 族、ⅡB 族元素不如ⅠA 族、ⅡA 族元素活泼，如ⅠA 族的 K 的电子排列（Electron Configuration）为$\cdots 3p^6 4s^1$，而同周期ⅠB 族的 Cu 的电子排列为$\cdots 3p^6 3d^{10} 4s^1$，两者相比，K 的化学性能更活泼，更容易失去电子。

各元素表现的行为或性质一定会呈现同样的周期性变化，因为原子结构从根本上决定了原子间的结合键，从而影响元素的性质。实验数据已证实了这一点，不论是决定化学性质的电负性（Electronegative），还是元素的物理性质（熔点、线膨胀系数）及元素晶体的原子半径都符合周期性变化规律。电负性是用来衡量原子吸引电子能力的参数。电负性越强，原子吸引电子的能力越强，数值越大，在同一周期内，自左至右电负性逐渐增大，在同一族内自上至下电负性数据逐渐减小。

1.2　原子间的键合

材料的液态和固态通常被称为凝聚态（Condensed State）。在凝聚态下，原子间的距离十分接近，便产生了原子之间的结合力，使原子结合在一起，或者说形成了键。材料的许多性能在很大程度上取决于原子结合键。根据结合力的强弱可把结合键分成两大类，即一次键和二次键。一次键结合力较强，包括离子键、共价键和金属键。一次键也叫化学键（Chemical Bond）、主价键（Primary Bonding）。二次键结合力较弱，包括范德瓦耳斯键和氢键。

1.2.1　金属键

典型金属原子结构的特点是其最外层电子数很少，且原属于各个原子的价电子极易挣脱原子核的束缚成为自由电子在整个晶体内运动，即弥漫于金属正离子组成的晶格之中，从而形成电子云，金属键的电子云模型、电子海模型分别如图 1-2（a）和图 1-2（b）所示。这种由金属中的自由电子与金属正离子相互作用构成的键合称为金属键，绝大多数金属均以金属键方式结合，它的基本特点是电子共有化。由于金属键既无饱和性又无方向性，因此每个原子有可能同更多的原子相结合，并趋于形成低能量的密堆结构。在金属发生弯曲时，金属键方向随之变动，金属原子便改变它们彼此之间的位置关系，而不破坏键，并且由于自由电子的存在，金属一般都具有良好的导电和导热性能。

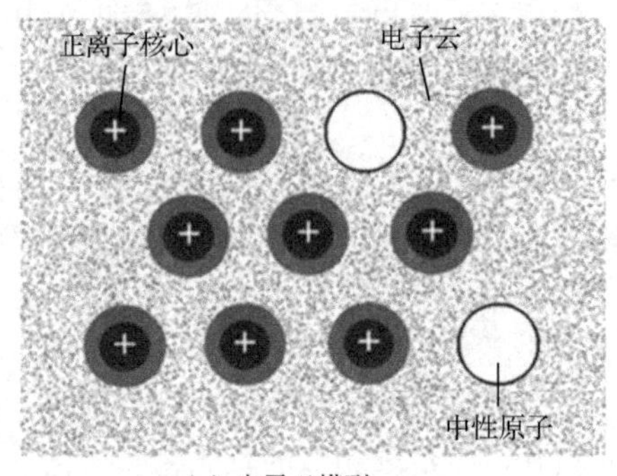

（a）电子云模型

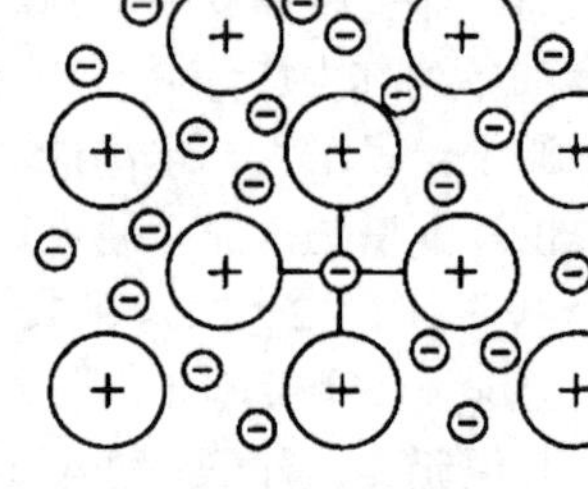
（b）电子海模型

图 1-2　金属键模型

1.2.2　离子键

大多数盐类、碱类和金属氧化物主要以离子键的方式结合。这种结合的实质是金属原子将自己最外层的价电子给予非金属原子，使自己成为带正电的正离子，而非金属原子得到价电子后使自己成为带负电的负离子，正、负离子依靠它们之间的静电引力结合在一起，故这种结合的基本特点是以离子为结合单元而不是以原子为结合单元。离子键要求正、负离子相间排列，并使异号离子之间吸引力达到最大，而同号离子间的斥力为最小。NaCl 离子键模型如图 1-3 所示。因此，决定离子晶体结构的因素就是正、负离子的电荷及几何因素。离子晶体中的离子一般都有较高的配位数。一般离子晶体中正、负离子静电引力较强，结合牢固，因此其熔点和硬度均较高。因为离子晶体中很难产生自由运动的电子，所以它们都是良好的电绝缘体。但当处在高温熔融状态时，正、负离子在外电场作用下可以自由运动，即呈现离子导电性。

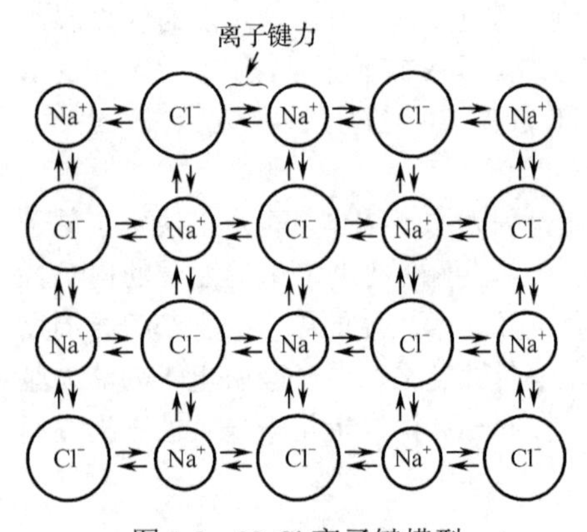

图 1-3　NaCl 离子键模型

1.2.3　共价键

共价键是由两个或多个电负性相差不大的原子通过共用电子对形成的化学键。根据共用电子对在两个成键原子之间是否偏离或偏近某一个原子，共价键又分成非极性键和极性键两种。价电子数为四个或五个的ⅣA 族、VA 族元素，离子化比较困难，如ⅣA 族的碳有四个价电子，由于失去这些电子而达到稳态结构所需的能量很高，因此不易实现离子结合。在这种情况下，相邻原子间可以共同组成一个新的电子轨道，在两个原子中各有一个电子被共同使用，利用共享电子对来达到稳定的电子结构。金刚石是共价键结合的典型，其共价键模型、共价键空间组合模型如图 1-4（a）、图 1-4（b）所示。图 1-4（c）所示为金刚石的晶体外貌。碳的四个价电子分别与其周围的四个碳原子组成四个共用电子对，达到八个电子的稳定结构。此时，各个电子对之间静电排斥，因而它们在空间中以最大的角度（109°28′）互相分开，形成一个正四面体，碳原子分别处于四面体中心及四个顶角，依靠共价键使许多碳原子形成坚固的网络状大分子。共价结合时由于电子对之间的强烈排斥力，使共价键具有明显的方向性，这是其他键所不具备的，由于共价键具有方向性，不允许改变原子间的相对位置，所以材料不具有塑性且比较坚硬，这就使得金刚石成为世界上最坚硬的物质之一。

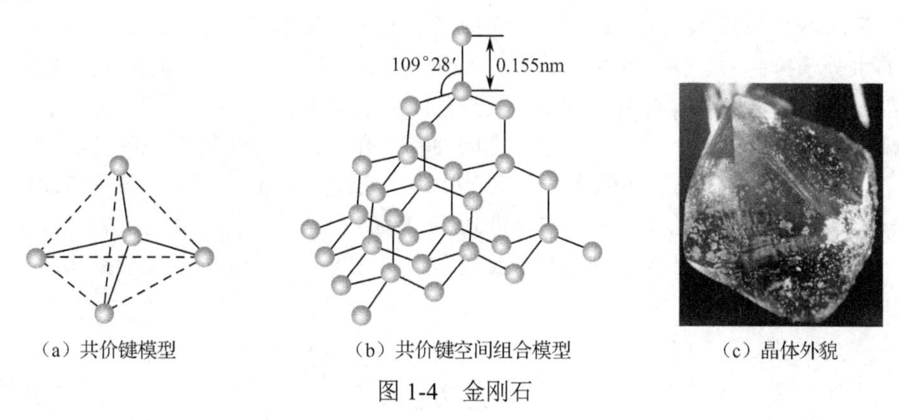

（a）共价键模型　（b）共价键空间组合模型　（c）晶体外貌

图 1-4　金刚石

1.2.4　范德瓦耳斯键

尽管原先每个原子或分子都是独立的单元，但近邻原子的相互作用会引起电荷位移，形成偶极子。范德瓦耳斯键是借助这种微弱的、瞬时的电偶极矩的感应作用将原来具有稳定原子结构的原子或分子结合为一体的。范德瓦耳斯键属于物理键，系一种二次键，没有方向性和饱和性，比化学键的键能小 1～2 个数量级，结合不牢固，它包括静电力、诱导力和色散力。但是分子或原子团内部的原子之间由强有力的共价键或离子键连接。范德瓦耳斯键可在很大程度上改变材料的性能，如高分子材料聚氯乙烯（PVC 塑料）是由 C、H、Cl 构成的链状大分子，聚氯乙烯的范德瓦耳斯键模型如图 1-5 所示，在每个分子内原子是以共价键的形式结合的，但是由于链与链之间形成了分子键，在外力作用下键易断裂，分子链彼此易发生滑动从而导致很大变形，因此聚氯乙烯实际上具有较低的强度和较高的塑性。但要破坏共价键则需要极高温度。高分子材料中总的范德瓦耳斯键的作用超过了化学键的作用，故在去除所有范德瓦耳斯键作用前化学键早已断裂，所以高分子往往没有气态，只有液态和固态。范德瓦耳斯键也能在很大程度上改变材料的性质，如不同的高分子聚合物之所以具有不同的性能，分子间的范德瓦耳斯力不同是一个很重要的因素。

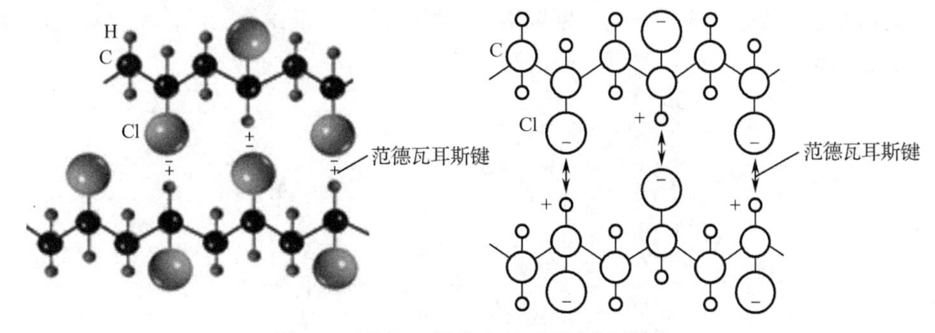

图 1-5　聚氯乙烯的范德瓦耳斯键模型

1.2.5　氢键

氢键的本质与范德瓦耳斯键一样，是借助于电偶极的作用，只是氢原子起了关键作用。氢原子只有一个电子，当氢原子与一个电负性很强的原子 X 结合成分子时，氢原子的一个电子转移至该原子壳层上；分子的氢离子侧实质上是一个裸露的质子，对另一个电负性较大的原子 Y 表现出较强的吸引力，这样氢原子便在两个电负性很强的 X、Y 原子之间形成一个桥梁，即氢键。例如，HF 的氢键模型如图 1-6 所示。故氢键也可表达为 X—H…Y，其中 X、Y 均为非金属性较强且半径较小的原子，如 F、O、N；X、Y 可以是同种原子也可以是不同种原子。

冰中的水分子排列与氢键如图 1-7 所示，水或冰是典型的氢键结合，其分子式 H_2O 具有稳定的电子结构，但由于氢原子具有单个电子的特点，H_2O 具有明显的极性，因此氢与另一水分子中的氧原子相互吸引，形成了氢键。氢键具有方向性和饱和性，结合力比范德瓦耳斯键强。在带有—COOH、—OH、—NH、原子团的高分子聚合物中，常出现氢键。氢键会导致液体中的分子结合成长链分子，使水的某些性能异常，如沸点为 373K（99.85℃）。熔点以上的密度异常，往往与氢键有关。氢键在生物分子结构中也具有重要作用，如 DNA 与蛋白质的螺旋结构就是依靠一系列氢键连接起来的。

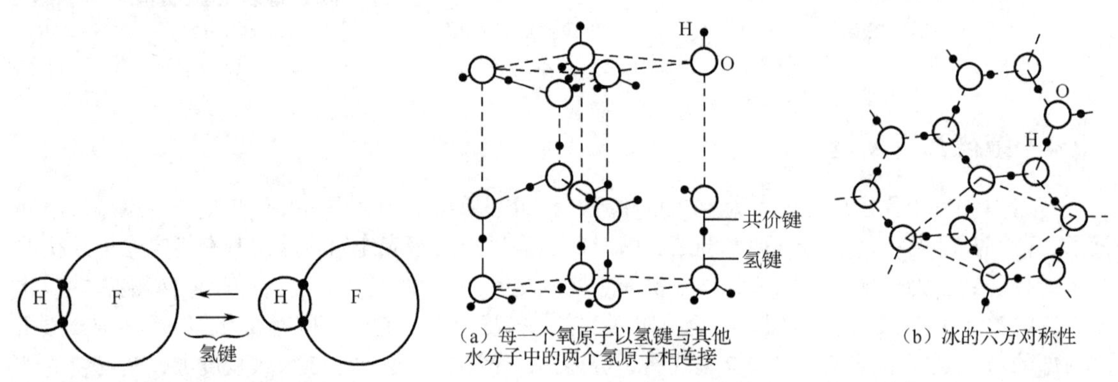

（a）每一个氧原子以氢键与其他水分子中的两个氢原子相连接　（b）冰的六方对称性

图 1-6　HF 的氢键模型　　图 1-7　冰中的水分子排列与氢键

1.2.6　混合键

大多数晶体都不是由一种单一键形成的，这就是混合键。例如，石墨结构（见图 1-8）的原子之间是共价键、金属键和范德瓦耳斯键的混合键。C 原子的三个价电子组成 sp2 杂化轨道，分别与最近的三个 C 原子形成三个共价键，在同一平面内互成 120°，使碳原子形成六角平面网状结构。而第四个价电子未参与杂化，自由地在整个层内活动，具有金属键的特点，所以石墨是一种良导体，可做电极。另外，层与层之间以范德瓦耳斯键结合，其结合力弱，所以石墨质地疏松，在层与层之间可插入其他物质，制成石墨插层化合物。

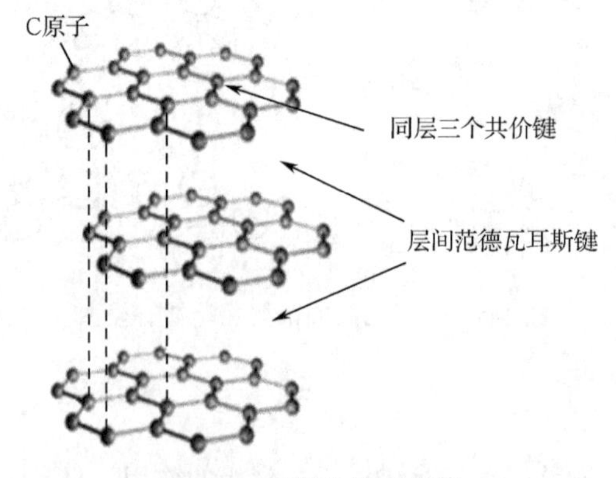

图 1-8　石墨结构示意图

大部分合金都具有金属键-共价键的混合键型，同时键的性质可随成分的变化，故可通过改变成分改变键性比例，从而改进材料性能。

表 1-1 所示为某些物质中的键合类型、键能和熔融温度。

表 1-1　某些物质中的键合类型、键能和熔融温度

物　质	键合类型	键　能		熔融温度/℃
		kJ/mol	eV/原子、离子、分子	
Hg	金属键	68	0.7	-39
Al		324	3.4	660
Fe		406	4.2	1 538
W		849	8.8	3 410
NaCl	离子键	640	3.3	801
MgO		1 000	5.2	2 800
Si	共价键	450	4.7	1 410
C（金刚石）		1 000	5.2	>3 550
Ar	范德瓦耳斯键	7.7	0.08	-189
Cl_2		31	0.32	-101
NH_3	氢键	35	0.36	-78
H_2O		51	0.52	0

1.2.7　结合键的本质与原子间距

不论是何种类型的结合键，固体原子间总存在两种力——异类电荷间的吸引力和同类电荷间的排斥力，它们随原子间距的增大而减小。当距离很远时，排斥力很小，只有当原子间接近至电子轨道互相重叠时排斥力才明显增大，并超过吸引力。不同结合力的共同特性是，当原子间距离较大时，原子间异性电荷的库仑吸引力起主要作用。原子间距离缩小到一定程度，同种电荷的库仑排斥力和泡利不相容原理决定的排斥力起主要作用；在某一距离下引力和斥力相等，这一距离 r_0 相当于原子的平衡距离（Equilibrium Spacing），称为原子间距。下面，以如图 1-9 所示的双原子作用模型来加以说明，其中，图 1-9（a）所示为两原子作用力，图 1-9（b）所示为两原子相互作用势能。

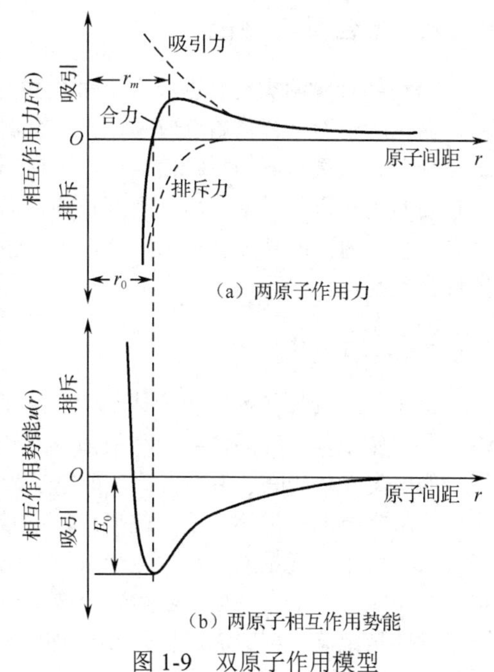

图 1-9　双原子作用模型

在双原子模型中，两原子相互作用势能的数学表达式为

$$u(r) = -\frac{A}{r^m} + \frac{B}{r^n} \tag{1-1}$$

式中，r 为原子间距；A、B、m、n 分别为大于零的常数；$\frac{A}{r^m}$ 表示吸引势能，符号为“-”；$\frac{B}{r^n}$ 表

示排斥势能，符号为“+”。

当两原子处于稳定平衡位置时，即它们之间的相互作用力为 0 时，设此时的两个原子间的距离为r_0，两个原子的相互作用势能最小，以下关系成立：

$$\left(\frac{\mathrm{d}u}{\mathrm{d}r}\right)_{r_0}=0 \tag{1-2}$$

$$\left(\frac{\mathrm{d}^2u}{\mathrm{d}r^2}\right)_{r_0}>0 \tag{1-3}$$

由$\left(\frac{\mathrm{d}u}{\mathrm{d}r}\right)_{r_0}=0$，可求得

$$r_0=\left(\frac{n}{m}\frac{B}{A}\right)^{\frac{1}{n-m}} \tag{1-4}$$

图 1-9 给出了两个原子的相互作用力及相互作用势能（Potential Energy）随原子间距 r 变化的情况，从图中我们可以看出，当两个原子相距很远时，原子间不发生作用，相互作用力和势能均为零；当两个原子逐渐靠近，原子间出现吸引力；当 $r=r_m$ 时吸引力达到最大；当距离再缩小，排斥力起主导作用；当 $r=r_0$ 时，排斥力与吸引力相等，相互作用力为零，通常把 r_0 称为平衡距离，而此时的作用势能则当定义为原子的结合能 E_0；当 $r<r_0$ 时，相互作用力主要由排斥力决定。

由于当 $r>r_m$ 时两个原子间的吸引作用随距离的增大而逐渐减小，所以可认为 r_m 是两个原子分子开始解体的临界距离；而 $r=r_0$ 时的结合能 E_0 的大小则相当于把两个原子完全分开所需做的功。结合能 E_0 的数据可以利用测定固体的蒸发热而得到，又称结合键能。

结合方式不同，键能也不同。离子键、共价键的键能最大；金属键的键能次之，其中又以过渡族金属最大；范德瓦耳斯键的键能最低，不到 10kJ/mol；氢键的键能稍高些。

1.2.8 结合键与性能

材料结合键的类型及键能大小对某些性能有重要的影响，如熔点、密度、弹性模量、塑性等。共价键、离子键化合物熔点较高，难熔金属由于内壳层电子未充满，结合键中有一定比例的共价键混合。二次键结合的材料熔点低，金属键结合无方向性，原子倾向于密集排列，同时金属元素有较高的相对原子质量，所以密度较高，而离子键和共价键则不可能致密。键能越大，原子之间距离的移动所需的外力就越大，弹性模量也就越大。金属键材料塑性良好，离子键、共价键材料塑性变形困难。

1.2.9 原子的电负性

原来中性的原子能够结合成晶体，除了外界的压力和温度等条件的作用，还取决于原子最外层电子的作用，所有晶体结合类型都与原子的电性有关。使原子失去一个电子所需要的能量称为原子的电离能，从原子中移去第一个电子所需要的能量称为第一电离能，从+1 价离子中再移去一个电子所需要的能量称为第二电离能，不难推知，第二电离能一定大于第一电离能。显然，电离能的大小可用来度量原子对价电子束缚的强弱。另一个可以用来表示原子对价电子束缚程度的是电子亲和能，一个中性原子获得一个电子成为负离子所释放出的能量叫作电子亲和能，亲和过程不能看成是电离过程的逆过程。第一次电离过程是中性原子失去一个电子变成+1 价离子，其逆过程是+1 价离子获得一个电子成为中性原子。电子亲和能一般随原子半径的减小而增大。因为原子半径小，核电荷对电子的吸引力较强，对应较大的互作用势（是负值），所以当原子获得一个电子时，相应释放出较大的能量。为了统一地衡量不同原子得失电子的难易程度，人们提出了原子的

电负性的概念，用电负性来度量原子吸引电子的能力。由于原子吸引电子的能力只能相对而言，因此一般选定某原子的电负性为参考值，把其他原子的电负性与此参考值做比较。目前，较通用的是泡林（Pauling）提出的电负性的计算办法：根据热化学数据和分子的键能，指定氟的电负性为 4.0（后人改为 3.98），基于此计算其他元素的相对电负性。设 x_A 和 x_B 是原子 A 和原子 B 的电负性，$E(A\text{-}B)$、$E(A\text{-}A)$、$E(B\text{-}B)$分别是双原子分子 AB、AA、BB 的键离解能，利用关系式

$$E(A-B)=[E(A-A)\times E(B-B)]^{\frac{1}{2}}+9.65(x_A-x_B) \tag{1-5}$$

即可求得 A 原子和 B 原子的电负性之差。规定氟的电负性为 3.98，即可相应求出其他原子的电负性，采用的计量单位为 kJ/mol。如果把所有元素的电负性在元素周期表中列出，可以发现：①元素周期表由上往下，元素的电负性逐渐减小；②一个周期内重元素的电负性差别较小。

通常把元素易于失去电子的倾向称为元素的金属性，把元素易于获得电子的倾向称为元素的非金属性。因此，电负性小的是金属性元素，电负性大的是非金属性元素。

1.3　原子排列方式

物质通常有气态、液态和固态三种聚集状态，按照原子（或分子）排列的规律性又可将固态物质分为晶体（Crystalline）和非晶体（Noncrystalline）两大类。晶体中的原子在空间呈有规则的周期性重复排列；而非晶体的原子则是无规则排列的。图 1-10 所示为 SiO_2 的晶体和非晶体原子排列方式。这种排列上的差异会造成材料性能不同，其中最主要的表现为各向同性和各向异性。晶体由于其空间不同方向上的原子排列不同，沿着不同方向测得的性能数据亦不同，这种性质称为晶体的各向异性，与之对应，非晶体在各个方向上的原子排列可视为相同，沿任何方向测得的性能是一致的，表现为各向同性。

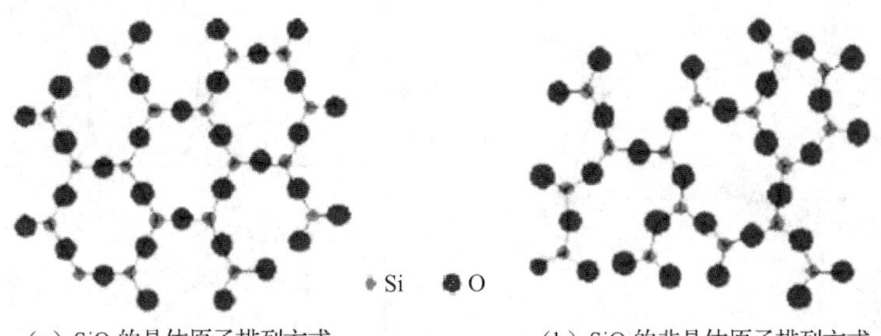

（a）SiO_2的晶体原子排列方式　　（b）SiO_2的非晶体原子排列方式

图 1-10　SiO_2 的晶体和非晶体原子排列方式

原子排列方式在决定固态材料的组织和性能中起着极重要的作用。金属（Metal）、陶瓷（Ceramic）和高分子（Polymer）的一系列特性都和其原子的排列密切相关。例如，具有面心立方晶体结构的金属 Cu、Al 等通常有优异的延展性能，而密排六方晶体结构的金属 Zn、Cd 等则较脆；具有线性分子链的橡胶具有弹性好、强韧和耐磨等特点，而具有三维网络分子链的热固性树脂一旦受热固化便不能再改变形状，但具有较好的耐热和耐蚀性能，硬度也比较高。因此，研究固态物质内部结构，即原子排列和分布规律是掌握材料性能的基础，只有这样，研究人员才能从内部找到改善和发展新材料的途径。

一种物质是否以晶体或非晶体的形态出现，还需视外部环境条件和加工制备方法而定。晶态与非晶态往往是可以互相转化的。例如，玻璃经高温长时间加热能变成晶态玻璃；在一般情况下是晶态的金属，如从液态急冷，以致金属中的原子来不及重新排列形成了杂乱无章的组合，也可获得非晶态金属。

材料研究中采用X射线或电子束来研究原子排列情况，其原理就是光学中的干涉和衍射原理。

已知在物理学中利用这些现象可以测定光栅的间隔，只要知道光的波长就能根据衍射条纹间距计算出光栅上刻痕的间隔。晶体中原子在三维空间有规律的排列相当于一个天然的三维光栅，而 X 射线（或电子束）的波长为 0.1～0.4nm，与原子间距相当，所以原子对 X 射线也会发生衍射（Diffraction），在某些确定方向上，因位相相同而加强，而在其他方向上因位相不同而互相削弱，甚至抵消，从而得到衍射图样。

三维光栅的衍射是个很复杂的问题，布拉格把晶体分解成一系列在空间有不同方位的原子面，这样晶体的衍射就转换成一系列二维原子面的衍射，只要满足某些规定的条件，衍射就等效于从不同原子面产生的对称反射。当 X 射线在各个相继原子面的光程差等于波长的整数倍时，这些射线就可彼此增强，即满足布拉格定律。晶体中很多不同方位的原子面，只要满足这一条件均可发生衍射，然后根据得到的衍射分布图，便可分析晶体中原子排列的特征（排列方式、原子面间距等）。

$$2d\sin\theta = n\lambda \tag{1-6}$$

式中，d 为衍射面的晶面间距；θ 为入射角；λ 为 X 射线波长。

图 1-11（a）所示为 X 射线衍射分析示意图，波长为 λ 的 X 射线从 T 处以 θ 角入射至试样 S 处，如某原子面正好满足布拉格定律，便在 C 处得到加强的衍射束，于是记录仪记录了这一衍射位置及衍射束强度。测试时分析仪可以连续改变试样与入射束的相对角度 θ，使更多的原子面有机会满足布拉格定律而得到衍射束。图 1-11（b）所示为 SiO_2 晶体及非晶体的衍射分布图，从图中可以看出，SiO_2 晶体在某些角度可以获得锐利的衍射峰，它们分别对应某些原子面的衍射，这是晶体衍射的基本特征，根据它可以分析晶体的原子排列。非晶体的衍射分布则完全不同，SiO_2 非晶体不存在锐利的衍射峰，这表明原子排列无长程有序的特征。

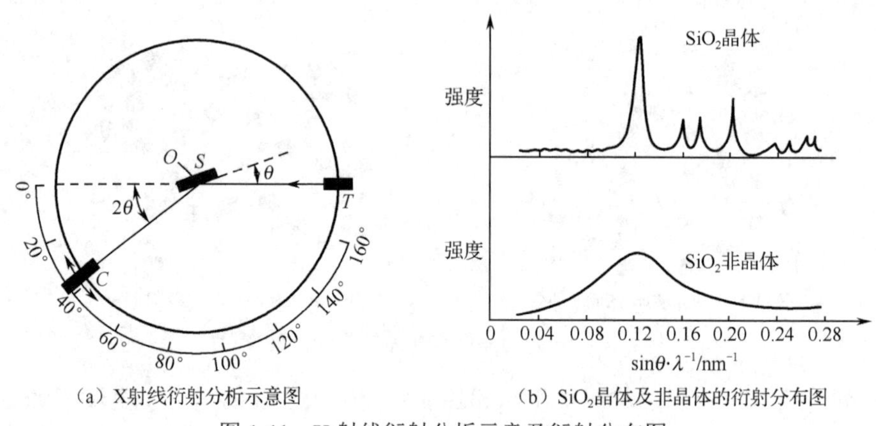

（a）X射线衍射分析示意图　（b）SiO_2晶体及非晶体的衍射分布图

图 1-11 X 射线衍射分析示意及衍射分布图

1.4 晶体学基础

1.4.1 空间点阵和晶胞

实际晶体中的质点（原子、分子、离子或原子团等）在三维空间中可以有无限多种排列形式。为了便于分析研究晶体中质点的排列规律性，可先将实际晶体结构看成完整无缺的理想晶体并简化，将其中每个质点抽象为规则排列于空间的几何点，称之为阵点。这些阵点在空间中呈周期性规则排列并具有完全相同的周围环境，这种由它们在三维空间规则排列的阵列被称为空间点阵，简称点阵。为便于描述空间点阵的图形，可用许多平行的直线将所有阵点连接起来，于是就构成一个三维几何格架，空间点阵的一部分如图 1-12 所示。

为说明点阵排列的规律和特点，可在点阵中取出一个具有代表性的基本单元（最小平行六面体）作为点阵的组成单元，称为晶胞。将晶胞进行三维的重复堆砌就构成了空间点阵。同一空间点阵因选取方式不同可得到不相同的晶胞，图 1-13（a）和图 1-13（b）分别表示从三维和二维点阵中取出的不同晶胞。

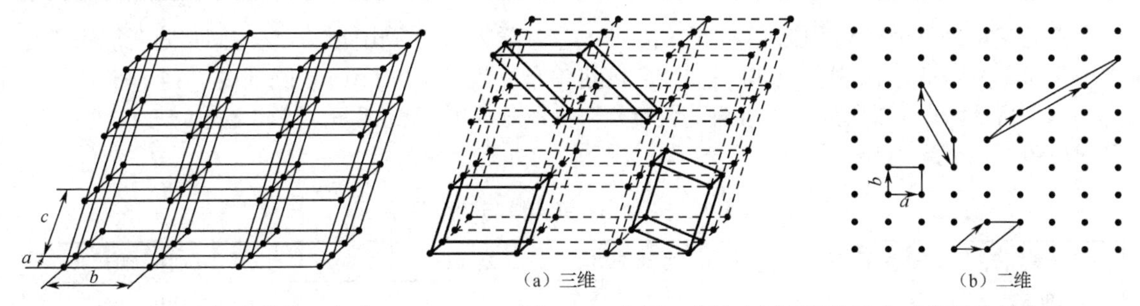

（a）三维　（b）二维

图 1-12　空间点阵的一部分　　图 1-13　在同一点阵中用不同选取方式得到的晶胞

因此，要求选取的晶胞最能反映该点阵的对称性，选取晶胞的原则为：①选取的平行六面体应反映出点阵的最高对称性；②平行六面体内的棱和角相等的数目应最多；③当平行六面体的棱边夹角存在直角时，直角数目应最多；④在满足上述条件的情况下，晶胞应具有最小的体积。根据这些原则选出的晶胞可分为简单晶胞（亦称初级晶胞）和复合晶胞（亦称非初级晶胞）。简单晶胞即只在平行六面体的八个顶角上有阵点，而每个顶角上的阵点又分属于八个简单晶胞，故每个简单晶胞中只含有一个阵点。复合晶胞除在平行面体的八个顶角上有阵点，在其体心、面心或底心等位置上也有阵点，每个复合晶胞中含有一个以上的阵点。图 1-13（a）中的某一晶胞（Unit Cell）如图 1-14 所示。

为了描述晶胞的形状和大小，通常采用平行六面体中交于一点的三条棱边的边长 a、b、c（称为点阵常数）及棱间夹角 α、β、γ 共六个点阵参数来表达，如图 1-14 所示。三条棱边分别对应的坐标轴 x、y、z 被称为晶轴。采用三个点阵矢量 $\boldsymbol{a}$、$\boldsymbol{b}$、$\boldsymbol{c}$ 来描述晶胞将更为方便。只要任选一个阵点为原点，将 $\boldsymbol{a}$、$\boldsymbol{b}$、$\boldsymbol{c}$ 三个点阵矢量（称为基矢）平移，就可得到整个点阵。点阵中任一阵点的位置均可用下列矢量表示：

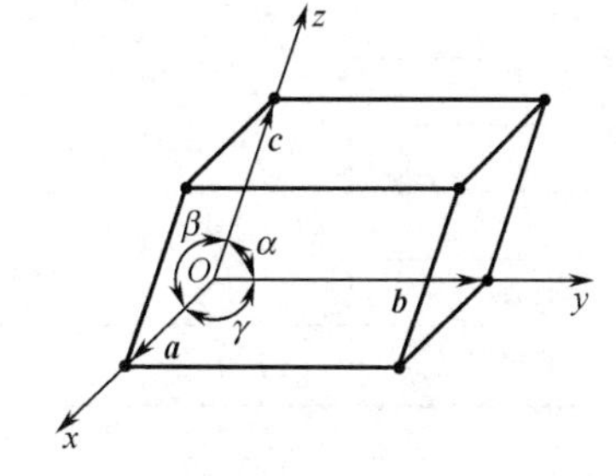

图 1-14　图 1-13（a）中的某一晶胞

$$\boldsymbol{r}_{uvw} = u\boldsymbol{a} + v\boldsymbol{b} + w\boldsymbol{c} \tag{1-7}$$

式中，$\boldsymbol{r}_{uvw}$ 为由原点到某阵点的矢量；u、v、w 分别为沿三个点阵矢量方向平移的基矢数，即阵点在 x、y、z 轴上的坐标值。

根据晶体中各点阵参数间的相互关系，可将全部空间点阵分为七种类型，即七个晶系（Crystal System）。七个晶系如表 1-2 所示。

表 1-2　七个晶系

晶　系	棱边长度及夹角关系	举　例
立方	$a = b = c$，$\alpha = \beta = \gamma = 90^\circ$	Fe，Cr，Cu，Ag，Au
四方	$a = b \neq c$，$\alpha = \beta = \gamma = 90^\circ$	β-Sn，TiO_2
菱方	$a = b = c$，$\alpha = \beta = \gamma \neq 90^\circ$	As，Sb，Bi
六方	$a_1 = a_2 = a_3 \neq c$，$\alpha = \beta = 90^\circ$，$\gamma = 120^\circ$	Zn，Cd，Mg，NiAs
正交	$a \neq b \neq c$，$\alpha = \beta = \gamma = 90^\circ$	α-S，Ga，Fe_3C

续表

晶　　系	棱边长度及夹角关系	举　　例
单斜	$a \neq b \neq c$，$\alpha = \gamma = 90^\circ \neq \beta$	β-S，$CaSO_4 \cdot 2H_2O$
三斜	$a \neq b \neq c$，$\alpha \neq \beta \neq \gamma \neq 90^\circ$	K_2CrO_7

布拉菲根据每个阵点周围环境相同的要求，用数学方法推导出能够反映空间点阵全部特征的单位平面六面体只有 14 种，这 14 种空间点阵也称布拉菲点阵（Bravais Lattice）。14 种布拉菲点阵与 7 个晶系如表 1-3 所列示。14 种布拉菲点阵的晶胞如图 1-15 所示。除此之外，表 1-3 也列出了对应图 1-15 的晶胞结构编号。

表 1-3　14 种布拉菲点阵与 7 个晶系

布拉菲点阵	晶　　系	棱边长度及夹角关系	对应图 1-15 的晶胞结构编号
简单立方	立方	$a = b = c$，$\alpha = \beta = \gamma = 90^\circ$	1
体心立方			2
面心立方			3
简单四方	四方	$a = b \neq c$，$\alpha = \beta = \gamma = 90^\circ$	4
体心四方			5
简单菱方	菱方	$a = b = c$，$\alpha = \beta = \gamma \neq 90^\circ$	6
简单六方	六方	$a_1 = a_2 = a_3 \neq c$，$\alpha = \beta = 90^\circ$，$\gamma = 120^\circ$	7
简单正交	正交	$a \neq b \neq c$，$\alpha = \beta = \gamma = 90^\circ$	8
底心正方			9
体心正方			10
面心正方			11
简单单斜	单斜	$a \neq b \neq c$，$\alpha = \gamma = 90^\circ \neq \beta$	12
底心单斜			13
简单三斜	三斜	$a \neq b \neq c$，$\alpha \neq \beta \neq \gamma \neq 90^\circ$	14

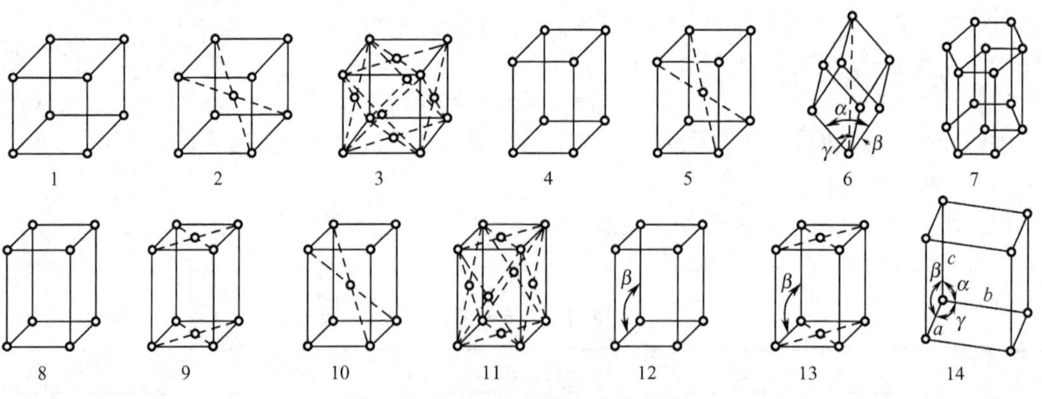

图 1-15　14 种布拉菲点阵的晶胞

同一空间点阵因选取晶胞的方式不同可得出不同的晶胞。体心立方点阵晶胞可用简单三斜晶胞表示，如图 1-16（a）所示。面心立方点阵晶胞可用简单菱方来表示，如图 1-16（b）所示。显然，采用这种取法获得的新晶胞不能充分反映立方晶系的对称性及直角数目最多的要求，故不这样做。

晶体结构与空间点阵是有区别的。空间点阵是晶体中质点排列的几何学抽象，用以描述和分析晶体结构的周期性和对称性，由于各阵点的周围环境相同，它只可能有 14 种类型；而晶体结构则是指晶体中实际质点（原子、离子或分子）的具体排列情况，它们能组成各种类型的排列，因此实际存在的晶体结构是无限的。

图 1-17 所示为密排六方晶体结构，但不能将其看作一种空间点阵。这是因为位于晶胞内的原子与晶胞顶角上的原子具有不同的周围环境。若将晶胞角上的一个原子与相应的晶胞之内的一个原子共同组成一个阵点$\left[（0，0，0）\text{阵点可看作是由}（0，0，0）\text{和}\left(\frac{2}{3}, \frac{1}{3}, \frac{1}{2}\right)\text{这一对原子组成的}\right]$，则得出的密排六方结构应属简单六方点阵。图 1-18 所示为具有相同点阵的晶体结构，即 Cu、NaCl 和 CaF_2 三种晶体结构，但它们显然有着很大的差异，属于不同的晶体结构类型，然而它们却同属面心立方点阵。图 1-19 所示为晶体结构相似而点阵不同的晶体结构，即 Cr 和 CsCl 的晶体结构，二者都是体心立方结构，但 Cr 属体心立方点阵，而 CsCl 属简单立方点阵。

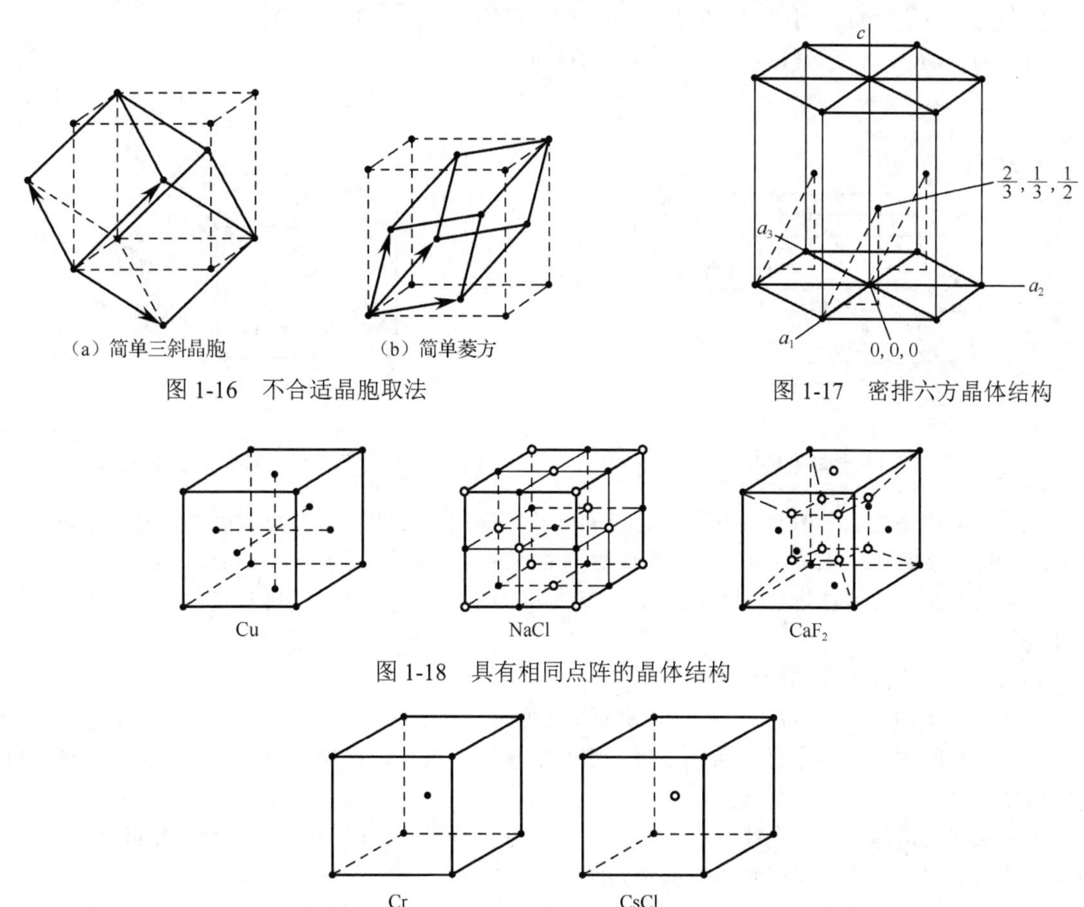

（a）简单三斜晶胞　（b）简单菱方

图 1-16　不合适晶胞取法

图 1-17　密排六方晶体结构

图 1-18　具有相同点阵的晶体结构

图 1-19　晶体结构相似而点阵不同的晶体结构

1.4.2　密勒指数

在材料科学中讨论有关晶体的生长、变形、相变及性能等问题时，常会需涉及晶体中原子的位置、原子列的方向（称为晶向）和原子构成的平面（称为晶面）。为了便于确定和区别晶体中不同方位的晶向（Crystal Direction）和晶面（Crystal Plane），国际上通用密勒指数来统一标定晶向指数与晶面指数。

1.4.2.1　立方晶系晶向指数

从如图1-20所示的点阵矢量图可得知，任何阵点P的位置均可由矢量$\boldsymbol{r}_{uvw}$或该阵点的坐标（u，v，w）来确定，即

$$\boldsymbol{r}_{uvw}=\boldsymbol{OP}=u\boldsymbol{a}+v\boldsymbol{b}+w\boldsymbol{c} \tag{1-8}$$

不同的晶向只是（u，v，w）的数值不同而已，故可用约化的[uvw]来表示晶向指数。晶向指数的确定步骤如下。

（1）以晶胞的某一阵点O为原点，过原点O的晶轴为坐标轴x、y、z，以晶胞点阵矢量的长度作为坐标轴的长度单位。

（2）过原点O作一直线OP，使其平行于待确定晶向。

（3）在直线OP上选取距原点O最近的一个阵点P，确定阵点P的3个坐标值。

（4）将这3个坐标值转化为最小整数u、v、w，加上方括号，[uvw]即待定晶向的晶向指数。若坐标中某一数值为负，则在相应的指数上方加一横线，如[$\bar{1}$10]，[1$\bar{2}$3]等。

图1-21所示为正交晶系的一些重要晶向的晶向指数。

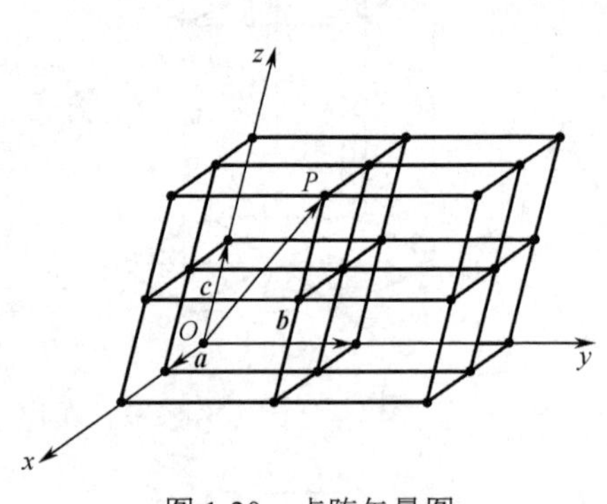

图1-20　点阵矢量图

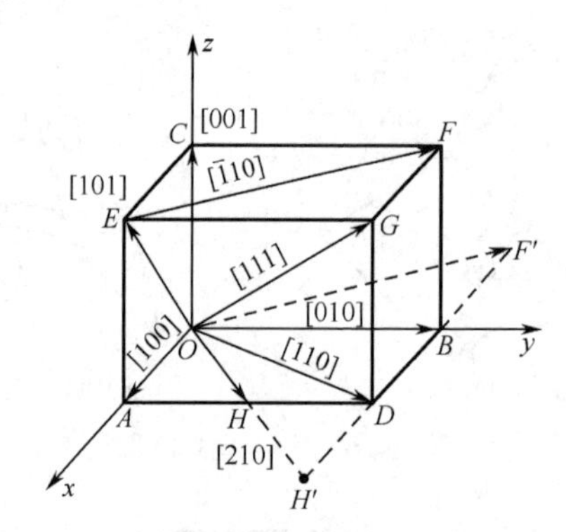

图1-21　正交晶系的一些重要晶向的晶向指数

显然，晶向指数表示所有相互平行、方向一致的晶向。若所指的方向相反，则晶向指数的数字相同，但符号相反。晶体中因对称关系而等同的各组晶向可归并为一个晶向族，用<uvw>表示。例如，对立方晶系的体对角线[111]、[$\bar{1}$11]、[1$\bar{1}$1]、[$\bar{1}\bar{1}$1]、[$\overline{111}$]、[1$\overline{11}$]、[$\bar{1}$1$\bar{1}$]、[11$\bar{1}$]可用<111>表示。

1.4.2.2　立方晶系晶面指数

晶面指数用约化的（hkl）来表示，其标定步骤如下。

（1）在点阵中设定参考坐标系，设置方法与确定晶向指数时相同，但不能将坐标原点选在待确定指数的晶面上，以免出现零截距。

（2）求得待定晶面在三个晶轴上的截距。若该晶面与某轴平行，则在此轴上截距为∞；若该晶向与某轴负方向相截，则在此轴上截距为负。

（3）取各截距的倒数。

（4）将三个倒数转化为互质的整数比，并加上圆括号，即表示该晶面的指数，记为（hkl）。

图1-22所示为晶面指数的表示方法，待标定的晶面$a_1b_1c_1$相应的截距为1/2、1/3、2/3，其倒数为2、3、3/2，化为简单整数为4、6、3，故晶面$a_1b_1c_1$的晶面指数为（463）。如果所求晶面在晶轴上的截距为负数，则在相应的指数上方加一横线，如（1$\bar{1}$0）、（$\overline{11}$2）等。图1-23所示为正交点阵中的一些晶面的晶面指数。

晶面指数代表的不仅是某一晶面，而是一组相互平行的晶面。另外，在晶体内，凡晶面间距和晶面上原子的分布完全相同只是空间位向不同的晶面，可以归并为同一晶面族，以{ *hkl* }表示，它代表由对称性相联系的若干组等效晶面的总和。例如，在立方晶系中，{110}=(110)+(101)+(011)+($\bar{1}$10)+($\bar{1}$01)+(0$\bar{1}$1)+($\bar{1}\bar{1}$0)+($\bar{1}$0$\bar{1}$)+(0$\bar{1}\bar{1}$)+(1$\bar{1}$0)+(10$\bar{1}$)+(01$\bar{1}$)。

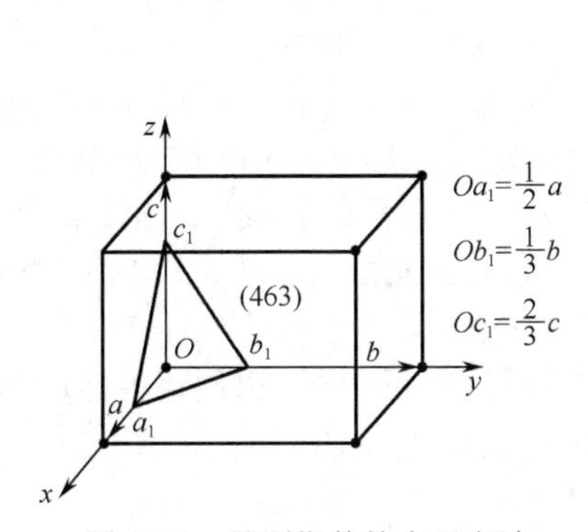

图 1-22　晶面指数的表示方法

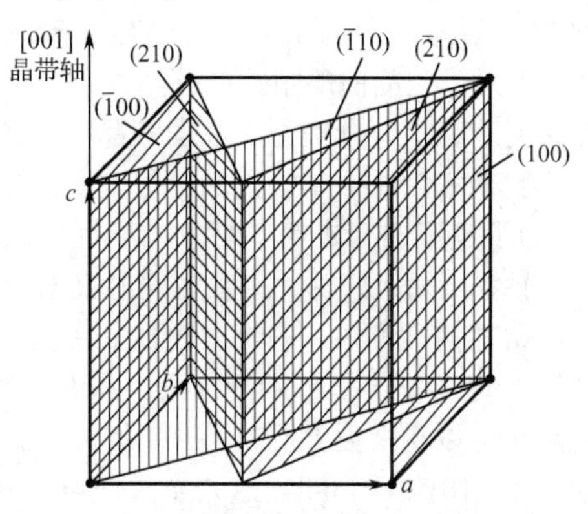

图 1-23　正交点阵中的一些晶面的晶面指数

{110}部分晶面及其构成的十二面体如图 1-24（a）所示。这里前六个晶面如图 1-24（a）所示，它们与后六个晶面两两相互平行，共同构成一个如图 1-24（b）所示的十二面体，所以晶面族{110}又称为十二面体的面。

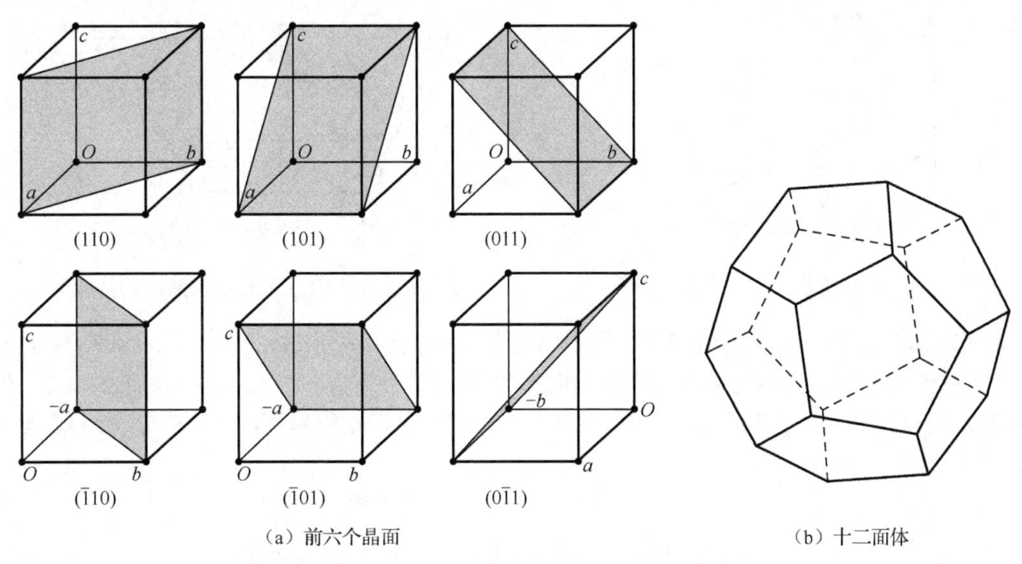

图 1-24　{110}部分晶面及其构成的十二面体

{111}=(111)+($\bar{1}$11)+(1$\bar{1}$1)+(11$\bar{1}$)+($\bar{1}\bar{1}\bar{1}$)+(1$\bar{1}\bar{1}$)+($\bar{1}$1$\bar{1}$)+($\bar{1}\bar{1}$1)，前四个晶面和后四个晶面两两平行，共同构成一个八面体，因此晶面族{111}又称为八面体的面。

晶面指数代表的不仅是某一晶面，而是一组相互平行的晶面，在学习时，有以下几点值得注意。

（1）指数意义：代表一组平行的晶面。

（2）0 的意义：面与对应的轴平行。

（3）平行晶面：指数相同或数字相同，但正负号相反。

（4）晶面族：晶体中具有相同条件（原子排列和晶面间距完全相同），空间位向不同的各组晶面，用{ *hkl* }表示。

（5）若晶面与晶向同面，则 $hu+kv+lw=0$ 。

（6）若晶面与晶向垂直，则 $u=h$、$k=v$、$w=l$ 。

1.4.2.3 六方晶系的指数

六方晶系的指数（晶向指数和晶面指数）同样可以用上述方法标定，这时取 a_1、a_2、c 为晶轴，而 a_1 轴与 a_2 轴的夹角为 120°，c 轴与 a_1 轴、a_2 轴相垂直。六方晶系一些晶面的指数如图 1-25 所示。六方晶系一些晶向的指数如图 1-26 所示。但按这种方法标定的晶面指数和晶向指数不能显示六方晶系的对称性。同类型的晶面和晶向，其指数却不相似，往往看不出它们之间的等同关系。例如，晶胞的六个柱面是等同的，但其晶面指数却分别为(100)、(010)、($\bar{1}$10)、($\bar{1}$00)、(0$\bar{1}$0)和(1$\bar{1}$0)。为了克服这一缺点，根据六方晶系的对称特点，对六方晶系采用 a_1 轴、a_2 轴、a_3 轴及 c 轴四个晶轴，a_1 轴、a_2 轴、a_3 轴之间的夹角均为 120°。这样，其晶面指数就以($h\ k\ i\ l$)四个指数来表示。根据几何学可知，三维空间独立的坐标轴最多不超过三个。前三个指数中只有两个是独立的，它们之间存在 $i=-(h+k)$ 的关系。晶面指数的具体标定方法同前面一样。采用这种标定方法，等同的晶面可以从指数上反映出来。例如，上述六个柱面的指数分别为(10$\bar{1}$0)、(0$\bar{1}$10)、($\bar{1}$100)、($\bar{1}$010)、(0$\bar{1}$10)和(1$\bar{1}$00)，这六个晶面可归并为{10$\bar{1}$0}晶面族。

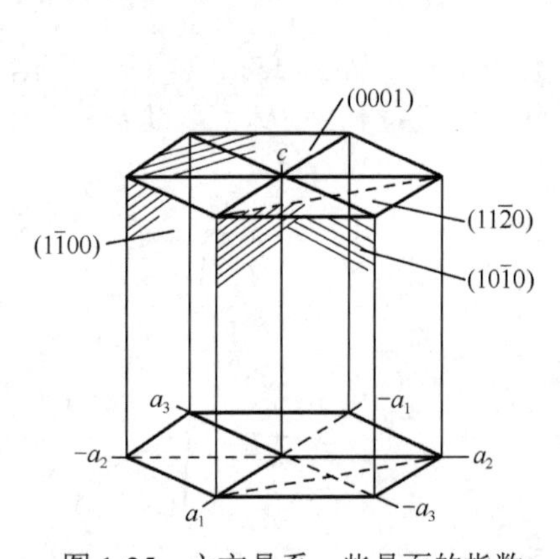

图 1-25 六方晶系一些晶面的指数

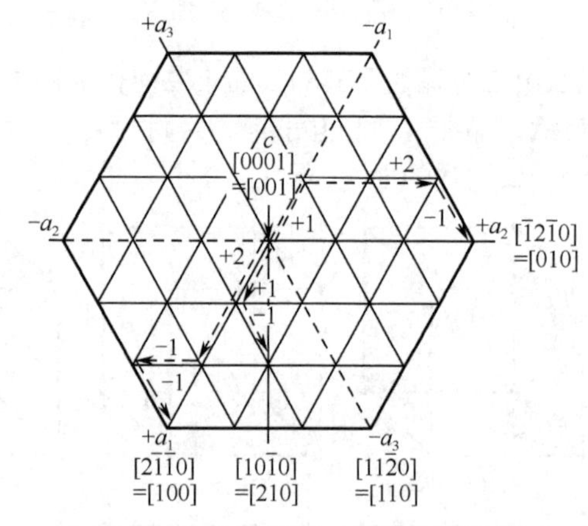

图 1-26 六方晶系一些晶向的指数

采用四轴坐标时，晶向指数的确定原则同前述。晶向指数采用[$uvtw$]来表示，这里 $t=-(u+v)$。六方晶系按两种晶轴系所得的晶面指数和晶向指数可相互转换如下：对晶面指数而言，从($h\ k\ i\ l$)转换成($h\ k\ l$)只要去掉 i 即可；反之，则加上 $i=-(h+k)$。对晶向指数而言，[UVW]与[$uvtw$]之间的互换关系为

$$U=u-t,\ \ V=v-t,\ \ W=w \tag{1-9}$$

$$u=\frac{1}{3}(2U-V),\ \ v=\frac{1}{3}(2V-U),\ \ t=-(u+v),\ \ w=W \tag{1-10}$$

例题 在面心立方晶胞中画出[012]、[1$\bar{2}$3]晶向和(012)、(1$\bar{2}$3)晶面。

解：先求晶向。为了在一个晶胞中表示出不同指数的晶向，先除绝对值最大数，将晶向指数中的三个数值分别除三个数中绝对值最大的一个数的正值，如[012]的各个指数除 2 得 0、1/2、1；[1$\bar{2}$3]的各个指数除 3 得 $\frac{1}{3}$、$-\frac{2}{3}$、1，从而得到晶向上的某点在各坐标轴的坐标值。然后建合适的坐标系，根据各坐标值的正负情况建立坐标系，[012]的坐标值均为正值，故其坐标原点应选在 O_1 点；[1$\bar{2}$3]在 x 轴和 z 轴上的坐标值为正值，在 y 轴上的坐标值为负值，故其坐标原点应选在 O_2 点，这样可在不改变坐标轴方向的情况下，使所画的晶向位于同一个晶胞内。最后标点连线，根据坐标值分别确定出由两个晶向指数所决定的坐标点 P_1 和 P_2，并分别连接各自的坐标原点，即

可得到由两晶向指数所表示的晶向 $\boldsymbol{O_1P_1}$ 和 $\boldsymbol{O_2P_2}$。[012]和[1 $\bar{2}$ 3]晶向的求解图画如图 1-27 所示。

然后求晶面。为了在一个晶胞中表示出不同指数的晶面，先将晶面指数中的三个数值分别取倒数，如(012)的各个指数分别取倒数后得 ∞、1、$\frac{1}{2}$；(1 $\bar{2}$ 3)的各个指数分别取倒数后得 1、$-\frac{1}{2}$、$\frac{1}{3}$，从而得到晶面在三个坐标轴上的截距。然后建立合适的坐标系，根据各截距的正负情况建立坐标系，(012)的坐标原点应选在 O_3 点，(1 $\bar{2}$ 3)的坐标原点应选在 O_4 点，这样可在不改变坐标轴方向的情况下，使所画出的晶面位于同一个晶胞之内。最后标点连线，根据截距分别确定出由两个晶面指数所决定的晶面在各个坐标轴上的坐标点 x_3、y_3、z_3 和 x_4、y_4、z_4，并分别连接 x_3、y_3、z_3 三点和 x_4、y_4、z_4 三点，即可得到两晶面指数各自的晶面。(012)和(1 $\bar{2}$ 3)晶面的求解图画如图 1-28 所示。

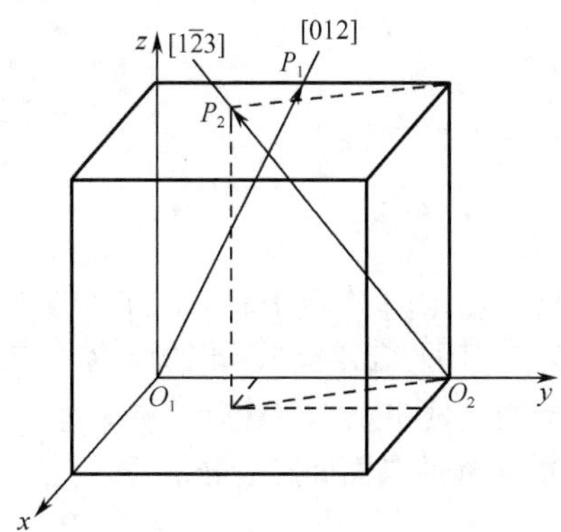

图 1-27　[012]和[1 $\bar{2}$ 3]晶向的求解图画

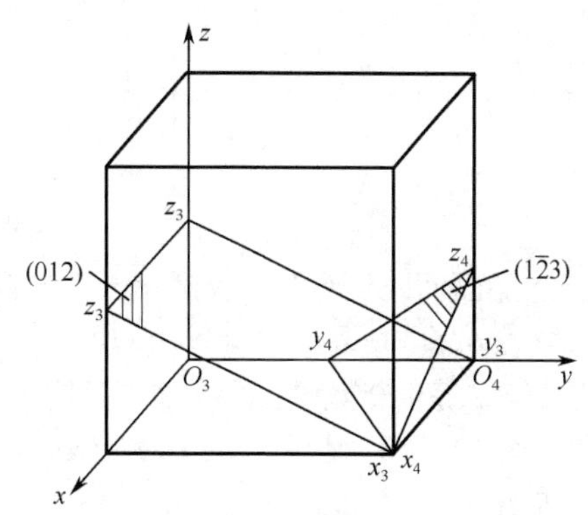

图 1-28　(012)和(1 $\bar{2}$ 3)晶面的求解图画

1.4.2.4　晶带

所有平行或相交于同一直线的晶面构成了一个晶带，该直线为晶带轴。晶带轴[*uvw*]与该晶带中任一晶面(*hkl*)之间满足：

$$hu + kv + lw = 0 \tag{1-11}$$

满足式（1-11）的晶面都属于以[*uvw*]为晶带轴的晶带，即晶带定律。反之亦成立。两个不平行的晶面($h_1\ k_1\ l_1$)、($h_2\ k_2\ l_2$)的晶带轴[*u v w*]可由式（1-12）至式（1-14）求得。

$$u = k_1 l_2 - k_2 l_1 = \begin{vmatrix} k_1 & l_1 \\ k_2 & l_2 \end{vmatrix} \tag{1-12}$$

$$v = l_1 h_2 - l_2 h_1 = \begin{vmatrix} l_1 & h_1 \\ l_2 & h_2 \end{vmatrix} \tag{1-13}$$

$$w = h_1 k_2 - h_2 k_1 = \begin{vmatrix} h_1 & k_1 \\ h_2 & k_2 \end{vmatrix} \tag{1-14}$$

1.4.2.5　晶面间距

晶面间距是指相邻两个平行晶面之间的距离。通常，低指数的晶面间距较大，高指数的晶面间距较小。晶面间距越大，该晶面上的原子排列越密集；晶面间距越小，该晶面上的原子排列越稀疏。读者可以利用如图 1-29 所示的晶面间距示意图中标出的几组晶面指数来辅助理解记忆。

对于各晶系的简单点阵，晶面间距与晶面指数(*h k l*)和点阵常数(*a*, *b*, *c*)之间有如下关系。

立方晶系：

$$d_{hkl} = \frac{a}{\sqrt{h^2 + k^2 + l^2}} \tag{1-15}$$

六方晶系：

$$d_{hkl}=\frac{1}{\sqrt{\frac{4}{3}\frac{(h^2+hk+k^2)}{a^2}+\left(\frac{l}{c}\right)^2}} \tag{1-16}$$

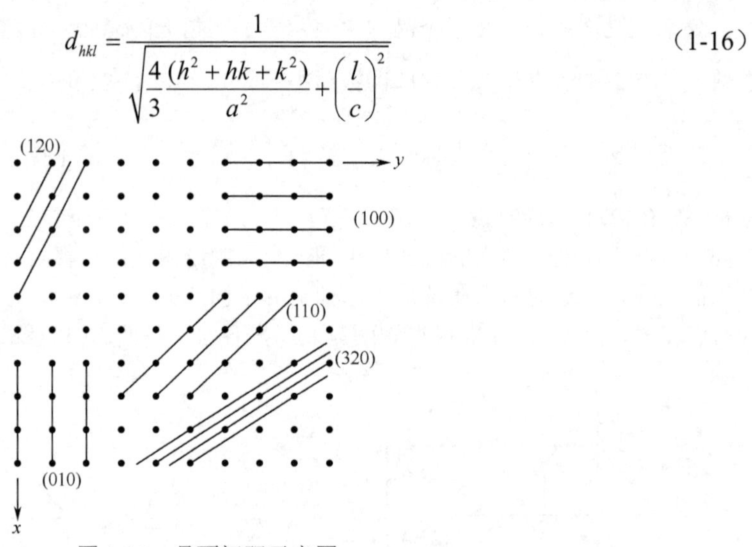

图 1-29　晶面间距示意图

上述晶面间距计算公式仅适用于简单晶胞。对于复杂晶胞，由于存在中心型原子，晶面层数增加，故其 d_{hkl} 的计算应按各种不同情况对式（1-15）和式（1-16）进行修正。例如，体心立方晶胞，当 $h+k+l$ 等于奇数时；面心立方晶胞，当 h、k、l 不全为奇数或不全为偶数时；密排立方晶胞，$h+2k=3n$（n=1, 2, 3, …），并且 l 为奇数时，均有附加面，故实际的晶面间距为 $d_{hkl}/2$。

1.4.3　晶体对称性

对称性是晶体的基本性质之一，自然界中的许多晶体，如天然金刚石、水晶、雪花晶体等，往往具有规则的几何外形，这主要是因为其内部晶体结构具有微观对称性。晶体的某些物理参数，如热膨胀、弹性模量和光学常数等，都与晶体的对称性密切相关。

1.4.3.1　对称元素

如同某些几何图形一样，自然界中的某些物体和晶体往往可分割成若干个相同的部分，若将这些相同部分借助某些辅助性的、假想的几何要素（点、线、面）变换一下，它们能自身重合复原或能有规律地重复出现，就像未发生变换一样，这种性质称为对称性。具有对称性质的图形称为对称图形，而这些假想的几何要素称为对称元素，变换或重复动作称为对称操作。每一种对称操作必有一对称元素与之相对应。

晶体的对称元素可分为宏观和微观两类。宏观对称元素反映出晶体外形和其宏观性质的对称性，而微观对称元素与宏观对称元素配合运用能反映出晶体中原子排列的对称性。

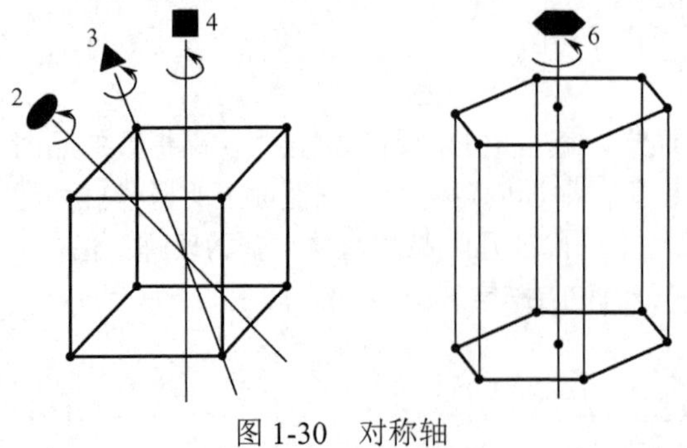

图 1-30　对称轴

1. 宏观对称元素

（1）回转对称轴。当晶体绕某一轴回转而能完全复原时，此轴即回转对称轴。显然该轴线要通过晶格单元的几何中心，且位于该几何中心与顶角或棱边的中心或面心的连线上。

在回转一周的过程中，晶体能复原几次，就称为几次对称轴。晶体中实际可能存在的对称轴有 1 次、2 次、3 次、4 次和 6 次五种，用国际符号 1、2、3、4 和 6 来表示。对称轴如图 1-30 所示。

（2）对称面。若晶体通过某一平面作镜像反映能复原，则称该平面为对称面或镜面（见图 1-31 中的 $B_1B_2B_3B_4$ 面），用符号 m 表示。对称面通常是晶棱或晶面的垂直平分面或是多面角的平分面，且通过晶体几何中心。

（3）对称中心。若晶体中的所有点在经过某一点反演后能复原，则该点就称为对称中心（见图 1-32 中 O 点），用符号 i 表示。对称中心位于晶体中的几何中心处。

（4）回转-反演轴。若晶体绕某一轴回转一定角度（360°/n），再以轴上的一个中心点作反演之后能复原，则称此轴为回转-反演轴。在如图 1-33 所示的回转-反演轴中，P 点绕 BB' 轴回转 180° 与 P_3 点重合，再经 O 点反演与 P' 点重合，则称 BB' 为 2 次回转-反演轴。回转-反演轴也可有 1 次、2 次、3 次、4 次和 6 次五种，分别以符号 $\overline{1}$、$\overline{2}$、$\overline{3}$、$\overline{4}$、$\overline{6}$ 来表示（图 1-33 中仅仅举例了 2 次回转-反演轴）。不难发现，$\overline{1}$ 与对称中心 i 等效；$\overline{2}$ 与对称面 m 等效；$\overline{3}$ 与 3 次旋转轴加上对称中心 i 等效；$\overline{6}$ 与 3 次旋转轴加上一个与它垂直的对称面等效。

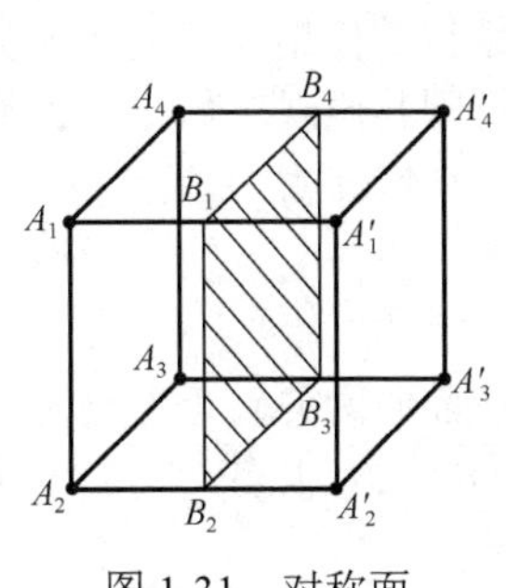

图 1-31　对称面

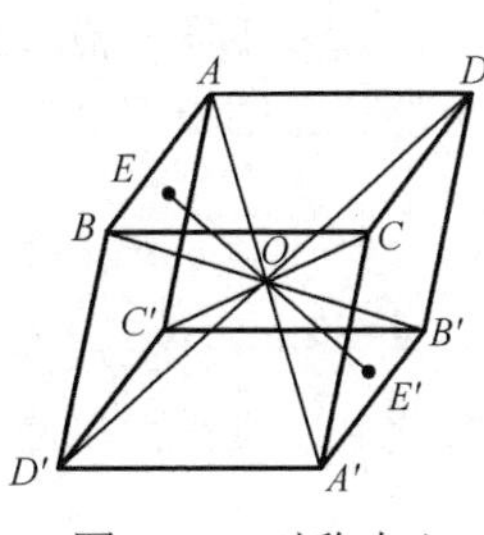

图 1-32　对称中心

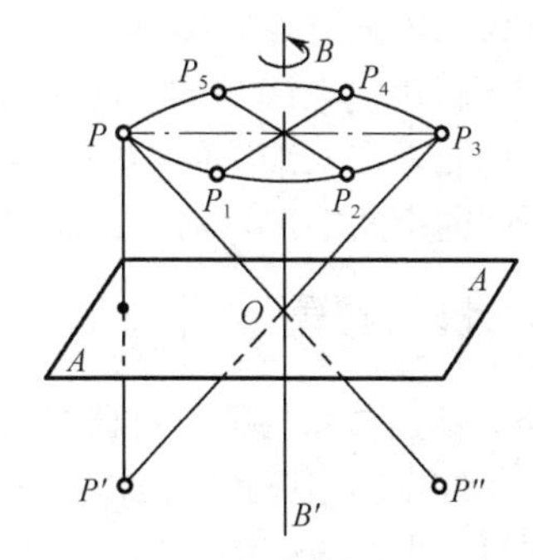

图 1-33　回转-反演轴

2. 微观对称元素

在分析晶体结构的对称性时，除了上述的宏观对称元素，还须增加包含平移动作的两种对称元素，即滑动面和螺旋轴。

（1）滑动面。滑动面由一个对称面加上沿着此面的平移动作组成，晶体结构可借此面反映，并沿此面平移一定距离而复原。例如，图 1-34（a）中的结构，点 2 是点 1 的反映，BB' 面是对称面；但如图 1-34（b）所示的结构就不同，点只能是反映而不能得到复原，点 1 经 BB' 面反映后再平移 a/2 距离才能与点 2 重合，这时 BB' 面是滑动面。滑动面的表示符号如下：如平移为 a/2、b/2 或 c/2 时，写作 a、b 或 c；如沿对角线平移 1/2 距离，则写作 n；如沿着面对角线平移 1/4 距离，则写作 d。

（2）螺旋轴。螺旋轴由回转轴和平行于轴的平移构成。晶体结构可借绕螺旋轴回转 360°/n 同时沿轴平移一定距离而得到复原，此螺旋轴称为 n 次螺旋轴。图 1-35 所示为 3 次螺旋轴，一些结构绕此轴回转 120° 并沿轴平移 c/3 距离即可得到复原。螺旋轴按其回转方向有右旋和左旋之分。

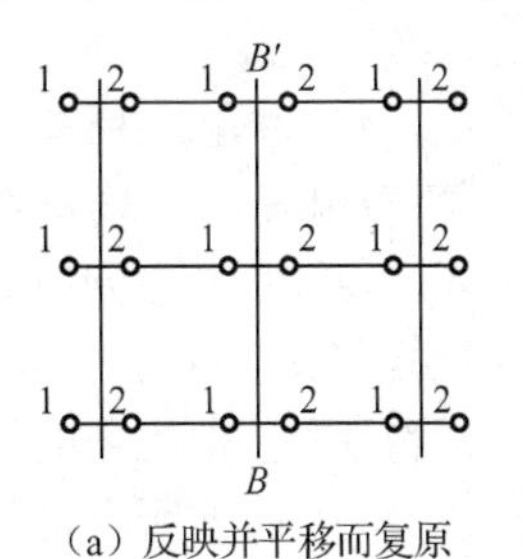

（a）反映并平移而复原

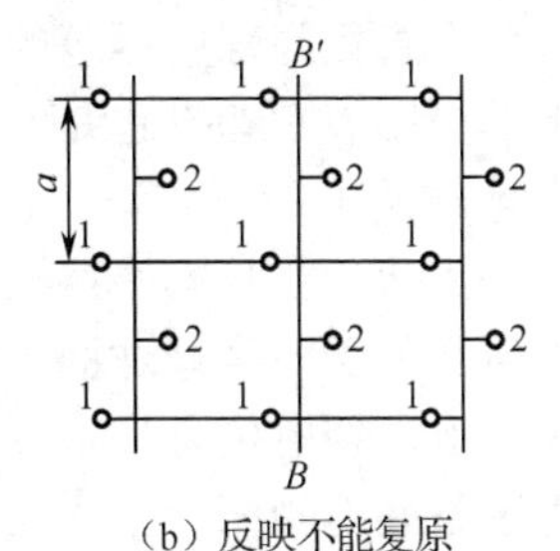

（b）反映不能复原

图 1-34　滑动面

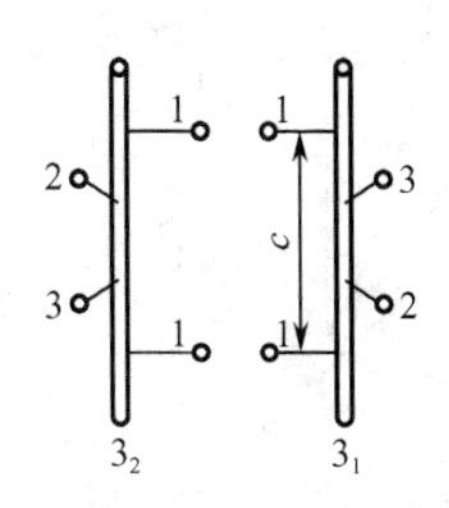

图 1-35　3 次螺旋轴

螺旋轴有 2 次（平移距离为 $c/2$，不分右旋和左旋，记为 2_1）、3 次（平移距离为 $c/3$，分为右旋或左旋，记为 3_1 或 3_2）、4 次（平移距离为 $c/4$ 或 $c/2$，前者分为右旋或左旋，记为 4_1 或 4_3；后者不分左右旋，记为 4_2）、6 次（平移距离为 $c/6$，分右旋或左旋，记为 6_1 或 6_5；平移距离为 $c/3$，分右旋或左旋，记为 6_2 或 6_4；平移距离为 $c/2$，不分左右旋，记为 6_3）几种。

1.4.3.2 32 种点群及空间群

点群是指一个晶体中所有点对称元素的集合。点群在宏观上表现为晶体外形的对称。晶体可能存在的对称类型可通过宏观对称元素在一点上组合运用得出。利用组合定理可导出晶体外形中只能有 32 种对称点群。这是因为：①点对称与平移对称两者共存于晶体结构中，它们相互协调，彼此制约；②点对称元素在组合时必须通过一个公共点，并且遵循一定的规则，使组合的对称元素之间能够自洽。

晶体分属 7 种晶系，按其对称性又有 32 种点群，这表明同属一种晶系的晶体可为不同的点群。因为晶体的对称性不仅取决于所属晶系，还取决于其阵点上的原子组合情况。

空间群用以描述晶体中原子组合所有可能的方式，是确定晶体结构的依据，它是通过宏观和微观对称元素在三维空间中的组合而得出的。属于同一点阵的晶体可因其微观对称元素的不同而分属不同的空间群，目前已证明晶体中可能存在的空间群有 230 种，它们分属 32 种点群。

1.4.4 极射投影

在进行晶体结构的分析研究时，往往要确定晶体的取向、晶面或晶向间的夹角等。为了方便起见，通过投影作图可将三维立体图形转化到二维平面。晶体的投影方法有很多，其中极射投影最方便，应用也最广泛。

1.4.4.1 极射投影原理

将被研究的晶体放在一个球的球心上，这个球称为参考球。假定晶体尺寸与参考球相比很小，可以认为晶体中所有晶面的法线和晶向均通过球心。将代表每个特定晶面或晶向的直线从球心出发向外延长，与参考球球面交于一点，这一点即该晶面或晶向的代表点，称为该晶面或晶向的极点。极点的相互位置可用来确定与之相对应的晶向和晶面之间的夹角。

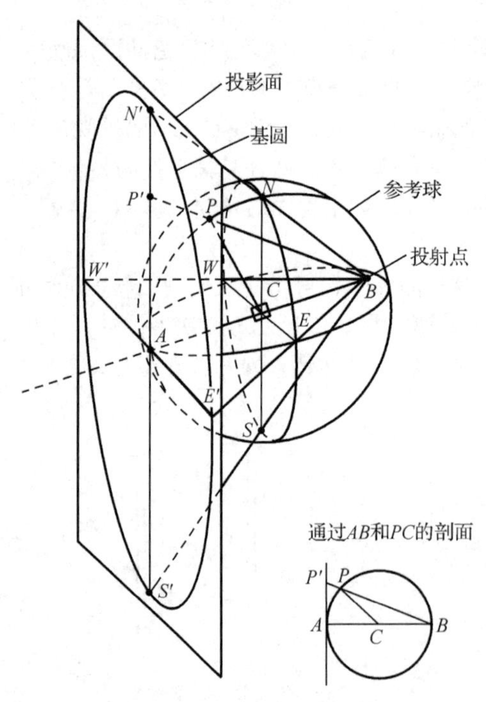

图 1-36 极射投影原理图

极射投影原理图如图 1-36 所示。首先，在参考球中选定一条过球心 C 的直线 AB，过 A 点作一平面与参考球相切，该平面即投影面，也称极射面。若球面上有一极点 P，连接 BP 并延长，使其与投影面相交于 P' 点，P' 点即极点 P 在投影面上的极射投影。过球心作一平面 $NESW$ 与 AB 垂直（与投影面平行），它在球面上形成一个直径与球径相等的圆，称为大圆。大圆在投影面上的投影 $N'E'S'W'$ 也是一个圆，称为基圆。所有位于左半球球面上的极点，投影后的极射投影点均落在基圆内。其次，将投影面移至 B 点，并以 A 点为投射点，将所有位于右半球球面上的极点投射到位于 B 处的投影面上，并冠以负号。最后，将 A 处和 B 处的极射投影图重叠地画在一张图上。这样，球面上所有可能出现的极点，都可以包括在同一张极射投影图上。

参考球上包含直线 AB 的大圆在投影面上的投影为

一直线，当其他大圆投影到投影面上时，均呈圆弧形（两头包含基圆直径的弧段），而球面上不包含参考球直径的小圆，投影的结果既可能是一段弧，也可能是一个圆，不过其圆心将不在投影圆的圆心上。投影面的位置沿直线 *AB* 或其延长线移动时，仅图形的放大率改变，而投影点的相对位置不发生改变。投影面也可以置于球心，这时基圆与大圆重合。如果把参考球看作地球，*A* 点为北极，*B* 点为南极，过球心的投影面就是地球的赤道平面。以地球的一个极为投射点，将球面投射到赤道平面上就称为极射赤面投影；投影面不是赤道平面的被称为极射平面投影。

1.4.4.2　乌尔夫网

在分析晶体的极射投影时，乌尔夫网是很有用的工具。乌尔夫网（分度为 2°）如图 1-37 所示，它由经线和纬线组成，经线是由参考球空间每隔 2° 等分且以 *NS* 轴为直径的一组大圆投影而成的；纬线则是由垂直于 *NS* 轴且按 2° 等分球面空间的一组大圆投影而成的。乌尔夫网在绘制时如实地保存着角度关系。经度沿赤道线读数，纬度沿基圆读数。

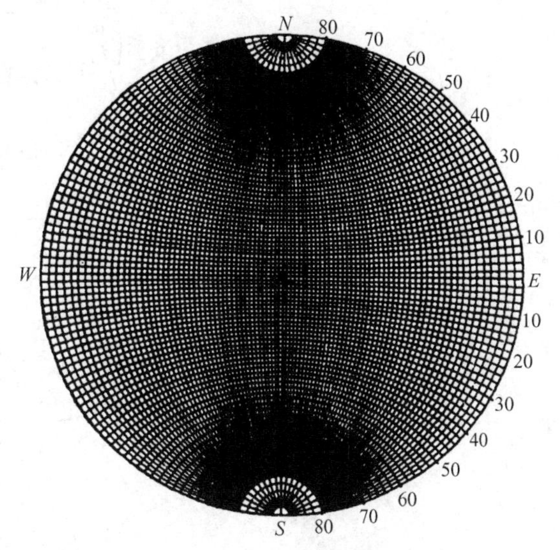

图 1-37　乌尔夫网（分度为 2°）

在测量时，先将投影图画在透明纸上，其基圆直径与所用乌尔夫网的直径大小相等，然后将此透明纸覆盖在乌尔夫网上测量。利用乌尔夫网不仅可以方便地读出任一极点的方位，而且可以测定投影面上任意两个极点间的夹角。

需要特别注意的是，在使用乌尔夫网时应使两极点位于乌尔夫网的经线或赤道上，这样才能正确度量晶面（或晶向）之间的夹角。图 1-38（a）中的 *B* 和 *C* 两个极点位于同一经线上，在乌尔夫网上可读出其夹角为 30°。对照图 1-38（b），可见 $\beta = 30°$，反映了 *B*、*C* 两个极点间空间的真实夹角。然而位于同一纬度圆上的 *A*、*B* 两极点之间的实际夹角为 α，而由乌尔夫网量出它们之间的经度夹角相当于 α'，由于 $\alpha \neq \alpha'$，因此不能在小圆上测量这两个极点间的角度。要测量 *A*、*B* 两个极点间的夹角，应先将覆盖在乌尔夫网上的透明纸绕圆心转动，使 *A*、*B* 两点落在同一个乌尔夫网的大圆上，然后读出这两个极点的夹角。

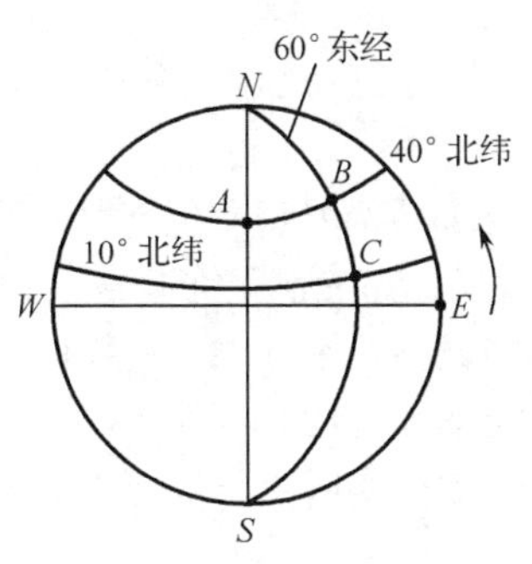

（a）两点在大圆上直接读数

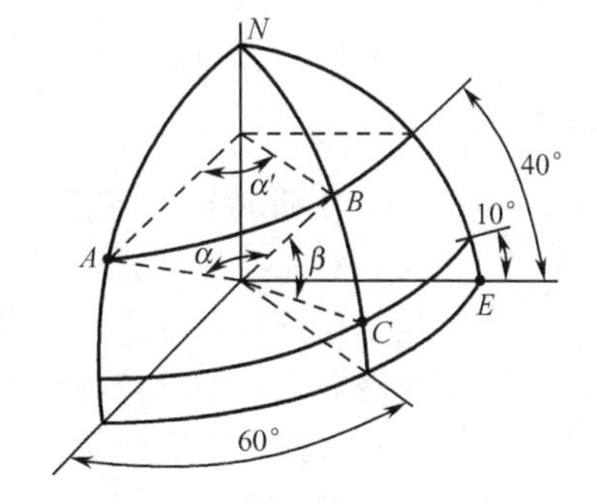

（b）不在大圆上需转到大圆读数

图 1-38　乌尔夫网和参考球

1.4.4.3　标准投影

在与晶体的某个晶面平行的投影面上画出全部主要晶面的极射投影图，称为标准投影。一般选择一些重要的、低指数的晶面作为投影面，这样得到的图形能反映晶体的对称性。立方晶系常用的投影面是(001)、(110)和(111)；六方晶系常用的投影面是(0001)。立方晶系的(001)标准投影如图 1-39 所示。对于立方晶系，因为相同指数的晶面和晶向是相互垂直的，所以标准投影图中的极点既代表了晶面又代表了晶向。

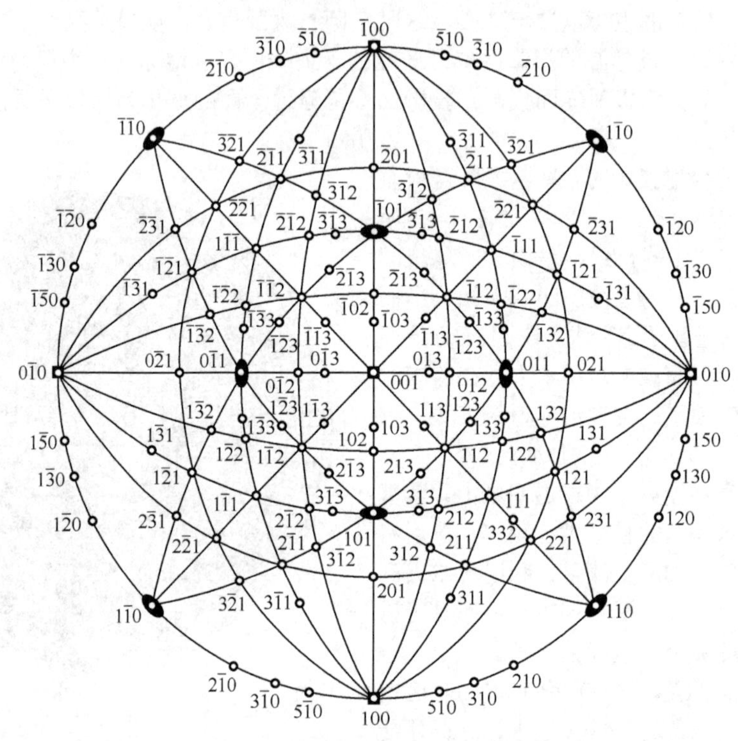

图 1-39 立方晶系的(001)标准投影

由于同一晶带各晶面的极点一定位于参考球的同一大圆上（因为晶带各晶面的法线位于同一平面上），因此在投影图上同一晶带的晶面极点也位于同一大圆上。图 1-39 绘出了一些主要晶带的面，它们以直线或弧线连在一起。由于晶带轴与其晶面的法线是相互垂直的，因此可根据晶面所在的大圆求出该晶带的晶带轴。例如，图 1-39 中的(100)、($1\bar{1}1$)、($0\bar{1}1$)、($\bar{1}\bar{1}1$)、($\bar{1}00$)等位于同一经线上，它们属于同一晶带，应用乌尔夫网在赤道线上向右量出 90°，求得以上所列晶面的晶带轴为[011]。

1.4.5 倒易点阵

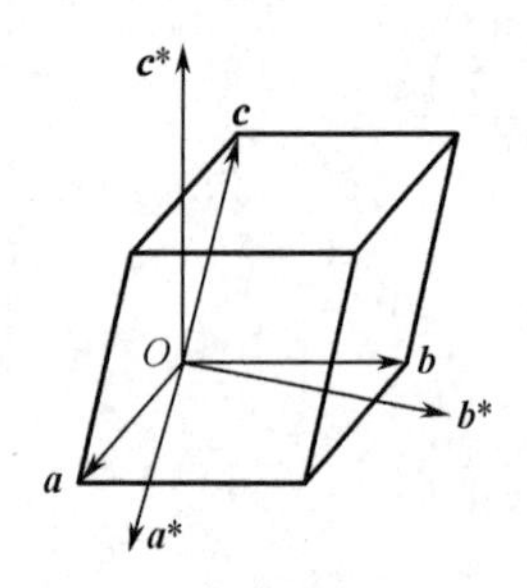

图 1-40 倒易点阵的基矢 $\boldsymbol{a}^*$、$\boldsymbol{b}^*$、$\boldsymbol{c}^*$与正点阵基矢 $\boldsymbol{a}$、$\boldsymbol{b}$、$\boldsymbol{c}$ 的关系示意图

在研究晶体衍射时，某晶面(hkl)能否产生衍射的重要条件是，该晶面相对入射束的方位和晶面间距 d_{hkl} 应满足布拉格方程，即 $2d\sin\theta = n\lambda$。为了从几何上形象地判定衍射条件，须寻求一种新的点阵，使其每一个结点对应着实际点阵中的一定晶面，同时既能反映该晶面的取向，又能反映其晶面间距。倒易点阵就是由实际点阵（正点阵）经过一定转化导出的抽象点阵。

倒易点阵的基矢 $\boldsymbol{a}^*$、$\boldsymbol{b}^*$、$\boldsymbol{c}^*$与正点阵基矢 $\boldsymbol{a}$、$\boldsymbol{b}$、$\boldsymbol{c}$ 的关系示意图如图 1-40 所示，若已知某晶体点阵（正点阵）中的三个基矢为 $\boldsymbol{a}$、$\boldsymbol{b}$、$\boldsymbol{c}$，相应的倒易点阵的基矢 $\boldsymbol{a}^*$、$\boldsymbol{b}^*$、$\boldsymbol{c}^*$可以定义如下：

$$\boldsymbol{a}^* = \frac{\boldsymbol{b}\times\boldsymbol{c}}{\boldsymbol{a}\cdot(\boldsymbol{b}\times\boldsymbol{c})} = \frac{1}{V_0}(\boldsymbol{b}\times\boldsymbol{c}) \qquad (1\text{-}17)$$

$$b^* = \frac{c \times a}{a \cdot (b \times c)} = \frac{1}{V_0}(c \times a) \quad (1\text{-}18)$$

$$c^* = \frac{a \times b}{a \cdot (b \times c)} = \frac{1}{V_0}(a \times b) \quad (1\text{-}19)$$

式中，V_0 为正点阵中的晶胞体积。

可以证明，两者基本关系为

$$a^* \cdot b = a^* \cdot c = b^* \cdot a = b^* \cdot c = c^* \cdot a = c^* \cdot b = 0 \quad (1\text{-}20)$$

$$a^* \cdot a = b^* \cdot b = c^* \cdot c = 1 \quad (1\text{-}21)$$

这样，晶体点阵中的任一组晶面(*hkl*)在倒易点阵中，可用一个相应的倒易阵点[*hkl*]*来表示，而从倒易点阵的原点到该倒易点阵的矢量称为倒易矢量 G_{hkl}。倒易矢量 G_{hkl} 的方向就是晶面(*h k l*)的法线方向，其模等于晶面间距 d_{hkl} 的倒数。通常写为

$$G_{hkl} = ha^* + kb^* + lc^* \quad (1\text{-}22)$$

$$|G_{hkl}| = \frac{1}{d_{hkl}} \quad (1\text{-}23)$$

这表明正点阵与倒易点阵之间是完全互为倒易的。例如，正点阵中一个一维的点阵方向与倒易点阵中一个二维的倒易平面对应，而前者的二维点阵平面又与后者的一维倒易点阵方向对应。用倒易点阵描述或分析晶体的几何关系有时比正点阵还方便，其主要应用有以下三方面：①解释 X 射线及电子衍射图像，即通过倒易点阵可以把晶体的电子衍射斑点直接解释为晶体相应晶面的衍射结果；②研究能带理论；③推导晶体学公式，如晶带定律方程、点阵平面间距公式、点阵平面的法线间的夹角及法线方向指数等。

1.5　金属的晶体结构

金属在固态下一般都是晶体，金属晶体的结合键绝大部分是金属键。由于金属键具有无饱和性和无方向性的特点，因此金属内部的原子趋于紧密排列，构成高度对称性的简单晶体结构。

1.5.1　典型金属晶体结构

典型金属晶体结构是最简单的晶体结构。由于金属键具有无方向性和饱和性的特点，因此典型金属晶体结构具有高对称性、高密度的特点。纯金属常见的三种典型晶体结构为面心立方（A1，Face-Centred Cubic，FCC）、体心立方（A2，Body-Centred Cubic，BCC）、密排六方（A3，Hexagonal Close-Packed，HCP）。若将金属原子看作刚性球，则这三种晶体结构分别如图 1-41、图 1-42、图 1-43 所示。三种典型金属晶体结构的晶体学特点如表 1-4 所示。

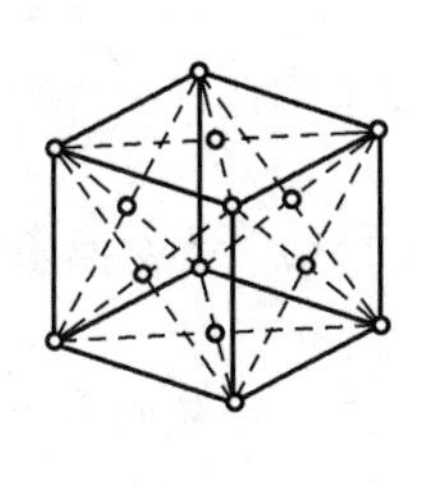

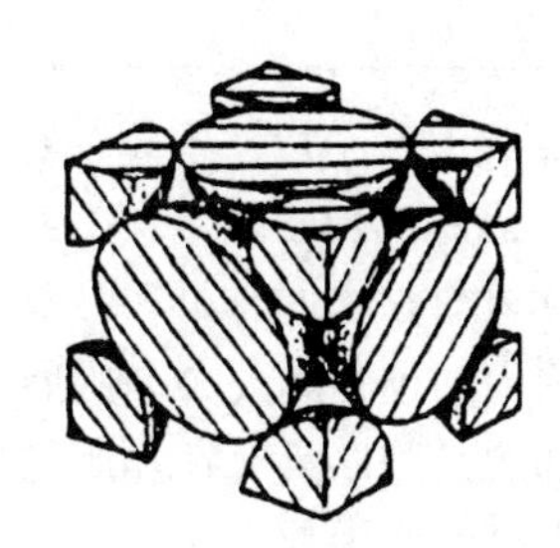

图 1-41　面心立方（八个顶角和六个面的中心上各有一个与相邻晶胞共有的原子）

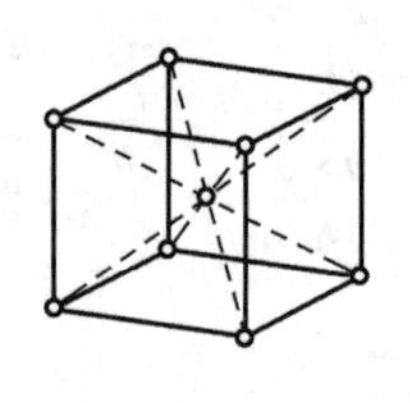

图 1-42 体心立方（八个顶角上各有一个与相邻晶胞共有的原子，立方体中心有一个原子）

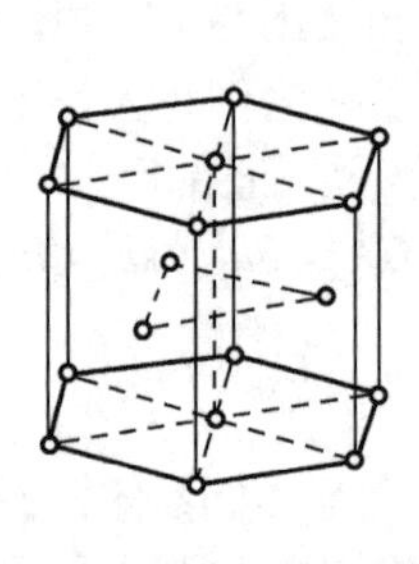

图 1-43 密排六方（上、下两面的顶角和中心各有一个与相邻晶胞共有的原子，上下两面中间有三个原子）

表 1-4 三种典型金属晶体结构的晶体学特点

<table>
<tr><th colspan="2" rowspan="2">结 构 特 征</th><th colspan="3">晶体结构类型</th></tr>
<tr><th>面心立方（A1，FCC）</th><th>体心立方（A2，BCC）</th><th>密排六方（A3，HCP）</th></tr>
<tr><td colspan="2">点阵常数</td><td>a</td><td>a</td><td>a, c（c/a=1.633）</td></tr>
<tr><td colspan="2">原子半径 R</td><td>$\sqrt{2}a/4$</td><td>$\sqrt{3}a/4$</td><td>$a/2$，$[(a^2/3+c^2/4)^{\frac{1}{2}}]/2$</td></tr>
<tr><td colspan="2">晶胞内原子数 n</td><td>4</td><td>2</td><td>6</td></tr>
<tr><td colspan="2">配位数 CN</td><td>12</td><td>8（8+6）</td><td>12（6+6）</td></tr>
<tr><td colspan="2">致密度 K</td><td>0.74</td><td>0.68</td><td>0.74</td></tr>
<tr><td rowspan="2">四面体间隙</td><td>数量</td><td>8</td><td>12</td><td>12</td></tr>
<tr><td>大小</td><td>0.225R</td><td>0.291R</td><td>0.225R</td></tr>
<tr><td rowspan="3">八面体间隙</td><td>数量</td><td>4</td><td>6</td><td>6</td></tr>
<tr><td rowspan="2">大小</td><td rowspan="2">0.414R</td><td>0.154R<100></td><td rowspan="2">0.414R</td></tr>
<tr><td>0.633R<110></td></tr>
</table>

下面就晶胞内原子数、点阵常数、原子半径、配位数、致密度来进行进一步分析。

1.5.1.1 晶胞内原子数

由于晶体具有严格对称性，故晶体可看成由许多晶胞堆砌而成。从图 1-41、图 1-42、图 1-43 可以看出晶胞中的顶角为几个晶胞所共有（立方为 8 个，六方为 6 个），而位于晶面上的原子同时属于两个相邻的晶胞，只有在晶胞体内的原子才单独为一个晶胞所有，故三种典型金属晶体结构中每个晶胞占有的原子数为

$$n = n_{\mathrm{i}} + \frac{n_{\mathrm{f}}}{2} + \frac{n_{\mathrm{c}}}{m} \tag{1-24}$$

式中，n_{i}、n_{f}、n_{c} 分别表示位于晶胞内部、面心和顶角上的原子数；m 为晶胞类型参数（立方晶

系，m =8；六方晶系，m =6）。

所以，对于面心立方结构：

$$n = \frac{n_f}{2} + \frac{n_c}{m} = \frac{6}{2} + \frac{8}{8} = 4$$

对于体心立方结构：

$$n = n_i + \frac{n_c}{m} = 1 + \frac{8}{8} = 2$$

对于密排六方结构：

$$n = n_i + \frac{n_f}{2} + \frac{n_c}{m} = 3 + \frac{2}{2} + \frac{12}{6} = 6$$

1.5.1.2　点阵常数与原子半径

晶胞的大小一般是由晶胞的棱边长度(a，b，c)，即点阵常数（或称晶格常数）决定的，是表示晶体结构的一个重要基本参数。点阵常数主要通过 X 射线衍射分析求得。不同金属可以有相同的点阵类型，但各元素由于电子结构及其所决定的原子间结合情况不同，因此具有各不相同的点阵常数，且随温度不同而变化。

若把金属原子看作刚球，并设其半径为 R，则参考图 1-41、图 1-42、图 1-43，根据几何关系，可求出三种典型金属晶体结构的点阵常数与原子半径 R 之间的关系。

对于面心立方结构，点阵常数为 a，且 $\sqrt{2}\,a = 4R$。对于体心立方结构，点阵常数为 a，且 $\sqrt{3}\,a = 4R$。对于密排六方结构，点阵常数由 a 和 c 表示，在理想情况下，把原子看作等径的刚球，可算得 c/a=1.633，此时，a =2R；但轴比偏离此值，即当 $c/a \neq 1.633$ 时，它们之间的关系为

$$(a^2/3 + c^2/4)^{\frac{1}{2}} = 2R \tag{1-25}$$

常见金属的点阵常数和原子半径如表 1-5 所示。

表 1-5　常见金属的点阵常数和原子半径

金　属	点 阵 类 型	点阵常数/nm（室温）	原子半径/nm
Al	A1	0.404 96	0.143 4
Cu	A1	0.361 47	0.127 8
Ni	A1	0.352 36	0.124 6
γ -Fe	A1	0.364 68（916℃）	0.128 8
α -Fe	A2	0.286 64	0.124 1
Cr	A2	0.288 46	0.124 9
V	A2	0.302 82	0.131 1
Mo	A2	0.314 68	0.136 3
W	A2	0.316 50	0.137 1
α-Co	A3	a=0.250 2，c=0.406 1	0.125 3
β-Co	A1	0.354 4	0.125 3

1.5.1.3　配位数和致密度

晶体中原子排列的紧密程度与晶体结构类型有关，通常以配位数和致密度两个参数来描述晶体中原子排列的紧密程度。配位数（CN），是指晶体结构中任一原子周围最近邻且等距离的原子数；致密度，是指晶体结构中原子体积占总体积的百分数，若以一个晶胞来计算，则致密度 K 就是晶胞中原子体积与晶胞体积的比值，即

$$K = \frac{nv}{V} \tag{1-26}$$

式中，K为致密度；n为晶胞中的原子数；v是一个原子的体积，对于刚性等径，半径为R的球金属原子，$v = 4\pi R^3/3$；V为晶胞体积。

三种典型金属晶体结构的配位数和致密度也列在表 1-4 中，其中体心立方结构的配位数为 8，但其还有 6 个距离为a的次近邻原子，有时记为（8+6），在密排六方结构中，当$c/a \neq 1.633$时，有上、下层的各 3 个原子共 6 个次近邻原子，有时记为（6+6）。

1.5.2 原子堆垛方式和间隙

从图 1-41、图 1-42、图 1-43 可看出，三种晶体结构中均有一组原子密排面和原子密排方向，它们分别是面心立方结构的{111}(110)、体心立方结构的{110}<111>和密排六方结构的{0001}$<11\bar{2}0>$。这些原子密排面在空间一层一层平行地堆垛起来，分别构成了上述三种晶体结构。

面心立方结构和密排六方结构的致密度均为 0.74，是纯金属中最密集的结构。因为在面心立方结构和密排六方结构中，密排面上每个原子和最近邻的原子之间是相切的；而在体心立方结构中，除了位于体心的原子与位于顶角上的 8 个原子相切，8 个顶角原子之间并不相切，致密度只有 0.68。

进一步观察还可发现面心立方结构中的{111}晶面和密排六方结构中的{0001}晶面上的原子排列情况完全相同。密排六方结构和面心立方结构中的密排面上的原子排列如图 1-44 所示。若把密排面的原子中心连成六边形的网格，这个六边形的网格又可分为六个等边三角形，而这六个等边三角形的中心又与原子之间的六个空隙中心相重合。从如图 1-45 所示的面心立方结构和密排六方结构中的密排面的分析中可看出这六个空隙可分为B、C两组，每组分别构成一个等边三角形。为了获得最紧密的堆垛，第二层密排面的每个原子应坐落在第一层密排面（A层）每三个原子之间的空隙（低谷）上。这些密排面在空间中的堆垛方式可以有两种情况，一种是按$ABCABC\cdots$或$ACBACB\cdots$的顺序堆垛，构成如图 1-41 所示的面心立方结构；另一种是按$ABAB\cdots$或$ACAC\cdots$的顺序堆垛，构成如图 1-43 所示的密排六方结构。

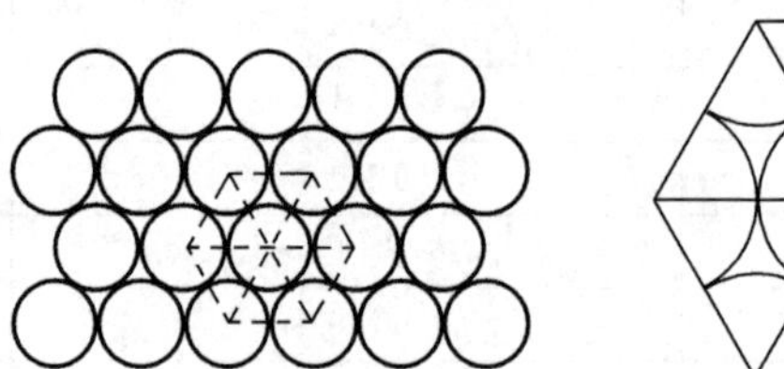
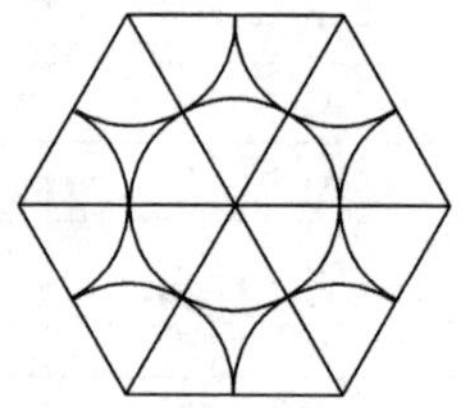

图 1-44 密排六方结构和面心立方结构中的密排面上的原子排列

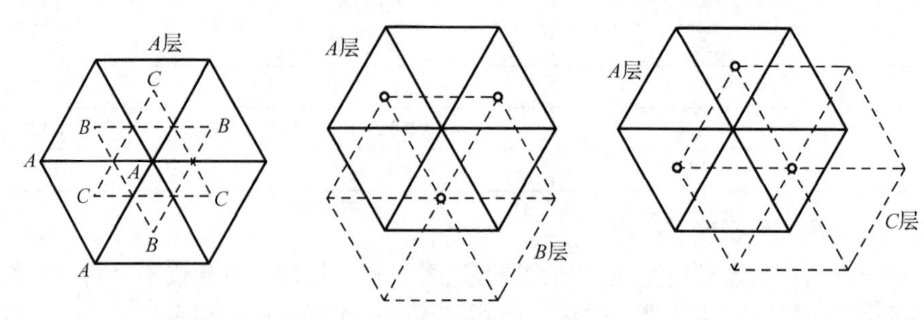

图 1-45 面心立方结构和密排六方结构中的密排面的分析

从晶体中原子排列的刚球模型和对致密度的分析可以看出，金属晶体存在许多间隙，这种间隙对金属的性能、合金相结构和扩散、相变等都有重要影响。图 1-46、图 1-47 和图 1-48 所示为三种典型金属晶体结构点阵中的间隙位置示意图。其中位于 6 个原子所组成的八面体中间的间隙称为八面体间隙，位于 4 个原子所组成的四面体中间的间隙称为四面体间隙。图 1-46、图 1-47 和图 1-48 中的实心圆圈代表金属原子，令其半径为r_A；空心圆圈代表间隙，令其半径为r_B。通过如图 1-49 所示的面心立方晶体中间隙的刚球模型可以看出，r_B 就是间隙能容纳的最大球半径。

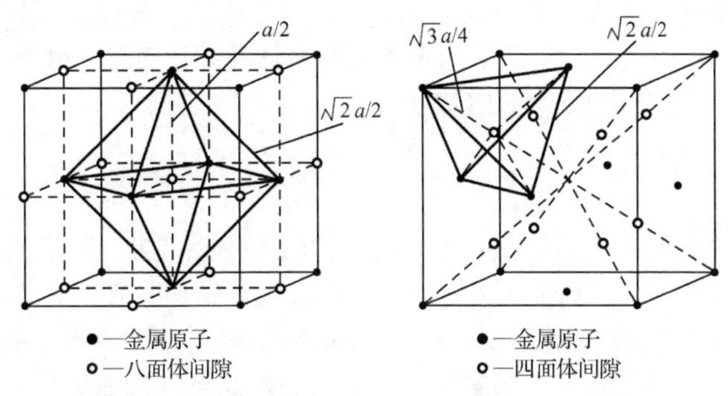

图 1-46　面心立方点阵中的间隙位置示意图

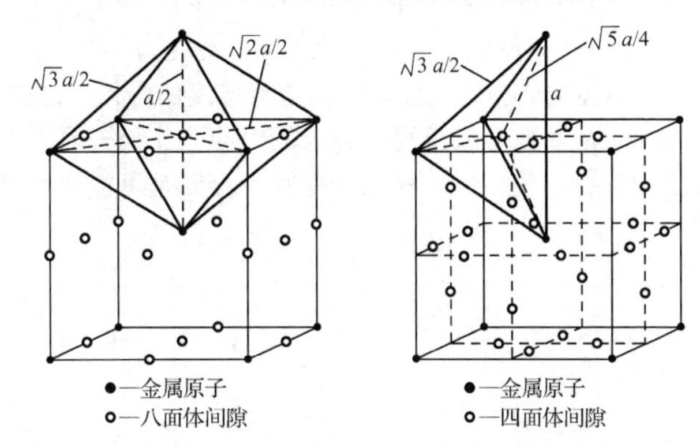

图 1-47　体心立方点阵中的间隙位置示意图

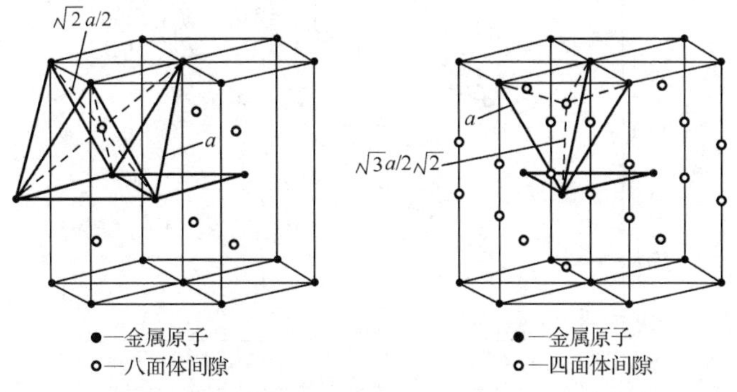

图 1-48　密排六方点阵中的间隙位置示意图

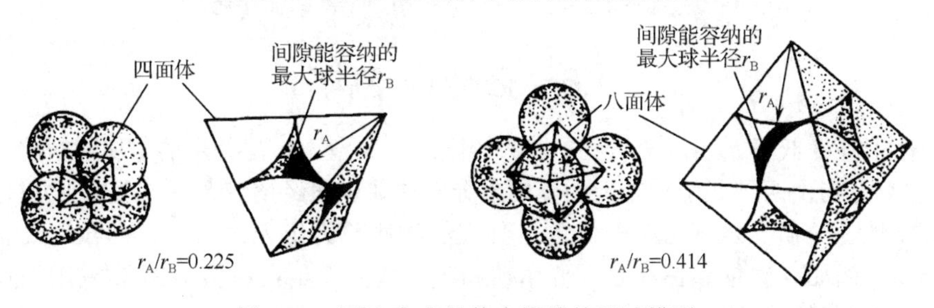

图 1-49　面心立方晶体中间隙的刚球模型

利用几何关系可求出三种晶体结构中四面体和八面体间隙的数量和大小，计算结果列于表1-4中。

体心立方结构的四面体和八面体间隙都是不对称的，其棱边长度不全相等，这对以后将要讨论到的间隙原子的固溶及其产生的畸变将有明显的影响。

晶体中的间隙溶入原子后会形成间隙固溶体，随着原子的溶入，间隙固溶体晶格将产生晶格畸变。溶质原子含量越高，晶格畸变就越大，固溶体的强度和硬度提高就越显著。例如，碳原子可溶入α-Fe和γ-Fe间隙中，且实验证明均是溶入八面体间隙；而且，由于γ-Fe的间隙大，故碳原子在γ-Fe中的溶解度比在α-Fe中的溶解度大。

1.5.3 多晶型性

有些金属在不同的温度和压力下具有不同的晶体结构，也就是说该金属具有多晶型性，转变的产物称为同素异构体。例如，铁在 912℃以下为体心立方结构，称为α-Fe，又称铁素体铁；在912～1 394℃下为面心立方结构，称为γ-Fe，又称为奥氏体铁；在 1 394℃至熔点间为体心立方结构，称为δ-Fe，又称高温铁素体铁。当某一种金属由一种晶体结构变为另一种晶体结构时，由于不同晶体结构的致密度不同，金属将有质量和体积的突变。图 1-50 所示为纯铁加热时的原子体积和原子间距的变化曲线，在α-Fe 转变为γ-Fe，以及γ-Fe 转变为δ-Fe 时，均会因原子体积和原子间距突变而使曲线上出现明显的转折点。经计算，随着温度的降低，在突变温度处，γ-Fe 转变为α-Fe 时体积会膨胀 1.1%，从而使金属承受比较大的内应力作用。具有多晶型性的其他金属还有 Mn、Ti、Co、Sn、Zr、U、Pu 等。同素异构转变对于金属是否能够通过热处理操作来改变它的性能具有重要的意义。

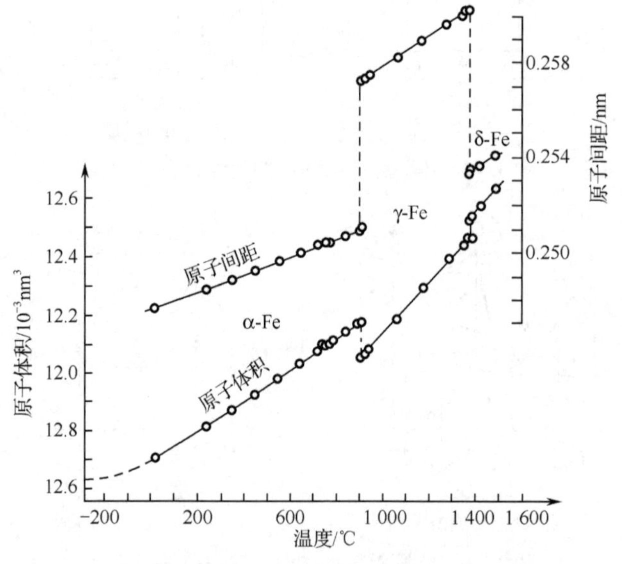

图 1-50 纯铁加热时的原子体积和原子间距的变化曲线

1.6 合金相结构

纯金属由于强度低等原因，使用受到较大的限制，工业上广泛使用的金属材料绝大多数是合金。所谓合金，是指由两种或两种以上的金属或金属与非金属经熔炼、烧结或其他方法组合而成，并具有金属特性的物质。组成合金基本的、独立的物质称为组元，它可以是金属或非金属，也可以是化合物。例如，碳钢和铸铁是主要由铁和碳组成的合金；黄铜是铜和锌组成的合金。

改变和提高金属材料的性能，合金化是最主要的途径。要想知道合金元素加入后是如何起到改变和提高金属性能的作用的，首先必须知道合金元素加入后的存在状态，即可能形成的合金相及其组成的各种不同组织形态。所谓相，是指合金中具有同一聚集状态、同一晶体结构和性质并以界面相互隔开的均匀组成部分。由一种相组成的合金称为单相合金，由几种不同的相组成的合金称为多相合金。尽管合金中的组成相多种多样，但根据合金组成元素及其原子相互作用的不同，固态下形成的合金相基本上可分为固溶体和中间相两大类。

固溶体是以某一组元为溶剂，在其晶体点阵中溶入其他组元原子（溶质原子）所形成的均匀混合的固态溶体，它保持着溶剂的晶体结构类型；若组成合金相的异类原子有固定的比例，则所形成的固相的晶体结构与所有组元均不同，且这种相的成分多数介于 A 在 B 中的溶解限度和 B 在 A 中的溶解限度之间，即落在相图的中间部位，故称它为中间相。合金组元之间的相互作用及其形成的合金相的性质的主要影响因素有它们各自的电负性、原子尺寸和电子浓度。

1.6.1　固溶体

固溶体晶体结构的最大特点是保持着原溶剂的晶体结构，根据溶质原子在溶剂点阵中的所处位置，可将固溶体分为置换固溶体和间隙固溶体两类。

1.6.1.1　置换固溶体

当溶质原子溶入溶剂中形成固溶体时，溶质原子占据溶剂点阵的阵点，或者说溶质原子置换了溶剂点阵的部分溶剂原子，这种固溶体就称为置换固溶体。金属元素彼此之间一般都能形成置换固溶体，但溶解度视不同元素而异，有些能无限溶解，有些只能有限溶解。影响溶解度的因素有很多，主要有以下几个。

1. 晶体结构

晶体结构相同是组元间形成无限固溶体的必要条件。只有当组元 A 和组元 B 的结构类型相同时，组元 B 中的原子才有可能连续不断地置换组元 A 中的原子。无限置换固溶体中两组元置换示意图如图 1-51 所示。

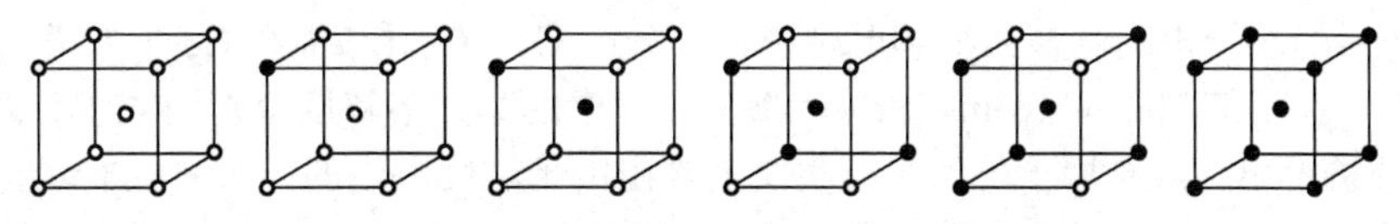

图 1-51　无限置换固溶体中两组元置换示意图

显然，如果两组元的晶体结构类型不同，组元间的溶解度只能是有限的。在形成有限固溶体时，若溶质元素与溶剂元素的结构类型相同，则溶解度通常也较不同结构时大。表 1-6 列出的一些金属元素在铁中的溶解度足以说明这一点，表中数据单位为质量百分比。

表 1-6　一些金属元素在铁中的溶解度

元　素	结 构 类 型	γ-Fe/wt.%	α-Fe/wt.%	α-Fe/wt.%（室温）
C	六方/金刚石型	2.11	0.0218	0.008（600℃）
N	简单立方	2.8	0.1	0.001（100℃）
B	正交	0.018～0.026	0～0.008	<0.001
H	六方	0.000 8	0.003	0～0.000 1
P	正交	0.3	2.55	0～1.2
Al	面心立方	0.625	0～36	35
Ti	体心立方/密排六方	0.63	7-9	0～2.5（600℃）

续表

元　　素	结构类型	γ-Fe/wt.%	α-Fe/wt.%	α-Fe/wt.%（室温）
Zr	体心立方/密排六方	0.7	0～0.3	0.3（385℃）
V	体心立方	1.4	100	100
Cr	体心立方	12.8	100	100
Mn	体心/面心/复杂立方	100	0～3	0～3
Ni	面心立方	100	0～10	0～10
Cu	面心立方	0～8	2.13	0.2
Si	金刚石型	2.15	18.5	15

2. 原子尺寸因素

溶剂原子半径 r_A 与溶质原子半径 r_B 的相对差为 Δr，$\Delta r = \frac{r_A - r_B}{r_A} \times 100\%$，其对固溶体的固溶度有重要影响。相对差不超过 ±(14%～15%)有利于大量固溶，反之固溶度非常有限。在以铁为基的固溶体中，当相对差小于 8%，且满足其他因素时，才能形成无限固溶体。这是因为溶质原子的溶入，将引起点阵畸变。原子尺寸相差越大，点阵畸变越严重，结构越不稳定；当相对差大于 30%时，不易形成置换固溶体。

3. 化学亲和力（电负性因素）

溶质与溶剂元素之间的化学亲和力越强，合金组元间的电负性之差越大，倾向于生成化合物，不利于形成固溶体；生成的化合物越稳定，固溶体的溶解度就越小，只有电负性相近的元素才可能具有大的溶解度。

4. 电子浓度因素

实验结果表明，当原子尺寸因素较为有利时，在某些以一价金属（如 Cu，Ag，Au）为基的固溶体中，溶质的原子价越高，其溶解度越小，如 Zn、Ga、Ge 和 As 在 Cu 中的最大溶解度分别为 38%、20%、12%和 7%；Cd、In、Sn 和 Sb 在 Ag 中的最大溶解度分别为 42%、20%、12%和 7%。进一步分析得出，溶质原子价的影响实质上是由电子浓度决定的。所谓电子浓度就是合金中价电子数目与原子数目的比值，即 $\frac{e}{a}$。合金中的电子浓度可按式（1-27）计算：

$$\frac{e}{a} = \frac{A(100 - x) + Bx}{100} \tag{1-27}$$

式中，A、B 分别为溶剂和溶质的原子价；x 为溶质的原子数分数（%）。

如果分别算出上述合金在最大溶解度时的电子浓度，就可以发现它们的数值都接近 1.4。这就是所谓的极限电子浓度。超过此值时，固溶体就不稳定，要形成另外的相。极限电子浓度与溶剂晶体结构类型有关。对一价金属溶剂而言，在晶体结构为 FCC 时，极限电子浓度为 1.36；在晶体结构为 BCC 时，极限电子浓度为 1.48；在晶体结构为 HCP 时，极限电子浓度为 1.75。

所以，晶体结构、原子尺寸、电负性及电子浓度是影响固溶体溶解度的四个主要因素，当这四个因素均有利时，有可能形成无限固溶体。这四个因素并非相互独立的，其统一理论是金属及合金的电子理论。显然，影响固溶度的因素除了上述讨论的因素，还有温度，在大多数情况下，温度升高，固溶度就升高；而对少数含有中间相的复杂合金而言，情况相反。

注意，这里讲的原子价是用来表示在形成合金时，每一原子平均贡献出的公有电子数（或参加结合键的电子数），此数值与该元素在化学反应时表现出的价数不尽一致。例如，铜在化学反应里有时为一价，有时为两价，但在计算合金的电子浓度时，铜被视作一价元素。另外，过渡族元素原子价的确定是个有争议的问题，由于过渡族元素 d 层电子不满，它既可贡献电子，又可能是吸收电子的阱，故可近似地认为它们吸收与贡献的电子数相同，在计算电子浓度时，将其原子价取为零。部分元素的原子价如表 1-7 所示。

表 1-7　部分元素的原子价

元素名称	原子价	元素名称	原子价
Cu，Au，Ag	+1	Sn，Si，Ge，Pb	+4
Be，Mg，Zn，Cd，Hg	+2	As，Sb，Bi，P	+5
Al，In，Ga	+3	Fe，Co，Ni，Ce，La，Pr，Nd，Ru，Rh，Pd	0

1.6.1.2　间隙固溶体

溶质原子分布于溶剂晶格间隙而形成的固溶体称为间隙固溶体。当溶质与溶剂的原子半径相对差 Δr 大于 30%时，不易形成置换固溶体；而且，当溶质原子半径很小，致使 Δr>41%时，溶质原子就可能进入溶剂晶格间隙中形成间隙固溶体。形成间隙固溶体的溶质原子通常是一些原子半径小于 0.1nm 的非金属元素，如 H、B、C、N、O 等（它们的原子半径分别为 0.046nm、0.097nm、0.077nm、0.071nm 和 0.060nm）。

在间隙固溶体中，由于溶质原子一般比晶格间隙的尺寸大，所以当它们溶入后，会引起溶剂点阵畸变，使点阵常数变大，畸变能升高。因此，间隙固溶体都是有限固溶体，而且溶解度很小。

间隙固溶体的溶解度不仅与溶质原子的大小有关，还与溶剂晶体结构中间隙的形状和大小等因素有关。例如，在 γ-Fe 中的最大溶解度为质量分数 ω(C)=2.11%，而在 α-Fe 中的最大溶解度仅为质量分数 ω(C)=0.218%。这是因为固溶于 γ-Fe 和 α-Fe 中的碳原子均处于八面体间隙中，而 γ-Fe 的八面体间隙尺寸比 α-Fe 大。另外，α-Fe 为体心立方晶格，而在体心立方晶格中四面体和八面体间隙均是不对称的，尽管在<100>方向上八面体间隙的尺寸比四面体间隙的尺寸小，仅为 0.154R，但它在<110>方向上却为 0.633R，比四面体间隙尺寸 0.291R 大得多。因此，当 C 原子挤入时只要推开 z 轴方向的上下两个铁原子即可，这比挤入四面体间隙同时推开四个铁原子容易。虽然如此，其实际溶解度仍是极微的。

1.6.1.3　固溶体的微观不均匀性

完全无序的固溶体是不存在的。可以认为，在热力学上处于平衡状态的无序固溶体，溶质原子的分布在宏观上是均匀的，但在微观上并不均匀。图 1-52 所示为固溶体中溶质原子分布示意图。在一定条件下，它们甚至会呈有规则分布，形成有序固溶体。这时溶质原子存在于溶质点阵中的固定位置上，而且每个晶胞中的溶质和溶剂原子之比是一定的。有序固溶体的点阵结构有时也称为超结构。固溶体中溶质原子取何种分布方式主要取决于同类原子间的结合能 E_{AA}、E_{BB} 和异类原子间的结合能 E_{AB} 的相对大小。若 $E_{AA} \approx E_{BB} \approx E_{AB}$，则溶质原子倾向于呈无序分布；若 $(E_{AA}+E_{BB})/2 < E_{AB}$，则溶质原子呈偏聚状态；若 $(E_{AA}+E_{BB})/2 > E_{AB}$，则溶质原子呈部分有序或完全有序排列。

1.6.1.4　固溶体的性质

和纯金属相比，由于溶质原子的溶入导致固溶体的点阵常数、力学性能、物理和化学性能产生了不同程度的变化。

1. 点阵常数改变

形成固溶体时，虽然溶剂仍保持着晶体结构，但由于溶质与溶剂的原子大小不同，总会引起点阵畸变并导致点阵常数发生变化。对置换固溶体而言，当原子半径 $r_B > r_A$ 时，溶质原子周围点阵膨胀，平均点阵常数增大；当 $r_B < r_A$ 时，溶质原子周围点阵收缩，平均点阵常数减小。对间隙固溶体而言，点阵常数随溶质原子的溶入总是增大的，这种影响往往比置换固溶体大得多。

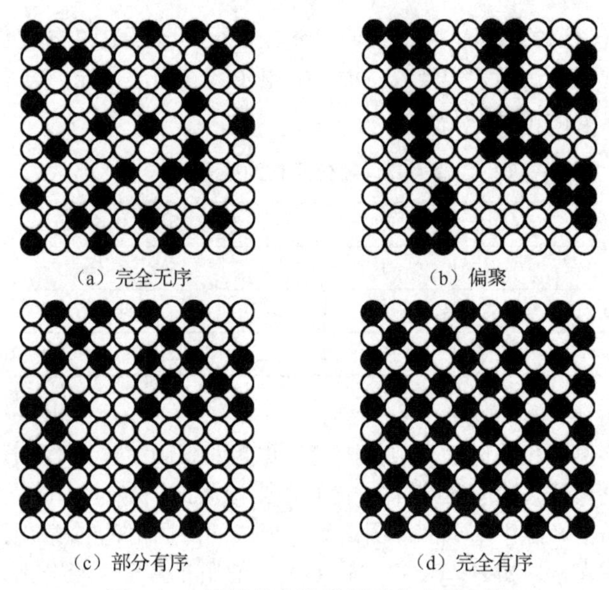

图 1-52 固溶体中溶质原子分布示意图

2. 产生固溶强化

和纯金属相比，固溶体一个最明显的变化是由于溶质原子的溶入，固溶体的强度和硬度升高。这种现象称为固溶强化。有关固溶强化的机理将在后续章节中进一步讨论。

3. 物理和化学性能的变化

固溶体合金随着固溶度的增加，点阵畸变增大，一般固溶体的电阻率ρ升高，同时电阻温度系数α降低。例如，Si 溶入α-Fe 中可以提高磁导率，因此质量分数ω(Si)为 2%～4%的硅钢片是一种应用广泛的软磁材料；Cr 固溶于α-Fe 中，当 Cr 的原子数分数达到 12.5%时，Fe 的电极电位由-0.60V 突然上升到+0.2V，从而可以有效地抵抗空气、水、稀硝酸等的腐蚀。因此，不锈钢中至少含有 13%的 Cr 原子。

有序化时因原子间结合力增加，点阵畸变和反相畴存在等因素都会引起固溶体性能突变，除了硬度和屈服强度升高、电阻率降低，甚至有些非铁磁性合金在有序化后会具有明显的铁磁性。例如，Ni_3Mn 和 Cu_3MnAl 合金在无序状态时呈顺磁性，但在有序化形成超点阵后成为铁磁性物质。

1.6.2 中间相

组元A和B在组成合金时，除了可形成以组元A为基或以组元B为基的固溶体（端际固溶体），还可能形成晶体结构与 A、B 两组元均不相同的新相。由于它们在二元相图上的位置总是位于中间，故通常把这些相称为中间相。

中间相可以是化合物，也可以是以化合物为基的固溶体（称为第二类固溶体或二次固溶体）。中间相可用化合物的化学分子式表示。在大多数中间相中，原子间的结合方式属于金属键与其他典型键（如离子键、共价键和分子键）相混合的一种结合方式。因此，它们都具有金属性。正是由于中间相中各组元间的结合含有金属的结合方式，所以表示它们组成的化学分子式并不一定符合化合价规律，如 CuZn、Fe_3C 等。

和固溶体一样，电负性、电子浓度和原子尺寸对中间相的形成及晶体结构都有影响。据此，可将中间相分为正常价化合物、电子化合物、与原子尺寸因素有关的化合物和超结构（有序固溶体）等几大类，下面分别进行讨论。

1.6.2.1　正常价化合物

在元素周期表中，一些金属与电负性较强的ⅣA 族、ⅤA 族、ⅥA 族的元素按照化学上的原子价规律所形成的化合物称为正常价化合物。它们的成分可以用分子式来表达，一般为 AB、A_2B（或 AB_2）、A_3B_2 型，如二价的 Mg 与四价的 Pb、Sn、Ge、Si 形成 Mg_2Pb、Mg_2Sn、Mg_2Ge、Mg_2Si。

正常价化合物的晶体结构通常对应同类分子式的离子化合物结构，如 NaCl 型、ZnS 型、CaF_2 型等。正常价化合物的稳定性与组元间的电负性差有关。组元间的电负性差越小，化合物越不稳定，越趋于金属键结合；组元间的电负性差越大，化合物越稳定，越趋于离子键结合，如在 Pb、Sn、Ge、Si 中，由 Pb 到 Si 电负性逐渐增大，故在 Mg_2Pb、Mg_2Sn、Mg_2Ge、Mg_2Si 这四种正常价化合物中 Mg_2Si 最稳定，熔点为 1 102℃，是典型的离子化合物；而 Mg_2Pb 熔点仅为 550℃，显示出典型的金属性质，其电阻值随温度的升高而增大。

1.6.2.2　电子化合物

电子化合物是休姆-罗瑟里（Hume-Rothery）在研究ⅠB 族的贵金属（Ag、Au、Cu）与ⅡB 族、ⅢA 族、ⅣA 族元素（如 Zn、Ga、Ge）所形成的合金时首先发现的，后来又在 Fe-A1、Ni-Al、Co-Zn 等其他合金中发现，故又称休姆-罗瑟里相。

这类化合物的特点是电子浓度是决定晶体结构的主要因素。凡具有相同的电子浓度，相的晶体结构类型就相同。电子浓度用化合物中每个原子平均占有的价电子数来表示。在计算不含ⅠB 族、ⅡB 族的过渡族元素时，因其 d 层的电子未被填满，在组成合金时它们实际上不贡献价电子，其价电子数视为零。电子浓度为 (21/12) 的电子化合物为 ε 相，具有密排六方结构；电子浓度为 (21/13) 的为 γ 相，具有复杂立方结构；电子浓度为 (21/14) 的为 β 相，一般具有体心立方结构，但有时可能呈复杂立方的 β-Mn 结构或密排六方结构。这是由于除了主要受电子浓度影响，其晶体结构同时受尺寸因素及电化学因素的影响。表 1-8 所示为铜合金中的一些电子化合物及其结构类型。

表 1-8　铜合金中的一些电子化合物及其结构类型

合金系	电子浓度		
	21/14（β 相）	21/13（γ 相）	21/12（ε相）
	晶体结构		
	体心立方	复杂立方	密排六方
Cu-Zn	CuZn	Cu_5Zn_8	$CuZn_2$
Cu-Sn	Cu_5Sn	$Cu_{31}Sn_8$	Cu_3Sn
Cu-Al	Cu_3Al	Cu_9Al_4	Cu_5Al_3
Cu-Si	Cu_5Si	$Cu_{31}Si_8$	Cu_3Si

电子化合物虽然可用化学分子式表示，但不符合化合价规律，实际上其成分是在一定范围内变化的，可视其为以化合物为基的固溶体，其电子浓度也在一定范围内变化。电子化合物中原子间的结合方式以金属键为主，具有明显的金属特性。

1.6.2.3　与原子尺寸因素有关的化合物

一些化合物类型与组成元素原子尺寸的差别有关，当两种原子半径差很大的元素形成化合物时，倾向于形成间隙相（Interstitial Phase）和间隙化合物（Interstitial Compound）；当两种原子半径差为中等程度时，倾向于形成拓扑密堆相（Topologically Close-Packed Phase，TCP），现分别进行讨论。

1. 间隙相和间隙化合物

原子半径较小的非金属元素，如 C、H、N、B 等，可与金属元素（主要是过渡族金属）形成间隙相或间隙化合物。这主要取决于非金属（X）和金属（M）原子半径的比值 r_X/r_M；当 $r_X/r_M<0.59$ 时，形成具有简单晶体结构的相，称为间隙相；当 $r_X/r_M>0.59$ 时，形成具有复杂晶体结构的相，通常称为间隙化合物。

由于 H 和 N 的原子半径仅为 0.046nm 和 0.071nm，尺寸小，故它们与所有的过渡族金属都满足 $r_X/r_M<0.59$ 的条件，因此过渡族金属的氢化物和氮化物都为间隙相。而 B 的原子半径为 0.097nm，尺寸较大，过渡族金属的硼化物均为间隙化合物。C 处于中间状态，某些碳化物如 TiC、VC、NbC、WC 等属于结构简单的间隙相，而 Fe_3C、Cr_7C_3、$Cr_{23}C_6$、Fe_3W_3C 等则是结构复杂的间隙化合物。

（1）间隙相。间隙相具有比较简单的晶体结构，如面心立方（FCC）、密排六方（HCP），少数为体心立方（BCC）或简单六方结构，它们与组元的结构均不相同。在晶体中，金属原子占据正常的位置，而非金属原子规则地分布于晶格间隙中，这就构成了一种新的晶体结构。非金属原子在间隙相中占据什么间隙位置，主要取决于原子尺寸。当 $r_X/r_M<0.414$ 时，可进入四面体间隙；当 $r_X/r_M>0.414$ 时，可进入八面体间隙。

间隙相的分子式一般为 M_4X、M_2X、MX 和 MX_2 四种。间隙相举例如表 1-9 所示。

表 1-9 间隙相举例

分子式	间隙相举例	金属原子排列类型
M_4X	Fe_4N、Mn_4N	面心立方
M_2X	Ti_2H、Zr_2H、Fe_2N、Cr_2N、V_2N、W_2C、Mo_2C、V_2C	密排六方
MX	TaC、TiC、ZrC、VC、ZrN、VN、TiN、CrN、ZrH、TiH	面心立方
	TaH、NbH	体心立方
	WC、MoN	简单六方
MX_2	TiH_2、ThH_2、ZrH_2	面心立方

在密排结构（FCC 和 HCP）中，八面体和四面体间隙数与晶胞内原子数的比值分别为 1 和 2。当非金属原子填满八面体间隙时，间隙相的成分恰好为 MX，结构为 NaCl 型（MX 化合物也可呈闪锌矿结构，非金属原子占据了四面体间隙的半数）；当非金属原子填满四面体间隙时（仅在氢化物中出现），形成 MX_2 间隙相，如 TiH_2（在 MX_2 结构中，H 原子也可成对填入八面体间隙中，如 ZrH_2）；在 M_4X 中，金属原子组成面心立方结构，而非金属原子在每个晶胞中占据一个八面体间隙；在 M_2X 中，金属原子按密排六方结构排列（个别也有面心立方，如 W_2N、MoN 等），非金属原子占据其中一半的八面体间隙位置，或四分之一的四面体间隙位置。M_4X 和 M_2X 可认为是非金属原子未填满间隙的结构。

尽管间隙相可以用化学分子式表示，但其成分也是在一定范围内变化的，也可视为以化合物为基的固溶体（称为第二类固溶体或缺位固溶体）。特别是间隙相不仅可以溶解其组成元素，间隙相之间也可以相互溶解。如果两种间隙相具有相同的晶体结构，且这两种间隙相中的金属原子半径差小于 15%，它们还可以形成无限固溶体，如 TiC-ZrC、TiC-VC、ZrC-NbC、VC-NbC 等。

间隙相中的原子间结合键为共价键和金属键时，即使非金属组元的原子数分数大于 50%，仍具有明显的金属特性，而且间隙相几乎全部具有高熔点和高硬度的特点，是合金工具钢和硬质合金中的重要组成相。

（2）间隙化合物。当非金属原子半径与过渡族金属原子半径之比 $r_X/r_M>0.59$ 时，形成的相往往是具有复杂的晶体结构，这就是间隙化合物。通常过渡族金属 Cr、Mn、Fe、Co、Ni 与碳元素所形成的碳化物都是间隙化合物。常见的间隙化合物有 M_3C 型（如 Fe_3C、Mn_3C）、M_7C_3 型（如 Cr_7C_3）、$M_{23}C_6$ 型（如 $Cr_{23}C_6$）和 M_6C 型（如 Fe_3W_3C、Fe_4W_2C）等。间隙化合物中的金属元素常常被其他金属元素置换，形成以化合物为基的固溶体，如 $(Fe, Mn)_3C$、$(Cr, Fe)_7C_3$ 等。

间隙化合物的晶体结构都很复杂，如 $Cr_{23}C_6$ 属于复杂立方结构，晶胞中共有 116 个原子，其中 92 个为 Cr 原子，24 个为 C 原子，而每个 C 原子有 8 个相邻的金属 Cr 原子，$Cr_{23}C_6$ 的晶体结构如图 1-53 所示，这一大晶胞可以看成是由 8 个亚胞交替排列组成的。

Fe_3C 是铁碳合金中的一个基本相，称为渗碳体。C 与 Fe 的原子半径之比为 0.63，其晶体结构如图 1-54 所示，为正交晶系，三个点阵常数不相等，晶胞中共有 16 个原子，其中 12 个 Fe 原子，4 个 C 原子，符合 Fe∶C=3∶1 的关系。Fe_3C 中的 Fe 原子可以被 Mn、Cr、Mo、W、V 等金属原子置换，从而形成合金渗碳体；而 Fe_3C 中的 C 可被 B 置换，但不能被 N 置换。

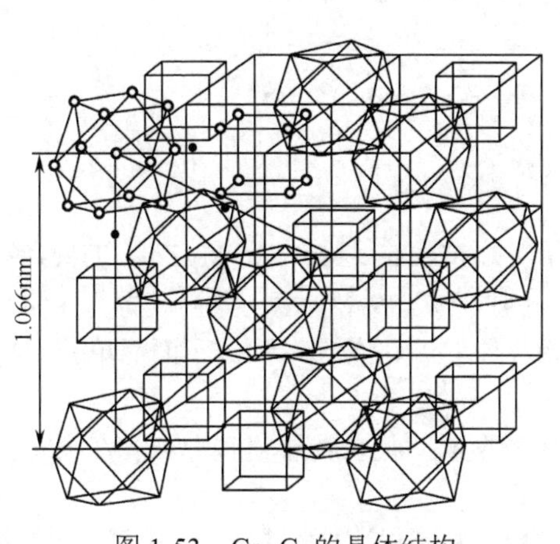

图 1-53　$Cr_{23}C_6$ 的晶体结构

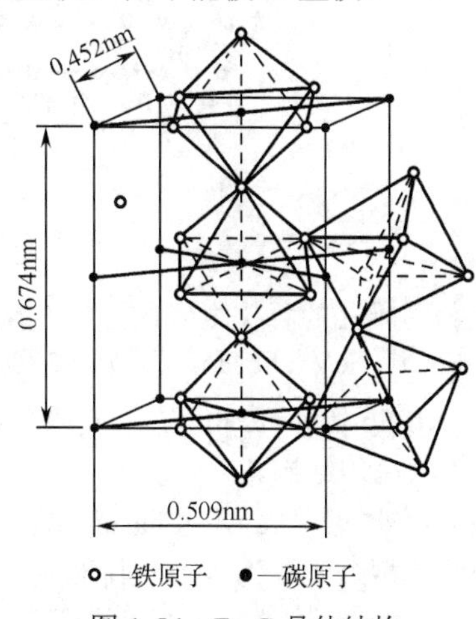

图 1-54　Fe_3C 晶体结构

间隙化合物中原子间的结合键为共价键和金属键，其熔点和硬度均较高（但不如间隙相），是钢中的主要强化相。还应指出，在钢中只有元素周期表中位于 Fe 左方的过渡族金属元素才能形成碳化物（包括间隙相和间隙化合物），它们的 d 层电子越少，与碳的亲和力就越强，形成的碳化物就越稳定。

2. 拓扑密堆相

拓扑密堆相是由两种大小不同的金属原子构成的一类中间相，其中大小原子通过适当的配合构成空间利用率和配位数都很高的复杂结构。这类结构由于具有拓扑特征，故称为拓扑密堆相，简称 TCP 相，以区别于一般具有 FCC 或 HCP 的几何密堆相。

这种结构的特点如下。

（1）由配位数（CN）为 12、14、15、16 的配位多面体堆垛而成。所谓配位多面体是以某一原子为中心，将其周围紧密相邻的各原子中心用一些直线连接起来构成的多面体，每个面都是三角形。

（2）呈层状结构。原子半径小的原子构成密排面，其中嵌镶有原子半径大的原子由这些密排层按一定顺序堆垛而成，从而构成空间利用率很高，只有四面体间隙的密排结构。

原子密排层的网格结构是由三角形、正方形或六角形组合起来的。网格结构通常可用一定的符号加以表示：取网格中的任一原子，依次写出围绕着它的多边形类型。图 1-55 所示为原子密排层的网格结构。

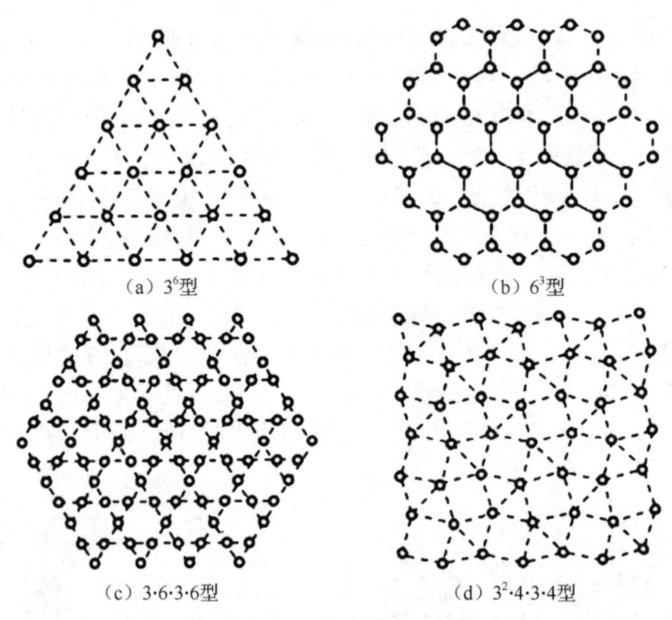

图 1-55 原子密排层的网格结构

拓扑密堆相的种类很多，已经发现的有拉弗斯相（如 $MgCu_2$、$MgNi_2$、$MgZn_2$、$TiFe_2$ 等）、σ 相（如 FeCr、FeV、FeMo、CrCo、WCo 等）、μ 相（如 Fe_7W_6、Co_7Mo_6 等）、Cr_3Si 型相（如 Cr_3Si、Nb_3Sn、Nb_3Sb 等）、R 相（如 $Cr_{18}Mo_{31}Co_{51}$ 等）、P 相（如 $Cr_{18}Ni_{40}Mo_{42}$ 等）。下面简单介绍拉弗斯相和 σ 相的晶体结构。

（1）拉弗斯相（Laves Phase）。许多金属之间形成的金属间化合物属于拉弗斯相。二元合金拉弗斯相的典型分子式为 AB_2，其形成条件如下。

① 原子尺寸因素。A 原子半径略大于 B 原子半径，其理论比值应为 r_A/r_B=1.255，而实际比值在 1.05～1.68 范围间。

② 电子浓度。一定的结构类型对应着一定的电子浓度。拉弗斯相的晶体结构有三种类型。它们的典型代表为 $MgCu_2$、$MgZn_2$ 和 $MgNi_2$。它们对应的电子浓度范围分别为 1.33～1.75、1.80～2.00、1.80～1.90，并分别属于复杂立方、复杂六方、复杂六方的晶体结构。

以 $MgCu_2$ 为例，其晶胞结构如图 1-56（a）所示，共有 24 个原子，Mg 原子（A）8 个，Cu 原子（B）16 个。（110）面上原子的排列如图 1-56（b）所示，可见在理想情况下 r_A/r_B=1.255。晶胞中原子半径较小的 Cu 原子位于小四面体的顶角，一正一反排成长链，$\frac{\sqrt{2}}{4}a$ 从[111]方向看，是 3·6·3·6 型密排层，如图 1-57（a）所示；而较大的 Cu 原子位于各小四面体间的空隙中，本身又组成一种金刚石型结构的四面体网络，如图 1-57（b）所示，两者穿插构成整个晶体结构。A 原子周围有 12 个 B 原子和 4 个 A 原子，故配位多面体的 CN 为 16；而 B 原子周围是 6 个 A 原子和 6 个 B 原子，即 CN 为 12。因此，该拉弗斯相结构可看作由 CN=16 与 CN=12 两种配位多面体相互配合而成。

拉弗斯相是镁合金中的重要强化相。在高合金不锈钢和铁基、镍基高温合金中，有时也会以针状的拉弗斯相分布在固溶体基体上，当其数量较多时会降低合金性能，故应适当控制。

（2）σ 相。σ 相通常存在于过渡族金属元素组成的合金中，其分子式可写作 AB 或 AB_2，如 FeCr、FeV、FeMo、MoCrNi、WCrNi、(Cr、Wo、W)$_x$(Fe、Co、Ni)$_y$ 等。尽管 σ 相可用化学式表示，但其成分是在一定范围内变化的，是以化合物为基的固溶体。

σ 相具有复杂的四方结构，其轴比 $c/a \approx 0.52$，每个晶胞中有 30 个原子。σ 相的四方结构示意图如图 1-58 所示。σ 相在常温下硬而脆，它的存在对合金性能有害。在不锈钢中出现σ 相会引起晶间腐蚀和脆性；在 Ni 基高温合金和耐热钢中，如果成分或热处理控制不当，将会发生片状且硬而脆的σ 相沉淀，使材料变脆，故应避免出现这种情况。

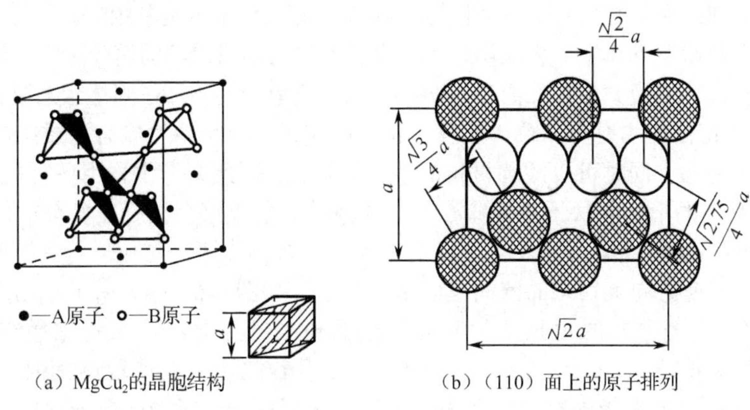

（a）$MgCu_2$的晶胞结构　（b）（110）面上的原子排列

图 1-56　$MgCu_2$ 立方晶胞中 A 原子、B 原子的分布

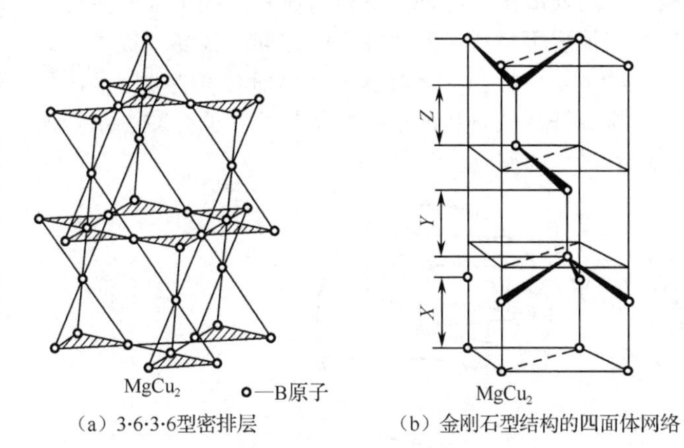

（a）3·6·3·6型密排层　（b）金刚石型结构的四面体网络

图 1-57　$MgCu_2$ 结构中 A 原子、B 原子分别构成的层网结构

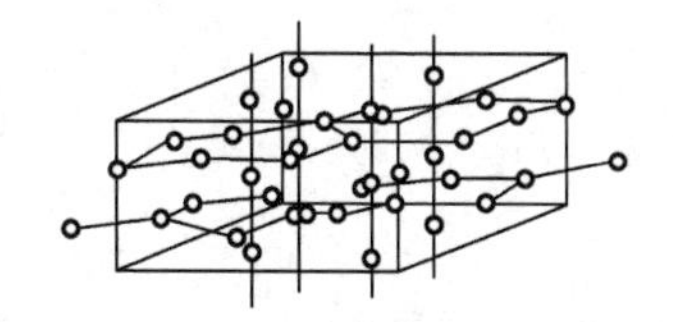

图 1-58　σ 相的四方结构示意图

1.7　晶体材料组织及其观察

实际晶体材料大都是多晶体，由很多晶粒组成。材料的组织是指各种晶粒的组合特征，即各种晶粒的相对量、尺寸大小、形状及分布等特征。晶体的组织比原子结合键及原子排列方式更易随成分及加工工艺而变化，是一个影响材料性能的、极为敏感且重要的结构因素。

粗大的组织用肉眼就能观察到，这类组织被称为宏观组织，而更多情况下要用金相显微镜或电子显微镜才能观察内部的组织，故这类组织又常被称为显微组织（Microstructure）或金相组织。利用显微镜观察材料的组织如图 1-59 所示。观察组织前必须先对要观察的部位进行磨光和抛光，获得平整而光滑的表面、然后化学浸蚀试样，将晶界显示出来后进行观察。由于晶界处的原子往往处于错配位置，它们的能量较晶内原子高，因此在化学浸蚀剂的作用下比晶内更容易受蚀，形成

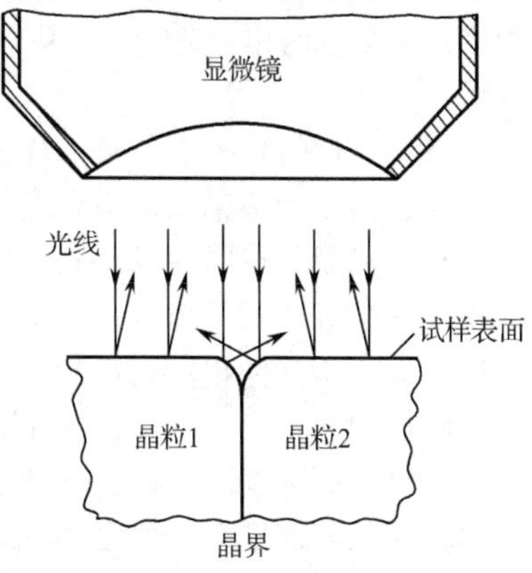

图 1-59　利用显微镜观察材料的组织

图 1-59 中的沟槽，进入沟槽区的光线以很大的角度反射，因而不能进入显微镜，于是沟槽在显微镜下成为与基体组织不一样的晶界轮廓。把多晶体内所有的晶界显示出来后就相当于勾画出一幅组织图像，这样便可研究材料的组织。

组织有单相组织和多相组织。具有单一相的组织为单相组织，即所有晶粒的化学组成相同，晶体结构也相同。纯组元，如纯 Fe、纯 Al 或纯 Al_2O_3，等组织一定是单相的。此外，有些合金中的合金元素可以完全溶解于基体中，形成均匀的合金相，也可形成单相固溶体组织，这种情况很像酒精水溶液或盐水溶液，溶液中各处的成分与结构相同，是单一的相，在固体状态时称为固溶体。

描述单相组织特征的主要有晶粒尺寸及形状。晶粒尺寸对材料性能有重要影响，细化晶粒可以明显提高材料的强度，同时可以改善材料的塑性和韧性，因此人们常采用各种措施来细化晶粒。在单相组织中，晶粒的形状取决于各个核心的生长条件。如果每个核心在各个方向上的生长条件接近，最终得到的晶粒在空间三维方向上尺度相当，那么就称这一晶粒形状为等轴晶（Equiaxed Grain），观察其在任何方向上切取的磨面里的组织相近，如图 1-60（a）所示。相反，如果在特定的条件下，空间某一个方向的生长条件明显优于其他二维方向，那么就称最终得到拉长的晶粒形状为柱状晶（Columnar Grain）（或杆状晶），在沿着柱状方向切取磨面时，所得的组织如图 1-60（b）所示。例如在凝固时在容器的底部进行强烈冷却，大的热流形成明显的温度梯度，于是得到垂直于底部的柱状晶，这一技术被称为定向凝固。等轴晶使材料在各方向上性能接近，而柱状晶在各方向上表现出差异的性能，在有些情况下材料沿着“柱”的方向的性能很优越。此外，晶粒的形状也会随压力加工工艺而变化，如金属板材在冷轧过程中，等轴晶可能被压扁，从而成饼状，金属丝材在冷拔过程中，等轴晶被拉成杆状或条状，这些饼状或杆状的晶粒在重新被加热时，有可能再次转变为等轴状，同时伴随着尺寸的变化。

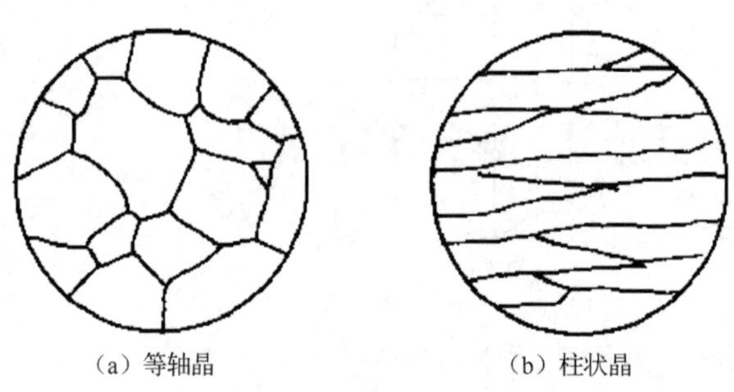
（a）等轴晶 （b）柱状晶

图 1-60 单相组织的两种晶粒

由于单相多晶体材料的强度往往很低，因此工程中更多应用的是两相以上的晶体材料，各个相具有不同的成分和晶体结构。由于是多相组织，组织中各个相的组合特征及形貌要比单相组织复杂得多。下面以两相合金中一些基本的组织形态为例，说明多相合金组织的含义及组织与性能之间的关系。

图 1-61（a）所示为两相合金的一种典型组织，两相（或两种组织单元）晶粒尺度相当，两种晶粒各自成为等轴状，两者均匀地交替分布，此时合金的力学性能取决于两相或两种组织组成物的相对量及各自的性能。在通常情况下，组织中两相的晶粒尺度相差甚远，如图 1-61（b）所示，其中尺寸较细的相以球状、点状、片状或针状等形态弥散分布于另一相晶粒基体内。若弥散相的硬度明显高于基体相，则将显著地提高材料的强度。与此同时，材料的塑性与韧性必将下降。增加弥散相的相对量，或者在相对量不变的情况下细化弥散相尺寸（增加弥散相的个数），将大幅度地提高材料的强度。材料工作者常采取各种措施（如合金化、热处理等）改变材料组织，从而提高材料的强度水平，这种强化方法被称为弥散强化。

第二相在基体相的晶界上分布也是一种常见的组织特征，网状分布于晶界如图 1-61（c）所示，如果第二相非连续地分布于晶界，它对性能的影响并不大，一旦第二相连续分布于晶界形成网状，将对材料性能产生明显不利影响。当第二相很脆时，不管基体相的塑性有多好，材料将完全表现为脆性；如果第二相的熔点低于材料的热变形温度，那么在热变形时将由于晶界熔化，晶粒失去联系，导致“热脆性”。

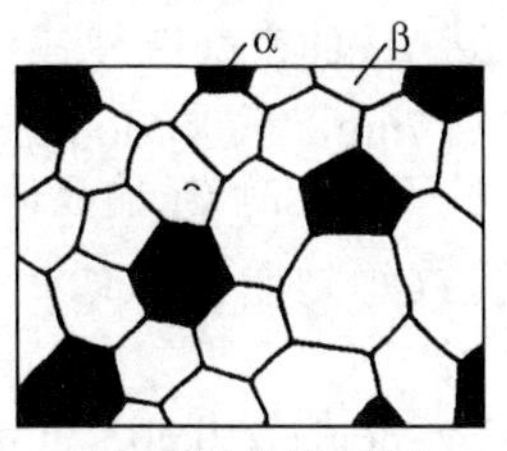

（a）两相晶粒尺度相当

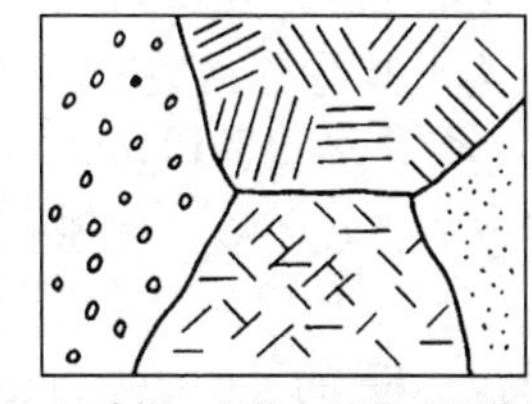

（b）球状、点状、片状或针状等形态弥散分布于另一相晶粒基体内

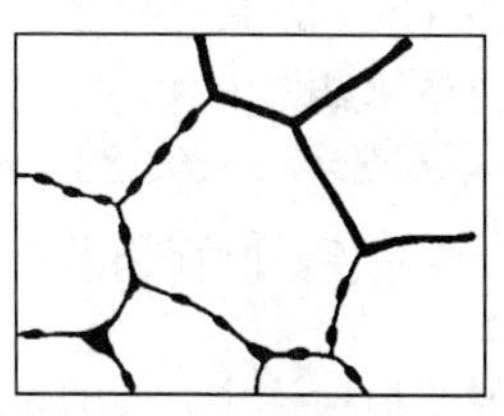

（c）网状分布于晶界

图 1-61　两相组织的一些基本组织形态

课后练习题

1．名词解释。

能量最低原理，Pauli 不相容原理，Hund 规则，元素，元素周期律，元素周期表，金属键，离子键，共价键，范德瓦耳斯力。

2．何谓同位素？为什么元素的相对原子质量不总为正整数？

3．铬的原子序数为 24，它共有 4 种同位素：4.31%的铬原子含有 26 个中子，83.76%的铬原子含有 28 个中子，9.55%的铬原子含有 29 个中子，2.38%的铬原子含有 30 个中子。试求铬的相对原子质量。

4．铜的原子序数为 29，相对原子质量为 63.54，它共有两种同位素 Cu63 和 Cu65，试求两种铜的同位素含量的百分比。

5．锡的原子序数为 50，除了 4f 亚壳层，其他内部电子亚壳层均已填满。试从原子结构角度来确定锡的价电子数。

6．铂的原子序数为 78，它在 5d 亚壳层中只有 9 个电子，并且在 5f 层中没有电子，请问在铂的 6s 亚壳层中有几个电子？

7．已知某元素的原子序数为 32，根据原子的电子结构知识，试指出它属于哪个周期，哪个族，并判断其金属性的强弱。

8．原子间的结合键共有几种？各自的特点如何？

9．图 1-62 绘出了 3 类材料（金属、离子晶体和高分子材料）的原子间能量 E 与原子间距离 r 的关系曲线，试指出它们各代表何种材料。

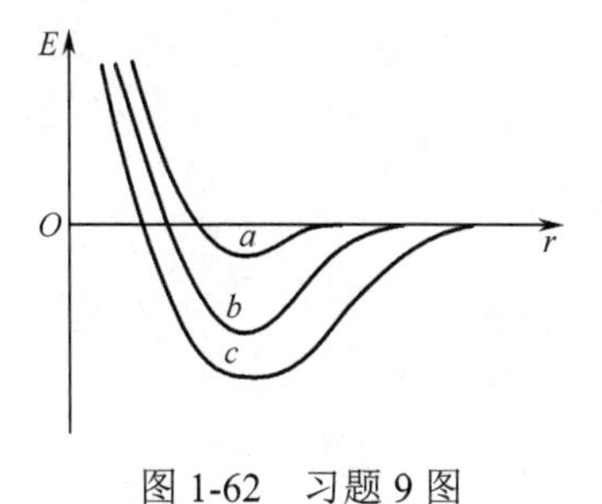

图 1-62　习题 9 图

10．A 元素和 B 元素键合时，A-B 离子特性所占的百分比可近似地用下式表示

$$IC(\%) = [1 - e^{-0.25(x_A - x_B)^2}] \times 100$$

式中，x_A 和 x_B 分别为 A 和 B 元素的电负性值。

已知 Ti、O、In 和 Sb 的电负性分别为 1.5、3.5、1.7 和 1.9，试计算 TiO_2 和 InSb 的 IC(%)。

11．采用 Cu 的 k_α（λ=0.154 2nm）测得以 Cr 的 X 射线衍射谱为首的 3 条谱线 2θ =44.4°、64.6°和 81.8°，若(BCC)Cr 的晶格常数 $a = 0.288\ 5$nm，试求对应这些谱线的密勒指数。

12．Mo 的晶体结构为体心立方结构，其晶格常数 $a = 0.314\ 7$nm，试求 Mo 的原子半径 r。

13．Cr 的晶格常数 $a = 0.288\ 4$nm，密度 ρ 为 7.19g/cm^3，试确定此时 Cr 的晶体结构。

14．① 根据晶体的刚球模型，若球的直径不变，当 Fe 从 FCC 转变为 BCC 时，计算其体积膨胀为多少？

② 经 X 射线衍射测定，在 912℃时，α-Fe 的 a=0.289 2nm，γ -Fe 的 a=0.363 3nm，计算从γ -Fe 转变为 α-Fe 时，其体积膨胀为多少？与①相比，说明其产生差别的原因。

15．试从晶体结构的角度说明间隙固溶体、间隙相及间隙化合物之间的区别。

第 2 章　晶体缺陷

第 1 章讨论的大都是理想的晶体结构，在理想的晶体结构中，所有的原子都处于规则的晶体学位置上，也就是平衡位置上。但实际晶体并不是那么完整，原子的排列不可能绝对规则和完整，总是存在着偏离平衡位置的原子和不完整的区域，这种偏离和不完整性就是晶体缺陷（Imperfection）。晶体缺陷对晶体的性能，特别是对那些结构敏感的性能，如屈服强度、断裂强度、塑性、电阻率、磁导率等有很大的影响。另外，晶体缺陷还与扩散、相变、塑性变形、再结晶、氧化、烧结等紧密相关。根据晶体缺陷的几何形态特征，一般将它分为三类，即点缺陷（Point Defect）、线缺陷（Line Defect）和面缺陷（Planar Defect）。

点缺陷是指三个方向的尺寸都很小，相当于原子尺寸，包括空位、间隙原子、置换原子等，也称为零维缺陷。线缺陷是指两个方向的尺寸很小，另一个方向的尺寸相对很大，如各种类型的位错，也称一维缺陷。面缺陷是指一个方向的尺寸很小，另外两个方向的尺寸相对很大，如晶界、相界、孪晶界、堆垛层错和表面等，也称二维缺陷。

2.1　点缺陷

2.1.1　点缺陷的类型

点缺陷是在阵点或邻近微观区域内偏离理想晶体结构排列的一种缺陷。点缺陷的类型如图 2-1 所示。它的基本类型包括空位（Vacancy）、间隙（Interstitial）原子、外来（Impurity）原子或溶质（Solute）原子，以及由它们组成的复杂点缺陷，如空位对、空位团和空位-溶质原子对等。如果晶体中某阵点上的原子空缺了，如图 2-1（a）所示，则称为空位，它是晶体中最重要的点缺陷，脱位原子一般进入其他空位或逐渐迁移至晶界或表面，这样的空位通常称为肖脱基（Schottky）空位或肖脱基缺陷。偶尔，晶体中的原子有可能挤入阵点的间隙，则形成另一种类型的点缺陷，即间隙原子，同时原来的阵点位置也空缺了，产生一个空位，通常把这一对点缺陷（空位和间隙原子）称为空位-间隙原子对或弗兰克尔（Frenkel）缺陷［见图 2-1（b）］。显然，在晶格间隙中要挤入一个同样大小的本身原子是很困难的，所以在一般晶体中产生弗兰克尔缺陷的数量要比肖脱基缺陷少得多。空位和空位-间隙原子对可以通过热起伏促使原子脱离点阵位置而形成，所以它们也称为热平衡缺陷（Equilibrium Defect）。

另外，晶体中的点缺陷还可以通过高温淬火、冷变形加工和高能粒子（如中子、质子、α 粒子等）的辐照效应等形成。这时，往往晶体中的点缺陷数量超过了其平衡浓度，称为过饱和的点缺陷。

外来原子因为其原子尺寸或化学电负性与基体原子不一样，引入后必然导致周围晶格产生畸变。如果外来原子的尺寸很小，如图 2-1（c）所示，则外来原子可能挤入晶格间隙，形成外来间隙原子。原子尺寸若与基体原子相当，则会如图 2-1（d）、图 2-1（e）所示，置换晶格的某些阵点。

上述任何一种点缺陷的存在，都破坏了理想晶体结构中原有原子间作用力的平衡，点缺陷周围的原子必然会离开原有的平衡位置，进行相应的微量位移，这就是晶格畸变或应变，并使得晶体内能升高。

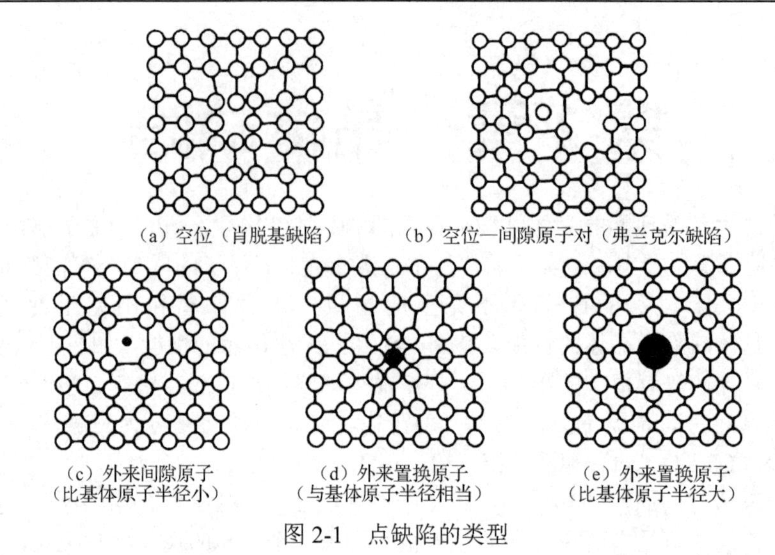

图 2-1 点缺陷的类型

2.1.2 点缺陷的平衡浓度

晶体中点缺陷的存在会造成点阵畸变，使内能升高，降低了晶体的热力学稳定性，但它又加深了原子排列的混乱程度，并改变了其周围原子的振动频率，引起组态熵和振动熵的改变，使晶体熵值增大，增加了晶体的热力学稳定性。

根据热力学理论可以求得在这两个相互矛盾的因素作用及一定温度下晶体中点缺陷的平衡浓度。以空位为例，计算如下。

由热力学原理可知，在恒温下，系统的自由能 G 为

$$G = U - TS \tag{2-1}$$

式中，U 为内能；S 为总熵值（包括组态熵 S_c 和振动熵 S_f）；T 为绝对温度。

设由 N 个原子组成的晶体中含有 n 个空位，若形成一个空位所需的能量（空位形成能）为 E_v，则晶体中含有 n 个空位时，其内能将增加 $\Delta U = nE_v$，而 n 个空位造成晶体组态熵的改变为 ΔS_c，振动熵的改变为 $n\Delta S_f$，故自由能的变化为

$$\Delta G = nE_v - T(\Delta S_c + n\Delta S_f) \tag{2-2}$$

nE_v 和 $T\Delta S$ 这两项相反作用的结果使自由能的变化 ΔG 的走向如图 2-2 自由能随点缺陷数量的变化示意图中的曲线所示，先随晶体中缺陷数目的增多，自由能逐渐降低，然后又逐渐增高，这样体系在一定温度下会存在一个平衡的点缺陷浓度，在该浓度下体系自由能最低。对于图 2-2 所指的确定系统而言，存在一个平衡的点缺陷数量 n_e，此时体系自由能最低。

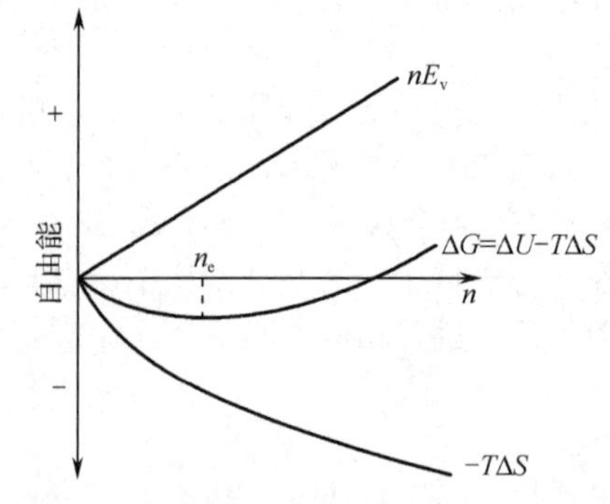

图 2-2 自由能随点缺陷数量的变化示意图

根据统计热力学，组态熵为

$$\Delta S_{\mathrm{c}} = k\ln\left[\frac{(N+n)!}{N!n!}\right] \tag{2-3}$$

式中，k 为玻尔兹曼常数(1.38×10^{-23}J/K)，对数符号后面的表达式表示了在晶体中 $N+n$ 阵点位置上存在 n 个空位和 N 个原子时可能出现的不同排列方式数目，即该微观状态数目。于是，此时缺陷态与理想态的组态熵的熵增为

$$\Delta S_{\mathrm{c}} = k\ln\left[\left(\frac{(N+n)!}{N!n!}\right) - \ln 1\right] = k\ln\frac{(N+n)!}{N!n!} \tag{2-4}$$

当 N 和 n 都非常大时，有以下公式［Stirling 公式（$\ln x! \approx x\ln x - x$）］成立。

$$\Delta S_{\mathrm{c}} = k[(N+n)\ln(N+n) - N\ln N - n\ln n] \tag{2-5}$$

在平衡温度 T 时，自由能最小，此时式（2-2）的导数为 0，即

$$\left(\frac{\partial \Delta G}{\partial n}\right)_T = E_{\mathrm{v}} - T\Delta S_{\mathrm{f}} - kT[\ln(N+n) - \ln n] = 0$$

当 $N \gg n$ 时

$$-kT[\ln(N+n) - \ln n] = -kT\left[\ln\frac{(N+n)}{n}\right] \approx -kT\ln\left(\frac{N}{n}\right) = E_{\mathrm{v}} - T\Delta S_{\mathrm{f}} \tag{2-6}$$

故空位在 T 温度时的平衡浓度为

$$C_{\mathrm{v}} = \frac{n_{\mathrm{e}}}{N} = \exp\left(\frac{\Delta S_{\mathrm{f}}}{k}\right)\exp\left(-\frac{E_{\mathrm{v}}}{kT}\right) = A\exp\left(-\frac{E_{\mathrm{v}}}{kT}\right) \tag{2-7}$$

式中，$A = \exp\left(\frac{\Delta S_{\mathrm{f}}}{k}\right)$ 为振动熵决定的系数，一般在 1～10 之间。

如果将式（2-7）中指数的分子分母同乘阿伏加德罗常数 N_{A}(6.023×10^{23})，于是有

$$C_{\mathrm{v}} = A\exp\left(-\frac{N_{\mathrm{A}}E_{\mathrm{v}}}{N_{\mathrm{A}}kT}\right) = A\exp\left(-\frac{Q_{\mathrm{V}}}{RT}\right) \tag{2-8}$$

式中，$Q_{\mathrm{V}} = N_{\mathrm{A}}E_{\mathrm{v}}$ 为形成 1 摩尔空位所需做的功（J/mol）；$R = N_{\mathrm{A}}k$，为气体常数（8.31J/mol）。

按照类似的计算，也可求得间隙原子的平衡浓度 C_{i} 为

$$C_{\mathrm{i}} = \frac{n_{\mathrm{i}}}{N_{\mathrm{i}}} = A\exp\left(-\frac{E_{\mathrm{i}}}{kT}\right) \tag{2-9}$$

式中，N_{i} 为晶体中间隙的位置总数；n_{i} 为间隙原子数；E_{i} 为形成一个间隙原子所需的能量，即间隙形成能。

由点缺陷的平衡浓度公式形式可以判断只有比平均能量高出缺陷形成能的那部分原子才可能形成点缺陷。因此，点缺陷随温度升高呈指数关系增加，如纯 Cu 在接近熔点的 1 000℃时，空位浓度为 10^{-4}，而在常温下（约 20℃）空位浓度却只有 10^{-19}。此外，点缺陷的形成能也以指数关系影响点缺陷平衡浓度。由于间隙原子的形成能要比空位高几倍，因此间隙原子的平衡浓度比空位低很多，仍以 Cu 为例，在熔点附近，间隙原子浓度仅为 10^{-14}，而空位浓度大约为 10^{-4}，两者的浓度比达 10^{10}，因此在一般情况下，晶体中的间隙原子点缺陷可忽略不计。但是在高能粒子辐照后会产生大量的弗兰克尔缺陷，间隙原子数就不能忽略了。

对离子晶体而言，计算时应考虑到无论是肖脱基缺陷还是弗兰克尔缺陷均是成对出现的事实；而且相对纯金属而言，离子晶体的点缺陷形成能一般都相当大，故在一般离子晶体中，在平衡状态下存在的点缺陷浓度是极其微小的，实验测定相当困难。

2.1.3 点缺陷的运动

空位和间隙原子的运动是晶体内原子扩散的内部原因，原子（或分子）的扩散就是靠点缺陷的运动而实现的。有不少材料的加工工艺就是以扩散为基础的，如改变表面成分的化学热处理、成分均匀化处理、退火与正火、时效硬化处理、表面氧化及烧结等过程无一不与原子的扩散相联系，如果晶体中没有缺陷，这些工艺将无法进行。

在一定温度下，晶体中达到统计平衡的空位和间隙原子的数目是一定的，而且晶体中的点缺陷并不是固定不动的，而是处于不断的运动过程中，空位或间隙原子不断迁移，空位遇到间隙原子而不断复合。空位发生不断迁移，同时伴随原子的反向迁移。图 2-3（a）所示的箭头起点位置的原子向上运动一个原子距离，其结果如图 2-3（b）所示，原子由下运动到上，同时空位由上变换到下，若图 2-3（b）所示的箭头起点位置的原子由右运动到图 2-3（c）所示的位置，则相当于空位由左变换到右。由于能量起伏，所以原子不断地复合或迁移，以保持在该温度下的平衡浓度不变。

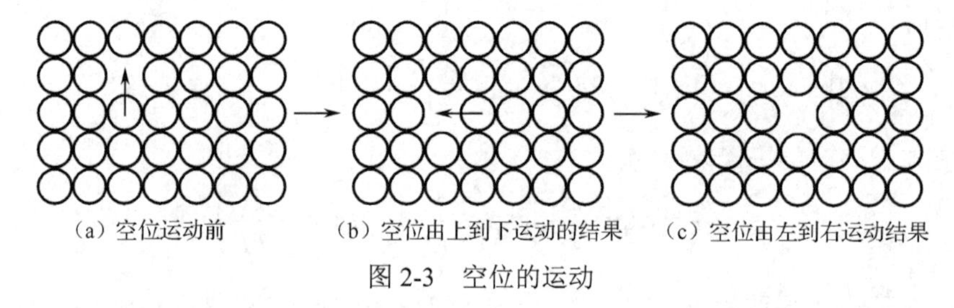

（a）空位运动前
（b）空位由上到下运动的结果
（c）空位由左到右运动结果

图 2-3 空位的运动

点缺陷还可以造成金属物理性能与力学性能的变化。例如，引起电阻的增加，晶体中存在点缺陷时破坏了原子排列的规律性，使电子在传导时的散射增加，从而增加了电阻，使晶体的密度下降，体积膨胀。空位的存在及其运动是晶体在高温下发生蠕变的重要原因之一。在常温下，平衡浓度的点缺陷对材料力学性能的影响并不大，但是在高温下空位的浓度很高，因此空位在材料变形时的作用就不能忽略。此外，晶体在室温下也可能有大量非平衡空位，如从高温快速冷却时保留的空位，或者经辐照处理后的空位，如图 2-4（a）所示，这些过量空位往往沿一些晶面聚集，形成如图 2-4（b）所示的空位片，或者它们与其他晶体缺陷发生交互作用，使材料强度有所提高，但同时使材料脆性显著升高。

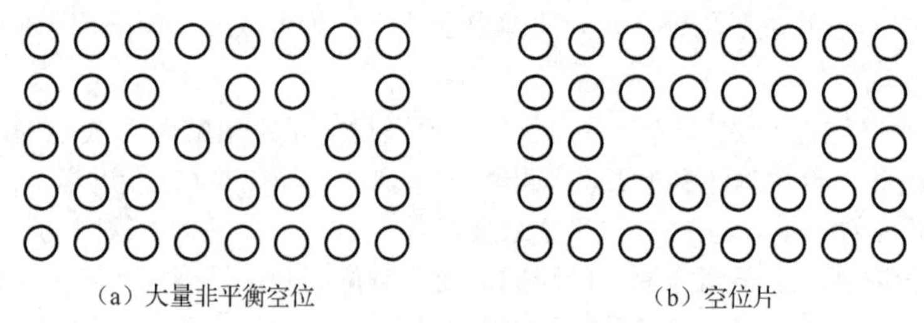

图 2-4 空位片的形成

2.2 位错

位错是晶体的线缺陷，对晶体的强度与断裂等有重要影响，同时对晶体的扩散与相变等过程也有一定的影响。位错是指晶体中某处一列或若干列原子有规律的错排。其对材料的力学行为如塑性变形、强度、断裂等起着决定性作用，对材料的扩散、相变过程有较大影响。位错是弗兰克尔在 1926 年发现理论晶体模型刚性切变强度与实测临界切应力有巨大（2～4 个数量级）差异时首先提出的，随后泰勒、波朗依、奥罗万几乎同时提出了位错的概念。1939 年，柏格斯提出用柏氏矢量来表征位错。1947 年，柯垂尔提出溶质原子与位错的交互作用。1950 年，弗兰克和瑞德同时提出位错增殖机制。1956 年，门特用透射电镜（TEM）直接观察到了晶体中的位错。

2.2.1　位错的基本类型和特征

晶体中位错的基本类型为刃型位错和螺型位错。实际上位错往往是两种基本类型位错的复合，称为混合型位错。我们以简单立方晶体为例来学习位错的模型，并解释理论强度与实际强度差异。

2.2.1.1　刃型位错（Edge Dislocation）

图 2-5 所示为刃型位错原子模型，在这个晶体晶面 *ABCD* 的上半部中有一多余的半原子面，如图 2-5（a）和图 2-5（b）所示，它终止于晶体中部，好像插入的刀刃，图中的 *EF* 就是该原子面的边缘。显然，*EF* 处的原子状态与晶体的其他区域不同，其排列的对称性遭到破坏，因此这里的原子处于更高的能量状态，这列原子及其周围区域（若干个原子距离）就是晶体中的位错，由于位错在空间的一维方向上尺寸很长，故属于线缺陷，这种类型的位错称为刃型位错。习惯上把半原子面在滑移面上方的刃型位错称为正刃型位错，以记号“⊥”表示，如图 2-5（c）所示；相反，半原子面在下方的刃型位错称为负刃型位错，以“⊤”表示。当然这种规定都是相对的。

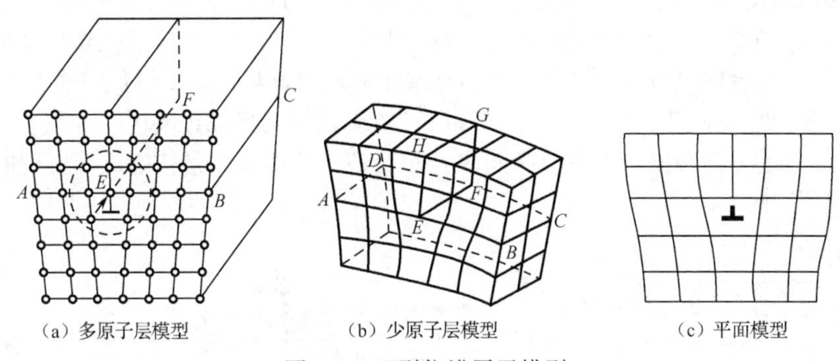

（a）多原子层模型　（b）少原子层模型　（c）平面模型

图 2-5　刃型位错原子模型

刃型位错是在晶体形成过程（凝固或冷却）中，由于各种因素使原子错排，多了半个原子面，或者由于高温的大量空位在快速冷却时保留下来，并聚合成为空位片而少了半个原子面而形成的。然而，刃型位错更可能是由局部滑移引起的。晶体在冷却或经受其他加工工艺时难免会受到各种外应力和内应力的作用，完全有可能在局部区域内使理想晶体在某一晶面上发生滑移，于是就把一个半原子面挤入晶格中间，从而形成一个刃型位错。

刃型位错结构的特点如下。

（1）刃型位错有一个额外的半原子面。

（2）刃型位错线可理解为晶体中已滑移区与未滑移区的边界线，不可能突然中断于晶体内部，它们或在表面露头，或终止于晶界和相界，或与其他位错线相交在晶体内部形成一个封闭环。位错的这种特性称为位错的连续性。它不一定是直线，也可以是折线或曲线，但它必与滑移方向相垂直，也垂直于滑移矢量，几种形状的刃型位错线如图 2-6 所示。

（3）滑移面必定是同时包含位错线和滑移矢量的平面，在其他面上不能滑移。由于在刃型位错中位错线与滑移矢量互相垂直，因此由它们所构成的平面只有一个。

（4）晶体中存在刃型位错之后，位错周围的点阵会发生弹性畸变，既有切应变，又有正应变。

（5）在位错线周围的过渡区（畸变区）中每个原子都具有较大的平均能量。但该区只有几个原子间距宽，畸变区是狭长的管道，所以刃型位错是线缺陷。

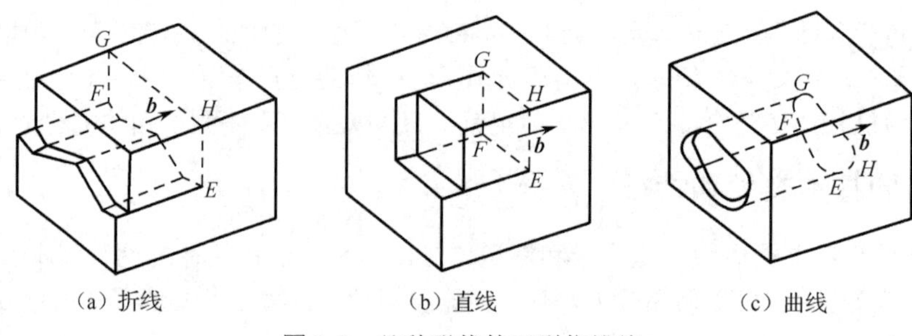

（a）折线　　（b）直线　　（c）曲线

图 2-6　几种形状的刃型位错线

2.2.1.2　螺型位错（Screw Dislocation）

局部滑移时沿着与位错线平行的方向移动一个原子间距，在滑移区与未滑移区的边界 *BC* 上形成位错，原子平面在位错线附近扭曲为螺旋面，在原子面上绕着 *B* 转一周就推进一个原子间距，在位错线周围呈螺旋状分布的位错称为螺型位错。

螺型位错如图 2-7 所示。设立方晶体右侧受到切应力 τ 的作用，其右侧上下两部分晶体沿滑移面 *ABCD* 发生了错动，如图 2-7（a）所示。这时已滑移区和未滑移区的边界线 *bb′*（位错线）不是垂直的，而是平行于滑移方向的。图 2-7（b）是 *bb′* 附近原子排列的顶视图。图中以圆点“•”表示滑移面 *ABCD* 下方的原子，用圆圈“∘”表示滑移面上方的原子。可以看出，在 *aa′* 右边晶体的上下层原子相对错动了一个原子间距，而在 *bb′* 和 *aa′* 之间出现了一个有几个原子间距宽的、上下层原子位置不相吻合的过渡区，这里原子的正常排列遭到破坏。如果以位错线 *bb′* 为轴线，从 *a* 开始，然后 *b*、*c*、*d*、*e* 如图 2-7（c）所示按顺时针方向依次连接此过渡区的各原子，则其走向与一个右螺旋线的前进方向相同。由图 2-7 可见，位错线附近的原子是按螺旋形排列的，所以把这种位错称为螺型位错。

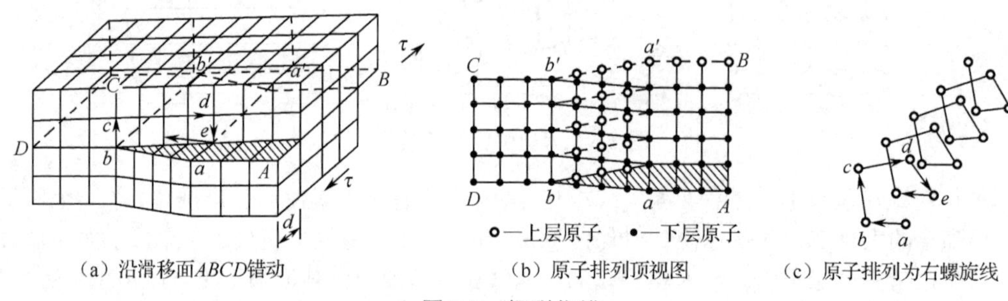

（a）沿滑移面*ABCD*错动　　（b）原子排列顶视图　　（c）原子排列为右螺旋线

图 2-7　螺型位错

螺型位错的主要特征有以下几点。

（1）无额外半原子面，原子错排是呈轴对称的。

（2）根据旋转方向不同分为右旋和左旋螺型位错。

（3）由于螺型位错线与滑移矢量平行，因此一定是直线，而且位错线的移动方向与晶体滑移方向互相垂直。

（4）纯螺型位错的滑移面不是唯一的。

（5）螺型位错线周围的点阵也发生了弹性畸变，但是只有平行于位错线的切应变而无正应变。

（6）螺型位错周围的点阵畸变随离位错线距离的增加而急剧减少，故它也是包含几个原子宽度的线缺陷。

2.2.1.3　混合型位错（Mixed Dislocation）

实际的位错常常是混合型的，介于刃型和螺型之间。其滑移矢量既不平行也不垂直于位错线，而与位错线相交成任意角度，这种位错称为混合型位错，如图 2-8 所示。图 2-8（a）所示为形成混合型位错时晶体局部滑移的情况。混合型位错线是一条曲线。在 A 处，位错线与滑移矢量平行，因此是螺型位错；而在 C 处，位错线与滑移矢量垂直，因此是刃型位错。A 与 C 之间，位错线既不垂直也不平行于滑移矢量，每一小段位错线都可分解为刃型和螺型两个分量，如图 2-8（b）所示。混合型位错附近的原子组态如图 2-8（c）所示。

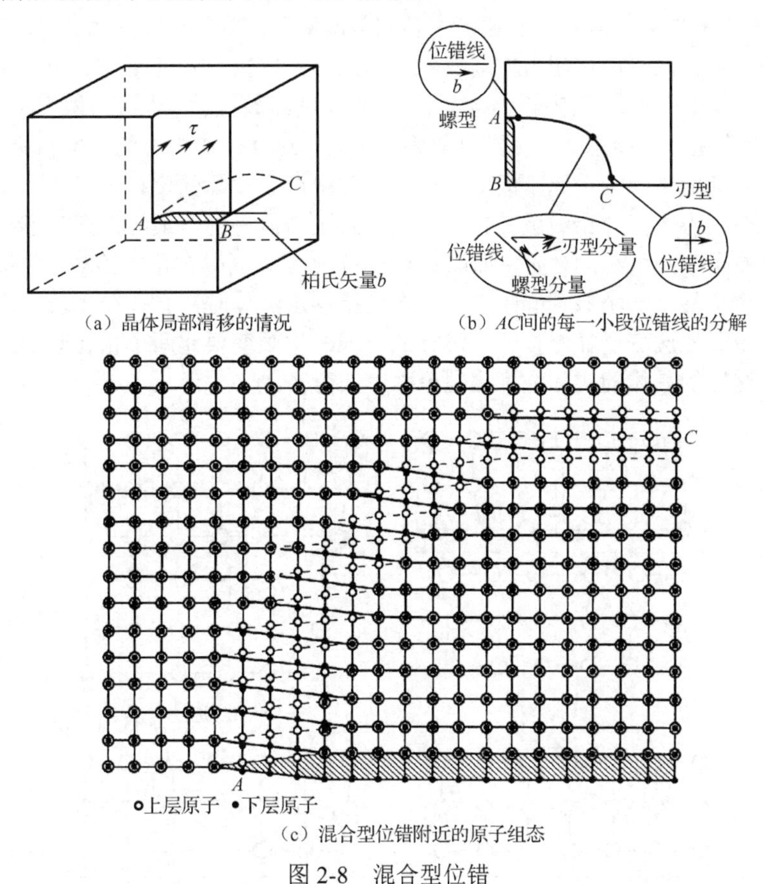

（a）晶体局部滑移的情况　（b）AC间的每一小段位错线的分解

（c）混合型位错附近的原子组态

图 2-8 混合型位错

位错线是已滑移区与未滑移区的边界线，因此一根位错线不能终止于晶体内部，而只能露头于晶体表面（包括晶界）。若它终止于晶体内部，则必与其他位错线相连接，或在晶体内部形成封闭线。形成封闭线的位错称为位错环，如图 2-9 所示。图 2-9（a）中的阴影区是滑移面上一个封闭的已滑移区。显然，位错环各处的位错结构类型也可按各处的位错线方向与滑移矢量的关系加以分析，如 A、B 两处是刃型位错，C、D 两处是螺型位错，其他各处均为混合型位错。

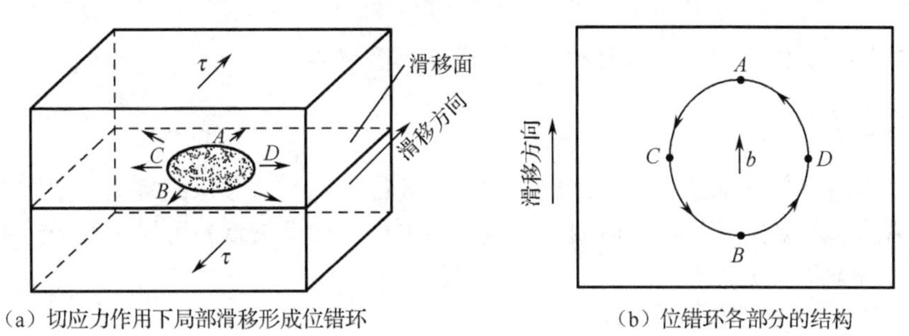

（a）切应力作用下局部滑移形成位错环　（b）位错环各部分的结构

图 2-9 位错环

2.2.1.4 位错的易动性

借助位错模型就比较容易理解位错为什么很容易进行滑移。由于位错处原子能量高，它们不太稳定，因此在切应力作用下原子很容易位移，从而把位错推进一个原子距离。下面以刃型位错为例，说明晶体中单根位错的易动性。

图 2-10 所示为刃型位错的滑移过程。如图 2-10（a）所示，位错区周围原子为 1、2、3、4、5，位错中心处于原子 2 处，3-4、1-5 原子对各在其两侧。当外加一切应力 τ 时，如图 2-10（b）所示，滑移面上、下方原子沿切应力方向发生相对位移，位错中心处原子 2 由于能量高，位移量更大些，使原子 2 与 4 的距离逐渐接近，而原子 3 与 4 则距离拉大。当应力增大时，如图 2-10（c）所示，2 与 4 的距离进一步接近，以至结合成为原子对，这样位错中心就被推向相邻的原子 3，即位错线沿作用力方向前进了一个原子间距，在这过程中原子实际的位移距离远小于原子距离，与理想晶体的滑移模型不同。位错线就是按照这一方式逐渐前进的，最终便离开了晶体，此时左侧表面形成了一个原子间距大小的台阶，如图 2-10（d）所示，同时在位错移动过的区域内，晶体的上部相对于下部也位移了一个原子间距。当很多位错移出晶体时，会在晶体表面产生宏观可见的台阶，使晶体发生塑性应变。显然按位错滑移的方式发生塑变要比两个相邻原子面整体相对移动容易得多，因此这样的晶体的实际强度比理论强度低得多。

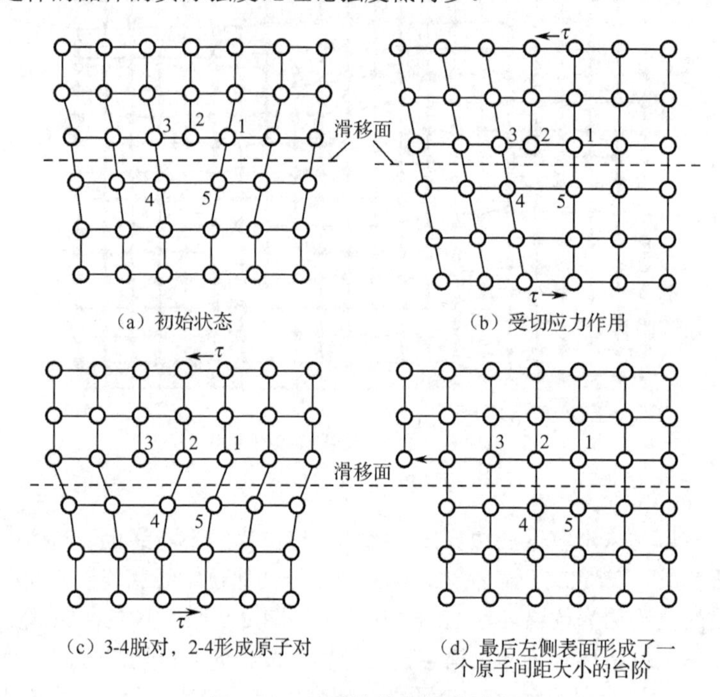

图 2-10 刃型位错的滑移过程

螺型位错与刃型位错一样具有易动性，这里不再赘述。

2.2.2 柏氏矢量

为了便于描述晶体中的位错，以及更为确切地表征不同类型位错的特征，柏格斯在 1939 年提出了采用柏氏回路来定义位错，借助一个规定的矢量（柏氏矢量）可揭示位错的本质，包括畸变发生在什么晶向及畸变有多大。

2.2.2.1 确定方法（避开严重畸变区）

确定该位错柏氏矢量的具体步骤如下：首先在位错线周围做一个一定大小的回路，称为柏氏回路，显然这个回路包含了位错发生的畸变；其次将这同样大小的回路置于理想晶体之中，回路当然不可能封闭，需要一个额外的矢量连接回路才能封闭，这个矢量就是该位错线的柏氏矢量，显然它反映了位错的畸变特征；再次选定位错线的正方向，如通常规定出纸面的方向为位错线的正方向；最后在实际晶体中从任一原子出发，围绕位错以步数做一闭合回路，在理想晶体中按同样的方向和步数做相同的回路，此时该回路并不封闭，随后由终点 Q 向起点 M 引一矢量 $\boldsymbol{b}$，使该回路闭合，这个矢量就是实际晶体中位错的柏氏矢量。

实际步骤如下：首先从图 2-11（a）所示的刃型位错周围的 M 点出发，沿着点阵结点经过 N、O、P、Q 形成封闭回路 $MNOPQ$，然后在理想晶体中按同样次序做同样大小的回路，如图 2-11（b）所示，它的终点和起点没有重合，需再做矢量 $\boldsymbol{QM}$ 才使回路闭合，这样 $\boldsymbol{QM}$ 便是该位错的柏氏矢量 $\boldsymbol{b}$，刃型位错的柏氏矢量是与位错线垂直，并且与滑移面平行的。

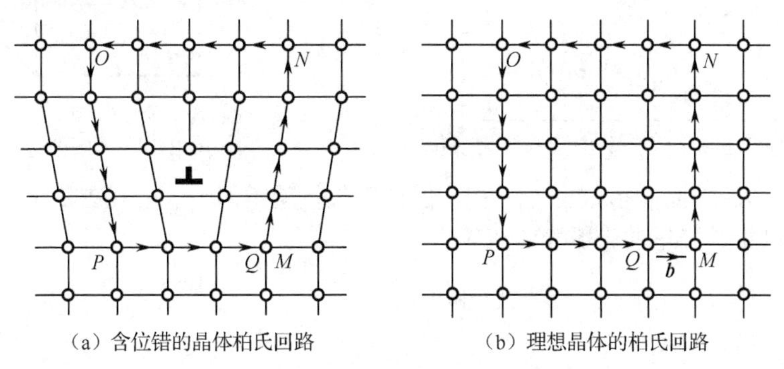

（a）含位错的晶体柏氏回路　　（b）理想晶体的柏氏回路

图 2-11　刃型位错柏氏矢量的图解确定

螺型位错的柏氏矢量的确定如图 2-12 所示，由图 2-12 可见，螺型位错的柏氏矢量是与位错线平行的。

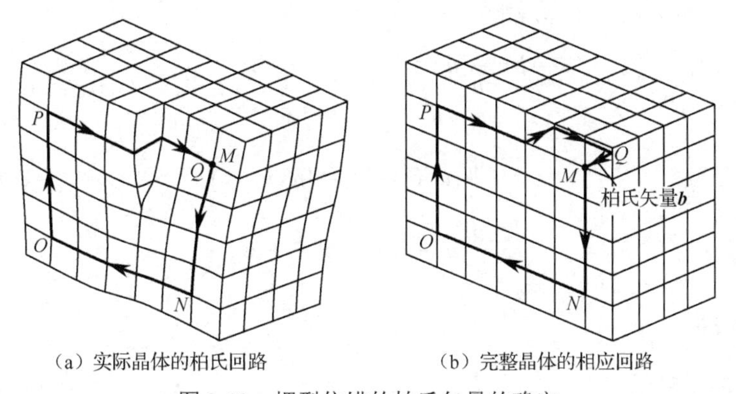

（a）实际晶体的柏氏回路　　（b）完整晶体的相应回路

图 2-12　螺型位错的柏氏矢量的确定

柏氏矢量的意义在于它描述了位错线上原子畸变的特征，以及畸变发生的方向和大小，指出了位错滑移后，晶体上下部产生相对位移的方向和大小，即滑移矢量与柏氏向量 $\boldsymbol{b}$ 完全一致。

推论：任何一根位错线，不论其形状如何变化，位错线上各点的 $\boldsymbol{b}$ 都相同，或者说一条位错线只有一个 $\boldsymbol{b}$ 。因为滑移区一侧内只有一个确定的滑移方向和滑移量，如果滑移区内出现了两个滑移方向，那么其间必然又产生一条分界线，形成另一条位错线。基于这一点，可以方便地判断出任意位错上各段位错线的性质，根据位错线与柏氏矢量之间的关系，凡与 $\boldsymbol{b}$ 垂直的位错为刃型位错，与 $\boldsymbol{b}$ 平行的位错为螺型位错，两者以任意角度 φ 相交的则为混合型位错，图 2-13 所示为图 2-8（b）中混合型位错的放大部位，其中刃型位错分量为 $\boldsymbol{b}\sin\varphi$ ，而螺型位错分量为 $\boldsymbol{b}\cos\varphi$ 。

2.2.2.2 柏氏矢量的表示方法

柏氏矢量的表示方法与晶向指数相似，只不过晶向指数没有“大小”的概念，而柏氏矢量必须在晶向指数的基础上把矢量的模也表示出来，因此要同时标出该矢量在各个晶轴上的分量。如图 2-14 所示的柏氏矢量的表示中的 ***O′ b***，其晶向指数为[110]，则柏氏矢量 $\boldsymbol{b}_1$=1 *a*+1 *b*+0 *c*，对于立方晶体，则 *a*=*b*=*c*，故可简单写为 $b_1=a[110]$。

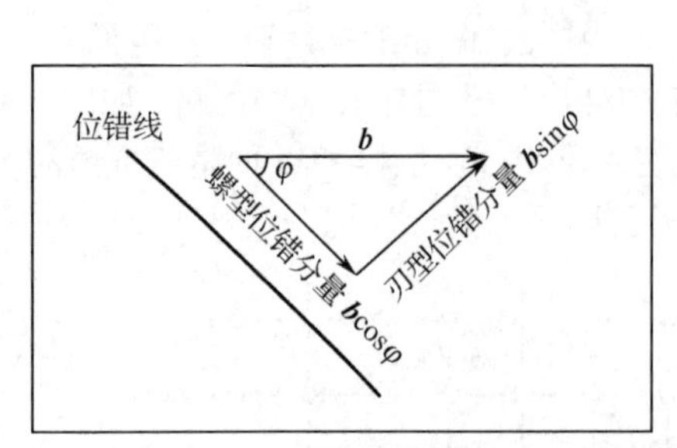

图 2-13 图 2-8（b）中混合型位错的放大部位

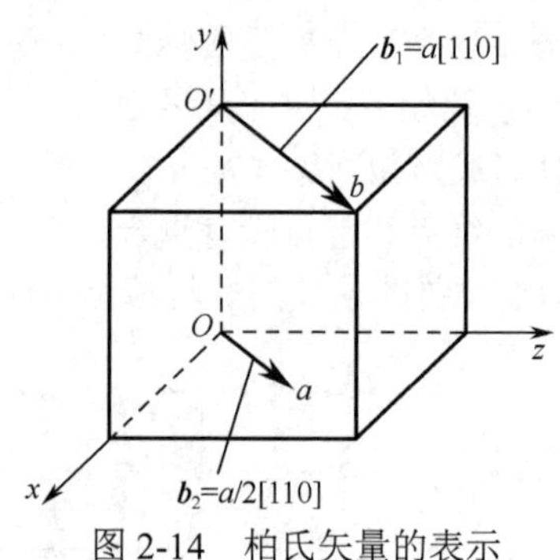

图 2-14 柏氏矢量的表示

图中的矢量 ***Oa*** 的晶向指数也是[110]，但柏氏矢量就不同了，$\boldsymbol{b}_2$=1/2 *a*+1/2 *b*+0 *c*，可写为 $\boldsymbol{b}_2=a/2[110]$。所以柏氏矢量的一般表达式应为

$$\frac{a}{n}[u\ v\ w] \tag{2-10}$$

它的模则为

$$|\boldsymbol{b}|=\frac{a}{n}\sqrt{u^2+v^2+w^2} \tag{2-11}$$

它表示了位错的强度。一个位错可以分解为两条位错，而其柏氏矢量 ***b*** 可以分解为两个柏氏矢量 $\boldsymbol{b}_1$ 和 $\boldsymbol{b}_2$ 之和，按矢量的运算规则，有

$$\begin{aligned}\boldsymbol{b}&=\frac{a}{n}[u\ v\ w]\\&=\boldsymbol{b}_1+\boldsymbol{b}_2\\&=\frac{a_1}{n}[u_1\ v_1\ w_1]+\frac{a_2}{n}[u_2\ v_2\ w_2]\\&=\frac{a}{n}[u_1+u_2\ v_1+v_2\ w_1+w_2]\end{aligned} \tag{2-12}$$

2.2.3 位错运动

2.2.3.1 滑移（Slip）

位错的运动方式有两种最基本形式，即滑移和攀移（Climb）。位错的滑移是在切应力作用下进行的。只有当滑移面上的切应力分量达到一定值后，位错才能滑移。图 2-15 所示为刃型位错滑移时周围原子的位移情况，图 2-16 所示为刃型位错滑移过程示意图，其中展示了刃型位错沿滑移面由 1 到 2 再到 3 最后到 4 的过程。结合刃型位错的滑移过程分析模型不难发现位错的滑移是在外加切应力的作用下，通过位错中心附近的原子沿柏氏矢量方向在滑移面上不断地做少量的位移（小于一个原子间距）而逐步实现的。当位错线沿滑移面滑过整个晶

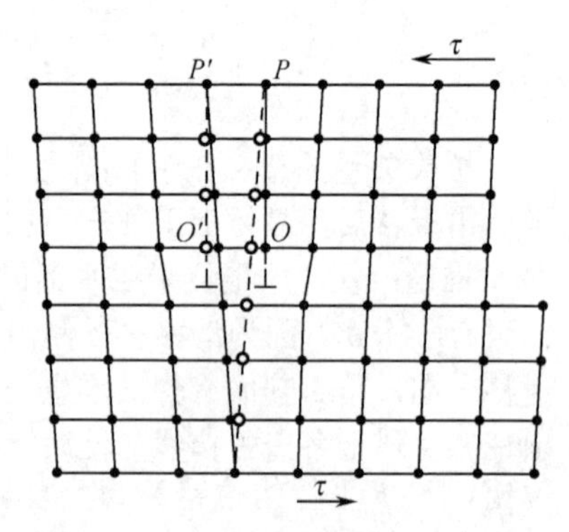

图 2-15 刃型位错滑移时周围原子的位移情况

体时，就会在晶体表面沿柏氏矢量方向产生一个滑移台阶，其宽度等于柏氏矢量 $\boldsymbol{b}$。在滑移时，刃型位错的滑移方向垂直于位错线而与柏氏矢量平行。刃型位错的滑移面就是由位错线与柏氏矢量所构成的平面，故刃型位错有一个确定的滑移面。

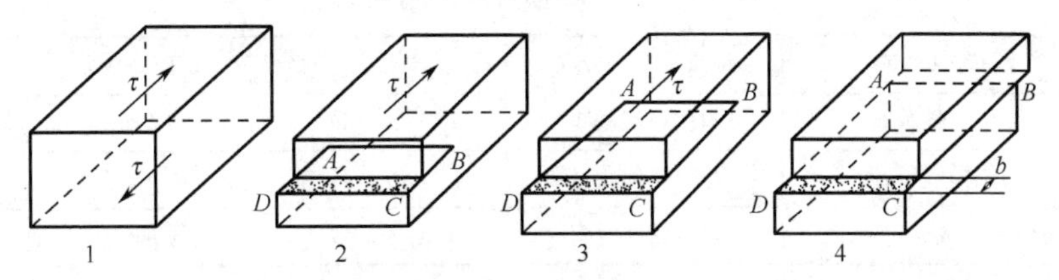

图 2-16　刃型位错滑移过程示意图

图 2-17 所示为螺型位错滑移前后的 9 列原子模型，该图画出了在 9 列原子的晶体中螺型位错在滑移面上移动一个原子间距的情况，图 2-17（a）为原始位置，图 2-17（b）为位错向左移动了一个原子间距。图 2-18 所示为螺型位错滑移过程示意图，展示了螺型位错沿滑移面由 1 到 2 再到 3 最后到 4 的过程。当位错线沿滑移面扫过整个晶体时，同样会在晶体表面沿柏氏矢量方向产生宽度为一个柏氏矢量 $\boldsymbol{b}$ 的台阶。在滑移时，螺型位错的移动方向与位错线垂直，也与柏氏矢量垂直。由于螺型位错线与柏氏矢量平行，因此螺型位错的滑移面不是单一的。

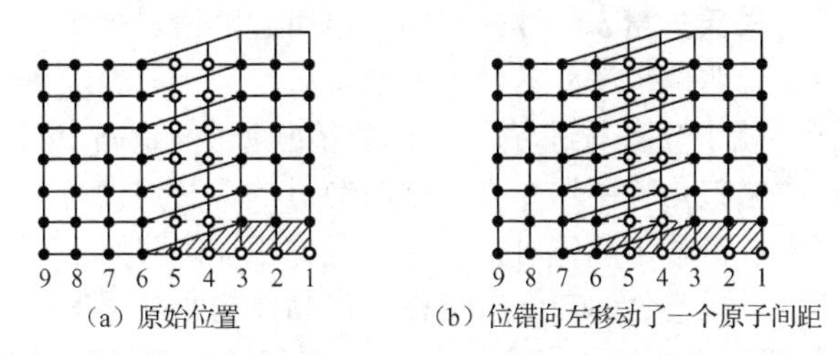

（a）原始位置　　（b）位错向左移动了一个原子间距

图 2-17　螺型位错滑移前后的 9 列原子模型

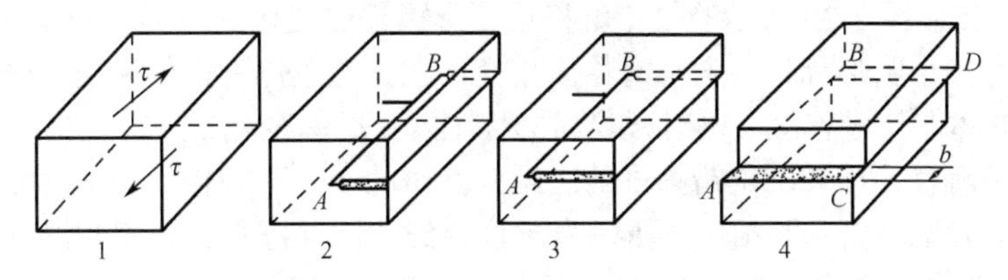

图 2-18　螺型位错滑移过程示意图

图 2-19 所示为混合型位错滑移示意图。位错环上的 A、B 两处与柏氏矢量 $\boldsymbol{b}$ 垂直，是刃型位错；C、D 两处与柏氏矢量 $\boldsymbol{b}$ 平行，是螺型位错，其余部分均是混合型位错。位错环在切应力 τ 作用下沿其法线方向在滑移面上向外扩展，如图 2-19（a）中的箭头指向所示。当位错环沿滑移面扫过整个晶体时就会在晶体表面沿柏氏矢量 $\boldsymbol{b}$ 的方向产生宽度为 b 的滑移台阶，如图 2-19（b）所示。在滑移时，混合型位错的移动方向也是与位错线垂直的，与柏氏矢量 $\boldsymbol{b}$ 既不平行，也不垂直，而成任意角度，如图 2-19（c）所示。

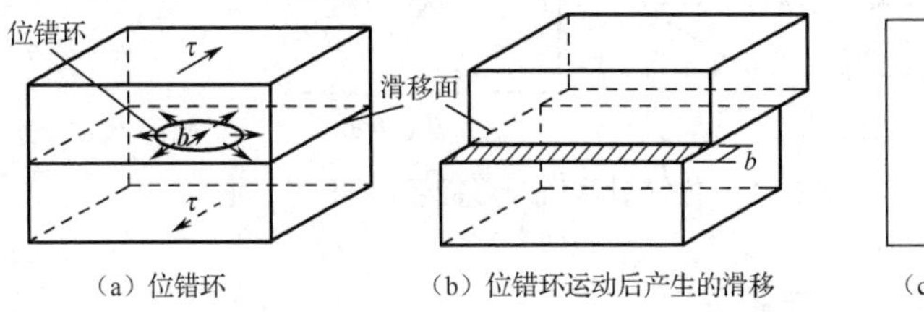

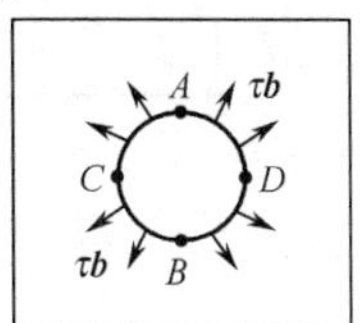

（a）位错环　　（b）位错环运动后产生的滑移　　（c）位错环顶视图

图 2-19　混合型位错滑移示意图

刃型、螺型及位错滑移时，切应力方向、位错运动方向及位错通过后引起的晶体滑移方向之间的关系如表 2-1 所示。

表 2-1 晶体滑移方向之间的关系

类　型	柏 氏 向 量	位错线运动方向	晶体滑移方向	切应力方向	滑移面个数
刃型	与位错线垂直	与位错线垂直	与 **b** 一致	与 **b** 一致	唯一
螺型	与位错线平行	与位错线垂直	与 **b** 一致	与 **b** 一致	多个
混合型	与位错线成一定角度	与位错线垂直	与 **b** 一致	与 **b** 一致	—

对比刃型位错和螺型位错的滑移特征，它们的不同之处在于：①开动位错运动的切应力方向不同，使刃型位错运动的切应力方向与位错线垂直，而使螺型位错运动的切应力方向与螺型位错平行；②位错运动方向与晶体滑移方向两者之间的关系不同，不论是刃型位错还是螺型位错，它们的运动方向总是与位错线垂直的，然而位错通过后，晶体所产生的滑移方向就不同了，对于刃型位错，晶体的滑移方向与位错运动方向是一致的，但是螺型位错所引起的晶体滑移方向却与位错运动方向垂直。然而，上述两点差别可以用位错的柏氏矢量予以统一。第一，不论是刃型位错还是螺型位错，使位错滑移的切应力方向都和柏氏矢量 **b** 一致；第二，两种位错滑移后，滑移面两侧晶体的相对位移也是与柏氏矢量 **b** 一致的，即位错引起的滑移效果（滑移矢量）可以用柏氏矢量描述，所以柏氏矢量是说明位错滑移的最重要参量。

晶体中有了位错，滑移就十分容易进行。由于位错处原子能量高，不太稳定，因此在切应力作用下原子很容易位移。位错就是按照这一方式逐渐前进的，最终便离开了晶体，形成了一个原子间距大小的台阶。而很多位错移出晶体时，就会在晶体表面产生宏观可见的台阶，也就是说发生了塑性应变。按位错滑移方式产生的塑性应变将会使晶体的实际强度比理论强度低很多。

例题　确定位错线在切应力作用下分别为刃型位错和螺型位错时扫过晶体导致的表面圆形标记的变化情况。在如图 2-20 所示的位错滑移后圆形标记的变化中阴影面为晶体的滑移面，该晶体的 *ABCD* 表面有一个圆形标记，它与滑移面相交，在标记左侧有根位错线，试问当刃型位错线和螺型位错线从晶体左侧滑移至右侧时，表面的标记发生什么变化?

解：根据位错滑移的原理，位错扫过的区域内晶体的上、下方相对于滑移面发生的位移与柏氏矢量一致，对于刃型位错，其柏氏矢量垂直于位错线，因此圆形标记相对滑移面错开了一个原子间距（**b** 的模），其外形变化如图 2-20（b）所示，使刃型位错滑移的切应力方向应是图 2-20（a）中所示的虚线切应力。对于螺型位错，柏氏矢量平行于位错线，所以圆形标记沿着位错线方向错开一个原子间距，从正视图上不能反映其变化，图 2-20（c）则以圆形标记附近的立体图说明了它的变化情况，使螺型位错滑移的切应力方向如图 2-20（a）中的实线所示。

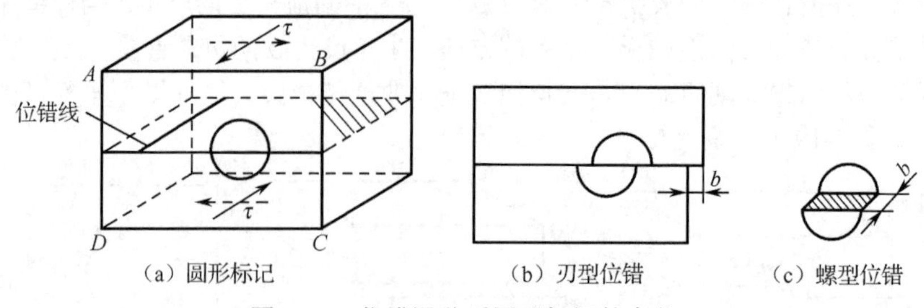

（a）圆形标记　（b）刃型位错　（c）螺型位错

图 2-20　位错滑移后圆形标记的变化

2.2.3.2　攀移

刃型位错除了可以在滑移面上滑移，还可以在垂直于滑移面的方向上运动，即发生攀移。多余半原子面向上运动称为正攀移，向下运动称为负攀移。刃型位错的攀移模型如图2-21所示。刃型位错的攀移实质上就是构成刃型位错的多余半原子面的扩大或缩小，因此它可通过物质迁移（原子或空位的扩散）来实现。如果有空位迁移到半原子面下端或半原子面下端的原子扩散到别处，半原子面将缩小，即位错向上运动，则发生正攀移，如图2-21（b）所示；反之，若有原子扩散到半原子面下端，半原子面将扩大，位错向下运动，发生负攀移，如图2-21（c）所示。螺型位错没有多余的半原子面，因此不会发生攀移运动。

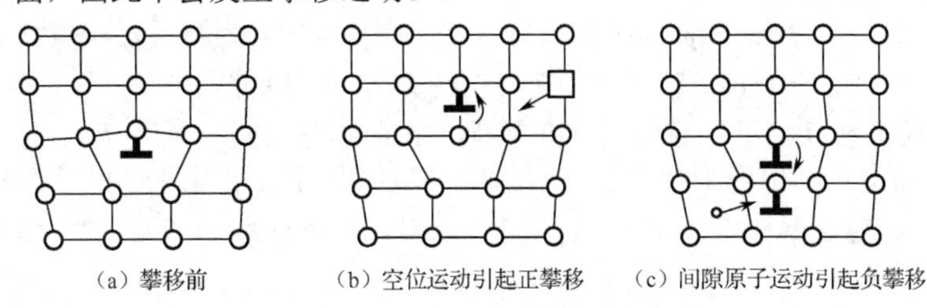
(a) 攀移前　(b) 空位运动引起正攀移　(c) 间隙原子运动引起负攀移

图2-21 刃型位错的攀移模型

由于攀移伴随着位错线附近原子增加或减少，有物质迁移，即存在扩散，因此位错攀移需要热激活，比滑移所需的能量更大。对大多数材料，在室温下很难进行位错的攀移，而在较高温度下，攀移较易实现。特别是在高温淬火、冷变形加工和高能粒子辐照时，晶体中将产生大量的空位和间隙原子，这些过饱和点缺陷的存在有利于攀移运动进行。

只有刃型位错才发生攀移，攀移后位错线也跟着向上或向下移动。攀移时位错线的运动方向正好与柏氏矢量相垂直，它与滑移的区别在于它是通过原子扩散实现的，并且刃型位错在垂直于滑移面的方向上运动。显然，多余半原子面侧的压应力有利于正攀移，拉应力有利于负攀移。

2.2.3.3 运动位错的交割

当一位错在某一滑移面上运动时，会与穿过滑移面的其他位错交割。位错交割时会发生相互作用，这对材料的强化、点缺陷的产生有重要影响。

1. 扭折与割阶

在位错的滑移运动过程中，其位错线往往很难同时实现全长的运动。因而一个运动的位错线（特别是在受到阻碍的情况下）有可能通过其中一部分长度为 n 个原子间距的线段而首先进行滑移。若由此形成的曲折线段就在位错的滑移面上，称为扭折；若该曲折线段垂直于位错的滑移面，称为割阶。扭折和割阶也可由位错之间交割而形成。

刃型位错的攀移可通过如图2-22所示的位错运动中的割阶与扭折示意图中的空位或原子的扩散来实现，原子（或空位）并不是在一瞬间就能一起扩散到整条位错线上的，而是逐步迁移到位错线上的。这样，在位错的已攀移段与未攀移段之间就会产生一个台阶，于是也在位错线上形成了割阶。有时位错的攀移可理解为割阶沿位错线逐步推移而使位错线上升或下降的过程，因而攀移过程与割阶的形成能和移动速度有关。

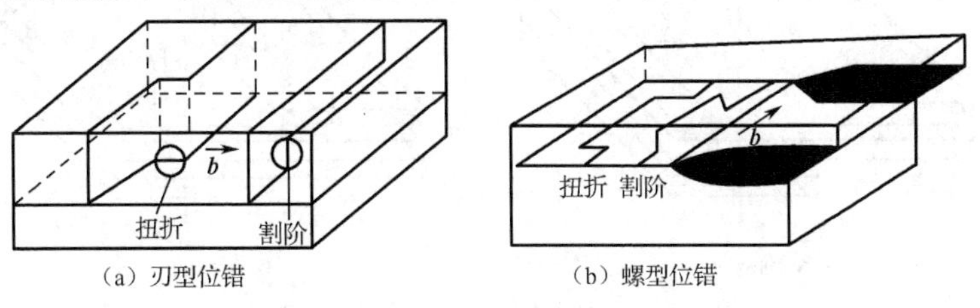

(a) 刃型位错　(b) 螺型位错

图2-22 位错运动中的割阶与扭折示意图

刃型位错的割阶部分仍为刃型位错，而扭折部分则为螺型位错；螺型位错中的扭折和割阶部分，由于均与柏氏矢量相垂直，故均属于刃型位错。

2. 几种典型的位错交割

（1）两个柏氏矢量互相垂直的刃型位错交割。如图 2-23（a）所示，柏氏矢量为 $\boldsymbol{b}_1$ 的刃型错 *XY* 和柏氏矢量为 $\boldsymbol{b}_2$ 的刃型位错 *AB* 分别位于两垂直的平面 P_{XY} 和 P_{AB} 上。若 *XY* 向下运动与 *AB* 交割，由于 *XY* 扫过的区域的滑移面两侧晶体将发生 b_1 距离的相对位移，因此交割后，在位错线 *AB* 上产生 *PP′* 小台阶。显然，*PP′* 的大小和方向取决于 $\boldsymbol{b}_1$。由于位错柏氏矢量的守恒性，*PP′* 的柏氏矢量仍为 $\boldsymbol{b}_2$，$\boldsymbol{b}_2$ 垂直于 *PP′*，因而 *PP′* 是刃型位错，并且它不在原位错线的滑移面上，是割阶。至于位错 *XY*，由于它平行于 $\boldsymbol{b}_2$，因此交割后不会在 *XY* 上形成割阶。

（2）两个柏氏矢量互相平行的刃型位错交割。如图 2-23（b）所示，两个刃型位错交割后，在 *AB* 和 *XY* 位错线上分别出现平行于 $\boldsymbol{b}_1$、$\boldsymbol{b}_2$ 的 *PP′* 和 *QQ′* 台阶，但它们的滑移面和原位错的滑移面一致，故为扭折，属螺型位错。在运动过程中，这种扭折在线张力的作用下可能被拉直而消失。

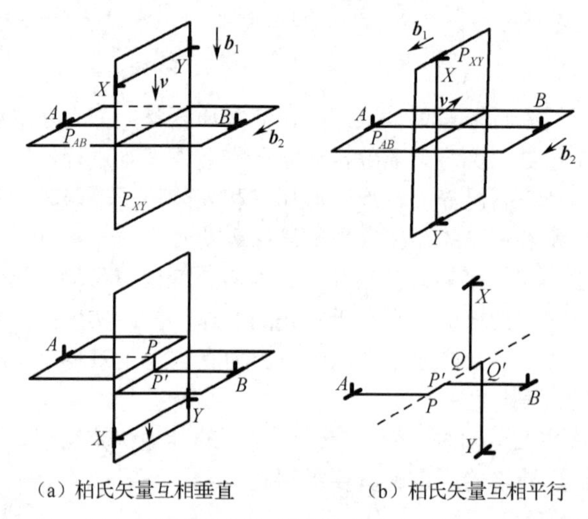

（a）柏氏矢量互相垂直　　（b）柏氏矢量互相平行

图 2-23　两个柏氏矢量互相垂直和相互平行的刃型位错交割

（3）两个柏氏矢量垂直的刃型位错和螺型位错的交割。如图 2-24（a）所示的两个柏氏矢量相互垂直的刃型位错和螺型位错，交割后在刃型位错 *AA′* 上形成大小等于 $|\boldsymbol{b}_2|$ 且方向平行 $\boldsymbol{b}_2$ 的割阶 *MM′*，其柏氏矢量为 $\boldsymbol{b}_1$。由于该割阶的滑移面［图 2-24（b）中的阴影区］与原刃型位错 *AA′* 的滑移面不同，因而当带有这种割阶的位错继续运动时，将受到一定的阻力。同样，交割后在螺型位错 *BB′* 上也形成长度等于 $|\boldsymbol{b}_1|$ 的一段折线 *NN′*，由于它垂直于 $\boldsymbol{b}_2$，故属刃型位错，又由于它位于螺型位错 *BB′* 的滑移面上，因此 *NN′* 是扭折。

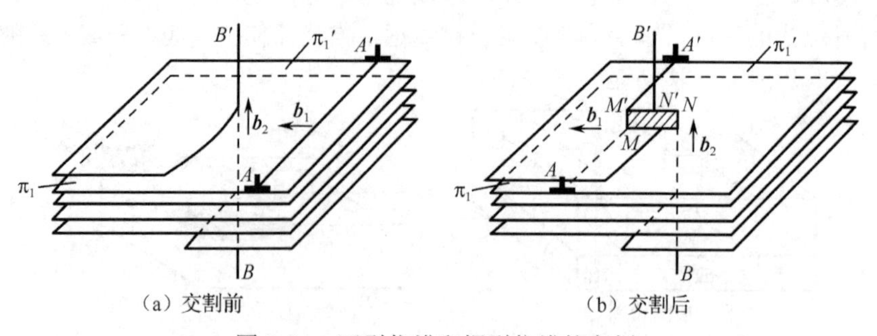

（a）交割前　　（b）交割后

图 2-24　刃型位错和螺型位错的交割

（4）两个柏氏矢量相互垂直的螺型位错交割。两个螺型位错的交割如图 2-25 所示，交割后在 AA'上形成大小等于$|\boldsymbol{b}_2|$，方向平行于 $\boldsymbol{b}_2$ 的割阶 MM'。它的柏氏矢量为 $\boldsymbol{b}_1$，其滑移面不在 AA'的滑移面上，是刃型割阶。同样，在位错线 BB'上也形成一刃型割阶 NN'。这种刃型割阶会阻碍螺型位错的移动。

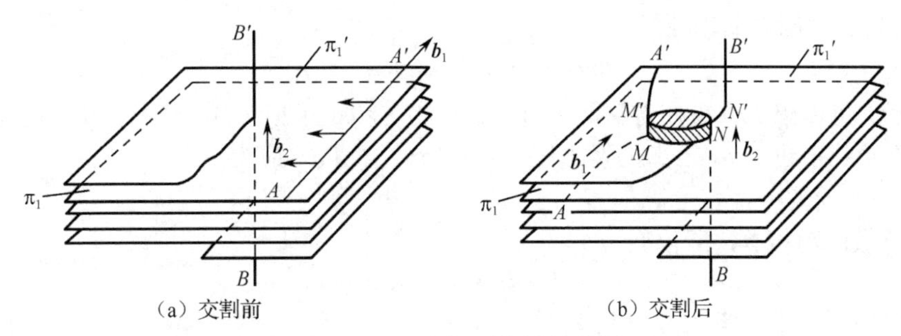

图 2-25　两个螺型位错的交割

运动位错交割后，每根位错线上都可能产生一扭折或割阶，其大小和方向取决于另一位错的柏氏矢量，但具有原位错线的柏氏矢量。所有的割阶都是刃型位错，而扭折可以是刃型位错也可是螺型位错。另外，扭折与原位错线在同一滑移面上，可随主位错线一起运动，几乎不产生阻力，而且扭折在线张力作用下易于消失。但割阶则与原位错线不在同一滑移面上，故除非割阶产生攀移，否则割阶就不能跟随主位错线一起运动，成为位错运动的障碍，通常称此为割阶硬化。

带割阶位错的运动，按割阶高度不同，又可分为以下三种情况。

第一种割阶的高度只有 1～2 个原子间距，在外力足够大的条件下，螺型位错可以把割阶拖着走，在割阶后面留下一排点缺陷，如图 2-26（a）所示。

第二种割阶的高度很高，在 20nm 以上，此时割阶两端的位错相隔太远，它们之间的相互作用较小，它们可以各自独立地在各自的滑移面上滑移，并以割阶为轴，在滑移面上旋转，如图 2-26（b）所示，这实际也是在晶体中产生位错的一种方式。

第三种割阶的高度在上述两种情况之间，位错不可能拖着割阶运动。在外应力作用下，割阶之间的位错线弯曲，位错前进就会在其身后留下一对拉长了的异号刃型位错线段（常称为位错偶），如图 2-26（c）所示。为降低应变能，这种位错偶常会断开而留下一个长的位错环，而位错线仍回复原来带割阶的状态，而长的位错环又常会再进一步分裂成小的位错环，这是位错环的形成机理之一。

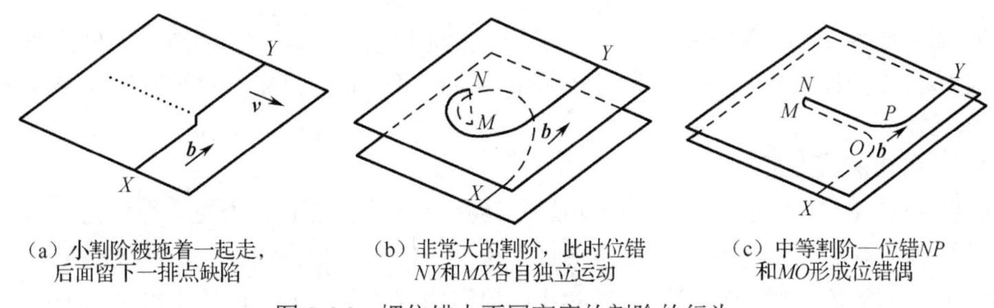

图 2-26　螺位错中不同高度的割阶的行为

对于刃型位错而言，其割阶段与柏氏矢量所组成的面，一般都与原位错线的滑移方向一致，能与原位错一起滑移。但此时割阶的滑移面并不一定是晶体的最密排面，故运动时割阶段受到的晶格阻力较大。然而对于螺型位错的割阶而言，其运动时的阻力则小得多。

2.2.3.4　作用在位错上的力（虚功原理-组态力）

已知使位错滑移所需的力为切应力，而使位错攀移的力为正应力，推着位错线前进的力 F 和使位错滑移的切应力 τ 之间的关系，可以用 $F=\tau b$ 来表示。它可以用虚功原理来加以推导，推导过程如下。

首先建模。在图 2-27（a）所示的晶体滑移面上取一段微元位错，长度为 dL，其若在切应力 τ 作用下前进了 ds，即切应力推动晶体的上半部在 dsdL 的面积内相对于下半部发生了滑移，滑移量为 b，这样切应力所做的功应为

$$\mathrm{d}w = 力\times距离 = [\tau(\mathrm{d}s\times \mathrm{d}L)]\times b \tag{2-13}$$

除此之外，可以想象位错在滑移面上有一作用力 F，如图 2-27（b）所示，其方向与位错垂直，在该力作用下位错前进了 ds 距离，因此作用力 F 所做的功 dw 应为

$$\mathrm{d}w = F\times \mathrm{d}s \tag{2-14}$$

这两力所做的功相等，所以有

$$F\times \mathrm{d}s = [\tau(\mathrm{d}s\times \mathrm{d}L)]\times b \tag{2-15}$$

故作用于单位长度位错上的力 F_d 为

$$F_\mathrm{d} = \frac{F}{\mathrm{d}L} = \tau b \tag{2-16}$$

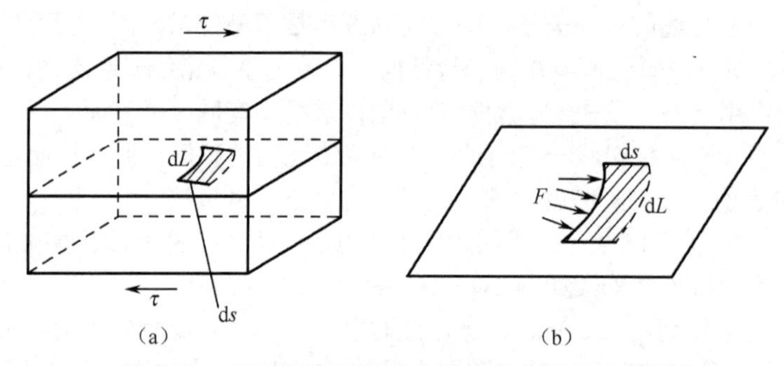

图 2-27 刃型位错和螺型位错的虚功原理示意图

对于攀移，也可以同样得到，推动单位长度位错攀移的力 F_d 与正应力 σ 关系为

$$F_\mathrm{d} = \sigma b \tag{2-17}$$

显然，F_d 垂直于位错线，指向未滑移区。

2.2.4 位错的弹性性质

位错线周围的原子偏离了平衡位置，处于较高的能量状态，高出的能量称为位错的应变能，简称位错能。在降低体系自由能的驱动力作用下，位错将与其他位错、点缺陷发生交互作用，从而影响晶体性能。

2.2.4.1 位错的应变能

准确地对晶体中位错周围的弹性应力场进行定量计算是复杂而困难的。为简化起见，通常可采用弹性连续介质模型来进行计算。该模型首先假设晶体是完全弹性体，服从虎克定律；其次把晶体看成是各向同性的；最后近似地认为晶体内部由连续介质组成，晶体中没有空隙，因此晶体中的应力、应变、位移等量是连续的，可用连续函数表示。应注意，该模型未考虑到位错中心区的严重点阵畸变情况，因此导出结果不适用于位错中心区，而对位错中心区以外的区域还是适用的，并已被很多实验所证实。

根据虎克定律，弹性体内应力与应变成正比，即

$$\sigma = E\varepsilon \tag{2-18}$$

因此单位体积储存的弹性能（U）等于应力-应变曲线弹性部分阴影区内的面积，如弹性体只

存在正应变时

$$\frac{U}{V}=\frac{1}{2}\sigma\varepsilon \tag{2-19}$$

或弹性体只存在切应变时

$$\frac{U}{V}=\frac{1}{2}\tau\gamma \tag{2-20}$$

这里，只要知道位错周围的应力、应变，就可求得应变能。

下面以螺型位错为例，估算其应变能。图 2-28 所示的螺型位错应变能估算模型展示了在一个各向同性且介质连续的圆柱体内的螺型位错形成的过程。材料沿图 2-28 所示的滑移面发生相对位移，位移的方向及距离与螺型位错的柏氏矢量一致，然后把切开的面胶合起来，这样螺型位错便在圆柱体中心形成了。螺型位错周围的材料都会发生一定的应变，在位错的心部（$r<r_0$）应变已超出弹性变形范围，这部分能量不能用弹性理论计算，所以在模型中应把中心部分挖空（注意：在图 2-28 中尚未挖空），实际上这部分能量在位错应变能中所占的比例较小，约为 1/10，完全可以将其忽略掉。现在在图 2-28 所示的圆柱体中取一个微元圆环，它离位错中心的距离为 r，厚度为 dr，在位错形成前后，该圆环的展开图如图 2-28（b）所示，显然位错使该圆环发生了应变，此应变为简单的剪切型应变，应变在整个周长上均匀分布，在 $2\pi r$ 的周向长度上，总的剪切变形量为 b，所以各点的切应变 γ 为

$$\gamma=\frac{b}{2\pi r} \tag{2-21}$$

螺型位错周围的应变只与半径 r 有关，即与 r 成反比。根据虎克定律，螺型位错周围的切应力为

$$\tau=G\gamma=\frac{Gb}{2\pi r} \tag{2-22}$$

式中，G 为材料的切变模量。

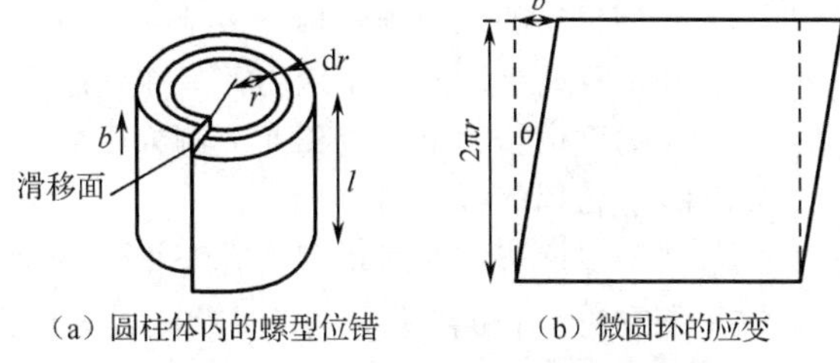

（a）圆柱体内的螺型位错　（b）微圆环的应变

图 2-28　螺型位错应变能估算模型

这样，微元圆环的应变能应为

$$\mathrm{d}u=\frac{1}{2}\frac{Gb}{2\pi r}\frac{b}{2\pi r}2\pi r\mathrm{d}rL \tag{2-23}$$

式中，L 为圆环的长度。

对式（2-23）从 r_0 到 r_1 处进行积分，就得到单位长度螺型位错的应变能 U_s

$$U_\mathrm{S}=\frac{1}{L}\int_{r_0}^{r_1}\mathrm{d}u=\frac{Gb^2}{4\pi}\int_{r_0}^{r_1}\frac{\mathrm{d}r}{r}=\frac{Gb^2}{4\pi}\ln\frac{r_1}{r_0} \tag{2-24}$$

对于刃型位错，其周围的应变情况比较复杂。应变能的估算比螺型位错麻烦，不过其结果与螺型位错大致相同，单位长度上刃型位错的应变能 U_E 为

$$U_\mathrm{E}=\frac{Gb^2}{4\pi(1-\upsilon)}\ln\frac{r_1}{r_0} \tag{2-25}$$

式中，υ 为泊松比，为 0.25～0.33，与式（2-6）相比可知，刃型位错的应变能比螺型位错高，大约高 50%。

在式（2-24）、式（2-25）中，G、b、υ 均为材料常数，那么式中的 r_0、r_1 如何取呢?正如前述，r_0 为位错心部半径，可取作两倍的原子间距，而积分上限可看作位错在晶体中的影响范围，当 r_1 值很大时，位错的作用已很小，故设其值为 1 000～10 000 倍的 r_0 时，应变能有如下的估算值

$$U_{\mathrm{S}} = \frac{Gb^2}{4\pi}\ln\frac{r_1}{r_0} \approx (0.55\sim0.73)Gb^2$$

$$U_{\mathrm{E}} = \frac{Gb^2}{4\pi(1-\upsilon)}\ln\frac{r_1}{r_0} \approx (0.81\sim1.09)Gb^2$$

于是单位长度位错线的应变能可简化写作

$$U = \alpha Gb^2 \tag{2-26}$$

其中，α 的值可取为 0.5～1.0，对螺型位错 α 取下限 0.5，刃型位错 α 则取上限 1.0。由式（2-26）可知，位错的能量与切变模量成正比，与柏氏矢量的模的平方成正比，所以柏氏矢量的模是影响位错能量最重要的因素。

螺型位错的应力场具有以下特点。

（1）切应力分量、正应力分量全为零表明螺型位错不会引起晶体的膨胀和收缩。

（2）螺型位错所产生的切应力分量只与 r 有关（成反比），而与 θ、z 无关。只要 θ 一定，切应力就为常数。因此，螺型位错的应力场是轴对称的，即与位错等距离的各处的切应力值相等，并随着与位错距离的增大，应力值减小。

刃型位错应力场具有以下特点。

（1）同时存在正应力分量与切应力分量。

（2）在平行于位错线的直线上，任意一点的应力均相同。

（3）刃型位错的应力场对称于多余的半原子面。

（4）在滑移面上，没有正应力，只有切应力，而且切应力达到极大值。

（5）正刃型位错的位错滑移面上侧为压应力，滑移面下侧为张应力。

2.2.4.2　位错的线张力

物理化学已证明，表面张力 σ 在数值上等于表面能 γ。

在平衡态时，即位错不受任何外载或内力作用时，单根位错趋于直线状态以保持最短的长度。当三根位错连接于一点时，在结点处位错的线张力互相平衡，它们的合力为零。晶体中的位错密度很低时，它们在空间中常呈网状分布，每三根位错交于一点，互相连接在一起（见图 2-29）。如果晶体中位错线呈弯曲弧形，那么位错一定受到了外载，而两端往往被固定住（图 2-30 中的位错被两个结点钉住了）。位错弯曲所受到的作用力与自身线张力 T 之间必须达到平衡。位错的线张力是一种组态力，类似于液体的表面张力，可以定义为使位错增加单位长度所需的能量，它可近似地用下式表达

$$T = kGb^2 \tag{2-27}$$

式中，k 为系数，取值范围为 0.5～1。

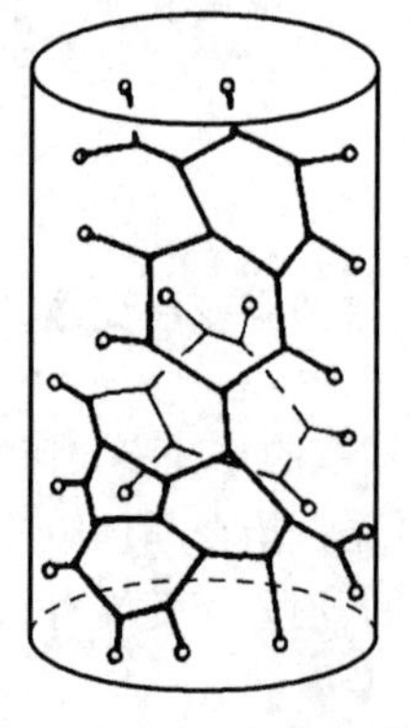

图 2-29　呈网络状分布的位错空间模型

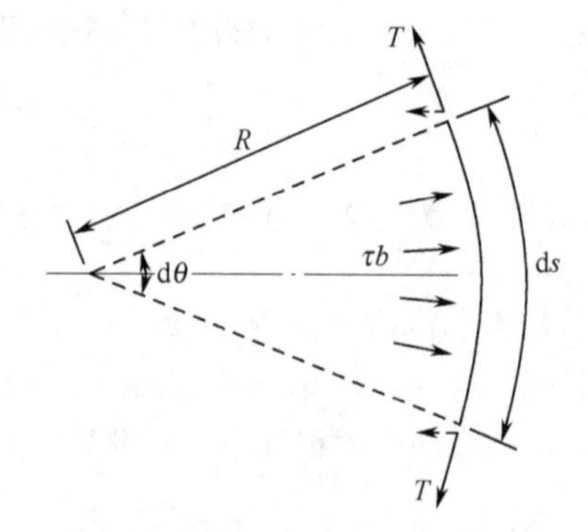

图 2-30　位错曲率半径与线张力

以图 2-30 为例，有一段曲率半径为 R 的弧形位错，位错长为 ds，对应的张角为 $\mathrm{d}\theta$，这段位错在自身线张力 T 的作用下有自动伸直的趋势；由于有外切应力 τ 存在，则单位长度位错线所受的力为 τb，它力图使位错线变弯。平衡时位错上的作用力应与线张力在水平方向上的分力相等，即

$$\tau b\mathrm{d}s = 2T\sin\frac{\mathrm{d}\theta}{2} \tag{2-28}$$

由几何知识可知，弧长 $\mathrm{d}s = R\mathrm{d}\theta$， $\mathrm{d}\theta$ 很小时， $\sin\frac{\mathrm{d}\theta}{2} \approx \frac{\mathrm{d}\theta}{2}$，所以

$$\tau b = \frac{T}{R} \approx \frac{\alpha G b^2}{R} \tag{2-29}$$

取 $\alpha = 0.5$，那么就有

$$\tau = \frac{Gb}{2R} \tag{2-30}$$

两端固定的弯曲位错线所受到的切应力与曲率半径成反比，曲率半径越小，切应力越大。

2.2.4.3　位错的应力场及与其他缺陷的交互作用

位错周围的点阵应变引起了高的应变能，使其处于高能的不平衡状态，从而产生了相应的应力场，使该力场下的其他缺陷产生运动，或者说位错与其他缺陷发生了交互作用，作用的结果是降低了体系的应变和应变能。

1. 位错的应力场

已知螺型位错周围的晶格应变是简单的纯剪切，而且应变具有径向对称性，其与离位错中心的距离 r 成反比，所以切应变与切应力可简单地表达为

$$\gamma = \frac{b}{2\pi r}$$

$$\tau = \frac{Gb}{2\pi r}$$

虽然说只有当 $r \to \infty$ 时，切应力才趋于零，实际上应力场有一定的作用范围，在 r 达到某值时切应力已很低，所以螺型位错的切应力场如图 2-31（a）所示，可以用位错周围一定尺寸的圆柱体表示。

刃型位错的应力场要复杂得多，由于插入了一层半原子面，使滑移面上方的原子间距低于平衡间距，产生晶格切应力的压缩应变，而滑移面下方则发生拉伸应变。压缩和拉伸正应变是刃型位错周围的主要应变。此外，从压缩应变和拉伸应变的逐渐过渡中必然附加一个切应变，最大切应变发生在位错的滑移面上，在该面上正应变为零，故为纯剪切。因此，刃型位错周围既有正应力，又有切应力，但正应力是主要的，它对刃型位错的交互作用起决定性作用。刃型位错的正应力场如图 2-31（b）所示，其压缩应力与拉伸应力可分别用滑移面上、下的两个圆柱体表示，压缩应力和拉伸应力的大小随离位错中心距离的增大而减小。

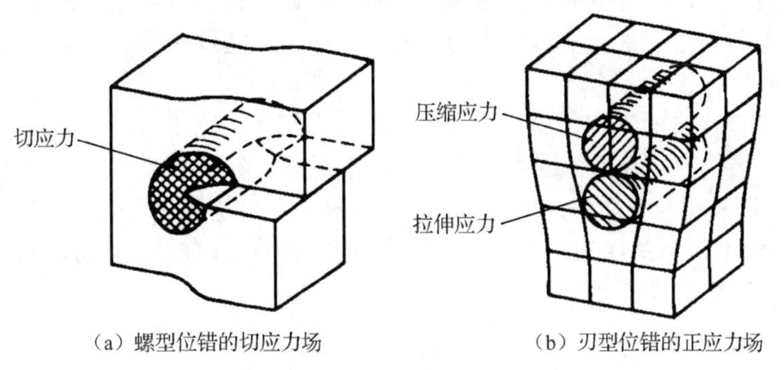

（a）螺型位错的切应力场　　（b）刃型位错的正应力场

图 2-31　位错的应力场

2. 位错与点缺陷的交互作用

当晶体内同时含有位错和点缺陷（特别是溶质原子）时两者之间会发生交互作用。这种交互作用在刃型位错中显得尤其重要，这是由刃型位错的应力场特点所决定的。基体中的溶质原子，不论是置换型的还是间隙型的，都会引起晶格畸变，间隙原子及尺寸大于溶剂原子的溶质原子使周围基体晶格原子受到压缩应力，而尺寸小于溶剂原子的溶质原子又使基体晶格受到拉伸，如图 2-32（a）和图 2-32（b）所示。所有这些溶质原子都会在刃型位错周围找到合适的位置。当大的溶质原子处于位错滑移面下方（晶格受拉区）时，或者小的溶质原子处于滑移面上方的压缩应力区时，如图 2-32（c）和图 2-32（d）所示，不仅使原来溶质原子造成的应力场消失了，同时使位错的应变及应变能明显降低，从而使体系处于较低的能量状态，因此位错与溶质原子交互作用的热力学条件是完全具备的。至于基体中溶质原子最终是否移向位错周围，还要视动力学条件，即溶质原子的扩散能力而定，晶体中间隙原子的扩散速度要比置换型溶质大得多，所以间隙小原子与刃型位错的交互作用十分强烈，如钢中固溶的 C、N 小原子常分布于刃型位错周围，使位错周围的 C、N 浓度明显高于平均值，甚至可以高到在位错周围形成碳化物、氮化物小质点。当溶质原子分布于位错周围时使位错的应变能下降，这样位错的稳定性增加了，位错由十分容易移动变得不太容易移动，于是使晶体的塑性变形抗力（屈服强度）提高。通常把溶质原子与位错交互作用后，在位错周围偏聚的现象称为气团，由于它是由柯垂耳（A. Cottrell）首先提出的，故又称为柯氏气团。气团对位错有钉扎作用，这是固溶强化的原因之一。

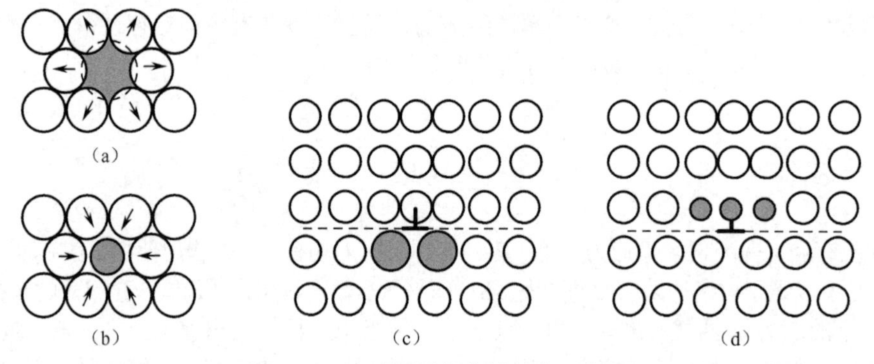

图 2-32 溶质原子与位错的交互作用

空位与位错也会发生交互作用，其结果是使位错发生攀移，这一交互作用在高温下显得十分重要，因为空位浓度是随温度升高呈指数关系上升的。

3. 位错与其他位错的交互作用

晶体中存在位错时，在它的周围便产生一个应力场。位错的应力场对其他位错也产生一个作用力，使位错发生运动，以降低体系的自由能。实际晶体中往往有许多位错同时存在。任一位错在其相邻位错应力场作用下都会受到作用力，此交互作用力随位错类型、柏氏矢量大小、位错线相对位向的变化而变化。

（1）两平行螺型位错的交互作用。螺型位错的应力场比较简单，是纯剪切应力，切应力的方向与位错的柏氏矢量一致。两平行螺型位错的交互作用力如图 2-33 所示，设有两个平行螺型位错 S_1、S_2，其柏氏矢量分别为 $\boldsymbol{b}_1$、$\boldsymbol{b}_2$，位错线平行于 z 轴，并且位错 S_1 位于坐标原点 O 处，S_2 位于（r, θ）处。由于螺型位错的应力场中只有切应力分量，并且具有径向对称特点，位错 S_2 在位错 S_1 的应力场作用下受到的径向作用力为

$$f_r = \tau_{\theta z} \cdot \boldsymbol{b}_2 = \frac{G\boldsymbol{b}_1\boldsymbol{b}_2}{2\pi r} \tag{2-31}$$

式中，f_τ 的方向与 OS_2 的方向一致。

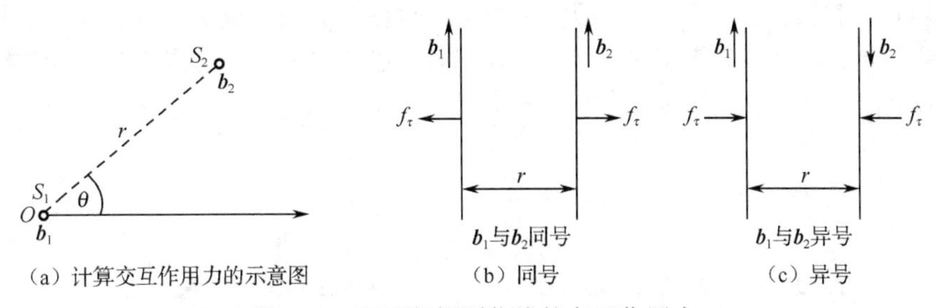

（a）计算交互作用力的示意图 （b）同号 （c）异号

图 2-33 两平行螺型位错的交互作用力

同理，位错 S_1 在位错 S_2 应力场作用下也将受到一个大小相等、方向相反的作用力。因此，两平行螺型位错间的作用力大小与两平行螺型位错强度的乘积成正比，而与两平行螺型位错间距成反比，其方向则沿径向 r 垂直于所作用的位错线，当 $\boldsymbol{b}_1$ 与 $\boldsymbol{b}_2$ 同向时，两同号平行螺型位错相互排斥。当 $\boldsymbol{b}_1$ 与 $\boldsymbol{b}_2$ 反向时，两异号平行螺型位错相互吸引，直至异号位错互毁，位错的应变能完全消失。

（2）两平行刃型位错间的交互作用。两平行刃型位错间的交互作用如图 2-34 所示，设有两平行于 z 轴且相距为 $r(x, y)$的刃型位错 e_1、e_2，其柏氏矢量 $\boldsymbol{b}_1$ 与 $\boldsymbol{b}_2$ 均与 x 轴同向。令 e_1 位于坐标原点上，e_2 的滑移面与 e_1 的滑移面平行，且均平行于 x-z 面。因此，在 e_1 的应力场中只有切应力分量 τ_{yz} 和正应力分量 σ_{xx} 对位错 e_2 起作用，分别导致 e_2 沿 x 轴方向滑移和沿 y 轴方向攀移。

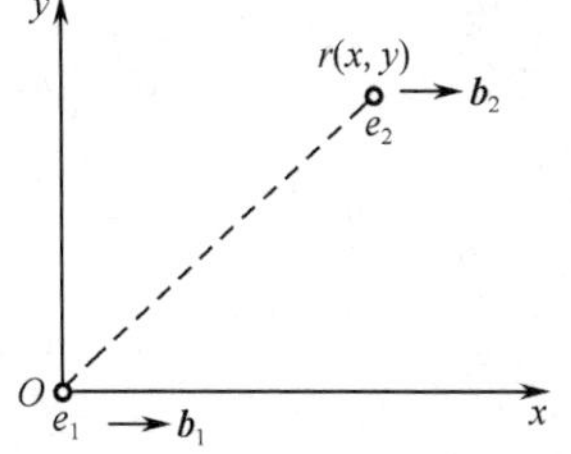

图 2-34 两平行刃型位错间的交互作用

这两个交互作用力分别为

$$f_x = \tau_{yx} \cdot \boldsymbol{b}_2 = \frac{G\boldsymbol{b}_1\boldsymbol{b}_2}{2\pi(1-\nu)} \frac{x(x^2-y^2)}{(x^2+y^2)^2} \tag{2-32}$$

$$f_y = -\sigma_{xx} \cdot \boldsymbol{b}_2 = \frac{G\boldsymbol{b}_1\boldsymbol{b}_2}{2\pi(1-\nu)} \frac{y(3x^2+y^2)}{(x^2+y^2)^2} \tag{2-33}$$

对于两同号平行刃型位错，滑移力 f_x 随位错 e_2 所处的位置而变化，它们之间的交互作用如图 2-35（a）所示，现归纳如下。

（1）当$|x|>|y|$时，若 $x>0$，则 $f_x>0$；若 $x<0$，则 $f_x<0$，这说明当位错 e_2 位于图 2-35（a）中的①、②区间时，两位错相互排斥。

（2）当$|x|<|y|$时，若 $x>0$，则 $f_x<0$；若 $x<0$，则 $f_x>0$，这说明当位错 e_2 位于图 2-35（a）中的③、④区间时，两位错相互吸引。

（3）当$|x|=|y|$时，$f_x=0$，位错 e_2 处于稳定平衡位置，一旦偏离此位置就会受到位错 e_1 的吸引或排斥，使它偏离得更远。

（4）当 $x=0$ 时，即位错 e_2 处于 y 轴上时，$f_x=0$，位错 e_2 处于稳定平衡位置，一旦偏离此位置就会受到位错 e_1 的吸引而退回原处，使位错垂直地排列起来。通常把这种呈垂直排列的位错组态称为位错墙，它可构成小角度晶界。

（5）当 $y=0$ 时，若 $x>0$，则 $f_x>0$；若 $x<0$，则 $f_x<0$。此时 f_x 的绝对值和 x 成反比，即处于同一滑移面上的同号刃型位错总是相互排斥的，位错间距离越小，排斥力越大。

至于攀移力 f_y，由于它与 y 同号，当位错 e_2 在位错 e_1 的滑移面上边时，受到的攀移力 f_y 是正值，即指向上；当 e_2 在 e_1 滑移面下边时，f_y 为负值，即指向下。因此，两位错沿 y 轴方向是互相排斥的。

对于两异号刃型位错，它们之间的交互作用力 f_x、f_y 的方向与同号时相反，而且位错 e_2 的稳定位置和介稳定平衡位置正好互相对换，当$|x|=|y|$时，e_2 处于稳定平衡位置，如图 2-35（b）

所示。

图 2-35（c）综合地展示了两平行刃型位错间的滑移力 f_x 与距离 x 之间的关系。图中 y 为两平行刃型位错的垂直距离（滑移面间距），x 为两平行刃型位错的水平距离（以 y 的倍数度量），f_x 的单位为 $\dfrac{Gb_1b_2}{2\pi(1-\nu)y}$。从图 2-35 中可以看出，两同号位错间的作用力（图中实线）与两异号位错间的作用力（图中虚线）大小相等，方向相反。

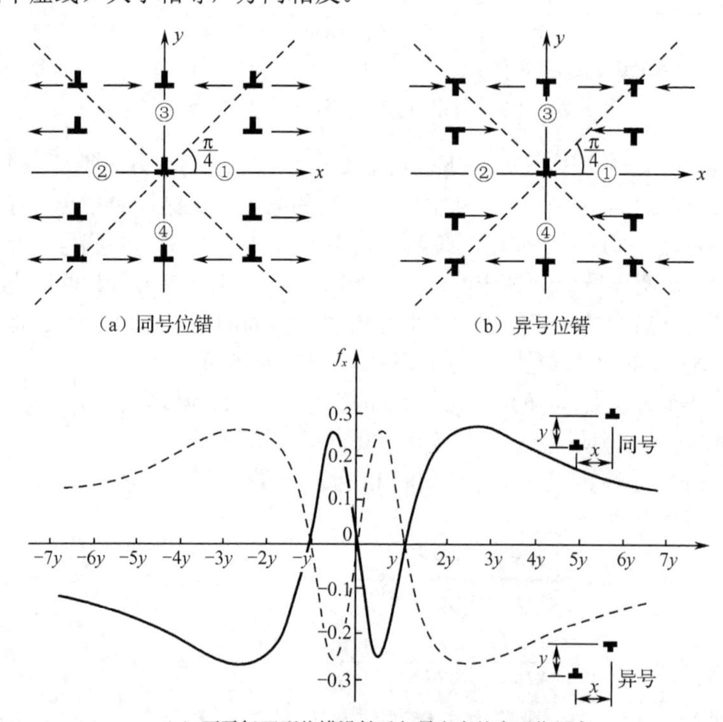

图 2-35 两刃型位错在 x 轴方向上的交互作用

至于异号位错的 f_y，由于它与 y 异号，所以沿 y 轴方向的两异号位错总相互吸引，并尽可能靠近直至最后消失。

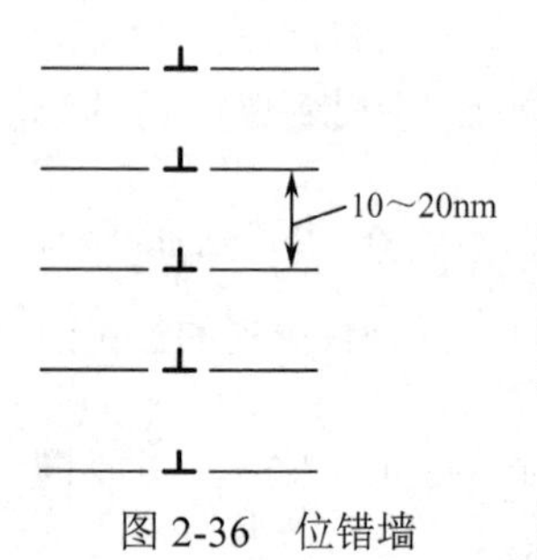

图 2-36 位错墙

如果一系列同号位错在垂直于滑移面的方向排列起来，那么上方位错的拉应力场将与下方位错的压应力场互相重叠而部分抵消，从而大大降低体系的总应变能，所以该种形式为刃型位错的稳定排列方式，这种位错组态称为位错墙，如图 2-36 所示。位错墙一般是轻度变形并经适度的温度退火后才出现的。退火的主要原因是在该温度下，位错活动能力增强，在异号位错互毁后，过量的同号位错通过攀移和滑移实现。

除了上述情况，在互相平行的螺型位错与刃型位错之间，由于两者的柏氏矢量相互垂直，各自的应力场均没有使对方受力的应力分量，故彼此不发生作用。

若两平行位错中有一根或两根都是混合型位错，可将混合型位错分解为刃型和螺型分量，再分别考虑它们之间作用力的关系，叠加起来就得到总的作用力。

2.2.5　位错的生成和增殖

2.2.5.1　位错密度

晶体中位错的量常用位错密度表示，它可以定义为单位体积晶体中所含的位错线的总长度，其数学表达式为

$$\rho = \frac{L}{V} \tag{2-34}$$

式中，L 为位错线的总长度；V 是晶体的体积。

实践中测定晶体中位错线的总长度是不可能的。为了简便起见，常把位错线当作直线，并且假定位错线从晶体的一端延伸到另一端。此时，位错密度也可以定义为穿过单位面积的位错线数目，其数学表达式为

$$\rho = \frac{n}{A} \tag{2-35}$$

式中，n 为在面积 A 中的位错线数目，显然并不是所有位错线都与观察面相交，故按此求得的位错密度将小于实际值。

位错密度和晶体的强度是紧密联系在一起的。一方面，从晶体理论强度分析可知，实际晶体中的位错密度越低，晶体的强度越高。另一方面，实验发现冷加工金属的强度远高于退火金属，因此位错密度越高，晶体强度越高。综合起来可以得出位错密度和晶体强度的关系曲线，如图 2-37 所示。

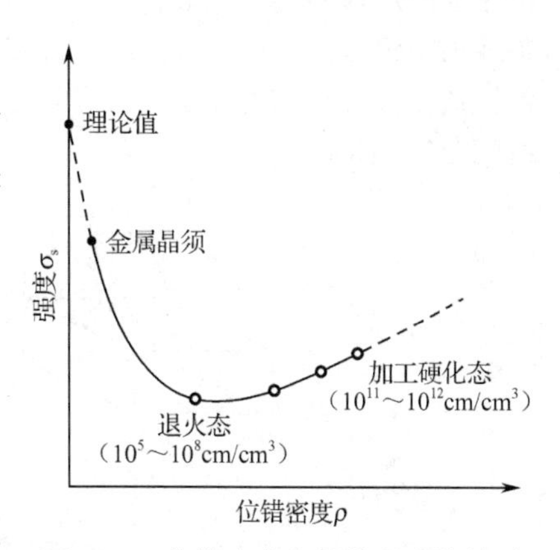

图 2-37　位错密度和晶体强度的关系曲线

因此，实际通常使用两种方法获得较高的强度。一是尽量减小位错密度，如将晶体拉得很细（晶须），得到丝状单晶体，其基本上不含位错等缺陷，强度往往较普通材料高很多；二是尽量增大位错密度，如非晶态材料，其位错密度很大，强度也非常高。

超纯金属经细心制备和充分退火后，其内部的位错密度较低，为 10^9～10^{10}m/m^3，相当于在 1cm^3 小方块体积的金属中位错线的总长度为 1～10km，由于这些位错的存在，实际晶体的强度远比理想晶体低。金属经过冷变形或引入第二相，会使位错密度大大升高，变为 10^{14}～10^{16}m/m^3，此时晶体的强度反而大幅度升高，这是由于位错数量增加至一定程度后，位错线之间互相缠结，以致位错线难以移动。如果能制备出一个不含位错或位错极少的晶体，它的强度一定极高，现代技术已能制造出这样的晶体，但它的尺寸极细，直径仅为若干微米，人们称它为晶须，其内部位错密度仅为 10m/cm^3，它的强度虽高但不能直接用于制造零件，只能作为复合材料的强化纤维。因此，借减少位错密度来提高晶体的强度在工程上没有实际意义，目前主要还是依靠增加位错密度来提高材料的强度。

2.2.5.2　位错的生成

大多数晶体的位错密度都很大，即使纯金属单晶中也存在着许多位错。这些原始位错的产生主要有以下几种来源。

（1）晶体生长过程中产生位错。其主要是：①由于熔体中的杂质原子在凝固过程中不均匀分布使晶体先后凝固部分的成分不同，从而使点阵常数也有差异，形成的位错可能作为过渡；②由于温度梯度、浓度梯度、机械振动等因素的影响，致使生长着的晶体偏转或弯曲导致相邻晶块之间有位向差，这样它们之间就会形成位错；③在晶体生长过程中，相邻晶粒发生碰撞或液流冲击

或冷却时体积变化的热应力等，会使晶体表面产生台阶或受力变形而形成位错。

（2）由高温较快冷却及凝固时，晶体内存在大量过饱和空位，空位聚集就会形成位错。

（3）在晶体内部的某些界面（如第二相质点、孪晶、晶界等）和微裂纹的附近，由于热应力和组织应力的作用，往往出现应力集中现象，当此应力高至足以使该局部区域发生滑移时，就在该区域产生位错。

2.2.5.3 位错的增殖

经过剧烈塑性变形的金属晶体，其位错密度可增加 4～5 个数量级，这说明晶体在变形过程中是在不断地增殖的。其增殖的机制很多，其中的一种主要方式是 F-R（Frank-Read）源。

退火态金属的位错以网络状存在于晶体中，假如在外加应力 τ 时，位错线 *CD* 在滑移面上运动，在 *CD* 线的两个端点上连有其他位错 *AC* 和 *BD*，则 *C*、*D* 是位错线的结点，这两个端点是被固定的，如图 2-38（a）所示，其中 *A*、*B* 两点分别连着端点为 *C*、*D* 的位错，图 2-38（b）所示为位错受力起始位置。

在切应力作用下，位错线产生如图 2-38（c）所示的弯曲。在位错线两个端点附近，位错线运动的角速度增加，位错线卷曲，产生如图 2-38（d）所示的变化，位错环继续扩展时，两端点的位错线段逐渐接近，如图 2-38（e）所示，然后相遇接触，由于它们是柏氏向量相反的两个螺型位错或刃型位错，在相互抵消后，位错环就不受固定端点的约束自由运动了，如图 2-38（f）所示。位错线 *CD* 在切应力作用下，可以不断重复上述过程，就可能源源不断地放出位错环，这种位错线就叫作 F-R 源。

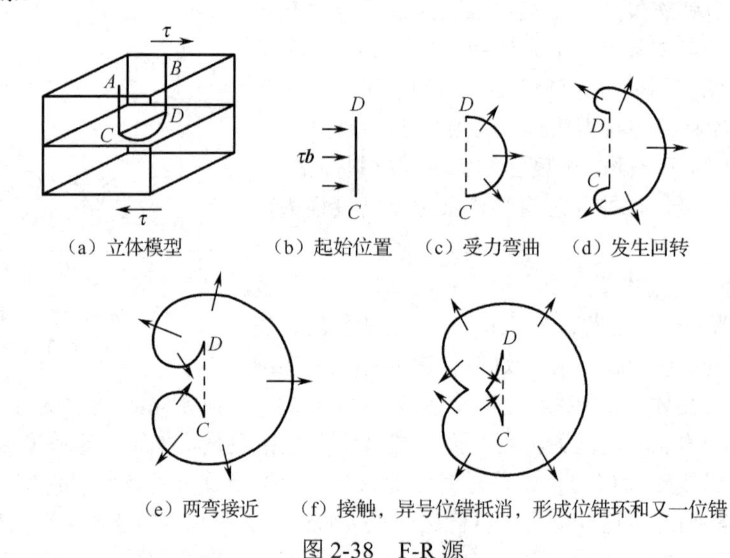

图 2-38 F-R 源

可把晶体的屈服强度理解为开动 F-R 源的临界切应力。

F-R 源开动后并不是永远不断地放出位错，当位错遇有障碍，如晶界、L-C 锁等，使位错塞积后产生应力集中就可对位错源有一反作用力，使位错源停止动作。这种位错增殖机制，在硅、镉、铝铜合金、铝镁合金、不锈钢等晶体中可以直接观察得到验证。

位错的增殖机制还有很多，如双交滑移增殖、攀移增殖等。图 2-39 所示为螺型位错通过双交滑移机制增殖。由于螺型位错经双交滑移后可形成刃型割阶，并且该割阶不在原位错的滑移面上，因此它不能随原位错线一起向前运动而是对原位错产生钉扎作用，使原位错在滑移面上滑移时成为一个 F-R 源。由于螺型位错线发生交滑移后形成了两个刃型割阶 *AC* 和 *BD*，因而使位错在新滑移面（111）上滑移时成为一个 F-R 源。有时在第二个（111）面扩展出来的位错环又可以通过交滑移转移到第三个（111）面上进行增殖，从而使位错迅速增加，因此它是比上述 F-R 源更有效的增殖机制。

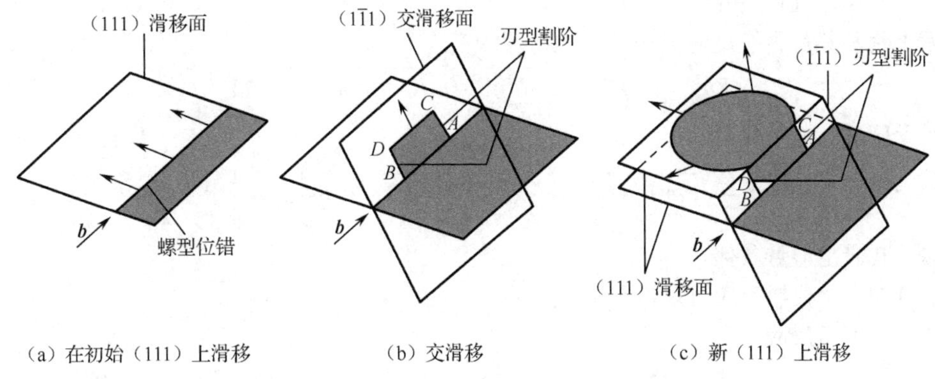

图 2-39　螺型位错通过双交滑移机制增殖

2.2.5.4　位错的分解与合成

位错的应变能与 b^2 成正比，位错的能量越低越稳定。因此，柏氏矢量较大的位错往往可以分解为柏氏矢量较小的位错（见图 2-40），或者两个位错也可合并为一个位错。位错之间的互相转化称为位错反应。位错反应能否进行取决于以下两个条件。

（1）几何条件，由于柏氏矢量具有守恒性，所以位错反应前后诸位错的柏氏矢量和相等，即

$$\Sigma b_{前} = \Sigma b_{后} \tag{2-36}$$

（2）能量条件，位错反应后诸位错的总能量应小于位错反应前诸位错的总能量，即

$$\Sigma b_{前}^2 > \Sigma b_{后}^2 \tag{2-37}$$

图 2-40 所示为位错分解模型，两倍点阵常数的大位错会自发分解为柏氏矢量为点阵常数的两个小位错，分解反应式可以写成，

$$2a[100] \rightarrow a[100] + a[100]$$

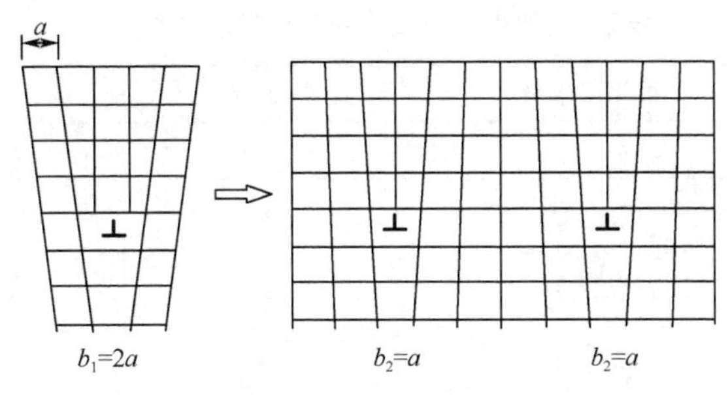

图 2-40　位错分解模型

分解后，位错能量由正比于 $4a^2$ 下降为正比于 $2a^2$，而几何条件不变，位错能量降低，位错更稳定。从相关原子模型中可以看出，插入两个半原子面的大位错，周围点阵畸变十分严重，分解后畸变程度明显降低。

例题　判断以下位错反应能否进行。

$$a[100] + a[010] \rightarrow \frac{a}{2}[111] + \frac{a}{2}[11\bar{1}]$$

解：首先判断其是否满足几何条件，位错反应前

$$a[100] + a[010] = a[(1+0)(0+1)(0+0)] = a[110]$$

位错反应后

$$\frac{a}{2}[111]+\frac{a}{2}[11\bar{1}]=\frac{a}{2}[(1+1)(1+1)(1+\bar{1})]=\frac{a}{2}[220]=a[110]$$

显然，其满足几何条件。

然后再判断其是否满足能量条件，位错反应前

$$\Sigma b_{前}^2=(a\sqrt{1^2+0^2+0^2})^2+(a\sqrt{0^2+1^2+0^2})^2=2a^2$$

位错反应后

$$\Sigma b_{后}^2=\left(\frac{a}{2}\sqrt{1^2+1^2+1}\right)^2+\left(\frac{a}{2}\sqrt{1^2+1^2+(-1)^2}\right)^2=\frac{3}{4}a^2+\frac{3}{4}a^2=\frac{3}{2}a^2$$

显然，其满足能量条件。

综上可知，该位错反应可以进行。

反之，则位错反应

$$\frac{a}{2}[111]+\frac{a}{2}[11\bar{1}]\rightarrow a[100]+a[010]$$

因不满足能量条件，所以不能进行。

2.2.6 实际晶体结构中的位错

简单立方晶体中位错的柏氏矢量 **b** 总是等于点阵矢量。但在实际晶体中，位错的柏氏矢量除了等于点阵矢量，还可能小于或大于点阵矢量。通常把柏氏矢量等于点阵矢量的位错称为单位位错或全位错，全位错滑移后晶体原子排列不变；把柏氏矢量不等于点阵矢量的位错称为部分位错或不全位错，不全位错滑移后原子排列规律发生变化。

在实际晶体结构中，位错的柏氏矢量不能是任意的，它要符合晶体的结构条件和能量条件。晶体的结构条件是指柏氏矢量必须连接一个原子平衡位置到另一平衡位置。从晶体的能量条件看，由于位错能量正比于 b^2，b 越小越稳定，即全位错应该是最稳定的位错。

表 2-2 所示为典型晶体结构中全位错的柏氏矢量。

表 2-2 典型晶体结构中全位错的柏氏矢量

结构类型	柏氏矢量	方向	$\|b\|$	数量
简单立方	$a\langle 100\rangle$	$\langle 100\rangle$	a	3
面心立方	$\frac{a}{2}\langle 100\rangle$	$\langle 100\rangle$	$\sqrt{2}a/2$	6
体心立方	$\frac{a}{2}\langle 111\rangle$	$\langle 111\rangle$	$\sqrt{3}a/2$	4
密排六方	$\frac{a}{3}\langle 11\bar{2}0\rangle$	$\langle 11\bar{2}0\rangle$	a	3

除了全位错，晶体中还会存在一些柏氏矢量小于点阵矢量的位错，即柏氏矢量不是从一个原子到另一个原子位置，而是从原子位置到结点之间的某一位置，我们称这类位错为分位错或不全位错。

实际晶体中所出现的不全位错通常与其原子堆垛结构的变化有关。密排晶体结构可看成由许多密排原子面按一定顺序堆垛而成的，面心立方结构是以密排的{111}按 *ABCABC*…顺序堆垛而成的；密排六方结构则是以密排面{0001}按 *ABAB*…顺序堆垛起来的。为了方便起见，用上三角形△表示 *A*→*B*、*B*→*C*、*C*→*A*、…顺序，用下三角形▽表示相反的顺序，如 *B*→*A*、*C*→*B*、*A*→*C*、…。这种规定，读者可自行结合第 1 章图 1-44 和图 1-45 进行体会和理解。因此，面心立方结构的堆垛顺序表示为△△△△…，如图 2-41（a）所示，密排六方结构的堆垛顺序表示为△▽△▽…，如图 2-41（b）所示。

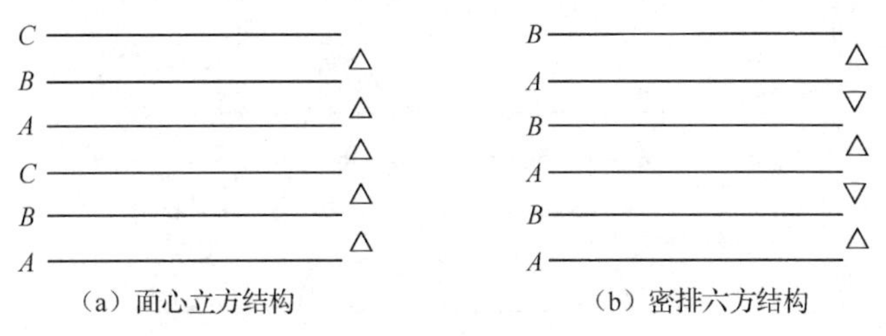

图 2-41　密排面的堆垛顺序

在实际晶体结构中，密排面的正常堆垛顺序有可能遭到破坏和错排，称为堆垛层错，简称层错。例如，面心立方结构的堆垛顺序若变成 ABC$^{\downarrow}$*BCA*···（△△$\overset{\downarrow}{\triangle}$△△···），其中箭头所指相当于抽出一层原子面（*A* 层），故称为抽出型位错，如图 2-42（a）所示；相反，若在正常堆垛顺序中插入一层原子面（*B* 层），则可表示为 *ABC*$^{\downarrow}$*B*$^{\downarrow}$*BCA*···（△△$\overset{\downarrow}{\triangle}\ \overset{\downarrow}{\triangle}$△△···），其中箭头所指为插入 *B* 层后所引起的二层错排，称为插入型层错，如图 2-42（b）所示。两者对比结果：一个插入型层错相当于两个抽出型层错。从图 2-42 所示的面心立方结构的堆垛顺序中还可看出，面心立方晶体中存在堆垛层错时相当于在其间形成了一薄层的密排六方晶体结构。

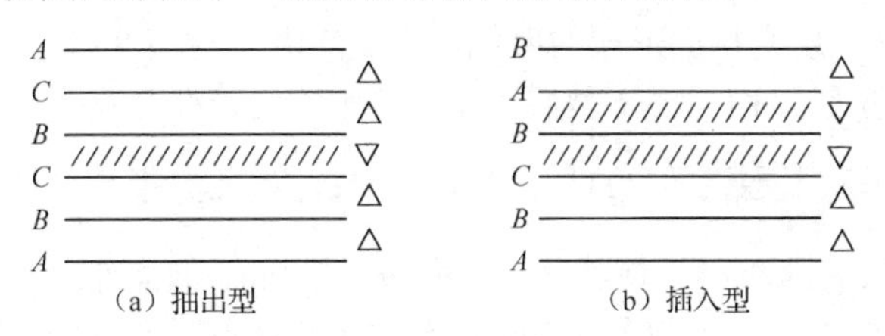

图 2-42　面心立方结构的堆垛顺序

密排六方结构也可能形成堆垛层错，其层错包含有面心立方晶体的堆垛顺序：具有抽出型层错时，堆垛顺序变为···▽△▽▽△▽···，即···*BABACAC*···；而插入型层错则为···▽△▽▽▽△▽···，即···*BABACBCB*···。

体心立方晶体的密排面{110}和{100}的堆垛顺序只能是 *ABABAB*···，故这两组密排面上不可能有堆垛层错。但是，它的{112}面堆垛顺序却是周期性的。当{112}面的堆垛顺序发生差错时，会产生堆垛层错。

形成层错时几乎不产生点阵畸变，但它破坏了晶体的完整性和正常的周期性，使电子发生反常的衍射效应，故使晶体的能量有所增加，这部分增加的能量称为堆垛层错能 γ。从能量的观点来看，晶体中出现层错的概率与层错能有关，层错能越高则概率越小。例如，在层错能很低的奥氏体不锈钢中（γ 约为 0.04J/m^2）常可看到大量的层错，而在层错能较高的铝中（γ 约为 2.0J/m^2）就看不到层错。

堆垛层错不是发生在晶体的整个原子面上而只是部分区域存在时，在层错与完整晶体的交界处就会存在柏氏矢量 $\boldsymbol{b}$ 不等于点阵矢量的不全位错。在面心立方晶体中，有两种重要的不全位错：肖克莱不全位错和弗兰克不全位错。

1. 肖克莱不全位错（Partial Dislocation）

图 2-43 所示为面心立方晶体中的肖克莱不全位错。图面代表$(10\bar{1})$面，密排面(111)垂直于图面。图中右边晶体按 *ABCABC*···顺序堆垛，而左边晶体是按 *ABCBCAB*···顺序堆垛，即有层错存在，层错与完整晶体的边界就是肖克莱不全位错。其由左侧原来的 *A* 层原子面在$[1\bar{2}1]$方向沿 *LM* 滑移到 *B* 层位置形成。肖克莱不全位错的柏氏矢量 $\boldsymbol{b}=\frac{a}{6}[121]$，它与位错线互相垂直，属刃型不全位错。

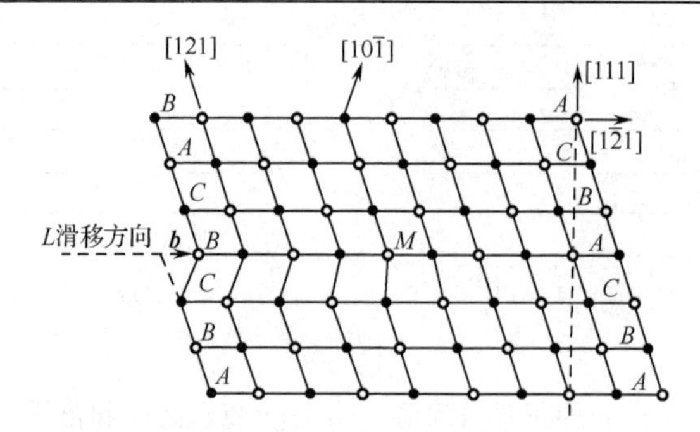

图 2-43 面心立方晶体中的肖克莱不全位错

根据其柏氏矢量与位错线的夹角关系，肖克莱不全位错既可以是纯刃型，也可以是纯螺型或混合型。肖克莱不全位错可以在其所在的{111}面上滑移，滑移的结果使层错扩大或缩小。但是，即使是纯刃型的肖克莱不全位错也不能攀移，这是因为它有确定的层错相连，若进行攀移，势必离开此层错面，故不可能攀移。

2. 弗兰克不全位错

图 2-44 所示为抽去一层密排面形成的弗兰克不全位错。与图示的抽出型层错相关的不全位错通常称为负弗兰克不全位错，而与插入型层错相关的则称为正弗兰克不全位错，它们的柏氏矢量都属于 $\frac{a}{3}$<111>，且都垂直于层错面{111}，但方向相反。弗兰克不全位错属纯刃型位错，不能在滑移面上进行滑移运动（若滑移则将使其离开所在的层错面），但能通过点缺陷的运动沿层错面进行攀移，使层错面扩大或缩小。因此，弗兰克不全位错又称不滑动位错或固定位错，而肖克莱不全位错则属于可动位错。

不全位错特性和全位错一样由其柏氏矢量来表征，但注意，不全位错柏氏回路的起始点必须在层错上。

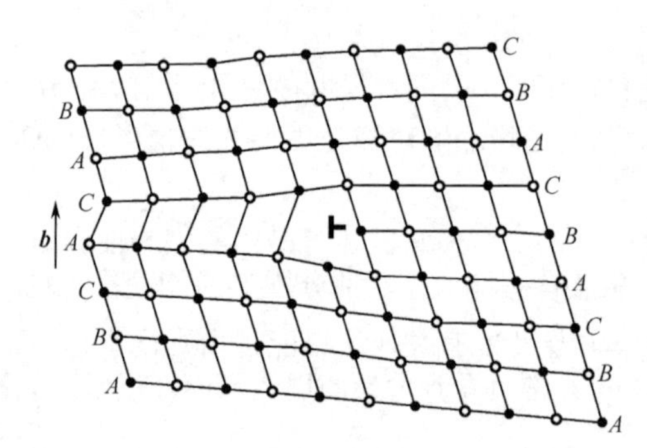

图 2-44 抽去一层密排面形成的弗兰克不全位错

面心立方晶体中所有重要的位错和位错反应可用汤普森（Thompson）提出的参考四面体和一套标记清晰而直观地表示出来。汤普森四面体及记号如图 2-45 所示，A、B、C、D 依次为面心立方晶胞中 3 个相邻外表面的面心和坐标原点［见图 2-45（a）］，以 A、B、C、D 为顶点连成一个由 4 个{111}面组成，并且其边平行于<110>方向的四面体，这就是汤普森四面体［见图 2-45（b）］。如果以 α、β、γ、δ 分别代表与 A、B、C、D 点相对面的中心，把 4 个面以三角形 ABC 为底展开，则得到图 2-45（c）。

由图 2-45 可见：

（1）四面体的 4 个面为 4 个可能的滑移面，即(111)面、($\bar{1}11$)面、($1\bar{1}1$)面、($11\bar{1}$)面；

（2）四面体的 6 个棱边代表 12 个晶向，即面心立方晶体中全位错 12 个可能的柏氏矢量；

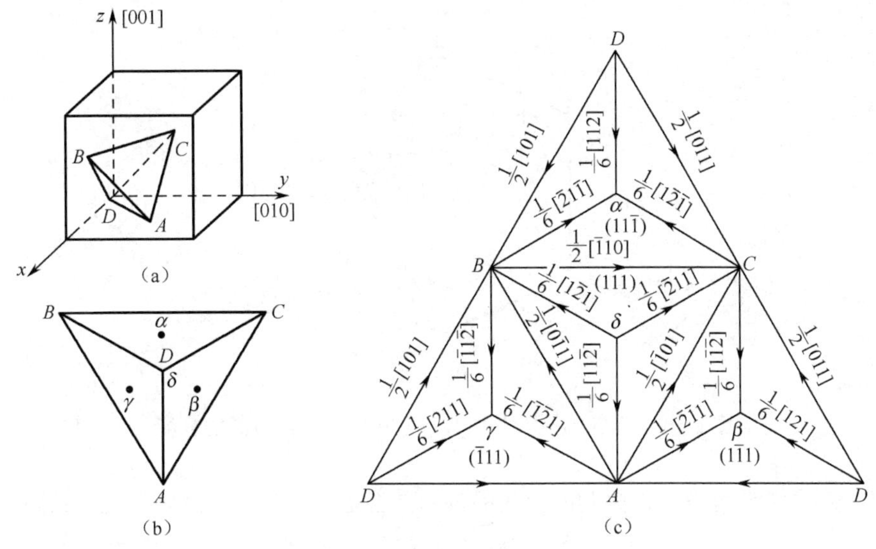

图 2-45　汤普森四面体及记号

（3）每个面的顶点与其中心的连线代表 24 个 $\frac{1}{6}$<112>型的滑移矢量，它们相当于面心立方晶体中可能产生的 24 个肖克莱不全位错的柏氏矢量；

（4）4 个顶点到它所对的三角形中点的连线代表 8 个 $\frac{1}{3}$<111>型的滑移矢量，它们相当于面心立方晶体中可能有的 8 个弗兰克不全位错的柏氏矢量；

（5）4 个面中心相连即 $\alpha\beta$ 、$\alpha\gamma$ 、$\alpha\delta$ 、$\beta\gamma$ 、$\gamma\delta$ 、$\beta\delta$ ，为 $\frac{1}{6}$<110>，是压杆位错的一种。

有了汤普森四面体，面心立方晶体中各类位错反应尤其是复杂的位错反应都可极为简便地用相应的汤普森符号来表达。例如，在(111)面上柏氏矢量为 $\frac{a}{2}[\bar{1}10]$ 的全位错的分解，可以简便地写为

$$BC \rightarrow B\delta + \delta C \tag{2-38}$$

在面心立方晶体中，能量最低的全位错是处在{111}面上的柏氏矢量为 $\frac{a}{2}$<110>的全位错。现考虑它沿{111}面的滑移情况。已知，面心立方晶体{111}面是按 $ABCABC\cdots$ 顺序堆垛的。若全位错 $b=\frac{a}{2}[\bar{1}10]$ 在切应力作用下沿着(111)$[\bar{1}10]$ 在 A 层原子面上滑移，则 B 层原子从 B_1 位置滑动到相邻的 B_2 位置，需要越过 A 层原子的“高峰”，这需要提供较高的能量（见图 2-46）。但如果滑移分两步完成，即先从 B_1 位置沿 A 原子间的“低谷”滑移到邻近的 C 位置，即 $b_1=\frac{1}{6}[\bar{1}2\bar{1}]$；然后再由 C 滑移到另一个 B_2 位置，即 $b_2=\frac{1}{6}[\bar{2}11]$，这种滑移比较容易。显然，第一步当 B 层原子移到 C 位置时，将在(111)面上导致堆垛顺序变化，即由原来的 $ABCABC\cdots$ 正常堆垛顺序变为 $ABCACB\cdots$，而第二步从 C 位置再移到 B 位置时，则又恢复正常堆垛顺序。既然第一步滑移造成了层错，则层错区与正常区之间必然会形成两个不全位错，故 b_1 和 b_2 为肖克莱不全位错。也就是说，一个全位错 b 分解为两个肖克莱不全位错 b_1 和 b_2，全位错的运动由两个不全位错的运动来完成，即 $b=b_1+b_2$。

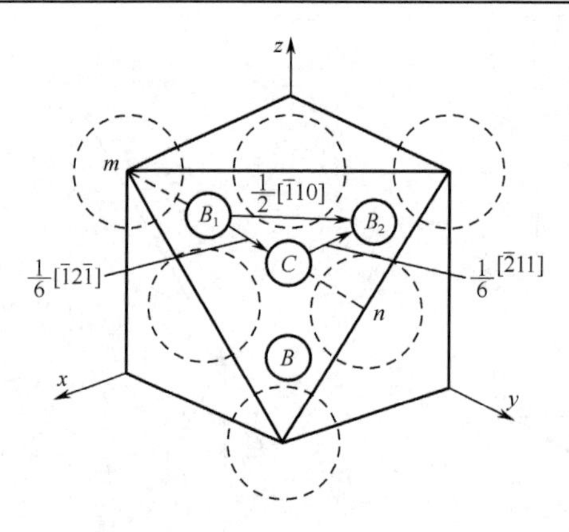

图 2-46 面心立方晶体中(111)面上全位错 $\frac{a}{2}[\bar{1}10]$ 的分解

下面从几何条件和能量条件来判断上述的位错是否是可行的，位错反应表达式为

$$\frac{a}{2}[\bar{1}10] \to \frac{a}{6}[\bar{1}2\bar{1}] + \frac{a}{6}[\bar{2}11] \tag{2-39}$$

即 $BC \to B\delta + \delta C$

反应后

$$\frac{a}{6}[\bar{1}2\bar{1}] + \frac{a}{6}[\bar{2}11] = \frac{a}{6}[(-1-2)(2+1)(-1+1)] = \frac{a}{6}[\bar{3}30] = \frac{a}{2}[\bar{1}10]$$

显然，其满足几何条件。

然后再判断其是否满足能量条件，反应前

$$\Sigma b_{前}^2 = \left(\frac{a}{2}\sqrt{\bar{1}^2 + 1^2 + 0^2}\right)^2 = \frac{1}{2}a^2$$

反应后

$$\Sigma b_{后}^2 = \left(\frac{a}{6}\sqrt{\bar{1}^2 + 2^2 + 1}\right)^2 + \left(\frac{a}{6}\sqrt{\bar{2}^2 + 1^2 + 1^2}\right)^2 = \frac{1}{6}a^2 + \frac{1}{6}a^2 = \frac{1}{3}a^2$$

显然，其满足能量条件。

对于以上位错反应，还可以用图 2-47 所示的面心立方晶体全位错与分位错的滑移加以说明。aa' 线为全位错，它滑移时，位错滑移过的区域内滑移面上方的原子依然进入 B 位置，此时点阵排列不会变化，不存在层错现象。如果全位错分解为两条分位错，如图 2-47（b）中的 $\frac{a}{6}[\bar{1}2\bar{1}]$ 和 $\frac{a}{6}[\bar{2}11]$，则 $\frac{a}{6}[\bar{1}2\bar{1}]$ 位错的滑移矢量是从 B 位置到 C 位置，于是使滑移区内原子在滑移面上、下的正常排列次序遭到破坏，产生堆垛层错。原子在滑移面的错排直到第二条分位错 $\frac{a}{6}[\bar{2}11]$ 再度滑移，原子从 C 位置又回到 B 位置，才重新恢复为正常排列。两条分位错滑移的合成效果与全位错滑移完全一致，最终在滑移面上沿滑移方向滑移一个原子间距。

由于这两个不全位错位于同一滑移面上，彼此同号且其柏氏矢量的夹角 θ 为 60°，故它们必然相互排斥并分开，其间夹着一片堆垛层错区。通常把一个全位错分解为两个不全位错，中间夹着一个堆垛层错的整个位错组态称为扩展位错，分位错及其中间的层错带如图 2-48 所示。它偏离了原子的理想排列，也是一种晶体缺陷，是面缺陷，其能量比正常点阵要高，高出的能量为层错能，记作 γ。在层错能作用下，层错区有收缩的趋势，而分位错间的排斥力又使两位错尽量分开，达到平衡时，其平衡宽度为 d，并且有下列关系。

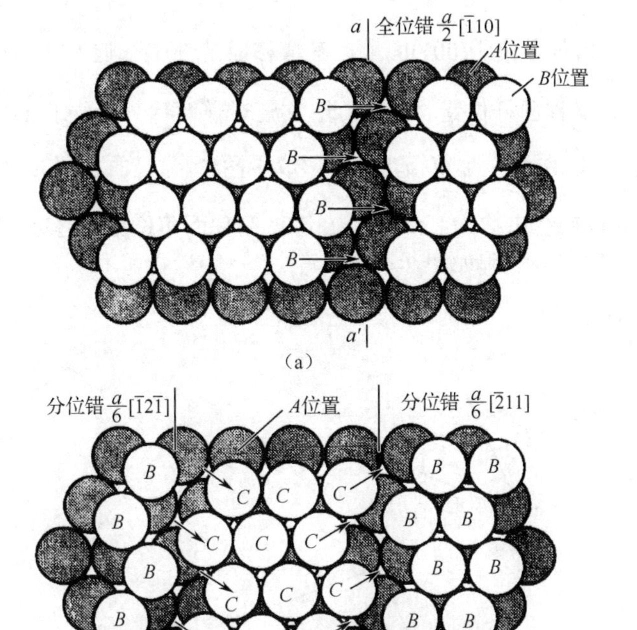

图 2-47　面心立方晶体全位错与分位错的滑移

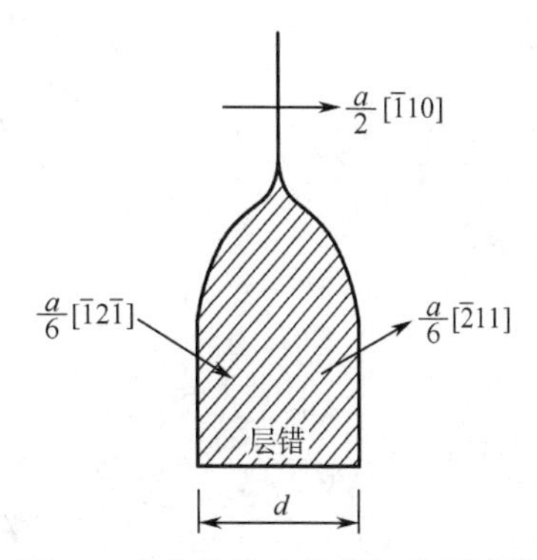

图 2-48　分位错及其中间的层错带

$$\gamma = \frac{G\boldsymbol{b}_1\boldsymbol{b}_2}{2\pi d} \tag{2-40}$$

$$d = \frac{G\boldsymbol{b}_1\boldsymbol{b}_2}{2\pi\gamma} \tag{2-41}$$

式中，$\boldsymbol{b}_1$、$\boldsymbol{b}_2$ 分别为两个分位错的柏氏矢量。

由此可见扩展位错宽度 d 与层错能 γ 成反比，γ 越大，扩展位错宽度 d 就越小。金属的层错能大小及扩展位错宽度对塑性变形过程及材料的强化起着重要作用。

面角位错是 FCC 中除 Frank 位错外的又一类固定位错。如图 2-49（a）所示，在(111)和$(11\bar{1})$面上分别有全位错 $\frac{a}{2}[10\bar{1}]$ 和 $\frac{a}{2}[011]$，它们在各自滑移面上分解为扩展位错，即

$$\frac{a}{2}[10\bar{1}] \rightarrow \frac{a}{6}[2\bar{1}\bar{1}] + \frac{a}{6}[11\bar{2}]$$

$$\frac{a}{2}[011] \rightarrow \frac{a}{6}[112] + \frac{a}{6}[\bar{1}21]$$

即汤普森四面体中的

$$CA \rightarrow C\delta + \delta A \tag{2-42}$$

$$DC \rightarrow B\alpha + \alpha C \tag{2-43}$$

该两扩展位错各在自己的滑移面上相向移动，当每个扩展位错中的一个不全位错达到滑移面的交截线 BC 时，就会通过位错反应生成新的先导位错

$$\frac{a}{6}[\bar{1}21] + \frac{a}{6}[2\bar{1}\bar{1}] \rightarrow \frac{a}{6}[110] \tag{2-44}$$

即

$$\alpha C + C\delta \rightarrow \alpha\delta \tag{2-45}$$

这个新位错$\frac{a}{6}[110]$是纯刃型的，其柏氏矢量位于(001)面上，其滑移面是(001)，但FCC的滑移面应是{111}，因此这个位错是固定位错，又称压杆位错。不仅如此，它还带着两片分别位于 (111)和(111)面上的层错区，以及$\frac{a}{6}[112]$和$\frac{a}{6}[11\bar{2}]$两个不全位错。这种形成于两个{111}面之间的面角上，由三个不全位错和两片层错所构成的位错组态称为Lomer-Cottrell，简称面角位错。它对面心立方晶体的加工硬化有重大作用。面角位错形成过程如图2-49所示。

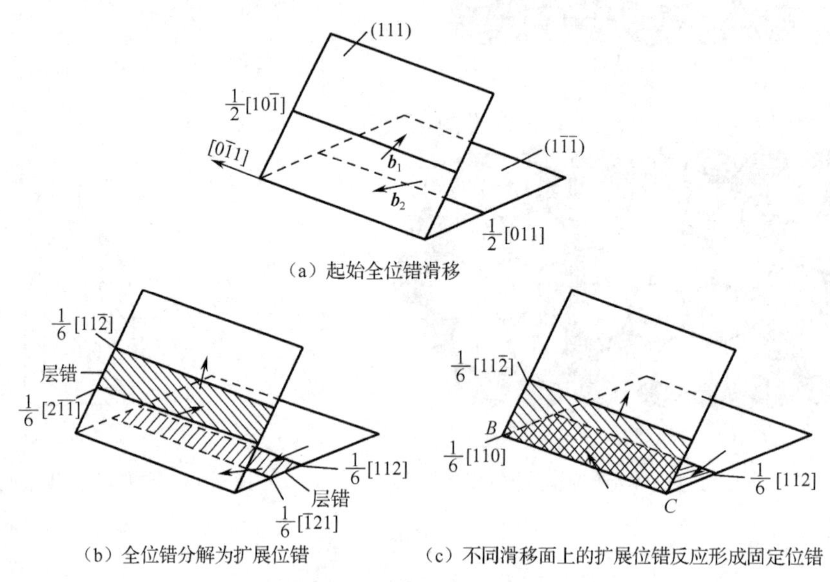

（a）起始全位错滑移

（b）全位错分解为扩展位错　　（c）不同滑移面上的扩展位错反应形成固定位错

图2-49　面角位错形成过程

2.2.7　位错的观察

目前已有多种实验技术用于观察晶体中的位错，主要使用的有以下两种。

2.2.7.1　浸蚀技术

用浸蚀技术显示晶体表面的位错。由于位错附近的点阵畸变，原子处于较高的能量状态，再加上杂质原子在位错处的聚集，这里的腐蚀速度比基体更快一些，因此在适当的浸蚀条件下，会在位错的表面露头处产生较深的蚀坑。借助金相显微镜可以观察晶体中位错的多少及其分布。位错的蚀坑与一般夹杂物的蚀坑或由于试样磨制不当产生的麻点有不同的形态，夹杂物的蚀坑或麻点呈不规则形态，而位错的蚀坑具有规则的外形，如三角形、正方形等规则的几何外形，且常呈规律分布，如很多位错在同一滑移向排列起来或以其他形式分布。位错蚀坑如图2-50所示。利用蚀坑观察位错有一定的局限性，它只能观察在表面露头的位错，而晶体内部的位错却无法显示。

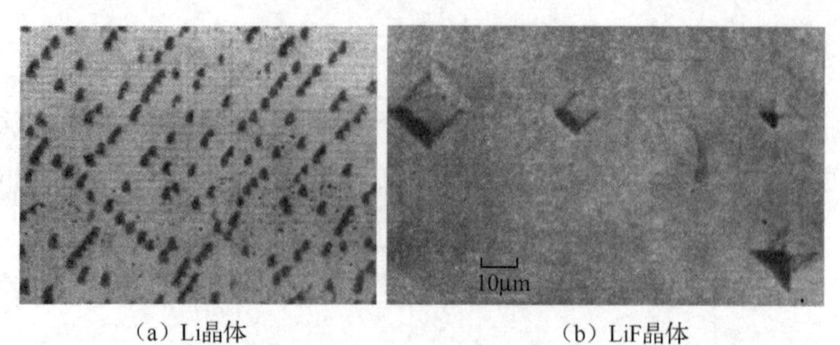

（a）Li晶体　　（b）LiF晶体

图2-50　位错蚀坑

此外，浸蚀技术只适用于位错密度很低的晶体。如果位错密度较高，蚀坑相互重叠，就难以把它们彼此分开，所以此法一般只用于高纯度金属或化合物晶体的位错观察。

2.2.7.2　透射电镜

目前广泛应用透射电镜技术直接观察晶体中的位错。首先要将被观察的试样制成金属薄膜，其厚度为 100～500nm，使高速电子束可以直接穿透试样，或者说试样必须薄到对于电子束来说是透明的。透射电镜观察位错的原理主要是利用晶体中原子对电子束的衍射效应。当电子束垂直穿过晶体试样时，一部分电子束仍沿着入射束方向直接透过试样，另一部分则被原子衍射成为衍射束。它与入射束方向偏离成一定的角度，透射束和衍射束的强度之和基本与入射束相当，观察时可利用光阑将衍射束挡住，使它不能参与成像，所以像的亮度取决于透射束的强度。当晶体中有位错等缺陷存在时，电子束通过位错畸变区可产生较大的衍射，使这部分透射束的强度弱于基体区域的透射束，这样位错线成像时表现为黑色的线条。该方法也称为衍射衬度成像。图 2-51（a）是由透射电镜得到的位错组态图，图中每一条黑线即一条位错，其宽度约为 10nm，这些位错在三维试样内的分布如图 2-51（b）所示，试样内有一个滑移面与入射束成一定角度，该滑移面上的位错都在试样表面露头，照片正是这些位错的投影图。用透射电镜观察位错的优点是可以直接看到晶体内部的位错线，比浸坑直观，即使在位错密度较高时，仍能清晰看到位错的分布特征，若在透射电镜下直接施加应力，还可看到位错的运动及交互作用。

（a）位错组态图

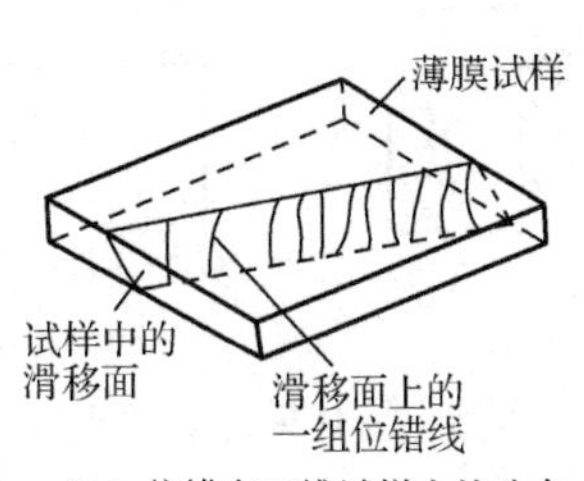

（b）位错在三维试样内的分布

图 2-51　用电子显微镜观察位错

2.3　界面及表面

晶体材料中存在着许多界面，如同一种相的晶粒与晶粒的边界（晶界）、不同相之间的边界（相界），以及晶体的外表面等。在这些界面上晶体的排列存在不连续性，因此界面也是晶体缺陷，属面缺陷，故面缺陷主要包括晶界、孪晶界、相界和表面。

2.3.1　晶界

实际晶体材料都是多晶体，由许多晶粒组成，晶界就是空间取向不同的相邻晶粒之间的界面。根据晶界两侧晶粒位向差的不同，可把晶界分为小角度晶界（$\theta<10°$）和大角度晶界（$\theta>10°$）。每个晶粒内原子排列的取向也不完全一致，晶粒内又有位向差只有几分到几度的若干小晶块，这些小晶块称为亚晶粒，相邻亚晶粒之间的界面称为亚晶界，亚晶界属于小角度晶界。

2.3.1.1　小角度晶界

当两晶粒位向差较小，而且具有对称倾侧晶界时（见图 2-52），其中的晶界实质上是一组位错垂直排列成的位错墙，对称倾侧晶界如图 2-53 所示。如果倾侧晶界不是对称的，则晶界是由两组与柏氏矢量 ***b*** 垂直的刃型位错垂直排列所形成的，不对称倾斜晶界如图 2-54 所示。另一类小角度晶界称为扭转晶界，扭转晶界的形成如图 2-55 所示，晶界是由两组螺型位错的交叉网络所组成的，扭转晶界的位错模型如图 2-56 所示。

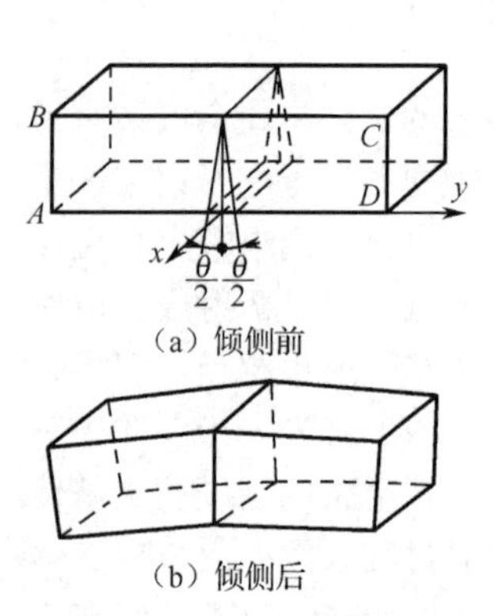

图 2-52 对称倾侧晶界的形成

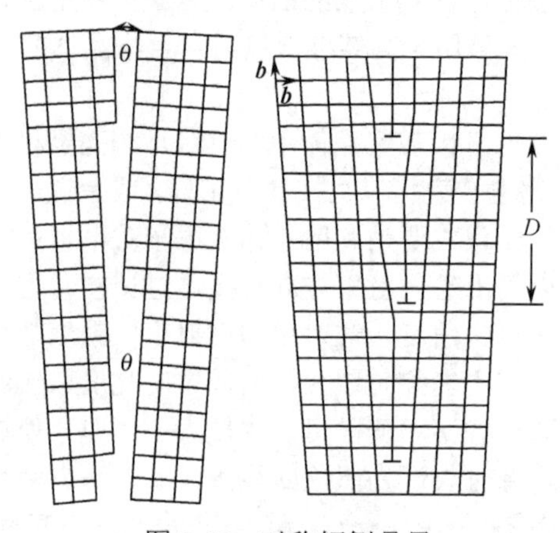

图 2-53 对称倾侧晶界

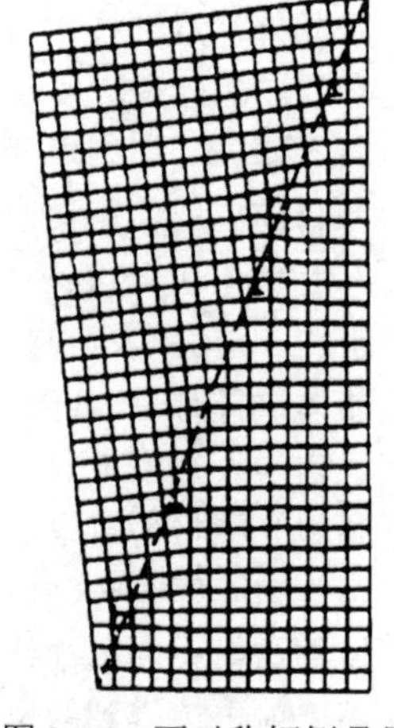

图 2-54 不对称倾侧晶界

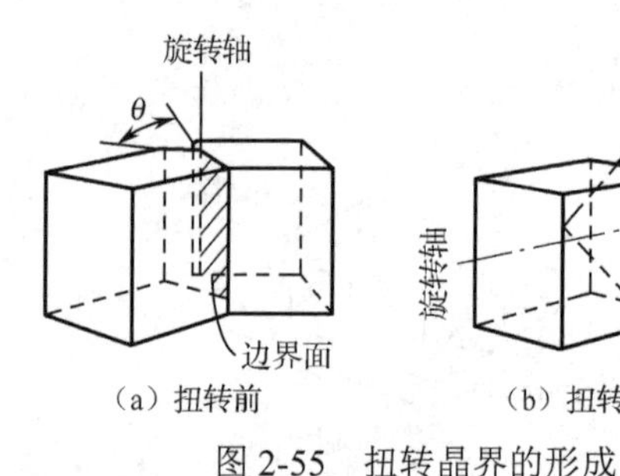

图 2-55 扭转晶界的形成

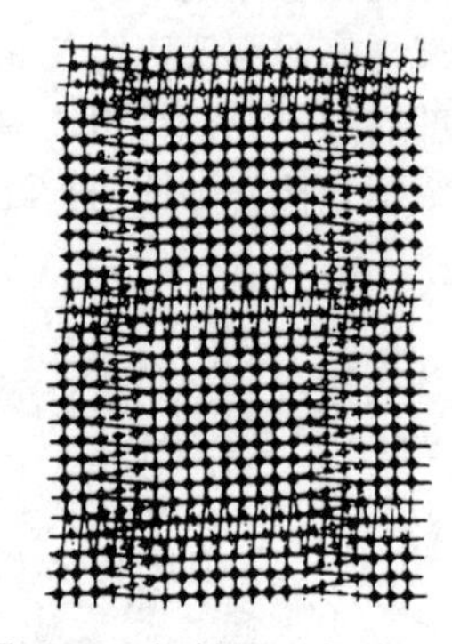

图 2-56 扭转晶界的位错模型

在对称倾侧晶界位错模型（见图 2-53）中，晶界中位错的间距 D 与位向差 θ、柏氏矢量 $\boldsymbol{b}$ 的关系如下

$$D = \frac{\boldsymbol{b}}{2\sin\left(\frac{\theta}{2}\right)} \tag{2-46}$$

当 θ 很小时，$\sin(\theta/2) \approx \theta/2$，则

$$D \approx \frac{b}{\theta} \tag{2-47}$$

若 θ=1°，柏氏矢量 $\boldsymbol{b}$=0.25nm，则位错的间距为 14.3nm，即每隔 5～6 个原子间距，便有一个刃型位错，位错密度约为 4×10^{15} 根/m^2。对称倾斜晶界的结构及位错间距与位向差之间的关系式已被透射电镜或浸蚀技术所得的观察结果所证实。

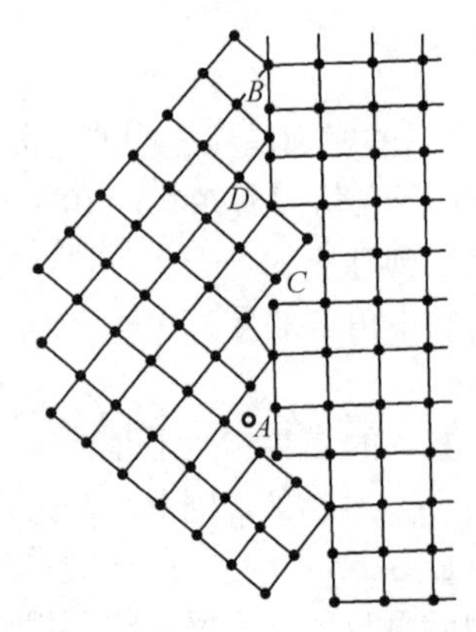

图 2-57 大角度晶界的结构模型

2.3.1.2 大角度晶界

当晶粒间的位向差增大到一定程度后，位错已难以协调相邻晶粒之间的位向差。大角度晶界的结构模型如图 2-57 所示。图 2-57 表明，取向不同的相邻晶粒的界面不是光滑的曲面，而是由不规则的台阶组成的。晶粒分界面上既包含同时属于两晶粒的原子 D，也包含不属于任一晶粒的原子 A；既包含压缩区 B，也包含扩张区 C。这是由于晶界上的原子同时受到位向不同的两个

晶粒中原子的作用。总之，大角度晶界上的原子排列比较紊乱，但也存在一些比较整齐的区域。因此，晶界可看成是由坏区与好区交替相间组合而成的。随着位向差θ增大，坏区的面积将相应增加。纯金属中大角度晶界的宽度不超过 3 个原子间距。

2.3.1.3　晶界能

晶界上原子排列不规则，容易产生点阵畸变，从而引起能量升高。不论是小角度晶界中的原子还是大角度晶界中的原子，它们或多或少都会偏离平衡位置，所以相对于晶体内部，晶界处于较高的能量状态，高出的那部分能量称为晶界能，或称晶界自由能，记作γ。其类似于表面张力，单位为 J/m^2 或 N/m。

小角度晶界能γ与相邻两晶粒之间的位向差θ有关，其关系式为

$$\gamma = \gamma_0\theta(B - \ln\theta) \tag{2-48}$$

式中，$\gamma_0 = \dfrac{G\boldsymbol{b}}{4\pi(1-\nu)}$，为常数，取决于材料的切变模量 G、柏氏矢量 $\boldsymbol{b}$ 和泊桑比 ν；B 为积分常数，取决于位错中心的错排能。

由式（2-47）可见，晶界能随位向差θ的增大而提高，此外还与材料的切变模量成正比，因为位错的应变能随切变模量 G 的增大而增高。

对于大角度晶界，由于其结构是一个相对无序的薄区，它们的界面能不随位向差明显变化，可以把它近似看成材料常数。实际上，多晶体的晶界一般为大角度晶界，各晶粒的位向差大多在 30°～40°，实验测出各种金属大角度晶界能在 0.25～1.0J/m^2 范围内，与晶粒之间的位向差无关，其数值随材料而异，而且与衡量材料原子结合键强弱的弹性模量 E 有很好的对应关系。一些材料的大角度晶界能及弹性模量如表 2-3 所示。

表 2-3　一些材料的大角度晶界能及弹性模量

材料	Au	Cu	Fe	Ni	Sn
大角度晶界能/$J\cdot m^{-2}$	0.36	0.60	0.78	0.69	0.16
弹性模量/GPa	77	115	196	193	40

当三个晶粒相遇时，三个晶界面在空间中相交于一直线，在平面上则相交于一点，三个晶界相交于一垂直于纸面的平面如图 2-58 所示，其界面能分别为γ_{1-2}、γ_{2-3}、γ_{3-1}，其对应的界面角分别为θ_3、θ_1、θ_2，作用于 O 点的界面能（界面张力）彼此平衡，则有如下关系式成立

$$\frac{\gamma_{1-2}}{\sin\theta_3} = \frac{\gamma_{2-3}}{\sin\theta_1} = \frac{\gamma_{3-1}}{\sin\theta_2} \tag{2-49}$$

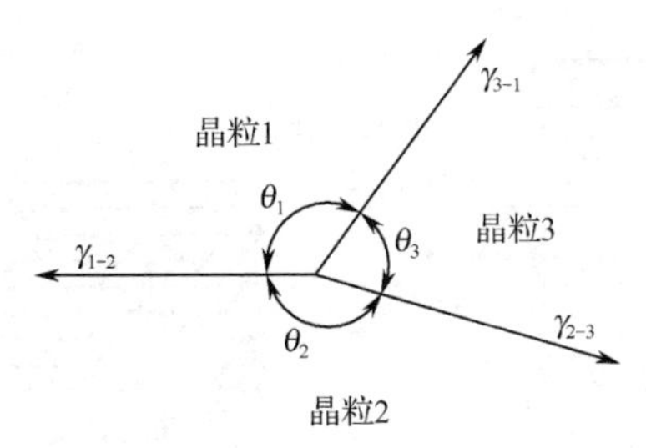

图 2-58　三个晶界相交于一垂直于纸面的平面

通常三个晶粒间的界面能是相等的，即$\gamma_{1-2} = \gamma_{2-3} = \gamma_{3-1}$，则$\theta_1 = \theta_3 = \theta_2 = 120°$，所以平衡状态时三叉晶界往往呈 120°。然而，这样的晶粒尺寸并不一定是最终的平衡状态，因为虽然维持了结点处的 120°，边界仍可能呈弯曲状。图 2-59 所示为晶界边数与晶粒形状，由图 2-59 可见：尺

寸较小的晶粒一定具有较少的边数，边界向外弯曲；而尺寸较大的晶粒的晶界边数大于 6，晶界向内弯曲，只有晶界边数为 6 的晶粒晶界才是直线。在降低体系界面能的驱动作用下，弯曲的晶界有拉直的趋势，然而晶界平直后常常会改变交会点的界面平衡角，接着交会点夹角又会自动调整来重新建立平衡，这又引起晶界弯曲。在此变化过程中，晶界边数小于 6 的二维晶粒要逐渐收缩甚至消失，而那些晶界边数大于 6 的晶粒则趋于长大，这就是晶粒长大过程。

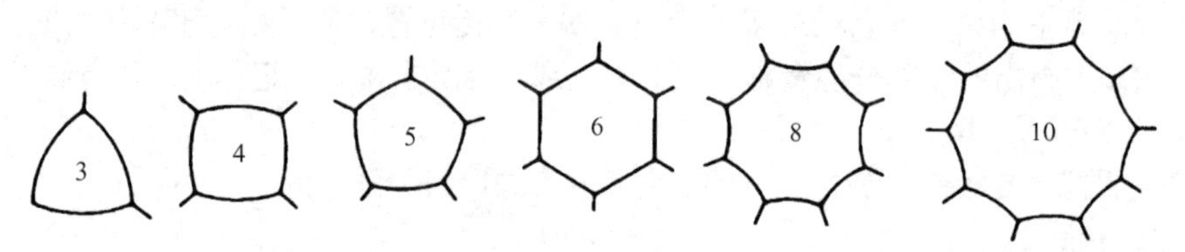

图 2-59 晶界边数与晶粒形状（二维晶粒，图上的数字为晶粒的晶界边数）

工程中为提高材料的强度，常通过热处理等措施将第二相处理成细片状或弥散的点状，这就增加了相界面，在界面能的驱动下第二相的形状及尺寸会发生变化，片状的第二相会逐渐球化，如图 2-60（a）所示，而点状的第二相会聚集粗化，如图 2-60（b）所示。这些变化的速度取决于体系所处的温度，即动力学条件，温度越高变化速度越快，然而即使在较低温度下，这些过程也不会完全停止，往往以人们难以察觉的速度缓慢地进行，这同时将带来强度下降。

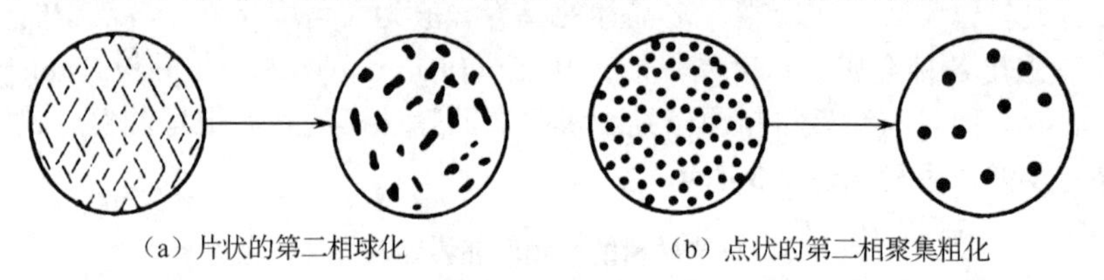

（a）片状的第二相球化
（b）点状的第二相聚集粗化

图 2-60 表面能驱动下的组织变化

2.3.2 孪晶界和相界

2.3.2.1 孪晶界

孪晶是指相邻两个晶粒或一个晶粒内的相邻两部分中的原子相对于一个公共晶面呈镜面对称排列的小晶体，此公共晶面称为孪晶面。在孪晶面上的原子为孪晶的两部分晶体所共有，同时位于两部分晶体点阵的结点上，这种形式的界面称为共格界面。孪晶之间的界面称为孪晶界。如果孪晶界与孪晶面一致，称为共格孪晶界，如图 2-61（a）所示；如果孪晶界与孪晶面不一致，称为非共格孪晶界，如图 2-61（b）所示。

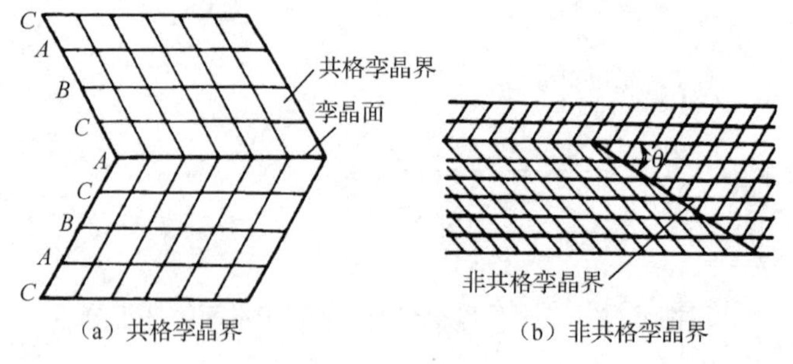

图 2-61 孪晶界

2.3.2.2 相界

实际使用的金属材料大多数为多相合金，它是由两个或两个以上的相组成的。相邻两个相之间的界面称为相界，按结构特点，相界可分为共格相界、半共格相界和非共格相界三种类型。

1. 共格相界

共格是指界面上的原子同时位于两相晶格的结点上，即两相的晶格是彼此衔接的，界面上的原子为两者共有。图 2-62（a）是一种无畸变的、具有完善共格关系的相界，其界面能很低。但是理想的完全共格界面只有在孪晶界且孪晶界为孪晶面时才可能存在。对相界而言，其两侧为两个不同的相，即使两个相的晶体结构相同，其点阵常数也不可能相等，因此在形成共格界面时，必然在共格相界附近产生一定的弹性畸变，晶面间距较小者发生伸长，较大者产生压缩，如图 2-62（b）所示，以互相协调，使界面上原子达到匹配。显然，这种共格相界的能量相对具有完善共格关系的界面（如孪晶界）的能量要高。

2. 半共格相界

若两相邻晶体在相界处的晶面间距相差较大，则在相界上不可能做到完全的一一对应，于是在相界上将产生一些位错，以降低相界的弹性应变能，这时相界上两相原子部分保持匹配，这样的相界称为半共格相界或部分共格相界，如图 2-62（c）所示。

半共格相界上的位错间距取决于相界处两相匹配晶面的错配度。错配度 δ 定义为

$$\delta = \frac{a_\alpha - a_\beta}{a_\alpha} \tag{2-50}$$

式中，a_α 和 a_β 分别表示相界两侧的 α 相和 β 相的点阵常数，且 $a_\alpha > a_\beta$。

由此可求得位错间距

$$D = \frac{a_\beta}{\delta} \tag{2-51}$$

当 δ 很小时，D 很大，α 相和 β 相在相界面上趋于共格，即共格相界（$\delta < 0.05$）；当 δ 很大时，D 很小，α 相和 β 相在相界面上完全失配，即非共格相界（$\delta > 0.25$）；当 δ 在 0.05～0.25 之间时，则为半共格相界。

3. 非共格相界

当两相在相界处的原子排列相差很大，即 δ 很大时，只能形成非共格相界，如图 2-62（d）所示。这种相界与大角度晶界相似，可看成是由原子不规则排列且很薄的过渡层构成的。

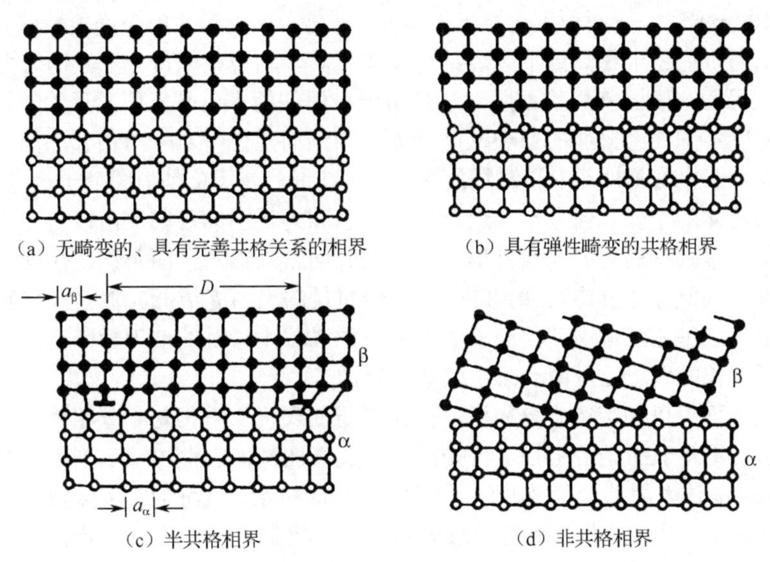

图 2-62　各种形式的相界

界面能也可采用类似于测晶界能的方法来测量。从理论上来讲，界面能包括两部分，即弹性畸变能和化学交互作用能。弹性畸变能的大小取决于错配度 δ 的大小；而化学交互作用能则取决于相界上原子与周围原子的化学键结合状况。相界结构不同，这两部分能量所占的比例也不同。如对共格相界，由于相界上原子保持着匹配关系，故相界上原子结合键数目不变，因此这里应变能是主要的；而对于非共格相界，由于相界上原子的化学键数目和强度与晶内相比发生了很大变化，故其界面能以化学能为主，而且总的界面能较高。从共格相界到半共格相界，再到非共格相界，界面能依次递增。

2.3.3 表面

2.3.3.1 外表面

材料表面的原子和内部原子所处的环境不同，内部的原子均处于其他原子的包围中，周围原子对它的作用力对称分布。因此它处于均匀的力场中，总合力为零，即处于能量最低的状态。而表面原子却不同，它与气相（或液相）接触，气相分子对表面原子的作用力可忽略不计，因此表面原子处于不均匀的力场之中，所以其能量大大升高，高出的能量称为表面自由能（或表面能），记作 γ_S，单位为 J/m^2，有时也可表示为单位表面长度上的作用力，即表面张力，记作 σ，单位为 N/m。显然表面能的数值要明显高于晶界能，根据实验，测定其数值约为晶界能的三倍，即

$$\gamma_S \approx 3\gamma_G \tag{2-52}$$

材料的表面能与衡量原子结合力或结合键能的弹性模量 E 有直接的联系，与原子间距 b 也有关，它们之间的关系可表示为

$$\gamma_S \approx 0.05Eb \tag{2-53}$$

从表面能的数据来看，表面的作用似乎比晶界重要得多，然而对于日常广泛应用的大块材料来说，它们的比表面（单位体积晶体的表面积）很小，因此表面对晶体性能的影响不如晶界重要。但是对于多孔物质或粉末材料，它们的比表面很大，此时表面能就成为不可忽略的重要因素，甚至是关键因素。例如，一块边长为 1cm(10^{-2}m)的立方体，其表面积为 $6\times10^{-4}m^2$，如将其分割为边长等于 10^{-5}m 的立方体（这一颗粒尺寸与常用金属粉末的直径在数量级上相近），分割后立方体数目为 10^9，其总体积虽然保持不变，表面积却增加至 $0.6m^2$，比原来大了 1 000 倍，当分割为超细粉末（边长为 10^{-9}m）时，表面积可比原来大 1 000 万倍，所以粉末的表面能数值相当可观，成为不少过程的驱动力，如粉末在高温下可烧结为整体，其驱动力就来自十分高的表面能。

晶体中不同晶面的表面能数值不同，这是由于表面能的本质是表面原子的不饱和键，而不同的晶面上原子密度不同，密排面的原子密度最大，则该面上任一原子与相邻晶面原子的作用键数最少，故以密排面作为表面时不饱和键数最少，表面能低。晶体总是力图处于最低的自由能状态，因此一定体积的晶体的平衡几何外形应遵循表面能总和为最小的规则，所以自然界的有些矿物或人工结晶的盐类等常具有规则的几何外形，它们的表面常由最密排面及次密排面组成，这是一种低能的几何形态，因此体心立方{110}和面心立方{111}的表面能最低。然而大多数晶体并不具有规则的几何外形，这里还应考虑其他因素的影响，如晶体生长时的动力学因素，大多数金属晶体以树枝状的形式生长的现象正是由动力学因素决定的。

晶体的宏观表面可以加工得十分光滑，但从原子的尺度来看仍是十分粗糙的。场离子显微镜的观察结果显示，不管表面是否平行于密排面，宏观表面基本上都由一系列平行的原子密排面及相应的台阶组成，晶体表面的台阶及凹凸不平如图 2-63 所示，台阶的密度取决于表面与密排面的夹角，这一现象证实了晶体总是力图处于最低的表面能状态。图 2-63 还表示出了在各个密排面上原子排列也不规则，有很多空位和吸附原子。这些位置及台阶的边缘是表面上最活跃的位置，表面的任何变化（如吸附、催化等）都是从这里开始的。

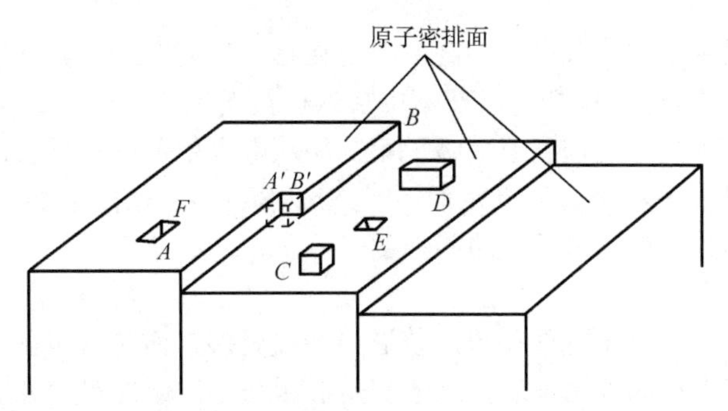

图 2-63　晶体表面的台阶及凹凸不平

2.3.3.2　表面吸附与晶界内吸附

大多数情况下，吸附是指外来原子或气体分子在界面上富集的现象，气体分子或原子在表面吸附可以在不同程度上抵消表面原子的不平衡力场，使作用力的分布趋于对称，于是就降低了表面能，使体系处于较低的能量状态，体系更为稳定，所以吸附是自发过程。降低的能量以热的形式释放，故吸附过程是放热反应，放出的热量称为吸附热。既然是放热反应，吸附进行的程度随温度升高而降低，这可以理解为当温度升高时，原子或分子的热运动加剧，因而可能脱离固体表面而回归为气相，这一过程称为解吸或脱附，是吸附的逆过程，解吸随温度升高而加快，是一个吸热过程，解吸后表面能会再度升高。

固体表面的吸附按其作用力的性质可分为两大类；物理吸附和化学吸附。物理吸附是范德瓦耳斯力作用引起的，范德瓦耳斯力存在于任意两个分子之间，所以任何固体对任何气体或其他原子都有这类吸附作用，即吸附无选择性，只是吸附的程度随气体或其他原子的性质不同而有所差异，物理吸附的吸附热较小。化学吸附则来源于剩余的不饱和键力，吸附时表面与被吸附分子间发生了电子交换，电子或多或少地被两者所共有，实质上是形成了化合物，即发生了强键结合。显然并非任何分子（或原子）间都可以发生化学吸附，吸附有选择性，必须两者间能形成强键。化学吸附的吸附热与化学反应热接近，明显大于物理吸附热。同一固体表面常常既有物理吸附，又有化学吸附，如金属粉末既可通过物理吸附的方式吸附水蒸气，又可以化学吸附的方式结合氧原子，在不同条件下某种吸附可能起主导作用。

吸附现象在工业中有很多应用，是净化和分离技术的重要原理之一，如废水处理、空气及饮用水的净化、溶剂回收、产品的提级与分离、制糖中的脱色等都可以依赖吸附进行处理，因此广泛用于三废治理、轻工、食品及石油化工工业中，常用的吸附剂有活性炭、硅胶、活性氧化铝等。此外，化学反应中常用金属粉末（如镍粉）作为触媒剂，主要也是利用其良好的吸附性能。催化的本质是反应物分子被吸附后，使反应物发生分子变形，削弱了原有的化学键，于是处于活化状态，从而加速化学反应，所以吸附剂或触媒剂必须颗粒很细，有很大的表面积，才能达到催化目的。在有些情况下，吸附是不利的，如有些粉末在储存时要吸附水蒸气和其他气体，因此烧结前应对粉末进行除气处理，把粉末加热至 100～300℃，使反应向着解吸的方向进行，这增加了工艺程序。

人们通过对金属材料的研究发现少量杂质或合金元素在晶体内部的分布也是不均匀的，它们常偏聚于晶界，为区别于表面吸附，称这种现象为晶界内吸附。晶界内吸附是异类原子与晶界交互作用的结果，由于外来原子的尺寸不可能与基体原子完全一样，在晶粒内部分布总要产生晶格应变。相反，晶界处原子排列相对无序，故不论是大原子还是小原子都可在晶界找到比晶内更为合适的位置，使体系总的应变能下降。因此，在合适的条件下（如一定的温度，足够的时间），异类原子会逐渐扩散至晶界，与基体原子的尺寸差距越大的原子，与晶界的交互作用则越强。实验发现：晶体中有些杂质原子的总含量并不高，但是在晶界层的含量却异常的高，这一偏聚状态会对晶体的某些性能产生重要影响。例如，在钢中加入微量的硼（0.003wt%），这些硼原子主要分布于晶界，使晶界能明显下降，这抑制或减缓了第二相从晶界的形核和生长，从而改善了钢的淬火能力；又如，在某些条件下，少量杂质元素（P、Sb、Sn）会提高钢的脆性，使其沿晶界断裂，原因就是杂质元素在晶界富集，降低了晶界强度。

2.3.3.3 润湿

润湿是生活和生产中经常出现的现象，普通布一浸就湿，而防雨布在水中不湿；水银在玻璃板上呈球形，水滴却能在玻璃板上铺展，这些都是润湿与不润湿的粗浅表现。描述润湿能力比较直观的方法是观察液体与固体表面之间的接触角 θ（或称润湿角），图 2-64 所示为液滴在固体表面润湿与不润湿的情况。

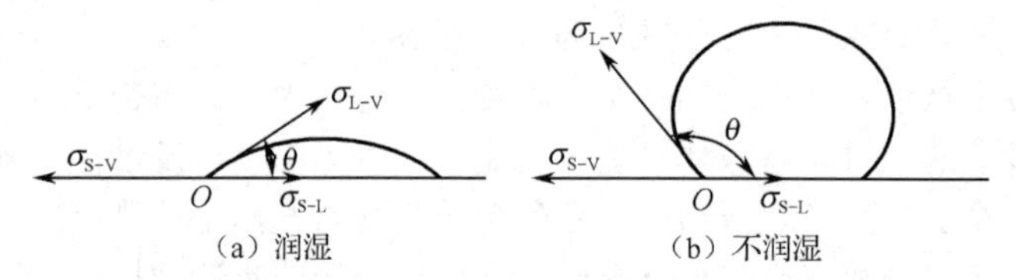

图 2-64 液滴在固体表面润湿与不润湿的情况

由图可知，当 $\theta<90°$ 时，液滴对固体的黏着性很好，即润湿性（或浸润性）较好，润湿能力随 θ 角的减小而增加，当 θ 趋于零时，液体几乎可以完全铺展在固体表面，称为液体对固体完全润湿。反之，当 θ 角大于 90° 时，则称为不润湿，液相对固体的黏着性较差，当 θ=180° 时，液滴呈完整的球状，与表面为点接触，称其为完全不润湿。而 θ 角的大小则取决于固体表面张力 σ_{S-V}、液体表面张力 σ_{L-V} 及固液之间的表面张力 σ_{S-L} 的相对大小，如图 2-64 所示，接触点 O 受到这三个力的作用，当达到平衡状态时合力为零，在水平方向上，有

$$\sigma_{S-V}=\sigma_{S-L}+\sigma_{L-V}\cos\theta \tag{2-54}$$

润湿时 $\theta<90°$，则 $0\leqslant\cos\theta\leqslant1$，故润湿时界面张力之间的关系可重写为

$$\sigma_{S-V}\geqslant\sigma_{S-L}+\sigma_{L-V} \tag{2-55}$$

由式（2-55）可见，固体与液体接触后体系的表面能（$\sigma_{S-L}+\sigma_{L-V}$）低于接触前的表面能 σ_{S-V}，所以从热力学上讲润湿是体系自由能降低的过程。润湿性从本质上取决于界面能之间的平衡，固体表面张力 σ_{S-V} 越大，液体表面张力 σ_{L-V} 及液固表面张力 σ_{S-L} 越小，润湿性越好。润湿行为不仅存在于固液界面，在液-液界面及固-固界面上也同样重要，上述对润湿行为的分析对这些界面同样有效。

异相间的润湿行为对晶体的显微组织有重要的影响，对两相合金而言，如在 α 相中存在少量第二相（β）时，β 相常倾向于分布在主相 α 相的晶界上，特别是三个晶粒的交会点上，以降低体系总的界面能，至于 β 相在晶界上的形态则取决于晶界能 $\gamma_{\alpha-\alpha}$ 和界面能 $\gamma_{\alpha-\beta}$ 之间的平衡，图 2-65 是第二相分布于 α 相交会点的情况，交会点的接触角为 θ，高温时，θ 角会自动调整来满足晶界能和界面能的平衡，即

$$\gamma_{\alpha-\alpha}=2\gamma_{\alpha-\beta}\cos\frac{\theta}{2} \tag{2-56}$$

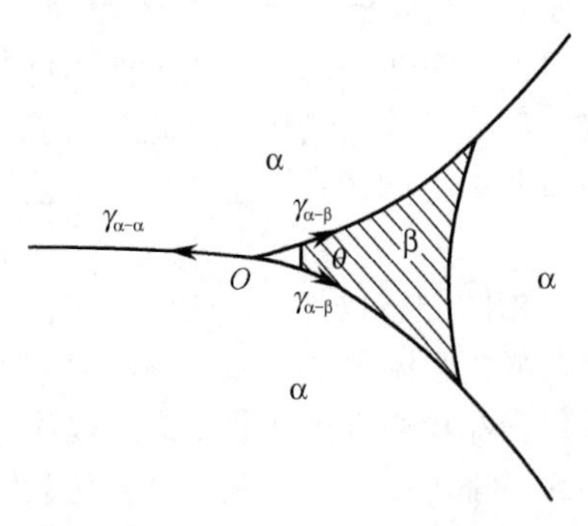

图 2-65 第二相分布于 α 相交会点的情况

式中，θ 取决于晶界能和界面能的比值，通常界面能的数值要比晶界能的数值低，当 $\gamma_{\alpha-\alpha}=2\gamma_{\alpha-\beta}$ 时，θ 角为零，此时第二相将在

晶界上形成连续的薄膜，当$\gamma_{\alpha-\alpha} < 2\gamma_{\alpha-\beta}$时，$\theta$不为零。

不同接触角下第二相在晶界上的形状如图 2-66 所示。

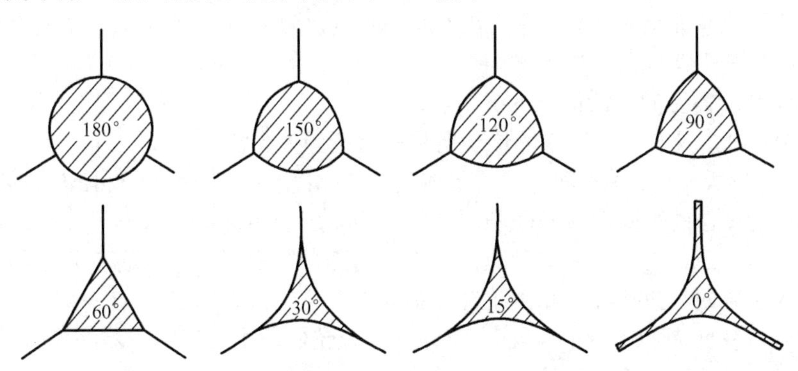

图 2-66　不同接触角下第二相在晶界上的形状

第二相的形态有重要的实际意义，当第二相的熔点很低，接触角又为零时，那么把材料加热至第二相熔点以上时，晶界第二相熔化，晶粒间联系完全破坏，就引起热脆。例如，铜中的微量杂质 Bi 和 Pb，它们都是低熔点元素，且都不溶于铜中，然而 Bi 与 Cu 间的界面能很低，因此θ角趋于零，在晶界中形成 Bi 的薄膜，从而引起铜的热脆性；而等量的 Pb 加入于铜中，由于界面能稍高，它们在 Cu 的晶界上，甚至在晶内呈球状分布，因此含微量铅的铜仍能保持良好的韧性，工业上有时把 Pb 作为合金元素以改善铜的切削性能。

润湿行为在材料制备及加工工艺中也十分重要。例如，炼钢时要求钢水和炉渣不润湿，否则彼此不易分离，扒渣时容易造成钢液损失，钢中夹杂物含量也较高，因而造渣剂必须与钢液间有较大的界面张力。另外，若钢液能润湿炉衬则炉体会严重受蚀，因此碱性炼钢炉常用镁砂（MgO）作为炉衬，钢液与镁砂的接触角θ为 118°～136°，这就可以避免润湿而带来的不利影响。又如浇注时熔融金属和模具之间的润湿程度必须适当，过于润湿，金属液体容易渗入砂型缝隙内而形成不光滑表面；而润湿性过差，铁液则不能与模型吻合，使铸件的棱角处呈圆形，为了调节润湿程度，可在钢中加入适当的 Si，以改变表面张力。还有钎焊时使用的焊接剂必须很好地铺展在被焊材料的表面，如在用 Sn-Pb 焊条焊接铜丝时，必须同时配合使用溶剂（如 $ZnCl_2$ 酸性水溶液），溶剂的作用是去除铜丝表面的氧化膜，使新鲜的铜裸露于表面，从而提高铜的表面张力，使 Sn-Pb 合金对 Cu 的润湿性改善，提高焊接质量。陶瓷烧结方法中有一种工艺叫液相烧结，其本质就是在烧结过程中形成少量液相，它们与粉末有很好的润湿性，能完全铺展在粉末周围，把粉末很快地黏合在一起，用这种工艺生产的陶瓷气孔率低，且烧结速度快。在浇铸过程中，铸件细化晶粒的措施是加入外来核心，显然作为外来核心的成核剂必须与基体金属间具有小的接触角。

课后练习题

1．名词解释。

点缺陷，线缺陷，面缺陷，空位，间隙原子，点缺陷的平衡浓度，热平衡点缺陷，过饱和点缺陷，刃型位错，螺型位错，混合型位错，全位错，不全位错，柏氏回路，柏氏矢量，柏氏矢量的物理意义，柏氏矢量的守恒性，位错的滑移，位错的交滑移，位错的攀移，位错的交割，割阶，扭折，位错密度，可动位错，固定位错，晶界，亚晶界，晶界能，相界，错配度。

2．Nb 的晶体结构为 BCC，其晶格常数为 0.329 4nm，密度为 $8.57g/cm^3$，试求每 10^6 个 Nb 晶粒中所含的空位数目。

3．Pt 的晶体结构为 FCC，其晶格常数为 0.392 3nm，密度为 $21.45g/cm^3$，试计算其空位粒子数分数。

4．在某晶体的扩散实验中人们发现，在500℃时，每10^{10}个原子中就有1个原子具有足够的激活能跳出其平衡位置而进入间隙位置；在600℃时，会增加到每10^9个原子中就有1个原子具有足够的激活能跳出其平衡位置而进入间隙位置。

（1）求此跳跃所需要的激活能。

（2）在700℃时，具有足够能量的原子所占的比例为多少？

5．Al的空位形成能（Ev）和间隙原子形成能（Ei）分别为0.76eV和3.0eV，求在室温（20℃）及500℃时，Al的空位的平衡浓度与间隙原子的平衡浓度的比值。

6．如图2-67所示，有两个螺型位错，一个含有扭折，而另一个含有割阶。图中所示的箭头方向为位错线的正方向，扭折部分和割阶部分都为刃型位错。

（1）若图示滑移面为FCC的(111)面，问这两条位错线段中（指割阶和扭折），哪一条比较容易通过它们自身的滑移而去除？为什么？

（2）解释含有割阶的螺型位错在滑动时是怎样形成空位的。

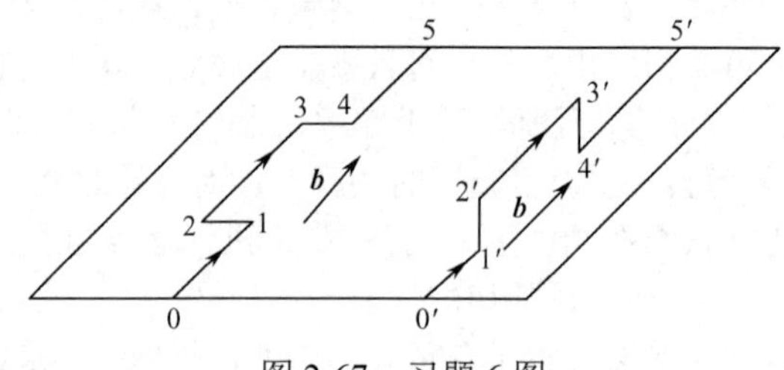

图2-67　习题6图

7．在同一滑移面上有两条平行的位错线，其柏氏矢量大小相等且相交成φ角，假设两柏氏矢量相对位错线呈对称配置，如图2-68所示，试从能量角度考虑，φ在什么值时两条位错线相吸或相斥？

8．如图2-69所示，某晶体滑移面上有一柏氏矢量为$\boldsymbol{b}$的位错环，并受到一均匀切应力τ的作用。

（1）分析各段位错线所受力的大小并确定其方向。

（2）在τ作用下，若要使它在晶体中稳定不动，其最小半径为多大？

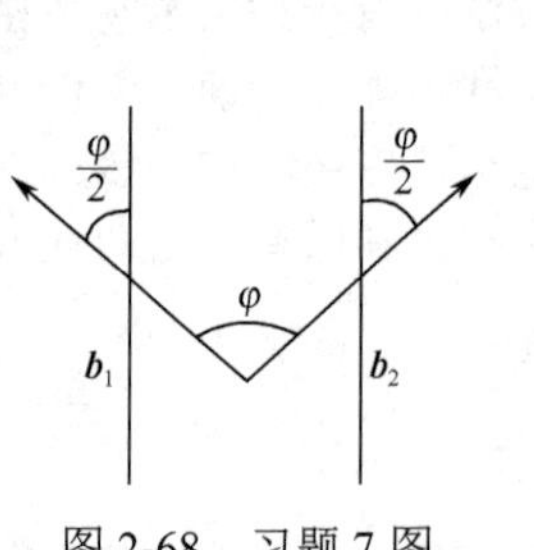

图2-68　习题7图

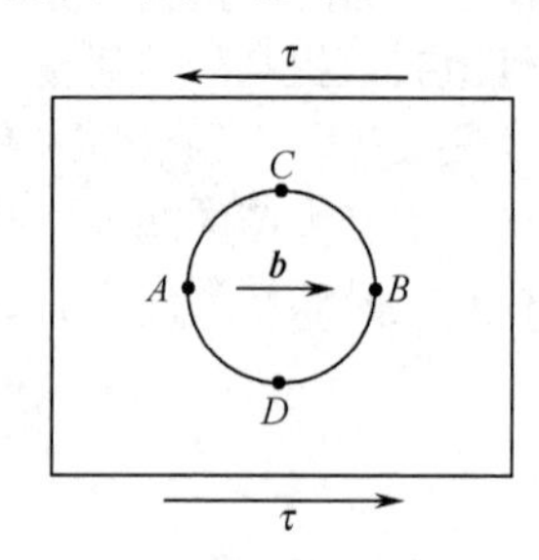

图2-69　习题8图

9．试分析在FCC中，下列位错反应能否进行?并指出其中3个位错的性质类型。反应后生成的新位错能否在滑移面上运动？

$$\frac{a}{2}[10\bar{1}]+\frac{a}{6}[\bar{1}21]\rightarrow\frac{a}{3}[11\bar{1}]$$

10．设有两个α相晶粒与一个β相晶粒相交于一公共晶棱，并形成三叉晶界，已知β相所张的两面角为100°，界面能$\gamma_{\alpha\alpha}$为0.31J/m^{-2}，试求α相与β相的界面能$\gamma_{\alpha\beta}$。

第 3 章　固态金属中的扩散

由于热激活的作用，当温度提高时，固态金属材料中的原子通过热运动从一个平衡位置迁移到另一位置，实现了原子的迁移。在存在浓度梯度或化学位梯度的情况下，大量原子的迁移会造成物质的宏观流动，这种现象称为扩散（Diffusion）。扩散是固态金属材料进行物质传输的唯一方式。

常见的扩散有几种分类方式：按照浓度的分布分为互扩散（Inter Diffusion）和自扩散（Self Diffusion），互扩散为有浓度差的空间扩散，而自扩散则为没有浓度差的空间扩散；按扩散的方向分为下坡扩散（Downhill Diffusion）和上坡扩散（Uphill Diffusion），下坡扩散为原子从高浓度区向低浓度区的扩散，也称为顺扩散，是最常见的一种扩散，而上坡扩散则为原子从低浓度区向高浓度区的扩散，也称为逆扩散，是材料制备中另一种重要的扩散形式；按原子的扩散路径分为体扩散、表面扩散和晶界扩散，体扩散为原子在晶粒内部的扩散，表面扩散为原子在晶体表面的扩散，晶界扩散为原子沿晶界的扩散。由于表面和晶界处原子排列不规则，自由能高，因此表面扩散和晶界扩散与体扩散相比，扩散速度快，扩散路径短，也称为短路扩散。

固态金属材料的扩散与实际应用的诸多现象密切相关，如合金的结晶、成分均匀化、变形金属的回复和再结晶、固态相变、高温变形、高温蠕变、焊接、热处理、表面处理及粉末冶金的烧结等。扩散是影响材料的微观组织和性能的重要因素之一，学习并研究扩散的基本规律有利于了解和分析材料内部的微观结构、原子结合状态、晶体缺陷的本质及固态相变的机理，进而达到通过控制材料结构而获得所需要的使用性能的目的。

3.1　扩散的宏观规律

研究扩散的宏观规律就是研究扩散物质的浓度随空间及时间的变化规律，通常指微米量级的空间尺度。根据其浓度变化特点，固态金属材料的扩散分为稳态扩散与非稳态扩散。稳态扩散是指扩散过程中各点的浓度不随时间改变，即 $\partial C/\partial t=0$。非稳态扩散是指扩散过程中各点的浓度随时间而变化，即 $\partial C/\partial t\neq 0$。菲克（Fick）提出了菲克第一定律和菲克第二定律，分别对稳态扩散和非稳态扩散进行了定量描述。

3.1.1　菲克第一定律

当材料内部的浓度场未达到平衡时，原子会产生扩散，使系统总是尽可能处于能量最低状态以达到平衡。在稳态扩散的系统中，虽然各点的浓度不随时间变化，但是材料中的原子却一直在迁移，只是任一时刻流入和流出该系统中的任一体积元的物质量相同。1855 年，菲克提出了菲克第一定律，确立了扩散通量和其浓度梯度之间的宏观规律，菲克第一定律指出，稳态扩散时，单位时间内通过垂直于扩散方向单位截面的物质流量（Diffusive Flux）（扩散通量 J）与该处的浓度梯度成正比，即

$$J=-D\frac{\partial C}{\partial x} \tag{3-1}$$

式中，J 为扩散通量［kg/（m^2·s）或 mol/（m^2·s）］；D 是一个比例常数，称为扩散系数（m^2/s）；C 为扩散组元的体积浓度，可用体积质量 kg/m^3 或 mol/m^3 来表示；$\partial C/\partial x$ 为扩散组元浓度沿 x 方向的变化率，即浓度梯度。

稳态扩散中浓度分布不随时间变化，可用 $\frac{\mathrm{d}C}{\mathrm{d}x}$ 来代替 $\frac{\partial C}{\partial x}$。则菲克第一定律可表示为

$$J = -D\frac{\mathrm{d}C}{\mathrm{d}x} \tag{3-2}$$

扩散系数 D 的物理意义为在单位浓度梯度作用下，单位时间内垂直通过单位面积的物质的质量或物质的量。扩散系数大，物质传输量也大。扩散系数与物质结构、温度等因素有关。一般情况下 D 大于零，负号表示扩散方向与浓度梯度方向相反，即扩散由高浓度区向低浓度区进行，即下坡扩散。但是，有些特殊情况下会出现扩散系数小于零的情况，扩散由低浓度区向高浓度区进行，即上坡扩散。

菲克第一定律是扩散理论的基础，只适用于稳态扩散问题，它描述了物质中原子（或分子）传输的一个宏观经验规律。即使材料内部的原子热运动是无序的，但只要有浓度梯度存在，就会有扩散现象，此时扩散的驱动力是浓度梯度。菲克第一定律没有给出扩散与时间的关系，无法求出任一时刻的浓度分布，但可以此为基础推导出体系中任一时刻的浓度分布情况。

3.1.2 菲克第二定律

实际生产中稳态扩散的情况很少，大多数扩散过程是非稳态扩散过程，即扩散物质的浓度随时间而变化，此时可利用由菲克第一定律结合质量守恒条件推导的菲克第二定律来处理。

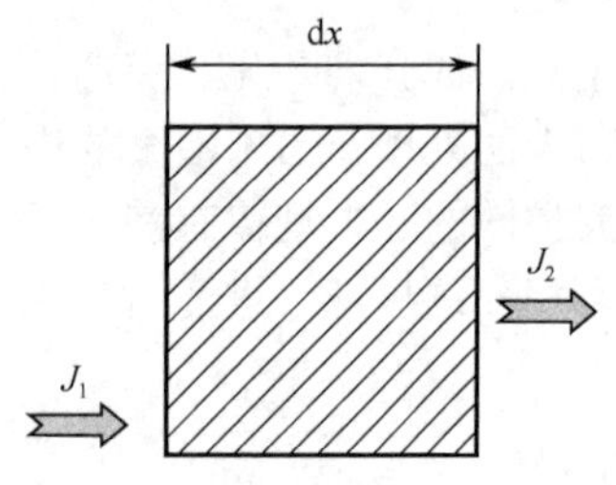

图 3-1 扩散通过横截面积为 A 的微小体积情况

扩散通过横截面积为 A 的微小体积情况如图 3-1 所示，只考虑物质沿一维 x 单向扩散的情况，有两个间距为 dx 的垂直于 x 轴的平面，两个平面所夹的阴影部分为一微小体积，即我们所考虑的微元体积，其垂直于 x 轴的横截面积为 A，箭头表示扩散的方向。J_1 和 J_2 分别表示扩散时从微小体积中流入和流出的扩散通量，由于质量平衡，对于该微元体积溶质，有流入量减去流出量等于积存量，也有

$$\frac{\partial(\text{流入量})}{\partial t} - \frac{\partial(\text{流出量})}{\partial t} = \text{积累速度} \tag{3-3}$$

即流入量减去流出量等于积累速度，流入量为 $J_1 A$，流出量则为

$$J_2 A = J_1 A + \frac{\partial(JA)}{\partial x}\mathrm{d}x \tag{3-4}$$

那么，积累速度为

$$J_1 A - J_2 A = \frac{\partial J}{\partial x}A\mathrm{d}x \tag{3-5}$$

两面之间的溶质浓度随时间的变化率为 $\frac{\partial C}{\partial t}$，在 d$x$ 范围的微元体积中溶质的积累速度为

$$\frac{\partial(C \cdot A\mathrm{d}x)}{\partial t} = \frac{\partial C}{\partial t}A\mathrm{d}x \tag{3-6}$$

由式（3-5）和式（3-6）相等可得

$$\frac{\partial C}{\partial t} = -\frac{\partial J}{\partial x} \tag{3-7}$$

将菲克第一定律，即式（3-1），代入式（3-7），可得

$$\frac{\partial C}{\partial t} = \frac{\partial}{\partial x}\left(D\frac{\partial C}{\partial x}\right) \tag{3-8}$$

该方程称为菲克第二定律。如果假定 D 为常数，则式（3-8）可简化为

$$\frac{\partial C}{\partial t} = D\frac{\partial^2 C}{\partial x^2} \tag{3-9}$$

以上为一维非稳态扩散的情况，如果将其拓展，可以推导出三维扩散的菲克第二定律。

3.1.3　扩散定律的应用

3.1.3.1　利用菲克第一定律的解求扩散系数（Diffusion Coefficient）D

利用菲克第一定律测定碳在 γ-Fe 中的扩散系数。将长度为 l、半径为 r 的纯铁空心薄壁圆筒在 1 000℃时进行退火，筒内为渗碳气体，而筒外为脱碳气体，碳原子由内壁渗入，再由外壁渗出，1 000℃时碳通过薄壁铁筒稳定扩散示意图如图 3-2 所示。

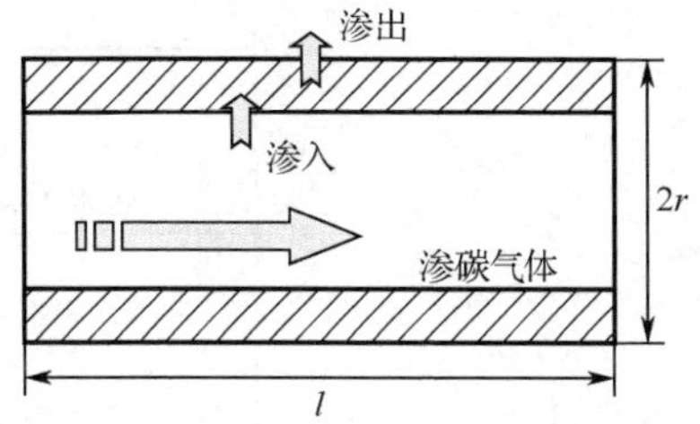

图 3-2　1 000℃时碳通过薄壁铁筒稳定扩散示意图

在碳势的作用下，经过足够长的时间达到稳定，筒本身渗碳和脱碳达到平衡，积存率为零，筒壁内部各点的碳浓度不再变化。此时 $\partial C/\partial t=0$，属于稳态扩散。这时单位时间内通过管壁的碳量 q/t 是常量。由于 J 是碳在单位时间内通过单位面积的通量，因而有

$$J=\frac{q}{tA}=\frac{q}{2\pi rlt} \tag{3-10}$$

式中，q 是 t 时间内流入或流出管壁的总碳量。

代入扩散菲克第一定律

$$J=-D\frac{\mathrm{d}C}{\mathrm{d}r}=\frac{q}{2\pi rlt} \tag{3-11}$$

$$q=-D(2\pi lt)\frac{\mathrm{d}C}{\mathrm{d}r/r}=-D(2\pi lt)\frac{\mathrm{d}C}{\mathrm{d}\ln r} \tag{3-12}$$

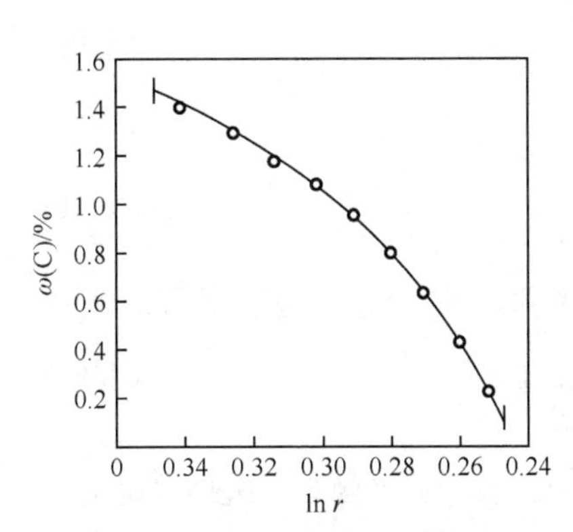

图 3-3　1 000℃时碳通过薄壁铁筒稳定扩散的 C-ln$r$ 图

结合试验条件，式中 r、l、t 为已知量，q 可借测定脱碳气氛的增碳量得出，如果扩散系数 D 也假设为常数，则 $\frac{\mathrm{d}C}{\mathrm{d}\ln r}$ 也为常数，C 对 ln$r$ 作图应该为一条直线。但实际上，$\frac{\mathrm{d}C}{\mathrm{d}\ln r}$ 可通过测定碳浓度沿管壁的径向 r 分布，作 C-ln$r$ 曲线。1 000℃时碳通过薄壁铁筒稳定扩散的 C-ln$r$ 图如图 3-3 所示。该曲线并不是直线，它们之间为非线性关系，说明 D 为常数的假设不成立。D 是与碳浓度相关的变量，具体的数值通过求 C-ln$r$ 曲线的斜率获得，当碳浓度高时，$\frac{\mathrm{d}C}{\mathrm{d}\ln r}$ 小，D 大；而碳浓度低时，$\frac{\mathrm{d}C}{\mathrm{d}\ln r}$ 大，D 小。扩散系数 D 是碳浓度的函数，只有当碳浓度很小时，D 才是一个常数。

3.1.3.2　菲克第二定律的解

非稳态扩散的菲克第二定律方程相当于具有两个自变量的偏微分方程，其方程的解比较复杂。为此可以求出菲克第二定律的通解，然后根据实际情况的初始条件和边界条件，求出特解。下面介绍两种实际应用中常见的特解。

1. *误差函数解*

误差函数解适用于一维无限长棒或半无限长棒的非稳态扩散。无限长是相对于扩散区域的长短而言的，扩散区域的长度远小于扩散物体的长度被认为是无限长。通常一维扩散物体的长度大于 $4\sqrt{Dt}$，D 为扩散系数，t 为时间。

1）一维双向无限长物体中的扩散（两端成分不受扩散影响的扩散偶）

将两个具有相同扩散组元而浓度不同的无限长固溶体棒 A 和棒 B 对焊，两者结合在一起形成扩散偶，无限长扩散偶中的浓度分布如图 3-4 所示。棒 A 和棒 B 的浓度分别为 C_2 和 C_1，且 $C_2>C_1$，坐标原点位于两者界面处，规定扩散方向为 x 正方向，建立浓度-距离坐标系。将此扩散偶加热到

某一温度并保温，观察其浓度在 x 一维方向上随时间的变化。棒 A 和棒 B 存在浓度差导致了扩散行为的发生，$x=0$ 的界面附近的碳浓度将会发生变化，界面两侧的碳浓度差趋于减小。而对于无限长棒来说远离界面处的浓度保持不变，即原始浓度。

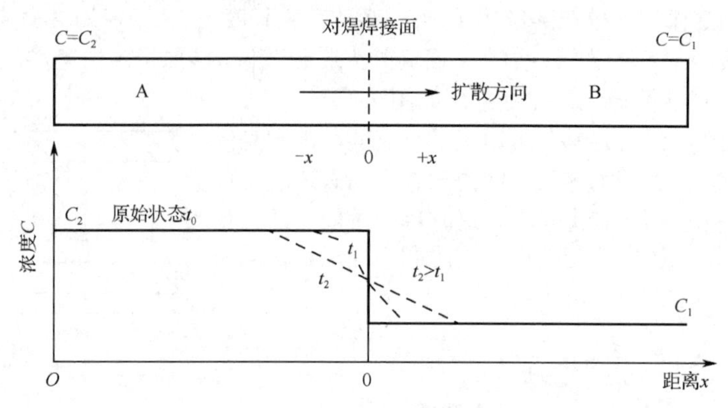

图 3-4 无限长扩散偶中的浓度分布

非稳态扩散微分方程在求解时需要列出初始条件和边界条件。图 3-4 所示的扩散问题的初始条件为

$$t=0,\begin{cases}C=C_1,& x>0\\ C=C_2,& x<0\end{cases} \tag{3-13}$$

边界条件为

$$t\geqslant 0,\begin{cases}C=C_1,& x=\infty\\ C=C_2,& x=-\infty\end{cases} \tag{3-14}$$

由菲克第二定律方程式（3-9）及上述初始条件式、边界条件，可得到扩散第二方程的解为

$$C=\frac{C_2+C_1}{2}-\frac{C_2-C_1}{2}\operatorname{erf}\left(\frac{x}{2\sqrt{Dt}}\right) \tag{3-15}$$

采用变量代换法，令 $\beta=\dfrac{x}{2\sqrt{Dt}}$，此时 $\operatorname{erf}\left(\dfrac{x}{2\sqrt{Dt}}\right)=\operatorname{erf}(\beta)$，称为误差函数，根据其定义

$$\operatorname{erf}(\beta)=\frac{2}{\sqrt{\pi}}\int_0^{\beta}\exp(-\beta^2)\mathrm{d}\beta \tag{3-16}$$

β 所对应的误差函数 $\operatorname{erf}(\beta)$ 值可查表或通过计算机应用小程序求得。

经过一段时间（t）后，距离界面原点 x 处的扩散组元浓度 C 可由式（3-15）计算得到。在界面 $x=0$ 处，$\operatorname{erf}(\beta)=\operatorname{erf}(0)=0$，扩散组元的浓度为 $(C_2+C_1)/2$，且保持不变，$C(0,t)=(C_2+C_1)/2$，即扩散组元的浓度与时间无关。如图 3-4 所示，界面原点为界，棒 A 和棒 B 在不同扩散距离处的浓度分布是以中心 $(x=0,\ C=(C_2+C_1)/2)$ 对称的。

利用菲克第二定律的误差函数解，当棒 A 和棒 B 扩散组元的浓度 C_1、C_2 及扩散时间 t 已知时，则可求出不同扩散位置 x 的浓度分布 $C(x,t)$；若已知 C_1、C_2 及某一时刻的浓度分布 $C(x,t)$，可以求出不同扩散位置 x 处的扩散系数 D。

2）一维半无限长物体中的扩散（一端成分不受扩散影响的扩散体）

半无限长物体中的扩散可以看作是无限长物体扩散的特殊形式，两者的区别在于初始条件和边界条件。在如图 3-4 所示的无限长扩散偶中，如果棒 A 是一种液体、气体或薄膜，则扩散组元向棒 B 中的扩散可看作是在半无限长物体中的扩散。棒 B 的长度大于 $4\sqrt{Dt}$，与棒 A 接触的棒 B 表面浓度是恒定的。

低碳钢的渗碳工艺是一维半无限长物体扩散的典型例子。“无限长”的渗碳低碳钢件的原始碳浓度为C_0，放入碳浓度为C_s的渗碳气氛，假设渗碳一开始，工件表面碳浓度即可达到C_s，并始终保持不变。

初始条件为

$$t=0,\ C=C_0(x>0) \tag{3-17}$$

边界条件为

$$t\geqslant 0,\begin{cases}C=C_s,\ x=0\\ C=C_0,\ x=\infty\end{cases} \tag{3-18}$$

满足菲克第二定律及上述初始条件式、边界条件的解为

$$C(x,t)=C_s-(C_s-C_0)\mathrm{erf}\left(\frac{x}{2\sqrt{Dt}}\right) \tag{3-19}$$

由式（3-19）可求出低碳钢渗碳t时间后距表面x厚度处的碳浓度，也可估算达到一定渗碳层深度需要的时间。而如果给定渗层厚度x处的碳浓度为C，则式（3-19）可改写为

$$\frac{C_s-C}{C_s-C_0}=\mathrm{erf}\left(\frac{x}{2\sqrt{Dt}}\right) \tag{3-20}$$

从式（3-20）中可以看出$x\propto\sqrt{t}$或$x^2\propto t$，即给定浓度的渗层厚度其平方正比于渗碳时间。在相同的条件下渗层厚度要增加一倍，渗碳时间要变为原来的四倍。

例题　一碳质量分数为0.1%的碳钢工件，将其置于930℃下进行渗碳。在渗碳过程中，渗碳气体保持碳钢表面碳的质量分数为1%。已知碳在γ-Fe中的扩散系数为$1.67\times10^{-7}\mathrm{cm^2/s}$，求：

（1）在距离表面0.05cm处碳的质量分数达到0.45%需要多长时间；

（2）在距离表面0.1cm处碳的质量分数达到0.45%需要多长时间。

解：（1）题目中的渗碳问题为一维半无限长物体的非稳态扩散的问题，可以使用式（3-20）的误差函数解。首先将质量浓度转换成质量分数，那么依题意，在x=0.05cm处，$C(x,t)=0.45\%$，$C_s=1\%$，$C_0=0.1\%$，代入式（3-20）中

$$\frac{1\%-0.45\%}{1\%-0.1\%}=\mathrm{erf}(\beta)\approx 0.61$$

查误差函数表，取β值为0.61，或者用计算机小程序计算，可得β为0.607 9，与查表一致，取β值为0.61，则

$$\frac{x}{2\sqrt{Dt}}=0.61$$

将$x=0.1\%$、$D=1.6710^{-7}\mathrm{cm^2/s}$代入可得

$$\frac{0.05}{2\sqrt{1.67\times10^{-7}t}}=0.61$$

得，$t=1\times10^4$s。

（2）根据（1）的思路，可以得到

$$\mathrm{erf}\left(\frac{x}{2\sqrt{Dt}}\right)=\frac{0.1}{2\sqrt{1.67\times10^{-7}t}}=0.61$$

得，$t=4\times10^4$s。

2. 高斯函数解

高斯函数解又称薄膜解。在金属的表面上沉积一层厚度可以忽略的扩散组元薄膜（扩散总量为M），将两个相同的金属B沿薄膜面对焊在一起，形成两个金属B中间夹着一层无限薄的扩散

组元薄膜的扩散偶，在扩散过程中扩散总量 M 保持恒定。在此种条件下，扩散偶沿垂直于薄膜源的方向无限伸长，即两端浓度保持不变。将坐标原点 x=0 选在薄膜处，加热到一定温度，扩散组元开始垂直于薄膜向两侧扩散，考察浓度随时间和位置的变化规律。

初始条件为

$$t = 0,\quad \begin{cases} C = \infty, & x = 0 \\ C = 0, & x > 0 \end{cases} \tag{3-21}$$

边界条件为

$$t \geqslant 0,\ C = 0,\ x = \infty \tag{3-22}$$

满足菲克第二定律及上述初始条件、边界条件的解为

$$C(x,t) = \frac{M}{2\sqrt{\pi D t}} \exp\left(-\frac{x^2}{4Dt}\right) \tag{3-23}$$

此公式即高斯函数，薄膜扩散偶中的浓度随时间和位置的变化曲线如图 3-5 所示，曲线是以薄膜处的 x=0 为轴左右对称的，并且随着时间的延长，浓度曲线的振幅减小而宽度增加。

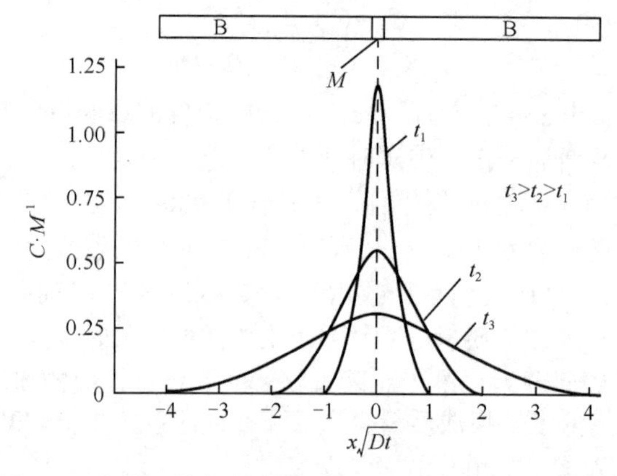

图 3-5 薄膜扩散偶中的浓度随时间和位置的变化曲线

如果薄膜扩散不以扩散偶的形式进行，而是扩散组元只沉积在金属表面形成薄膜，只向 $x > 0$ 单相扩散，则高斯函数解的形式变为

$$C(x,t) = \frac{M}{\sqrt{\pi D t}} \exp\left(-\frac{x^2}{4Dt}\right) \tag{3-24}$$

在半导体器件生产时，首先在硅表面沉积一层硼薄膜，然后加热到一定的温度使其非稳态扩散，此时可以利用高斯函数解求得给定温度下硼的分布情况。

例题 生产硅半导体器件时，在硅半导体器件表面沉积总量 M 为 9.43×10^{19} 原子的硼薄膜，将其加热到 1 100℃，保温 7×10^{7}s，求器件表面的硼浓度（设扩散系数 $D = 4\times10^{-7}\,\text{m}^2/\text{s}$）。

解：表面处 $x = 0$，利用高斯函数解可得

$$C(x,t) = \frac{M}{\sqrt{\pi D t}} \exp\left(-\frac{x^2}{4Dt}\right) = \frac{9.43\times10^{19}}{\sqrt{3.14\times4\times10^{-7}\times7\times10^{7}}} \approx 1\times10^{19}\ (\text{原子}/\text{m}^3)$$

3.2 扩散驱动力

扩散定律主要研究有浓度梯度的扩散现象，尤其是物质从高浓度向低浓度扩散，扩散结果导致浓度梯度减小，使成分趋于均匀，扩散的驱动力是浓度梯度。实际上，很多现象与上述结论并不相符，物质也可以从低浓度向高浓度扩散，使浓度梯度进一步提高，即上坡扩散或逆向扩散。在材料领域，

过饱和固溶体的偏聚和脱溶弹性应力场、晶界内吸附、大的电场或温度场等均会引起上坡扩散。其实在没有浓度梯度的情况下，在热运动等作用下原子也可以扩散，即自扩散。因此，浓度梯度并不是原子扩散的必要条件。扩散过程是自发的，这一过程需要有驱动原子扩散的内在力，称为扩散驱动力。

由化学热力学原理可知，在恒温、恒压条件下，自由能最低态是系统的平衡态，系统总是向着吉布斯自由能降低的方向进行，自由能变化（$\Delta G<0$）是系统变化的驱动力。在热力学中，化学位 μ_i 表示每个 i 原子的吉布斯自由能，由各组元化学位的定义可得

$$\mu_i=\left(\frac{\partial G}{\partial n_i}\right)_{T,P} \tag{3-25}$$

式中，n_i 是组元 i 的原子数。

在等温等压条件下，只要两个区域中组元 i 存在化学位差 $\Delta\mu_i$，就能产生扩散，直至 $\Delta\mu_i=0$。在平衡条件下，系统中的各组元在各处的化学位μ相等，化学位梯度为 0，即扩散驱动力实质是化学位梯度。

讨论由 A、B 两组元组成单相固溶体中溶质 B 原子的扩散过程，A、B 组元的化学位（μ_A、μ_B）分别为 $\mu_A=\left(\frac{\partial G}{\partial C_A}\right)_{T,P}$ 和 $\mu_B=\left(\frac{\partial G}{\partial C_B}\right)_{T,P}$，即由组元摩尔原子浓度的微小变化所引起的系统偏摩尔吉布斯自由能的变化率。根据热力学平衡原理，等温等压下 B 原子扩散的必要条件是其化学势的空间分布不均匀，即 $\mu_B(x)$ 不为常数。

化学位的本质是势能，对位置的微分是一个作用力。在固溶体中，对溶质 B 的化学位在不同空间位置取微分，得

$$F=-\frac{\partial\mu_i}{\partial x} \tag{3-26}$$

式中，负号表示驱动力与化学势下降的方向一致，也就是扩散总是向化学势减小的方向进行；F 表示的是溶质 B 所受到的内在力，其方向与化学位梯度的方向相反，即扩散是从高化学势向低化学势的方向进行，其结果是扩散使在不同空间位置的化学位差别越来越小。

组元 B 在固溶体中各位置的化学位不同，B 原子会受到一个由化学位梯度造成的作用力，这个力将驱使原子向化学位降低的方向迁移。扩散的决定性因素不是浓度梯度（$\frac{\partial C}{\partial x}$）而是化学位梯度（$\frac{\partial C}{\partial n}$），化学位梯度是扩散的驱动力。当溶质原子扩散加速到其受到的阻力等于驱动力时，溶质原子的扩散速度就达到了它的极限速度，也就是达到了原子的平均扩散速度。扩散原子的平均速度 υ 正比于驱动力 F，即

$$\upsilon=BF \tag{3-27}$$

式中，比例系数 B 为单位驱动力作用下的速度，称为迁移率。

扩散通量 J 等于扩散原子的质量浓度和其平均速度的乘积，即

$$J=C_i\upsilon_i=B_iC_i\frac{\partial\mu_i}{\partial x} \tag{3-28}$$

由菲克第一定律得

$$J=-D\frac{\partial C_i}{\partial x} \tag{3-29}$$

比较式（3-26）和式（3-29）可得

$$D=B_iC_i\frac{\partial\mu_i}{\partial C_I}=B_i\frac{\partial\mu_i}{\partial \ln C_I}=B_i\frac{\partial\mu_i}{\partial \ln x_I} \tag{3-30}$$

式中，$x_I=(C_i/C)$。

在热力学中，$\partial\mu_i = kT\partial\ln a_i$，$a_i$ 为组元 i 在固溶体中的活度，并有 $a_i = r_i x_i$，r_i 为活度系数，故式（3-30）就变为

$$D = kTB_i \frac{\partial \ln a_i}{\partial \ln x_I} = kTB_i \left(1 + \frac{\partial \ln r_i}{\partial \ln x_I}\right) \tag{3-31}$$

对于理想固溶体（$r_i = 1$）或稀固溶体（r_i=常数），式（3-31）括号内的因子（亦称热力学因子）等于 1，所以

$$D = kTB_i \tag{3-32}$$

由此可见，在理想或稀固溶体中，不同组元的扩散速度仅取决于迁移率 B 的大小。式（3-32）称为能斯特-爱因斯坦（Nernst-Einstein）方程。对于一般实际固溶体来说，上述结论也可以成立。

根据式（3-31），当 $\left(1 + \frac{\partial \ln r_i}{\partial \ln x_I}\right) > 0$ 时，$D>0$，表明组元是从高浓度区向低浓度区迁移的下坡扩散；当 $\left(1 + \frac{\partial \ln r_i}{\partial \ln x_I}\right) < 0$ 时，$D<0$，表明组元是从低浓度区向高浓度区迁移的上坡扩散。因此，决定组元扩散的基本因素是化学势梯度，不管是上坡扩散还是下坡扩散，其结果总是导致扩散组元化学势梯度减小，直至化学势梯度为零。

引起上坡扩散还可能有以下一些情况。

（1）弹性应力的作用。晶体中存在弹性应力梯度时，它促使较大半径的原子跑向点阵伸长部分，较小半径原子跑向受压部分，造成固溶体中溶质原子不均匀分布。

（2）晶界的内吸附。晶界能量比晶内高，原子规则排列较晶内差，如果溶质原子位于晶界上可降低体系总能量，则它们会优先向晶界扩散，富集于晶界上，此时溶质在晶界上的浓度就高于在晶内的浓度。

（3）大的电场或温度场也促使晶体中的原子按一定方向扩散，造成扩散原子的不均匀性。

3.3 扩散的微观理论与机制

菲克第一定律和菲克第二定律反映了在宏观角度下物质的扩散规律，为解决与扩散有关的实际问题奠定了基础。扩散系数 D 在扩散定律里是一个重要的参数，反映了原子扩散能力的大小。为了更全面理解并确定扩散系数 D，需了解扩散机理，要建立其与扩散的其他宏观量和微观量之间的联系，有必要从微观角度观察。晶体内原子的跳动是无规则的，具有统计学特性，宏观扩散是大量原子微观跳动的统计结果，大量原子的微观跳动决定了宏观扩散距离。

固体中的原子在各自的平衡位置上振动，当从外界获得足够能量时，部分原子就能克服一定的能垒发生跳跃。一个原子跃迁一次的距离只有一个原子间距，且仅就原子本身而言，其跃迁方向是随机的、无规则的。因此，单原子随机跃迁（也称为原子的无规则行走）多次后的距离很难测出，但可以利用统计学方法求解大量原子进行次数可观的跃迁后的平均距离。微观上的原子跃迁导致了固体中的宏观扩散流。

大量原子在无规则跳动次数非常大的情况下，可应用随机行走的统计理论求出原子无规则跳动与跃迁平均距离之间的关系。

3.3.1 原子的跃迁

原子在晶体中迁移，一次跃迁只有一个原子间距，而迁移的方向却是无规则的，在几个可能方向的概率是一样的。跟踪一个原子，经过多次跃迁后，确定它的迁移距离仍是非常困难的。但是，应用随机行走的统计理论可以求出大量原子在无规则跃迁（随机跃迁）次数非常大的情况下

迁移的平均距离。如果每次跃迁的距离是 r，跃迁了 n 次后，根据随机行走统计理论，原子迁移的平均距离 $\overline{R_n}$ 为

$$\overline{R_n} = \sqrt{n}r \tag{3-33}$$

由式（3-33）可以看出原子扩散的平均距离与跃迁次数的平方根成正比。在一定的温度下，原子跃迁的频率 $\varGamma$ 是一定的，原子跃迁的次数与时间成正比（$n = \varGamma t$），所以原子扩散的距离与扩散时间的平方根成正比

$$\overline{R_n} = \sqrt{\varGamma t}r \tag{3-34}$$

在一定的温度条件下，晶体中的原子处于热运动状态。大部分原子在平衡位置的热振动对扩散没有贡献。但有一些原子由于某些原因而具有足够大的能量。依靠这些能量，原子可以脱离平衡位置而跃迁到另一位置。这种跃迁运动对扩散有直接贡献。大量原子无数次的这种跃迁会导致宏观扩散现象发生，故扩散是由原子的跃迁引起的。

3.3.2　扩散机制

要深入认识固体中的扩散规律，就需要了解扩散的微观机制。目前，人们已经提出了多种扩散机制来解释扩散现象。其中有两种比较真实地反映了客观现实。一种是间隙机制，它解释了间隙固溶体的间隙原子（H、C、N、O 等小原子）的扩散；另一种是空位机制，它解释了置换原子的扩散及自扩散现象。

原子的扩散可以沿晶体的表面进行，也可以沿晶体中的缺陷（如晶界、位错）进行，或者在晶体内部通过晶体点阵进行。通过晶体点阵进行的扩散过程称为体扩散，又称晶格扩散。

在晶体中，原子在其平衡位置进行热振动，并会从一个平衡位置跳到另一个平衡位置，即发生了扩散，晶体中的扩散机制如图 3-6 所示。

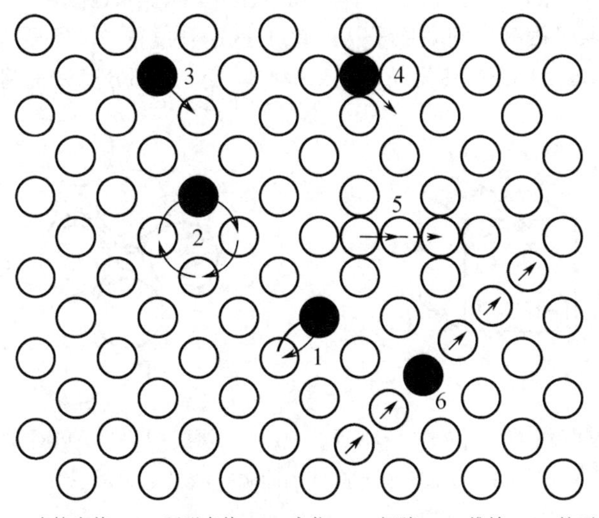

1—直接交换；2—环形交换；3—空位；4—间隙；5—推填；6—挤列

图 3-6　晶体中的扩散机制

3.3.2.1　换位机制

晶体中的原子在三维空间呈周期性排列。若晶体没有缺陷则每个格点都有原子。缺陷很少时，晶体中绝大多数格点也有原子。因此，晶体中的一些原子要迁移到另一个平衡位置，最简单的机制或许是通过两个相邻原子间直接调换位置的方式进行扩散，如图 3-6 中的“1”所指。

原子在换位过程中，势必要推开周围原子以让出路径，这会使晶体点阵有很大的畸变，原子

按这种方式迁移的能垒太高。从能量角度来说，这不利于原子的交换，发生的可能性不大。这种扩散机制不太可能对扩散有重大贡献，到目前为止也尚未得到实验证实。

为了降低扩散的能垒，随后有学者提出了环形交换机制，这是一个四个原子同时交换的协同过程，即环形交换机制，如图 3-6 中的“2”所指。由于几个原子围绕一瞬时轴进行同步环形换位，原子经过的路径呈圆形，对称性比较高，与直接交换相比，环形交换中的能垒和晶格畸变较小，晶界扩散过程符合该机制。但由于参与迁移的原子数目增多，因而协作性要求更高，所以它和直接交换一样，到目前为止鲜有实验结果能加以证明，只有在非晶态合金、液态金属中有可能发生，对此还有待证实。

采用交换机制进行扩散时，需要有两个或更多原子协同跳动，所需能量也较高（特别是直接交换），均使扩散原子通过垂直于扩散方向平面的净通量为零，即扩散原子是等量互换的，不出现柯肯达尔效应。

3.3.2.2 间隙机制

间隙机制适用于间隙固溶体中间隙原子的扩散，原子在晶体间隙位置上跃迁而产生的扩散称为间隙扩散，这一机制已被大量实验所证实。在间隙扩散中，原子从晶格中的一个间隙位置迁移到另一个间隙位置。阵点的原子和尺寸较大的间隙原子推开晶格原子产生的应变能越大，跃迁所需的活化能也越大，扩散不易发生。因此，要使间隙扩散容易实现，则间隙原子的尺寸应较小，间隙空间应较大。

按照发生迁移的原子尺寸大小，可将间隙机制分为直接和间接两种。

1. 直接间隙机制

在间隙型固溶体中，像 C、N、O、H 等尺寸较小的间隙型溶质原子在晶格中从一个间隙位置跳动到另一个相邻的间隙位置就是以这种方式进行的。图 3-7 所示为面心立方晶体的间隙扩散机制示意图。其中，图 3-7（a）为面心立方晶体中的八面体间隙中心位置，图 3-7（b）为面心立方结构（100）晶面上的原子排列。间隙原子从位置 1 跃迁到位置 2，需要推开阵点上的原子 3、4 或这个晶面上下的相邻阵点原子，使得晶格局部瞬时畸变，这部分畸变能将成为原子跃迁的阻力。

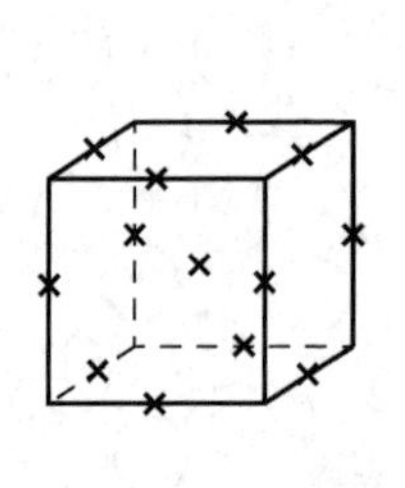

（a）面心立方晶体中的八面体间隙中心位置

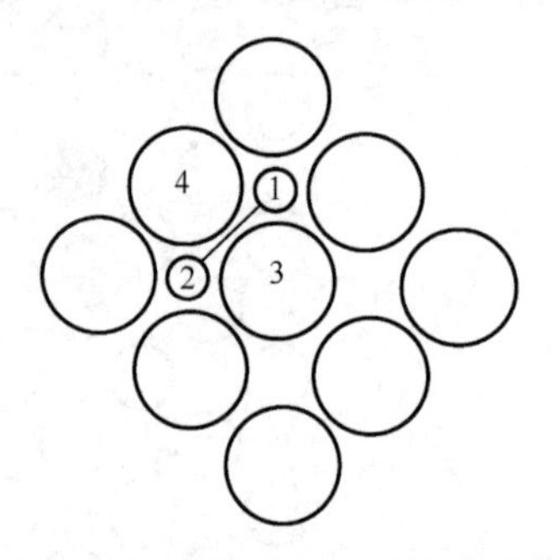

（b）面心立方结构(100)晶面上的原子排列

图 3-7　面心立方晶体的间隙扩散机制示意图

2. 间接间隙机制

置换型溶质原子的尺寸相对较大，当它进入晶格的间隙时很难像间隙型原子那样跳动到邻近间隙位置，因此间接间隙机制又称为填缝机制。间接间隙机制示意图如图 3-8 所示，*A* 是处于间隙位置的溶质原子，*B* 是晶格阵点上的原子，在这种机制中 *A*、*B* 两原子都发生了迁移，*A* 原子将 *B* 原子挤到附近的间隙位置 *C* 或 *D* 上，而自己则“填充”到这个阵点位置上去。

对于自扩散和置换型固溶体中的原子扩散，间隙机制首先需要原子脱离晶格的正常位置成为脱位原子（间隙原子），然后再跃迁到邻近的间隙位置上去。形成脱位原子需要较高的能量，产生脱位原子的概率很小，因为脱位原子尺寸比较大，所以在晶格间隙中跃迁也相对比较困难。因此，在自扩散和置换型固溶体中扩散时，要以间隙机制进行扩散是困难的。还有一种自间隙机制，其示意图如图 3-9 所示，处于间隙位置的脱位原子 A 将邻近结点上的原子 B 挤到间隙位置上去，自己占据结点位置。这种机制所需的能量较小，相对较容易，但形成脱位原子的概率仍是很小的。

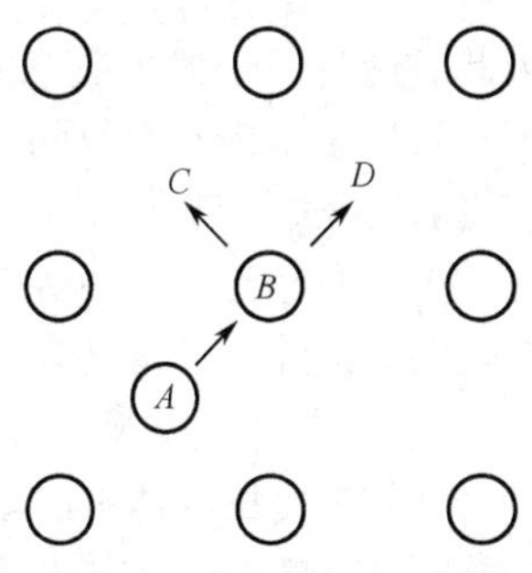

图 3-8　间接间隙机制示意图

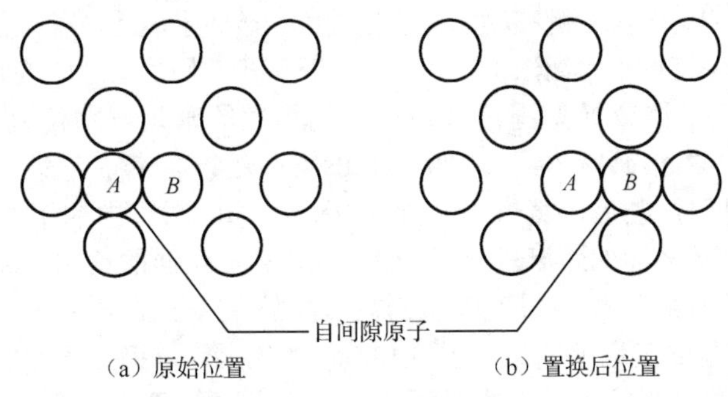

图 3-9　自间隙机制示意图

3.3.2.3　空位机制

1. 空位扩散机制

空位扩散机制主要是通过空位的迁移来实现扩散的，它的扩散激活能是由原子跳动激活能与空位形成能两部分组成的。空位扩散机制是扩散原子通过与空位交换位置进行迁移的，因此置换扩散就属于空位扩散机制。

根据热力学可知，晶体中存在对应相应温度的平衡空位浓度，温度增高则空位浓度成指数规律增加。空位的存在使原子借助它能更容易进行迁移，因此空位扩散机制适用于大多数的原子扩散。当扩散原子具备可越过一定能垒的自由能且邻近有空位时，原子跳入紧邻的空位，相当于空位迁移到扩散原子原来的位置上，而原来扩散原子所在的地方成为一个新的空位，看起来好像是空位沿着与原子跃迁方向相反的路线跳动了，因此也可以认为这种机制的扩散是晶体中存在的大量空位在不断地移动位置。空位扩散机制中有空位扩散通量，其大小与原子扩散通量相等，方向相反。

在置换固溶体或纯金属中，原子的平衡位置在晶格格点上。若某一原子周围的晶格格点上充满其他原子，则该原子不能迁移；若周围晶格格点有空位，则该原子可以与空位交换位置，从而迁移到新的平衡位置上。置换型固溶体中溶剂原子和溶质原子的迁移、原子的跃迁及纯金属的自扩散都是以空位扩散机制进行的。

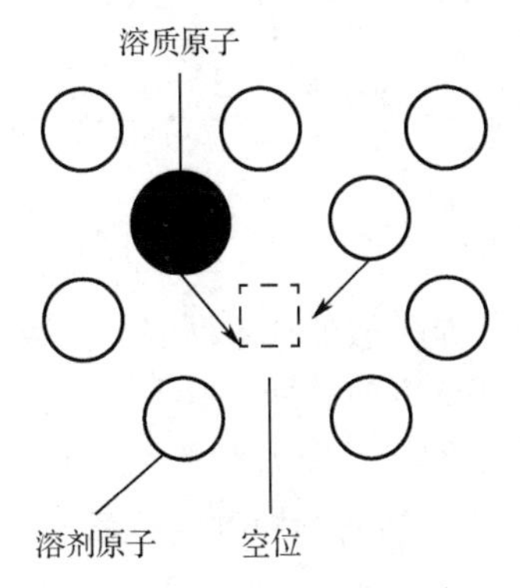

图 3-10　空位扩散机制示意图

扩散原子近邻有空位时，它可以跳入空位，而该原子的原位置则成为一个空位。这种跳动越过的能垒不大。当近邻又有空位时，它又可以实现第二次跳动。实现空位扩散有两个条件，即扩散原子近邻有空位，以及该原子具有可越过势垒的自由能。在置换固溶体中，扩散原子也是通过空位扩散机制实现的。空位扩散机制示意图如图 3-10 所示，如果两种原子的化学性质及尺寸相近甚至相同，则它们跳入近邻空位的难易程度的差别很小，跳入的概率也就一样，因此这两种原子的扩散速度也相同，$D_A \approx D_B$。若两种原子的化学性质或尺寸相差较大，那么其中一种原子跃迁到空位的概率就比另一种大很多，两种原子的扩散速度也不相同，不失一般性，假设$D_A > D_B$，那么固溶体中就有浓度梯度存在，就会有宏观的扩散效应$J_A > J_B$。与此同时，必有一个通向组元 A 的净空位通量，使组元 A 一侧有大于平衡浓度的空位存在，这就会出现克肯达尔效应。因此，克肯达尔效应是空位扩散机制为置换型固溶体的主要扩散机制的有力证明。

2. 克肯达尔效应

在置换型固溶体中，如果溶质、溶剂原子的化学性质和半径相差不大，当它们邻近出现空位时，两者都可能跳入空位中使相应位置出现新的空位。如果当其中一种原子跳入空位的可能性更大时，晶体内不同位置的空位浓度是否会不同？是否会产生向其一侧的反向净空位流？即是否会由于某种原子的扩散较快，使空位向其一侧移动的速度也较大，破坏了晶体内部空位浓度的平衡，使扩散较快的原子一侧的空位浓度高于平衡浓度，而另一组元原子一侧的空位浓度则低于平衡浓度呢？

克肯达尔效应验证了在置换型固溶体中原子的扩散的确是以空位机制发生的。克肯达尔（Kirkendall）等人在 1947 年研究黄铜（70%Cu+30%Zn 合金）-铜扩散偶扩散问题时发现，经过785℃56 天的高温长时间扩散后，黄铜-铜之间的标记（图 3-11 中的钼丝）向黄铜方向发生了0.125mm 的漂移，即钼丝之间的距离减小了 0.25mm，在标记面的黄铜一侧出现了较多的空位甚至小空洞。图 3-11 所示为克肯达尔效应实验装置示意图，它是在直径为 15mm 的黄铜样品上缠绕钼丝，然后再在缠绕钼丝的黄铜上电镀一层 5.12mm 的纯铜，以钼丝作为标志物（主要是其熔点高，不容易扩散，从而能比较容易地观察界面的移动），图中的两个箭头表示 Zn 的扩散比单箭头Cu 的扩散快，进入 Cu 层中的 Zn 比进入 Zn 层中的 Cu 多。克肯达尔等人证明，这是由于在黄铜—铜退火时的扩散过程中 Zn 原子的扩散速度小于 Cu 原子的扩散速度（$D_{Cu}<D_{Zn}$），从而导致了 Zn 由黄铜中扩散出去的通量大于 Cu 扩散进入的通量。在置换型固溶体中，由于两组元的原子以不同的速度（$D_A \neq D_B$）相对扩散而引起的标记面漂移现象称为克肯达尔效应。进一步的研究表明，如果只考虑交换机制，则钼丝向内漂移的举例应该仅仅为观测值的 1/10，从而证明了克肯达尔效应是空位机制的主要扩散机制。在 Au-Cu、Au-Ag、Ni-Cu、Ni-Co、Ni-Mo、Ni-Ag、Ag-Cu、Fe-Cr、Ti-Mo 等扩散偶中也存在克肯达尔效应。

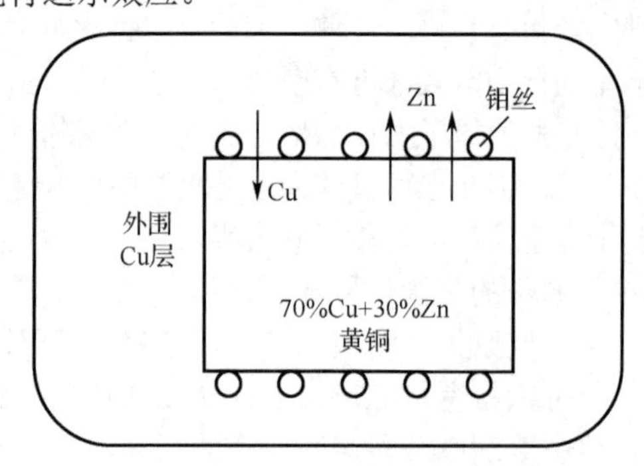

图 3-11 克肯达尔效应实验装置示意图

3.3.2.4 自扩散

前面介绍的扩散都是在二元系中进行的，化学位随空间位置的变化是扩散的根本原因，扩散的结果使得不同位置的溶质浓度发生变化。在纯物质的不同位置不存在浓度的差别，似乎不会发生扩散现象，然而实际情况并非如此：由于纯物质中没有溶质，所以 A 的化学势μ_A与溶质无关，但这并不意味着μ_A在空间中处处相同，因为μ_A还受晶体缺陷（如空位、位错、界面等）的影响。位错或界面对μ_A的影响 h 较复杂，下面只讨论空位对μ_A的影响。

将纯物质中的空位看成是一种特殊的溶质，如果空位浓度随空间位置变化，则μ_A也会变化，从而造成组元 A 扩散。空位平衡浓度对组元 A 的扩散至关重要，当晶体内部没有达到空位平衡浓度时，先要求局部达到空位平衡浓度。例如，当晶体内部的空位浓度小于空位平衡浓度时，晶界或位错会向晶体中发射空位，造成晶界或位错附近的空位浓度增高。当晶体内部存在平衡空位浓度区后，组元 A 的扩散有一个简单的规律，即组元 A 的扩散结果总是使空位浓度趋于空位平衡浓度。例如，当晶体内部存在高于空位平衡浓度的区域时，组元 A 会从平衡空位浓度区向这个高空位浓度区扩散，从而降低空位浓度，即降低系统自由能。根据空位扩散机制，组元 A 的这一扩散过程相当于空位的反向扩散，即空位从高浓度向低浓度扩散。

把纯物质中组元的扩散称为自扩散，其扩散系数称为自扩散系数。自扩散系数的测定可以通过测量组元 A 的同位素浓度来完成。

3.3.3　扩散系数

原子在化学位梯度的作用下进行扩散，其扩散速度与扩散系数有密切联系，因此应对扩散系数的物理意义予以了解。通常，扩散系数可作为表征扩散的一个参量。它与扩散机构及扩散介质和外部条件有关。可以认为扩散系数是物质的一个物性指标。

扩散的宏观现象是由大量原子的无数次随机行走所造成的。虽然我们目前无法追寻每一个原子的运动轨迹，但是如果大量原子做这种任意的运动，从统计观点考虑，会有较多的原子从浓度高的一边沿浓度减小的方向运动。

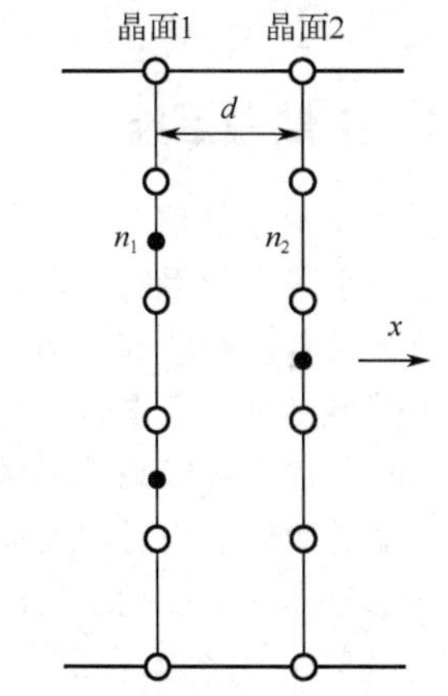

图 3-12　相邻晶面间原子的跳动

在晶体中考虑两个相邻并且平行的晶面，相邻晶面间原子的跳动如图 3-12 所示。由于原子跳动的无规则性，并且在各个方向上的跃迁还是随机的，溶质原子既可由晶面 1 跳向晶面 2，也可由晶面 2 跳向晶面 1。在浓度均匀的固溶体中，在同一时间内，溶质原子由晶面 1 跳向晶面 2 或由晶面 2 跳向晶面 1 的次数相同，不会产生宏观的扩散。但在浓度不均匀的固溶体中会因为溶质原子朝两个方向的跳动次数不同而形成原子的净输出。

设溶质原子在晶面 1 和晶面 2 处的面密度分别为 n_1 和 n_2，两面间距离为 d，原子的跳动频率为 Γ，跳动概率无论是由晶面 1 跳向晶面 2，还是由晶面 2 跳向晶面 1 都为 P，则在 Δt 时间内，单位面积上由晶面 1 跳向晶面 2 或由晶面 2 跳向晶面 1 的溶质原子数分别为

$$N_{1-2} = n_1 P\Gamma\Delta t \tag{3-35}$$

$$N_{2-1} = n_2 P\Gamma\Delta t \tag{3-36}$$

如果 $n_1 > n_2$，在晶面 2 上得到间隙溶质原子的净值为

$$N_{1-2} - N_{2-1} = (n_1 - n_2)P\Gamma\Delta t \tag{3-37}$$

利用扩散通量的定义得到由晶面 1 跳向晶面 2 的扩散通量为

$$J = (n_1 - n_2)P\Gamma\Delta t \tag{3-38}$$

设溶质原子在晶面 1 和晶面 2 处的质量浓度分别为 C_1 和 C_2，则

$$C_1 = \frac{n_1}{d}$$

$$C_2 = \frac{n_2}{d} = C_1 + \frac{\partial C}{\partial x}d \tag{3-39}$$

式中，C_2 以晶面 1 的浓度 C_1 作为标准，如果改变单位距离引起的浓度变化为 $\frac{\partial C}{\partial x}$，那么改变距离

d 的浓度变化为 $\frac{\partial C}{\partial x}d$ 。

由式（3-38）和式（3-39）两式可得

$$n_1 - n_2 = \frac{\partial C}{\partial x} d^2 \tag{3-40}$$

将其代入式（3-27），则

$$J = -d^2 P \Gamma \frac{\partial C}{\partial x} \tag{3-41}$$

与菲克第一定律比较，可得原子的扩散系数为

$$D = d^2 P \Gamma \tag{3-42}$$

式中，d 和 P 取决于晶体结构类型；Γ 除了与晶体结构有关，还与温度关系极大。

扩散系数取决于迁移频率和迁移距离平方的乘积。其重要意义在于建立了扩散系数与原子的跳动频率、跳动概率及晶体几何参数等微观量之间的关系。

式（3-42）从微观角度给出了扩散系数 D 的表达式，它表明扩散组元在给定晶体中不同晶向上的扩散速度不同。式（3-42）中前两项取决于晶体的结构及扩散机制等，而第三项则与温度、扩散组元性质相关，尤其是对温度的影响较大。正是因为 Γ 与温度密切相关，扩散系数 D 也必然受温度的较大影响。

式（3-42）表明原子迁移率与扩散系数之间存在着线性关系，迁移率高，扩散系数必然较大。

3.3.4 扩散激活能

固体材料中的原子无论以何种扩散机制从一个平衡位置跳跃到另一个平衡位置，都要推开某些邻近的原子引起瞬时畸变，都要克服局部点阵畸变引起的阻力，即原子必须越过一定的势垒发生跳跃。只有自由能高于势垒的原子才可能发生迁移，该势垒称为该原子的扩散激活能 Q。

扩散激活能不仅与原子结合力和具体的扩散机制有关，并且还取决于物质的性质及晶体点阵类型，如在致密度较高的晶体中激活能较大。不同的扩散机制，原子发生迁移所需的扩散激活能不同，而表征扩散快慢程度的扩散系数 D 也不同，下面本书将以间隙机制和空位机制为例，推导扩散系数与扩散激活能之间的关系式。

对一个原子来说，它要跃迁到另一个位置可能有多种途径。究竟哪种途径才是最容易的呢？如图 3-13（a）所示，假设 FCC 晶体有一个空位处于面心位 C 处。A 原子要跃迁到该空位有路径 1（A-B-C）和路径 2（A-C）两种选径。A 原子沿路径 1 运动时，它首先要向 D 原子靠近而运动到 B，然后再向上进入空位 C。在此过程中，A 原子会受到 D 原子的排斥。而沿路径 2 时，A 原子受到 D 原子的排斥力要小得多。与化学反应一样，扩散也往往按容易的途径发生。所以，在以上情形中，路径 2 是最容易，也是最有可能的扩散途径。

从能量观点来看，原子从一个平衡位置跃迁到另一个平衡位置需克服的势垒称为活化能。

如图 3-13（b）所示，原子要从状态 E 转变为状态 F，需要克服的势垒为 E_a 。也就是说，处于状态 E 的原子需吸收大小为 E_a 的活化能才能跃迁和产生扩散。状态 E 中的原子在吸收了 E_a 大小的能量后所处的状态称为活化态。只有处于活化态的原子才能扩散。处于活化态的原子越多，扩散越容易。

在一个扩散体系中，原子具有活化态的概率或具有活化态的原子分数由 Boltzmann 分布律决定。处于活化态的原子分数 P^* 可表示为

$$P^* = \exp\left(-\frac{E_a}{k_B T}\right) \tag{3-43}$$

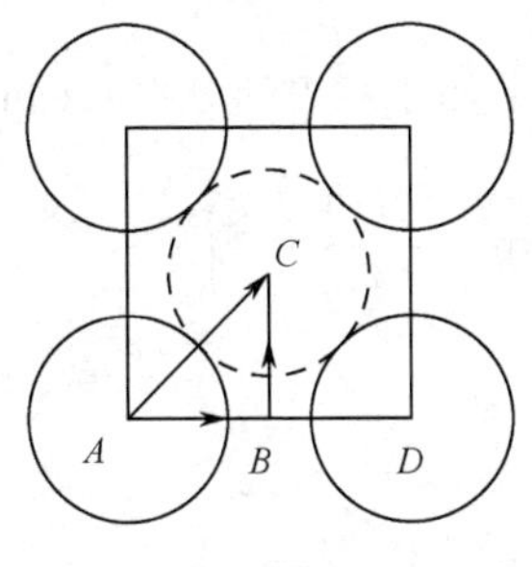

（a）可能扩散途径

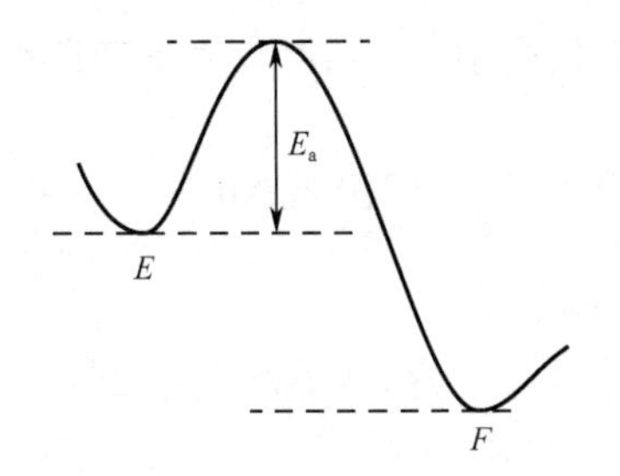

（b）活化能

图 3-13　FCC 晶体原子扩散模型

当晶体中的原子以不同方式扩散时，所需的扩散激活能 Q 值是不同的。在间隙扩散机制中，$Q=\Delta U$，ΔU 为间隙扩散时溶质原子跳跃所需的、额外的热力学内能；在空位扩散机制中，$Q=\Delta U+\Delta U_v$，ΔU_v 为空位形成能。此外，还有晶界扩散、表面扩散、位错扩散等，它们的扩散激活能也都各不相同，因此求出某种条件下的扩散激活能，对于了解扩散机制是非常重要的。

对间隙型扩散，设原子的振动频率为 ν，溶质原子最近邻的间隙位置数为 z，则 Γ 应是 ν、z 和具有跳跃条件的原子所占的分数 $\exp\left(-\frac{\Delta G}{kT}\right)$ 的乘积，即

$$\Gamma=\nu z\exp\left(-\frac{\Delta G}{kT}\right) \tag{3-44}$$

因为

$$\Delta G=\Delta H-T\Delta S\approx\Delta U-T\Delta S \tag{3-45}$$

所以

$$\Gamma=\nu z\exp\left(\frac{\Delta S}{k}\right)\exp\left(-\frac{\Delta U}{kT}\right) \tag{3-46}$$

代入式（3-29）可得

$$D=d^2P\nu z\exp\left(\frac{\Delta S}{k}\right)\exp\left(-\frac{\Delta U}{kT}\right) \tag{3-47}$$

令

$$D_0=d^2P\nu z\exp\left(\frac{\Delta S}{k}\right) \tag{3-48}$$

D_0 被称为扩散常数，则

$$D=D_0\exp\left(-\frac{\Delta U}{kT}\right)=D_0\exp\left(-\frac{Q}{kT}\right) \tag{3-49}$$

对置换型扩散或自扩散，原子迁移主要是通过空位进行的，除了需要原子从一个空位跳跃到另一个空位时的迁移能，还需要扩散原子近旁空位的形成能。

在温度 T 时，晶体中平衡的空位摩尔分数为

$$X_v=\exp\left(-\frac{\Delta U_v}{kT}+\frac{\Delta S_v}{k}\right) \tag{3-50}$$

式中，ΔU_v 为空位形成能；ΔS_v 为熵增值。

若配位数为 Z_0，则空位周围原子所占的分数为

$$Z_0X_v=Z_0\exp\left(-\frac{\Delta U_v}{kT}+\frac{\Delta S_v}{k}\right) \tag{3-51}$$

设扩散原子跳入空位所需的自由能 $\Delta G\approx\Delta U-T\Delta S$，那么原子跳跃频率 Γ 应是原子的振动频

率 v 及空位周围原子所占的分数 Z_0X_v 和具有跳跃条件的原子所占的分数的 $\exp\left(-\frac{\Delta G}{kT}\right)$ 的乘积，即

$$\Gamma = vZ_0\exp\left(-\frac{\Delta U_v}{kT}+\frac{\Delta S_v}{k}\right)\exp\left(-\frac{\Delta U}{kT}+\frac{\Delta S}{k}\right) \tag{3-52}$$

代入式（3-29）可得

$$D = d^2PvZ_0\exp\left(\frac{\Delta S_v+\Delta S}{k}\right)\exp\left(\frac{-\Delta U_v-\Delta U}{kT}\right) \tag{3-53}$$

令

$$D_0 = d^2PvZ_0\exp\left(\frac{\Delta S_v+\Delta S}{k}\right) \tag{3-54}$$

D_0 为该条件下的扩散常数，所以

$$D = D_0\exp\left(\frac{-\Delta U_v-\Delta U}{kT}\right) = D_0\exp\left(-\frac{Q}{kT}\right) \tag{3-55}$$

式中，$Q=\Delta U_v+\Delta U$，这表明置换型扩散或自扩散除了需要原子迁移能 ΔU，还比间隙型扩散增加了一项空位形成能 ΔU_v。实验表明，置换型扩散或自扩散的激活能均比间隙型扩散的激活能大。表 4-1 所示为某些扩散系统的 D_0 与 Q。

表 4-1 某些扩散系统的 D_0 与 Q（近似值）

扩散组元	基体金属	D_0/$10^{-3}m^2/s$	Q/$10^3J/mol$	扩散组元	基体金属	D_0/$10^{-3}m^2/s$	Q/$10^3J/mol$
C	γ 铁	2.0	140	Mn	γ 铁	5.7	277
C	α 铁	0.20	84	Cu	铝	0.84	136
Fe	α 铁	19	239	Zn	铜	2.1	171
Fe	γ 铁	1.8	270	Ag	银（体积扩散）	1.2	190
Ni	γ 铁	4.4	283	Ag	银（晶界扩散）	1.4	96

式（3-30）和式（3-31）的扩散系数都遵循阿伦尼乌斯方程（Arrhenius Equation）

$$D = D_0\exp\left(-\frac{Q}{RT}\right) \tag{3-56}$$

式中，R 为气体常数，一般取为 8.314J/(mol·K)；Q 代表每摩尔原子的激活能；T 为绝对温度（K）。

扩散激活能（Activation Energy）一般靠实验测量。首先将式（3-32）两边取对数，有

$$\ln D = \ln D_0 - \frac{Q}{RT} \tag{3-57}$$

然后通过实验测定在不同温度下的扩散系数，并以 $\frac{1}{T}$ 为横轴，$\ln D$ 为纵轴绘图。一般认为 D_0 和 Q 值的大小与温度无关，只与扩散机制和材料相关，这种情况下的 $\ln D$ 与 $\frac{1}{T}$ 作图为一直线。$\ln D$ 和 $\frac{1}{T}$ 的关系图如图 3-14 所示。因为图中直线的斜率为 $-(Q/R)$ 值，与纵轴的截距为 $\ln D_0$，从而用图解法可求出扩散常数 D_0 和扩散激活能 Q。

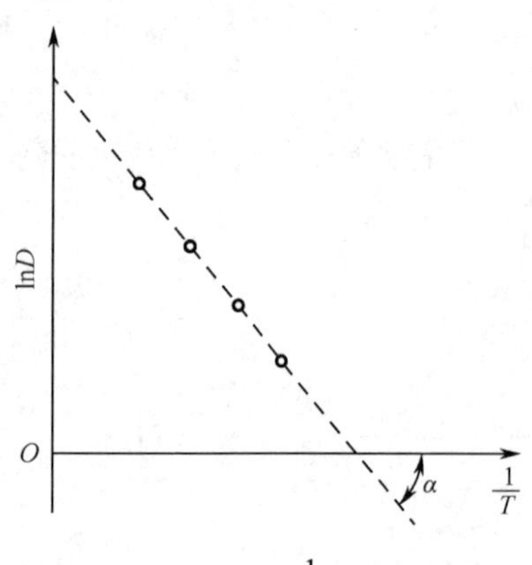

图 3-14 $\ln D$ 和 $\frac{1}{T}$ 的关系图

3.4　反应扩散

当某种元素通过扩散，自金属表面向内部渗透时，若该扩散元素的含量超过基体金属的溶解度，则随着扩散的进行会在金属表层形成中间相，也可能形成另一种固溶体，这种通过扩散形成新相的现象称为反应扩散或相变扩散。在钢的化学热处理、热浸镀铝、镀锌等很多工艺过程中都会发生反应扩散。

由反应扩散所形成的相可参考平衡相图进行分析。根据图 3-15 所示的在 400～800℃之间富铁部分的 Fe-N 相图可看出将纯铁在 520℃进行充分氮化后，纯铁由表及里出现的相层及成分分布（见图 3-16）。由于金属表面 N 的质量分数大于金属内部，因而金属表面形成的新相将对应于 N 含量高的中间相。当 N 的质量分数超过 7.8%时，可在表面形成密排六方结构的 ε 相（视 N 含量的不同可形成 Fe_3N、$Fe_{2-3}N$ 或 Fe_2N），这是一种氮含量变化范围相当宽的铁氮化合物，一般氮的质量分数在 7.8%～11.0%之间变化，氮原子位于由铁原子构成的密排六方点阵中的间隙位置。越远离表面，氮的质量分数越低，到距离表面更远的地方形成 γ′ 相（Fe_4N），它是一种可变成分较小的中间相，其质量分数在 5.7%～6.1%之间，氮原子有序地占据了铁原子构成的面心立方点阵中的间隙位置。距表面更远则是含氮量更低的 α 固溶体，为体心立方点阵。

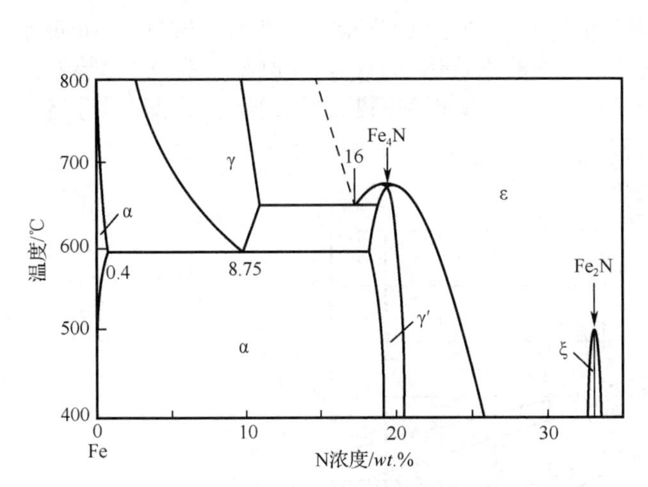

图 3-15　在 400～800℃之间富铁部分的 Fe-N 相图

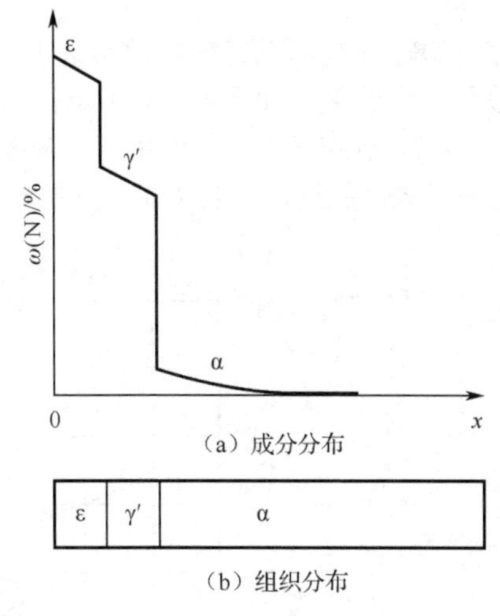

图 3-16　由表及里出现的相层及成分分布

反应扩散过程中一个使人感兴趣的问题是，在各相层之间不存在两相区，并且相界面的成分是突变的，如图 3-15 中的 ε 相与 γ′ 相之间、γ′ 相与 α 相之间均是如此。产生这种现象的原因可以从热力学角度很容易找出。现假设在渗层的 ε 相和 γ′ 相之间出现了 ε+γ′ 两相区，则两相区内两相的化学位相等，那么两相区的化学位随位置的变化如图 3-17 所示。由于氮原子在 ε 相区的化学位高于 ε+γ′ 两相区，因而不断有氮原子由 ε 相区扩散到 ε+γ′ 两相区。与此相反，由于氮原子在 γ′ 相区的化学位低于 ε+γ′ 两相区，氮原子将不断地由 ε+γ′ 两相区向 γ′ 相区扩散。由于 ε+γ′ 两相区内化学位相等，上述进入或离开两相区的氮原子将不能通过两相区的扩散得到疏散和补充，从而导致 ε 和 ε+γ′ 界面右移及 ε+γ′ 和 γ′ 界面左移，最终使得 ε+γ′ 两相区消失。实验结果也表明在二元合金经反应扩散的渗层组织中不存在两相混合区，而且在相界

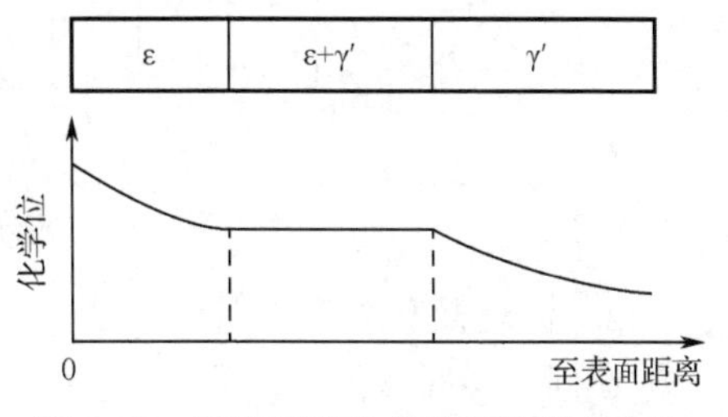

图 3-17　两相区的化学位随位置的变化

面上的浓度是突变的，它对应该相在一定温度下的极限溶解度。同样，三元系中渗层的各部分都不能出现三相共存区，但可以有两相区。

在一定温度下反应扩散的速度取决于形成新相的化学反应速度和扩散速度这两个因素。当反应扩散速度受化学反应速度控制时，新相层厚度与时间呈线性关系，反应扩散速度基本恒定。当反应扩散速度受原子扩散速度控制时，新相层厚度与时间呈抛物线关系，反应扩散速度随时间呈曲线变化。通常在反应扩散开始阶段，由于新相层很薄，扩散组元的浓度梯度很大，原子扩散可充分保证化学反应进行，此时反应扩散速度主要受控于化学反应速度。随着新相层厚度的增加，扩散组元的浓度梯度减小，原子扩散将逐渐成为反应扩散的控制因素。

3.5 扩散的影响因素

1. 温度

在固体中原子或离子的运动是热激活过程，温度是影响扩散系数的最主要因素，而且温度对扩散系数的影响很大，温度越高，原子热振动越激烈，越易发生迁移，扩散系数越大。所有实验的结果都表明，在其他条件一定时，扩散系数 D 与温度 T 的关系服从式（3-56）所示的阿伦尼乌斯方程，而且在半对数坐标中，$\ln D$ 与 $\frac{1}{T}$ 呈线性关系（见图 3-14），直线与纵坐标的截距为 $\ln D_0$，直线的斜率为 $-Q/2.3R$，扩散常数 D_0 和扩散激活能 Q 可以通过实验求出。部分扩散偶中的扩散系数与温度的关系如图 3-18 所示。一个生产应用中的重要例子是，渗碳时温度从 927℃提高到 1 027℃，碳在面心立方铁中的扩散系数将增大三倍，即渗碳速度提高了三倍。因此在生产中各种受扩散控制的过程都要考虑温度的重大影响。

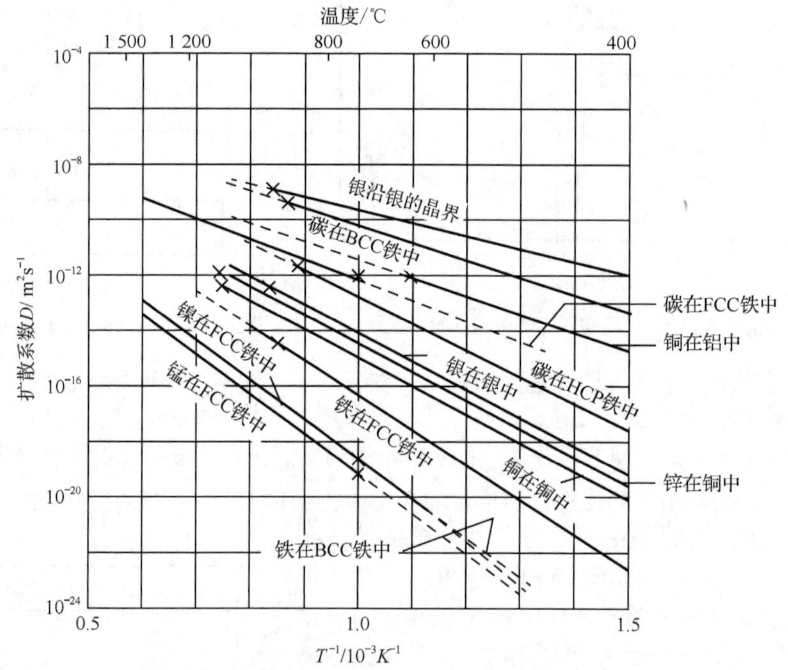

图 3-18 部分扩散偶中的扩散系数与温度的关系

2. 扩散原子类型

在同一种固溶体中，置换原子扩散系数低于间隙原子扩散系数。例如，在 γ-Fe 中，置换型的镍原子的扩散激活能为 282.5kJ/mol，而间隙型的碳原子的扩散激活能为 134kJ/mol。

不同类型的固溶体，原子的扩散机制不同。扩散激活能不同，因此产生了扩散速度的差别。间隙固溶体的扩散激活能一般都较小，如碳、氮在钢中组成的间隙固溶体，其激活能比组成置换固溶体的铬、镍等要小得多，扩散速度要大。因此，在钢件表面，渗碳、渗氮要比渗金属快，达到同一浓度所需的时间短。

3. 晶体结构

具有同素异构转变的金属，当它们的晶体结构改变后，扩散系数随之发生较大的变化。例如，铁在 912℃时，α-Fe 的自扩散系数大约是 γ-Fe 的 240 倍。其原因是体心立方点阵的致密度小，原子较易迁移。

另外，晶体结构类型也会影响扩散系数。例如，在 527℃，氮在体心立方铁中的扩散系数是在面心立方铁中的 1 500 倍。产生这种差别的原因是体心立方结构致密度较小，较松散，故原子容易扩散。

4. 成分

成分的影响应从以下两方面考虑。

（1）对能垒的作用。若成分变化使能垒降低，则会提高扩散系数。例如，在 927℃下，碳在铁中的扩散系数随碳含量的增加而增加。这是因为，随着碳含量增加，点阵畸变增加，能垒降低。由于熔点能够近似地反映能垒的大小，所以一个简单的规律是，若溶质的加入使熔点降低，则扩散系数就会增加。

（2）对扩散原子本身的作用。第三组元的加入一般会影响扩散原子的化学势。由于固溶体中的化学势与活度有关，且活度越高化学势越高，所以第三组元的作用体现在对扩散组元活度的影响上。由于活度反映了原子的活性，因此凡是使扩散组元活性下降的第三作用都会降低分散系数。例如，铁基固溶体中加入碳化物形成元素 W、Cr、V、Mo 时，由于它们与碳原子亲和力较高，能极大地降低碳在铁中的活性，造成碳在铁中的扩散系数大幅度下降。

有些情况下，第三组元的加入还会进一步影响扩散方向。例如，在铁—碳固溶体中加入 Si 能够增加碳原子的活度，这使得在碳浓度基本一致的扩散偶中碳活度产生差异，即碳原子化学势产生差异，因此造成碳原子从含 Si 的部分向不含 Si 的部分扩散。一个具体的实例是，将两种单相奥氏体合金的Fe-C[ω(C)-0.441%]合金和Fe-C-Si合金[ω(C)-0.478%，ω(Si)-3.80%]组成扩散偶。在初始状态，它们各自所含的碳没有浓度梯度，而且两者的碳浓度几乎相同。然而在 1 050℃扩散 13 天后，形成了浓度梯度。Fe-C 合金和 Fe-C-Si 合金扩散偶在 1 050℃扩散 13 天后的碳浓度分布如图 3-19 所示。这是由于在 Fe-C 合金中加入 Si 使碳的化学势升高，以至于碳向不含 Si 的钢中扩散，导致了碳的上坡扩散。

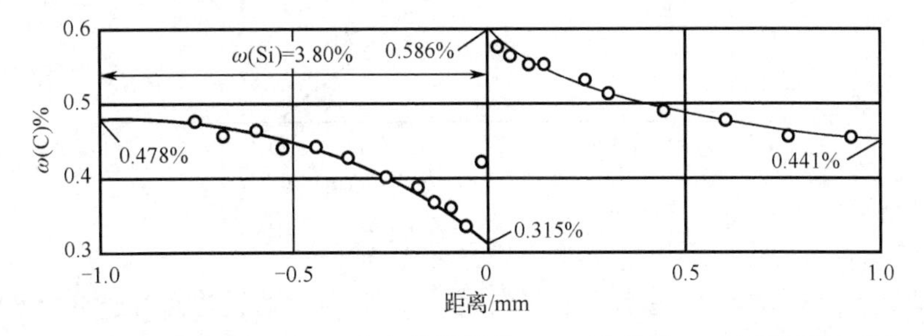

图 3-19　Fe-C 合金和 Fe-C-Si 合金扩散偶在 1 050℃扩散 13 天后的碳浓度分布

5. 晶界缺陷

上述扩散都是所谓的体扩散，即原子在晶粒内部扩散。除了晶粒内部，原子还可以沿位错或界面扩散，即短路扩散。由于位错或界面处的点阵畸变较大，故能垒较低，因此短路扩散速度一般较快。假定 Q_s、Q_{gb}、Q_v 分别表示表面、晶界、体内的扩散激活能，D_s、D_{gb}、D_v 分别表示表面、晶界、体内的扩散系数，则一般规律是 $Q_s<Q_{gb}<Q_v$，所以 $D_s>D_{gb}>D_v$。由于位错有时与扩散原子相互作用，故有时沿位错的扩散反而较慢。位错或界面对扩散的影响与温度有关。一般来说，低温时短路扩散比体扩散快很多，而高温时则差别不大。

6. *应力的作用*

如果合金内部存在着应力梯度，那么，即使溶质分布是均匀的，也可能出现化学扩散现象。如果合金内部存在局域的应力场，应力就会提供原子扩散的驱动力，应力越大，原子扩散的驱动力越大，原子扩散的速度就可越大。如果在合金外部施加应力，使合金中产生弹性应力梯度，其也会促进原子向晶体点阵伸长部分迁移，产生扩散现象。

课后练习题

1．名词解释：

质量浓度，密度，扩散，自扩散，互扩散，间隙扩散，空位扩散，下坡扩散，上坡扩散，稳态扩散，非稳态扩散，扩散系数，互扩散系数，扩散通量，克肯达尔效应，体扩散，表面扩散，晶界扩散，肖脱基缺陷，弗兰克尔缺陷。

2．一块 $\omega(C)=0.1\%$的碳钢在 930℃渗碳，渗到 0.05cm 的地方，碳的浓度达到 0.45%。在 $t>0$ 的全部时间，渗碳气体保持碳钢表面碳的浓度为 1%，假设 $D=2.0\times10^{-5}\exp[-1.4\times10^5/(RT)]$（$m^2/s$）。

（1）计算渗碳时间。（2）若将渗层加深 1 倍需多长时间？（3）若规定 $\omega(C)=0.3\%$作为渗碳层厚度的量度，则在 930℃时渗碳 10h 的渗层厚度为 870℃时渗碳 10h 的多少倍？

3．根据实际测定银的 $\lg D$ 与 $\dfrac{1}{T}$ 的关系（见图 3-20），计算单晶体银和多晶体银在低于 700℃温度范围的扩散激活能，并说明二者扩散激活能差异的原因。

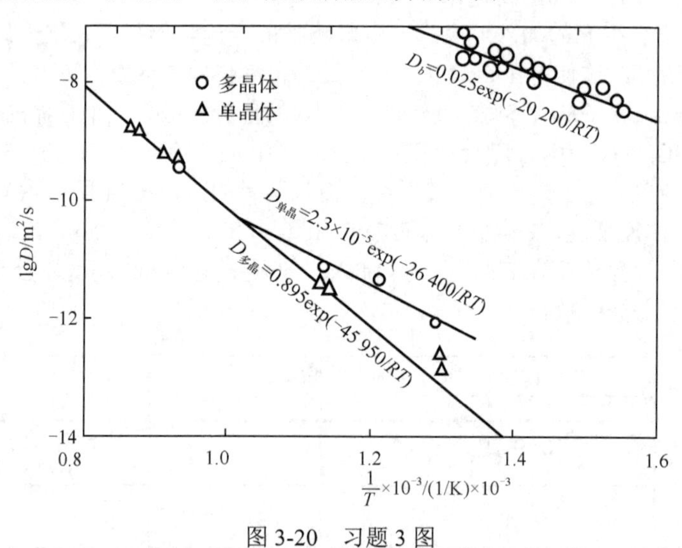

图 3-20　习题 3 图

4．钢的渗碳有时在 870℃下进行，有时在 927℃下进行。假设渗碳时选用的钢材相同，炉内渗碳气体相同。

（1）低温下渗碳有什么好处？

（2）在 870℃下渗碳要多长时间才能得到与在 927℃下渗碳 10h 相同的渗层深度？提示：$D_0=2.0\times10^{-5}m^2/s$，$Q=1.4\times10^5J/mol$。

5. 对一材料为 20 钢的导轨进行气体渗碳表面热处理，其要求是距表面 0.5mm 处的含碳量达到 0.4%。已知炉内渗碳气体可控恒定，且使工件表面含碳量为 0.9%，试用扩散第二定律估算渗碳的时间。提示：碳在 927℃下的扩散系数为 $1.28\times10^{-11}\mathrm{m}^2/\mathrm{s}$，erf(0.75)=0.711 2，erf(0.755)=0.713 4，erf(0.8)=0.742 1。

6. γ 铁在 925℃渗碳 4h，碳原子的跃迁频率 Γ 为 $1.7\times10^{9}/\mathrm{s}$，若碳原子在 γ 铁中的八面体间隙之间跃迁，跃迁的步长为 $2.53\times10^{-10}\mathrm{m}$。

（1）求碳原子总迁移路程 S。

（2）求碳原子总迁移的均方根位移。

（3）若碳原子在 20℃时的跃迁频率为 $2.1\times10^{-9}/\mathrm{s}$，求碳原子跃迁 4h 的总迁移路程和均方根位移。

第 4 章　单元系相图及液固和气固相变

物质是处在一个系统之中的，相图（Phase Diagram）是描述系统的状态、温度、压力、成分之间关系的一种图解。当该系统由一种物质组成时，我们称之为单元系或一元系。由一种元素或化合物构成的相图称为单元系相图或单元相图或一元相图（Phase Diagrams Of One-Component System）。由两种元素或化合物或一种元素和一种化合物构成的相图称为二元相图（Binary Phase Diagrams）。以此类推，还有三元相图（Ternary Phase Diagram）。对于纯晶体材料而言，随着温度和压力的变化，材料的组成相会发生变化。从一种相到另一种相的转变称为相变（Phase Transition），由液相至固相的转变称为凝固（Solidification）。如果凝固后的固体是晶体，则又可称之为结晶（Crystallization），而不同固相之间的转变称为固态相变，由气相到固相的转变称为气固相变，物质的这些相变规律可由相图直观简明地表示出来。

单元系相图表示了在热力学平衡条件下所存在的相与温度和压力之间的对应关系，利用这种关系可以预测材料的性能。

4.1　单元系相变热力学及相平衡

4.1.1　相平衡状态和相律

组成一个体系的基本单元，如单质（元素）和化合物，称为组元。体系中具有相同物理与化学性质，并且与其他部分以界面分开的均匀部分，称为相。通常把 n 个组元都是独立的体系称为 n 元系，把组元数为 1 的体系称为单元系。很显然，n 元系和单元系都是具有很多相的。如果某组元在各相中的偏摩尔自由能相等，即化学势相等，就没有物质的传输，此时的体系就处于相平衡状态。处于平衡状态下的多相体系，其相数、组元数之间的关系遵循吉布斯相律（Gibbs Phase Rule），即

$$f = C - P + 2 \tag{4-1}$$

式中，f 为体系的自由度数，它是指不影响体系平衡状态的独立可变参数（如温度、压力、浓度等）的数目；C 为体系的组元数；P 为相数。

当 $f = 0$ 时，我们称之为体系处于平衡状态之中。

在通常情况下，系统压力变化小，其为常量时，相律可写为 $f = C - P + 1$。

4.1.2　单元系相图

由单一组元构成的体系在不同温度和压力条件下可能存在的相及这些相中多相平衡的一种图解就是单元系相图。例如，化合物水（H_2O）有气态（水汽）、液态（水）和固态（冰）等相存在，通过以下实验可以获得水的单元系相图。首先在不同温度和压力条件下，测出水-气、冰-气和水-冰平衡时的温度和压力，然后作温度-压力图，把每一个数据都在图上标出一个点，再将这些点连接起来，即得相图。为了使相图更为精确，可以在温度压力图上标出尽量多的点。水的单元系相图如图 4-1 所示。

根据相律，由于单组元的 $C = 1$，则 $f = C - P + 2 = 3 - P$。而 f 必须非负，即 $f \geqslant 0$，所以 P 的最大值为 3，即在温度和压力这两个外界条件变动的情况下，体系最多只能有三相平衡，该点即图 4-1（a）中的 O_1 点。

如果外界压力保持恒定（如一个标准大气压），那么单元系相图只用一个温度轴来表示，当外界压力恒为 P_1 时，其相图就如图 4-1（b）所示。根据相律，在气、水、冰的各单相区内（f=1），温度可在一定范围内变动。在熔点和沸点处，两相共存，f=0，故温度不能变动，即相变为恒温过程。同理，如果外界温度保持恒定，那么单元系相图只用一个压力轴来表示，如图 4-1（c）所示。在临界点处，两相共存，f=0，压力不能变动，即相变为恒压过程。

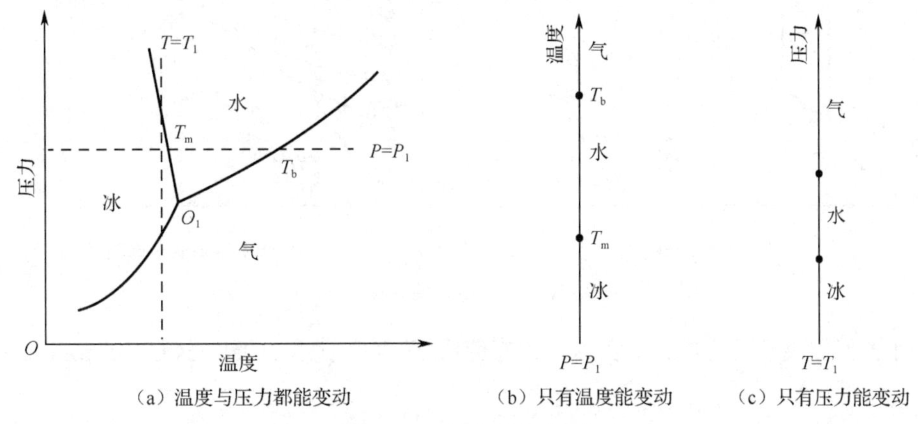

（a）温度与压力都能变动　（b）只有温度能变动　（c）只有压力能变动

图 4-1　水的单元系相图

在单元系中，除了可以出现气、液、固三相之间的转变，某些物质还可能出现固态中的同素异构转变。例如，第 1 章所提及的铁的多晶型性现象时铁的同素异构转变。图 4-2 所示为纯铁的相图，固态铁具有两种体心立方结构，两者点阵常数略有不同。图 4-2 中的三个相之间有两条晶型转变线把它们分开。

在一定压力条件时，纯金属铁的相图可用温度轴来表示。如图 4-2（b）所示，温度由高至低，有临界点（熔点）T_m（1 538℃）、A_4（1 394℃）、A_3（912℃）及 A_2（768℃，磁性转变点）。

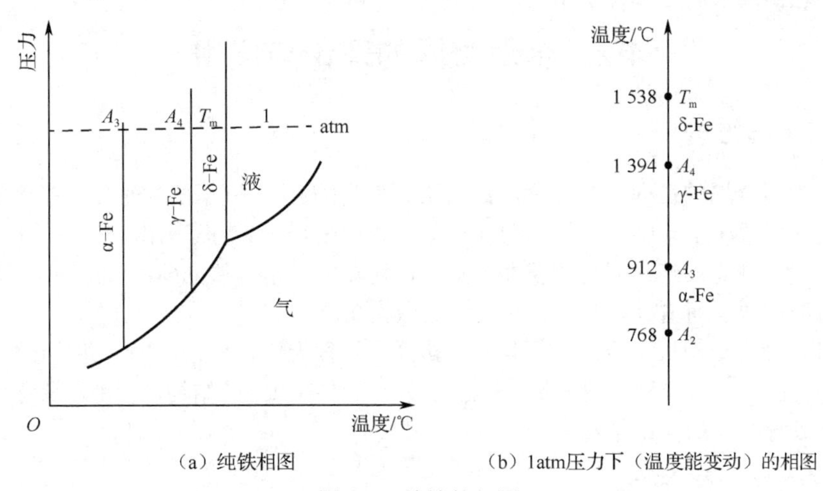

（a）纯铁相图　（b）1atm压力下（温度能变动）的相图

图 4-2　纯铁的相图

除了某些纯金属（如铁等）具有同素异构转变，在某些化合物中也有类似的转变，称为同分异构转变或多晶型转变，如 SiO_2，SiO_2 相图［见图 4-3（a）］。由于化合物结构较金属复杂，因此更容易出现多晶型转变。有些物质的相之间达到平衡有时需要很长时间，稳定相形成速度较慢，因而在稳定相形成前，先形成自由能比稳定相高的亚稳相，这称为奥斯特瓦尔德阶段，如具有亚稳相的 SiO_2 相图，该相图如图 4-3（b）所示。

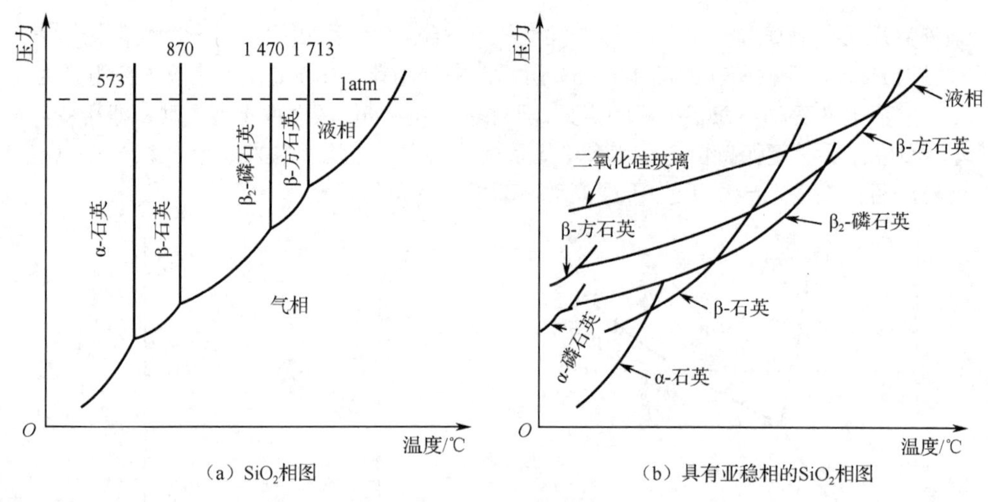

图 4-3　SiO_2 的相图

两相平衡时温度和压力的定量关系可由克劳修斯-克拉珀龙（Clausius-Clapeyron，C-C）方程决定，即

$$\frac{\mathrm{d}P}{\mathrm{d}T}=\frac{\Delta H}{T\Delta V_{\mathrm{m}}} \tag{4-2}$$

式中，ΔH 为相变潜热；ΔV_{m} 为摩尔体积变化；T 是两相平衡温度。

多数液相转变为固相时是放热及收缩，在压力-温度图上，液固线表现为斜率为正，即在克劳修斯-克拉珀龙方程中 $\Delta H<0$、$\Delta V_{\mathrm{m}}<0$、$\mathrm{d}P/\mathrm{d}T>0$。少数晶体凝固时或高温相变为低温相时，$\Delta H<0$ 而 $\Delta V_{\mathrm{m}}>0$，且 $\mathrm{d}P/\mathrm{d}T<0$。如图 4-1 中水和冰的相界线（水变冰，体积增大）及图 4-2（a）中 γ-Fe 和 α-Fe 的相界线（γ-Fe 转变为 α-Fe 时体积变大）。固态相变或液-固转变时，ΔV_{m} 常很小，因此相图上的相界线或固相线几乎垂直。

4.2　金属凝固的理论与应用

4.2.1　液态金属结构

X 射线衍射对金属的径向分布密度函数的测定表明：液体中原子间的平均距离比固体中略大；液体中原子的配位数比密排结构晶体的配位数小，通常在 8～11 的范围内。

上述两点均导致金属熔化时体积略微增加，但对非密排结构的晶体如 Sb（锑）、Bi、Ga、Ge 等，则液态时配位数反而增大，故熔化时体积略微收缩。

除此以外，液态结构最重要的特征是原子排列为长程无序、短程有序，并且短程有序原子集团不是固定不变的，它是一种此消彼长、瞬息万变、尺寸不稳定的结构，这种现象称为结构起伏，这有别于晶体长程有序的稳定结构。

4.2.2　凝固的热力学条件

晶体的凝固通常在常压下进行，从相律可知，在纯晶体凝固过程中，液固两相处于共存，自由度等于零，故温度不变。按热力学第二定律，在等温等压下，晶体凝固过程自发进行的方向是体系自由能降低的方向。自由能 G 用下式表示

$$G=H-TS \tag{4-3}$$

式中，H 是焓；T 是绝对温度；S 是熵。

根据热力学条件，$dG = VdP - SdT$

晶体凝固在恒压下进行时 $dP=0$，那么 $dG = -SdT$，由此可得，$dG/dT=-S$。

由于熵 S 恒为正值，所以对任何物质而言，自由能随温度的增高而减小。

熵不仅大于 0，而且随着温度的升高，熵会不断地增大，而且对于纯物质而言，液态的熵值大于固态的熵值，即 $S_L>S_S$。所以，随着随温度的升高 G_L-T 曲线的变化率大于 G_S-T，两曲线在 T_m 处相遇时，$G_L=G_S$，此处即纯物质的理论熔点，自由能随温度变化示意图如图 4-4 所示。

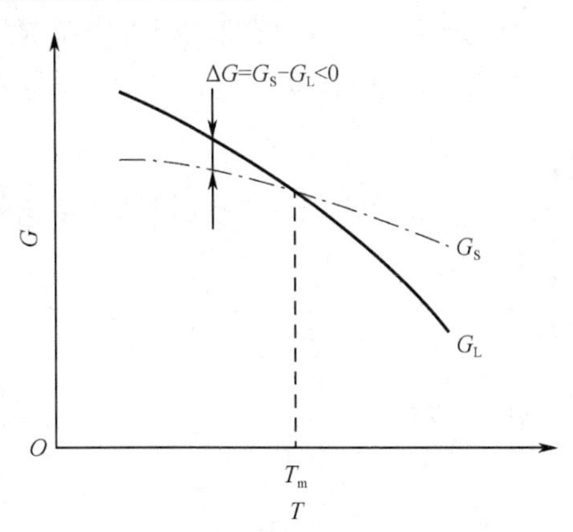

图 4-4　自由能随温度变化示意图

当 $T<T_m$ 时，液固转变的自由能变化 $\Delta G=G_S-G_L<0$。这说明结晶能自发进行。ΔG 大小是转变驱动力大小的标志。事实上，在此两相共存的温度，既不能完全结晶，也不能完全熔化，要发生结晶则体系温度必须低于 T_m，而发生熔化则温度必须高于 T_m。

在一定温度下，从一相转变为另一相的自由能变化为

$$\Delta G = \Delta H - T\Delta S \tag{4-4}$$

令液相到固相转变的单位体积自由能变化为 ΔG_V，则

$$\Delta G_V = G_S - G_L \tag{4-5}$$

由 $G=H-TS$，可得，

$$\Delta G_V = G_S - G_L = (H_S - H_L) - T(S_S - S_L) \tag{4-6}$$

凝固时压力变化不大，或者通常情况下凝固在恒压下进行，所以焓变值就为凝固潜热，即

$$\Delta H = H_S - H_L = -L_m \tag{4-7}$$

在 $\Delta G_V=0$，即液固平衡时，有

$$\Delta S_m = S_S - S_L = -\frac{L_m}{T_m} \tag{4-8}$$

在 $T<T_m$ 的某一微小值处，工程上可以设定 ΔS 就是 ΔS_m，所以在熔点附近

$$\Delta G_V = -\frac{L_m}{T_m}\Delta T \tag{4-9}$$

要产生液固转变，必须使 $\Delta G_V<0$，从而使 $\Delta T>0$。$\Delta T = (T_m - T)$，它是熔点 T_m 与实际凝固温度 T 之差，即凝固时的过冷度（Supercooling）。因此，实际凝固时金属温度应低于熔点 T_m，即要有过冷度。

4.2.3　形核

晶体的凝固是通过形核与长大两个过程进行的，即固相核心的形成与晶核生长至液相耗尽为止。形核方式可以分为两类：（1）均匀形核，新相晶核是在母相中均匀地生成的，晶核由液相中的一些原子团直接形成，不受杂质粒子或外表面的影响；（2）非均匀（异质）形核，新相优先在母相中存在的异质处形核，晶核依附于液相中的杂质或外来表面形核。

在实际熔液中不可避免地存在杂质和外表面（如容器表面），因而其凝固方式主要是非均匀形核。但是，非均匀形核是建立在均匀形核的基础上的。

4.2.3.1　均匀形核

晶体熔化后会具有液态结构起伏或相起伏。当温度降到熔点以下，在液相中时聚时散的短程有序原子集团就可能成为均匀形核的“胚芽”，或称晶胚，其中的原子呈现晶态的规则排列，而其

外层原子与液体中不规则排列的原子相接触而构成界面。

当过冷液体中出现晶胚时，一方面，由于液体转变为晶态的排列状态，自由能降低；另一方面，晶胚构成新的表面，又会引起表面自由能增加，这构成相变的阻力。在液-固相变中，晶胚形成时的体积应变能可在液相中完全释放掉，故在凝固中不考虑这项阻力。

假定晶胚为球形，半径为 r，当过冷液中出现一个晶胚时，总的自由能变化为

$$\Delta G = \Delta G_V V + \sigma A = \frac{4}{3}\pi r^3 \Delta G_V + 4\pi r^2 \sigma \tag{4-10}$$

式中，ΔG_V 为单位体积自由能变化；V 和 A 分别是晶胚的体积和表面积；σ 为晶胚单位面积的表面能。

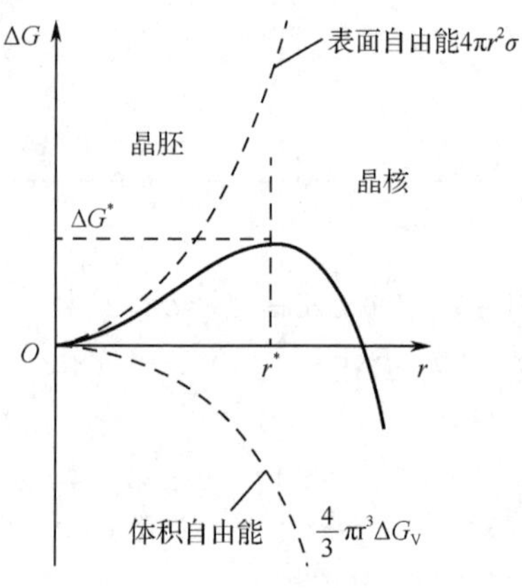

图 4-5　ΔG 随 r 变化的曲线

ΔG 随 r 变化的曲线如图 4-5 所示。

很显然，ΔG 在半径为 r*时达到最大值。当 r<r*时，晶胚长大将导致体系自由能增加，当 r>r*时，晶胚的长大使体系自由能降低。

在 r=r*附近，ΔG 仍然大于 0，说明此时的晶胚并不稳定，会重新熔化，但是自由能会随着其长大而降低，晶胚有稳定长大的趋势。具有 r*的晶核称为临界晶核，而 r*则称为临界晶核半径（Critical Nucleation Radius）。

当 ΔG-r 曲线导数为 0 时，可以求得临界半径 r*的值，即由

$$\frac{d\Delta G}{dr} = 0 \tag{4-11}$$

求得

$$r^* = -\frac{2\sigma}{\Delta G_V} \tag{4-12}$$

由式（4-9）（$\Delta G_V = -\frac{L_m}{T_m}\Delta T$）得

$$r^* = \frac{2\sigma \cdot T_m}{L_m \cdot \Delta T} \tag{4-13}$$

即临界半径由过冷度决定，过冷度越大，临界半径越小。将式（4-12）代入式（4-10），则得 r*时的自由能变化为

$$\Delta G^* = \frac{16\pi\sigma^3}{3(\Delta G_V)^2} \tag{4-14}$$

再将式（4-13）为代入式（4-14），得

$$\Delta G^* = \frac{16\pi\sigma^3 {T_m}^2}{3(L_m \cdot \Delta T)^2} \tag{4-15}$$

式中，ΔG^* 为临界晶核自由能变化，它与（ΔT）^{2} 成反比。过冷度越大，所需的形核功越小。

设临界晶核表面积为 A^*，其表达式如下

$$A^* = 4\pi r^{*2} = \frac{16\pi\sigma^2}{(\Delta G_V)^2} \tag{4-16}$$

将式（4-14）和式（4-16）进行比较，可得

$$\Delta G^* = \frac{1}{3} A^* \cdot \sigma \tag{4-17}$$

由此可见，形成临界晶核时自由能仍是增高的，其增值相当于其表面能的 1/3，即固、液之

间的体积自由能差值只能补偿形成临界晶核表面所需能量的 2/3，而不足的 1/3 则需依靠液相中存在的能量起伏来补充。能量起伏是指体系中每个微小体积所实际具有的能量，由于瞬时的温度起伏偏离体系平均能量水平而存在的瞬时涨落现象。

由以上的分析可以得知，液相必须处于一定的过冷条件时方能结晶，而液体中客观存在的结构起伏和能量起伏是促成均匀形核的必要因素。

当温度低于 T_m 时，单位体积液体内在单位时间所形成的晶核数（形核率，$\dot{N}$）受两个因素的控制，即形核功因子和原子扩散概率因子。因此形核率为

$$\dot{N} = K\mathrm{e}^{\left(-\frac{\Delta G^*}{kT}\right)}\mathrm{e}^{\left(-\frac{Q}{kT}\right)} \tag{4-18}$$

式中，K 为常数；ΔG^* 为形核功；Q 为原子越过液固界面的扩散激活能；k 为玻尔兹曼常数；T 为绝对温度。

形核率与温度的关系如图 4-6 所示，图中出现峰值，其原因是在过冷度较小时，形核率主要受形核功因子控制，随着过冷度增加，所需的临界形核半径减小，因此形核率迅速增加，并达到最高值；随后当过冷度继续增大时，尽管所需的临界晶核半径继续减小，但由于原子在较低温度下难以扩散，此时形核率受扩散概率因子控制，即过峰值后，随着温度降低，形核率随之减小。

对于易流动液体来说，形核率随温度下降至某值时突然显著增大，此温度可视为均匀形核的有效形核温度。随着过冷度增大，形核率继续增大，未达峰值前，结晶已完毕。

多种易流动液体的结晶实验研究结果表明，对于大多数液体，可以观察到均匀形核在相对过冷度为 0.15～0.25 时产生，这种产生均匀形核的过冷度称为有效形核过冷度。其值大约为绝对温度表示的熔点的 0.2 倍，金属形核率 $\dot{N}$ 与过冷度 ΔT 的关系如图 4-7 所示，即 $\Delta T^*\approx 0.2T_m$。表 4-2 列举了几种常见金属或化合物的 T_m、实验成核温度 T^*、$\Delta T^*/T_m$。

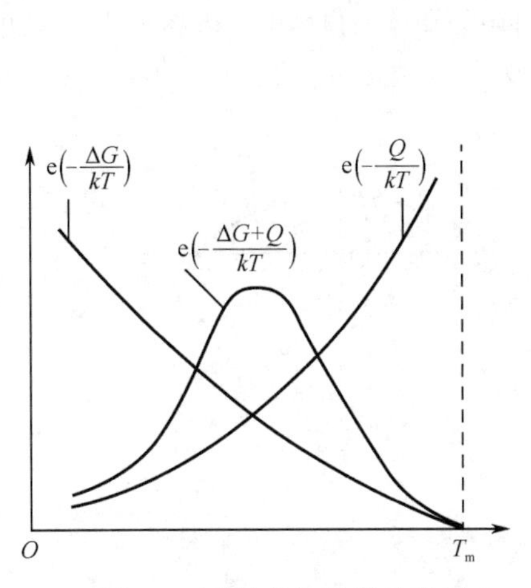

图 4-6　形核率与温度的关系

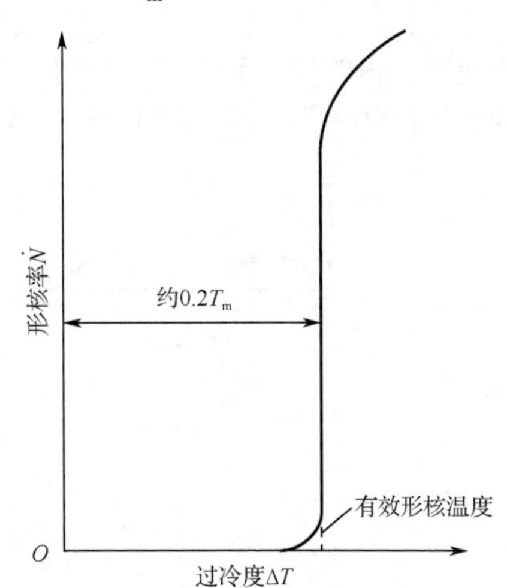

图 4-7　金属形核率 $\dot{N}$ 与过冷度 ΔT 的关系

表 4-2　几种常见金属或化合物的 T_m、实验成核温度 T^*、$\Delta T^*/T_m$

金属或化合物	T_m / K	T^* / K	ΔT^* / T_m
汞	234.3	176.3	0.247
锡	505.7	400.7	0.208
铅	600.7	520.7	0.133

续表

金属或化合物	T_m / K	T^* / K	$\Delta T^* / T_m$
铝	931.7	801.7	0.140
锗	1 231.7	1 004.7	0.184
银	1 233.7	1 006.7	0.184
金	1 336	1 106	0.172
铜	1 356	1 120	0.174
铁	1 803	1 508	0.164
铂	2 043	1 673	0.181
H_2O	273.2	273.7±1	0.148
LiF	1 121	889	0.21
NaF	1 265	984	0.22
NaCl	1 074	905	0.16
KCl	1 045	874	0.16

对于高黏性的液体，均匀形核速度很小，以致常常不存在有效形核温度。

4.2.3.2 非均匀形核（Heterogeneous Nucleation）

除非在特殊的试验室条件下，一般液态金属中不会出现均匀形核。例如，纯铁均匀形核时过冷度达 295℃。但通常金属凝固形核的过冷度一般不超过 20℃，其原因在于非均匀形核，即由于外界因素，如杂质颗粒或铸型内壁等促进了结晶晶核的形成，依附于这些已存在的表面可使形核界面能降低，因而形核可在较小过冷度下发生。

由于晶核在内壁形核后，除了均匀形核中的表面自由能和体积自由能，体系中还会增加一个晶核与内壁的表面自由能，非均匀形核示意图如图 4-8 所示，其中 α 为晶核，L 为液相，W 为内壁。

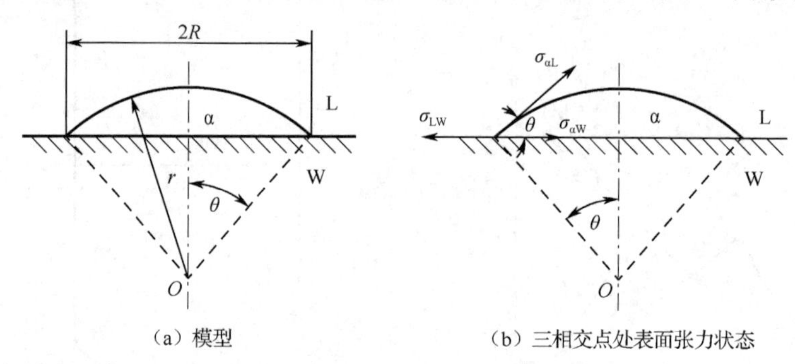

（a）模型　　（b）三相交点处表面张力状态

图 4-8　非均匀形核示意图

若晶核形成时体系表面自由能的变化为ΔG_S，则

$$\Delta G_S = A_{\alpha L} \cdot \sigma_{\alpha L} + A_{\alpha W} \cdot \sigma_{\alpha W} - A_{\alpha W} \cdot \sigma_{LW} \tag{4-19}$$

在三相交点处，表面张力应达到平衡，其中在图 4-8 的水平方向上，有

$$\sigma_{LW} = \sigma_{\alpha L}\cos\theta + \sigma_{\alpha W} \tag{4-20}$$

由图 4-8 可知

$$A_{\alpha W} = \pi R^2 = \pi r^2 \sin^2\theta \tag{4-21}$$

$$A_{\alpha L} = 2\pi r^2 (1-\cos\theta) \tag{4-22}$$

把它们代入ΔG_S表达式，即得

$$\Delta G_S = A_{\alpha L} \cdot \sigma_{\alpha L} - \pi r^2 \sin^2\theta \cos\theta \sigma_{\alpha L} = (A_{\alpha L} - \pi r^2 \sin^2\theta \cos\theta)\sigma_{\alpha L} \tag{4-23}$$

晶核形成后，形成球冠的体积为

$$V_\alpha = \pi r^3 \left(\frac{2 - 3\cos\theta + \cos^3\theta}{3} \right) \tag{4-24}$$

则晶核形成后的体积自由能变化为

$$\Delta G_t = V_\alpha \Delta G_V = \pi r^3 \left(\frac{2 - 3\cos\theta + \cos^3\theta}{3} \right) \Delta G_V \tag{4-25}$$

晶核形核时体系总的自由能变化

$$\Delta G = \Delta G_t + \Delta G_S \tag{4-26}$$

将以上各式代入式（4-26），得

$$\begin{aligned} \Delta G &= \left(\frac{4}{3}\pi r^3 \Delta G_V + 4\pi r^2 \sigma_{\alpha L} \right)\left(\frac{2 - 3\cos\theta + \cos^3\theta}{4} \right) \\ &= \left(\frac{4}{3}\pi r^3 \Delta G_V + 4\pi r^2 \sigma_{\alpha L} \right) f(\theta) \end{aligned} \tag{4-27}$$

由 $\mathrm{d}(\Delta G)/\mathrm{d}r = 0$ 同样可以求出非均匀形核时的临界半径 r^*，显然

$$r^* = -\frac{2\sigma_{\alpha L}}{\Delta G_V} \tag{4-28}$$

将两种情况下的形核功进行比较，显然

$$\Delta G^*_{het} = \Delta G^*_{hom} \left(\frac{2 - 3\cos\theta + \cos^3\theta}{4} \right) = \Delta G^*_{hom} f(\theta) \tag{4-29}$$

θ 在 0°～180° 之间变化。当 $\theta = 180°$ 时，$\Delta G^*_{het} = \Delta G^*_{hom}$，非均匀形核功就等于均匀形核功，铸型内壁或外来基底对形核不起作用。当 $\theta = 0°$ 时，$\Delta G^*_{het} = 0$，非均匀形核不需要形核功，即完全润湿。很显然，θ 在 0°～180°（不含 180°）范围内变化时，$f(\theta) < 1$，也就是

$$\Delta G^*_{het} < \Delta G^*_{hom} \tag{4-30}$$

非均匀形核的形核功与均匀形核的形核功之间只相差一个形状因子，当 θ=0° 时，$f(\theta) = 0$，这说明外来质点表面是现成的晶核的晶面，新相平铺在旧相上，新相可在旧相表面上自由生长；当 θ=10° 时，$f(\theta) = 10^{-4}$，非均匀形核的临界形核功较均匀形核的临界形核功微不足道；当 θ=30° 时，$f(\theta) = 0.02$，非均匀形核的临界形核功较均匀形核临界形核功仍然很小；当 θ=90° 时，$f(\theta) = 0.5$；当 θ=180° 时，$f(\theta) = 1$，非均匀形核与均匀形核的形核功相同，这说明外来质点没有促进形核的作用，非均匀形核不能进行。

晶核与基底之间的界面能越小则 θ 角越小，为了帮助形核，可向液体中添加与晶核之间有小界面能的固体小颗粒质点，这种添加剂称为“活化剂”。它们大多有一晶面与晶核的某一晶面有相似的晶面结构，且用来作为界面，以降低界面能。例如，WC 为扁六方结构，{0001}晶面的原子间距为 0.290 1nm，Au 为面心立方，{111}晶面原子间距为 0.288 4nm，原子排列情况相同，WC 就能促进 Au 的非均匀形核。

相同的物质的衬底具有相同的曲率半径和润湿角，由于衬底形状不同，所以所形成的晶核包含的原子数不一样。图 4-9 所示为基底形状对形核的影响。它表明当 θ 角和临界半径相同时，晶核的体积为在基底凹面时最小，基底平面居中，而基底凸面较大，由此可见基底凹面对形核的促进作用更高，因此晶核往往在基底凹面处或在模壁的裂缝或小孔处先出现。此外，当液体过热程度很大时，可能熔化部分能作为基底的质点或改变质点的表面状态，从而大大降低非均匀形核的效果。

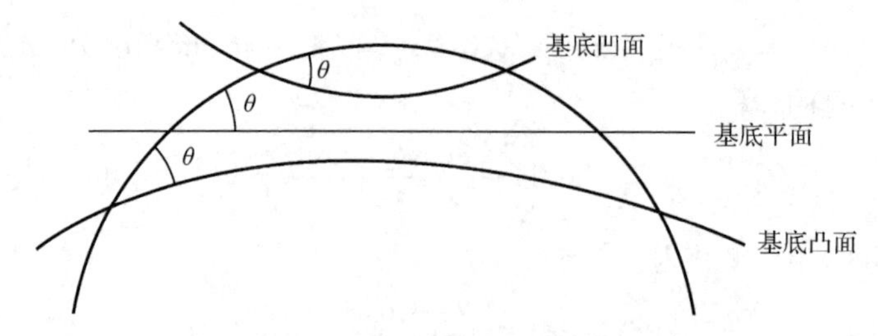

图 4-9　基底形状对形核的影响

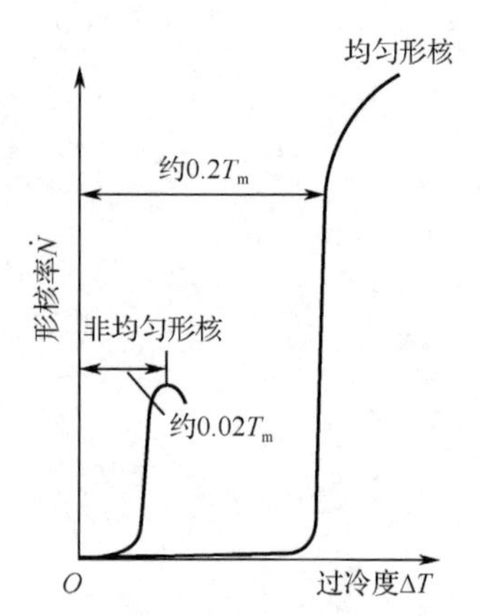

图 4-10　均匀形核率和非均匀形核率随过冷度变化的对比示意图

图 4-10 所示为均匀形核率和非均匀形核率随过冷度变化的对比示意图。其最主要的差异在于非均匀形核功小于均匀形核功，且非均匀形核时，在约 0.02T_m时，形核率达最大；非均匀形核率由低向高的过渡相对较为平缓，到最大后，结晶并未结束，形核率下降至凝固完毕。

这是因为非均匀形核需要合适的形核基底，随新相晶核的增多该形核基底逐渐减少，在其减少到一定程度时，将使形核率降低。在杂质和横壁上形核可减少单位体积的表面能，因而使临界晶核的原子数比均匀形核少。

均匀形核所需的过冷度很大，而非均匀形核所需的过冷度要小很多。下面以铜为例，计算形核时临界晶核中的原子数。

例题　已知纯铜的凝固温度 T_m=1 356K，ΔT=236K，熔化热 L_m=1.628×10^{9}J/m^3，比表面能为 177×10^{-3}J/m^2，试计算以下问题。

（1）均匀形核时，一个临界晶核所包含的原子数目是多少？

（2）非均匀形核，球冠高度 h 为 0.18r（r 为临界晶核半径）时，一个临界晶核所包含的原子数目是多少？

解：（1）依题意，代入公式得

$$r^* = \frac{2\sigma \cdot T_m}{L_m \cdot \Delta T} = 1.249\times10^{-9}\,\text{m}$$

此温度附近，固态铜的晶体结构为面心立方，点阵常数为 3.615×10^{-10}m，晶胞体积

$$V_{晶胞} = 4.724\times10^{-29}\text{m}^3$$

而临界晶核的体积为

$$V = \frac{4}{3}\pi r^{*3} = 8.157\times10^{-27}\text{m}^3$$

则临界晶核中所包含的晶胞数目为

$$n = V/V_{晶胞} \approx 173$$

对于面心立方，每个晶胞中有 4 个原子，则一个临界晶核的原子数目约有 4×173=692 个原子。几百个原子自发地聚合在一起成核的概率很小，故均匀形核的难度较大。

（2）球冠的体积为

$$V_{CAP} = \frac{\pi h^2}{3}(3r - h) \tag{4-31}$$

将 h 和 r^*代入，得 $V_{CAP} = 2.284\times10^{-28}\text{m}^3$，$V_{CAP}/V_{晶胞} \approx 5$，即 5 个晶胞，约 20 个原子。

由此可见，非均匀形核中临界晶核所需的原子数远小于均匀形核时临界晶核所需的原子数，因此可在较小的过冷度下形核。

4.2.4　晶体长大

形核之后，晶体长大，其涉及长大的形态、长大方式和长大速度。晶体长大的形态常反映出凝固后晶体的性质，而晶体长大方式决定了晶体长大速度，它们就是决定结晶动力学的重要因素。

4.2.4.1　液-固界面的构造

晶体凝固后呈现不同的形状，如水杨酸苯脂呈一定晶形长大，由于它的晶边呈小平面，称为小平面形状，如图 4-11（a）所示。硅、锗等晶体也属此类型。环己烷会长成树枝形状，如图 4-11（b）所示，大多金属晶体属此类型，它不具有一定的晶形，称非小平面形状。

（a）透明水杨酸苯脂的小平面形态

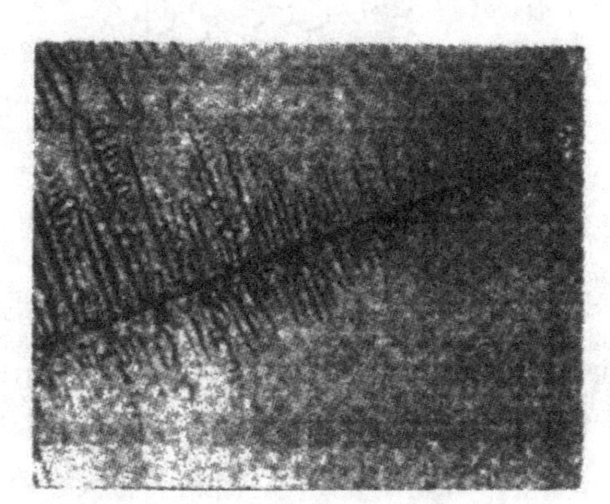

（b）透明环己烷凝固成树枝形

图 4-11　液固界面形态

经典理论认为，晶体长大的形态与液、固两相的界面结构有关。晶体的长大过程是通过液体中单个原子或若干个原子同时依附到晶体的表面上，并按照晶面原子排列的要求与晶体表面原子结合起来的过程。

按原子尺度，把相界面结构分为粗糙界面和光滑界面两类。液固界面示意图如图 4-12 所示。在光滑界面以上为液相，以下为固相，固相的表面为基本完整的原子密排面，液、固两相截然分开，所以从微观上看是光滑的，但在宏观上它往往由不同位向的小平面所组成，故呈折线状，这类界面也称小平面界面（Faceted Interface）。所谓粗糙界面，从微观来看，固、液界面高低不平，在几个原子层厚度的过渡层中约有半数的位置被固相原子所占据，但过渡层很薄；但从宏观来看，界面显得平直，不出现曲折的小平面，所以也称非小平面界面（Non-Faceted Interface）。

4.2.4.2　杰克逊定量模型

假设液-固两相在界面处于局部平衡，故界面构造应是界面能最低的形式。如果有 N 个原子随机地沉积到具有 N_T 个原子位置的固-液界面时，则界面自由能的相对变化 ΔG_S 可由式（4-32）表示。

$$\frac{\Delta G_S}{N_T k T_m} = ax(1-x) + x\ln x + (1-x)\ln(1-x) \tag{4-32}$$

$$a = \frac{\xi L_m}{k T_m} \tag{4-33}$$

式中，a 称为杰克逊（Jackson）因子；L_m 为熔化热；$\xi = \eta / \nu$，η 是界面原子的平均配位数，ν 是晶体配位数。

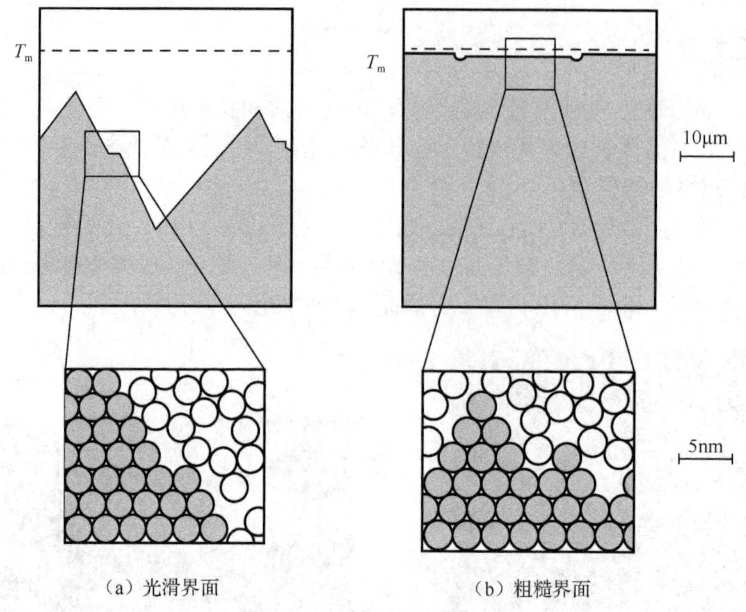

（a）光滑界面 （b）粗糙界面

图 4-12 液固界面示意图

按照 $\Delta G_S/(N_T kT_m)$ 与 x 的关系作图。a 不同值时，$\Delta G_S/(N_T kT_m)$ 与 x 的关系曲线如图 4-13 所示，由此图可以得到如下结论。

（1）$a \leqslant 2$。在 x=0.5 处，界面能具有极小值，即界面约有一半的位置被固相原子占据而另一半位置空着，这时界面为微观粗糙界面。它们大部分为金属和某些低熔化熵的有机化合物。

（2）$a > 2$。曲线有两个最小值，分别位于 x 接近 0 和 1 的两处，说明界面的位置只被少数几个原子所占据，或者极大部分被占据。多数无机化合物，如铋、锑、镓、砷、锗、硅等均属此类。

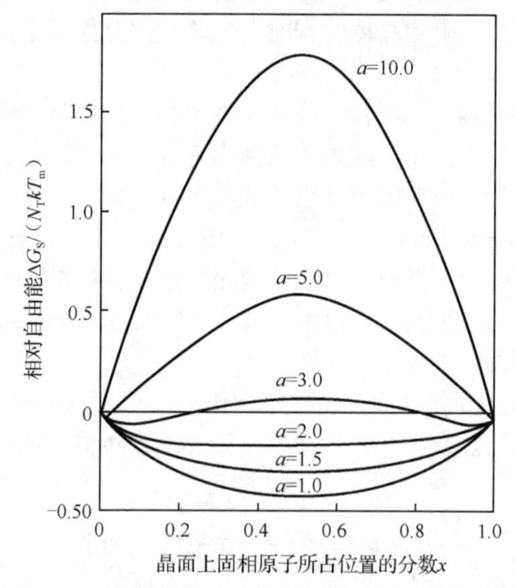

图 4-13 a 不同值时，$\Delta G_S/(N_T kT_m)$ 与 x 的关系曲线

4.2.4.3 晶体长大方式和长大速度

晶体的长大方式与界面构造有关，有连续长大、二维晶核长大、借螺型位错长大等方式。

1. 连续长大

对于粗糙界面，由于界面上约有一半的原子位置空着，故液相的原子可以进入这些位置与晶体结合起来，晶体便连续地向液相中生长，这种长大方式为垂直生长。

对大多数金属而言，连续长大时，长大速度υ_g随过冷度ΔT_K的增大而增大，如图 4-14（a）所示，而且

$$\upsilon_g = \mu_1 \Delta T_K \tag{4-34}$$

式中，μ_1为常数。

由于μ_1比较大，因而在较小的过冷度下即可获得较高的长大速度。但对于无机化合物，如氧化物及有机化合物等黏性材料，长大速度随过冷度增大到一定程度后达到极大值，然后下降，如图 4-14（b）所示。

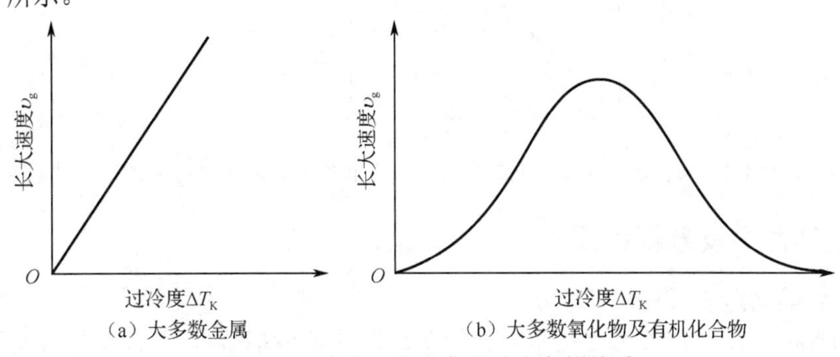

（a）大多数金属　（b）大多数氧化物及有机化合物

图 4-14　连续长大速度和过冷度的关系

2. 二维晶核长大

二维晶核是指具有一定大小的单分子或单原子的平面薄层。若界面为光滑界面，二维晶核在相界面上形成后，液相原子沿着二维晶核侧边所形成的台阶不断附着上去，使此薄层很快扩展而铺满整个表面，这时生长中断，需在此界面上再形成二维晶核，如此反复进行。二维晶核长大机制示意图如图 4-15 所示。因此晶核长大不是随时间连续的，平均长大速度由式（4-35）决定。

$$\upsilon_g = \mu_2 e^{\left(\frac{-b}{\Delta T_K}\right)} \tag{4-35}$$

式中，μ_2和b为常数。

3. 借螺型位错长大

若光滑界面上存在螺型位错，则垂直于位错线的表面呈螺旋形的台阶，且不会消失。因为原子很容易填充台阶，而当一个面的台阶被原子进入后，则又出现螺旋形的台阶。

在最接近位错处只需要加入少量原子就完成一周，而离位错较远处需较多的原子加入。这样就使晶体表面呈现由螺旋形台阶形成的蜷线。螺型位错台阶长大机制示意图如图 4-16 所示。这种方式的平均长大速度为

$$\upsilon_g = \mu_3 \Delta T_K^2 \tag{4-36}$$

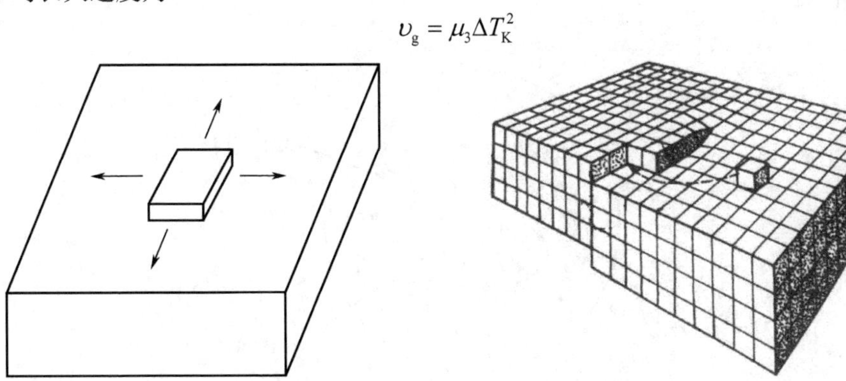

图 4-15　二维晶核长大机制示意图　　图 4-16　螺型位错台阶长大机制示意图

由于界面上所提供的缺陷有限，即添加原子的位置有限，故长大速度小，即 $\mu_3 \ll \mu_1$。

图 4-17 所示为连续长大、螺型位错长大及二维晶核长大的长大速度和过冷度的关系比较示意图。

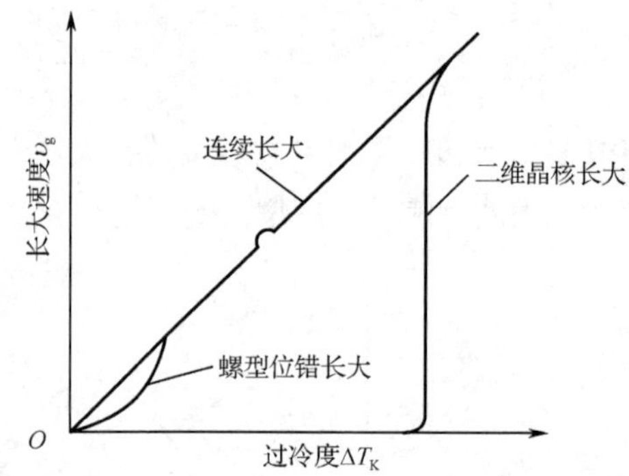

图 4-17 连续长大、螺型位错长大及二维晶核长大的长大速度和过冷度的关系比较示意图

4.2.5 结晶动力学及凝固组织

4.2.5.1 结晶动力学

由新相的形核率 $\dot{N}$ 及长大速度 υ_g 可以计算在一定温度下新相随时间改变的转变量，得到结晶动力学方程。假定结晶为均匀形核，则晶核以等速长大，直到邻近晶粒相遇为止。因此，在晶粒相遇前，晶核的半径

$$R = \upsilon_g (t - \tau) \tag{4-37}$$

式中，υ_g 为长大速度，其定义为 dR/dt；τ 为晶核的孕育时间。

如果晶核为球形，则每个晶核的转变体积为

$$V = \frac{4}{3}\pi R^3 = \frac{4}{3}\pi \upsilon_g^3 (t-\tau)^3 \tag{4-38}$$

晶核数目可通过形核率的定义得到。形核率 $\dot{N}$ 为

$$\dot{N} = \frac{形成的晶核数/单位时间}{未转变体积} \tag{4-39}$$

在时间 dt 内形成的晶核数是 $\dot{N}V_u dt$，其中 V_u 是未转变体积。考虑到 V_u 是时间的函数，难以确定，故考虑以体系总体积 V 替代 V_u 的情况，则 $\dot{N}Vdt$ 表示在体系的未转变体积与已转变体积中都计算了形成的晶核数。由于晶核不能在已转变的体积中形成，故将这些晶核称为虚拟晶核，正转变的体积中的真实晶核和虚拟晶核模型如图 4-18 所示。定义一个假想的晶核数为真实晶核数与虚拟晶核数之和，即

$$n_{\text{supposition}} = n_{\text{reality}} + n_{\text{phantom}} \tag{4-40}$$

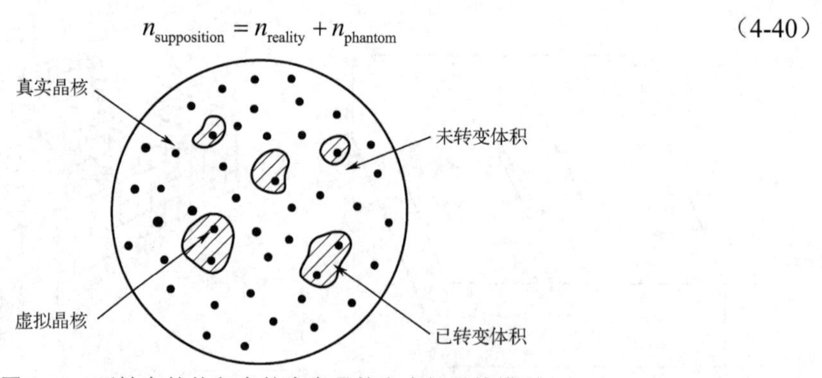

图 4-18 正转变的体积中的真实晶核和虚拟晶核模型

在 t 时间内，假想晶核的体积

$$V_{\text{supposition}}=\int_0^t \frac{4}{3}\pi \upsilon_g^3(t-\tau)^3\cdot NV\mathrm{d}t \tag{4-41}$$

令体积分数 $\varphi_{\text{supposition}}=V_{\text{supposition}}/V$，则

$$\varphi_{\text{supposition}}=\int_0^t \frac{4}{3}\pi \upsilon_g^3(t-\tau)^3\cdot N\mathrm{d}t \tag{4-42}$$

在任一时间，每个真实晶核与虚拟晶核的体积相同，所以

$$\frac{\mathrm{d}n_{\text{reality}}}{\mathrm{d}n_{\text{supposition}}}=\frac{\mathrm{d}\upsilon_{\text{reality}}}{\mathrm{d}\upsilon_{\text{supposition}}}=\frac{\mathrm{d}\varphi_{\text{reality}}}{\mathrm{d}\varphi_{\text{supposition}}} \tag{4-43}$$

假设在时间 dt 内单位体积中形成的晶核数为 dP，于是有

$$\mathrm{d}n_{\text{reality}}=V_u\mathrm{d}P \text{ 和 } \mathrm{d}n_{\text{supposition}}=V\mathrm{dP}$$

如果是均匀形核，dP 不会随形核地点不同而有变化，此时就有

$$\frac{\mathrm{d}n_{\text{reality}}}{\mathrm{d}n_{\text{supposition}}}=\frac{V_u}{V}=\frac{V-V_{\text{reality}}}{V}=1-\varphi_{\text{reality}} \tag{4-44}$$

所以，有

$$\frac{\mathrm{d}\varphi_{\text{reality}}}{\mathrm{d}\varphi_{\text{supposition}}}=1-\varphi_{\text{reality}} \tag{4-45}$$

该微分方程的解为

$$\varphi_{\text{reality}}=1-\exp(-\varphi_{\text{supposition}}) \tag{4-46}$$

假设孕育时间很短，忽略后对式（4-42）积分，可得

$$\varphi_{\text{supposition}}=\frac{\pi}{3}\dot{N}\upsilon_g^3t^4 \tag{4-47}$$

于是就有约翰逊-梅尔（Johnson-Mehl）动力学方程

$$\varphi_{\text{reality}}=1-\exp\left(-\frac{\pi}{3}\dot{N}\upsilon_g^3t^4\right) \tag{4-48}$$

该方程可应用于四种变化条件（均匀形核、$\dot{N}$ 为常数、υ_g 为常数及小的孕育时间 τ ）下的任何形核与长大的转变，如后面的再结晶、固态相变等过程。

对式（4-48）求导可以获得相变速度与时间的关系。某种晶体不同温度下的相变动力学曲线和相变速度曲线如图 4-19 所示，后面用 φ_r 表示 φ_{reality}。

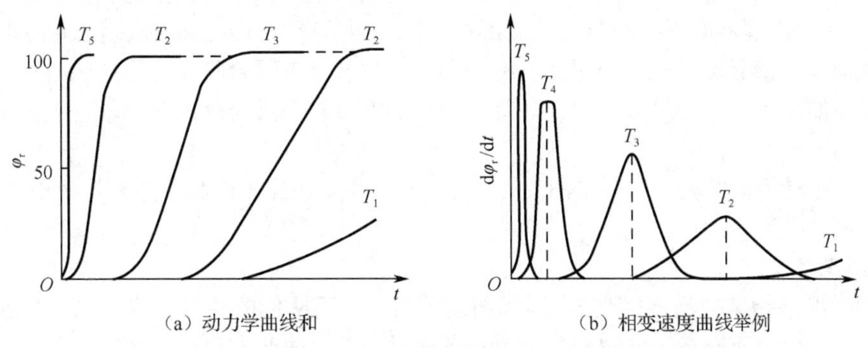

图 4-19　某种晶体不同温度下的相变动力学曲线和相变速度曲线

对式（4-48）求二阶导数并令其值为 0 时，可以求出相变速度最大时刻，即

$$\frac{d^2\varphi_r}{dt^2}=\left[4\pi\dot{N}\upsilon_g^3t^2-\left(\frac{4\pi\dot{N}\upsilon_g^3t^3}{3}\right)^2\right]\exp\left(-\frac{\pi\dot{N}\upsilon_g^3t^4}{3}\right)=0 \tag{4-49}$$

则有

$$t^4=\frac{9}{4\pi\dot{N}\upsilon_g^3} \tag{4-50}$$

将上面求出的时间 t 代入 Johnson-Mehl 方程可得相变速度最大时对应的转变量 φ_{max}，其值为 52.8%，约等于 50%，所以将 $\varphi_{50\%}$ 的时间记为 $t_{1/2}$，一般认为此时的相变速度最大，并且其对应的转变量为 50%。

4.2.5.2 纯晶体凝固时的生长形态

纯晶体凝固时的生长形态不仅与液-固界面的微观结构有关，而且还取决于界面前沿液相中的温度分布情况，温度分布有正温度梯度和负温度梯度两种情况，分别如图 4-20（a）、图 4-20（b）所示。

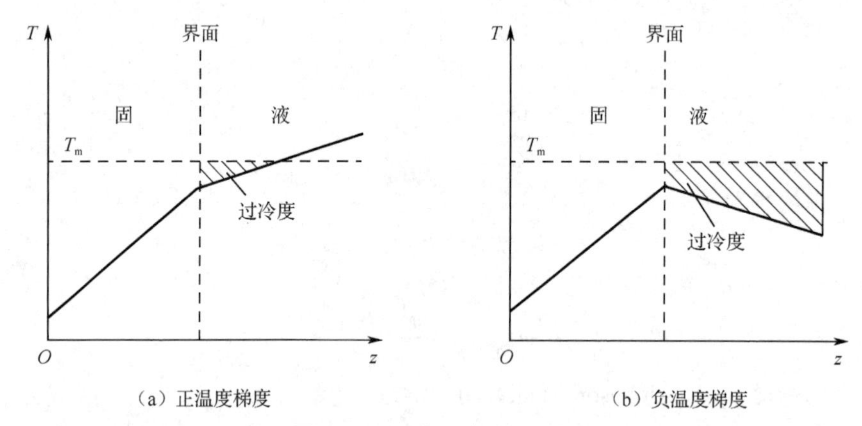

（a）正温度梯度　　（b）负温度梯度

图 4-20 两种温度分布方式

1. 正温度梯度

随着离开液-固界面的距离 z 增大，液相温度 T 随之升高，即 $dT/dz>0$。在这种条件下，结晶潜热只能通过固相而散出，相界面的推移速度受固相传热速度所控制。晶体的生长以接近平面状向前推移，这是由于温度梯度是正的，当界面上偶尔有凸起部分而伸入温度较高的液体中时，它的生长速度就会减缓甚至停止，周围部分的过冷度较凸起部分大而且会赶上来，使凸起部分消失，这种过程使液-固界面保持稳定的平面形态。但界面的形态按界面的性质仍有不同。

（1）如果是光滑界面结构（小平面）的晶体，其生长形态呈台阶状，组成台阶的平面是晶体的一定晶面，如图 4-21（a）所示。液-固界面自左向右推移，虽与等温面平行，但小平面却与溶液等温面呈一定的角度。

（2）若是粗糙界面结构（非小平面）的晶体，其生长形态呈平面状，界面与液相等温而平行，如图 4-21（b）所示。

2. 负温度梯度

负温度梯度是指液相温度随离液-固界面的距离增大而降低的温度梯度。当相界面处的温度由于结晶潜热的释放而升高，使液相处于过冷条件时，则可能产生负温度梯度。此时，相界面上产生的结晶潜热既可通过固相也可通过液相而散失。

相界面的推移不只由固相的传热速度所控制，在这种情况下，如果部分相界面生长凸出到前面的液相中，则能处于温度更低（过冷度更大）的液相中，使凸出部分的生长速度增大而进一步伸向液体中。在这种情况下，液-固界面就不可能保持平面状而会形成许多伸向液体的晶枝（沿一定的晶向轴），同时在这些晶枝上又可能会长出二次晶枝（Secondary Dendrite），在二次晶枝上会再长出三次晶枝，树枝晶生长示意图如图 4-22 所示。晶体的这种生长方式称为树枝生长或树枝状结晶。

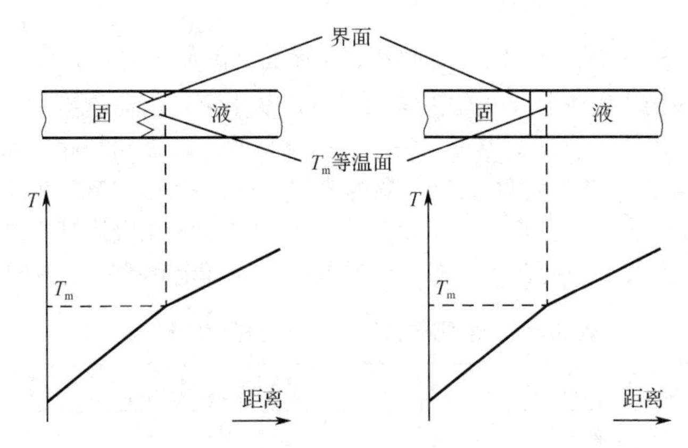

（a）台阶状（光滑界面结构）　（b）平面状（粗糙界面结构）

图 4-21　正温度梯度下的两种界面形态

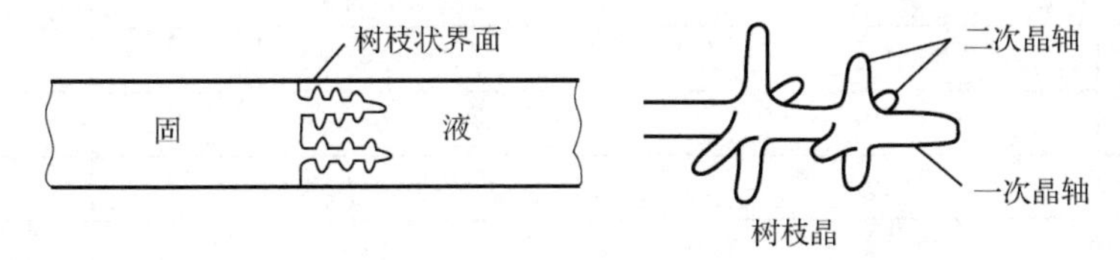

图 4-22　树枝晶生长示意图

树枝晶生长时，伸展的晶枝轴具有一定的晶体取向，这与其晶体结构类型有关，如面心立方的晶体取向为<100>，体心立方为<100>，密排六方为<10$\bar{1}$0>。树枝晶生长在具有粗糙界面的物质（如金属）中表现最为显著，而对于具有光滑界面的物质来说，在负温度梯度下虽也出现树枝晶生长的倾向，但往往不甚明显；而某些 a 值（$a=\xi L_m/kT_m$）大的物质则变化不多，仍保持其小平面特征。

4.2.6　凝固理论的应用举例

4.2.6.1　凝固后细晶的获得

材料的晶粒大小（或单位体积中的晶粒数）对材料的性能有重要的影响。例如，金属材料的强度、硬度、塑性和韧性都随着晶粒细化而提高，因此控制材料的晶粒大小具有重要的实际意义。应用凝固理论可有效地控制结晶后的晶粒尺寸，达到使用的要求。以细化金属铸件的晶粒为目的，可采用以下几个方法。

1. 增加过冷度

形核率 $\dot{N}$ 越大，晶粒越细，晶体长大速度 υ_g 越大，则晶粒越粗。同一材料的形核率和晶体长大速度都取决于过冷度 ΔT，且 $\dot{N}\propto\exp(-1/\Delta T^2)$，$\upsilon_g\propto\Delta T$（连续长大）或 $\upsilon_g\propto(\Delta T)^2$（以螺型位错长大），所以在一般凝固条件下增加过冷度，凝固组织的晶粒将得到一定细化。

2. 形核剂（Nucleating Agent）的作用

由于实际的凝固都为非均匀形核，为了提高形核率，可在熔液凝固之前加入能作为非均匀形核基底的人工形核剂（也称孕育剂或变质剂）。液相中现成基底对非均匀形核的促进作用取决于接触角θ。θ角越小，形核剂对非均匀形核的作用越大。现成基底与形核晶体具有相近的结合键类型，而且与晶核相接的彼此晶面具有相似的原子配置和小的点阵错配度时，这种基底就更加促进非均匀形核。点阵错配度（Lattice Misfit）由式（4-51）定义。

$$\delta = \frac{|a-a_1|}{a} \tag{4-51}$$

式中，a为晶核相接晶面上的原子间距；a_1为基底相接面上的原子间距。

表4-3所示为一些物质对纯铝不均匀形核的影响，从中可以看出这些化合物的实际形核效果与上述理论推断符合得较好。但是，也有一些研究结果表明，晶核和基底之间的点阵错配并不像上述理论所强调的那样重要。例如，对纯金的凝固来说，WC、ZrC、TiC、TiN等对形核的作用比氧化钨、氧化锆、氧化钛大得多，但它们的错配度相近；又如锡在金属基底上的形核率高于非金属基底，而与错配度δ无关，因此在生产中主要通过试验来确定有效的形核剂。

表4-3 一些物质对纯铝不均匀形核的影响

化 合 物	晶 体 结 构	密排面之间的δ	形 核 效 果
VC	立方	0.014	强
TiC	立方	0.060	强
TiB_2	立方	0.048	强
AlB_2	立方	0.038	强
ZrC	立方	0.145	强
NbC	立方	0.086	强
W_2C	六方	0.035	强
Cr_3C_2	复杂	—	弱或无
Mn_3C	复杂	—	弱或无
Fe_3C	复杂	—	弱或无

3. 振动促进形核

在金属熔液凝固时施加振动或搅拌可得到细小的晶粒。振动方式可采用机械振动、电磁振动或超声波振动等，它们都具有细化效果。其主要作用是振动使枝晶破碎，这些碎片又可作为结晶核心，使形核增殖。

4.2.6.2 单晶（Single Crystal）的制备

单晶对研究材料的本征特性具有重要的理论意义，而且在工业中的应用也日益广泛。单晶是电子元件和激光器的重要材料，其已开始应用于某些有特殊要求的场合，如喷气发动机叶片等。因此，制备单晶的技术是一项重要的技术。

单晶制备的基本要求就是防止凝固时形成许多晶核，使凝固时只存在一个晶核，由此生长获得单晶。单晶制备原理如图4-23所示，其中图4-23（a）为垂直提拉法，图4-23（b）为尖端形核法。垂直提拉法的原理描述如下。

加热器先将坩埚中的原料加热熔化，并使其温度保持在稍高于材料的熔点以上。将籽晶夹在籽晶杆上（如想使单晶按某一晶向生长，则籽晶的夹持方向应使籽晶中某一晶向与籽晶杆轴向平行）。然后将籽晶杆下降，使籽晶与液面接触，籽晶的温度在熔点以下，而液体和籽晶的固液界面处的温度恰好为材料的熔点。为了保持液体的均匀和固液界面处温度的稳定，籽晶与坩埚通常以相反的方向旋转。籽晶杆一边旋转，一边向上提拉，这样液体就以籽晶为晶核不断地结晶生长而形成单晶。半导体电子工业所需的无位错Si单晶就是通过上述过程制备的。

对于图 4-23（b）所示的尖端形核法，它是在液体中利用容器的特殊形状形成一个单晶。该方法是将原料放入一个尖底的圆柱形坩埚中加热熔化，然后让坩埚缓慢地向冷却区下降，底部尖端的液体首先到达过冷状态，开始形核。恰当地控制凝固条件就可能只形成一个晶核。随着坩埚的继续下降，晶体不断生长而获得单晶。

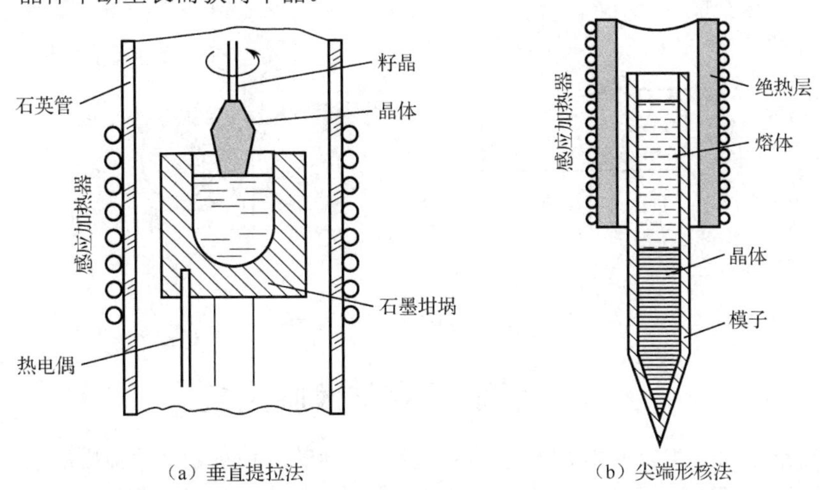

（a）垂直提拉法　　（b）尖端形核法

图 4-23　单晶制备原理图

4.2.6.3　非晶态金属（Amorphous Metal）的制备

非晶态金属由于其结构的特殊性而使其性能不同于普通的晶态金属。它具有一系列突出的性能，如特高的强度和韧性，优异的软磁性能，高的电阻率和良好的抗蚀性等。因此，非晶态金属引起了人们的广泛关注。

金属与非金属不同，它的熔体即使在接近凝固温度时仍然黏度很小，而且晶体结构又较简单，故在快冷时也易发生结晶。但是，有学者发现在特殊的高速冷却条件下可得到非晶态金属，它又称金属玻璃。熔液凝固成晶体与非晶体时，其体积具有不同变化。晶体和非晶体凝固时的体积变化如图 4-24 所示，图中 T_m 为结晶温度，T_g 为玻璃（非晶）化温度。当液体发生结晶时，其体积发生突变，而液体转变为玻璃态时，其体积无突变而是连续变化。

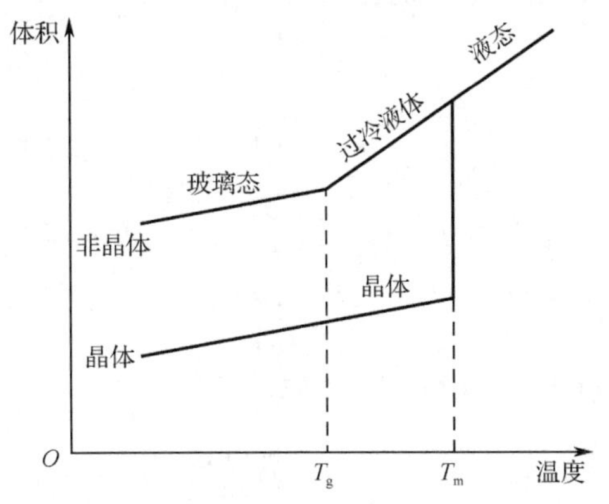

图 4-24　晶体和非晶体凝固时的体积变化

最初，科学家应用气相沉积法把亚金属，如 Se、Te、P、As、Bi 等，制成玻璃态的薄膜。20 世纪 60 年代，出现了液态急冷方法，使冷速大于 10^7℃/s，从而能获得非晶态的合金（加入合金元素可使 T_m 降低，T_g 提高，如 Pd 加入原子数为 20%的 Si 后，T_m 降至约 1 100K，T_g 升至约 700K）。

目前应用的非晶态金属的制备方法有离心急冷法和轧制急冷法等，前者是把液态金属连续喷射到高速旋转的冷却圆筒壁上，使之急冷而形成非晶态金属；后者使液态金属连续流入冷却轧辊之间而被快速冷却。离心急冷法和轧制急冷法如图 4-25 所示。这些方法使金属玻璃生产实现了工业化。

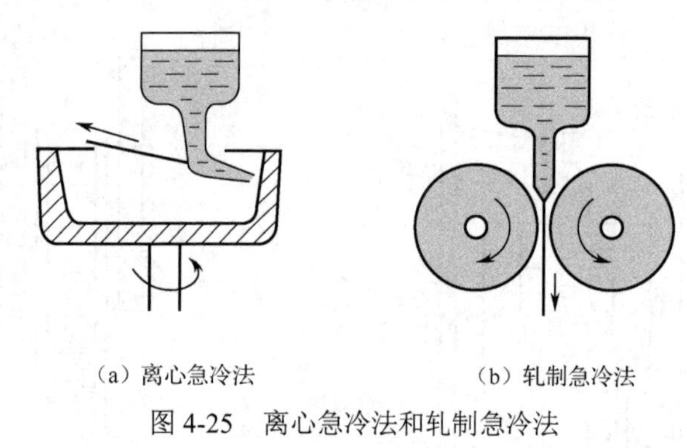

（a）离心急冷法　　（b）轧制急冷法

图 4-25　离心急冷法和轧制急冷法

4.3　气固-相变与薄膜生长

气-固相变就是由气相转变为固相的一种相变，它随着气相沉积技术被广泛地应用于制备各种功能性薄膜材料而日益得到人们重视。它包括蒸发和凝聚两个过程，而且它们的控制、转变产物的结构和形态均有自身特点。

4.3.1　蒸气压

固相与气相形成平衡时的压强称为饱和蒸气压（简称为蒸气压）。固体在等温、等压封闭容器中，因蒸发过程使气相浓度增加，而凝聚过程又使气相冷凝成固体，当这两个过程以同样速度进行时，蒸气浓度维持定值，这种动态平衡时的蒸气压就是饱和蒸气压，用 Pe 表示。

气相沉积包括两个基本过程：材料在高温蒸发源上的蒸发和蒸发原子在低温的基片（承接蒸发气体原子的载片）上的凝聚。对于给定的材料，其蒸气压是随温度而变的，这一点对于我们理解蒸发和凝聚的热力学条件是必要的。

气固相变时，固体体积相对于气体而言非常小，因此可以忽略不计，两相体积变化为

$$\Delta V \approx V_{\text{气}} \tag{4-52}$$

克劳修斯-克拉珀龙方程可改写为

$$\frac{\mathrm{d}P}{\mathrm{d}T} = \frac{\Delta H}{TV_{\text{气}}} \tag{4-53}$$

根据气体状态方程 $PV_{\text{气}} = R\mathrm{T}$（$R$ 为气体状态常数），上式进一步改写为

$$\frac{1}{P}\frac{\mathrm{d}P}{\mathrm{d}T} = \frac{\Delta H}{RT^2} \tag{4-54}$$

由于相变潜热 ΔH 与温度无关，积分式（4-53）可得

$$\ln P = -\frac{\Delta H}{RT} + A \tag{4-55}$$

也可以改写为

$$\lg P = A - \frac{B}{T} \tag{4-56}$$

式中，T 为热力学温度；P 是该温度下的压力；A 和 B 分别是与材料性质有关的常数，它们可以从相关手册中查取。

4.3.2　蒸发和凝聚的热力学条件

跟液固转变类似，考虑气固转变的自由能变化时，把金属气相近似认为是理想的，则有

$$dG = -SdT + VdP \tag{4-57}$$

在恒温，即 $dT = 0$ 时

$$\Delta G = \int_{Pe}^{P} VdP \tag{4-58}$$

式中，Pe 为饱和蒸汽压；P 为实际压强。

对于理想气体，$PV = nRT$，所以

$$\Delta G = \int_{Pe}^{P} \frac{nRT}{p} dp = nRT\ln\frac{P}{Pe} \tag{4-59}$$

当 $P < Pe$，$\Delta G < 0$ 时，蒸发过程可以进行；当 $P > Pe$，$\Delta G > 0$ 时，则凝聚过程可以进行。

由于蒸发源处的材料在高温加热时，材料的蒸气压很高，真空容器中的气压远小于该材料的蒸气压，因此满足蒸发条件。当该材料的蒸发气体原子碰到低温的基片时，此时材料在基片上的蒸气压很低，真空容器中的气压远大于该材料的蒸气压，因此满足凝聚条件。

4.3.3　气体分子的平均自由程

为了满足固体材料蒸发的条件，容器中的气压应低于材料蒸气压。设置的容器中的气压还必须使蒸发材料形成的气体原子减少与容器内残余空气分子的碰撞（由此引起散射而不能直接到达基片表面），因此容器中的压强要更低，或者说需要更高的真空度，该容器也就称为真空罩。把真空罩中的气体分子视为理想气体，由统计物理可得，气体分子的平均自由程 L（单位为 mm）和气体压强 P（单位为 Pa）成反比，在室温时可近似认为

$$L = \frac{6.5}{P} \tag{4-60}$$

为了使蒸发材料的原子在运动到基片的途中与真空罩内残余气体分子的碰撞率小于 10%，通常要求气体分子的平均自由程超过蒸发源到基片距离的 10 倍。对于一般的蒸发镀膜设备，蒸发源到基片的距离小于 650mm，因此真空罩内的气压要求为 10^{-2}～10^{-5}Pa。该气压指的是蒸发镀膜前真空罩的起始气压，又称背底真空。真空蒸发镀膜设备结构示意图如图 4-26 所示。尽管蒸发镀膜时，由于处在蒸发源的材料因蒸发会造成真空罩内气压一定程度升高，但其不会在本质上影响上述结论。

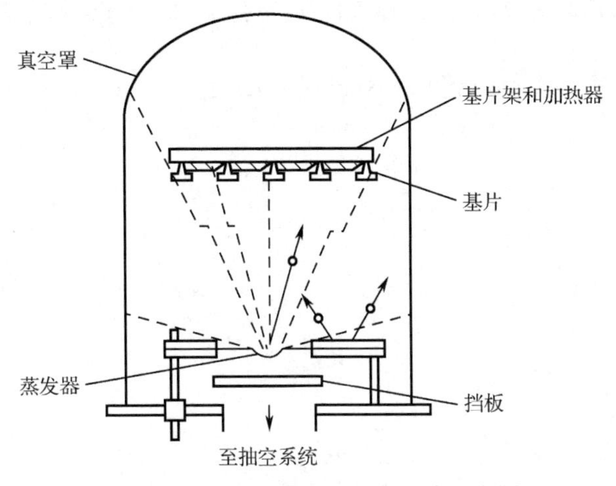

图 4-26　真空蒸发镀膜设备结构示意图

使用气相沉积法制备晶体及薄膜的过程也是一个形核与晶体长大的过程。一般而言，气相沉积时冷速很高，过冷度比凝固时大，其临界晶核尺寸很小，较容易得到纳米晶或非晶，而薄膜生长有三维生长、二维生长和层核生长这三种类型。它们此时一般不叫铸造，而是叫外延生长，是制备半导体材料、大型集成电路的基础。

课后练习题

1．名词解释。

凝固，结晶，相律，结构起伏，能量起伏，过冷度，均匀形核，非均匀形核，晶胚，亚稳相，临界晶核半径，临界形核功，光滑界面，粗糙界面，温度梯度，树枝状晶。

2．（1）已知液态纯镍在 1.013×10^5Pa（1 个大气压），过冷度为 319℃时发生均匀形核。设临界晶核半径为 1nm，纯镍的熔点为 1 726K，熔化热为 18 075J/mol，摩尔体积为 6.6cm^3/mol，计算纯镍的液-固界面能和临界形核功。

（2）若要在 2 045K 发生均匀形核，则要将大气压增加到多少？提示：已知凝固时体积变化 $\Delta V=-0.26\text{cm}^3/\text{mol}$（$1\text{J}=9.87\times10^6\text{cm}^3\cdot\text{Pa}$）。

3．根据下列条件建立单元系相图。

（1）组元 A 在固态有两种结构 A1 和 A2，且它们的密度关系为 A2>A1>液体。

（2）A1 转变到 A2 的温度随压力增加而降低。

（3）A1 相在低温时是稳定相。

（4）固体在其本身的蒸气压 1 333Pa（10mmHg）下的熔点是 8.2℃。

（5）组元 A 在 1.013×10^5Pa（1 个大气压）下的沸点是 90℃。

（6）A1、A2 和液体在 1.013×10^6Pa（10 个大气压）下及 40℃时三相共存（假设升温相变 $\Delta H<0$）。

4．纯金属的均匀形核率可用下式表示：

$$\dot{N} = A\exp\left(-\frac{\Delta G^*}{kT}\right)\exp\left(-\frac{Q}{kT}\right)$$

式中，$A\approx10^{35}$；$\exp\left(-\frac{Q}{kT}\right)\approx10^{-2}$；$\Delta G^*$ 为临界形核功；k 为波耳兹曼常数，其值为 1.38×10^{-23}J/K。

（1）假设过冷度 ΔT 分别为 20℃和 200℃，界面能 $\sigma=2\times10^{-5}\text{J/cm}^2$，熔化热 $\Delta H=12\,600$J/mol，熔点 $T_m=1\,000$K，摩尔体积 $V=6\text{cm}^3$/mol，计算均匀形核率 $\dot{N}$。

（2）若为非均匀形核，晶核与杂质的接触角 θ 分别为 30°、60°、90°、145°，则 $\dot{N}$ 如何变化？ΔT 分别为多少？

（3）导出 r^* 与 ΔT 的关系式，计算 $r^*=1$nm 时的 $\Delta T/T_m$。

第 5 章　二元相图及合金的凝固

目前广泛使用的材料是由二组元（二元）及多组元（多元）组成的多元系材料而不是纯组元（单元）材料。在多元系中，二元系是最基本的，也是目前研究最充分的体系。二元相图（Binary Phase Diagram）是研究二元体系在热力学平衡条件下，相与温度、成分之间关系的有力工具，它已在金属、陶瓷及高分子材料中得到广泛应用。

金属合金常可直接凝固，或者做成所需的铸件或毛坯，有的可直接作为零部件使用，有的则经过冷加工后使用；或者制成锭子，然后热压开坯，再热加工或冷加工成产品。陶瓷制品通常由粉末烧结制得。高分子合金由熔融（液）状态直接成型或挤压成型。单元系相图表示了在热力学平衡条件下所存在的相与温度和压力之间的对应关系，二元系相图则主要表示了在一个大气压力下所存在的相与温度之间的对应关系。

5.1　相图的表示和实验测定

二元系比单元系多一个组元，它有成分的变化，若同时考虑成分、温度和压力，则二元相图必为三维立体相图。鉴于三坐标立体图的复杂性，并且其在研究中体系处于一个大气压的状态下，因此二元相图仅考虑体系在成分和温度两个变量下的热力学平衡状态。

二元相图的横坐标表示成分，纵坐标表示温度。如果体系由 A、B 两组元组成，横坐标一端为组元 A，而另一端为组元 B，那么体系中任意两组元不同配比的成分均可在横坐标上找到相应的点。

二元相图中的成分按现在的国家标准有两种表示方法：质量分数（ω）和摩尔分数（x）。若 A、B 组元为单质，两者可以进行换算。至于具体换算公式，读者可查阅相关资料。

二元相图是根据各种成分材料的临界点绘制的，临界点是物质结构状态发生本质变化的相交点。测定材料临界点有动态法和静态法两种方法，前者包括热分析法、膨胀法、电阻法等，后者包括金相法、X 射线结构分析法等。相图的精确测定必须由多种方法配合使用。

下面以 Cu-Ni 二元合金为例，介绍用热分析测量临界点来绘制二元相图的过程。

先配制纯铜，铜含 Ni 的百分数为 30%、50%、70%，以及 0（纯 Ni），用测温元件（如热电偶）测出它们从液态到室温的冷却曲线，这些曲线分别如图 5-1（a）中的各条曲线所示，由于凝固潜热的释放，冷却曲线会存在转折临界点，然后找出这些冷却曲线各自的临界点。温度较高的转折点（临界点）表示凝固开始温度，而温度较低的转折点对应凝固终结温度。将这些与临界点对应的温度和成分分别标在二元相图的纵坐标和横坐标上，然后将凝固开始温度点和终结温度点分别连接起来，如图 5-1（b）所示，就得到二元相图。

由凝固开始温度连接起来的相界线称为液相线（Liquidus），由凝固终结温度连接起来的相界线称为固相线（Solidus）。为了精确测定相变的临界点，用热分析法测定时必须非常缓慢冷却，以达到热力学的平衡条件，一般控制在每分钟 0.15～0.5℃。相图中由相界线划分出来的区域称为相区，这表明在此范围内存在的平衡相类型和数目。在二元相图中有单相区（图中为两个单相区，液相区和固相区）和两相区（图中为一个两相区，固-液区）。

若在合金中有三相共存，则 $f=0$，说明此时三个平衡相的成分和温度都固定不变，属恒温转变，故在相图上表示为水平线，这称为三相平衡水平线。f 不可能小于 0，所以二元系最多只能三相共存。组元也可以是化合物，Al_2O_3-ZrO_2 系相图如图 5-2 所示，它最多只能有三相共存，即在 1 710℃时 ω（ZrO_2）42.6%的液相和固相 Al_2O_3 及固相 ZrO_2 共存，且该三点在一条水平线上。

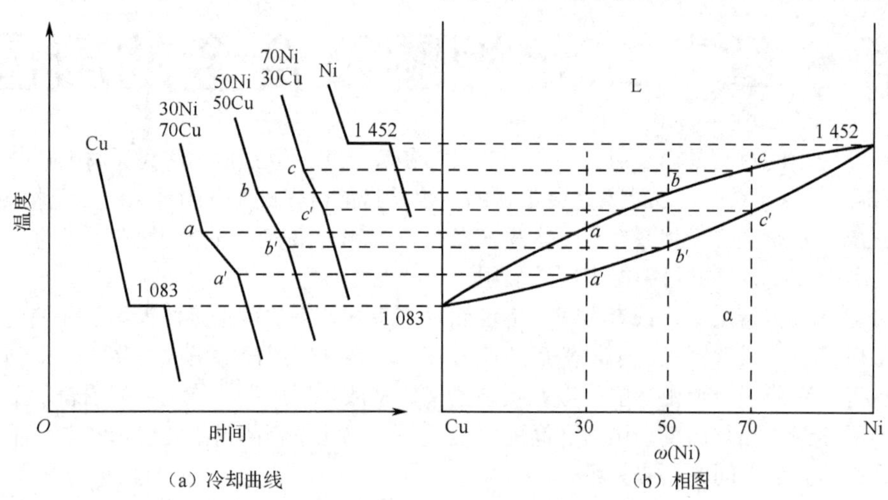

（a）冷却曲线 （b）相图

图 5-1 热分析法建立 Cu-Ni 相图

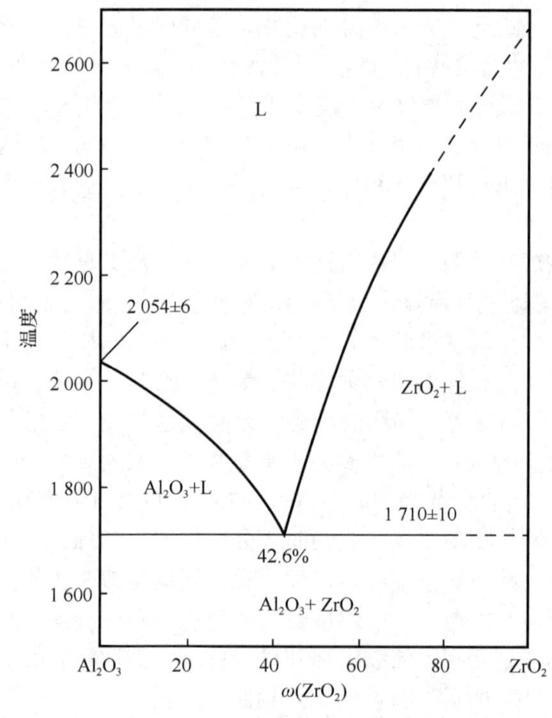

图 5-2 Al_2O_3-ZrO_2 系相图

5.2 计算相图的热力学基础

相图可以通过大量的实验测定后绘制出来。但由于各种原因，可能使相图中的某些相区难以测定，或者使相图的测定存在误差，所以实验测定相图将变得非常困难和不准确。相图也可以应用相图热力学知识来进行计算而获得计算相图（Calculated Phase Diagram）。

5.2.1　固溶体的自由能-成分曲线

固溶体的自由能如下。

$$
\begin{aligned}
G &= G^{\circ} + \Delta H_{\mathrm{m}} - T\Delta S_{\mathrm{m}} \\
&= x_{\mathrm{A}}\mu_{\mathrm{A}}^{\circ} + x_{\mathrm{B}}\mu_{\mathrm{B}}^{\circ} + \Omega x_{\mathrm{A}}x_{\mathrm{B}} + RT(x_{\mathrm{A}}\ln x_{\mathrm{A}} + \ln x_{\mathrm{B}}x_{\mathrm{B}})
\end{aligned} \tag{5-1}
$$

式中，Ω 为相互作用参数；μ_{A}°和μ_{B}°分别为组元 A 和组元 B 的摩尔自由能（化学势）。

任意给定温度下的固溶体自由能-成分曲线依据组元 A 和组元 B 的混合性质有如图 5-3 所示的固溶体的自由能-成分曲线示意图中的三种（$\Omega<0$、$\Omega=0$和$\Omega>0$）类型。

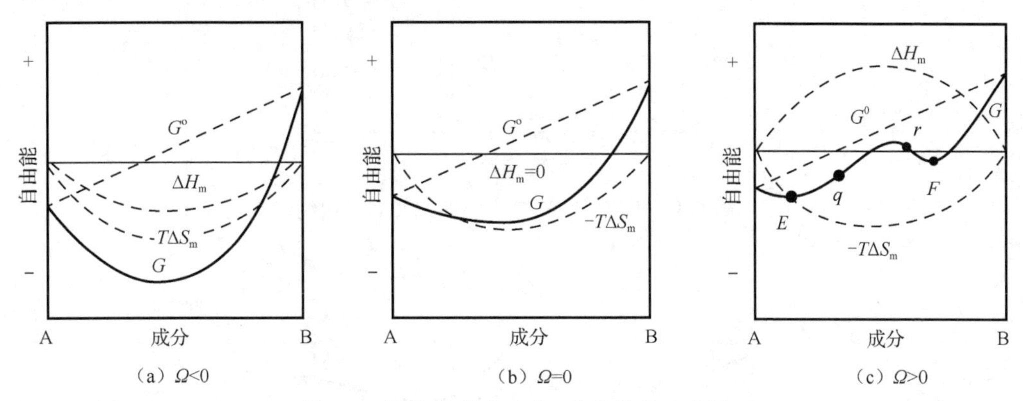

图 5-3　固溶体的自由能-成分曲线示意图

（1）$\Omega<0$时，在整个成分范围内，曲线为 U 形，只有一个极小值，其曲率即曲线的二阶导数（$\dfrac{\mathrm{d}^2G}{\mathrm{d}x^2}$）均为正值，其为具有吸热效应的固溶体，即$\Delta H_{\mathrm{m}}<0$。A-B 对的结合能低于 A-A 对和 B-B 对的平均能量，固溶体组元 A 和固溶体组元 B 相互吸引，形成短程有序分布。

（2）$\Omega=0$时，在整个成分范围内，曲线也是 U 形的。$\Delta H_{\mathrm{m}}=0$，是理想的固溶体。

（3）$\Omega>0$时，自由能-成分曲线有两个极小值，即 E 和 F。拐点（$\dfrac{\mathrm{d}^2G}{\mathrm{d}x^2}=0$）在 q 和 r 之间的成分，其曲率小于 0，曲线为∩形；在 E 和 F 之间内的成分都分解成两个不同成分的固溶体，即固溶体有一定的溶混间隙。A-B 对的结合能高于 A-A 对和 B-B 对的平均能量，固溶体组元 A 和固溶体组元 B 结合不稳定，容易形成偏聚状态，$\Delta H_{\mathrm{m}}>0$。

5.2.2　多相平衡的公切线原理

在任意一相的吉布斯自由能-成分曲线上每一点的切线，其两端分别与纵坐标相截，与 A 组元的截距表示 A 组元在固溶体成分为切点成分时的化学势 μ_{A}；而与 B 组元的截距表示 B 组元在固溶体成分为切点成分时的化学势 μ_{B}。

在二元系中，当两相（如固相α和固相β）平衡时，热力学条件为

$$
\begin{aligned}
\mu_{\mathrm{A}}^{\alpha} &= \mu_{\mathrm{A}}^{\beta} \\
\mu_{\mathrm{B}}^{\alpha} &= \mu_{\mathrm{B}}^{\beta}
\end{aligned} \tag{5-2}
$$

即两组元分别在两相中的化学势相等，因此两相平衡时的成分由两相自由能-成分曲线的公切线所确定，两相平衡的自由能曲线及其公切线如图 5-4 所示。

如出现α、β和γ三相平衡，其热力学条件为

$$\mu_A^\alpha = \mu_A^\beta = \mu_A^\gamma$$
$$\mu_B^\alpha = \mu_B^\beta = \mu_B^\gamma \tag{5-3}$$

三相平衡时的自由能-成分曲线及其公切线如图 5-5 所示。

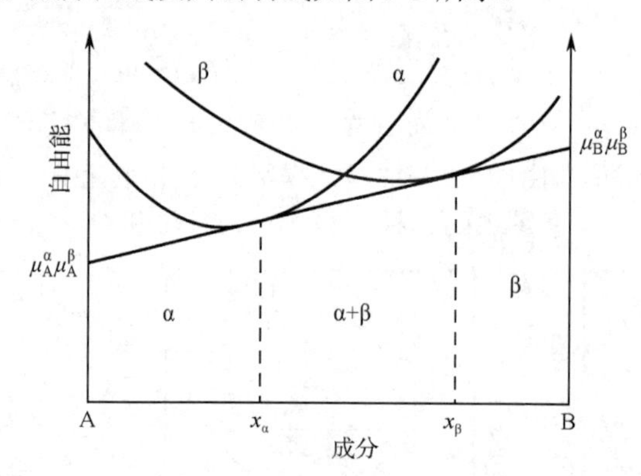

图 5-4　两相平衡的自由能曲线及其公切线

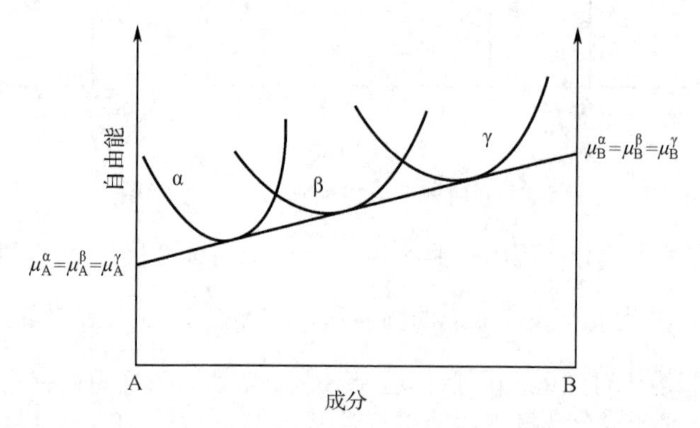

图 5-5　三相平衡时的自由能-成分曲线及其公切线

5.2.3　混合物的自由能和杠杆法则

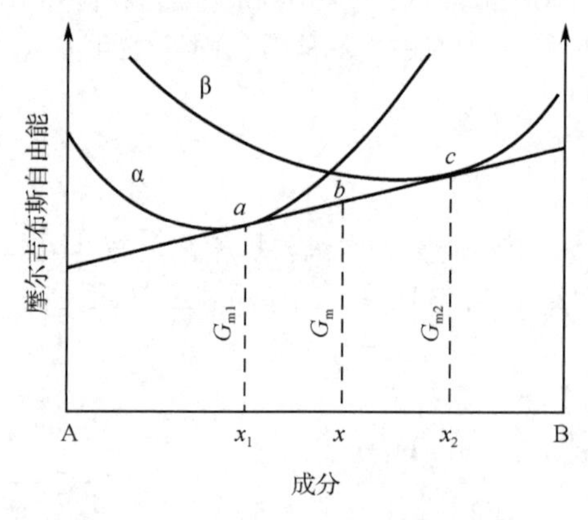

图 5-6　混合物的自由能及其公切线

混合物的摩尔吉布斯自由能 G_m 应和两组成相 α 和 β 的摩尔吉布斯自由能 G_{m1} 和 G_{m2} 在同一条直线上，并且其成分 x 在 x_1 和 x_2 之间，混合物的自由能及其公切线如图 5-6 所示。

当二元系的成分 $x \leqslant x_1$ 时，α 固溶体的摩尔吉布斯自由能低于 β 固溶体，α 相为稳定相。当 $x \geqslant x_2$ 时，β 固溶体的摩尔吉布斯自由能低于 α 固溶体，α 相为稳定相。当 $x_1 < x < x_2$ 时，公切线上表示混合物的摩尔吉布斯自由能低于 α 相或 β 相的摩尔吉布斯自由能，故 α 相和 β 相两相混合共存时体系能量最低。两相平衡共存时，多相的成分是切点所对应的成分，即 x_1 和 x_2，并且有以下关系

$$\frac{n_\alpha}{n_\alpha + n_\beta} = \frac{x_2 - x}{x_2 - x_1} \tag{5-4}$$

$$\frac{n_\beta}{n_\alpha + n_\beta} = \frac{x - x_1}{x_2 - x_1} \tag{5-5}$$

$$\frac{n_\alpha}{n_\beta} = \frac{x_2 - x}{x - x_1} \tag{5-6}$$

以上几个算式就是杠杆法则。很显然，摩尔浓度、重量浓度、体积浓度之间可以互相换算，并遵循杠杆法则。当 α 相和 β 相两相在 x 处平衡时，可用杠杆法则求出 α 相和 β 相各自的相对量，其相对量随体系的成分而变化。

5.2.4　自由能-成分曲线计算相图举例

根据公切线原理可求出体系在某一温度下平衡相的成分。因此，根据二元系不同温度下的自由能-成分曲线可画出二元系相图。图 5-7、图 5-8、图 5-9 和图 5-10 分别表示出了 A、B 两组元完全互溶形成的二元匀晶相图，A、B 两组元形成的二元共晶相图，二元包晶相图，溶混间隙相图与自由能的关系。图 5-11 表示的是形成化合物的相图的成分与自由能的关系。

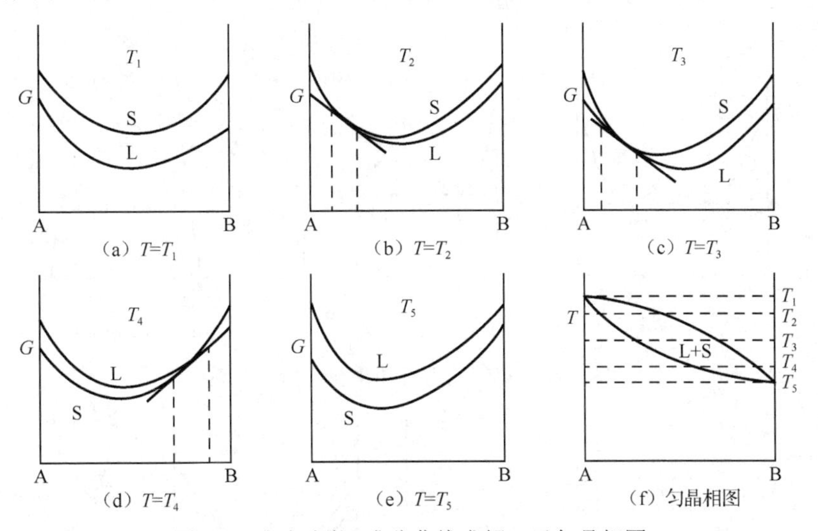

图 5-7　由自由能-成分曲线求解二元匀晶相图

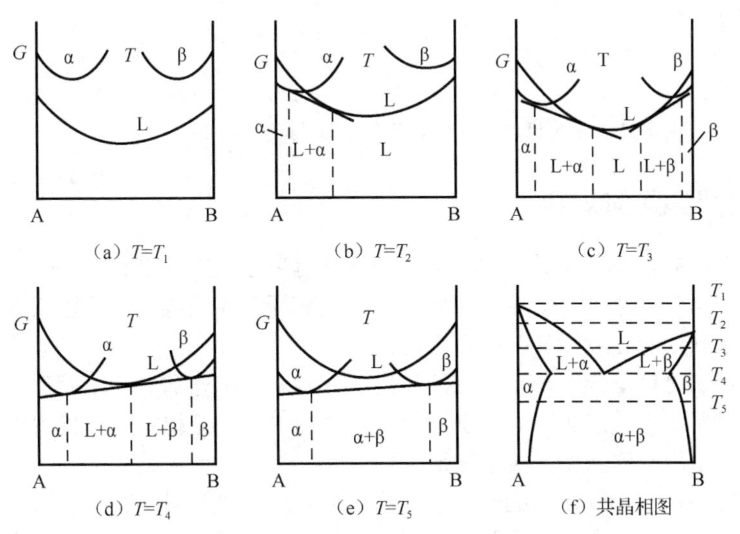

图 5-8　由自由能-成分曲线求解二元共晶相图

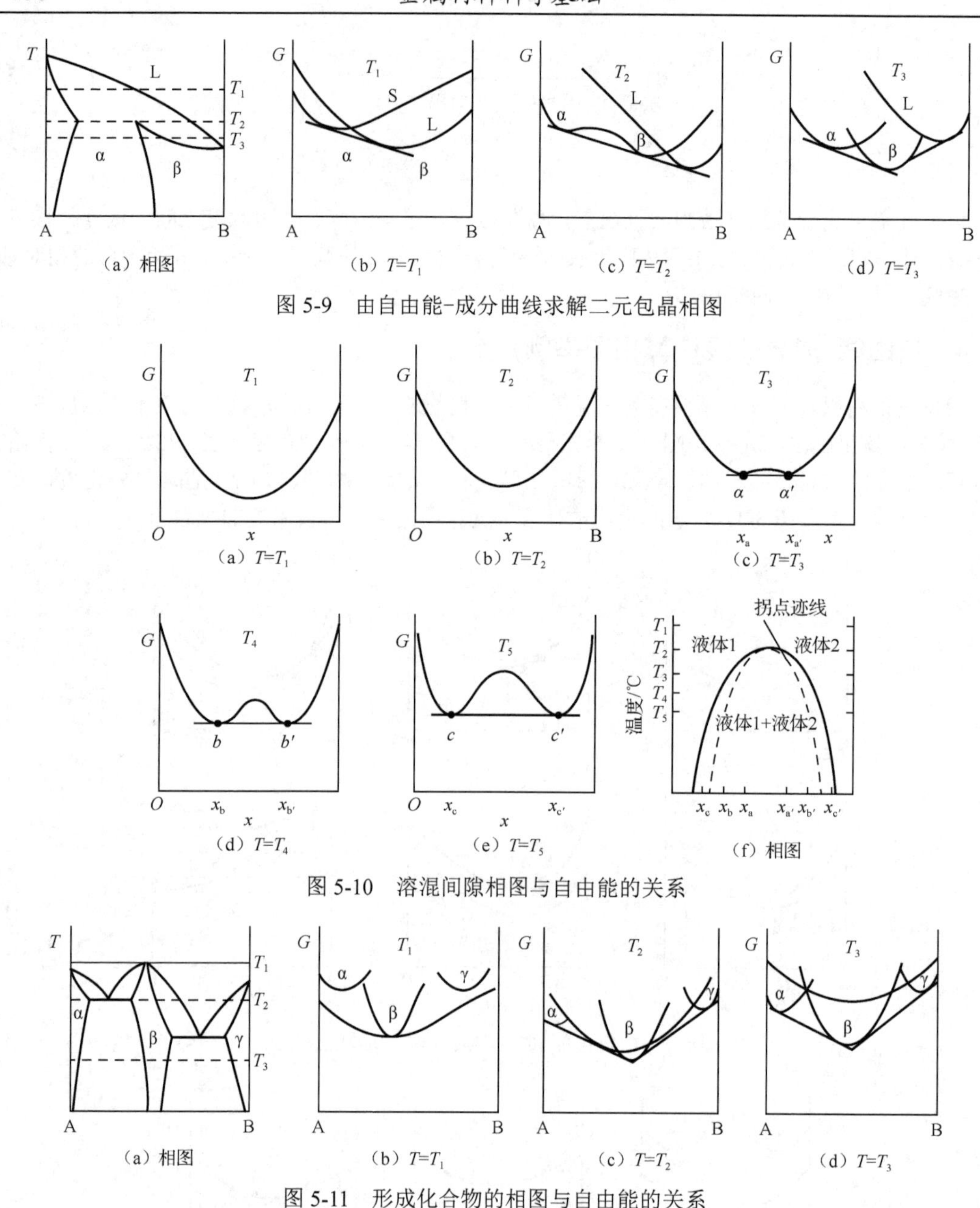

（a）相图 （b）$T=T_1$ （c）$T=T_2$ （d）$T=T_3$

图 5-9 由自由能-成分曲线求解二元包晶相图

（a）$T=T_1$ （b）$T=T_2$ （c）$T=T_3$

（d）$T=T_4$ （e）$T=T_5$ （f）相图

图 5-10 溶混间隙相图与自由能的关系

（a）相图 （b）$T=T_1$ （c）$T=T_2$ （d）$T=T_3$

图 5-11 形成化合物的相图与自由能的关系

5.2.5 二元相图的几何规律

二元相图具有一定的规律，其中比较典型的规律有以下几条。

（1）相图中所有的线条都代表发生相转变的温度和平衡相的成分，所以相界线是相平衡的体现，平衡相成分必须沿着相界线随温度而变化。

（2）两个单相区之间必定有一个由该两相组成的两相区把它们分开，而不能以一条线搭界。两个两相区必须以单相区或三相水平线隔开。也就是说，在二元相图中，相邻相区的相数差为 1（点接触除外），这个规则称为相区接触法则。

（3）二元相图中的三相平衡必为一条水平线，它表示恒温反应。在这条水平线上存在三个表示平衡相的成分点，其中两点应在水平线的两端，另一点在两端点之间。水平线的上下方分别与三个两相区相接。

（4）当两相区与单相区的分界线与三相等温线相交时，则分界线的延长线应进入另一两相区内，而不会进入单相区内。

5.3　二元相图分析

5.3.1　匀晶相图和固溶体凝固

5.3.1.1　匀晶相图

由液相结晶出单相固溶体的过程称为匀晶转变或同晶转变，绝大多数的二元相图都包括匀晶转变部分。图 5-12 所示为 Cu-Ni 合金的二元匀晶相图。

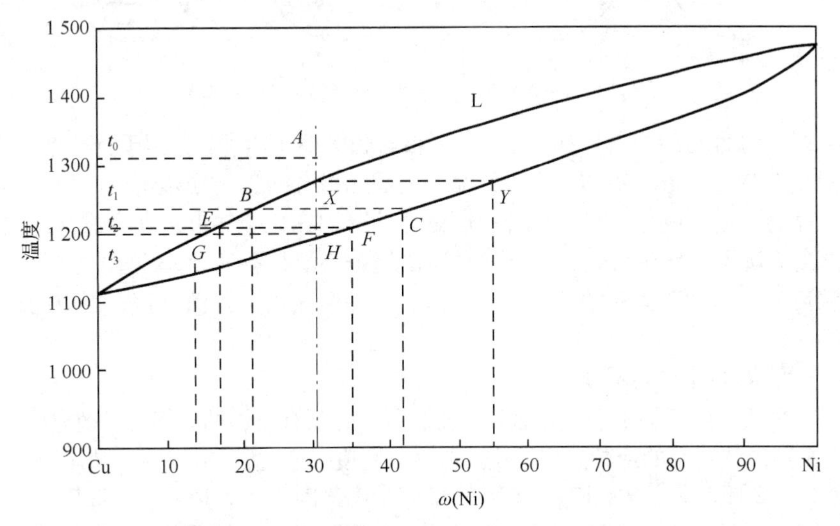

图 5-12　Cu-Ni 合金的二元匀晶相图

有极小点与有极大点的相图如图 5-13 所示。由于液、固两相的成分相同，此时用来确定体系状态的变量数应去掉一个，于是自由度 $f=C-P+1=1-2+1=0$，即恒温转变。

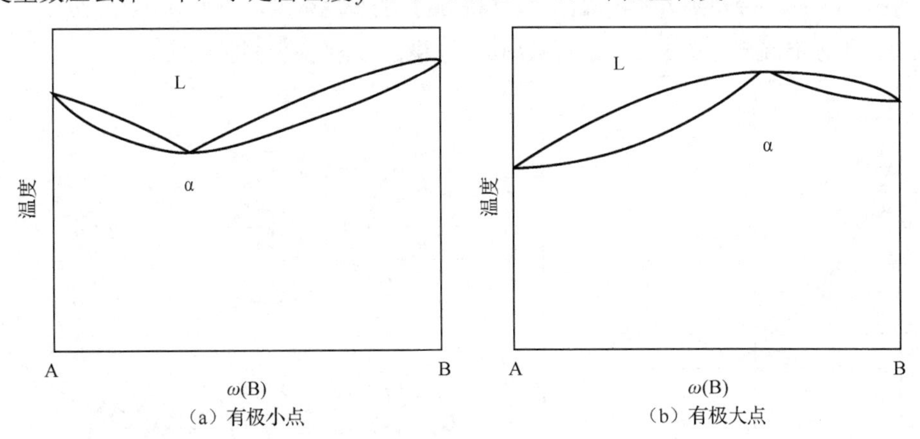

（a）有极小点　（b）有极大点

图 5-13　有极小点与有极大点的相图

5.3.1.2　固溶体的平衡凝固

平衡凝固是指凝固过程中的每个阶段都能达到平衡，即在相变过程中有充分的时间进行组元间的扩散，以达到平衡相的成分要求，现以 ω (Ni)为 30%的 Cu-Ni 合金为例来描述平衡凝固过程。

自高温 A 点（温度为 t_0）冷却，到 X 点（约 1 280℃）后开始结晶，结晶的成分可由 XY 与液相线及固相线的交点 X（合金液起始成分，30%）及 Y 标出（约 55%）。继续冷却，到 B 点（温度为 t_1，约 1 245℃）后继续结晶，结晶的成分可由 BC 与液相线及固相线的交点 B（约 21%）及 C（约 41%）标出。继续冷却，到温度 t_2（约 1 220℃）时，液相线成分约为 16%，固相线成分约为 36%。继续冷却，到温度 t_3（约 1 210℃）时，固溶体的成分即原合金成分（30%），它和最后一滴液体（成分为 G）形成平衡。合金凝固完毕得到的是单相均匀固溶体。

Cu-Ni 合金平衡凝固时组织变化示意图如图 5-14 所示。

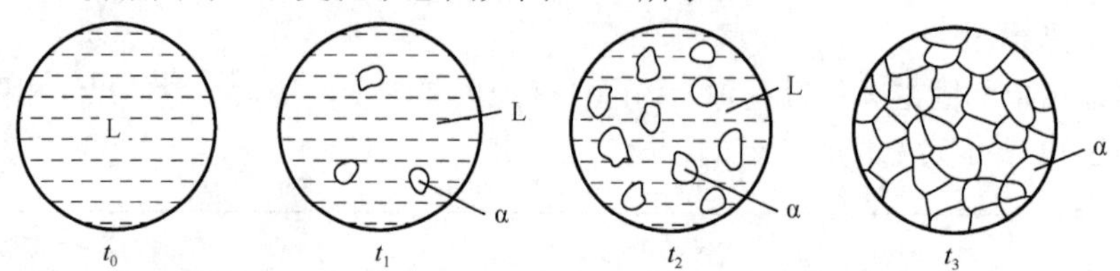

图 5-14 Cu-Ni 合金平衡凝固时组织变化示意图

固溶体的凝固过程与纯金属一样，也包括形核与长大两个阶段，但由于合金中存在第二组元，使其凝固过程较纯金属复杂。例如，合金结晶出的固相成分与液态合金不同，所以形核时除需要能量起伏外还需要一定的成分起伏。另外，固溶体的凝固在一个温度区间内进行，这时液、固两相的成分随温度下降不断发生变化，因此这种凝固过程必然依赖两组元原子的扩散。

在每一温度下，平衡凝固实质上包括三个过程，即液相内的扩散过程、固相的继续长大和固相内的扩散过程。

5.3.1.3 固溶体的非平衡凝固

固溶体的凝固依赖组元的扩散，要达到平衡凝固，必须有足够的时间使扩散充分进行。但在工业生产中，合金溶液浇铸后的冷却速度较快，在每一温度下不能保持足够的扩散时间，使凝固过程偏离了平衡条件，这称为非平衡凝固。Cu-Ni 合金非平衡凝固如图 5-15 所示。图中，α_2'（包含 α_1 和 α_2 两相）和 L_2' 为冷却到 t_2 时固相 α 和液相 L 的平均浓度，由于扩散不充分，在非平衡凝固中，液、固两相的成分将偏离平衡相图中的液相线和固相线。由于固相内组元扩散较液相内组元扩散慢得多，故偏离固相线的程度就大得多。同理，α_3'（包含 α_1、α_2 和 α_3 三相）和 L_3'、α_4'（包含 α_1、α_2、α_3 和 α_4 四相）和 L_4' 为冷却到 t_3 和 t_4 时固相 α 与液相 L 的平均浓度，而且只有在温度低于平衡凝固的液相温度以下才能凝固完毕，并且最后凝固的固相浓度比平衡凝固时要低。

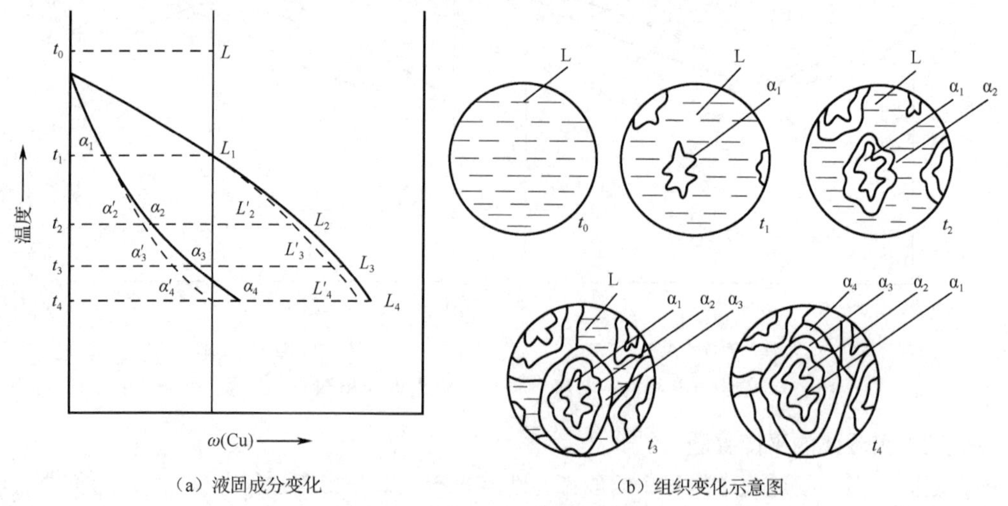

（a）液固成分变化　（b）组织变化示意图

图 5-15 Cu-Ni 合金非平衡凝固

关于非平衡凝固过程，有以下的几点结论。

（1）固相平均成分线和液相平均成分线与固相线和液相线不同，它们和冷却速度有关，冷却速度越快，它们偏离固、液相线越严重；反之，冷却速度越慢，它们越接近固、液相线，表明冷却速度越接近平衡冷却条件。

（2）先结晶部分总是富高熔点组元（Ni），后结晶的部分是富低熔点组元（Cu）。

（3）非平衡凝固会导致凝固终结温度低于平衡凝固时的终结温度。

固溶体通常以树枝状生长方式结晶，非平衡凝固导致先结晶的枝干和后结晶的枝间的成分不同，故称为枝晶偏析。由于一个树枝晶是由一个核心结晶而成的，故枝晶偏析属于晶内偏析。

图 5-16 所示为 Cu-Ni 合金的铸态组织，树枝晶形貌的显示差异是由于枝干和枝间的成分差异引起浸蚀后颜色的深浅不同所致的。例如，用电子探针测定，可以得出枝干是富镍的（白色），分枝之间是富铜的（黑色）。非平衡凝固条件下产生枝晶偏析是一种普遍现象。

图 5-16　Cu-Ni 合金的铸态组织（树枝晶）

枝晶偏析是非平衡凝固的产物，在热力学上是不稳定的，通过“均匀化退火”[或称“扩散退火”，即在固相线以下较高的温度（要确保不能出现液相，否则会使合金“过烧”）经过长时间的保温使原子扩散充分] 使之转变为平衡组织。图 5-17 所示为经扩散退火后的 Cu-Ni 合金显微组织，树枝状形态已消失，由电子探针微区分析的结果也证实了枝晶偏析已消除。

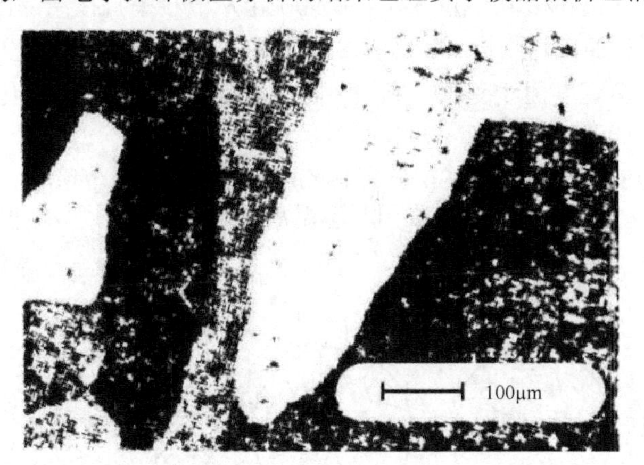

图 5-17　经扩散退火后的 Cu-Ni 合金显微组织

5.3.2 共晶相图及其合金凝固

5.3.2.1 共晶相图

组成共晶相图的两组元在液态可无限互溶，而在固态只能部分互溶，甚至完全不溶。两组元的混合使合金的熔点比各组元低，因此液相线从两端纯组元向中间凹，两条液相线的交点所对应的温度称为共晶温度。在该温度下，液相通过共晶凝固同时结晶出两个固相，这样两相的混合物称为共晶组织或共晶体。图 5-18 所示为 Pb-Sn 相图。

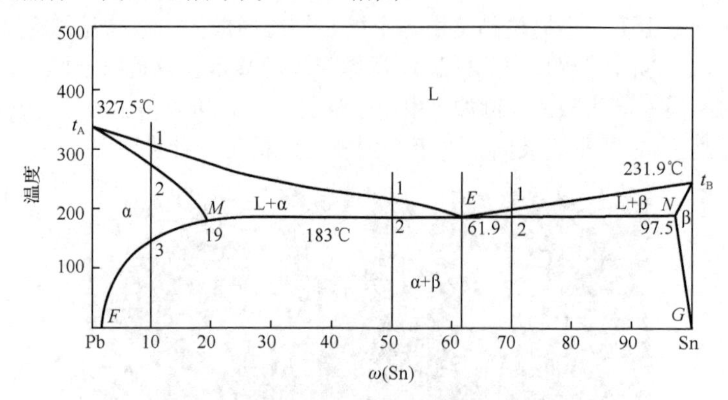

图 5-18 Pb-Sn 相图

它有三个单相区，它们分别是α、β和 L 相；三个两相区，它们分别是α+β、L+β和L+α；一条水平线 *MEN*，表示恒温转变（L→α+β）的共晶转变线。

5.3.2.2 共晶合金的平衡凝固及其组织

1. ω(Sn)<19%的合金，以ω(Sn)=10%为例

当ω(Sn)=10%的 Pb-Sn 合金由液相缓冷至 t_1（图 5-19 中标为 1）温度时，从液相中开始结晶出α相。随着温度的降低，初生α相的量随之增多，液相量减少，液相和固相的成分分别沿液相线和固相线变化。当冷却到 t_2（图 5-19 中标为 2）温度时，合金凝固结束，全部转变为α相。这一结晶过程与匀晶相图中的平衡转变相同。在 t_2 至 t_3（图 5-19 中标为 3）温度之间，α相不发生任何变化。当温度冷却到 t_3 温度以下时，Sn 在α相中呈过饱和状态，因此多余的 Sn 以β相的形式从α相中析出，称为次生β相，用β_{II}表示，以区别于从液相中直接结晶出的初生β相。β_{II}通常优先沿初生α相的晶界或晶内缺陷析出。随着温度的继续降低，β_{II}不断增多，而α和β_{II}的平衡成分将分别沿 *MF* 和 *NG* 溶解度曲线变化。两相区内的相对量，如 L+α两相区中 L 和α的相对量，以及α+β两相区中α和β的相对量，均可由杠杆法则确定。

图 5-19 所示为ω(Sn)=10%的 Pb-Sn 合金平衡凝固过程示意图。所有成分位于 *M* 和 *F* 之间的合金，平衡凝固过程与上述合金相似，凝固至室温后的平衡组织均为α+β_{II}，只是两相的相对量不同而已。而成分位于 *N* 和 *G* 之间的合金，平衡凝固过程与上述合金基本相似，但凝固后的平衡组织为β+α_{II}（次生α相）。

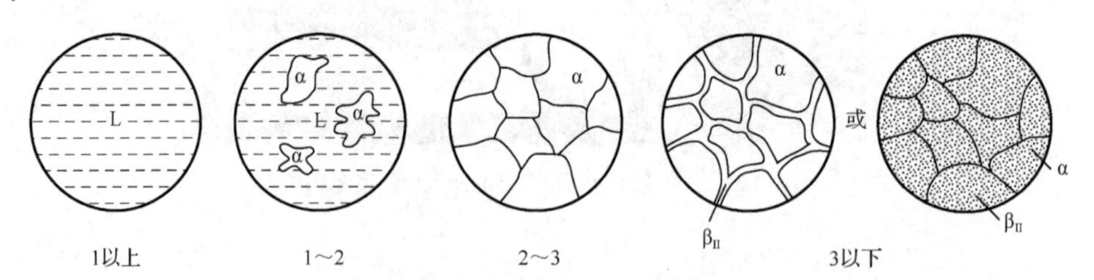

图 5-19 ω(Sn)=10%的 Pb-Sn 合金平衡凝固过程示意图

2．共晶合金，ω(Sn)=61.9%的合金

ω(Sn)=61.9%的合金为共晶合金，共晶合金[ω(Sn)=61.9%]凝固过程及其室温组织示意图如图 5-20 所示，该合金从液态缓冷至 183℃（E 点）时，液相中同时结晶出α和β两相，这一过程在恒温下进行，直至凝固结束。此时结晶出的共晶体中的α相和β相的相对量可用杠杆法则计算，在共晶线下方的α+β两相区中画连接线，其长度可近似认为是 MN，则有

$$\omega(\alpha_M)=\frac{EN}{MN}\times100\%=\frac{97.5-61.9}{97.5-19}\times100\%=45.4\% \tag{5-7}$$

$$\omega(\beta_N)=\frac{ME}{MN}\times100\%=\frac{61.9-19}{97.5-19}\times100\%=54.6\% \tag{5-8}$$

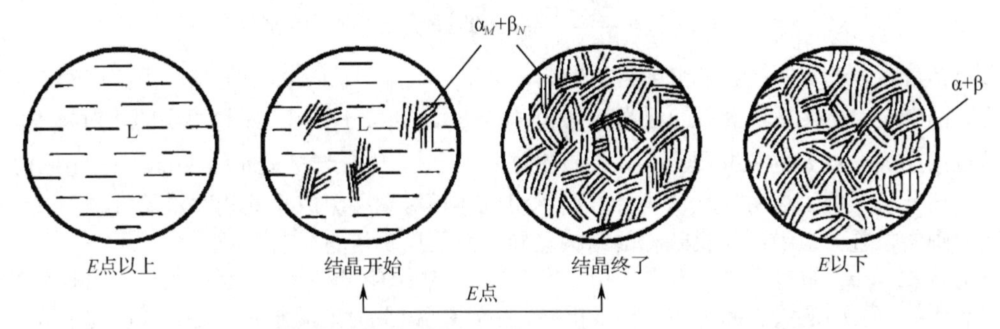

图 5-20　共晶合金[ω(Sn)=61.9%]凝固过程及其室温组织示意图

继续冷却时，共晶体中α和β两相将各自沿 MF 和 NG 溶解度曲线变化而改变其固溶度，从α和β两相中分别析出 β_{II} 和 α_{II}。由于共晶体中析出的次生相常与共晶体中的同类相结合在一起，所以在显微镜下难以分辨出来。

3．亚共晶合金，以 ω(Sn)=50%为例

在图 5-18 中，成分位于 M、E 两点之间的合金称为亚共晶合金，因为它的成分低于共晶成分而只有部分液相可结晶成共晶体，ω(Sn)=50%合金凝固过程及其室温组织示意图如图 5-21 所示。

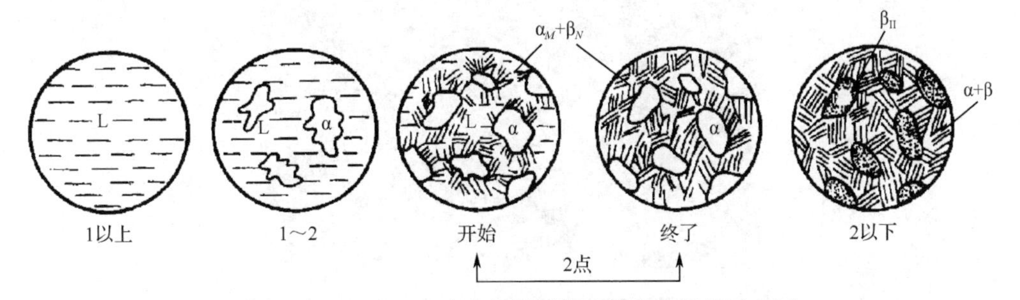

图 5-21　ω(Sn)=50%合金凝固过程及其室温组织示意图

该合金缓冷至 t_1 和 t_2 温度之间时，初生α相以匀晶转变方式不断地从液相析出，随着温度下降，α相的成分沿固相线变化，而液相的成分沿 t_AE 液相线变化。当温度降至 t_2 温度时，剩余的液相成分到达 E 点，此时发生共晶转变，形成共晶体。共晶转变结束后，此时合金的平衡组织为α相和共晶体（α+β），可简写成α+(α+β)。初生α相（或称先共晶体α）和共晶体（α+β）具有不同的显微形态而成为不同的组织。两种组织的相对含量也称组织组成体相对量，也可用杠杆法则计算，即在共晶线上方的 L+α两相区中画连接线，其长度可近似认为是 ME，则用质量分数表示两种组织的相对含量为

$$(\alpha+\beta)\% = \omega(\alpha+\beta) = \omega(\mathrm{L}) = \frac{50-19}{61.9-19}\times 100\% \approx 72\% \tag{5-9}$$

$$\alpha\% = \omega(\alpha) = \frac{61.9-50}{61.9-19}\times 100\% = 1-\omega(\mathrm{L}) \approx 28\% \tag{5-10}$$

上述计算表明，ω (Sn)=50%的 Pb-Sn 合金在共晶反应结束后，初生α相占 28%，共晶体（α+β）占 72%。上述两种组织是由α和β两相组成的，故称两者为组成相。在共晶反应结束后，组成相（α和β两相）的相对量分别为

$$\alpha\% = \omega(\alpha) = \frac{97.5-50}{97.5-19}\times 100\% \approx 60.5\% \tag{5-11}$$

$$\beta\% = \omega(\beta) = \frac{50-19}{97.5-19}\times 100\% = 1-\omega(\alpha) \approx 39.5\% \tag{5-12}$$

式（5-11）中计算的α组成相包括初生期α相和共晶体（α+β）中的相，由此可知，不同成分的亚共晶合金，经共晶转变后的组织均为α+(α+β)。但成分不同，两种组织的相对量不同，成分越接近共晶成分点 E 的亚共晶合金，共晶体越多，反之，成分越接近α相成分点 M，则初生α相越多。上述分析强调了运用杠杆法则计算组织组成体相对量和组成相的相对量的方法，关键在于连接线应画的位置。组织不仅反映相的结构差异，而且反映相的形态不同。

在 t_2 温度以下，合金继续冷却时，由于固溶体溶解度随之减小，β_{II}将从初生α相和共晶体中的α相中析出，而α_{II}从共晶体中的β相中析出，直至室温，此时室温组织应为$\alpha+(\alpha+\beta)+\alpha_{\text{II}}+\beta_{\text{II}}$，但由于$\alpha_{\text{II}}$和$\beta_{\text{II}}$析出量不多，除了在初生α相中可能看到$\beta_{\text{II}}$，共晶组织的特征保持不变，故室温组织通常可写为$\alpha_{初}+(\alpha+\beta)+\beta_{\text{II}}$，甚至可写为$\alpha_{初}+(\alpha+\beta)$。

图 5-22 所示为ω (Sn)=50%亚共晶 Pb-Sn 合金的室温组织，它是经 4%硝酸酒精浸蚀后得到的，暗黑色树枝状晶为初生α相，其中的白点为β_{II}，而黑白相间者为共晶体（α+β）。

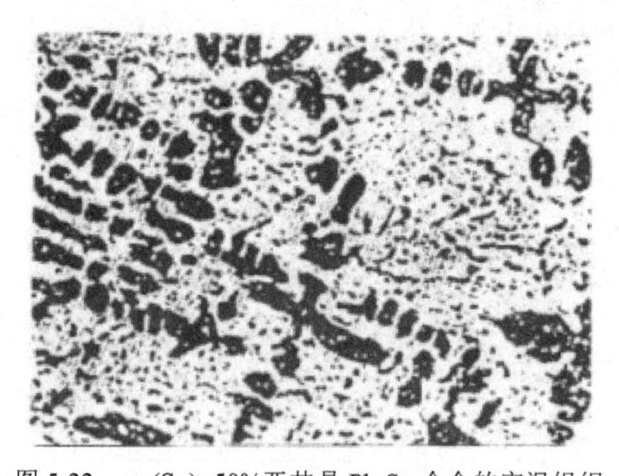

图 5-22 ω (Sn)=50%亚共晶 Pb-Sn 合金的室温组织

4. 过共晶合金

成分位于 E、N 两点之间的合金称为过共晶合金。其平衡凝固过程及平衡组织与亚共晶合金相似，只是初生相为β相而不是α相，室温时的组织为$\beta_{初}+(\alpha+\beta)$。

根据对上述不同成分合金的组织分析，尽管不同成分的合金具有不同的显微组织，但在室温下，F、G 两点间的合金组织均由α和β两个基本相构成。所以，两相合金的显微组织实际上是通过组成相的不同形态，以及其数量、大小和分布等形式体现出来的，由此得到不同性能的合金。

5.3.2.3　共晶合金的非平衡凝固及其组织

1. 伪共晶

在平衡凝固条件下，只有共晶成分的合金才能得到全部的共晶组织。然而在非平衡凝固条件下，某些亚共晶或过共晶成分的合金也能得到全部的共晶组织，这种由非共晶成分的合金所得到的共晶组织称为伪共晶。

对于具有共晶转变的合金，当合金熔液过冷到两条液相线的延长线所包围的影线区时，根据共晶合金的不平衡相图就可得到共晶组织，共晶合金的不平衡相图如图 5-23 所示，而在影线区外，则是共晶体加树枝晶的显微组织，影线区称为伪共晶区或配对区。

随着过冷度的增加，伪共晶区也在扩大。伪共晶区在相图中的配置对于不同合金可能有很大的差别。当合金中两组元熔点相近时，伪共晶区一般如图 5-23 所示的各组元位置对称分布；若合金中两组元熔点相差很大时，伪共晶区将偏向高熔点组元一侧，图 5-24 所示为 Al-Si 合金的伪共晶区。一般认为图 5-24 所示的伪共晶区产生的原因是共晶中两组成相的成分与液态合金不同，它们的形核和生长都需要两组元的扩散，而以低熔点为基的组成相与液态合金成分差别较小，则通过扩散能达到该组成相的成分就较容易，其结晶速度较大。因此，在共晶点偏于低熔点相时，为了满足两组成相形成对扩散的要求，伪共晶区的位置必须偏向高熔点相一侧。知道伪共晶区在相图中的位置和大小，对于正确解释合金非平衡组织的形成是极其重要的。伪共晶区在相图中的配置通常是通过实验测定的。定性知道伪共晶区分布规律，就可以解释用平衡相图方法无法解释的异常现象。例如，在 Al-Si 合金中，共晶成分的 Al-Si 合金在快冷条件下得到的组织不是共晶组织，而是亚共晶组织；而过共晶成分的合金则可能得到共晶组织或亚共晶组织，这通过图 5-24 所示的伪共晶区向高熔点 Si 侧偏解释就很容易理解了。

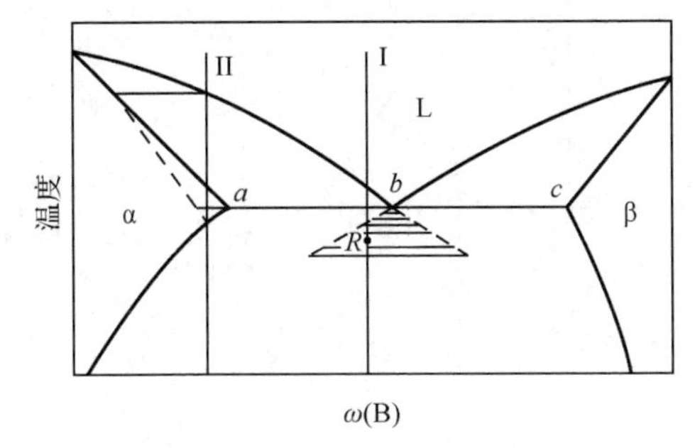

图 5-23　共晶合金的不平衡相图

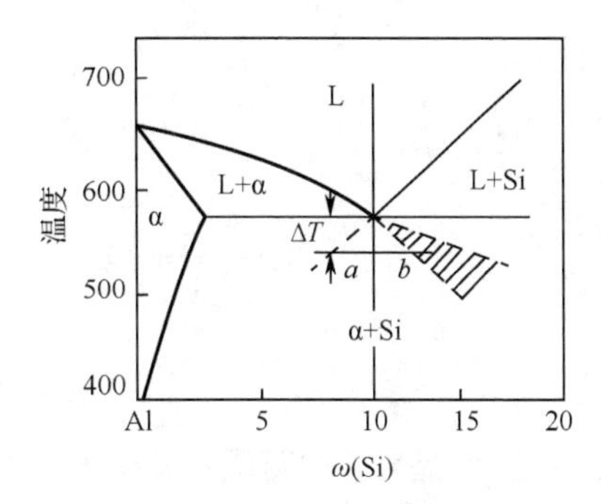

图 5-24　Al-Si 合金的伪共晶区

2. 非平衡共晶组织

某些合金在平衡凝固条件下获得单相固溶体，在快冷时可能出现少量的非平衡共晶体，如图 5-23 中 *a* 点以左或 *c* 点以右的合金。图中合金Ⅱ在非平衡凝固条件下，固溶体呈枝晶偏析，其平均浓度将偏离相图中固相线所示的成分。图 5-23 中的虚线表示快冷时的固相平均成分线。该合金冷却到固相线时还未结晶完毕，仍剩下少量液体。继续冷却到共晶温度时，剩余液相的成分达到共晶成分而发生共晶转变，由此产生的非平衡共晶组织分布在α相晶界和枝晶间，因为这些地方均是最后凝固的。非平衡共晶组织的出现将严重影响材料的性能，应该消除。这种非平衡共晶组织在热力学上是不稳定的，我们可稍低于共晶温度进行扩散退火来消除非平衡共晶组织和固熔体的枝晶偏析，得到均匀的单α相组织。由于非平衡共晶体数量较少，通常共晶体中的α相依附于初生α相生长，将共晶体中的另一相β相推到最后凝固的晶界处，从而使共晶体中两组成相相间的组织特征消失，这种两相分离的共晶体称为离异共晶。例如，ω(Cu)=4%的 Al-Cu 合金，在铸造状态下，非平衡共晶体中的α_{II}有可能依附在初生α相上生长，剩下共晶体中的另一相 $CuAl_2$ 分布在晶界或枝晶间而得到离异共晶。离异共晶可通过非平衡凝固得到，也可能在平衡凝固条件下获得。例如，靠近固溶度极限的亚共晶或过共晶合金（图 5-23 中 *a* 点右边附近或 *c* 点左边附近的合金），它们的特点是初生相很多，共晶量很少，因而可能出现离异共晶。

5.3.3 包晶相图及其合金凝固

5.3.3.1 包晶相图

组成包晶相图的两组元在液态可无限互溶，而在固态只能部分互溶。在二元相图中，包晶转变就是已结晶的固相与剩余液相反应形成另一固相的恒温转变。具有包晶转变的二元合金有 Fe-C、Cu-Zn、Ag-Sn、Ag-Pt 等。

图 5-25 所示为 Pt-Ag 包晶相图，其是包晶转变相图中的典型代表。图中 *ACB* 是液相线，*AD*、*PB* 是固相线，*DE* 是 Ag 在以 Pt 为基的 α 相中的溶解度曲线，*PF* 是 Pt 在以 Ag 为基的 β 相中的溶解度曲线。水平线 *DPC* 是包晶转变线，成分在 *DC* 范围内的合金在该温度都将发生包晶转变

$$L_C + \alpha_D \rightarrow \beta_P \tag{5-13}$$

包晶转变是恒温转变，图中的 *P* 点称为包晶点。

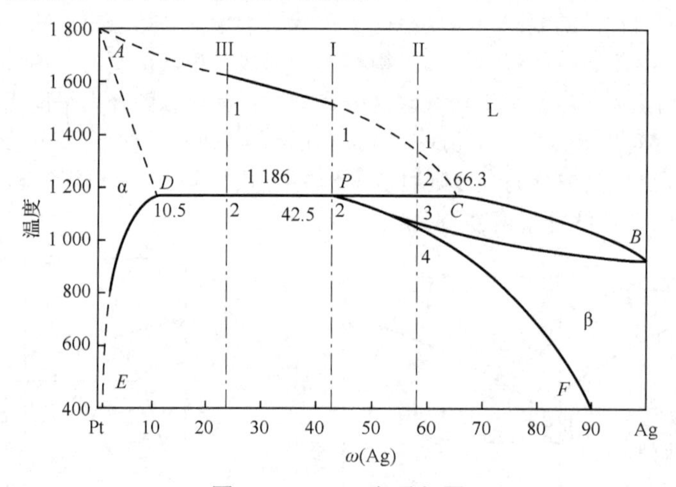

图 5-25 Pt-Ag 包晶相图

5.3.3.2 包晶合金的凝固及其平衡组织

1. *ω*(Ag)为 42.5%的 Pt-Ag 合金（合金 I）

由图 5-25 可知，合金自高温液态冷至 t_1（图 5-25 中标为 1）温度时与液相线相交，开始结晶出初生 α 相。在继续冷却的过程中，初生 α 相的固相量逐渐增多，液相量不断减少，初生 α 相和液相的成分分别沿固相线 *AD* 和液相线 *AC* 变化。当温度降至包晶反应温度 1 186℃时，合金中初生 α 相的成分达到 *D* 点，液相成分达到 *C* 点。开始进行包晶反应时的两相的相对量可由杠杆法则求出

$$\omega(\mathrm{L}) = \frac{DP}{DC} \times 100\% = \frac{42.5 - 10.5}{66.3 - 10.5} \times 100\% \approx 57.3\% \tag{5-14}$$

$$\omega(\alpha) = \alpha\% = \frac{PC}{DC} \times 100\% = \frac{66.3 - 42.5}{66.3 - 10.5} \times 100\% = 1 - \omega(\mathrm{L}) \approx 42.7\% \tag{5-15}$$

式中，*ω*(L)和 *ω*(α)分别表示液相和固相在包晶反应时的质量分数。包晶转变结束后，液相和初生 α 相反应正好全部转变为 β 相。

随着温度继续下降，Pt 在 β 相中的溶解度随温度降低而沿 *PF* 线减小，因此将不断从 β 相中析出 α_{II}，于是该合金的室温平衡组织为 $\beta + \alpha_{\mathrm{II}}$，合金 I 的平衡凝固示意图如图 5-26 所示。

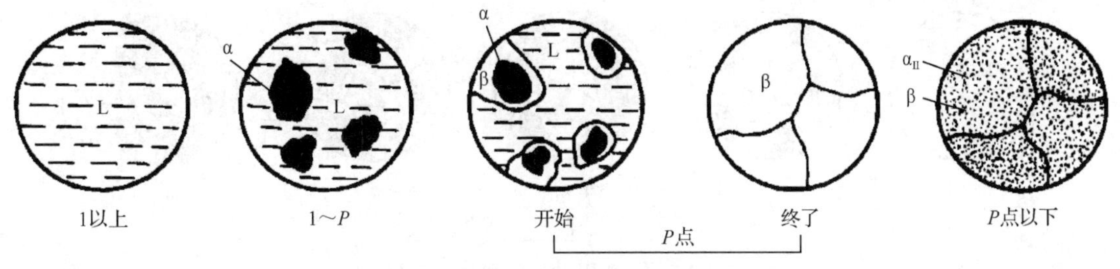

图 5-26　合金 I 的平衡凝固示意图

大多数情况下，由包晶反应所形成的 β 相倾向于依附初生 α 相的表面形核，以降低形核功，并消耗液相和初生 α 相而生长。当初生 α 相被新生的 β 相包围以后，初生 α 相就不能直接与液相 L 接触。由图 5-25 可知，液相中的 Ag 含量较 β 相高，而 β 相的 Ag 含量又比初生 α 相高，因此液相中 Ag 原子不断通过 β 相向初生 α 相扩散，而 β 相的 Pt 原子以反方向通过 β 相向液相中扩散。包晶反应时的原子迁移示意图如图 5-27 所示。这样，β 相同时向液相和初生 α 相方向生长，直至把液相和初生 α 相全部吞食为止。由于 β 相是在包围初生 α 相并使之在与液相隔开的形式下生长，故称包晶反应。

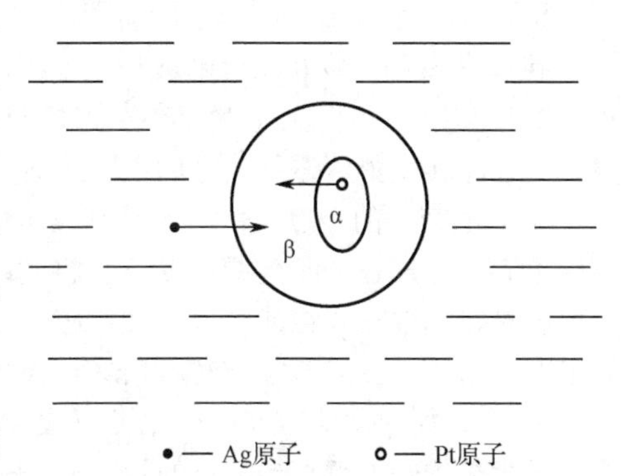

图 5-27　包晶反应时的原子迁移示意图

也有少数情况，比如α-β间表面能很大，或过冷度较大，β 相可能不依赖初生 α 相形核，而是在液相 L 中直接形核，并在生长过程中 L、α、β 三者始终互相接触，以至通过液相 L 和初生 α 相的直接反应来生成β 相。这种方式的包晶反应速度显然比前述方式的包晶反应速度快得多。

2. 42.5%<ω(Ag)<66.3%的 Pt-Ag（合金 II）

合金Ⅱ缓冷至包晶转变前的结晶过程与上述包晶成分合金相同，由于合金Ⅱ中液相的相对量大于包晶转变所需的相对量，包晶转变后，剩余的液相在继续冷却过程中按匀晶转变方式继续结晶出初生α 相，其成分沿 *CB* 液相线变化，而β 相的成分沿 *PB* 线变化，直至 t_3（图 5-28 中标为 3）温度全部凝固结束，β 相成分为原合金成分。在 t_3 至 t_4（图 5-28 中标为 4）温度之间，β 相无任何变化。在 t_4 温度以下，随着温度下降，将从β 相中不断地析出 α_{II}。因此，该合金的室温平衡组织为β + α_{II}。图 5-28 所示为合金Ⅱ的平衡凝固过程。

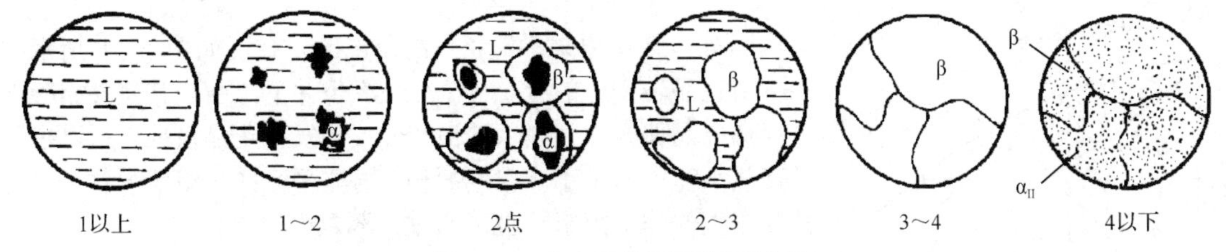

图 5-28　合金Ⅱ的平衡凝固过程

3. 10.5%<ω(Ag)<42.5%的 Pt-Ag 合金（合金Ⅲ）

合金Ⅲ在包晶反应前的结晶情况与合金 I 情况相似。包晶转变前合金中初生α 相的相对量大于包晶反应所需的量，所以在包晶反应后，除了新形成的β 相，还有剩余的初生α 相存在。包晶温度以下，从β 相中将析出 α_{II}，从初生α 相中将析出 β_{II}，因此该合金的室温平衡组织为α + β + α_{II}+ β_{II}，图 5-29 所示为合金Ⅲ的平衡凝固示意图。

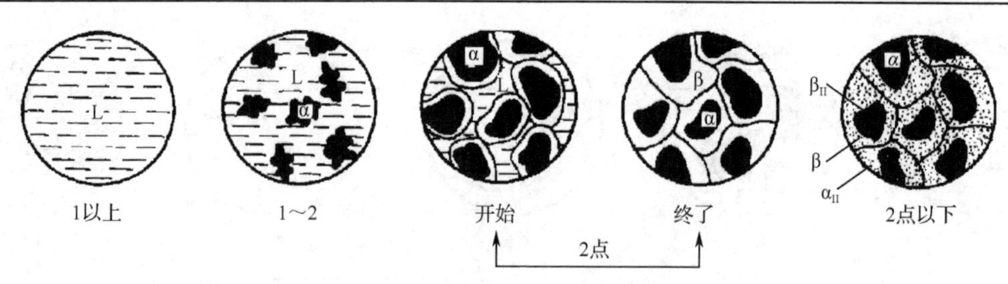

图 5-29　合金Ⅲ的平衡凝固示意图

5.3.3.3　包晶合金的非平衡凝固

包晶转变的产物β相包围着初生α相，使液相与初生α相隔开，阻止了液相和初生α相中原子之间直接相互扩散。这种扩散必须通过固态的α相，所以包晶转变的速度往往是极缓慢的，显然影响包晶转变能否进行完全的主要矛盾是溶质原子在所形成的新相（β相）内的扩散速度。

实际生产中的冷速较快，包晶反应所依赖的固体中的原子扩散往往不能充分进行，导致包晶反应不完全，即在低于包晶温度下，将同时存在参与转变的液相和β相，其中液相在继续冷却过程可能直接结晶出β相或参与其他反应，而初生α相仍保留在β相的心部，形成包晶反应的非平衡组织。例如，ω(Cu)为 35%的 Sn-Cu 合金冷却到 415℃时发生 $L+\alpha\rightarrow\beta$ 的包晶转变，如图 5-30（a）所示，剩余的液相 L 冷至 227℃又发生共晶转变，所以最终的平衡组织为β+(β+Sn)。而实际的非平衡组织却保留相当数量的初生相——α相（灰色），如图 5-30（b）所示，包围它的是β相（白色），而外面则是黑色的共晶组织。

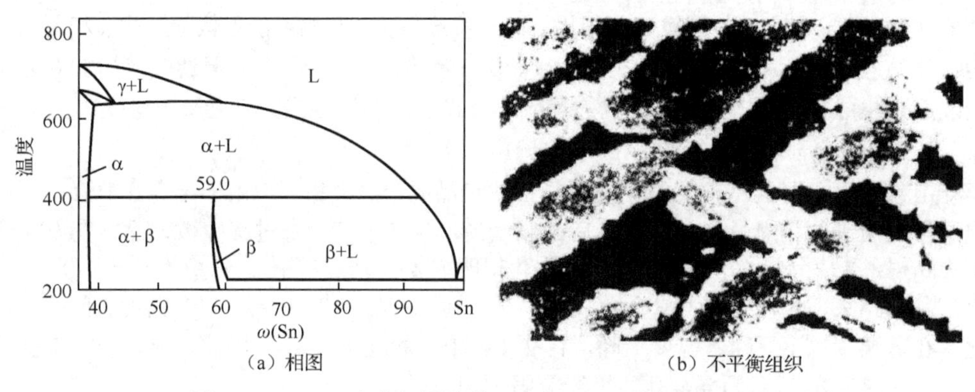

（a）相图　　（b）不平衡组织

图 5-30　Sn-Cu 合金相图及其 ω (Cu)=35%时的不平衡组织

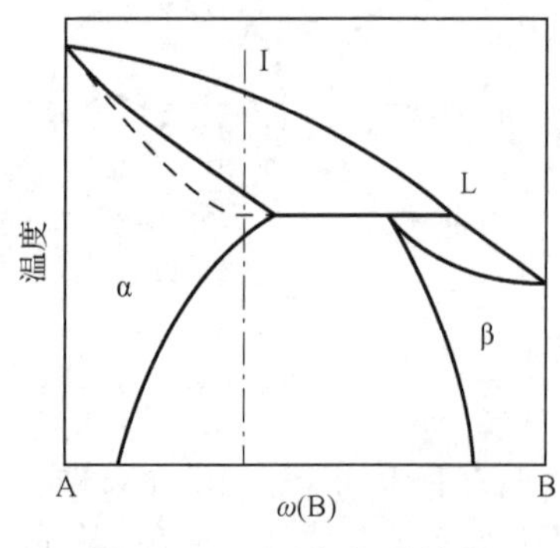

图 5-31　不平衡包晶转变

另外，某些原来不发生包晶反应的合金，如图 5-31 所示的不平衡包晶转变中的合金 I，在快冷条件下，由于初生α相凝固时存在枝晶偏析而使剩余的液相和α相发生包晶反应，所以出现了某些平衡状态下不应出现的相。与非平衡共晶组织一样，包晶转变产生的非平衡组织也可通过扩散退火消除。

5.3.4　溶混间隙相图与调幅分解

在不少的二元合金相图中都有溶混间隙（Miscibility Gap），如 Cu-Pb、Cu-Ni、Au-Ni、Cu-Mn 和二元陶瓷合金中的 NiO-CoO、SiO_2-Al_2O_3 等。图 5-10（f）中的溶混间隙显示了两种液相不相混溶性。溶混间隙也可出现在某一单相固溶区内，表示该单相固溶区在溶混间隙内将分解为成分不同而结构相同的二相。溶混间隙转变可写成 $L\rightarrow L_1+L_2$ 或

$\alpha \to \alpha_1 + \alpha_2$，后者在转变成二相时，其转变方式可有两种：一种是通常的形核长大方式，需要克服形核能垒；另一种是通过没有形核阶段的不稳定分解，称为调幅分解（Spinodal Decomposition）。

在本章相图热力学的相关内容中已说明了组元相互作用参数 Ω 的物理意义，其中当 Ω 大于 0 时，表示 A、B 组元倾向于分别聚集，形成偏聚状态。在 Ω 大于 0 时的自由能-成分曲线中有两个极小值和两个拐点。在两个拐点之间的成分范围内，$\frac{\mathrm{d}^2G}{\mathrm{d}x^2}<0$。根据不同温度下自由能-成分曲线中两个极小值对应的成分，可画出溶混间隙曲线，而由拐点对应的成分可确定拐点迹线（在相图中一般不画出来）。

从自由能-成分曲线可知，在两个极小值之间为热力学不稳定区，该区域的任一成分的固溶体相都会分解成两个成分分别对应两个极小值的相，但是在拐点迹线内和在拐点迹线外的溶混间隙区，分解方式是不同的，前者是自发地分离成两种成分不同的固相，而后者则须克服新相形成的能垒，先形核然后长大。

对于在溶混间隙中拐点迹线内发生调幅分解的原因，可从经调幅分解前后自由能的变化 ΔG 来解释。设母相的成分为 x，分解的两个相成分为 $x+\Delta x$ 及 $x-\Delta x$，则

$$\Delta G = G_{\alpha_1+\alpha_2} - G_{\alpha} \tag{5-16}$$

对式（5-16）用二阶泰勒级数展开，可得

$$\begin{aligned}\Delta G &= \frac{1}{2}[G(x+\Delta x)+G(x-\Delta x)]-G(x)\\ &\approx \frac{1}{2}\left[G(x)+\frac{\mathrm{d}G}{\mathrm{d}x}\Delta x+\frac{\mathrm{d}^2G}{\mathrm{d}x^2}\frac{(\Delta x)^2}{2}+G(x)+\frac{\mathrm{d}G}{\mathrm{d}x}(-\Delta x)+\frac{\mathrm{d}^2G}{\mathrm{d}x^2}\frac{(-\Delta x)^2}{2}\right]-G(x)\\ &= \frac{1}{2}\frac{\mathrm{d}^2G}{\mathrm{d}x^2}(\Delta x)^2\end{aligned} \tag{5-17}$$

由于式（5-17）中的 $(\Delta x)^2$ 恒为正，所以当 $\frac{\mathrm{d}^2G}{\mathrm{d}x^2}>0$ 时，ΔG 为正值。任意小的成分起伏 Δx 都使体系自由能增高，这表明了在拐点迹线以外的溶混间隙区内的母相要分离成成分不同的两相，必须克服新相形成的能垒。但在拐点迹线以内的溶混间隙区，由于 $\Delta G<0$，在此范围内，任意小的成分起伏都能使体系自由能下降，从而使母相不稳定，进行无热力学能垒的调幅分解，由上坡扩散使成分起伏增大，从而直接导致新相形成，即发生调幅分解。

5.3.5　其他类型的二元相图

5.3.5.1　具有化合物的二元相图

在某些二元系中可形成一个或几个化合物，由于它们位于相图中间，故又称中间相。根据化合物的稳定性，可分为稳定化合物和不稳定化合物。所谓稳定化合物是指有确定的熔点，可熔化成与固态相同成分液体的那类化合物；而不稳定化合物不能熔化成与固态相同成分的液体，当加热到一定温度时它会发生分解，转变为两个相。现举例说明两种类型化合物在相图中的特征。

1. 形成稳定化合物（Stable Compound）的相图

没有溶解度的化合物在相图中是一条垂线，可把它看作一个独立组元而把相图分为两个独立部分。图 5-32 所示为 Mg-Si 相图，在 ω(Si)为 36.6%（原子比 33.3%）时形成稳定化合物 Mg_2Si。它具有确定的熔点（1 087℃），熔化后的 Si 含量不变，所以可把稳定化合物 Mg_2Si 看作一个独立组元，把 Mg-Si 相图分成 Mg-Mg_2Si 和 Mg_2Si-Si 两个独立二元相图进行分析。如果所形成的化合物对组元有一定的溶解度，即形成以化合物为基的固溶体，则化合物在相图中有一定的成分范围，图 5-33 所示为 Cd-Sb 相图。图 5-33 中的稳定化合物 β 相有一定的成分范围，若以该化合物熔

点（456℃）对应的成分向横坐标作垂线（如图中虚线），则该垂线可把相图分成两个独立的相图。形成稳定化合物的二元系很多，如其他合金系 Cu-Mg、Fe-P、Mn-Si、Ag-Sr 等，陶瓷系有 Na_2SiO_3-SiO_2、BeO-Al_2O_3、SiO_2-MgO 等。

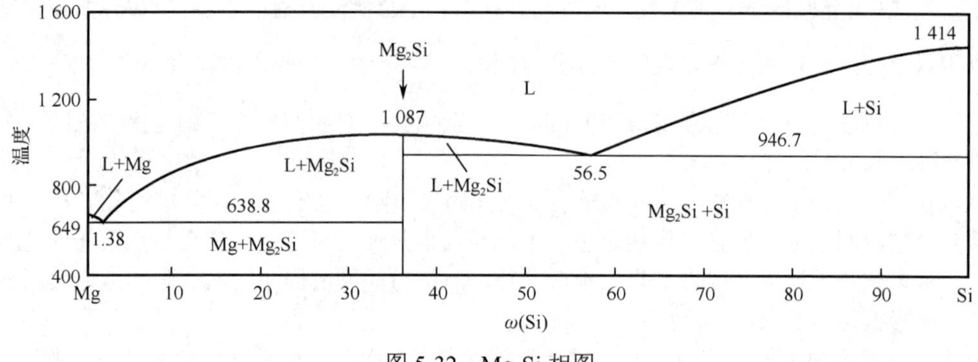

图 5-32 Mg-Si 相图

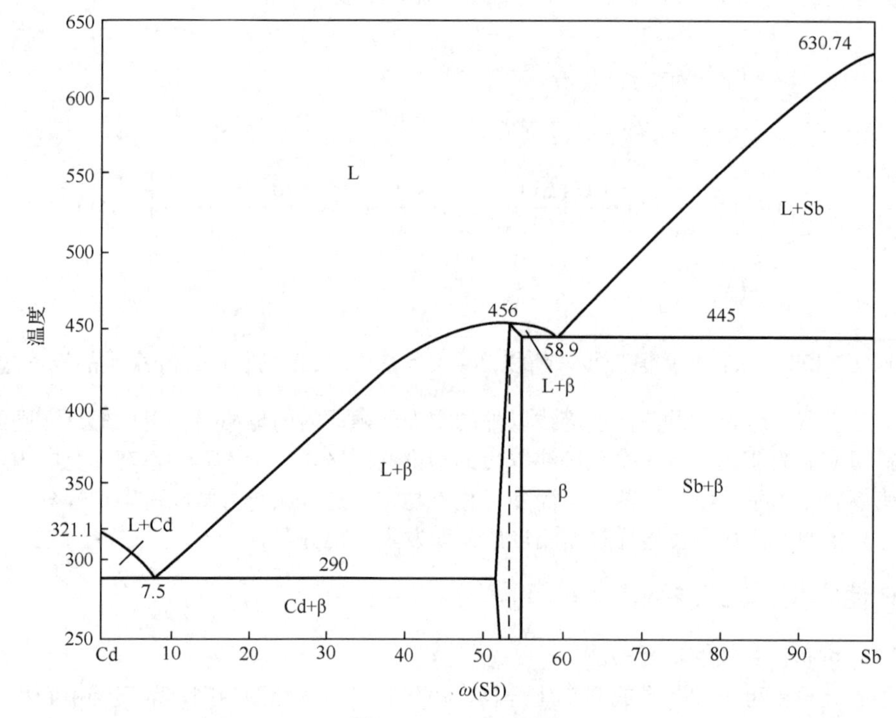

图 5-33 Cd-Sb 相图

2. 形成不稳定化合物（Unstable Compound）的相图

图 5-34 所示为 K-Na 合金相图，它具有不稳定化合物（KNa_2），当 ω (Na)=54.4%时的 K-Na 合金所形成的不稳定化合物被加热到 6.9℃，便会分解为成分与之不同的液相和 Na 晶体，实际上它是由包晶转变 L+Na → KNa_2 得到的。同样，不稳定化合物也可能有一定的溶解度，则在相图上为一个相区。值得注意的是，不稳定化合物无论是处于一条垂线上还是存在于具有一定溶解度的相区中，均不能作为组元而将整个相图划分为两部分。具有不稳定化合物的其他二元合金相图有 Al-Mn、Be-Ce、Mn-P 等，二元陶瓷相图有 SiO_2-MgO、ZrO_2-CaO、BaO-TiO_2 等。

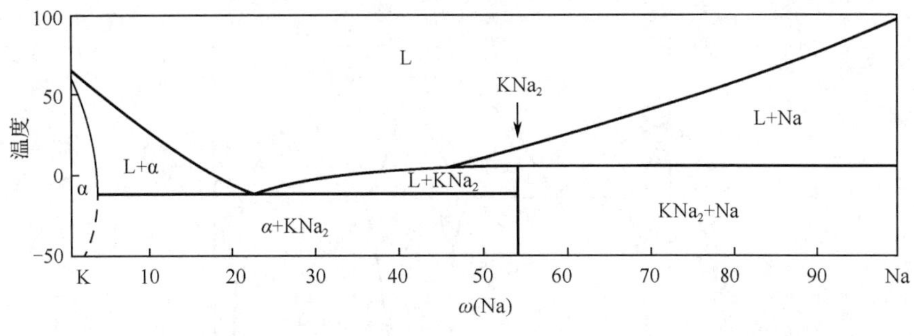

图 5-34　K-Na 相图

5.3.5.2　具有偏晶转变的相图

偏晶转变是由一个液相 L_1 分解为一个固相和另一成分的液相 L_2 的恒温转变。图 5-35 所示为 Cu-Pb 二元相图，在 955℃发生偏晶转变

$$L_{36} \rightarrow Cu + L_{87} \tag{5-18}$$

图中的 955℃等温线称为偏晶线，ω(Pb)=36%的成分点称为偏晶点。326℃等温线为共晶线，由于共晶点 ω(Pb)=99.94%，很接近纯 Pb 组元，所以在该比例相图中无法标出。具有偏晶转变的二元系有 Cu-S、Mn-Pb、Cu-O 等。

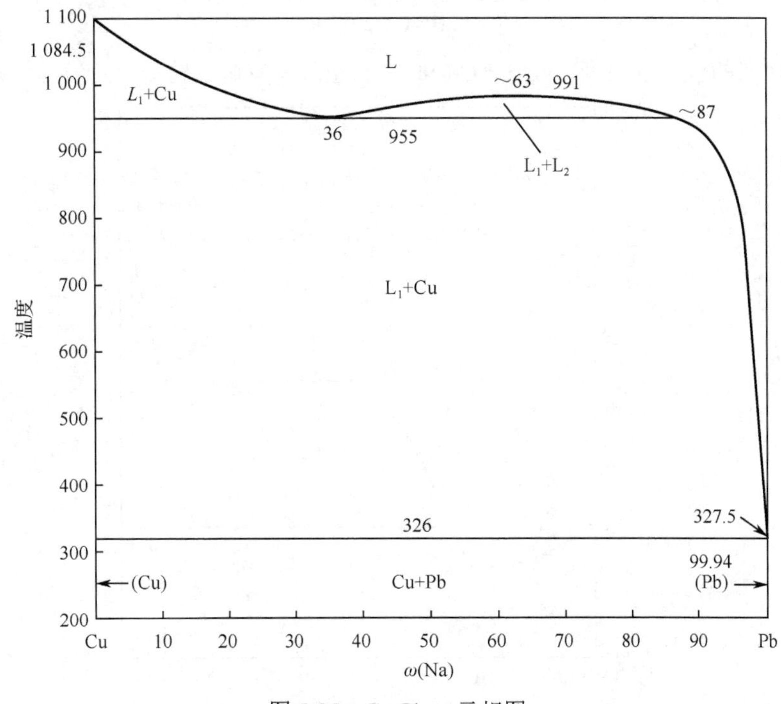

图 5-35　Cu-Pb 二元相图

5.3.5.3　具有合晶转变（Syntectic Reaction）的相图

具有这类转变的合金很少，如 Na-Zn、K-Zn 等。

合晶转变是由两个成分不同的液相 L_1 和 L_2 相互作用形成一个固相的转变。具有合晶转变的相图如图 5-36 所示，在 *asb* 温度线处发生合晶转变

$$L_{1a} + L_{2b} \rightarrow \beta \tag{5-19}$$

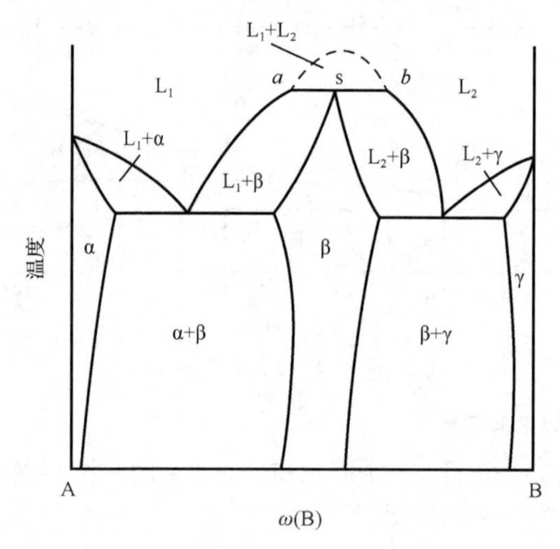

图 5-36 具有合晶转变的相图

5.3.5.4 具有熔晶转变的相图

图 5-37 所示为 Fe-B 二元相图，它是具有熔晶转变的 Fe-B 二元相图。含微量硼的 Fe-B 合金在 1 381℃时，一个固相分解为一个液相和另一个固相，即熔晶转变

$$\delta \rightarrow \gamma + L \tag{5-20}$$

具有熔晶转变的合金也很少，Fe-S、Cu-Sb 等合金系具有熔晶转变。

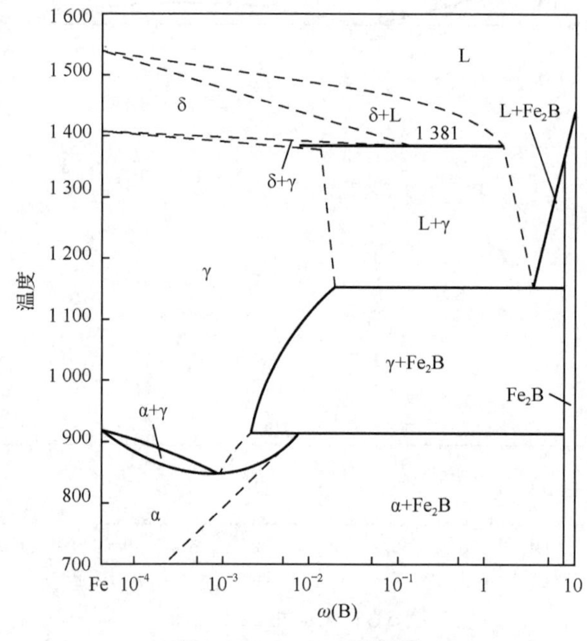

图 5-37 Fe-B 二元相图

5.3.5.5 具有固态转变的二元相图

1. 具有固溶体多晶型转变（Polymorphic Transition）的相图

当体系中组元具有同素（分）异构转变时，则形成的固溶体常常有多晶型转变，或称多形性转变。图 5-38 所示为 Fe-Ti 二元相图。Fe 和 Ti 在固态均发生同素异构转变，故相图在靠近纯钛（Ti）一侧有β（体心立方）→α（密排六方）的固溶体多晶型转变；而在靠近纯铁（Fe）的一侧有α（或δ）→γ→α的固溶体多晶型转变。

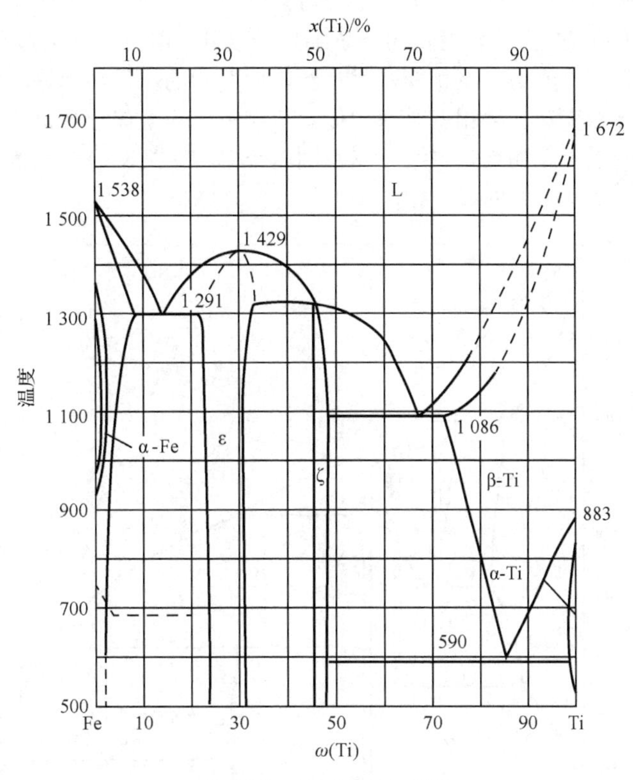

图 5-38　Fe-Ti 二元相图

2. 具有共析转变（Eutectoid Transformation）的相图

共析转变的形式类似共晶转变，是一个固相在恒温下转变为另外两个固相的转变。在图 5-39 所示的 Cu-Sn 相图中存在四个共析恒温转变，它们是

$$\mathrm{IV}:\beta \rightleftharpoons \alpha+\gamma \quad \mathrm{V}:\gamma \rightleftharpoons \alpha+\delta$$

$$\mathrm{VI}:\delta \rightleftharpoons \alpha+\varepsilon \quad \mathrm{VII}:\xi \rightleftharpoons \varepsilon+\delta$$

其中，IV、V、VI、VII 分别为图中的水平线段，各相的名称在图中已标示。

3. 具有包析转变（Peritectoid Transformation）的相图

包析转变类似于包晶转变，为一个固相与另一个固相反应形成第三个固相的恒温转变。在如图 5-39 所示的 Cu-Sn 相图中，有如下两个包析转变

$$\mathrm{VIII}:\gamma+\varepsilon \rightleftharpoons \xi \quad \mathrm{IX}:\gamma+\xi \rightleftharpoons \delta$$

其中，VIII、IX 分别为图中的水平线段。

4. 具有脱溶（Precipitation）过程的相图

固溶体常因温度降低溶解度减小而析出第二相。在如图 5-39 所示的 Cu-Sn 相图中，α 固溶体在 350℃时具有最大的溶解度，其 ω(Sn)为 11%，随着温度降低，溶解度不断减小，冷至室温时 α 固溶体几乎不固溶 Sn。因此，在 350℃以下 α 固溶体在降温过程中要不断地析出 Cu_3Sn，这个过程称为脱溶过程。

5. 具有有序-无序转变（Order Disorder Transition）的相图

有些合金在一定成分和一定温度范围内会发生有序-无序转变。一级相变的无序固溶体转变为有序固溶体时，相图上两个单相区之间应有两相区隔开，图 5-40 所示为 Cu-Au 相图，ω(Au)为 50.8%的 Cu-Au 合金在 390℃以上为无序固溶体，而在 390℃以下形成有序固溶体。二级相变的无序固溶体转变为有序固溶体，则两个固溶体之间没有两相区间隔，而用一条虚线或细直线表示。

在图 5-39 中，$\eta \rightarrow \eta'$ 的无序-有序转变仅用一条细直线隔开，但也有人认为，该转变属一级相变，两者之间应有两相区隔开。所谓一级相变，就是新、旧两相的化学势相等，但化学势的一次偏导数不等的相变；而二级相变定义为相变时两相化学势相等，一次偏导数也相等，但二次偏导数不等。可以证明：在二元系中，如果是二级相变，则两个单相区之间只被一条单线所隔开，即在任一平衡温度和浓度下，两平衡相的成分相同。

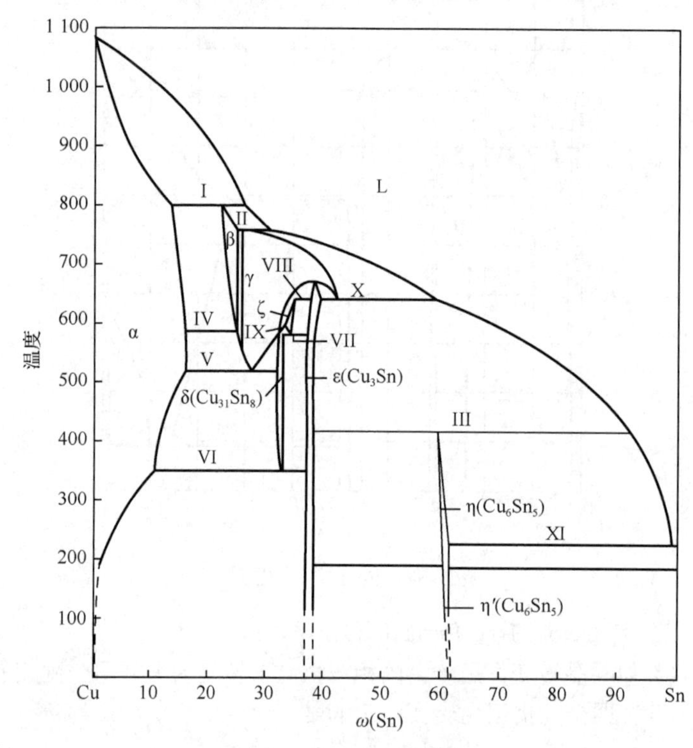

图 5-39　Cu-Sn 相图

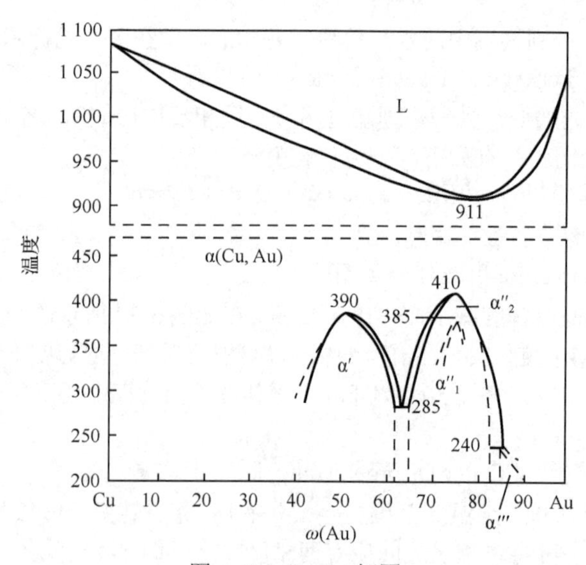

图 5-40　Cu-Au 相图

6. 具有固溶体形成中间相（Intermediate Phases）转变的相图

某些合金所形成的中间相并不是像前述的由两组元的作用直接得到的，而是由固溶体转变的中间相。图 5-41 所示为 Fe-Cr 二元相图。ω (Cr)为 46%的 α 固溶体将在 821℃发生 α→σ 的转变，σ 固溶体是以金属间化合物 FeCr 为基的固溶体。

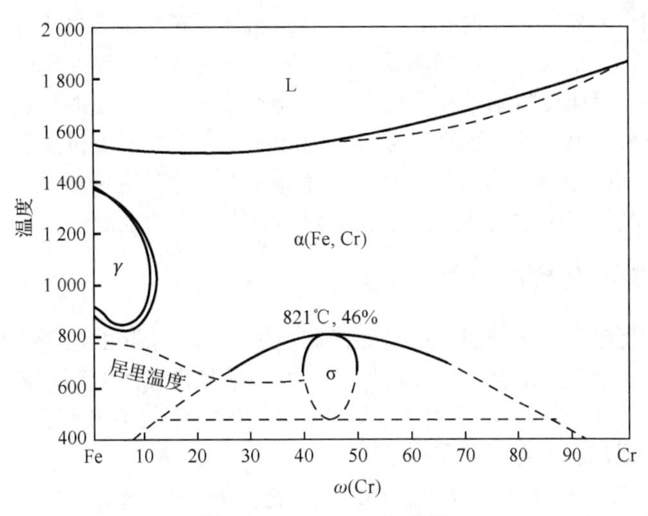

图 5-41　Fe-Cr 二元相图

7. 具有磁性转变（Magnetism Transition）的相图

磁性转变属于二级相变，固溶体或纯组元在高温时为顺磁性，在 T_c 温度以下呈铁磁性，T_c 温度称为居里温度，在相图上一般以虚线表示，如图 5-41 所示。

5.3.6　复杂二元相图的分析方法

复杂二元相图都是由前述的基本相图组合而成的，只要掌握各类相图的特点和转变规律，就能化繁为简。一般的分析方法如下。

（1）先看相图中是否存在稳定化合物，如有，则以这些化合物为界，把相图分成几个区域进行分析。

（2）根据相区接触法则区别各相区。

（3）找出三相共存水平线，分析这些恒温转变的类型。表 5-1 所示为二元系各类三相恒温转变的图形特征，每图中有三个单相区，已标出其中的一个，另外两个则为参与反应的其他两个相，它们可以标在温度水平线的两侧。读者可借此图形特征进行分析。

表 5-1　二元系各类三相恒温转变的图形特征

恒温转变类型		反应型	图形特征	备注
共晶式（分解型）	共晶转变	$L \rightleftharpoons \alpha+\beta$	1	1-L
	共析转变	$\gamma \rightleftharpoons \alpha+\beta$		1-γ
	偏晶转变	$L_1 \rightleftharpoons L_2+\alpha$		1-L_1
	熔晶转变	$\delta \rightleftharpoons L+\alpha$		1-δ
包晶式（合成型）	包晶转变	$L+\beta \rightleftharpoons \alpha$	α	—
	包析转变	$\gamma+\beta \rightleftharpoons \alpha$		—
	合晶转变	$L_1+L_2 \rightleftharpoons \alpha$		—

（4）应用相图分析具体合金随温度改变而发生的相转变和组织变化规律。在单相区，该相的成分与原合金相同；在两相区，不同温度下两相成分分别沿其相界线而变化。根据所研究的温度画出连接线，其两端分别与两条相界相交，由此根据杠杆法则可求出两相的相对量。三相共存时，三个相的成分是固定的，可用杠杆法则求出恒温转变后组成相的相对量。

（5）在应用相图分析实际情况时切记：相图只给出体系在平衡条件下存在的相和相对量，并不能表示出相的形状、大小和分布；相图只表示平衡状态的情况，而实际生产条件下合金和陶瓷很少能达到平衡状态，因此要特别重视它们在非平衡条件下可能出现的相和组织，尤其是陶瓷，其熔体的黏度较合金大，组元的扩散比合金慢，因此许多陶瓷凝固后极易形成非晶体或亚稳相。

（6）由于某种原因，相图的建立可能存在误差和错误，这时可用相律来判断。实际研究中的合金，其原材料的纯度与相图中的不同，这也会影响分析结果的准确性。

5.3.7 根据相图推测合金的性能

合金的性能很大程度上取决于组元的特性及其所形成的合金相的性质和相对量，借助相图所反映出的这些特性和参量来判定合金的使用性能（如力学和物理性能等）和工艺性能（如铸造性能，压力加工性能，热处理性能等），对于实际生产有一定的借鉴作用。

5.3.7.1 根据相图判断合金的使用性能

图 5-42 所示为相图与合金力学性能和物理性能之间的关系。由图 5-42 可知，形成两相机械混合物的合金，其性能是两组成相性能的平均值，即性能与成分呈线性关系。固溶体的性能随合金成分呈曲线变化。当形成稳定化合物（中间相）时，其性能在曲线上出现奇点。另外，在形成机械混合物的合金中，各相的分散度对组织敏感的性能有较大的影响。例如，共晶成分及接近共晶成分的合金，通常它们的组成相细小分散，则其强度、硬度可提高，如图 5-42 中的虚线所示。

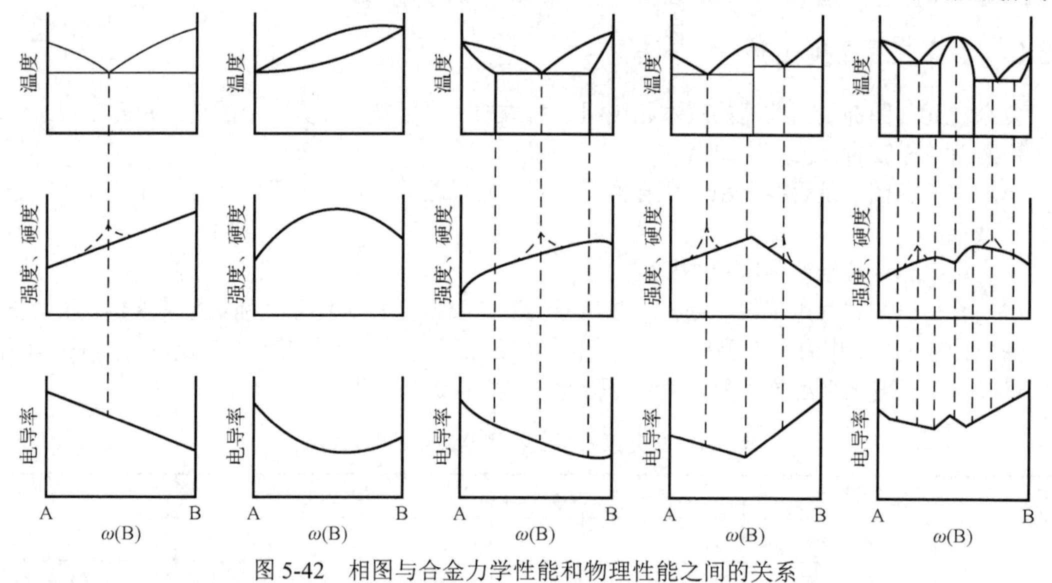

图 5-42 相图与合金力学性能和物理性能之间的关系

5.3.7.2 根据相图判断合金的工艺性能

图 5-43 所示为相图与合金铸造性能的关系。由于共晶合金的熔点低，并且是恒温转变，熔液的流动性好，凝固后容易形成集中缩孔，合金致密，因此铸造合金宜选择接近共晶成分的合金。固溶体合金的流动性差，不如共晶合金和纯金属，而且液相线与固相线间隔越大（结晶温度范围越大），树枝晶越粗大，对合金流动性妨碍严重，由此导致分散缩孔多，合金不致密，而且偏析严重，同时先后结晶区域容易形成成分偏析。

压力加工性能好的合金通常是单相固溶体，因为固溶体的强度低、塑性好、变形均匀；而两相混合物，由于它们的强度不同，变形不均匀，变形大时，两相的界面也易开裂，尤其是存在的脆性中间相对压力加工更为不利，因此需要压力加工的合金通常是取单相固溶体或接近单相固溶体且只含少量第二相的合金。

借助相图能判断合金热处理的可能性。相图中没有固态相变的合金只能进行消除枝晶偏析的扩散退火，不能进行其他热处理；具有同素异构转变的合金可以通过再结晶退火和正火热处理来细化晶粒；具有溶解度变化的合金可通过时效处理方法来强化合金；某些具有共析转变的合金（如各种碳钢），先经加热形成固溶体 γ 相，然后快冷（淬火），则共析转变将被抑制而发生性质不同的非平衡转变，由此获得性能不同的组织。

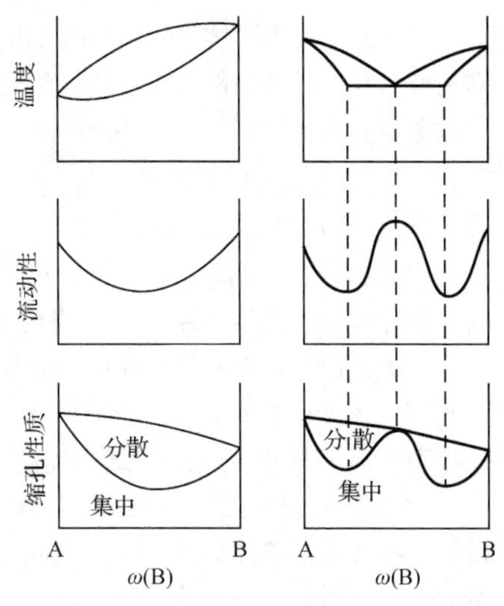

图 5-43　相图与合金铸造性能的关系

5.3.8　铁碳合金的组织及其性能

5.3.8.1　Fe-Fe_3C 相图

碳钢和铸铁是使用最为广泛的金属材料，铁碳相图是研究钢铁材料的组织、性能及热加工和热处理工艺的重要工具。碳在钢铁中可以有四种形式存在：碳原子溶于 α-Fe 形成的固溶体，称为铁素体（体心立方结构）；溶于 γ-Fe 形成的固溶体，称为奥氏体（面心立方结构）；与铁原子形成复杂结构的化合物 Fe_3C（正交点阵），称为渗碳体；也可能以游离态石墨（六方结构）稳定相存在。在通常情况下，铁碳合金是按 Fe-Fe_3C 系进行转变的，其中 Fe_3C 是亚稳相，在一定条件下可以分解为铁和石墨，即 $Fe_3C \rightarrow 3Fe+C$（石墨）。因此，铁碳相图有 Fe-Fe_3C 相图和 Fe-C 相图，通常将两者画在一起，称为铁碳双重相图，如图 5-44 所示。

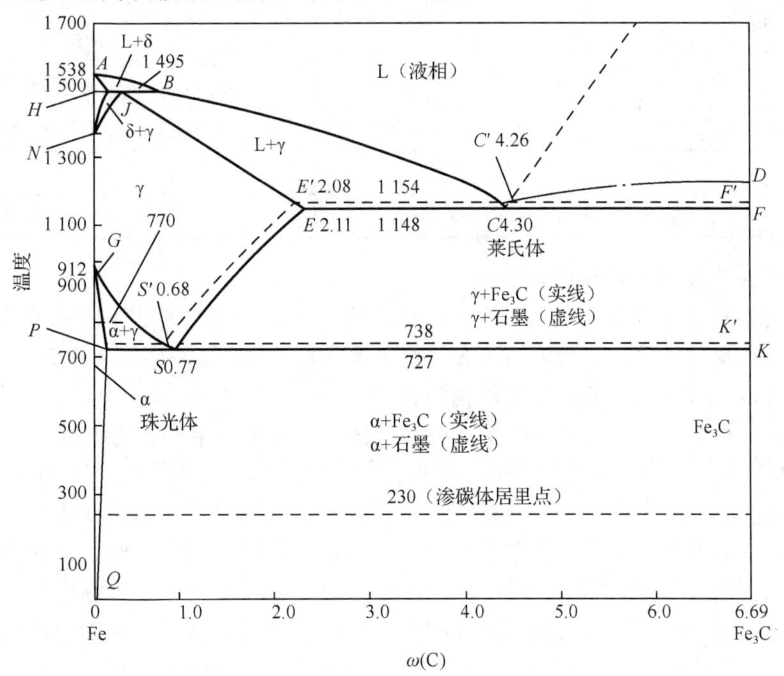

图 5-44　铁碳双重相图

在 $Fe-Fe_3C$ 相图中存在三个三相恒温转变，即在 1 495℃发生包晶转变 $L_B + \delta_H \rightarrow \gamma_J$，转变产物是奥氏体；在 1 148℃发生共晶转变 $L_C \rightarrow \gamma_E + Fe_3C$，转变产物是奥氏体和渗碳体的机械混合物，称为莱氏体；在 727℃发生共析转变 $\gamma_S \rightarrow \alpha_P + Fe_3C$，转变产物是铁素体与渗碳体的机械混合物，称为珠光体。共析转变温度常标为 A1 温度。

此外，在 $Fe-Fe_3C$ 相图中还有三条重要的固态转变线。

（1）*GS* 线。奥氏体中开始析出铁素体（降温时）或铁素体全部溶入奥氏体（升温时）的转变线，常称此温度为 A3 温度，升温时为 Ac3 温度，降温时为 Ar3 温度。

（2）*ES* 线。碳在奥氏体中的溶解度曲线。此温度常称为 Acm 温度，升温时为 Accm 温度，降温时为 Arcm 温度。低于此温度时，奥氏体中将析出渗碳体，称为二次渗碳体，用 Fe_3C_{II}表示，以区别于从液体中经 *CD* 线结晶出的一次渗碳体 Fe_3C_I。

（3）*PQ* 线。碳在铁素体中的溶解度曲线。在 727℃时，碳在铁素体中的最大溶解度为 0.028 1%。因此，铁素体从 727℃冷却时也会析出极少量的渗碳体，称其为三次渗碳体，用 Fe_3C_{III}表示，以区别于上述两种情况产生的渗碳体。

图 5-44 中 770℃的水平线表示铁素体的磁性转变温度，常称为 A2 温度。230℃的水平线表示渗碳体的磁性转变。$Fe-Fe_3C$ 相图中各主要点的温度、含碳量及意义如表 5-2 所示。

表 5-2 $Fe-Fe_3C$ 相图中各主要点的温度，含碳量及意义

点的符号	温度/℃	含碳量 ω (C)	意　义
A	1 538	0	纯铁熔点
B	1 495	0.53%	包晶反应时液态合金的浓度
C	1 148	4.30%	共晶点
E	1 148	2.11%	碳在 γ -Fe 中的最大溶解度
G	912	0	α -Fe、γ -Fe 同素异构转变点（A3）
H	1 495	0.09%	碳在 δ -Fe 中的最大溶解度
J	1 495	0.17%	包晶点
N	1 394	0	α -Fe、δ -Fe 同素异构转变点（A4）
P	727	0.021 8%	碳在 α -Fe 中的最大溶解度
S	727	0.77%	共析点
Q	室温	0.000 8%	碳在 α -Fe 中的溶解度

5.3.8.2 典型铁碳合金的平衡组织

铁碳合金通常可按含碳量及其室温平衡组织分为三大类：工业纯铁、碳钢和铸铁。碳钢和铸铁是按有无共晶转变来区分的，无共晶转变（无莱氏体）的合金称为碳钢。碳钢又分为亚共析钢、共析钢及过共析钢。有共晶转变的合金称为铸铁。

根据 $Fe-Fe_3C$ 相图中获得的不同组织特征将铁碳合金按含碳量划分为七种类型。$Fe-Fe_3C$ 相图中的七种不同组织转变过程分析如图 5-45 所示，它们是：①工业纯铁，$\omega(C)<0.021\,8\%$，*P* 点以左，其室温平衡组织为铁素体，或者铁素体+三次渗碳体；②共析钢，$\omega(C)=0.77\%$，*S* 点位置，其室温平衡组织为珠光体；③亚共析钢，$0.021\,8\%<\omega(C)<0.77\%$，*PS* 之间，其室温平衡组织为先共析铁素体+珠光体；④过共析钢，$0.77\%<\omega(C)<2.11\%$，*PE* 之间，其室温平衡组织为先共析二次渗碳体+珠光体；⑤共晶白口铸铁，$\omega(C)=4.30\%$，*C* 点位置，其室温平衡组织为莱氏体；⑥亚共晶白口铸铁，$2.11\%<\omega(C)<4.30\%$，*EC* 之间，其室温平衡组织为珠光体+二次渗碳体+莱氏体；

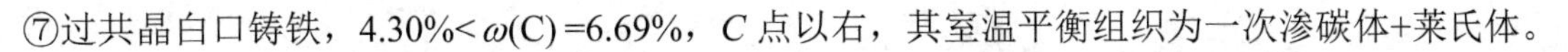

⑦过共晶白口铸铁，4.30%< ω(C) =6.69%，C 点以右，其室温平衡组织为一次渗碳体+莱氏体。

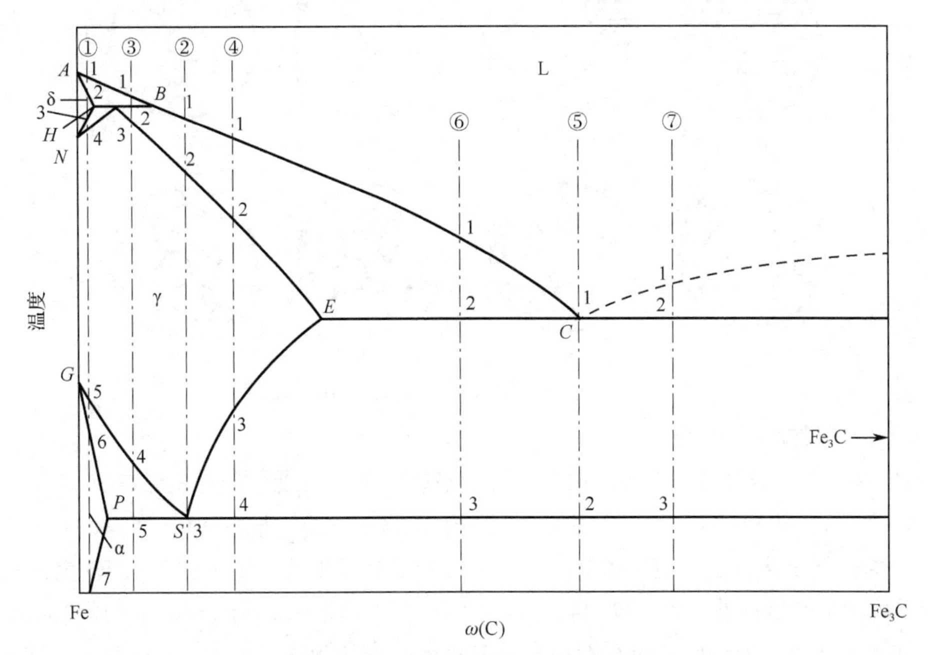

图 5-45　Fe-Fe_3C 相图中的七种不同组织转变过程分析

现从每一类中选择一个合金来分析其平衡转变过程和室温组织。

1.　ω(C) =0.01%的工业纯铁

首先在 ω(C) =0.01%处画一条成分线，如图 5-45 中的成分线①，它与相图的各种相线相交于 1、2、3、4、5、6、7 点，则其各自对应的温度分别为 t_1、t_2、t_3、t_4、t_5、t_6、t_7，其结晶过程简单叙述如下。

当温度下降到 t_1 时，液相中开始析出 δ 相，在 t_1～t_2 之间，合金以液固两相共存，当冷却到 t_2 时，液相全部转变为固相，合金以单 δ 相存在，并一直持续冷却到温度 t_3。随着温度继续下降，到 t_4 前，单 δ 相发生同素异构转变，转变为单 γ 相；到 t_4 时，δ 相全部转变完毕。继续冷却一直到 t_5，合金无变化，仍然保持为单 γ 相。从 t_5 开始，合金继续发生同素异构转变，从 γ 相中开始析出 α 相，下降到 t_6 时，γ 相全部转变为 α 相。在 t_5～t_6 之间，合金呈现为两相共存，在 t_6～t_7 之间，合金则呈现为单 α 相。在 t_7 后，合金将从 α 相中析出 Fe_3C_{III}。在缓慢冷却条件下，这种渗碳体呈断续网状沿铁素体晶界析出。以上随着温度不断下降的结晶过程，可以用以下的符号加以标记并加深理解。

$$L \xrightarrow[L\to\delta]{t_1\sim t_2} L+\delta \xrightarrow{t_2} \delta \xrightarrow[\text{无变化}]{t_2\sim t_3} \delta \xrightarrow[\delta\to\gamma]{t_3\sim t_4} \delta+\gamma \xrightarrow{t_4} \gamma \xrightarrow[\text{无变化}]{t_4\sim t_5} \gamma$$

$$\xrightarrow[\gamma\to\alpha]{t_5\sim t_6} \gamma+\alpha \xrightarrow{t_6} \alpha \xrightarrow[\text{无变化}]{t_6\sim t_7} \alpha \xrightarrow[\alpha\to Fe_3C_{III}]{t>t_7} \alpha+Fe_3C_{III}$$

ω(C) =0.01%的工业纯铁结晶示意图如图 5-46 所示，其常温下的组织为以铁素体为基体，在铁素体晶粒之间的晶界上分布着断续网状的三次渗碳体。

合金在室温下析出的三次渗碳体的量可由杠杆定律算出。

$$\omega(Fe_3C_{III}) = \frac{0.01-0.000\,8}{6.69-0.000\,8}\times 100\% \approx \frac{0.01-0}{6.69-0}\times 100\% \approx 0.15\% \tag{5-21}$$

这个说明三次渗碳体的量很少。

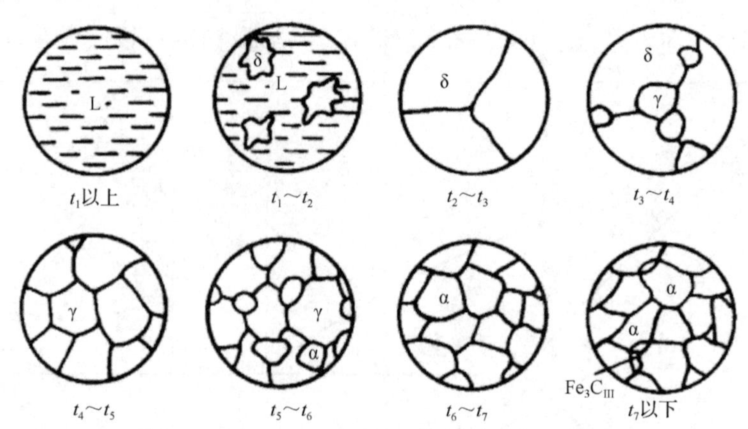

图 5-46　ω(C) =0.01%的工业纯铁结晶示意图

2. ω(C) =0.77%的共析钢

结合图 5-45 中的成分线②，其结晶过程可以借助以下标记进行分析和理解。

$$L_{0.77} \xrightarrow[L\to\gamma]{t_1\sim t_2} L+\gamma \xrightarrow{t_2} \gamma_{0.77} \xrightarrow[\text{无变化}]{t_2\sim t_3} \gamma_{0.77} \xrightarrow[\gamma_{0.77}\rightleftharpoons(\alpha_{0.0218}+Fe_3C)]{t_3=727℃} (\alpha+Fe_3C)$$

合金经匀晶转变全部变为奥氏体（γ）后，在 727℃时发生共析转变，转变产物为铁素体（α）和渗碳体（Fe_3C）的机械混合物，我们称之为珠光体（P）。珠光体中有呈现为层片状的 Fe_3C 时为片状珠光体。经适当热处理后，Fe_3C 可以呈球粒状分布在珠光体基体上，此种类型的珠光体我们称之为球状（或粒状）珠光体。

3. ω(C) =0.40%的亚共析钢

结合图 5-45 中的成分线③，合金在 1、2 两点间按匀晶转变结晶出δ固溶体。冷却至 2 点（1 495 ℃）时发生包晶反应：$L_{0.53}+\delta_{0.09}\to\gamma_{0.17}$。由于合金的碳含量大于包晶点的成分（0.17%），所以包晶转变结束后，还有剩余液相。在 2、3 两点间，液相继续凝固成奥氏体，温度降至 3 点，合金全部由 ω(C) =0.40%的奥氏体组成，继续冷却，单相奥氏体不变，直至冷至 4 点时，开始析出铁素体。随着温度下降，铁素体不断增多，其含碳量沿 *GP* 线变化，而剩余奥氏体的含碳量则沿 *GS* 线变化。当温度达到 5 点（727℃）时，剩余奥氏体的 ω(C) 达到 0.77%，发生共析转变形成珠光体。在 5 点以下，先共析，铁素体中将析出三次渗碳体，但其数量很少，一般可忽略。亚共析钢的室温组织由先共析铁素体和珠光体组成，而且随着碳含量增多，其珠光体的含量也随之增加。设亚共析钢的含碳量为 c，利用杠杆定律可以推算珠光体的质量百分数 ω_P 为

$$\omega_P=\frac{c-0.0218}{0.77-0.0218}\times100\%\approx\frac{c}{0.8} \tag{5-22}$$

利用式（5-22）可方便地估算出亚共析钢中珠光体的质量百分数。若忽略珠光体与铁素体密度的差别，也可以根据组织中珠光体所占的面积百分比，反推出亚共析钢的碳含量 c。图 5-47（a）、（b）、（c）分别为碳含量为 0.2%、0.4%、0.6%的亚共析钢室温组织，图中白色的为铁素体组织，黑色的为珠光体组织。

合金中相的相对含量则为

$$\omega_\alpha=\frac{6.69-c}{6.69-0.0218}\times100\%$$

$$\omega_{Fe_3C}=\frac{c-0.0218}{6.69-0.0218}\times100\%$$

4. ω(C) =1.20%的过共析钢

结合图 5-45 中的成分线④，其结晶过程可以借助以下标记进行分析和理解。

$$L \xrightarrow[L\rightarrow\gamma]{t_1\sim t_2} L+\gamma \xrightarrow{t_2} \gamma \xrightarrow[\text{无变化}]{t_2\sim t_3} \gamma \xrightarrow[\gamma\rightarrow Fe_3C_{II}]{t_3\sim t_4} \gamma+Fe_3C_{II} \xrightarrow[\gamma\rightleftharpoons P]{t_4=727℃} P+Fe_3C_{II}$$

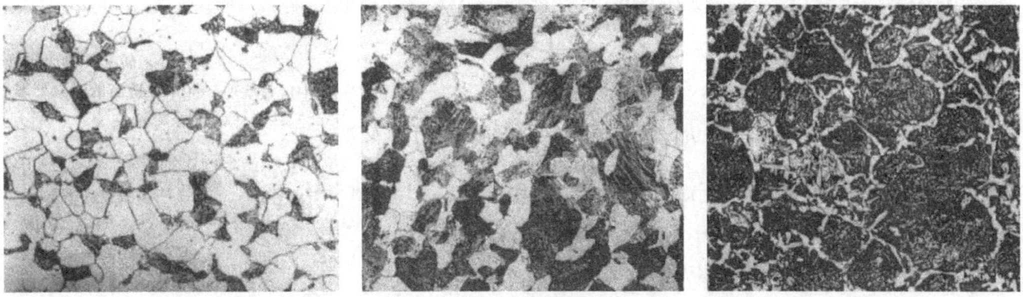

（a）0.2%　　（b）0.4%　　（c）0.6%

图 5-47　亚共析钢的室温组织

在过共析钢中，由奥氏体析出的渗碳体呈网状分布在奥氏体晶界上，而剩余的奥氏体在 727℃发生共析转变后形成珠光体，最后得到的室温组织为网状二次渗碳体（Fe_3C_{II}）和珠光体。二次渗碳体的量随含碳量的增加而增多，且在 $\omega(C)=2.11\%$时达到最大值，用杠杆定律计算，可得二次渗碳体的最大值为 22.6%。

5. $\omega(C)=4.30\%$共晶白口铸铁

结合图 5-45 中的成分线⑤，其结晶过程可以借助以下标记进行分析和理解。

$$L_{4.3} \xrightarrow[L_{4.3}\rightleftharpoons L_d]{1148℃} L_d \xrightarrow[\gamma\rightarrow Fe_3C_{II}]{t_1\sim t_2} \gamma+Fe_3C_{II}Fe_3C_{\text{共晶}} \xrightarrow[\gamma\rightleftharpoons P]{727℃} L'_d(P+Fe_3C_{II}+Fe_3C_{\text{共晶}})$$

在 1 148℃时发生共晶转变，转变完成后的产物为奥氏体和共晶渗碳体（$Fe_3C_{\text{共晶}}$）的机械混合物，我们称之为高温莱氏体，用 L_d 表示。共晶反应完成后，随着温度继续下降，共晶奥氏体中不断析出二次渗碳体，它通常依附在共晶渗碳体上。在 727℃时奥氏体转变为珠光体，所以最后得到的组织由珠光体、二次渗碳体和共晶渗碳体组成，此组织称为室温莱氏体或变态莱氏体，它保留了高温莱氏体的形貌，只是组成相中的奥氏体转变为了珠光体。

6. $\omega(C)=3.0\%$的亚共晶白口铸铁

$\omega(C)=3.0\%$的亚共晶白口铸铁在缓慢冷却过程中的变化较为复杂，结合图 5-45 中的成分线⑥，其结晶过程可以借助以下标记进行分析和理解。

$$L \xrightarrow[L\rightarrow\gamma]{t_1\sim t_2} L+\gamma \xrightarrow[L_{4.3}\rightleftharpoons L_d]{t_2=1148℃} \gamma_{2.11}+L_d \xrightarrow[\gamma\rightarrow Fe_3C_{II}]{t_2\sim t_3} \gamma+Fe_3C_{II}+L_d \xrightarrow[\substack{\gamma_{0.77}\rightleftharpoons P\\ L_d\rightarrow L'_d}]{t_3=727℃} P+Fe_3C_{II}+L'_d$$

亚共晶的铁碳合金在结晶开始有一个先共晶奥氏体的析出过程，当温度下降到 1 148℃时，合金分解为两部分，即 $\omega(C)=2.11\%$的奥氏体和 $\omega(C)=4.3\%$的液相。在随后的冷却过程中，$\omega(C)=4.3\%$的液相在 1 148℃发生共晶转变，成为莱氏体，然后在 727℃发生共析转变，成为低温莱氏体；而 $\omega(C)=2.11\%$的先共晶奥氏体，从 1 148℃降温时，其成分沿 ES 线变化不断析出二次渗碳体，最后成为 $P+Fe_3C_{II}$，合金的组织最终为 $P+Fe_3C_{II}+L'_d$。

根据杠杆定律计算该铸铁中组织组成物的质量分数为

$$\omega(L'_d)=\frac{3.0-2.11}{4.3-2.11}\times100\%=40.6\% \tag{5-23}$$

$$\omega(P)=\frac{4.3-3.0}{4.3-2.11}\times\frac{6.69-2.11}{6.69-0.77}\times100\%=46\% \tag{5-24}$$

$$\omega(Fe_3C_{II})=\frac{4.3-3.0}{4.3-2.11}\times\frac{2.11-0.77}{6.69-0.77}\times100\%=13.4\% \tag{5-25}$$

7. $\omega(C)=5.0\%$的过共晶白口铸铁

结合图 5-45 中的成分线⑦，其结晶过程可以借助以下标记进行分析和理解。

$$L \xrightarrow[L \to Fe_3C_I]{t_1 \sim t_2} L + Fe_3C_I \xrightarrow[L_{4.3} \rightleftharpoons L_d]{t_2 = 1148℃} L_d + Fe_3C_I \xrightarrow[L_d中\gamma析出Fe_3C_{II}]{t_2 \sim t_3} L_d + Fe_3C_I \xrightarrow[\gamma_{0.77} \rightleftharpoons P]{t_3 = 727℃} L'_d + Fe_3C_I$$

其室温组织为$L'_d + Fe_3C_I$，各组织组成物的质量分数为

$$\omega(L'_d) = \frac{6.69 - 5.0}{6.69 - 4.3} \times 100\% \approx 71\% \tag{5-26}$$

$$\omega(Fe_3C_I) = \frac{5.0 - 4.3}{6.69 - 4.3} \times 100\% \approx 29\% \tag{5-27}$$

亚共晶、共晶、过共晶的室温组织分别如图 5-48（a）、图 5-48（b）、图 5-48（c）所示。

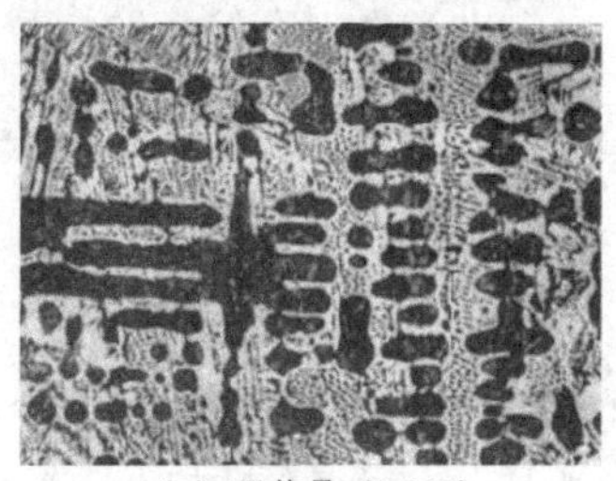

（a）亚共晶（3.0%）

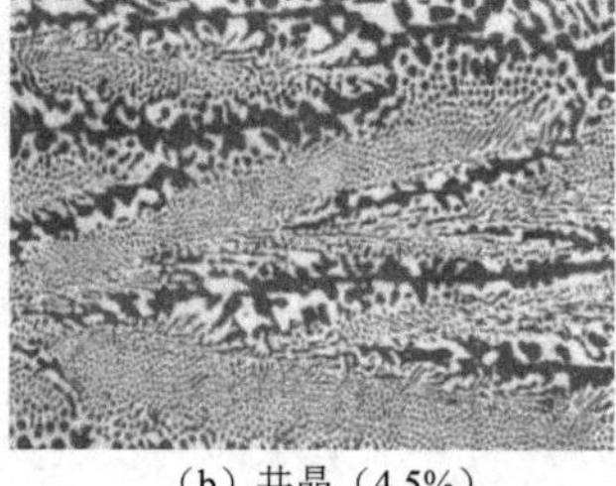

（b）共晶（4.5%）

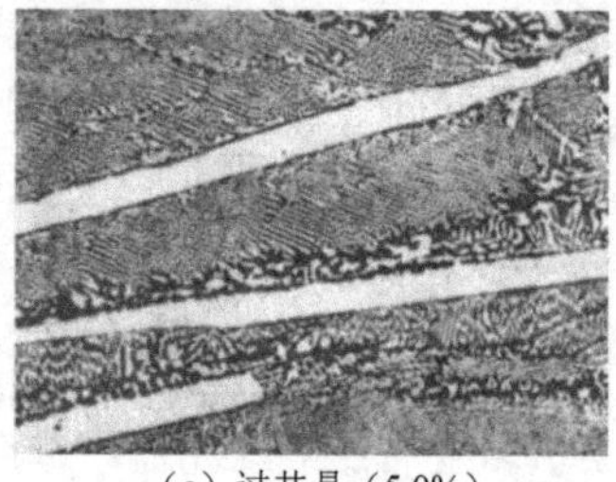

（c）过共晶（5.0%）

图 5-48　不同碳含量的铸铁室温组织

根据以上对各种铁碳合金转变过程的分析，可将铁碳合金相图中的相区按组织加以标注。按组织分区的铁碳合金相图如图 5-49 所示。

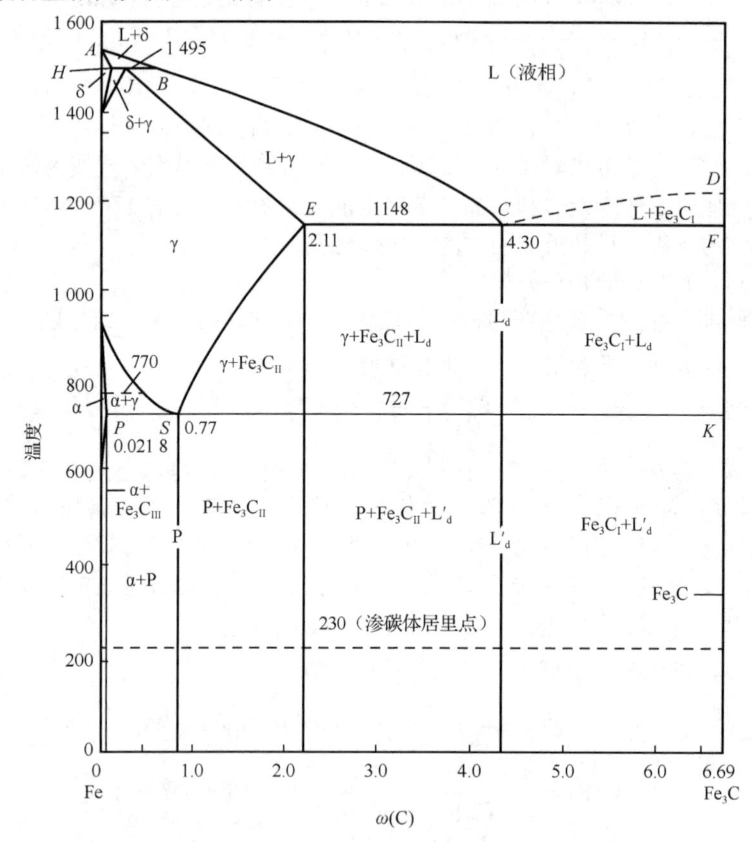

图 5-49　按组织分区的铁碳合金相图

从图 5-49 可以看出，随着含碳量的增加，铁碳合金的组织将逐渐发生以下变化。

$$\alpha + Fe_3C_{III} \to \alpha + P（珠光体）\to P \to P + Fe_3C_{II} \to P + Fe_3C_{II} + L'_d \to L'_d \to Fe_3C_I + L'_d$$

从相组成角度考虑，铁碳合金在室温下的平衡组织皆由铁素体和渗碳体两相所组成。当碳含量为零时，合金为单一铁素体，随着含碳量增加，渗碳体则由零增加，与此同时，其形态也发生如下变化。

Fe_3C_{III}(薄片状)→共析Fe_3C（层状片）→Fe_3C_{II}(网状)→共晶Fe_3C（连续基体）→Fe_3C_I(粗片状大)

含碳量对钢的力学性能的影响主要是通过改变显微组织及其组织中各组成相的相对量来实现的。铁碳合金的室温平衡组织均由铁素体和渗碳体两相组成，铁素体是软韧相，而渗碳体是硬脆相。珠光体由铁素体和渗碳体组成。珠光体的强度比铁素体高，比渗碳体低，而珠光体的塑性和韧性比铁素体低，而比渗碳体高，而且珠光体的强度随珠光体的层片间距减小而提高。

在钢中渗碳体是一个强化相。如果合金的基体是铁素体，则随着含碳量的增加，渗碳体也逐渐增多，而合金的强度逐渐变大。但若渗碳体这种脆性相分布在晶界上，特别是形成连续的网状分布时，则合金的塑性和韧性会显著下降。例如，当ω(C)>1%时，因二次渗碳体的数量增多而呈连续的网状分布，致使钢具有很大的脆性，塑性很低，抗拉强度也随之降低。当渗碳体成为基体时（如白口铁中），则合金硬而脆。

5.4　二元合金的凝固理论

液态合金的凝固过程除了遵循金属结晶的一般规律，由于二元合金中第二组元的加入，溶质原子要在液、固两相中发生重新分布，这对合金的凝固方式和晶体的生长形态将产生重要影响，而且会引起宏观偏析和微观偏析。本节主要讨论二元合金在匀晶转变和共晶转变中的凝固理论，在这基础上，简述合金铸锭（件）的组织与缺陷。

5.4.1　固溶体的凝固理论

5.4.1.1　正常凝固

合金凝固时要发生溶质的重新分布，重新分布的程度可用平衡分配系数k_0表示。k_0为平衡凝固时固相的质量分数ω_S和液相的质量分数ω_L之比，即

$$k_0=\frac{\omega_S}{\omega_L} \tag{5-28}$$

图 5-50 所示为k_0的两种情况。图 5-50（a）是$k_0<1$的情况，也就是随着溶质增加，合金凝固的开始温度和终结温度降低；反之，随着溶质的增加，合金凝固的开始温度和终结温度升高，此时$k_0>1$。k_0越接近 1，表示该合金凝固时重新分布的溶质成分与原合金成分越接近，即重新分布的程度越小。当固、液相线假定为直线时，用几何方法不难证明k_0为常数。

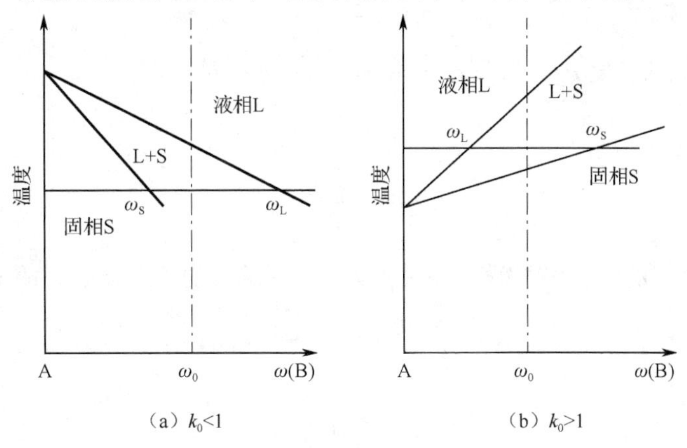

图 5-50　k_0的两种情况

将成分为ω_0的单相固溶体合金的熔液置于圆棒形锭子内，由左向右定向凝固，如图 5-51（a）所示，在平衡凝固条件下，则在任何时间已凝固的固相成分是均匀的，其对应该温度下的固相线成分。凝固终结时的固相成分就变成ω_0的原合金成分，合金相图如图 5-51（b）所示。

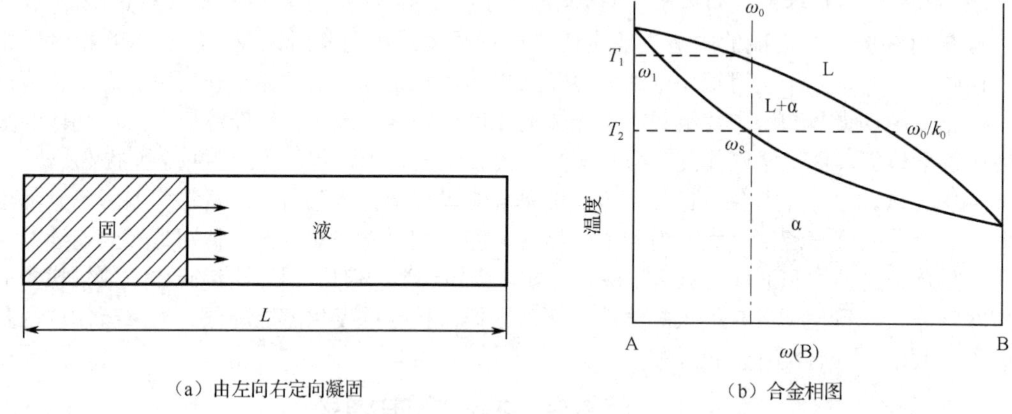

（a）由左向右定向凝固　　（b）合金相图

图 5-51　圆棒形锭子凝固示意图

但在非平衡凝固时，已凝固的固相成分随着凝固的先后而变化，即随凝固距离x而变化。现以五个假设条件来推导固溶体非平衡凝固时质量浓度ρ_S随凝固距离变化的解析式：

① 液相成分任何时候都是均匀的；

② 液-固界面是平直的；

③ 液-固界面处维持着这种局部的平衡，即在界面处满足k_0为常数的条件；

④ 忽略固相内的扩散；

⑤ 固相和液相密度相同。

不失一般性，设圆棒的截面积为 1，长度为L。设在液固-界面前沿取 dx 的液体发生凝固，如图 5-52（a）中所示的阴影区，其溶质的质量为 dM（$\rho_L dx$），如图 5-52（b）中所示的阴影区，其凝固后的溶质质量为图 5-52（c）中所示的两个区之和，即凝固后固相的溶质质量（阴影区$\rho_S dx$）及因液相平均浓度增大而增加的溶质质量［右上的小矩形，$d\rho_L(L-x-dx)$］之和。所以，有

$$\rho_L dx = \rho_S dx + d\rho_L (L - x - dx) \tag{5-29}$$

式中，ρ_L和ρ_S分别为液相和固相的质量浓度。

将式（5-29）展开，并忽略高阶小量$d\rho_L dx$，整理得

$$d\rho_L = \frac{(\rho_L - \rho_S)dx}{L - x} \tag{5-30}$$

两边同除以液相的密度ρ_L，因假设固相与液相密度相同，故

$$\frac{\rho_S}{\rho_L} = \frac{\omega_S}{\omega_L} = k_0 \tag{5-31}$$

$$\frac{d\rho_L}{\rho_L} = \frac{1 - k_0}{L - x}dx \tag{5-32}$$

两边同时积分，因最初结晶的液相质量浓度为ρ_0（原合金的质量浓度），故积分下限为ρ_0，得

$$\int_{\rho_0}^{\rho_L} \frac{d\rho_L}{\rho_L} = \int_0^x \frac{1 - k_0}{L - x}dx \tag{5-33}$$

$$\rho_L = \rho_0 \left(1 - \frac{x}{L}\right)^{k_0 - 1} \tag{5-34}$$

它表示了液相质量浓度随凝固距离的变化规律。由于 $\rho_L = \dfrac{\rho_S}{k_0}$，所以

$$\rho_S = \rho_0 k_0 \left(1 - \frac{x}{L}\right)^{k_0 - 1} \tag{5-35}$$

此式称为正常凝固方程，它表示了固相质量浓度随凝固距离的变化规律。

固溶体经正常凝固后，整个锭子的质量浓度分布（k_0<1）如图 5-53 所示，这符合一般铸锭中浓度的分布情况，因此称为正常凝固。这种溶质质量浓度由铸锭表面向中心逐渐增加的不均匀分布称为正偏析，它是宏观偏析的一种，这种偏析通过扩散退火也难以消除。

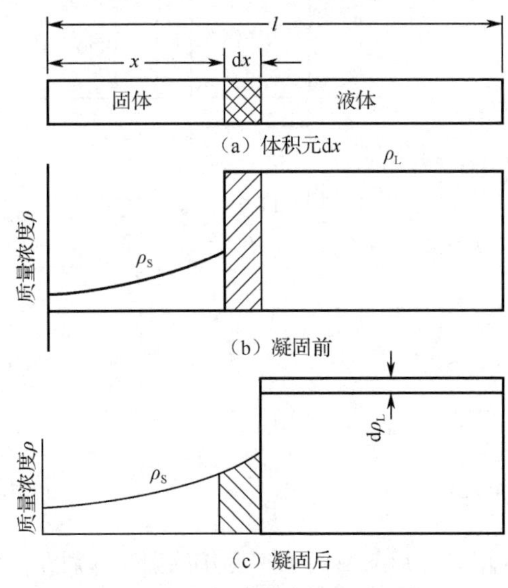

图 5-52　凝固模型及溶质分布

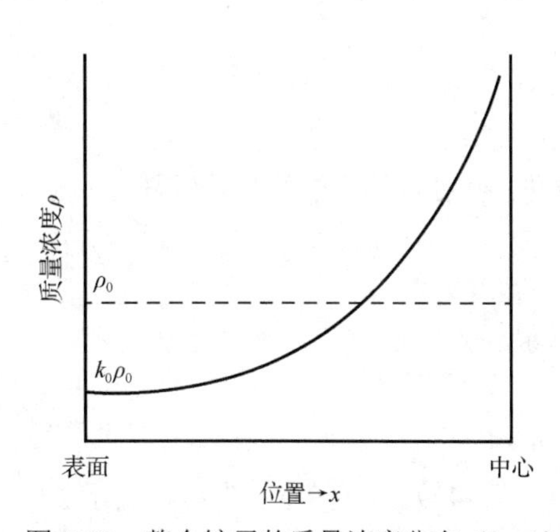

图 5-53　整个锭子的质量浓度分布（k_0<1）

5.4.1.2　区域熔炼

前述的正常凝固是把质量浓度为 ρ_0 的固溶体合金整体熔化后进行定向凝固，如果该合金通过由左向右不断地进行局部熔化，那么经过这种区域熔炼的固溶体合金，其溶质质量浓度随距离的变化又如何？下面将推导经一次区域熔炼后，它的溶质质量浓度随凝固距离变化的数学表达式。

区域熔炼的装置简图如图 5-54（a）所示，宽度为 l 的加热器把固体熔化后由左至右移动，这样移出的熔区将冷却凝固，而移入加热器的未熔固体将受到加热熔化而成为熔区的一部分。推导用数学物理模型如图 5-54（b）所示，假设条件与正常凝固方程一样。同样设原材料质量浓度为 ρ_0，均匀分布于整个圆棒中。同时又假设横截面面积 A=1，熔区右移 dx，所以微元段 dx 所对应的体积为 Adx=dx，假设加热器内的溶质质量为 m，则

$$\rho_L = \frac{\text{液体中的溶质质量}}{\text{液体体积}} = \frac{m}{1 \times l} = \frac{m}{l}$$

$$\rho_S = \rho_L k_0 = \frac{k_0 m}{l} \tag{5-36}$$

当熔区前进 dx 后，液体（熔区）中溶质质量的增量为

$$\mathrm{d}m = m\,|_{x=x+\mathrm{d}x} - m\,|_{x=x} = \rho_0 \mathrm{d}x - \rho_s \mathrm{d}x = \left(\rho_0 - \frac{k_0 m}{l}\right)\mathrm{d}x \tag{5-37}$$

移项后积分，得

$$\int \frac{\mathrm{d}m}{\rho_0 - \frac{k_0 m}{l}} = \int \mathrm{d}x \tag{5-38}$$

$$\left(-\frac{l}{k_0}\right)\ln\left(\rho_0 - \frac{k_0 m}{l}\right) = x + A \tag{5-39}$$

式中，A 为待定常数。

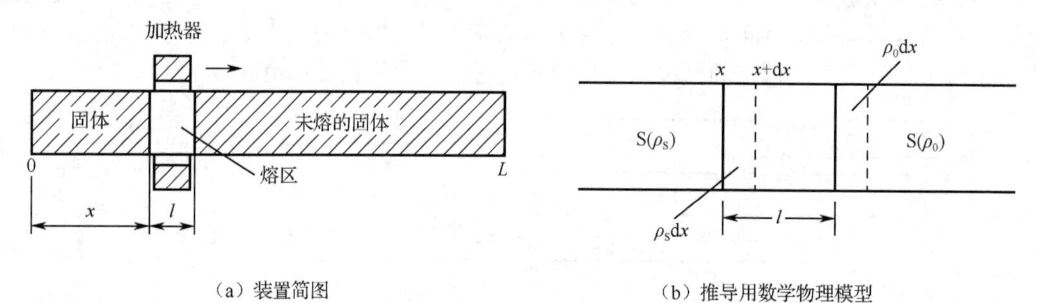

（a）装置简图　　（b）推导用数学物理模型

图 5-54　区域熔炼

在 x=0 处，熔区中的溶质质量 $m = \rho_0 l$，所以

$$A = -\frac{l}{k_0}\ln\rho_0(1-k_0) \tag{5-40}$$

将 A 代入式（5-39）中，整理可得

$$\rho_S = \rho_0\left[1-(1-k_0)\mathrm{e}^{-\frac{k_0 x}{l}}\right] \tag{5-41}$$

式（5-41）为区域熔炼方程，表示了经一次区域熔炼后随凝固距离变化的固溶体质量浓度。

式（5-41）不能用于计算大于一次（n>1）的区域熔炼后的溶质分布，因为经一次区域熔炼后，圆棒的成分不再是均匀的。式（5-41）也不能用于最后一个熔区，原因是最后一个熔区再前进 dx，熔料的长度小于熔区宽度 l，则不能获得 dm 的表达式。

图 5-55 所示为多次区域熔炼后（n>1）溶质分布的示意图。由图 5-55 可知，当 k_0<1 时，凝固前端部分的溶质质量浓度不断降低，后端部分不断富集，这使固溶体经区域熔炼后的前端部分因溶质减少而得到提纯，因此区域熔炼又称区域提纯。根据劳特（Lord）推导的结果，当 k_0=0.1 时，经 8 次提纯后，在 8 个熔区长度内的溶质比提纯前降低了 10^4～10^6 倍。目前很多纯材料由区域提纯来获得，如将锗经区域提纯，可使一千万个锗原子中只含小于一个的杂质原子，它可作为半导体整流器的元件材料。

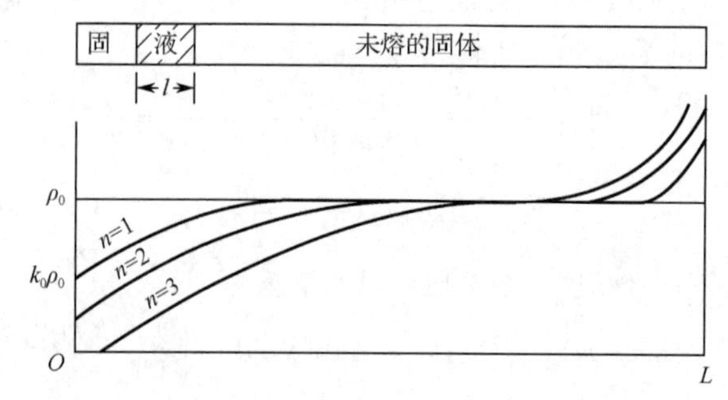

图 5-55　多次区域熔炼后（n >1）溶质分布的示意图

区域提纯是应用固溶体凝固理论的一个突出成就，区域熔化可通过固定的感应加热器加热及

移动圆棒来实现。多次区域提纯的方法很简单，只要在图 5-54（a）所示的装置中相隔一定距离平行地安装上多个感应加热器，再将需提纯的圆棒定向慢慢水平移动即可。

从原理上说，正常凝固也能起到提纯的作用，由于正常凝固是把整个合金熔化，就会破坏前次提纯的效果，因此用正常凝固方法提纯固溶体远不如用区域熔炼方法效率高且效果好。

5.4.1.3　表征液体混合程度的有效分配系数 k_e

在推导正常凝固方程和区域提纯方程时，都采用了液体浓度是均匀的这一假设，这通常是合理的。因为液体可通过扩散和对流两种途径（尤其是对流）使溶质在液体中均匀分布，然而在实际中这个假设是个非常严格的约束。

合金凝固时，液态合金因具有低黏度和高密度而存在自然对流，使液体倾向于浓度均匀化；但是液体流动时的一个基本特性却部分地妨碍了对流的作用。我们知道，当液体以低速流过一根水管时，液体中的每一点都平行于管壁流动，这称为层流。流速在管中心最大，并按抛物线规律向管壁降低，直至管壁处的液体流速为零为止。因此，在管壁处总是存在着一个很薄的层流液体的边界层。这样的边界层在液-固界面处的液体中也同样存在，它阻碍了液体浓度的均匀化。凝固时，液-固界面上的溶质将从固体中连续不断地排入液体。为了得到均匀的液体浓度，这些溶质必须快速地在整个液体中传输。在界面处的边界层中，由于层流平行于界面，故在界面的法线方向上不可能出现对流传输，溶质只能通过缓慢的扩散方式穿过边界层才能传输到对流液体中去。于是在边界层区域中获得了溶质的聚集，如图 5-56（a）中的虚线所示，在边界层以外，通过对流可使液体质量浓度快速均匀化，其质量浓度为 $(\rho_L)_B$。由于在界面上达到局部平衡，故 $(\rho_S)_i=k_0(\rho_L)_i$（式中采用质量浓度，并假设固相和液相的密度相同）。

由此可见，溶质的聚集使 $(\rho_L)_i$ 迅速上升，必使 $(\rho_S)_i$ 也迅速上升，因此固体浓度的上升要比不存在溶质聚集时快，如图 5-56（a）所示。随着溶质的不断聚集，边界层的浓度梯度也随之增大，于是通过扩散方式穿越边界层的传输速度提高，直至由界面处固体中排入边界层中溶质的量与从边界层扩散到对流液体中溶质的量相等时，聚集才停止上升，于是 $(\rho_L)_i/(\rho_L)_B$ 为常数。发生聚集的区域称为初始瞬态，或初始过渡区，溶质聚集初始过渡区如图 5-56（b）所示。

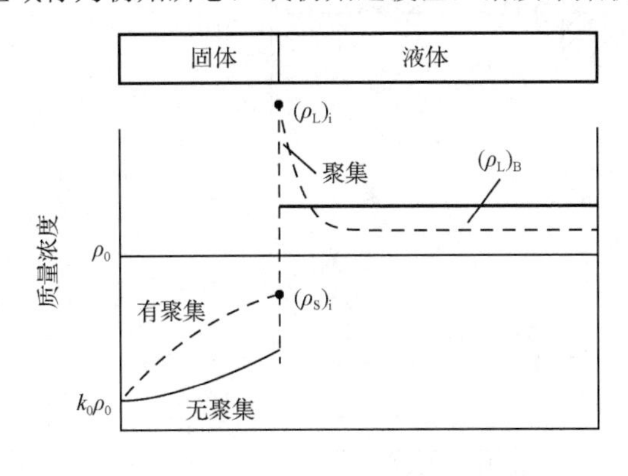

（a）溶质聚集示意图

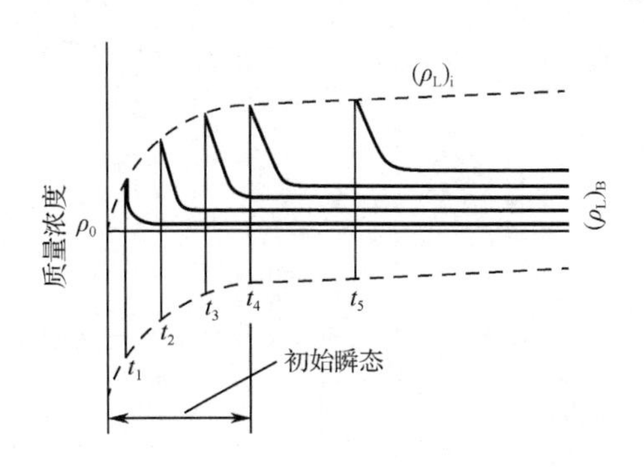

（b）溶质聚集初始过渡区

图 5-56　液-固界面处浓度分布

为了表征液体中的混合程度，需定义有效分配系数 k_e

$$k_e=\frac{(\rho_S)_i}{(\rho_L)_B}\tag{5-42}$$

其表达式如下

$$k_e = \frac{k_0}{k_0 + (1-k_0)e^{-\frac{R\delta}{D}}} \tag{5-43}$$

式中，R 为固液界面前进速度，即结晶速度；δ 为边界层厚度；D 为扩散系数，它说明了有效分配系数 k_e 是平衡分配系数 k_0 和量纲为一的参数 $R\delta/D$ 的函数。当 k_0 取某定值，并且 $R\delta/D$ 增大时，k_e 由最小值 k_0 增大至 1。

（1）当凝固速度极快时，$R \to \infty$，即 $e^{-R\delta/D} \to 0$，则 k_e=1，由此表明 $(\rho_s)_i = (\rho_L)_B = \rho_0$，如图 5-57（a）所示。它表示了液体完全不混合状态，其原因是边界层外的液体对流被抑制，仅靠扩散无法使溶质得到混合（均匀分布）。此时边界层厚度最大，通常为 0.01～0.02m。

（2）当凝固速度极其缓慢时，$R \to 0$，即 $e^{-R\delta/D} \to 1$，则 k_e=k_0，属于完全混合状态，如图 5-57（b）所示。液体中的充分对流使边界层不存在，从而导致溶质完全混合。

（3）当凝固速度处于上述两者之间，即 k_0<k_e<1 时，在初始过渡区形成后，k_e 为常数，属于不充分混合状态，如图 5-57（c）所示。它表示边界层外的液体在凝固中有时间进行部分对流（不充分对流），使溶质得到一定程度的混合，此时的边界层厚度比完全不混合状态薄，通常为 0.001m 左右。

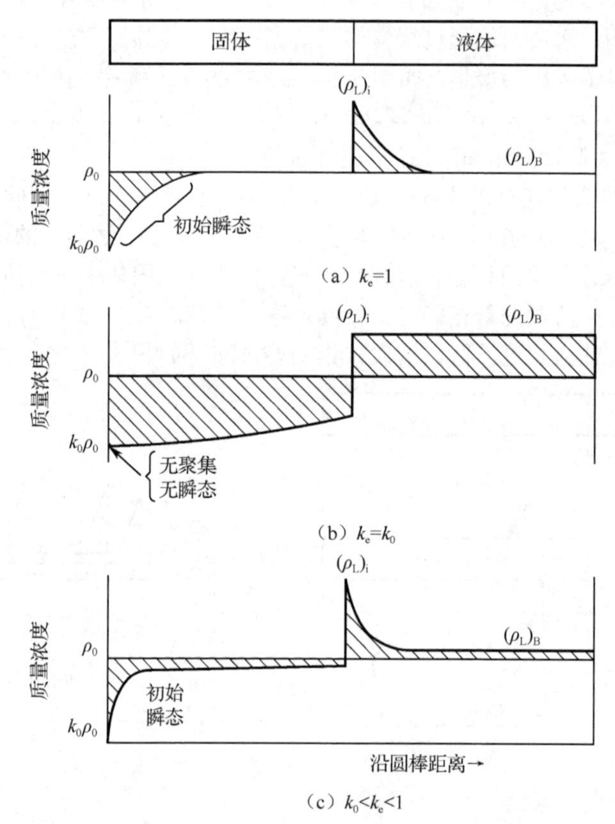

图 5-57　有效分配系数 k_e 值不同时，溶质的分布情况

5.4.1.4　合金凝固中的成分过冷

1．成分过冷的概念

纯金属在凝固时，其理论凝固温度（T_m）不变。当液态金属中的实际温度低于 T_m 时，就引起过冷，这种过冷称为热过冷。在合金的凝固过程中，由于液相中溶质的分布发生变化而改变了凝固温度，这可由相图中的液相线来确定，因此将界面前沿液体中的实际温度低于由溶质分布所

决定的凝固温度时产生的过冷称为成分过冷。成分过冷能否产生及其程度取决于液-固界面前沿液体中的溶质质量浓度分布和实际温度分布这两个因素。

图 5-58 所示为 $k_0<1$ 时合金产生成分过冷示意图。图 5-58（a）为 $k_0<1$ 时二元相图一角及所选的合金成分 ω_0。图 5-58（b）为液-固界面（z=0）前沿液体的实际温度分布。图 5-58（c）为液体中完全不混合（k_e=1）时液-固界面前沿溶质质量浓度的分布情况，其数学表达式为

$$\omega_L = \omega_0\left(1+\frac{1-k_0}{k_0}e^{-\frac{Rz}{D}}\right) \tag{5-44}$$

曲线上每一点溶质的质量分数 ω_L 可直接在相图上找到所对应的凝固温度 T_L，这种凝固温度变化曲线如图 5-58（d）所示。然后，把图 5-58（b）的实际温度分布线叠加到图 5-58（d）上，就得到图 5-58（e）中阴影所示的成分过冷区。

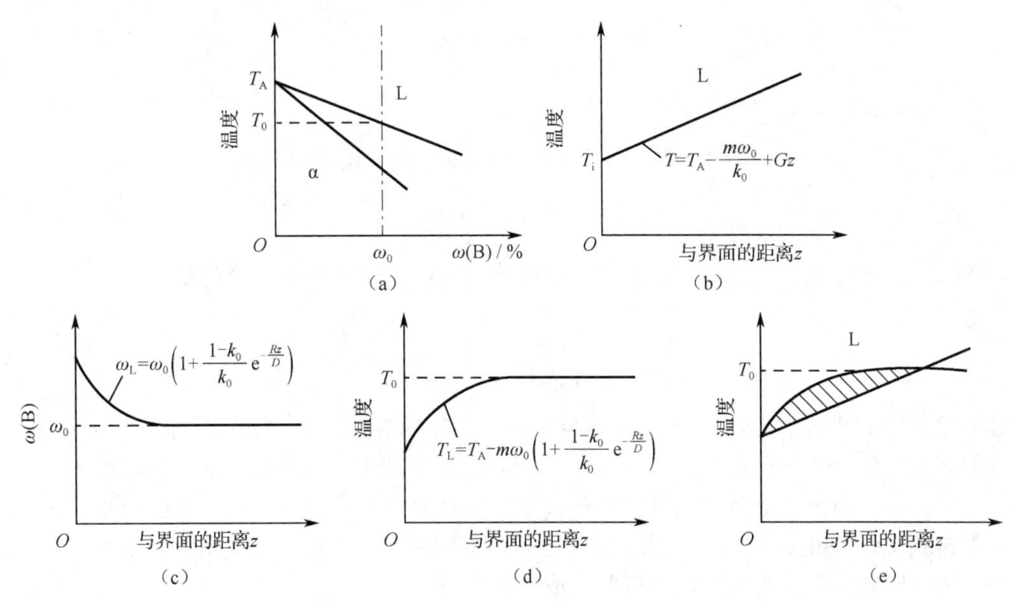

图 5-58　$k_0<1$ 时合金成分过冷示意图

2. 产生成分过冷的临界条件

假设 k_0 为常数，则液相线为直线，其斜率用 m 表示。由图 5-58（a）可得

$$T_L = T_A - m\omega_L \tag{5-45}$$

式中，T_L 是合金开始凝固的温度，T_A 是纯 A 组元的熔点。

代入式（5-45）得

$$T_L = T_A - m\omega_0\left(1+\frac{1-k_0}{k_0}e^{-\frac{Rz}{D}}\right) \tag{5-46}$$

距离界面为 z 处的液体实际温度的数学表达式为

$$T = T_i + Gz \tag{5-47}$$

$$T_i = (T_L)_{z=0} = T_A - \frac{m\omega_0}{k_0} \tag{5-48}$$

$$T = T_A - \frac{m\omega_0}{k_0} + Gz \tag{5-49}$$

显然，只有在 $T<T_L$，即实际温度低于液体的平衡凝固温度时，才会产生成分过冷，即成分过冷产生的临界条件

$$\frac{dT_L}{dz}|_{z=0} = G \tag{5-50}$$

对式（5-46）求导，可得 $z = 0$ 时的表达式

$$\frac{dT_L}{dz}|_{z=0} = m\omega_0 \frac{1-k_0}{k_0} \frac{R}{D} \tag{5-51}$$

从而可得成分过冷产生的临界条件为

$$G = \frac{Rm\omega_0}{D} \frac{1-k_0}{k_0} \tag{5-52}$$

大量实验证实，式（5-52）可以很好地预报凝固时平直界面的稳定性。显然，产生成分过冷的条件是 $G < \frac{dT_L}{dz}|_{z=0}$，于是有

$$\frac{G}{R} < \frac{m\omega_0}{D} \frac{1-k_0}{k_0} \tag{5-53}$$

反之，则不产生成分过冷。

根据图 5-58（a）中简单的几何关系及相图液相线温度关系式可求出

$$\Delta T = m\omega_0 \frac{1-k_0}{k_0} \tag{5-54}$$

式中，ΔT 为 ω_0 成分合金的结晶开始温度与结晶终结温度之差，即该合金的凝固温度范围。

所以有

$$\frac{G}{R} = \frac{\Delta T}{D} \tag{5-55}$$

临界条件公式为式（5-53），其右边是反映合金性质的参数，ω_0、m 大，而 k_0 小，均使凝固温度范围 ΔT 增大，有利于成分过冷。另外，扩散系数 D 越小，边界层中溶质越易聚集，这有利于成分过冷。其左边则是受外界条件控制的参数。实际温度梯度越小，在一定的合金和凝固速度下，则图 5-58（e）中的影线面积越大，即成分过冷倾向越大。若凝固速度增大，则液体的混合程度减小，边界层的溶质聚集增大，将有利于成分过冷。

3. 成分过冷对晶体生长形态的影响

前述的正常凝固和区域熔炼均要求液-固界面为平直界面。为此，要求很慢的凝固速度和很低的溶质质量浓度，一般要求溶质质量分数小于 1%。而在实际中合金铸锭或铸件的凝固速度 R 较大，但铸锭或铸件的温度梯度 G 不大。根据不出现成分过冷的临界条件计算，其值远大于实际凝固中的温度梯度，这表明实际合金在通常的凝固中不可避免地出现成分过冷。当在液-固界面前沿有较小的成分过冷区时，平面生长就被破坏。界面某些地方的凸起，在它们进入过冷区后，由于过冷度稍有增加，促使它们进一步凸向液体，但因成分过冷区较小，凸起部分不可能有较大伸展，使界面形成了胞状组织。如果界面前沿的成分过冷区甚大，则凸出部分就能继续向过冷液相中生长，同时在侧面产生分枝，形成二次轴，在二次轴上再长出三次轴等，这样就形成树枝状组织。在两种组织形态之间还存在过渡形态，即介于平面状与胞状之间的平面胞状晶，以及介于胞状与树枝晶之间的胞状树枝晶。当合金质量分数为 ω_0 时，液相内的温度梯度和凝固速度是影响成分过冷的主要因素，有人通过实验归纳得出了它们对固溶体晶体生长形态的影响。ω_0 合金、温度梯度和凝固速度对晶体生长形态的影响如图 5-59 所示。

通过上述分析可知，由于成分过冷，可使合金在正温度梯度下凝固得到树枝状组织，而在纯金属凝固中，要得到树枝状组织必须在特殊负温度梯度下，因此成分过冷是合金凝固有别于纯金属凝固的主要特征。

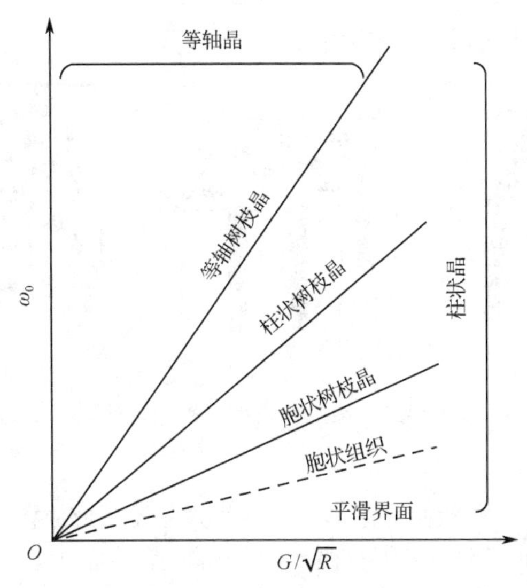

图 5-59　ω_0 合金、温度梯度和凝固速度对晶体生长形态的影响

5.4.2　共晶凝固理论

5.4.2.1　共晶组织分类及其形成机制

人们发现的共晶组织，经大致归类，分为层片状、棒状（纤维状）、球状、针状和螺旋状等。典型的共晶组织形态如图 5-60 所示。某些共晶组织的立体模型如图 5-61 所示。它们有助于读者理解不同二维截面的共晶金相组织形态。

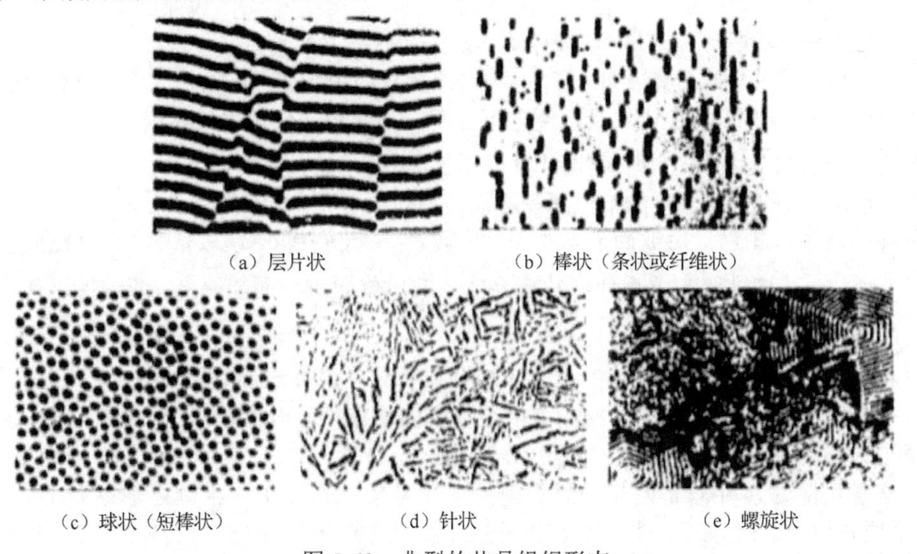

（a）层片状　（b）棒状（条状或纤维状）

（c）球状（短棒状）　（d）针状　（e）螺旋状

图 5-60　典型的共晶组织形态

按共晶两相凝固生长时液-固界面的性质，将共晶组织划分为三类。

（1）金属-金属型（粗糙-粗糙界面）。由金属-金属组成的共晶，如 Pb-Cd、Cd-Zn、Zn-Sn、Pb-Sn 等，以及许多由金属-金属间化合物组成的合金，如 Al-Ag_2Al、Cd-SnCd 等均属于此类。

（2）金属-非金属型（粗糙-光滑界面）。在金属-非金属型中，两组成相为金属-非金属或金属-亚金属，其中非金属或金属性较差的一相在凝固时，其液-固界面为光滑界面，如 A1-Ge、Pb-Sb、Al-Si、Fe-C（石墨）等合金共晶属于此类。

（3）非金属-非金属型（光滑-光滑界面）。

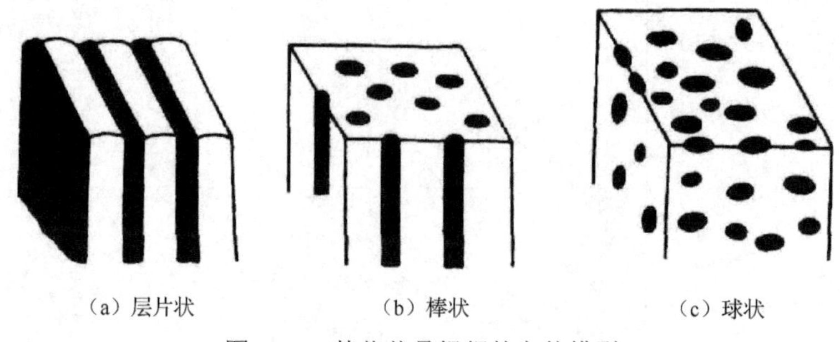

（a）层片状　　（b）棒状　　（c）球状

图 5-61　某些共晶组织的立体模型

1. 金属-金属型共晶

这类共晶大多是层片状或棒状共晶。形成层片状共晶还是形成棒状共晶受长大速度、结晶前沿的温度梯度等参数的影响，但主要受界面能（界面能=界面面积×单位面积界面能）所控制，形成层片状共晶还是棒状共晶主要取决于下面两个因素。

1）共晶中两组成相的相对量（体积百分数）

如果层片之间或棒之间的中心距离 A 相同，并且两相中的一相（设为 α 相）体积小于 27.6%，则有利于形成棒状共晶；反之则有利于形成层片状共晶。体积分数 φ 的计算方法为

$$\varphi=\frac{3\pi r^2 l}{\frac{3\sqrt{3}}{2}\lambda^2 l}<\frac{3\pi\left(\frac{\sqrt{3}}{2\pi}\lambda\right)^2 l}{\frac{3\sqrt{3}}{2}\lambda^2 l}=\frac{\sqrt{3}}{2\pi}=27.6\% \tag{5-56}$$

式中，r 为棒的半径或层片的厚度；l 为棒状共晶或片状共晶长度。

当 α 相（或 β 相）体积分数小于 27.6%时，棒状共晶组织中单位体积的 β-α 相界面积小于层片状共晶组织，有利于形成棒状共晶；反之可证明，当 α 相（或 β 相）体积分数大于 27.6%时，有利于形成层片状共晶组织。这一理论计算得到了许多实验的证实。

2）共晶中两组成相配合时的单位面积界面能

当共晶的两组成相以一定取向关系互相配合时，如在 Al-$CuAl_2$ 共晶中的$(111)_{Al}\|(211)_{CuAl_2}$、$[\bar{1}01]_{Al}\|[\bar{1}20]_{CuAl_2}$，这种取向关系使层片相界面上的单位面积界面能降低。要维持这种有利取向，两相只能以层片状分布。

现以层片状共晶为例说明共晶组织形成的机制。对于金属-金属型共晶，其两组成相与液相之间的液-固界面都是粗糙界面，各相的前沿液体温度均在共晶温度以下的 0.02℃范围内，它们在液-固界面上的温度基本相等，因而界面为平直状。

共晶合金结晶时，并非是两相同时出现的，而是某一相在熔液中领先形核和生长，称为领先相。现设领先相为 α 相，首先 α 相在 ΔT_E 过冷度下从液体中形核并长大，其 B 组元质量分数为 ω_α^S，图 5-62 所示为相界外推（赫尔特格林外推）得到的外推相图及界面过冷度。

由于 ω_α^S 小于液相的成分（共晶成分叫 ω_E），多余的溶质将从结晶相 α 相中排出，其结晶前沿的液体中 B 组元溶质便富集，其成分为 ω_α^L，该成分大于 β 相形成所需的成分 ω_β^L，于是促使 β 相在 α 相上形核长大，结晶的 β 相成分为 ω_β^S，其前沿液体中的成分为 ω_β^L，该成分对应的 A 组元成分大于 α 相形成所需的成分（ω_α^L 所对应的 A 组元成分），所以 α 相的形成使其前沿液体中富集 A 组元，这就有利于 β 相依附 β 相形核生长。这样的反复过程，通过交替形核生长，最终形成 α 和 β

相间排列的组织形态。在 α 和 β 两相并肩向液体中生长时，由于 α 相界面前沿的液相成分为 ω_{α}^{L}，β 相界面前沿的液相成分为 ω_{β}^{L}，两相间的横向成分差为 $\omega_{\alpha}^{L}-\omega_{\beta}^{L}$。而远离 β 相界面的纵向液相成分为共晶成分 ω_{E}，则 α 相界面前的液体中的纵向成分差为 $\omega_{\alpha}^{L}-\omega_{E}$，故共晶两相界面前沿的横向成分差比纵向成分差约大 1 倍，而且 α 相和 β 相横向扩散距离短，因此共晶中 α 相和 β 相的交替生长主要是通过横向组元的扩散来实现的。层片共晶横向扩散示意图如图 5-63 所示。

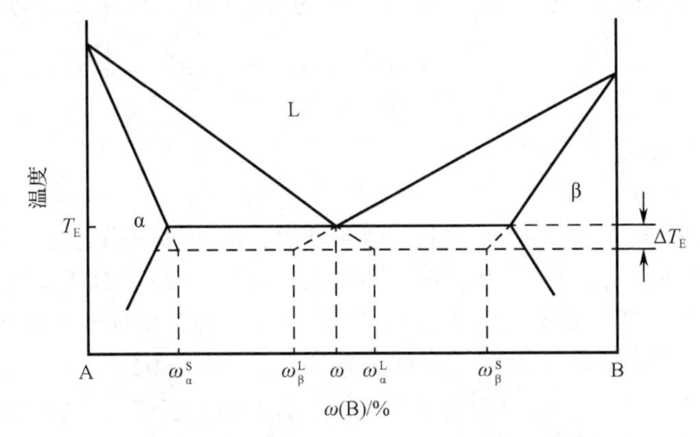

图 5-62　相界外推（赫尔特格林外推）得到的外推相图及界面过冷度

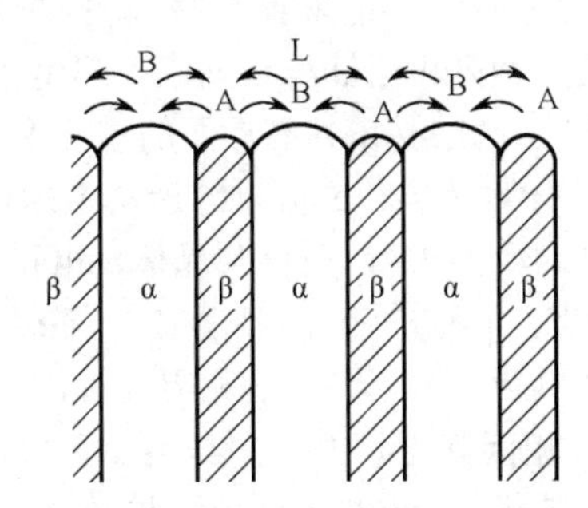

图 5-63　层片共晶横向扩散示意图

层片状共晶中两相的交替生长并不需要反复形核，很可能由图 5-64 所示的层片共晶形核塔桥机制来形成层片状共晶，以逐渐长成每个层片近似平行的共晶领域。由 X 射线衍射和选区电子衍射分析证实，在一个共晶领域中，每相的层片是由同一个晶体生长得到的，而且在层片状共晶中，两相之间常有一定的晶体学取向关系。

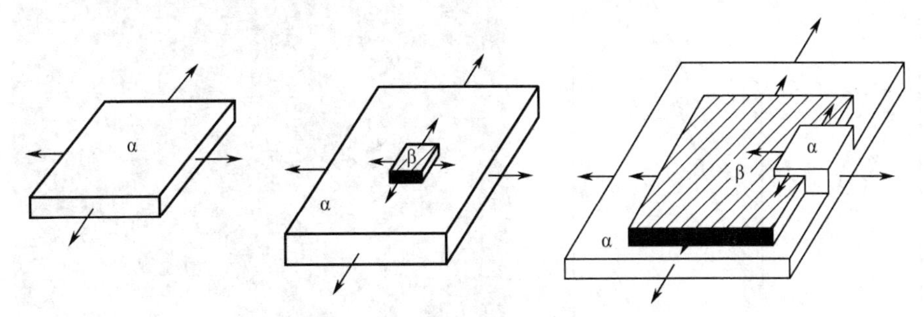

图 5-64　层片共晶形核塔桥机制示意图

层片状共晶组织的粗细一般以层片间距 λ 表示。结晶前沿液体的过冷度越大，则凝固速度 R 越大，而 R 与 λ 之间的关系为

$$\lambda = \frac{k}{\sqrt{R}} \tag{5-57}$$

式中，k 为常数，因不同合金而异。

由此可见，过冷度越大，凝固速度越快，层片间距越小，共晶组织越细。

共晶的层片间距会显著影响合金的性能。共晶组织越细，则合金强度越高，其可用霍尔-佩奇（Hall-Petch）公式来表示。设σ为屈服强度，σ^*为与材料有关的常数，则有

$$\sigma = \sigma^* + m\lambda^{\frac{-1}{2}} \tag{5-58}$$

式中，m 为常数。

上述讨论结果大致也适用于棒状共晶。

2．金属-非金属型共晶

这类共晶组织通常形态复杂，如针片状、骨骼状等，但通过扫描电镜观察发现每个共晶领域内的针或片并非完全孤立，它们也是互相连成整体的。对于金属-非金属型共晶与金属-金属型共晶形态不同的原因解释，存在着不同的观点。有人认为，可能是由光滑与粗糙两种界面的动态过冷度不同引起的。金属型粗糙界面前沿液相的动态过冷度约为 0.02℃，而非金属型光滑界面前沿液相的动态过冷度为 1～2℃。当液体中出现过冷，只需较小动态过冷度的金属相将率先形核并任意生长，从而迫使滞后生长的非金属相也相应地发生枝化或迫使其停止生长，从而得到不规则形态的显微组织。但上述的动态过冷度理论不能解释某些金属-非金属型共晶的形成方式。例如，A1-Si 共晶凝固时，长在界面前沿的领先相正好与动态过冷理论预测的相反，不是金属α(Al)相，而是非金属β(Si)相。实验测定表明，Al-Si 系共晶界面的过冷度主要来自成分过冷，而不是动态过冷，其成长方式是由两相的质量分数差异和成分过冷所决定的。Al-Si 共晶成分ω(Si)为 11.7%，Al 和 Si 所形成的固溶体的固溶度均约为 1%，所以共晶体α相和β相的质量分数之比约为 9 : 1，导致共晶凝固时α相的液-固界面宽，β相的液-固界面窄。当α相长大时，其界面处排出的 Si 原子向β相的界面前沿扩散，因β相的界面窄，所以β相界面处的 Si 浓度迅速增加，成分过冷倾向大，这有利于β相的快速生长。β相因其生长的各向异性而形成取向不同的针或枝晶。在β相长大时，其界面处排出的 A1 原子在向邻近的α相界面前沿扩散时，因α相的界面宽，邻近β相的α相处长大速度大于远离β相的α相处，这就使α相的液-固界面呈现凹陷状。图 5-65（a）、（b）分别为 Al-Si 共晶生长形态示意图及其二次电子形貌像。

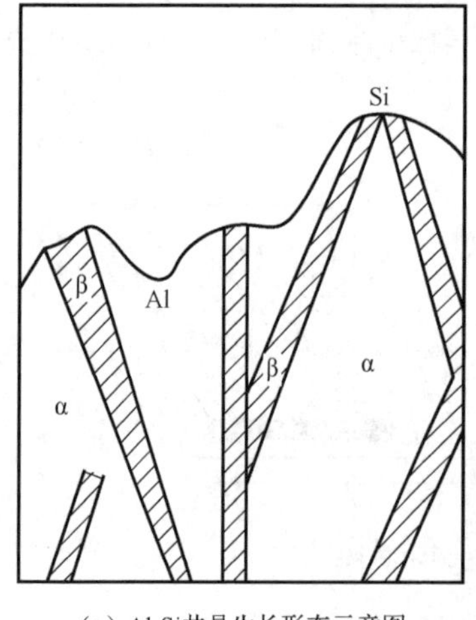

（a）Al-Si共晶生长形态示意图

（b）二次电子形貌像

图 5-65　Al-Si 共晶生长

在金属-非金属型共晶中适当加入第三组元，共晶组织可能发生很大变化。例如，在 Al-Si 合金中加入少量的钠盐可使β(Si)相细化，分枝增多；又如往铸铁中加入少量镁和稀土元素，可使片状石墨球化，这种方法称为“变质处理”，它是一种经济、实用并可改善共晶合金组织与性能的方法。

5.4.2.2　层片生长的动力学

由前述的层片状共晶形成机制可知，液相首先由某一相形核，该相称为领先相。在图 5-63 中，假如是以 A 组元为基，α 相为领先相，它在形成时将排出多余的 B 组元，当α相前沿液体中 B 组元富集时，促进了以 B 组元为基的β相的形成。一旦β相形核长大，β相将排出多余的 A 组元，这又促使α相依附β相形核生长，如此重复的过程导致了两相相间的共晶组织形态。在共晶生长中，由于动态过冷度很小和强烈地横向扩散，使液-固界面前沿不能建立起有效的成分过冷，因此界面是平直状的。进一步了解界面移动的速度，这就是层片生长动力学所需解决的问题。

当共晶合金凝固时，释放出来的单位体积自由能 ΔG_B 的计算方法如下

$$\Delta G_B = \Delta S_f \Delta T_E \tag{5-59}$$

式中，ΔS_f 为单位体积共晶液体的凝固熵；ΔT_E 为在共晶凝固时，固液界面前沿液体的过冷度。

观察如图 5-66 所示的层片状生长模型，其层片间距为 s_0，层片垂直于纸面的深度为一个单位长度。界面推进 dz 后，在体积 $s_0 \times l \times dz$ 中释放的自由能为 $\Delta G_B \times s_0 \times l \times dz$，它被用来产生两个面积为 $l \times dz$ 的 α-β 界面所需的自由能 $2\gamma_{\alpha\beta} \times l \times dz$ 和驱动扩散需要的自由能 $\Delta G_d \times s_0 \times l \times dz$，由于能量守恒，则有

$$\Delta G_B = \frac{2\gamma_{\alpha\beta}}{s_0} + \Delta G_d \tag{5-60}$$

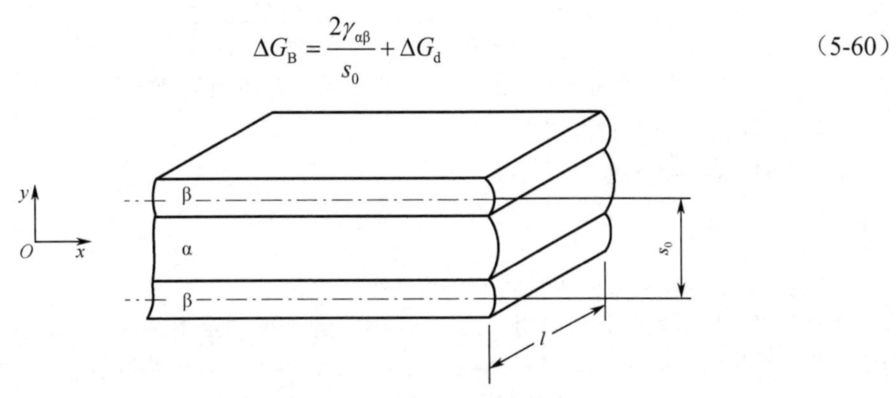

图 5-66　层片状共晶体生长模型

假定所有释放出来的自由能都用来产生α-β界面，即式（5-60）中的 ΔG_d 为零，此时层片间距将达到极小，即

$$s_0 = s_{min} \tag{5-61}$$

故此时界面的面积最大。由此得到

$$s_{min} = \frac{2\gamma_{\alpha\beta}}{\Delta G_B} \tag{5-62}$$

将式（5-59）和式（5-62）代入式（5-60），可得

$$\Delta G_d = \Delta S_f \Delta T_E \left(1 - \frac{s_{min}}{s_0}\right) \tag{5-63}$$

由能量守恒可知，总过冷度 ΔT_E 决定了共晶反应所能获得的自由能，并将其分解成 ΔT_s 用于提供生成α-β界面能 ΔG_s，ΔT_d 用于提供驱动扩散所需的自由能 ΔG_d，即

$$\Delta G_B = \Delta G_d + \Delta G_s \tag{5-64}$$

$$\Delta S_{\mathrm{f}}\Delta T_{\mathrm{E}}=\Delta S_{\mathrm{f}}\Delta T_{\mathrm{d}}+\Delta S_{\mathrm{f}}\Delta T_{\mathrm{s}} \tag{5-65}$$

这一结果可用几何方法在相图上表示出来。总过冷度 ΔT_{E} 与相图的关系如图 5-67 所示。用于扩散的成分差 $\Delta\omega$ 在该图中可直观表示出来，并且可以由液相线的斜率 m_{α} 和 m_{β} 计算出来。计算公式如下

$$\Delta\omega=\Delta T_{\mathrm{d}}\left(\frac{1}{|m_{\alpha}|}+\frac{1}{|m_{\beta}|}\right) \tag{5-66}$$

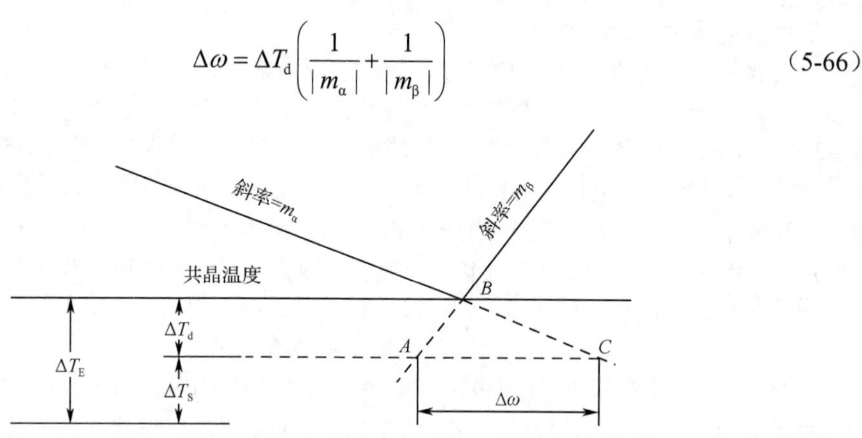

图 5-67 总过冷度 ΔT_{E} 与相图的关系

根据质量守恒定律可得到界面移动速度方程

$$R=\left(\frac{1}{|m_{\alpha}|}+\frac{1}{|m_{\beta}|}\right)\frac{4\gamma_{\alpha\beta}D}{\Delta S_{\mathrm{f}}(\omega_{\mathrm{E}}-\omega_{\alpha})}\frac{1}{s_{\mathrm{opt}}^{2}} \tag{5-67}$$

式中，ω_{E}、ω_{α} 分别为参考图 5-62 用外推法在过冷度 ΔT_{E} 时所对应的共晶浓度和 α 相浓度；s_{opt} 为极可能的层片间距；D 为扩散系数。

式（5-67）也可改写成以下方程

$$s_{\mathrm{opt}}=\frac{k}{\sqrt{R}} \tag{5-68}$$

式中，k 为常数，表明层片间距将随 R 单调减小。

大量的共晶凝固实验研究表明，该分析与实验结果较吻合。Pb-Sn 共晶凝固层片间距与凝固速度间的关系如图 5-68 所示，共晶晶粒长大速度越快，层片间距就越小。实验表明，要获得规则的共晶组织，层片间距 s 有一定的范围。一般在 s≈10μm 或 10μm 以上时，层片变得非常弯曲，并开始出现断条；在 $s\approx$ 0.5μm 或 0.5μm 以下时，通常由于断条而难以保持为规则的组织。常见的规则共晶的层片间距为 1～3μm。

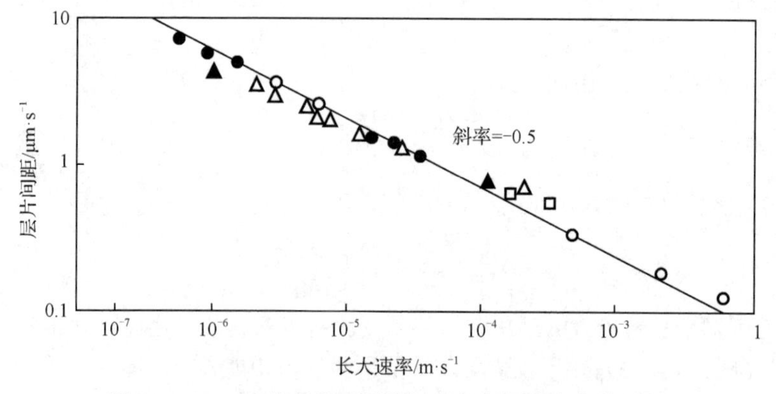

图 5-68 Pb-Sn 共晶凝固层片间距与凝固速度间的关系

5.4.2.3　共晶界面的稳定性

成分过冷理论对单相固溶体长大时平直的液-固界面的稳定性提供了很好的判据。当出现成分过冷时，这种平直界面稳定性就被打破，随着成分过冷的增加，界面形态可由胞状至树枝状不断变化，这些都已被实验证明。对于共晶合金，成分过冷理论对于两相长大时平直的液-固界面稳定性的分析，不如对单相固溶体那样理想，但成分过冷理论仍可解释某些情况下的共晶界面的稳定性。

1. 纯二元共晶

当一个纯二元共晶成分的熔液凝固时，由相图可知，若领先相 α 相的结晶将排出多余的 B 组元溶质，与之平衡的液相成分为共晶成分；而随后 β 相的结晶将排出的是 A 组元溶质，与之平衡的液相成分仍然是共晶成分，因此不能在液-固相界前沿的液相中产生溶质的聚集，所以也不能产生成分过冷。若有过冷度 ΔT_E 存在，则在两相的液-固界面前沿就有溶质的聚集和贫化，这样就会产生成分过冷。对于金属-金属型（粗糙-粗糙型）共晶，由于 ΔT_E 很小（<0.02℃），不会产生明显的成分过冷，所以在正温度梯度下，平直界面是稳定的，一般不会出现树枝晶。而对于金属-非金属型（粗糙-光滑型）共晶，可能由于非金属生长的动态过冷度较大（1～2℃），会造成较大的溶质聚集，在较小的温度梯度下产生明显的成分过冷，可能形成树枝晶。

2. 含杂质的二元共晶

如果二元共晶含有杂质，则杂质元素在两个固相与液相之间将具有某一平均的分配系数 $\bar{k}$ 。如果 $\bar{k}<1$，杂质元素将在共晶体-液相界面的前沿聚集起来，并可造成成分过冷。如果杂质量较少，由此产生的成分过冷不大，这使平直界面变为胞状，其生长方式与单相固溶体的长大方式相似，层片倾向于垂直液-固界面生长，所以每个胞在横截面上可以很容易地被加以区别。如果杂质量足够多，就可能形成树枝晶，通常树枝晶由纯 α 相及一杂质相或纯 β 相及一杂质相组成。

3. 二元伪共晶

当合金成分 ω_0 不是共晶成分 ω_E 的二元合金时，就能获得 100%的共晶组织，称为伪共晶组织（也可称复合共晶组织）。伪共晶组织的成分必定是组成伪共晶体的两相的平均成分。

5.4.3　合金铸锭（件）的组织与缺陷

工业上应用的零部件通常由两种途径获得：一种是由合金在一定几何形状与尺寸的铸模中直接凝固而成的，这称为铸件；另一种是通过合金浇注成方或圆的铸锭，然后开坯，再通过热轧或热锻，最终可能通过机加工和热处理，甚至焊接来获得部件的几何尺寸和性能。显然，前者比后者节约能源、节约时间、节约人力，从而降低了生产成本，但前者的适用范围有一定限制。对于铸件来说，铸态组织和缺陷会直接影响它的力学性能；对于铸锭来说，铸态组织和缺陷会直接影响它的加工性能，也有可能影响到最终制品的力学性能。因此，合金铸件（或铸锭）的质量不仅在铸造生产中十分重要，对几乎所有的合金制品、合金铸件（或铸锭）的质量都是十分重要的。

5.4.3.1　铸锭（件）的宏观组织

金属和合金凝固后的晶粒较为粗大，通常是宏观可见的。图 5-69 所示为铸锭的典型宏观组织示意图。它由表层细晶区、柱状晶区和中心等轴晶区三个部分所组成，其形成机理如下。

1. 表层细晶区

当液态金属注入锭模中后，型壁温度低，与型壁接触的很薄一层熔液产生强烈过冷，而且型壁可作为非均匀形核的基底，因此立刻形成大量的晶核，这些晶核迅速长大至互相接触，形成由细小的、方向杂乱的等轴晶粒组成的细晶区。

2. 柱状晶区

随着表层细晶区外壳形成，型壁被熔液加热而不断升温，使剩余熔液的冷却变慢，并且由于金属结晶时会释放潜热，故表层细晶区前沿液体的过冷度减小，形核变得困难，只有表层细晶区中现有的晶体向熔液中生长。在这种情况下，只有一次轴（生长速度最快的晶向）垂直于型壁（散热最快的方向）的晶体才能优先生长，而其他取向的晶粒，由于受邻近晶粒的限制而不能发展，因此这些与散热相反方向的晶体择优生长而形成柱状晶区。由于各柱状晶的生长方向是相同的，如立方晶系的各柱状晶的长轴方向为<100>方向，这种晶体学位向一致的铸态组织称为“铸造织构”或“结晶织构”。

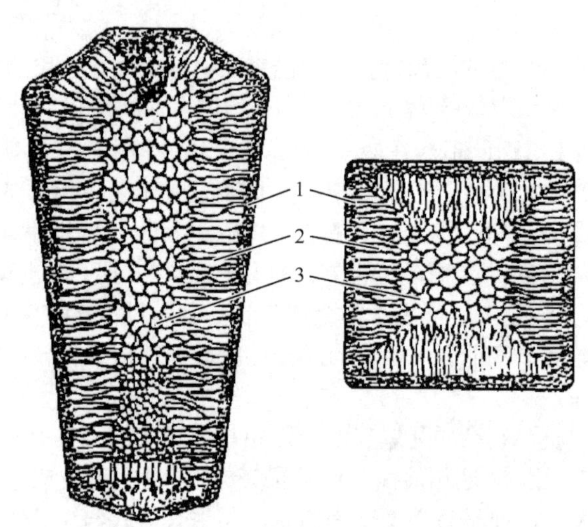

1—表层细晶区；2—柱状晶区；3—中心等轴晶区

图 5-69 铸锭的典型宏观组织示意图

纯金属凝固时，结晶前沿液体具有正温度梯度，无成分过冷区，故柱状晶前沿大致呈平面状生长。对于合金来说，当柱状晶前沿液体中有较大成分过冷区时，柱状晶便以树枝状生长。但是柱状树枝晶的一次轴仍垂直于型壁，沿着散热最快的反方向生长。

3. 中心等轴晶区

柱状晶生长到一定程度，由于前沿液体远离型壁，散热困难，因此冷速变慢，而且熔液中的温差随之减小，这将阻止柱状晶的快速生长，当整个熔液温度降至熔点以下时，熔液中出现许多晶核并沿各个方向长大，从而形成中心等轴晶区。关于中心等轴晶形成有许多不同观点，主要有以下几种。

（1）成分过冷。随着柱状晶的生长会发生成分过冷，使成分过冷区从液-固界面前沿延伸至熔液中心，导致中心区晶核大量形成并向各方向生长而成为等轴晶，这样就阻碍了柱状晶。

（2）熔液对流。当液态金属或合金注入锭模时，靠近型壁处的液体温度急剧下降，在形成大量表层细晶的同时，造成锭内熔液的很大温差。由于外层较冷的液体密度大而下沉，中心较热的液体密度小而上升，于是形成剧烈的对流。对流冲刷已结晶的部分，可能将某些细晶带入中心液体，作为籽晶而生长成为中心等轴晶。

（3）枝晶局部重熔产生籽晶。合金铸锭的柱状晶呈树枝状生长时，枝晶的二次晶通常在根部较细，这些“细颈”处发生局部重熔（由于温度的波动）使二次轴成为碎片，漂移到液体中心成为籽晶而长大成为中心等轴晶。

铸锭（件）的宏观组织与浇注条件有密切关系，随着浇注条件的变化可改变三个晶区的相对厚度和晶粒大小，甚至不出现某个晶区。通常快的冷却速度、高的浇注温度和定向散热有利于柱状晶形成；如果金属纯度较高、铸锭（件）截面较小、柱状晶快速成长，就有可能形成穿晶。相反，慢的冷却速度、低的浇注温度、加入有效形核剂或搅动等均有利于形成中心等轴晶。

柱状晶的优点是组织致密，其“铸造织构”也可被利用。例如，立方金属的<001>方向与柱状晶长轴平行，这一特性被用来生产用作磁铁的铁合金。磁感应是各向异性的，沿<001>方向较高。这可用定向凝固方法使所有晶粒均沿<001>方向排列。“铸造织构”还可被用来提高合金的力学性能。柱状晶的缺点是相互平行的柱状晶接触面，尤其是相邻垂直的柱状晶区交界面较为脆弱，并常聚集易熔杂质和非金属夹杂物，所以铸锭热加工时极易沿这些弱面开裂，或铸件在使用时也易在这些地方断裂。等轴晶无择优取向，没有脆弱的分界面，同时取向不同的晶粒彼此咬合，裂纹不易扩展，故获得细小的等轴晶可提高铸件的性能。但等轴晶组织的致密度不如柱状晶。表层细晶区对铸件性能的影响不大，由于它很薄，通常可在机加工时被除掉。

5.4.3.2　铸锭（件）的缺陷

1. 缩孔与疏松

熔液浇入锭模后，与型壁接触的液体先凝固，中心部分的液体则后凝固。由于多数金属在凝固时会发生体积收缩（只有少数金属如锑、镓、铋等在凝固时体积会膨胀），使铸锭（件）内形成收缩孔洞，或称缩孔。

缩孔可分为集中缩孔和分散缩孔两类，分散缩孔又称疏松（Shrinkage Porosity）。集中缩孔有多种不同形式，如缩管、缩穴、单向收缩等，而疏松也有一般疏松和中心疏松等。几种缩孔与疏松形式如图 5-70 所示。

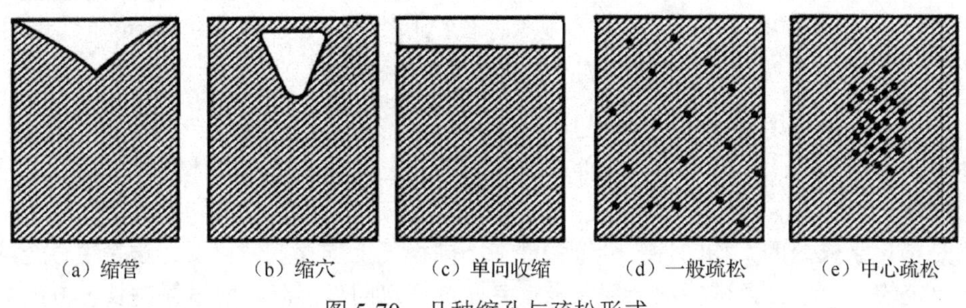

（a）缩管　（b）缩穴　（c）单向收缩　（d）一般疏松　（e）中心疏松

图 5-70　几种缩孔与疏松形式

集中缩孔一般控制在钢锭或铸件的冒口处，然后加以切除。如果不正确的补缩方法或冒口设计不当，缩孔较深而切除不净时，这种缩孔残余对随后的加工与使用会造成严重影响。疏松是枝晶组织凝固本性的必然结果：在树枝晶生长过程中，各枝晶间互相穿插有可能使其中的液体被封闭。当凝固收缩得不到液体补充时，便形成细小的分散缩孔，因此即使有了正确的冒口设计，它也会存在。

铸件中的缩孔类型与金属凝固方式有密切关系。共晶成分的合金和纯金属相同，在恒温下进行结晶。在控制适当的结晶速度和液相内的温度梯度时，其液-固界面前沿的液相中几乎不产生成分过冷，液-固界面呈平面推移，因此凝固自型壁开始后，主要以柱状晶循序向前延伸的方式进行，这种凝固方式称为壳状凝固或逐层凝固（Layer-By-Layer Solidification），如图 5-71（a）所示。这种方式的凝固不但流动性好，而且熔液也易补缩，缩孔集中在冒口。因此，铸件内分散缩孔体积较小，成为较致密的铸件。

在固溶体合金中，当合金具有较宽的凝固温度范围，它的平衡分配系数 k_0 较小时，容易在液-固界面前沿的液相中产生成分过冷，使籽晶以树枝状方式生长，形成等轴晶，在完全固相区和完全液相区之间存在着宽的固相和液相并存的糊状区，因此这种凝固方式称为糊状凝固（Mushy Solidification），如图 5-71（c）所示。显然，这种凝固方式熔液流动性差，而且糊状区中晶体以树枝状生长，多次蔓生的树枝往往互相交错，使在枝晶最后凝固部分的收缩不易得到熔液的补充，而形成分散的缩孔，也使铸件的致密性变差，但不需要留有较大的冒口。

为了改善熔液呈糊状凝固时的补缩性，常采用细化铸件晶粒的方法，这可减少发达树枝晶的形成，也就削弱了交叉的树枝晶网，有效地改善了液体的流动性。另外，由于疏松往往分布在晶粒之间，细化晶粒使每个孔洞的体积减小，也有利于保证铸件的气密性。这个原理常在铝基和镁基合金中应用。实际合金的凝固方式常是壳状凝固和糊状凝固的中间状态，如图 5-71（b）所示。

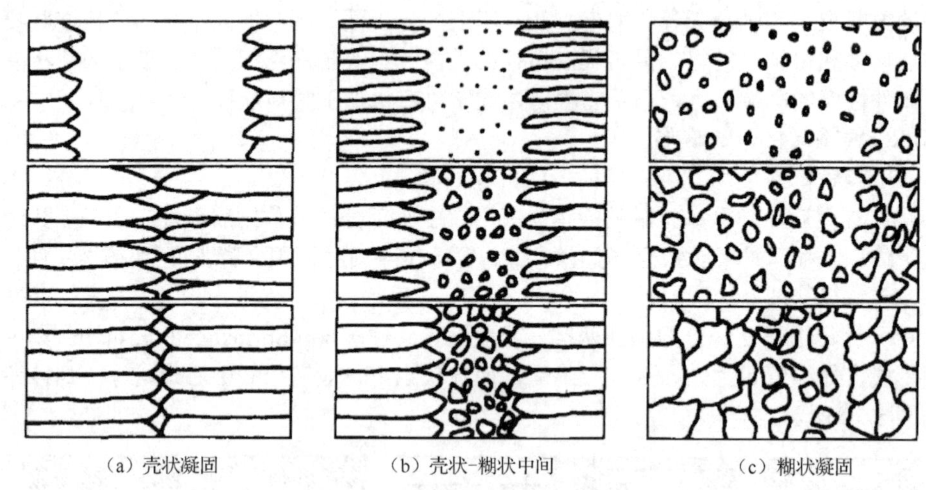

图 5-71　不同凝固方式示意图

合金凝固时，液体内溶入的气体因过饱和而析出，形成气泡，这也会在铸件内形成孔隙，降低了铸件的致密度。因此，为了降低铸件内的孔隙度，应注意液体内气体的含量。

2. 偏析

偏析是指化学成分的不均匀性。合金铸件在不同程度上均存在着偏析，这是由合金结晶过程的特点所决定的。一个合金试棒从一端以平直界面进行定向凝固时，沿试棒的长度方向会产生显著偏析，当合金的平衡分配系数 k_0<1 时，先结晶部分含溶质少，后结晶部分含溶质多。但是，合金铸件的液-固界面前沿液体中通常总存在成分过冷，界面大多为树枝状，这会改变偏析的形式。当树枝状的界面向液相延伸时，溶质将沿纵向和侧向析出，纵向的溶质输送会引起平行枝晶轴方向的宏观偏析，而横向的溶质输送会引起垂直于枝晶方向的显微偏析。宏观偏析经浸蚀后是由肉眼或低倍放大可见的偏析，而显微偏析是在显微镜下才能检视到的偏析。

1）宏观偏析

宏观偏析又称区域偏析。宏观偏析按其所呈现的不同现象又可分为正常偏析、反偏析和比重偏析三类。

（1）正常偏析（正偏析）。

当合金的分配系数 k_0<1 时，先凝固的外层中溶质含量较后凝固的内层低，因此合金铸件中心所含溶质质量浓度较高的现象是凝固过程的正常现象，这种偏析就称为正常偏析。

正常偏析的程度与铸件大小、冷速快慢及结晶过程中液体的混合程度有关。一般大件中心部位的正常偏析较大，这是最后结晶部分，因而溶质质量浓度较高，有时甚至会出现不平衡的第二相，如碳化物等。有些高合金工具钢的铸锭的中心部位甚至可能出现由偏析所引起的不平衡莱氏体。

正常偏析一般难以完全避免，它的存在会使铸件性能不良。随后的热加工和扩散退火处理也难以使它根本改善，故应在浇注时采取适当的控制措施。

（2）反偏析。

反偏析与正常偏析相反，即在 k_0<1 的合金铸件中，溶质质量浓度在铸件中的分布是表层比中心高。

实践证明，只有当合金在凝固时体积收缩，并在铸件中心有孔隙时才能形成反偏析。当铸件内有柱状晶或合金凝固的温度范围较大或在液体内溶有气体时，有利于反偏析的形成。根据实验，通常认为反偏析的形成原因是：原来铸件中心部位应该富集溶质元素，由于铸件凝固时发生收缩而在树枝晶之间产生空隙（此处为负压），加上温度的降低，液体内气体析出而形成压强，使铸件中心溶质质量浓度较高的液体沿着柱状晶之间的“渠道”被压向铸件表层，这样就形成了反偏析。由于溶质质量浓度较高时，其熔点较低，因此像 Cu-Sn 合金铸件，往往会在其表面出现“冒汗”现象（锡汗），这就是反偏析的明显征兆。

控制反偏析形成的途径：扩大铸件内中心等轴晶带，阻止柱状晶的发展，使富集溶质的液体不易从中心排向表层；降低液体中的气体含量。

（3）比重偏析。

比重偏析通常在结晶的早期产生，由于初生相与溶液之间密度相差悬殊，轻者上浮，重者下沉，从而导致上下成分不均匀，这称为比重偏析。例如，ω(Sb)为 15%的 Pb-Sb 合金在结晶过程中，先结晶的 Sb 密度小于液相，而共晶体（Pb+Sb）的密度大于液相，因此 Sb 晶体上浮，而共晶体（Pb+Sb）下沉，形成比重偏析。铸铁中的石墨漂浮也是一种比重偏析。

防止或减轻比重偏析的方法有：增大铸件的冷却速度，使初生相来不及上浮或下沉；加入第三种合金元素，形成熔点较高的、密度与液相接近的树枝晶化合物，在结晶初期形成树枝骨架，以阻挡密度小的相上浮或密度大的相下沉，如在 Cu-Pb 合金中加入 Ni 或 S（形成高熔点的 Cu-Ni 固溶体或 Cu_2S），以及在 Sb-Sn 合金中加入 Cu（形成 Cu_6Sn_5 或 Cu_3Sn）能有效地防止比重偏析。

2）显微偏析

显微偏析可分为胞状偏析、枝晶偏析和晶界偏析三种。

（1）胞状偏析。

当成分过冷度较小时，固溶体晶体呈胞状方式生成。如果合金的分配系数 k_0<1，则在胞壁处将富集溶质；若 k_0>1，则胞壁处的溶质将贫化，这称为“胞状偏析”，由于胞体尺寸较小，即成分波动的范围较小，所以很容易通过均匀化退火消除“胞状偏析”。

（2）枝晶偏析。

枝晶偏析是由非平衡凝固造成的，这使先凝固的枝干和后凝固的枝干间的成分不均匀。合金通常以树枝状生长，一棵树枝晶就形成一个晶粒，因此枝晶偏析在一个晶粒范围内，故也称为晶内偏析。影响枝晶偏析程度的主要因素有：凝固速度，凝固速度越大，晶内偏析越严重；偏析元素在固溶体中的扩散能力，其越小，则晶内偏析越大；凝固温度，其范围越宽，晶内偏析也越严重。

（3）晶界偏析。

晶界偏析是由于溶质原子富集（k_0<1）在最后凝固的晶界部分而造成的。k_0<1 的合金在凝固时使液相富含溶质组元，以及相邻晶粒长大至相互接壤时把富含溶质的液体集中在晶粒之间，它们便凝固成为具有溶质偏析的晶界。

影响晶界偏析程度的因素大致有：溶质含量越高，偏析程度越大；非树枝晶长大使晶界偏析的程度增加，也就是说枝晶偏析可减弱晶界的偏析；结晶速度慢使溶质原子有足够的时间扩散并富集在液-固界面前沿的液相中，从而提高晶界偏析程度。

晶界偏析往往容易引起晶界断裂，因此一般要求设法减小晶界偏析的程度。除了控制溶质含量，还可以加入适当的第三种元素来减小晶界偏析的程度，如在铁中加入碳来减弱氧和硫的晶界偏析，以及加入钼来减弱磷的晶界偏析；在铜中加入铁来减弱锑在晶界上的偏析。

5.4.4 合金的铸造和二次加工

铸造是将金属熔炼成符合一定要求的液体并浇进铸型里，经冷却凝固、清整处理后得到有预定形状、尺寸和性能的铸件的工艺过程。铸造毛坯有的接近使用零件外形和尺寸，几乎不需要进行机械加工或只进行少量加工就可以直接使用，所以它可以降低成本并在一定程度上减少制作时间，铸造是现代装备制造工业的基础工艺之一。

图 5-72 所示为普通砂型铸造流程简图，在一些生产工艺里，铸型可以重复利用。砂型铸造的铸型可以是干型，也可以是湿型，湿型也叫潮模，它将硅砂（SiO_2）和湿黏土相结合，并包裹在可移除的模型外。陶瓷铸造工艺用细晶粒陶瓷材料作为铸型，将含有此种陶瓷的浆体倒在可重复利用的模型的周围，等其硬化之后将模型取出。精密铸造工艺将含有硅胶（含纳米尺度的陶瓷颗粒）的浆体包裹在蜡质模型外面，等陶瓷硬化后（生成弥散的硅胶凝胶），将蜡熔化倒出，就得到了可以倒入合金熔体的铸型。精密铸造工艺又称为失蜡铸造工艺，最适合制备形状较为复杂和表面光洁的铸件。牙医和珠宝商最先采用精密铸造工艺，当前这种工艺被用于生产螺旋桨叶片、钛质高尔夫球棒和人造膝盖骨及髂骨。另外一种类似失蜡铸造的方法叫消失模铸造，将用于生产咖啡杯或包装材料的聚苯乙烯球粒加工成泡沫状模型，将松散的沙子包裹在其周围形成模子。当熔融的金属倒入模型后，高分子泡沫材料分解，使金属填充于模型中。

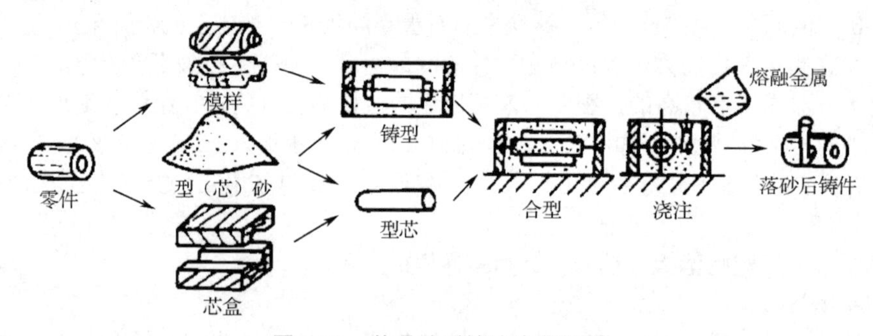

图 5-72 普通砂型铸造流程简图

在金属型铸造和压力铸造工艺中，中空的铸型是金属材质的。在金属型铸造中，当熔融金属倒入模子中凝固后，模子被打开，随后铸件被取出，模子可以重复使用。在压力铸造中，金属液则是高压高速充填铸型，生产效率高。这些过程由于铸型为金属材质，提供了高的冷却速度，从而可获得高强度的铸件。陶瓷材质铸型包含了前述用于精密铸造的铸型，它们具有很好的隔热能力，因此其冷却速度缓慢，获得的铸件强度也低。金属型铸造工艺具有表面粗糙度低和尺寸精度高等优势，因此在大批量的汽车发动机活塞和汽车铝合金轮毂生产中得到了广泛应用，而其较高的铸造成本和难以得到复杂形状的缺点也限制了其应用。

在压力铸造工艺中，熔融的金属材料经高压压入铸型中，并保持高压压力至凝固，其用于低熔点的许多锌、铝和镁基合金铸造。此工艺的优势在于可以得到极低的表面粗糙度、非常好的尺寸精度，并可以制备复杂形状的铸件，具有很高的生产效率，但其需要采用耐高压、耐冲刷、耐浸蚀的金属铸型，因此制造费用很高，而且其铸件尺寸大小受到一定限制。

铸造是生产部件的有效方法，同时它可以得到用于后续成型（棒材、条材、线材等）的铸锭和厚板。在钢铁工业中，成千上万吨钢材由高炉和电弧炉等生产。尽管生产工艺的细节不同，但大多数金属（如铜和锌）和合金均是用相同的工艺从矿石中提炼出来的。某些材料（如铝），由于其氧化物十分稳定，不能用置换方法制备而需用电解法提炼。

在很多情况下，我们需要回收利用金属和合金，这些废弃的金属被重熔和加工，去除杂质并调整合金成分比例。每年大量的钢铁、铝、锌、不锈钢、钛等被重新利用。

在铸锭工艺中，由炉子制得的熔化钢铁或合金被浇铸于大模具中，其产物（钢锭）接着在另外的车间通过热轧方法制成有用形状的成品。连铸工艺的思路是在一系列步骤下将熔化的金属转变为具有一定形状（如板状、板状）的半成品。液态金属由漏斗倒入振动的水冷铜模中，钢铁的表面迅速冷却。这种半凝固的钢铁受震动脱离开模具，同时模具被倒入新一批钢水。铸件脱离模具后逐渐冷却，其心部最后凝固。连铸件随后被切割成合适的长度以方便加工。

对于钢铁和其他合金的板材、棒材、型材等产品还需对由铸锭开坯得到的方坯、管坯或板坯进行二次加工才能得到，钢铁产品生产步骤如图 5-73 所示。目前的先进工艺已将铸和轧的工艺结合为连续操作，即形成连铸连轧工艺。

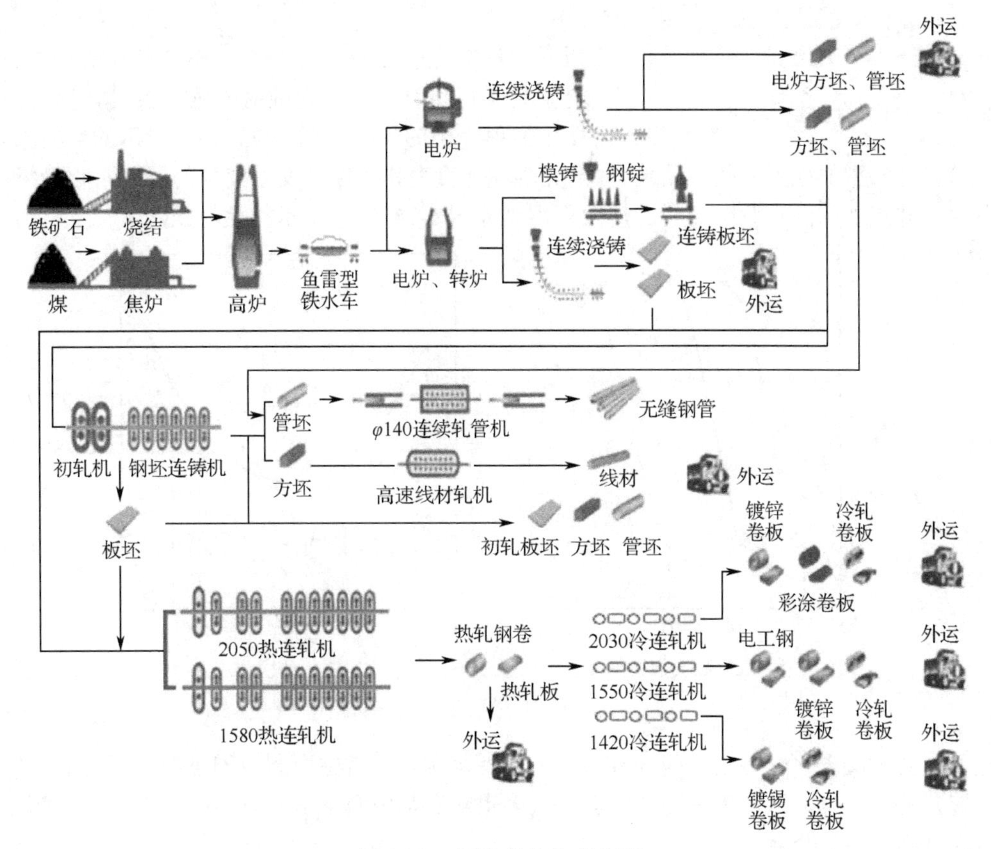

图 5-73　钢铁产品生产步骤

5.5　高分子合金和陶瓷合金简介

高分子合金，又称多组元聚合物，是指含有两种或多种高分子链的复合体系，包括嵌段共聚物、接枝共聚物，以及各种共混物等。正如由不同金属混合制得合金一样，其目的是通过高分子间的物理、化学组合获得更多样化的高分子材料，使它们具有更高的综合性能。因此，这种高分子复合体系被形象地称为“高分子合金”。当组元有两个时，称为二元聚合物。

两种高分子共混在一起能否相容的判据与小分子相容性判据相同，即混合自由能小于零。

$$\Delta G = \Delta H - T\Delta S < 0 \tag{5-69}$$

对于高分子体系来说，如果异种分子间没有特殊的相互作用，那么 ΔH 值总是大于零的，即溶解时吸热。因此，混合热这一项始终不利于两者的混合。由此可见，混合前后的熵增程度将决定两种高分子是否能混合。事实上，对于两种高分子的混合，熵的增加远小于两种低分子混合的熵的增加。

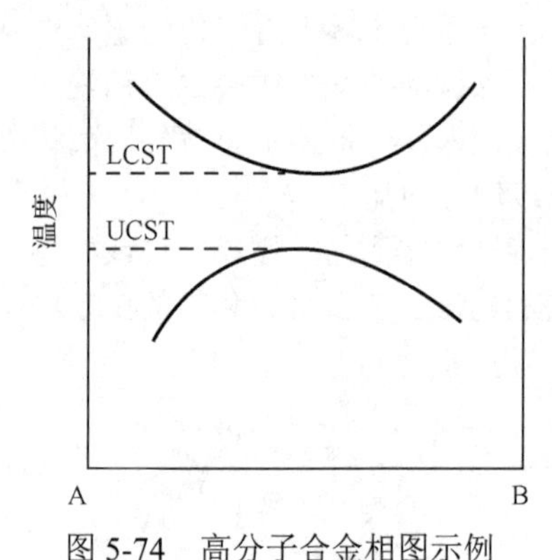

图 5-74 高分子合金相图示例

高分子合金相图（见图 5-74）中的相界曲线称为双节线。一节是曲线有最高点（*T*c），当体系的温度 *T*>*T*c 时，无论共混物的组成如何，均不会分相，故 *T*c 是临界温度。又由于这一温度是双节线的最高点，故称为最高临界互溶温度（简称 UCST）。当体系的温度 *T*<*T*c 时，成分在曲线内的共混物都将分相。两相的相对量可由杠杆法则确定。另一节是曲线存在最低点 *T*c，曲线的上方为两相区，曲线下方为单相区，存在最低互溶温度（简称 LCST）。

可以采用散射光强 *I* 去测定高分子合金的相界线。光散射时，当合金处于单相时不会出现散射光强的突变，而在相变阶段，会发生散射光强的突变。图 5-75（a）所示的散射光强-温度曲线给出了典型的散射光测定结果。散射光强随温度变化的曲线发生突变的温度常称为“浊点”。将不同组元共混物的浊点对组元作图，便可得到如图 5-75（b）所示的相界线。

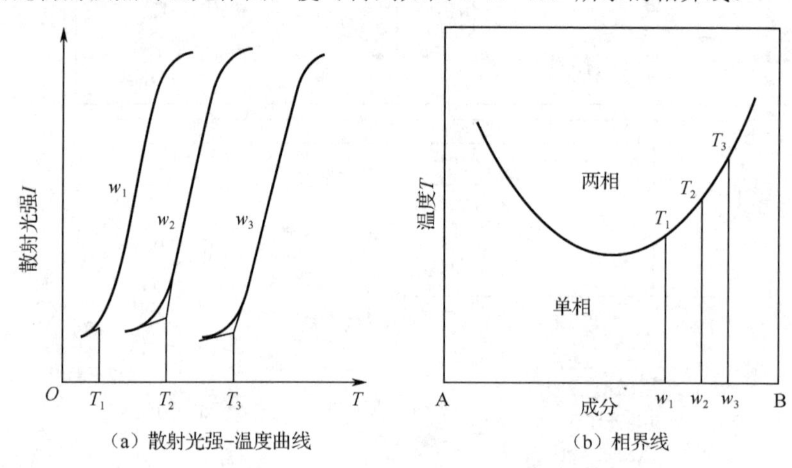

图 5-75 光散射法测相图

用于工程的陶瓷可分为结构陶瓷和功能陶瓷两大类，前者主要利用陶瓷的力学性能，后者主要利用陶瓷的光、电、磁、热等物理性能。大多数陶瓷都由两个组元及多组元组成，因此这些陶瓷材料也可称为陶瓷合金。

陶瓷材料按品质又可分为传统陶瓷和先进陶瓷，传统陶瓷主要的原料是石英、长石和黏土等自然界存在的矿物，先进陶瓷的原料一般采用一系列人工合成或提炼处理过的化工原料。

课后练习题

1．名词解释。

平衡凝固，非平衡凝固，液相线，固相线，初生相，共晶体（组织），伪共晶，离异共晶，调幅分解，稳定化合物，铁素体，奥氏体，渗碳体，珠光体，莱氏体，A1 温度，A3 温度，Acm 温度，正常凝固，区域熔炼，成分过冷，晶胞组织，树枝状组织，片状共晶，棒状共晶，缩孔，疏松，偏析。

2．指出下列二元相图中的错误（见图 5-76），并加以改正。

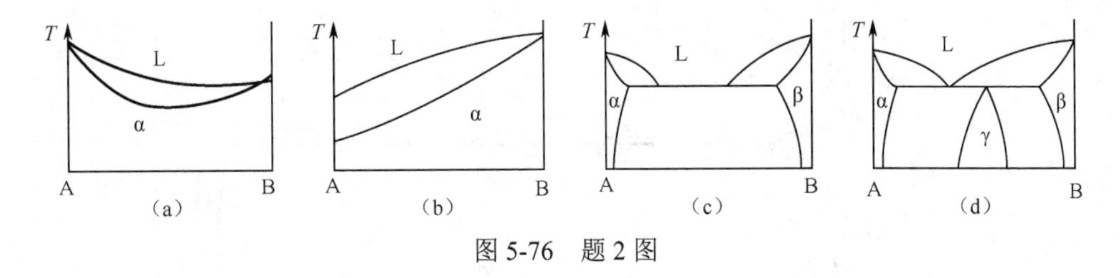

图 5-76　题 2 图

3．根据图 5-77（a）所示的 A1-Si 共晶相图，分析图 5-77（b）、图 5-77（c）、图 5-77（d）所示的三个金相组织属什么成分，并说明理由。指出细化此合金铸态组织的方法和说明此合金的可能用途。

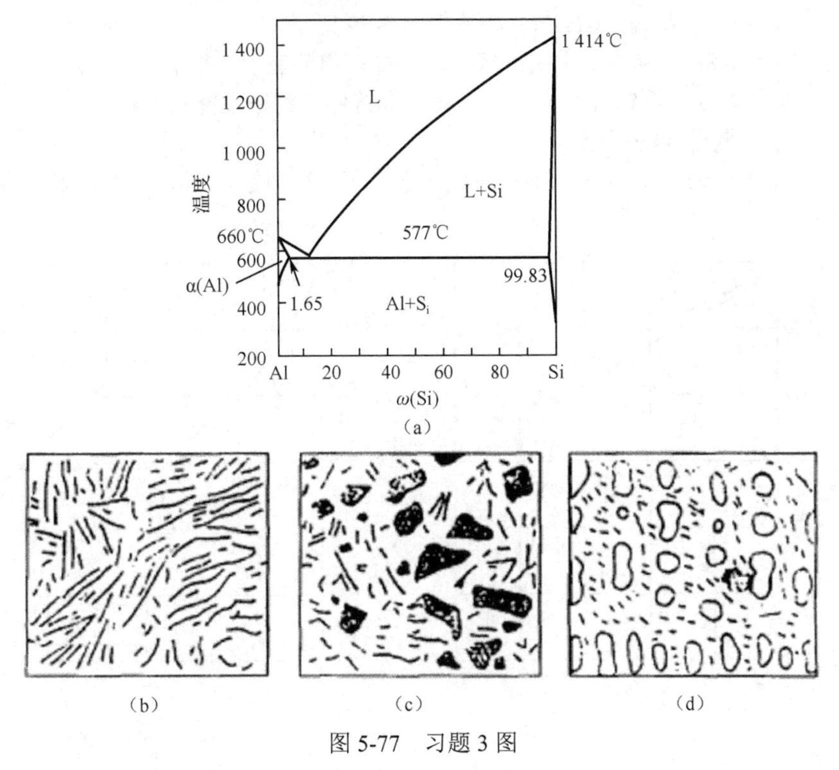

图 5-77　习题 3 图

4．根据 $Fe\text{-}Fe_3C$ 相图（见图 5-44）分析。

（1）分别写出冷却时图中三条水平线的反应式，并说明反应中出现的固相的名称及其晶胞结构类型。

（2）分别求 ω (C)=2.11%、ω (C)=4.30%的二次渗碳体的析出量。

（3）分别求出室温下 ω (C)=3.2%的各相及各组织组成物的相对量（所占的百分数）。

（4）示意画出 ω (C)=2.11%、ω (C)=4.30%的冷却曲线。

5．Al-Cu 合金富铝一侧的相图如图 5-78 所示，设分配系数 K 和液相线斜率均为常数，试求：

（1）ω (Cu)=1%固溶体进行缓慢的正常凝固，当凝固分数为 50%时所凝固出的固体成分；

（2）经过一次区域熔化后分别求在 $x=l$ 和 $9l$ 处的固体成分，取熔区宽度 l=0.5cm，试棒总长 L=5cm；

（3）测得铸件的凝固速度 $R=3\times10^{-4}$cm/s，温度梯度 G=30℃/cm，扩散系数 $D=3\times10^{-5}$cm/s 时，合金凝固能保持平面界面的最大含铜量。

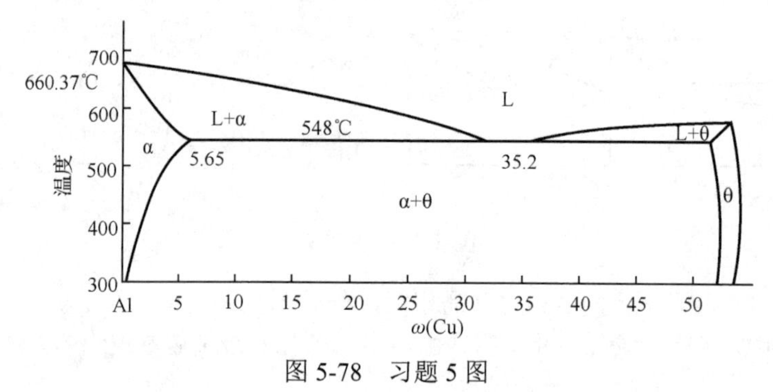

图 5-78　习题 5 图

6．青铜（Cu-Sn）和黄铜（Cu-Zn）相图如图 5-79 所示。

（1）叙述 Cu-10%Sn 合金的不平衡冷却过程，并指出其室温时的金相组织。

（2）比较 Cu-10%Sn 合金铸件和 Cu-30%Zn 合金铸件的铸造性能及铸造组织，说明 Cu-10%Sn 合金铸件中有许多分散砂眼的原因。

（3）ω(Sn)分别为 2%、11%和 15%的青铜合金，哪一种可进行压力加工？哪一种可利用铸造法来制造机件？

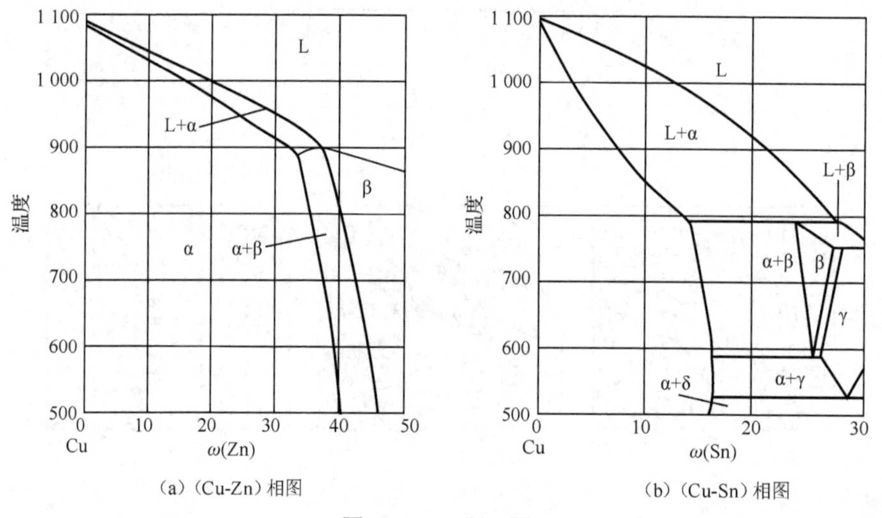

图 5-79　习题 6 图

7．根据图 5-80 所示的 Pb-Sn 相图完成以下要求。

（1）分别画出成分 ω(Sn)为 11%、50%、61.9%、69%的合金的冷却曲线及其相应的平衡凝固组织。

（2）计算该合金共晶反应后组织组成体的相对量和组成相的相对量。

（3）计算共晶组织中两相的体积相对量，由此判断两相组织为棒状还是为层片状。

在计算中忽略 Sn 在 α 相和 Pb 在 β 相中的溶解度效应，假定 α 相的点阵常数为 Pb 的点阵常数 a_{Pb}=0.39nm，晶体结构为面心立方，每个晶胞有 4 个原子；β 相的点阵常数为 Sn 的点阵常数 a_{Sn}=0.583nm，c=0.318nm，晶体点阵为体心立方，每个晶胞有 4 个原子。Pb 的原子量为 207，Sn 的原子量为 119。

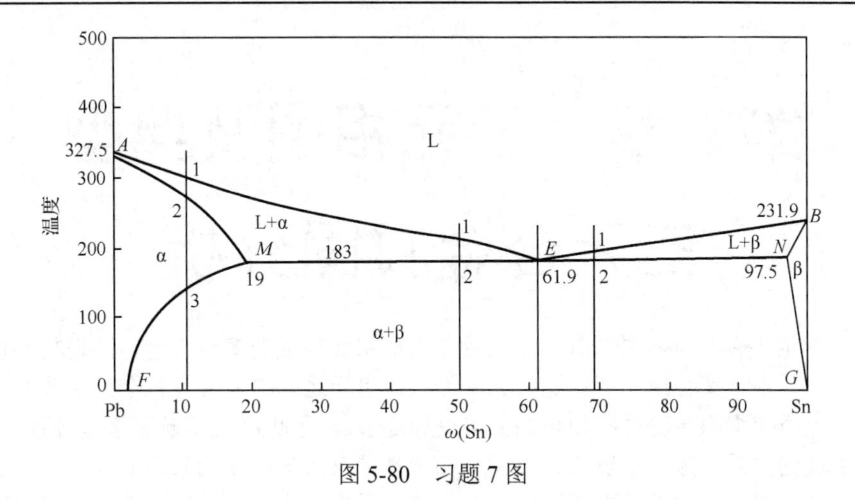

图 5-80　习题 7 图

8．根据 W D Callister 的著作 *Materials Science and Engineering An Introduction* 中 Fe-Fe_3C 相图（见图 5-81），进行以下思考和分析。

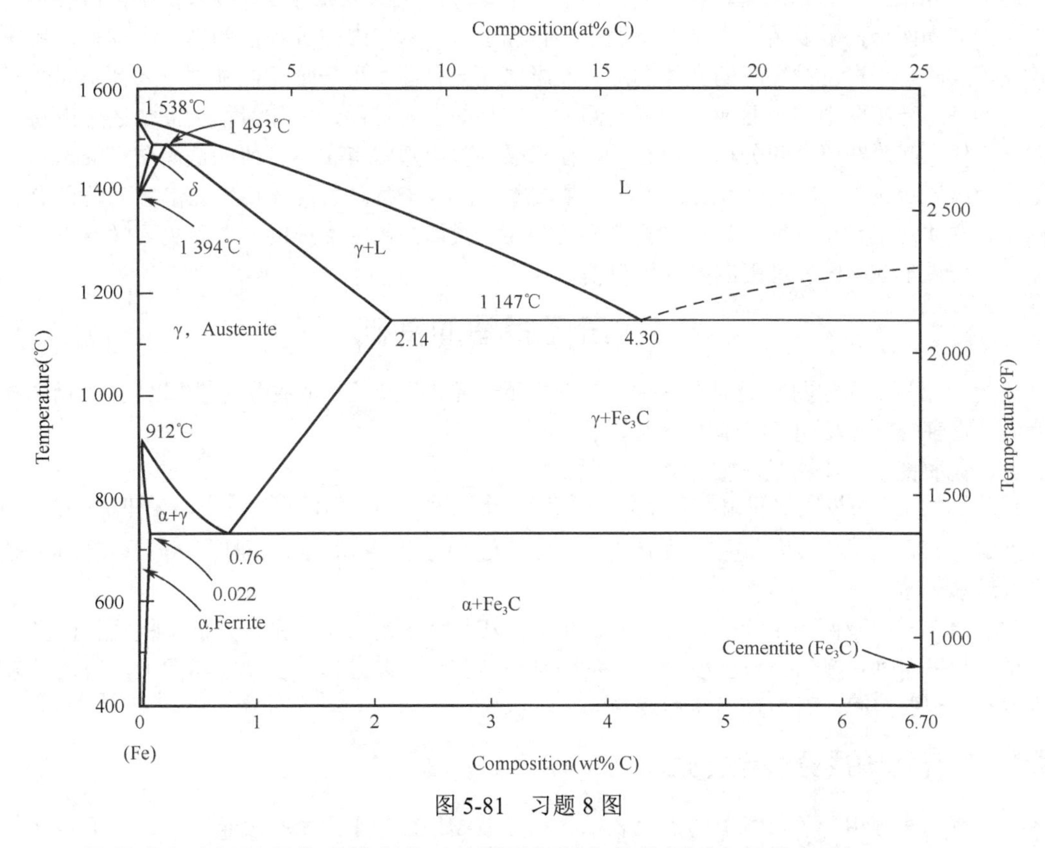

图 5-81　习题 8 图

（1）请思考各坐标轴所代表的含义，并说明相图中各单相区中相的名称。

（2）写出相图中的三个三相恒温转变反应式。思考一下，造成该相图的点位与图 5-44 不同的原因主要是什么。

（3）请对照 5.3.8 节，分析其平衡转变过程和室温组织。

第 6 章　三元相图及典型三元合金凝固分析

实际中应用的大多数金属材料都是由两种以上的组元构成的多元合金，陶瓷材料也往往含有不止两种化合物。由于第三组元或第四组元的加入，组元之间的溶解度将会发生改变，同时也会因新组成相的形成使组织转变过程和相图变得更加复杂。为了更好地了解和掌握各种材料的成分、组织和性能之间的关系，除了了解二元相图，还须掌握三元甚至多元相图的知识。鉴于三元以上的相图过于复杂，测定和分析不便，因此一般将多元系作为伪三元系来处理，所以用得较多的是三元相图（Ternary Phase Diagram）。

将三元相图与二元相图比较，三元相图组元数增加了一个，成分变量变成两个，故表示成分的坐标轴应为两个，需要用一个平面来表示，再加上一个垂直该成分平面的温度坐标轴，那样三元相图就成了一个在三维空间的立体图形。此时的三元相图，每一个相区都由一系列空间曲面隔开，而不是二元相图中的平面曲线。要实测一个完整的三元相图，工作量很大，加之应用立体图形并不方便，因此在研究和分析材料时，往往只需要参考那些有实用价值的截面图（Section）和投影图（Projection），即三元相图的各种等温截面、特殊变温截面及各相区在浓度三角形上的投影图等。立体的三元相图也就是由许多这样的截面和投影图组合而成的。本章主要学习三元相图的使用，着重于截面图和投影图的分析等基本知识。

6.1　三元相图的基础

三元相图与二元相图的最根本差别就是增加了一元，即多了一个成分变量。以成分为水平轴，温度为垂直轴的三元相图，其基本特点如下。

（1）完整的三元相图是三维的立体模型。

（2）三元系中可以发生四相平衡转变，即最大平衡相数为 4。由恒定压力下的相律 $f = C - P + 1$ 可以确定，二元系中的最大平衡相数 P 为 3，而三元系中当 $f = 0$，$C = 3$ 时，$P = 4$，且四相平衡区是恒温水平面。

（3）除单相区及两相平衡区，三元相图中的三相平衡区也占有一定的空间。根据相律得知，三元系三相平衡时存在一个自由度，所以三相平衡转变是变温过程，反映在相图上，三相平衡区必将占有一定的空间，而不是二元相图中的水平线。

6.1.1　三元相图成分表示方法

二元系的成分用一条直线上的点来表示。三元系成分也是用一个点表示，该点位于两个坐标轴所限定的成分三角形或浓度三角形内。常用的成分三角形是等边三角形，在特殊情况下，为表达方便则用直角三角形或等腰三角形。

6.1.1.1　等边成分三角形

图 6-1 所示为用等边成分三角形表示三元合金成分，三角形的三个顶点 A、B、C 表示三个组元分别为 100%，三角形的边 AB、BC、CA 分别表示三个二元系的成分坐标，则三角形内的任一点都代表三元系的某一成分，而且 AB 表示 $\omega(A)+\omega(B)=100\%$，BC 表示 $\omega(B)+\omega(C)=100\%$，$CA$

表示 $\omega(C)+\omega(A)=100\%$。例如，成分三角形 ABC 内 S 点所代表的成分可通过下述方法求出。

按照 AB、BC、CA 的顺序分别表示 B、C、A 三组元的含量。由 S 点出发，分别向 A、B、C 顶角对应的边 BC、CA、AB 引平行线，分别相交于三角形三边于 c、a、b 点。根据等边三角形的性质，可得

$$Sc+Sa+Sb=AB=BC=CA=100\% \tag{6-1}$$

其中，$Sc=Ca=\omega(A)$，$Sa=Ab=\omega(B)$，$Sb=Bc=\omega(C)$。于是，Ca、Ab、Bc 线段分别代表 S 成分点位置处三组元 A、B、C 各自的质量分数。反之，如已知三个组元质量分数，也可求出 S 点在成分三角形中的位置。

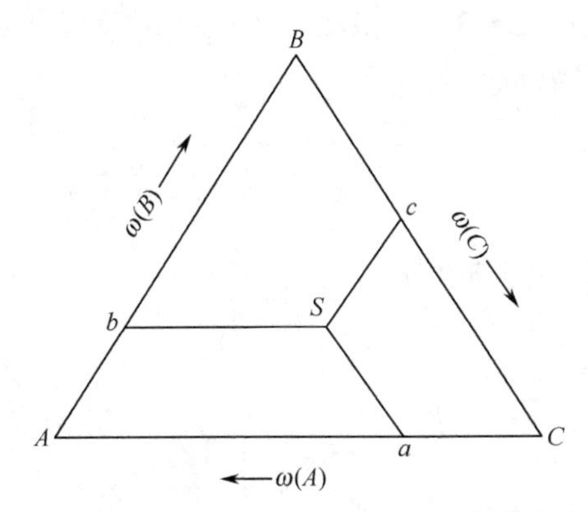

图 6-1　等边成分三角形表示三元合金成分

6.1.1.2　等边成分三角形中的特殊线

鉴于三元合金立体相图表达的复杂性，为了表达简便，在等边成分三角形中过下列具有特定意义的线作垂直面，就可以把立体图转化为平面图。

1. 与某一边相平行的直线

凡成分点位于与等边三角形某一边相平行的直线上的各三元相，它们的质量分数与此线对应顶角代表的组元的质量分数相等。等边成分三角形中的特殊线如图 6-2 所示，平行于 AC 边的 ef 线上所有三元相含 B 组元的质量分数都为 $Ae=fC=\omega(B)$。

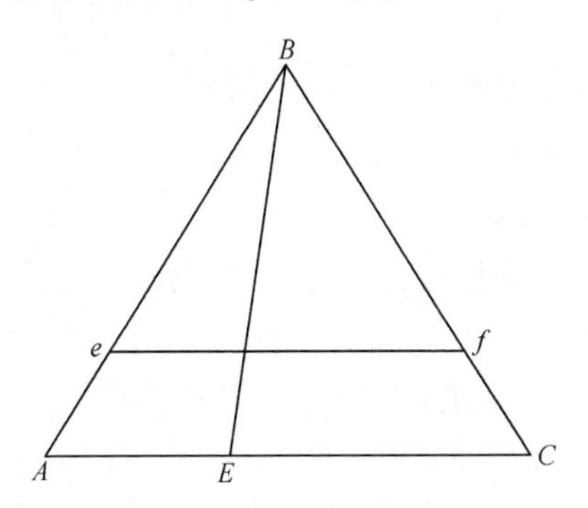

图 6-2　等边成分三角形中的特殊线

2. 过顶角的直线

凡成分点位于通过三角形某一顶角的直线上的三元相，它们所含的此线两旁另两个顶点所代表的两组元的质量分数比值相等。图 6-2 中 BE 线上的所有三元相含 A 组元和 C 组元的质量分数比值相等，即 $\omega(A)/\omega(C)=CE/AE$。

6.1.1.3 成分的其他表示方法

当研究合金的成分范围在一些特殊范围内时，可以采用其他的成分表示方法，如等腰成分三角形、直角成分坐标、局部放大图形表示法等。

1. 等腰成分三角形

当三元系中某一组元含量较少，而另两个组元含量较多时，合金成分点将靠近等边三角形的某一边。为了使该部分相图清晰地表示出来，可将成分三角形两腰放大，成为等腰成分三角形。等腰成分三角形如图 6-3 所示，由于成分点 o 靠近底边，所以在实际应用中只取等腰梯形部分即可。o 点合金成分的确定方法与前述等边三角形的确定方法相同，即过 o 点分别作两腰的平行线，交 AC 边于 a、c 两点，则 $\omega(A)=Ca=30\%$，$\omega(C)=Ac=60\%$；而过 o 点作 AC 边的平行线，与腰相交于 b 点，则组元 B 的质量分数 $\omega(B)=Ab=10\%$。

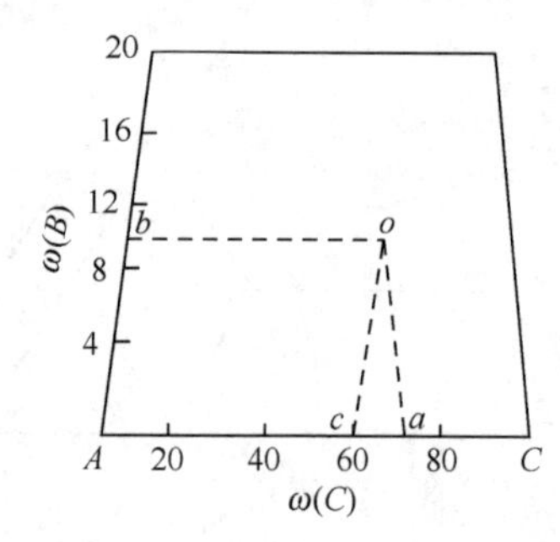

图 6-3　等腰成分三角形

2. 直角成分坐标

当三元系成分以某一组元为主，其他两个组元含量很少时，合金成分点将靠近等边三角形某一顶角。若采用直角坐标表示成分，则可使该部分相图清楚地表示出来。设直角坐标原点代表高含量的组元，则两个互相垂直的坐标轴即代表其他两个组元的成分。例如，图 6-4 所示的直角成分三角形中的 P 点为成分是 ω(Mn)=0.8%、ω(Si)=0.6%其余成分为 Fe 的合金。

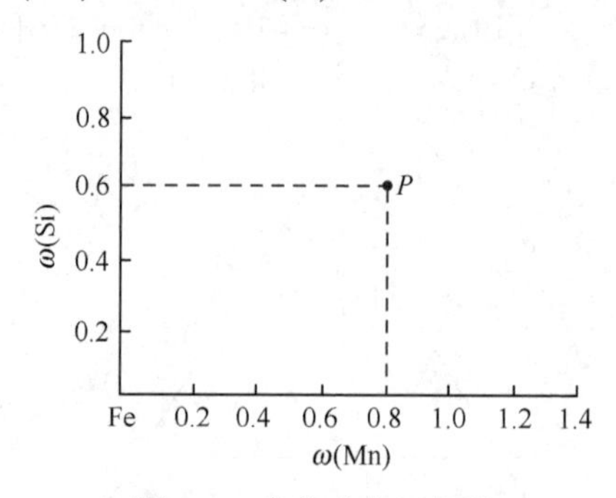

图 6-4　直角成分三角形

3. 局部放大图形表示法

如果只需要研究三元系中一定成分范围内的材料，就可以在浓度三角形中取出有用的局部加以放大，浓度三角形中的一些局部放大图如图 6-5 所示，这样表达会让相图表现得更加清晰。在这个基础上得到的局部三元相图，如图 6-5 中的 I、II 或III局部放大图，与完整的三元相图相比，不论测定、描述或分析，都要简单一些。

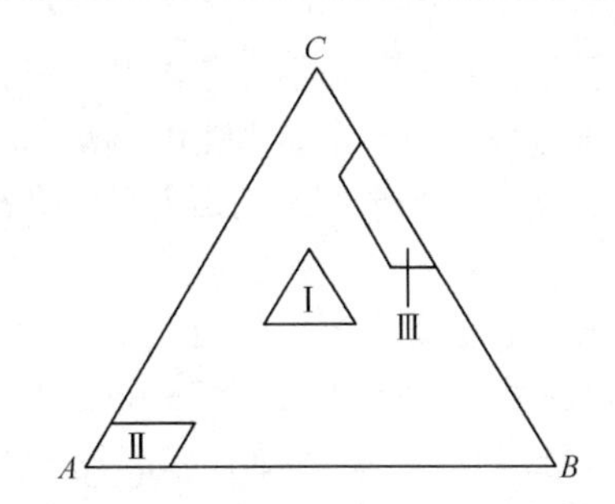

图 6-5　浓度三角形中的一些局部放大图

6.1.2　三元相图的空间模型

包含三元合金成分和温度变量的相图是一个三维的立体图形。最常见的是以等边的浓度三角形表示三元系的成分，过浓度三角形的各个顶点分别作与浓度平面垂直的温度轴，构成一个外廓是正三棱柱体的三元合金相图。由于浓度三角形的每一条边代表一组相应的二元系，所以三棱柱体的三个侧面分别是三组二元相图。在三棱柱体内部，由一系列空间曲面分隔出若干相区。

图 6-6 所示为三元匀晶相图及合金的冷却曲线。*A*、*B*、*C* 三个组元组成的浓度三角形和温度轴构成了三棱柱体的框架。*a*、*b*、*c* 三点分别表明 *A*、*B*、*C* 三个组元的熔点。三个组元在液态和固态都彼此完全互溶，三个侧面都是二元匀晶相图。在三棱柱体内，以三个二元系的液相线作为边框构建的向上凸的空间曲面是三元系的液相面，它表明不同成分的合金凝固开始的温度；以三个二元系的固相线作为边框构建的向下凹的空间曲面是三元系的固相面，它表明了不同成分的合金凝固的终了温度。液相面以上的区域是液相区，固相面以下的区域是固相区。中间区域，如图中 *O* 处的成分，与液相面和固相面的交点 1 和 2 所代表的温度区间为液、固两相平衡区。

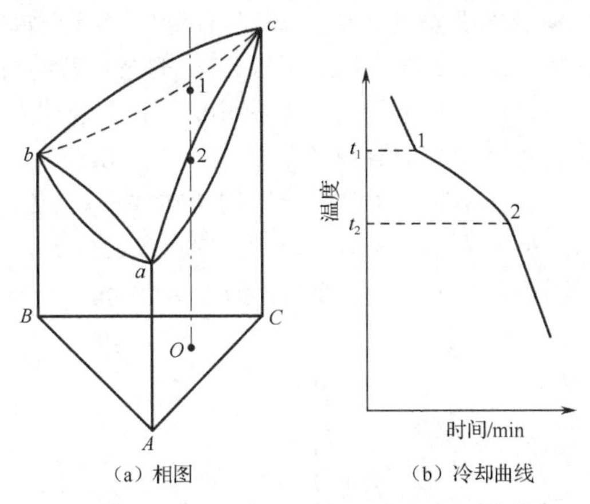

图 6-6　三元匀晶相图及合金的冷却曲线

显然，即使是这样最简单的三元相图都是由一系列空间曲面所构成的，由于三维空间的前后很难在纸面上清楚而准确地表达，所以很难描绘出液相面和固相面的曲率变化，更难确定各个合金的相变温度。在复杂的三元相图中要做到这些更是不可能的。因此，三元相图能够实用的办法是使之平面化。

6.1.3　三元相图的截面图和投影图

6.1.3.1　截面图

将三维立体图形转变甚至分解成二维平面图形，必须设法“减少”一个变量。例如，可将温度固定，只剩下两个成分变量，所得的平面图表示一定温度下三元系状态随成分变化的规律；也可将一个成分变量固定，剩下一个成分变量和一个温度变量，所得的平面图表示温度与该成分变量组成的变化规律。不论选用哪种方法，得到的图形都是三维空间相图的一个截面，故称为截面图。

1. 水平截面

三元相图中的温度轴与浓度三角形垂直，所以固定温度的截面图必定平行于浓度三角形，这样的截面称为水平截面，也称为等温截面（Isothermal Section）。

完整水平截面的外形应该与浓度三角形一致，截面图中的各条曲线是这个温度截面与空间模型中各个相界面相截而得到的相交线，即相界线。图 6-7 所示为三元合金相图的水平截面。图中 de 和 fg 分别为液相线和固相线，它们把这个水平截面划分为液相区 L、固相区 α 和液固两相平衡区 L+α 。

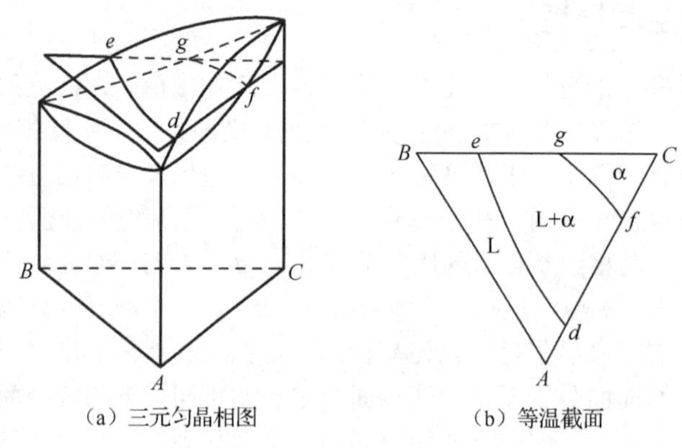

（a）三元匀晶相图　　（b）等温截面

图 6-7　三元合金相图的水平截面

2. 垂直截面

固定一个成分变量并保留温度变量的截面，必定与浓度三角形垂直，所以称为垂直截面，或称为变温截面（Temperature Concentration Section）。常用的垂直截面有两种：一种是通过浓度三角形的顶点，使其他两组元的含量比固定不变，如图 6-8（a）中过顶点 C 的 p_1 垂直截面；另一种是固定一个组元的成分，其他两组元的成分可相对变动，如图 6-8（a）中过平行于 AC 的 ab 得到的 p_2 垂直截面。此时必须注意到，ab 截面的成分轴的两端并不代表纯组元，而代表 B 组元为定值的两个二元系为 $A+B$ 和 $C+B$。例如，图 6-8（b）中原点 a 的成分为 $\omega(B)$=30%、$\omega(A)$=70%、$\omega(C)$=0；而横坐标“50”处的成分为 $\omega(B)$=30%、$\omega(A)$=20%和 $\omega(C)$=50%。

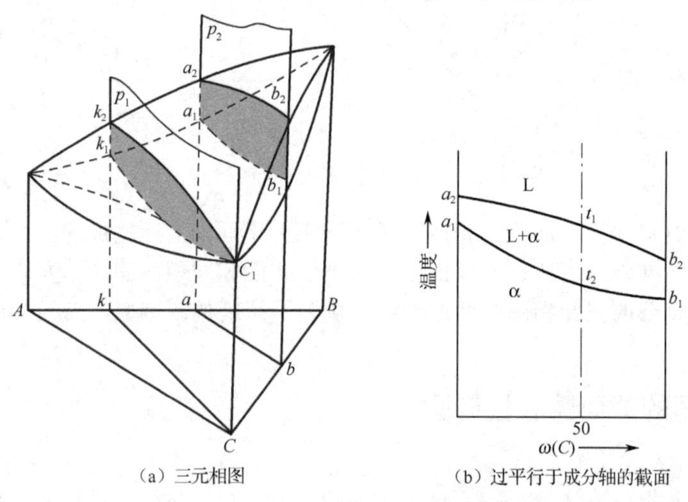

（a）三元相图　　（b）过平行于成分轴的截面

图 6-8　三元匀晶相图上的垂直截面

注意：尽管三元相图的垂直截面与二元相图的形状很相似，但是它们之间存在着本质上的差别。二元相图的液相线与固相线可以用来表示合金在平衡凝固过程中液相与固相浓度随温度变化的规律，而三元相图的垂直截面就不能表示相浓度随温度而变化的关系，只能用于了解冷凝过程中的相变温度，不能应用直线法则来确定两相的质量分数，也不能用杠杆定律计算两相的相对量。

6.1.3.2　三元相图的投影图

把三元立体相图中所有相区的交线都垂直投影到浓度三角形中，就得到了三元相图的投影图。利用三元相图的投影图可分析合金在加热和冷却过程中的转变。

若把一系列不同温度的水平截面中的相界线投影到浓度三角形中，并在每一条投影上标明相应的温度，这样的投影图就叫等温线投影图。实际上，它是一系列等温截面的综合。等温线投影图中的等温线类似地图中的等高线，可以反映空间相图中各种相界面的高度随成分变化的趋势。如果相邻等温线的温度间隔一定，则投影图中等温线距离越密，表示相界面的坡度越陡；反之，等温线距离越疏，说明相界面的高度随成分变化的趋势越平缓。

为了使复杂三元相图的投影图更加简单明了，也可以根据需要，只把一部分相界面的等温线投影下来。实际经常用到的是液相面投影图或固相面投影图。图 6-9 所示为三元匀晶相图等温线投影图，其温度分别为$t_1(t_1')$、$t_2(t_2')$、$t_3(t_3')$、$t_4(t_4')$、$t_5(t_5')$、$t_6(t_6')$，其中实线为液相面投影，而虚线为固相面投影，显然实线和虚线总是成对出现的。

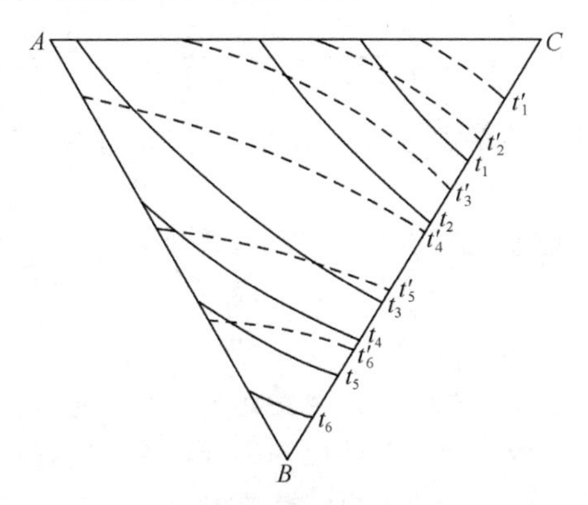

图 6-9　三元匀晶相图等温线投影图

6.1.4　三元相图中的杠杆定律及重心定律

在研究多元系时，往往要了解已知成分材料在不同温度的组成相成分及相对量，如在研究加热或冷却转变时，由一个相分解为两个或三个平衡相，那么新相和旧相的成分间有何关系，两个或三个新相的相对量各为多少，等等。要解决上述问题，就要用杠杆定律或重心定律。

6.1.4.1　直线法则

在一定温度下三组元材料两相平衡时，材料的成分点和其两个平衡相的成分点必然位于成分三角形内的一条直线上，该规律称为直线法则或三点共线原则，可证明如下。

共线法则及杠杆定律推导用图如图 6-10 所示，设在一定温度下成分点为 o 的合金处于 α+β 两相平衡状态，α 相与 β 相的成分点分别为 a 及 b。由图 6-10 可读出三元合金成分点 o、α 相及 β 相中 B 组元的含量分别为 A_{o_1}、A_{a_1} 和 A_{b_1}；C 组元的含量分别为 A_{o_2}、A_{a_2} 和 A_{b_2}。设此时 α 相的质量分数为 ω_α，则 β 相的质量分数应为 $1-\omega_\alpha$。由于质量守恒，α 相与 β 相中 B 组元质量之和等于成分点 o 处的 B 组元质量，α 相与 β 相中 C 组元质量之和等于成分点 o 处的 C 组元的质量。由此可以得到

$$A_{a_1}\times\omega_\alpha + A_{b_1}\times(1-\omega_\alpha) = A_{o_1} \qquad (6\text{-}2)$$

$$A_{a_2} \times \omega_{\alpha} + A_{b_2} \times (1 - \omega_{\alpha}) = A_{o_2} \quad (6\text{-}3)$$

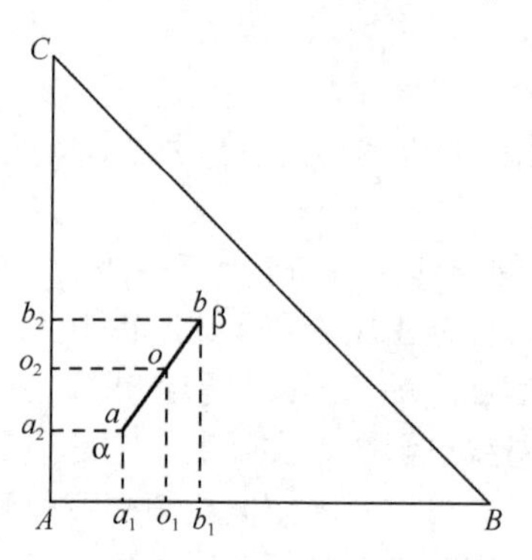

图 6-10 共线法则及杠杠定律推导用图

移项整理得

$$\omega_{\alpha}(A_{a_1} - A_{b_1}) = A_{o_1} - A_{b_1} \quad (6\text{-}4)$$

$$\omega_{\alpha}(A_{a_2} - A_{b_2}) = A_{o_2} - A_{b_2} \quad (6\text{-}5)$$

上下两式相除，得

$$\frac{A_{a_1} - A_{b_1}}{A_{a_2} - A_{b_2}} = \frac{A_{o_1} - A_{b_1}}{A_{o_2} - A_{b_2}} \quad (6\text{-}6)$$

根据解析几何中三点共线的关系式可判断 o、a、b 三点必在一条直线上。

6.1.4.2 杠杆定律

三元系中的杠杆定律可由前面的推导中导出，即式（6-7）

$$\omega_{\alpha} = \frac{A_{b_1} - A_{o_1}}{A_{b_1} - A_{a_1}} = \frac{o_1b_1}{a_1b_1} = \frac{ob}{ab} \quad (6\text{-}7)$$

由直线法则及杠杆定律可做出下列推论：当给定材料在一定温度下处于两相平衡状态时，若其中一相的成分给定，另一相的成分点必在两已知成分点连线的延长线上；若两个平衡相的成分点已知，材料的成分点必然位于此两个成分点的连线上。

6.1.4.3 重心定律

根据相律，三元系处于三相平衡时，自由度为 1。如果温度给定，自由度就变为 0，那么这三个平衡相的成分就应为确定值。合金成分点应位于三个平衡相的成分点所连成的三角形内，该三角形的顶点因为是确定点，所以称为共轭三角形。图 6-11 中的 O 为合金的成分点，P、Q、S 分别为三个平衡相 α、β、γ 的成分点。计算合金中各相相对含量时，可设想先把三相中的任意两相，如 α 相和 γ 相混合成一体，然后再把这个混合体和 β 相混合成合金。根据直线法则，α 相和 γ 相混合体的成分点应在 PS 线上，同时必定在 β 相和合金的成分点连线 QO 的延长线上。由此可以确定，QO 延长线与 PS 线的交点 R 便是 α 相和 γ 相混合体的成分点。进一步由杠杆定律可以得出 β 相的质量分数

$$\omega_{\beta} = \frac{OR}{QR} \quad (6\text{-}8)$$

用同样的方法可求出 α 相和 γ 相的质量分数分别为

$$\omega_{\alpha} = \frac{OM}{PM}$$

$$\omega_{\gamma} = \frac{OT}{ST} \quad (6\text{-}9)$$

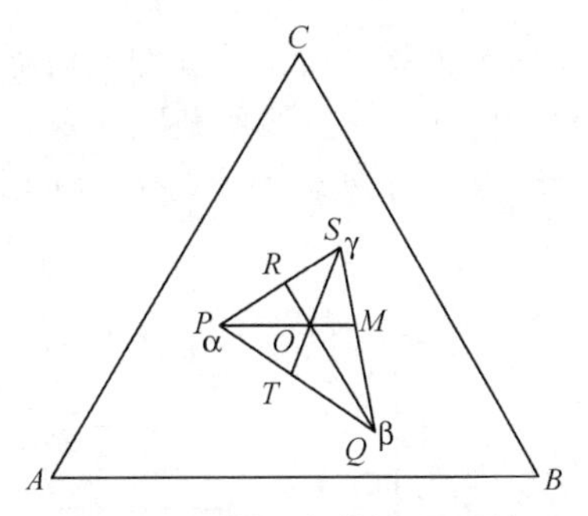

图 6-11　重心定律推导用图

以上内容表明，O 点正好位于成分三角形 PQS 的质量重心（三条中线的交点），这就是三元系的重心定律。当一个相完全分解成三个新相时，或是一个相在分解成两个新相的过程中，可以使用重心定律来研究它们之间的成分和相对量的关系。

共轭线随温度变化的示意图及投影图如图 6-12 所示，液态合金缓慢冷却，当其温度下降到与液相面相交的温度 t_1 时，由液相中开始结晶出成分为 s 的 α 相，液相成分则仍然为合金成分 o。

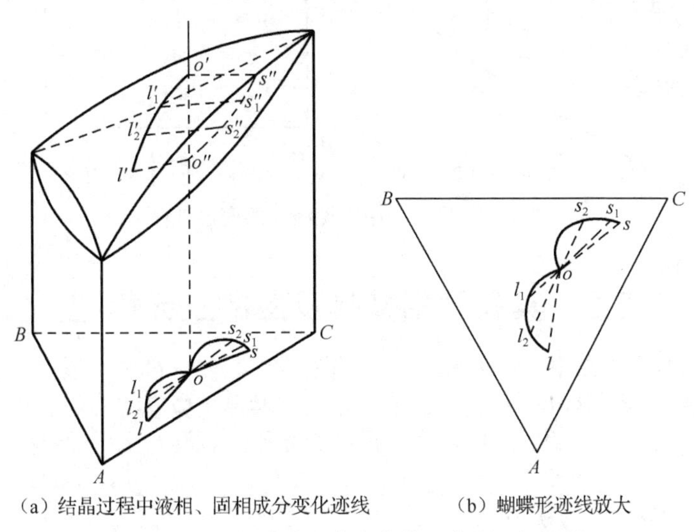

（a）结晶过程中液相、固相成分变化迹线　　（b）蝴蝶形迹线放大

图 6-12　共轭线随温度变化的示意图及投影图

随着温度缓慢下降，结晶出的 α 相不断增多，α 相的成分沿固相面变化，而对应的液相成分则沿液相面变化。在三元系中，合金仍然是遵循选分规律结晶，其固液成分由平衡分配系数来确定。随着结晶过程的进行，液相中低熔点组元逐渐增多，这样就使得液相成分随温度下降沿液相面逐渐向低熔点组元偏移。如图 6-12（a）所示，图中 A、B、C 三顶点代表的组元中 A 顶点代表的组元熔点最低，随着温度下降，液相在液相面的成分变化迹线为 $o'l_1'l_2'l'$，在每一温度下与之对应的 α 相的成分分别为 $s''s_1''s_2''o''$，即固相面上的 $s''s_1''s_2''o''$ 曲线。

根据直线法则，在每一温度下过成分轴线 oo'' 可作共轭连线，并把各共轭连线及液相成分变化曲线共同投影到浓度三角形中，便得到如图 6-12（b）所示的图形。该图形似一只蝴蝶，所以称之为固溶体合金结晶过程中的蝴蝶形迹线。成分变化的蝴蝶形规律说明，在三元系合金固溶体结晶过程中，反映两平衡相对应关系的共轭连线是非固定的水平线，随着温度下降，水平线一方面下降，另一方面绕成分轴转动。显然，这些共轭连线不处在同一垂直截面上。因此，图 6-8 所示的变温截面 p_1 中的 C_1k_1、C_1k_2 曲线，以及变温截面 p_2 中的 a_1b_1、a_2b_2 曲线，它们并非固相及液相的成分变化迹线，不能根据这些线去确定两平衡相的成分及相对量。

但有一种特殊情况，如果冷却时从液态中析出的固相不随温度而变化，如温度下降时析出纯组元，那么沿浓度三角形上从该组元向底边的直线所截取的变温截面与液相面的交线便会与液相的成分变化迹线重合。析出固相为纯组元的变温截面如图 6-13 所示，液相成分变化迹线投影图与截面与液相面交线的投影图重合。

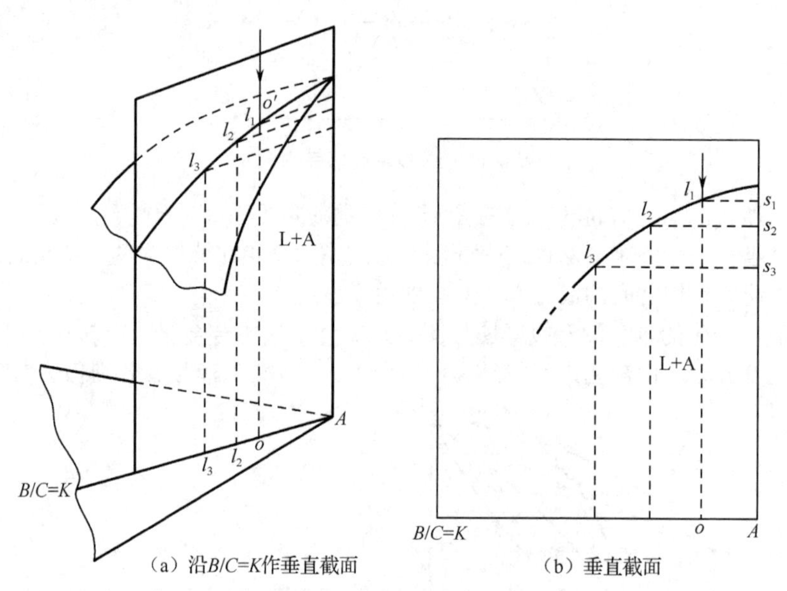

（a）沿 $B/C=K$ 作垂直截面（b）垂直截面

图 6-13 析出固相为纯组元的变温截面

6.2 具有两相共晶反应的三元相图

图 6-14 所示为具有共晶型三相平衡的三元相图，在 A、B、C 三个顶点代表的组元中，有两组具有共晶反应的二元系，不失一般性，这里 A-C 二元共晶反应温度 t_e 高于 B-C 二元共晶反应温度 $t_{e'}$，A-B 为匀晶反应的二元系。同时，为了讨论的方便，假设 $t_c>t_a> t_e > t_b > t_{e'}$。

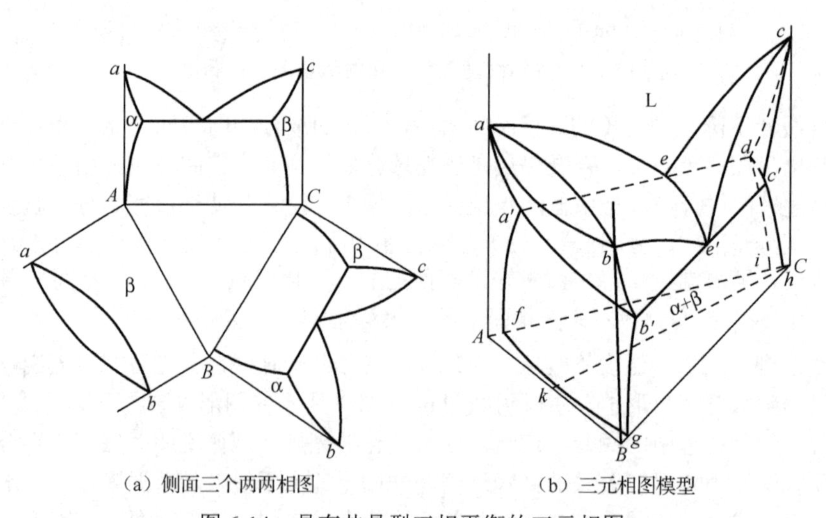

（a）侧面三个两两相图（b）三元相图模型

图 6-14 具有共晶型三相平衡的三元相图

在图 6-14（b）中，$abe'ea$ 及 $ce'ec$ 为液相面，$aa'b'ba$ 及 $cc'dc$ 为固相面，液相面及固相面间为液—固两相区，即 $aa'b'e'eab$ 为 $L+\alpha$ 两相区，$ce'edc'e'$ 为 $L+\beta$ 两相区。图 6-15 所示为具有共晶型三相平衡反应相图的各不同类型相区的分离图，读者借此可更容易辨析。二元系的固溶度曲线，即 α 相的 $b'g$ 及 $a'f$，β 相的 $c'h$ 及 di，分别两两发展为三维相图中的固溶度曲面，即 $a'fgb'$（α 相）和 $c'hid$（β 相）。固溶度曲面与固相面及相图侧面所围成的区域为单相区，即图中的 $aABbb'gfa'$ 为 α 相单相区，$cChc'di$ 为 β 相单相区，两固溶度曲面间为 $\alpha+\beta$ 两相区，即 $a'b'c'difgh$ 区域为 $\alpha+\beta$ 两相区。ee' 线为两液相面的交线，称之为液相线，在此图中为共晶线。

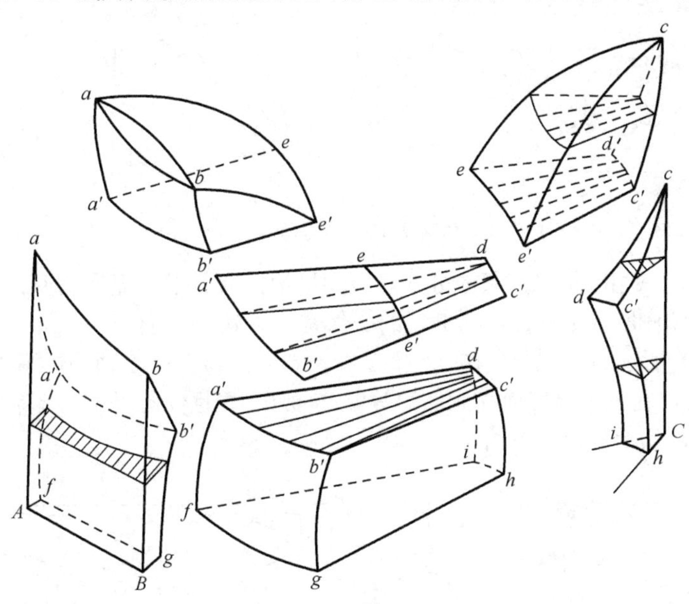

图 6-15　具有共晶型三相平衡反应相图的各不同类型相区的分离图

从图 6-15 可知，该相图共有三个单相区，即液相面以上的液相区、α 相区及 β 相区，有三个两相区，即 $L+\alpha$、$L+\beta$ 及 $\alpha+\beta$。由图 6-15 可以发现，两相区与单相区是以面相连的，如 $L+\alpha$ 两相区与 α 相区的接触面为固相面 $aa'b'b$，$\alpha+\beta$ 两相区与两个单相区 α 相区、β 相区的接触面分别是两个固溶度曲面，即 $a'b'gf$ 及 $dc'hi$。

三相区与两相区为面接触，与单相区为线接触。因此在此相图中三相区存在的区域是在 $L+\alpha$ 和 $L+\beta$ 之下及 $\alpha+\beta$ 两相区之上的空间，ee'、$a'b'$、dc' 三条线分别为 L、α 及 β 与三相区接触的接触线。从图 6-14 可以看出，此三相区共有三个侧面，分别与三个两相区接触；两条边缘线 $a'ed$ 及 $b'e'c'$ 分别为 C-A 及 B-C 二元系的共晶反应线。

下面进一步分析三相区的形状及三相区中的相反应。由相律可知，三元系中三相平衡时的自由度 f 为 1，如果温度给定，即作等温截面，此时 f 就为 0 了。因此，在等温截面上的三相平衡，三个共存相的成分，任意一相都不可变动，它们必须位于满足热力学平衡条件的三个成分点。

三相平衡时，三个相也两两平衡，按照两相平衡时的直线法则，两两平衡相间可做出三条共轭连线，这三条共轭连线在等温截面上围成一个直边三角形，称为共轭三角形。显然，共轭三角形的三个顶点表示三个平衡相的成分点。位于共轭三角形内的合金成分在共轭三角形内变动时，三个平衡相成分固定不变。如果截取足够多的等温截面，并且每个等温截面上都截取一个共轭三角形，则它们叠加起来就形成了一个空间三棱区域，如图 6-16（a）所示。此三棱区域的三条棱边，即图 6-16（a）中的 $a'b'$、ee'、dc'，分别由不同温度下的共轭三角的顶点连接而成，共轭三角形的三条共轭连线分别发展为三棱区域的三个侧面。三相区的三条棱线分别表示了三相平衡共存时每一相的成分随时间的变化迹线，故称为成分变温线，由于三相共存时各相的成分和温度只有一个独立变量，所以又称为单变量线。

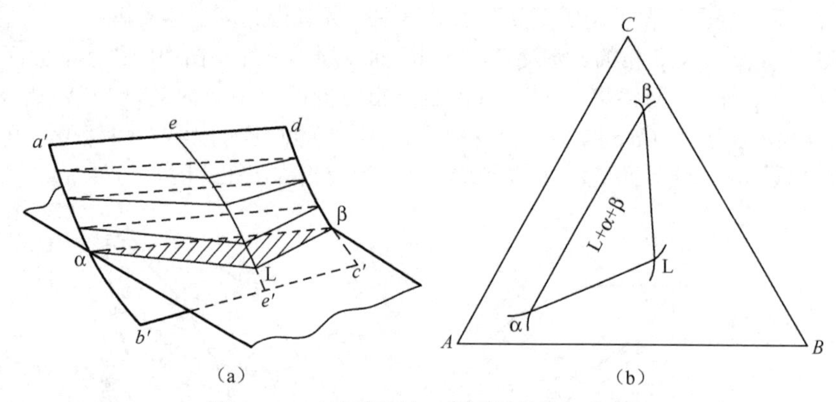

图 6-16 三元系中的三相区及共轭三角形

综合以上分析，三相区是以三条成分变量线为棱边，并且以共轭连线形成的空间曲面为界的空间区域，在此区域任取等温截面，所截得的必然是一共轭三角形。

对图 6-14（b）所示的相图模型作 $t_c>t_a>T>t_e$、$T=t_e$、$t_b>T>t_{e'}$ 三个不同温度下的等温截面，则得到如图 6-17 所示的三个温度由高到低的等温截面图，并且依此对该三元系中不同成分的平衡结晶过程进行分析，然后得出如下结论。

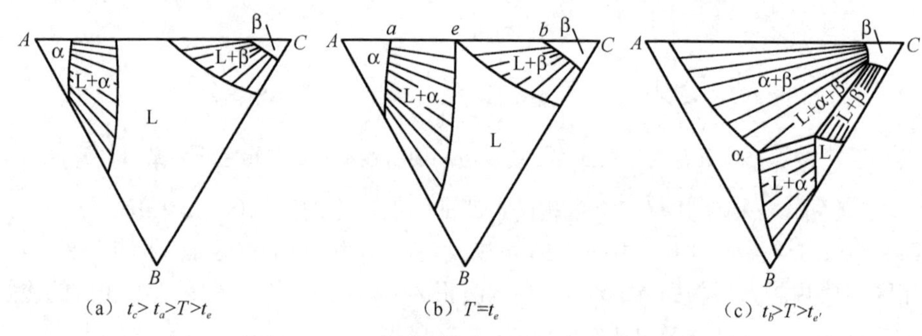

图 6-17 三个温度由高到低的等温截面图

（1）只有成分点位于投影图上，α、β 单变量线投影曲线之间的合金才会在冷却过程中通过空间模型中的三相平衡棱柱，发生两相共晶转变（L→α+β）。

（2）在上述合金中，成分点位于α单变量线投影曲线与液相单变量线投影曲线之间者，初生相为α相，凝固终了时的组织为初晶α+共晶（α+β）；成分点位于液相单变量线投影曲线与β单变量线投影曲线之间者，初生相为β相，凝固终了时组织为β+共晶（α+β）；成分点位于液相单变量线投影曲线上的合金无初生相，凝固后组织为共晶（α+β）。

（3）成分点位于α单变量线投影曲线与曲线溶解度曲面和空间模型底面的交线（*fg*）之间的合金，常温下的平衡组织为$\alpha+\beta_{\text{II}}$。同理，成分点位于β单变量线投影曲线与曲线 *ih* 之间的合金，常温平衡组织为$\beta+\alpha_{\text{II}}$。

（4）成分点位于曲线 *fg* 与 *AB* 边之间的合金，常温平衡组织为α；成分点位于曲线 *ih* 与 *C* 点之间的合金，常温平衡组织为β。

如果对图 6-14（b）所示的相图模型沿浓度三角形的 *Ck* 线作变温截面即可得如图 6-18 所示的图 6-14（b）的 *Ck* 截面图。假设考察的合金的成分点为 *e e′* 线上的点 *o*，当合金温度在 t_c 温度以上时，合金处于单相液相，冷却到 t_c 温度，开始进入 L+α+β 三相区，在 $t_c \sim t_{c'}$ 温度范围内合金处于 L+α+β 三相共存状态，温度降到 $t_{c'}$ 时合金由三相区开始进入 α+β 两相区，温度小于 $t_{c'}$ 时合金为 α+β 两相共存。

从以上凝固过程可知，液相进入三相区后发生了液相随温度下降不断结晶出两个固相的转变，即

$$L_o \xrightarrow{t_c \sim t_{c'}} (\alpha+\beta) \qquad (6\text{-}10)$$

此反应与二元共晶反应类似，所以称此为共晶型三相平衡反应。注意，三元系的两相共晶反应是在一个温度范围内完成的，而且在反应过程中，三个相的成分都在随温度的下降而改变，三个平衡相在不同温度下的成分及相对量，只能利用相应温度下等温截面上的共轭三角形根据重心定律求得。

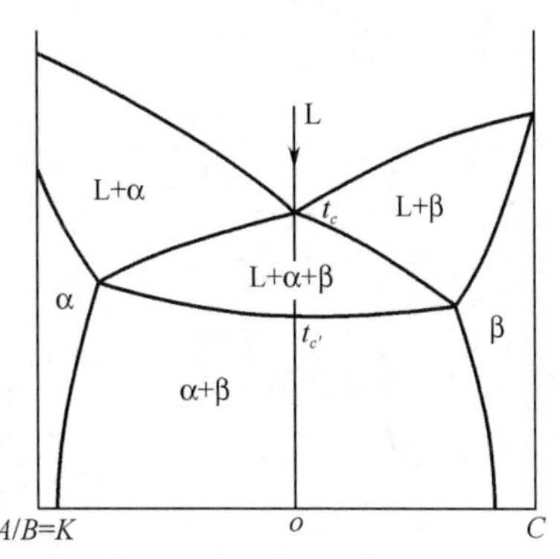

图 6-18　图 6-14（b）的 Ck 截面图

6.3　固态互不溶解的三元共晶相图

1．相图的空间模型

图 6-19 所示为三组元在液态完全互溶、固态互不溶解的三元共晶空间模型。它由 A-B、B-C、C-A 三个简单的二元系共晶相图所组成。

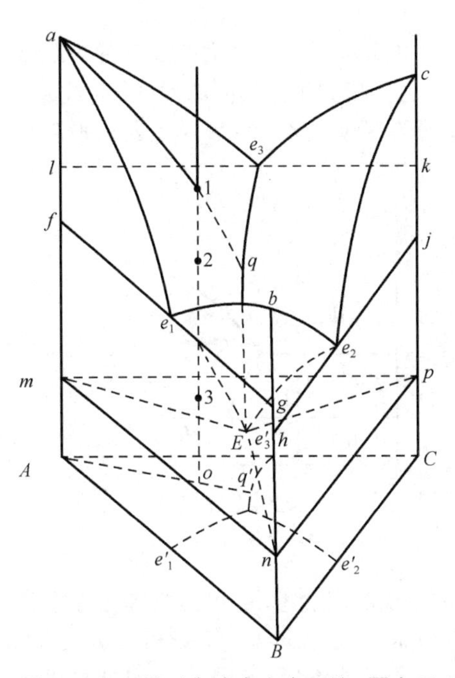

图 6-19　三组元在液态完全互溶、固态互不溶解的三元共晶空间模型

图中的 a、b、c 分别是组元 A、B、C 的熔点。在共晶合金中，一个组元的熔点会由于其他组元的加入而降低，因此在三元相图中形成了三个向下汇聚的液相面。其中，ae_1Ee_3 是组元 A 的初始结晶面；be_1Ee_2 是组元 B 的初始结晶面；ce_2Ee_3 是组元 C 的初始结晶面。三个二元共晶系中的共晶转变点为 e_1、e_2、e_3。在三元系中都伸展成为共晶转变线，它们分别是三个液相面两两相交所形成的三条熔化沟线 e_1E、e_2E 和 e_3E。当液相成分沿这三条曲线变化时分别发生共晶转变

$$e_1E: L \rightarrow A+B \qquad (6\text{-}11)$$

$$e_2E: L \rightarrow B+C \qquad (6\text{-}12)$$

$$e_3E: L \rightarrow C+A \qquad (6\text{-}13)$$

三条共晶转变线相交于 E 点，这是该合金系中液体最终凝固的温度。成分点为 E 的液相在该点代表的温度下发生共晶转变

$$L_E \rightarrow A+B+C \qquad (6\text{-}14)$$

故 E 点称为三元共晶点。E 点与该温度下三个固相的成分点 m、n、p 组成的四相平衡平面称为四相平衡共晶平面。该四相平衡共晶平面由三个三相平衡的连接三角形合并而成，其中三角形 mEn 是发生共晶转变 L → A + B 的三相平衡区的底面，三角形 nEp 是发生共晶转变 L → B + C 的三相平衡区的底面，三角形 pEm 是发生共晶转变 L → C + A 的三相平衡区的底面。图 6-20 所示为三相平衡区和两相共晶面，图中最下方的三个三角形分别为三相平衡区，而将三个三角形拼接的三角形 mnp 再加上 E 点就是三元共晶转变的初始面。

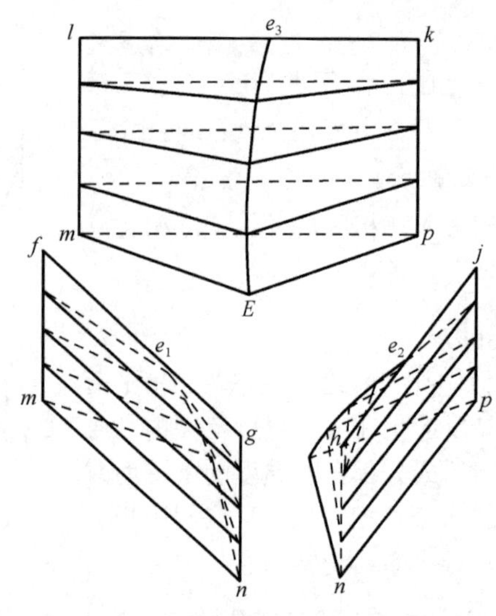

图 6-20　三相平衡区和两相共晶面

在温度位于 E 点以下时，合金全部凝固成固相，形成 A+B+C 三相平衡区。

2. 截面图

图 6-21（a）中的 rs 和 At 垂直截面如图 6-21（b）和（c）所示。rs 垂直截面的成分轴与浓度三角形的 AC 边平行，图中 $r'e'$ 和 $e's'$ 是液相线，相当于截面与空间模型中液相面的截线；曲线 r_1d' 是截面与过渡面的截痕，$d'e'$、$e'i'$ 和 $i's_1$ 分别是截面与过渡面的交线；水平线 r_2s_2 是四相平衡共晶平面的投影。

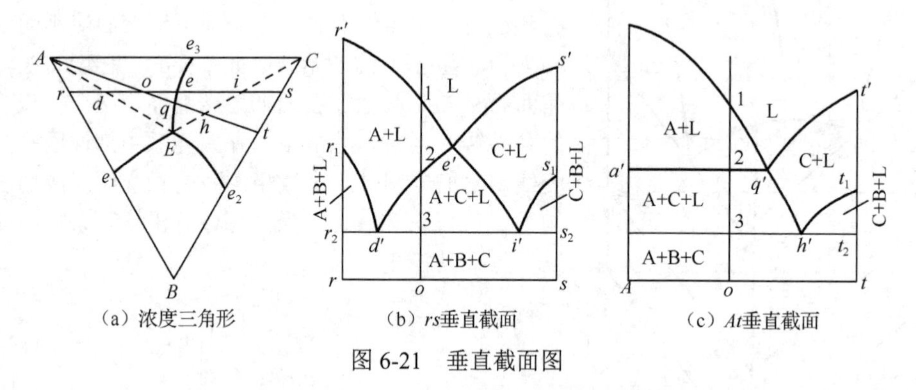

图 6-21　垂直截面图

利用这个垂直截面可以分析成分点在 rs 线上所有合金的平衡凝固过程，并可确定其相变临界温度。以合金点 o 为例，当其冷却到 1 点温度时，开始凝固出初晶 A，从 2 点温度开始进入 A+C+L 三相平衡区，发生 $L \to C + A$ 共晶转变，形成两相共晶（A+C），继续冷却，到 3 点温度时在共晶平面上发生四相平衡共晶转变 $L_E \to A + B + C$，形成三相共晶（A+B+C）。继续冷却，合金不再发生其他变化。其室温组织是初晶 A+两相共晶（A+C）+三相共晶（A+B+C）。

At 为垂直截面，它过浓度三角形的顶点 A，该截面与过渡面的截线是固相 A 与液相 L 两平衡相的连接线，在垂直截面图中就是水平线 $a'q'$。

图 6-22 所示为水平截面图，利用这些截面图可以了解合金在不同温度所处的相平衡状态，以及分析各种成分的合金在平衡冷却时的凝固过程。

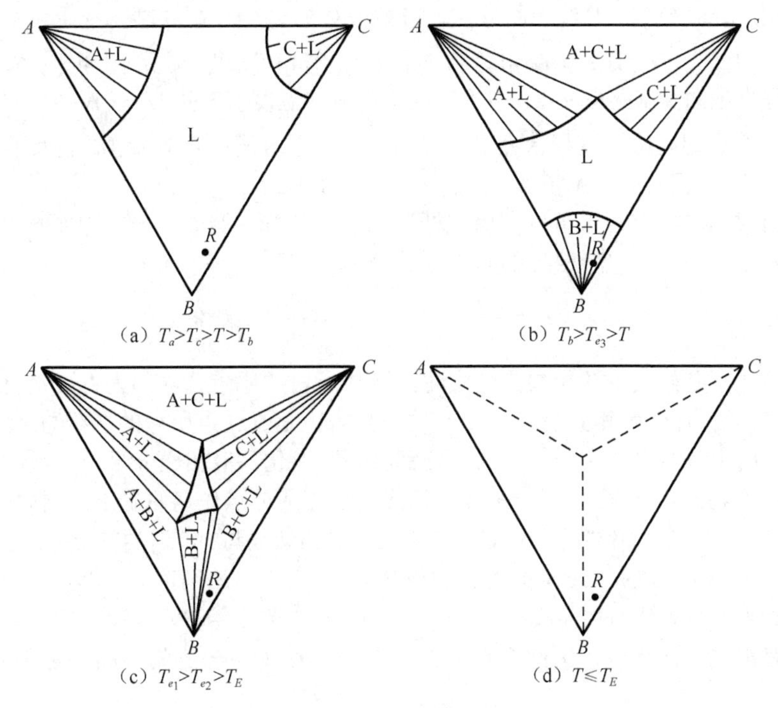

图 6-22　水平截面图

3. 投影图

在图 6-23 所示的固态完全不溶的三元共晶相图投影图中，粗线 e_1E、e_2E 和 e_3E 是三条共晶转变线的投影，它们的交点 E 是三元共晶点的投影。粗线把投影图划分成三个区域，这些区域是三个液相面的投影，其中标有 t_1、t_2 等字样的细线，即液相面等温线。

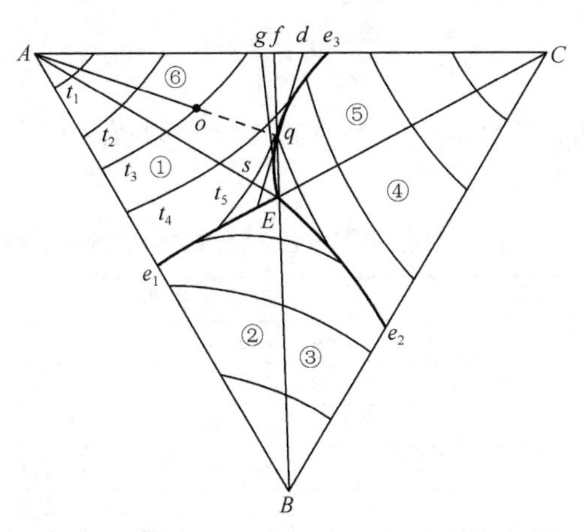

图 6-23　固态完全不溶的三元共晶相图投影图

利用这个投影图对合金的凝固过程进行分析不仅可以确定相变临界温度，还能确定相的成分和相对含量。仍以图 6-23 所示的合金为例。在 t_1 温度（相当于空间模型和垂直截面图中的 1 点），合金冷到液相面 Ae_1Ee_3A，开始凝固出初晶 A，$\mathrm{L}\rightarrow\mathrm{A}$，这时液相的成分等于合金成分，两相平衡相连接线的投影是 Ao 线。继续冷却时，不断凝固出晶体 A，液相中 A 组元的含量不断减少，B、C 组元的含量不断增加。但液相中 B、C 组元的含量比不会发生变化，因此液相成分应沿 Ao 连线的延长线变化。继续冷却，冷却到与空间模型和垂直截面图（见图 6-21）中 2 点对应的图 6-23 中

的 t_5 温度，液相成分改变到 e_3E 线上的 q 点，开始发生 $L_q \rightarrow A+C$ 共晶转变。

温度继续下降时，不断凝固出两相共晶（A+C），液相成分就沿 qE 线变化，直到 E 点［相当于空间模型和垂直截面图（见图 6-21）中 3 点所对应的温度］发生 $L_E \rightarrow A+B+C$ 四相平衡共晶转变。在略低于 E 点的温度，液相合金全部凝固完毕，不再发生其他转变。因此合金在室温时的平衡组织是初晶 A+两相共晶（A+C）+三相共晶（A+B+C）。

合金组织组成物的相对含量可以利用杠杆法则进行计算。例如，合金刚要发生两相共晶转变时，液相成分为 q，初晶 A 和液相 L 的质量分数分别为

$$\omega_A = \frac{oq}{Aq}\times 100\% \quad \omega_L = \frac{Ao}{Aq}\times 100\% \tag{6-15}$$

q 成分的液体刚开始发生两相共晶转变时，液体所占的质量分数约为百分之百，而两相共晶（A+C）则近乎为零，这时两相共晶（A+C）的成分点应是过 q 点所做的切线与 AC 边的交点 d。继续冷却时，液相和两相共晶（A+C）的成分都将不断变化，液相成分沿 qE 线改变，而每瞬间析出的两相共晶（A+C）成分则可由 qE 线上相应的液相成分点作切线确定。例如，液相沿 qE 线到达 S 点时，新凝固出的两相共晶（A+C）成分为 S 点的切线与 AC 边的交点 g。在液相成分达到 E 点时，先后析出的两相共晶（A+C）的平均成分为 f，由直线法则可知，f 为 Eq 连线与 AC 边的交点。因为剩余液相的成分为共晶成分 E 与所有的两相共晶（A+C）的混合体应与开始发生两相共晶转变时的液相成分 q 相等，因此合金中两相共晶（A+C）和三相共晶（A+B+C）的质量分数分别为

$$\frac{\omega_{(A+C)}}{\omega_0} = \omega_L \times \frac{Eq}{Ef}\times 100\% = \frac{Ao}{Aq}\times\frac{Eq}{Ef}\times 100\% \tag{6-16}$$

$$\frac{\omega_{(A+B+C)}}{\omega_0} = \omega_L \times \frac{qf}{Ef}\times 100\% = \frac{Ao}{Aq}\times\frac{qf}{Ef}\times 100\% \tag{6-17}$$

显然

$$\omega_A + \frac{\omega_{(A+C)}}{\omega_0} + \frac{\omega_{(A+B+C)}}{\omega_0} = 100\% \tag{6-18}$$

用同样的方法可以分析该合金系所有合金的平衡冷却过程及室温组织。图 6-23 投影图中各个区域的合金的室温组织如表 6-1 所示。

表 6-1　图 6-23 投影图中各个区域的合金的室温组织

区　域	室 温 组 织
①	初晶 A+二相共晶（A+B）+三相共晶（A+B+C）
②	初晶 B+二相共晶（A+B）+三相共晶（A+B+C）
③	初晶 B+二相共晶（B+C）+三相共晶（A+B+C）
④	初晶 C+二相共晶（B+C）+三相共晶（A+B+C）
⑤	初晶 C+二相共晶（A+C）+三相共晶（A+B+C）
⑥	初晶 A+二相共晶（A+C）+三相共晶（A+B+C）
AE 线	初晶 A+三相共晶（A+B+C）
BE 线	初晶 B+三相共晶（A+B+C）
CE 线	初晶 C+三相共晶（A+B+C）
e_1E 线	二相共晶（A+B）+三相共晶（A+B+C）
e_2E 线	二相共晶（B+C）+三相共晶（A+B+C）
e_3E 线	二相共晶（A+C）+三相共晶（A+B+C）
E 点	三相共晶（A+B+C）

4. 相区接触法则

三元相图也遵循二元相图同样的相区接触法则，即相邻相区的相数差 1（点接触除外），在空间相图、水平截面或垂直截面中都是这样。因此，任何单相区总是和二相区相邻的；二相区不是和单相区相邻，就是和三相区相邻；而四相区一定和三相区相邻，这可在图 6-14、图 6-15、图 6-19 和图 6-20 中清楚地看到。但应用相区接触法则时，对于立体图只能根据相区接触的面判断，而不能根据相区接触的线或点来判断；对于截面图只能根据相区接触的线判断，而不能根据相区接触的点来判断。另外，根据相区接触法，除了截面截到四相平面上的相成分点（零变量点），截面图中每个相界线交点上必定有四条相界线相交，这也是判断截面是否正确的几何法则之一。

6.4　固态有限互溶的三元共晶相图

1. 相图分析

组元在固态有限互溶的三元共晶相图如图 6-24 所示。它与图 6-19 中固态互不溶解的三元共晶相图之间的区别仅仅是增加了固态溶解度曲面，在靠近纯组元的地方出现了单相固溶体区，即 α、β 和 γ 相区。

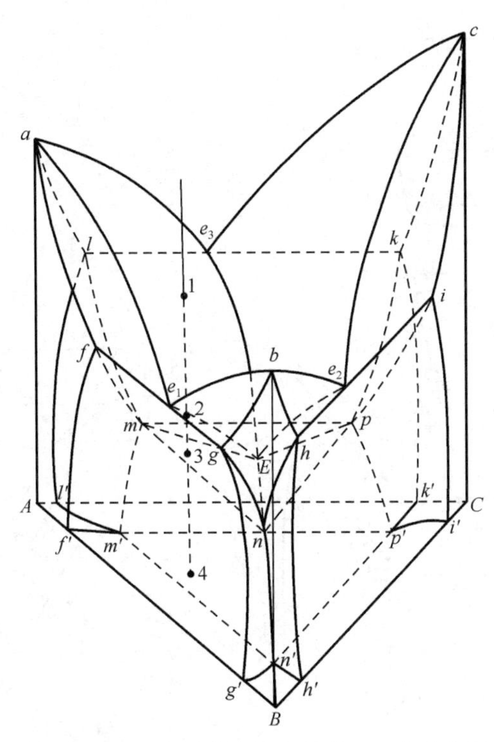

图 6-24　组元在固态有限互溶的三元共晶相图

图中每个液、固两相平衡区和单相固溶体区之间都存在一个和液相面共轭的固相面，即固相面 *afml* 和液相面 ae_1Ee_3 共轭；固相面 *bgnh* 和液相面 be_1Ee_2 共轭；固相面 *cipk* 和液相面 ce_2Ee_3 共轭。

与简单的三元共晶相图类似，三个发生两相共晶转变的三相平衡区，分别以六个过渡面为界，与液、固两相区相邻，并且在 t_E 温度汇聚于三相共晶水平面 *mnp*，即成分为 *E* 的液相在这里发生四相平衡的共晶转变

$$L_E \rightarrow \alpha_m + \beta_n + \gamma_p \tag{6-19}$$

四相平衡平面 *mnp* 下面的不规则三棱柱体是 α、β 和 γ 三相三平衡区，室温时这三相的连接三角形为 $m'n'p'$。每两个单相区之间的固态两相区分别由一对共轭的溶解度曲面包围，它们是：

α+β 两相区的 $fm\,m'f'$ 面和 $gn\,n'g'$ 面，β+γ 两相区的 $hn\,n'h'$ 面和 $ip\,p'i'$ 面，γ+α 两相区的 $kp\,p'k'$ 面和 $lm\,m'l'$ 面。

因此，组元间在固态有限互溶的三元共晶相图中主要存在五种相界面：三个液相面，六个两相共晶转变起始面，三个单相固相面及三个两相共晶终止面（两相固相面），三对共轭的固溶度曲面，再加上一个四相平衡共晶点（四相成分点为一水平面）。它们把相图划分成六种区域，即液相区，三个单相固溶体区，三个液、固两相平衡区，三个固态两相平衡区，三个发生两相共晶转变的三相平衡区及一个固态三相平衡区。为便于理解，图 6-25 给出了图 6-24 相图中的两相区和三相区。

2. 投影图

图 6-26 所示为三元共晶相图的投影图。从图中可清楚看到三条共晶转变线的投影 e_1E、e_2E 和 e_3E 把浓度三角形划分成 Ae_1Ee_3、Be_1Ee_2 和 Ce_2Ee_3 三个区域，这是三个液相面的投影。当温度降到这些液相面以下时分别生成α相、β相和γ相。液、固两相平衡区中与液相面共轭的三个固相面的投影分别是 $Afml$、$Bgnh$ 和 $Cipk$。固相面以外靠近纯组元 A、B、C 的不规则区域，即α相、β相和γ相的单相区。

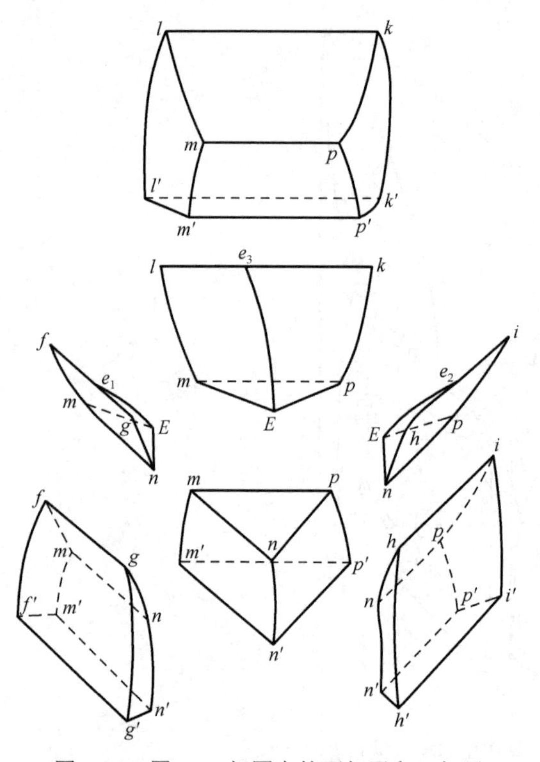

图 6-25 图 6-24 相图中的两相区和三相区

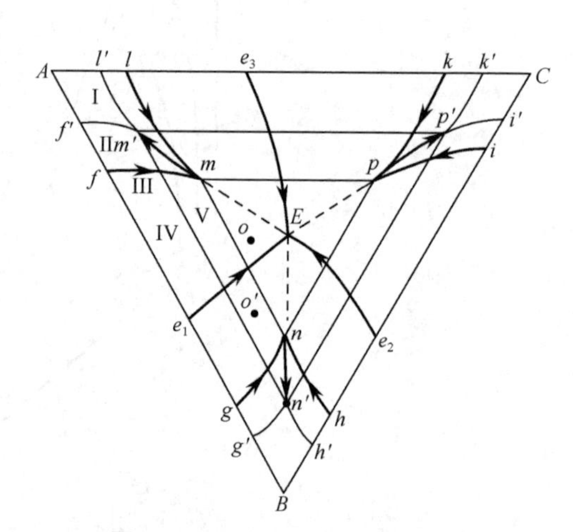

图 6-26 三元共晶相图的投影图

三个发生共晶转变的三相平衡区，在空间中呈三棱柱体，在投影图上相当于棱边的三条单变量线的投影。在图 6-26 中，L+α+β 三相平衡区中相应的单变量线为 e_1E(L)、fm(α)和 gn(β)；L+β+γ 三相平衡区中相应的单变量线为 e_2E(L)、hn(β)和 ip(γ)；L+α+γ 三相平衡区中相应的单变量线为 e_3E(L)、kp(γ)和 lm(α)。这三个三相平衡区分别起始于二元系的共晶转变线 fg、hi 和 kl，终止于四相平衡平面上的连接三角形 mEn、nEp 和 pEm。

投影图中间的三角形 mnp 为四相平衡共晶平面。成分为 E 的熔液在 T_E 温度发生四相平衡共晶转变以后，形成α+β+γ 三相平衡区。

投影图中所有单变量线都以粗线画出，并用箭头表示其从高温到低温的走向。可以看出，每个零变量点都是三条单变量线的交点。其中三条液相单变量线都自高温向下聚于四相平衡共晶转变点 E。投影图上三条液相单变量线箭头齐指四相平衡共晶点 E，这就是三元共晶型转变投影图最重要的共同特征。

图 6-27 所示为三元共晶系四相平衡前后的三相浓度三角形。从图 6-27 中可看到，在四相平衡三元共晶转变之前可具有 $L\rightarrow\alpha+\beta$、$L\rightarrow\beta+\gamma$、$L\rightarrow\gamma+\alpha$ 共三个三相平衡转变，而四相平衡共晶转变后，则存在 $\alpha+\beta+\gamma$ 三相平衡。四相平衡时，根据相律，其自由度为零，即平衡温度和平衡相的成分都是固定的，故此四相平衡三元共晶转变面为水平三角形。反应相的成分点在三个生成相成分点连接的三角形内。

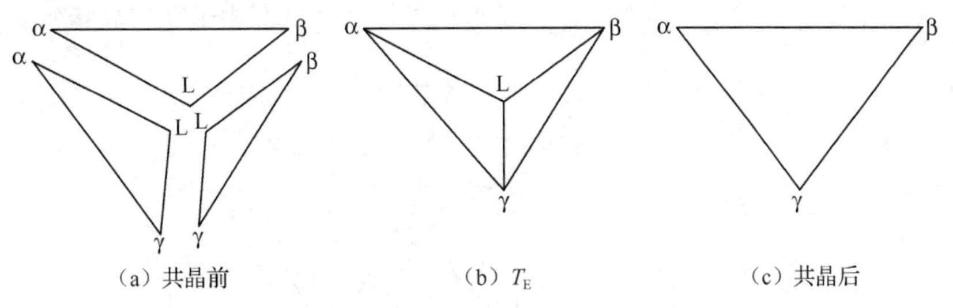

图 6-27　三元共晶系四相平衡前后的三相浓度三角形

3. 截面图

图 6-28 所示为三元共晶相图在不同温度下的水平截面。由图 6-28 可看到它们的共同特点如下。

（1）三相区都呈三角形。这种三角形是共轭三角形，三个顶点与三个单相区相连。这三个顶点就是该温度下三个平衡相的成分点。

（2）三相区以三角形的边与两相区连接，相界线就是相邻两相区边缘的共轭线。

（3）两相区一般以两条直线及两条曲线作为周界。直线边与三相区邻接，一对共轭的曲线把组成这个两相区的两个单相区分隔开。

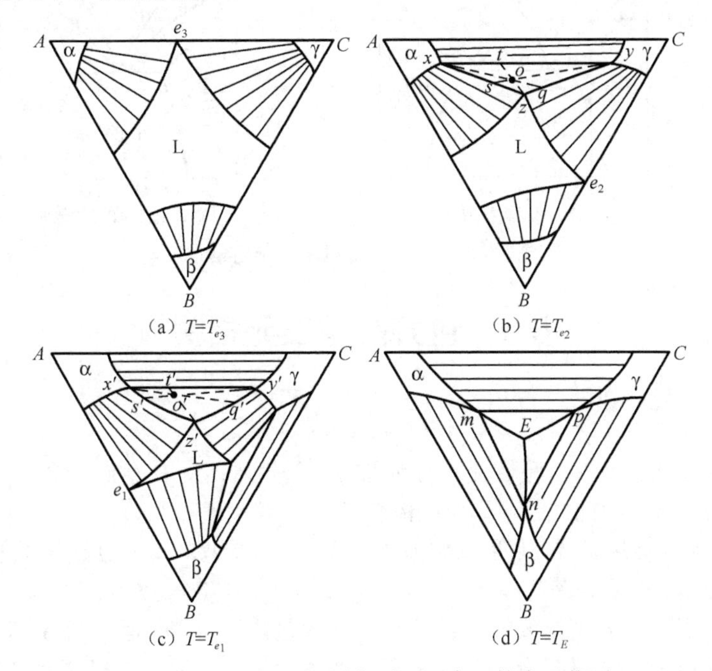

图 6-28　三元共晶相图在不同温度下的水平截面

图 6-29 所示为三元共晶相图的垂直截面，其中图 6-29（a）投影图表示垂直截面在浓度三角形上相应的位置，而图 6-29（b）为 *VW* 垂直截面。

凡截到四相平衡共晶平面时，在垂直截面中都形成水平线和顶点朝上的曲边三角形，呈现出共晶型四相平衡区和三相平衡区的典型特性。在 *VW* 垂直截面中就可清楚地看到四相平衡共晶平面及与之相连的四个三相平衡区的全貌。

利用 *VW* 垂直截面可分析合金 *P* 的凝固过程。合金 *P* 从 1 点起凝固出初晶 α，至 2 点开始进入三相区，发生 $L \rightarrow \alpha+\beta$ 转变，冷至 3 点凝固即告终止，3 点与 4 点之间为 $\alpha+\beta$ 两相区，无相变发生，在 4 点以下温度，由于溶解度变化而析出 γ 相进入三相区，室温组织为 $\alpha+(\alpha+\beta)+\gamma$（少量）。显然，在只需确定相变临界温度时，用垂直截面图比投影图更为简便。

图 6-29（c）为过 *E* 点的 *QR* 截面，很容易地就可以观察到四相平衡共晶转变 $L \rightarrow \alpha+\beta+\gamma$。

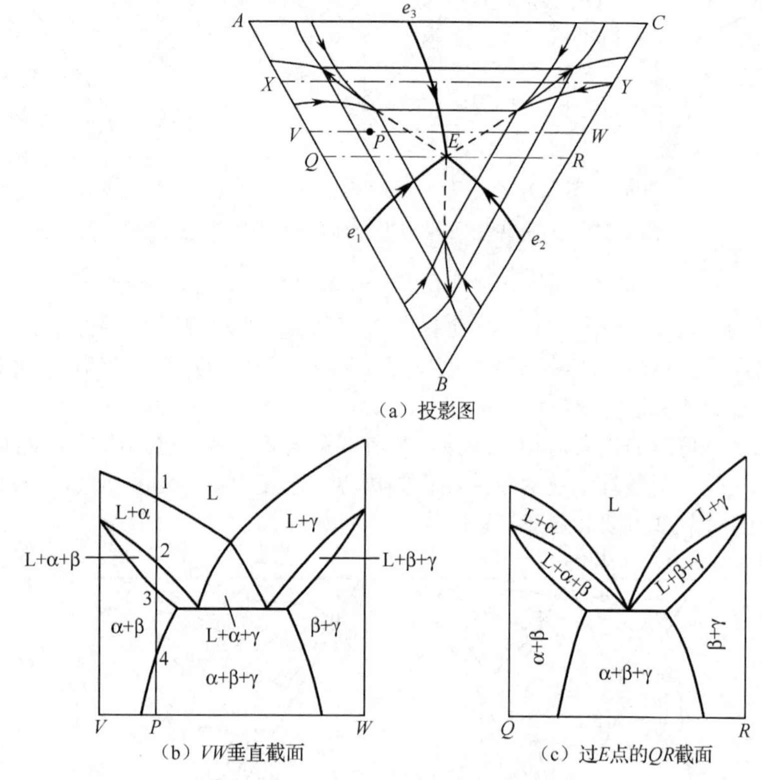

图 6-29 三元共晶相图的垂直截面

6.5 包共晶型三元相图

包共晶转变的反应式为

$$L+\alpha \rightleftharpoons \beta+\gamma \tag{6-20}$$

从左边的反应相情况看，这种转变具有包晶转变的性质；从右边的生成相情况看，这种转变又具有共晶转变的性质，因此把它叫作包共晶转变。

图 6-30（a）为具有共晶-包晶四相反应的三元系空间模型，其中 *A-B* 系具有包晶转变，*A-C* 系也具有包晶转变，*B-C* 系具有共晶转变，且 $T_A>T_{P_1}>T_{P_2}>T_B>T_P>T_C>T_e$（其中 T_P 表示四相平衡温度，T_e 表示 *B*-C 系共晶转变温度），四边形 *abpc* 为包共晶转变平面。图 6-30（b）为不同温度下的等温截面，图 6-30（c）为四相反应平衡前、平衡时和平衡后的三相浓度三角形。

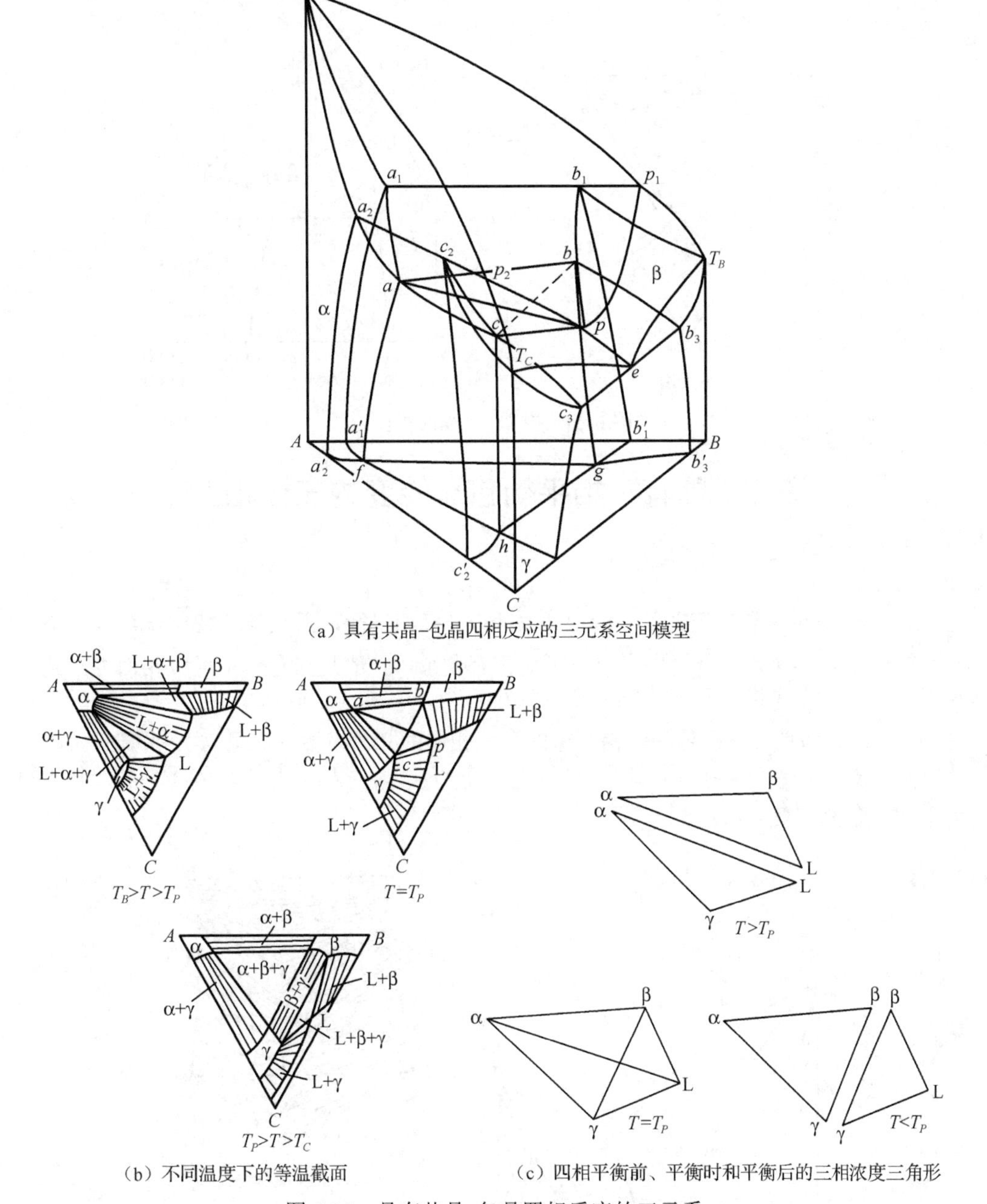

（a）具有共晶-包晶四相反应的三元系空间模型

（b）不同温度下的等温截面

（c）四相平衡前、平衡时和平衡后的三相浓度三角形

图 6-30　具有共晶-包晶四相反应的三元系

从图 6-30 中可看到该三元系在包共晶平面 *abpc* 上方的两个三相平衡棱柱分别属于 $L+\alpha\rightarrow\beta$ 和 $L+\alpha\rightarrow\gamma$ 包晶型；而四相平衡包共晶转变（$L_P+\alpha_a\rightarrow\beta_b+\gamma_c$）后，则存在一个三相平衡共晶转变 $L\rightarrow\beta+\gamma$ 和一个三相平衡区 $\alpha+\beta+\gamma$。图 6-30（b）和（c）都可以进一步说明：四相平衡包共晶转变面呈四边形，反应相和生成相成分点的连接线是四边形的两条对角线。

图 6-31（a）为图 6-30 所示的三元系的冷却过程的投影图，图 6-31（b）为 a_2-2 垂直截面和它的组成相的变化情况。其他方面的叙述在此省略，感兴趣的读者可以参阅相关参考资料。

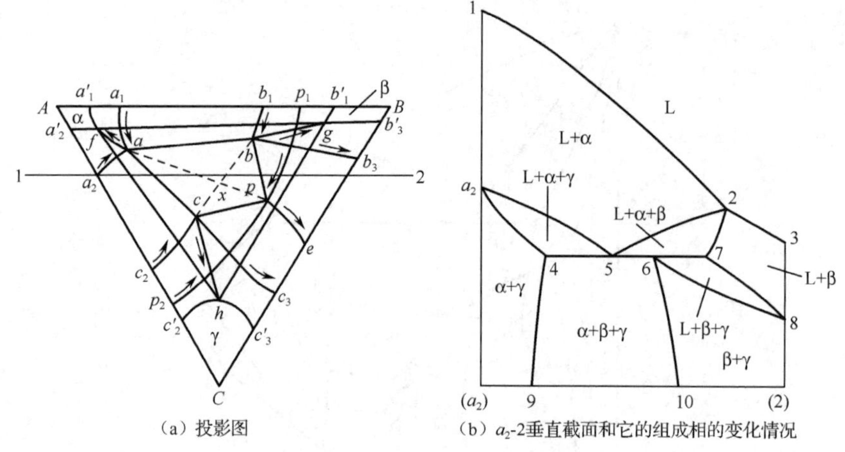

（a）投影图　（b）a_2-2垂直截面和它的组成相的变化情况

图 6-31　共晶-包晶四相反应

6.6　具有四相平衡包晶转变的三元相图

四相平衡包晶转变的反应式为

$$L+\alpha+\beta\rightarrow\gamma \tag{6-21}$$

这表明四相平衡包晶转变之前，应存在L+α+β三相平衡，而且除了特定合金，三个反应相不可能在转变结束时同时完全消失，也不可能都有剩余。一般是只有一个反应相消失，其余两个反应相有剩余，与生成相γ相形成新的三相平衡。

图 6-32（a）为具有三元包晶四相平衡的三元相图的立体模型。这里 A-B 系具有共晶转变，A-C 系和 B-C 系都具有包晶转变，且 $T_A>T_B>T_{e_1}>T_P>T_{P_2}>T_{P_3}>T_C$，其中 T_P 表示四相平衡温度，在该温度下发生包晶转变L+α+β→γ。

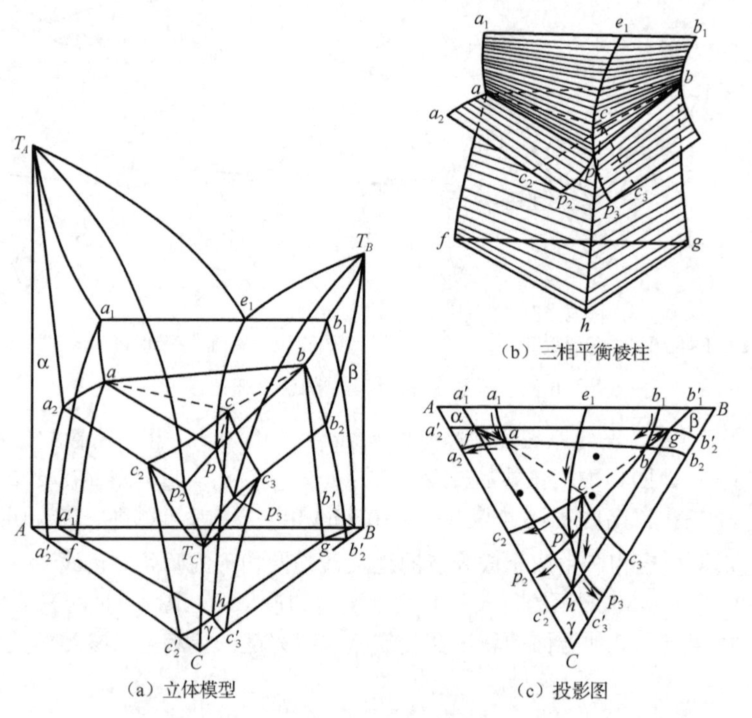

（a）立体模型　（b）三相平衡棱柱　（c）投影图

图 6-32　三元包晶四相平衡的三元相图

空间模型中包晶型四相平衡区是一个三角平面 *abp*，称为四相平衡包晶转变平面。这个平面上方有一个三相平衡棱柱（L→α+β 共晶型）与之接合，下方有三个三相平衡棱柱［（α+β+γ）三相区，一个包晶反应 L+α ⇌ γ 区和另一个包晶反应 L+β ⇌ γ 区］与之接合，如图 6-32（b）所示。图 6-32（c）为该三元系冷却过程的投影图。

图 6-33 所示为三元包晶四相平衡前后的三相浓度三角形，从这里还可看出三元包晶转变生成相 γ 相的成分点在三个反应相成分点连接三角形内。

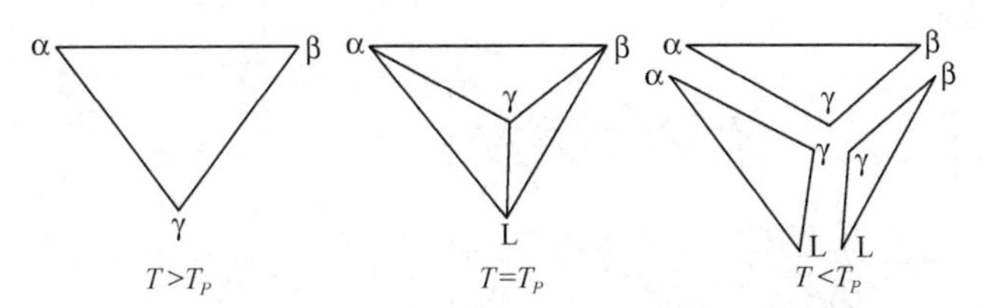

图 6-33　三元包晶四相平衡前后的三相浓度三角形

6.7　形成稳定化合物的三元相图

在三元系中，如果其中一对组元或几对组元组成的二元系中形成一种或几种稳定的二元化合物，即在熔点以下既不发生分解，结构也不改变的化合物，或者三个组元之间形成稳定的三元化合物，则分析相图时就可以把这些化合物看作独立组元。各种化合物彼此之间，以及化合物和纯组元之间都可以组成伪二元系，从而把相图分割成几个独立的区域，每个区域都成为比较简单的三元相图。

图 6-34 所示为一组二元系中形成稳定化合物的三元合金相图，图中 A-B 二元系形成稳定化合物 D，并且化合物 D 只和另一组元 C 形成一个伪二元系。D-C 伪二元系把相图分割成两个简单的三元共晶相图。在 A-D-C 系中，发生四相平衡共晶转变 $L_{E_1} \rightarrow A+D+C$；在 B-D-C 系中，发生四相平衡共晶转变 $L_{E_2} \rightarrow B+D+C$。以 *DC* 线为成分轴所做的垂直截面是一种与二元共晶相图完全相似的图形。图 6-34 中过 *DC* 线的垂直截面图如图 6-35 所示。由于该垂直截面的一端不是纯金属而是化合物，因此称为伪二元相图。图 6-34 中平行于浓度三角形 *AB* 边所作的垂直截面 *X-X* 是由两个三元共晶系相图的垂直截面组成的。因此，研究该类三元相图及其组织转变过程，完全可参照本章 6.2 节的相关内容。

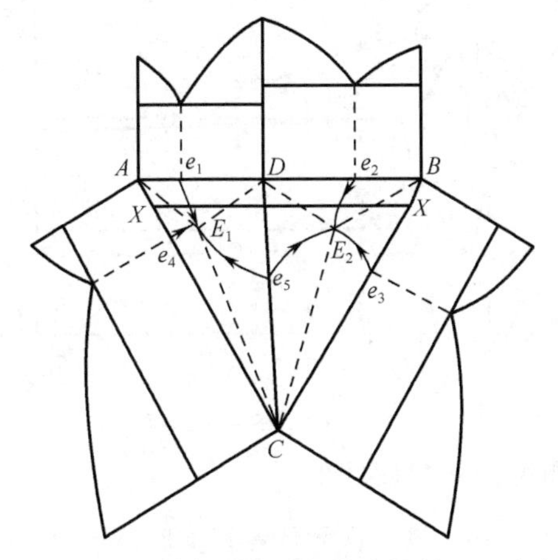

图 6-34　一组二元系中形成稳定化合物的三元合金相图

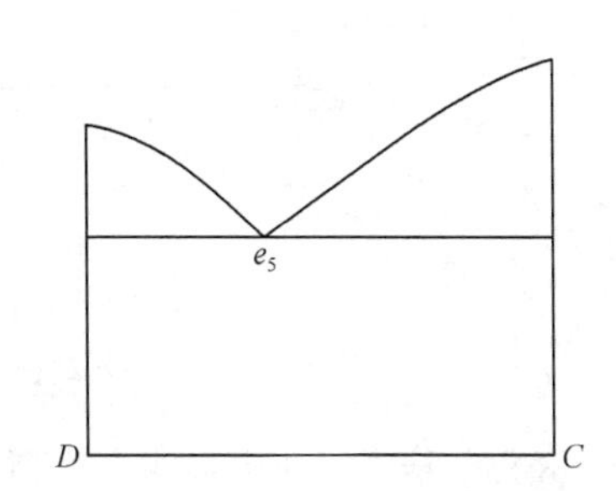

图 6-35　图 6-34 中过 *DC* 线的垂直截面图

如果三元系中 A-B 二组元形成稳定化合物 δ，但 C-δ 之间不具有伪二元系的特征时，如

图 6-36（a）模型中所示的三元系空间模型，就不能将 A-B-C 划分为两个三元系来讨论合金的冷却过程。这里 $T_P > T_E$，并且在 T_P 温度时具有共晶包晶转变

$$L_P + \beta \to \delta + \gamma \tag{6-22}$$

在 T_E 时具有三元共晶转变

$$L_E \to \alpha + \beta + \delta \tag{6-23}$$

图 6-36（b）为该三元系的液相线投影图。

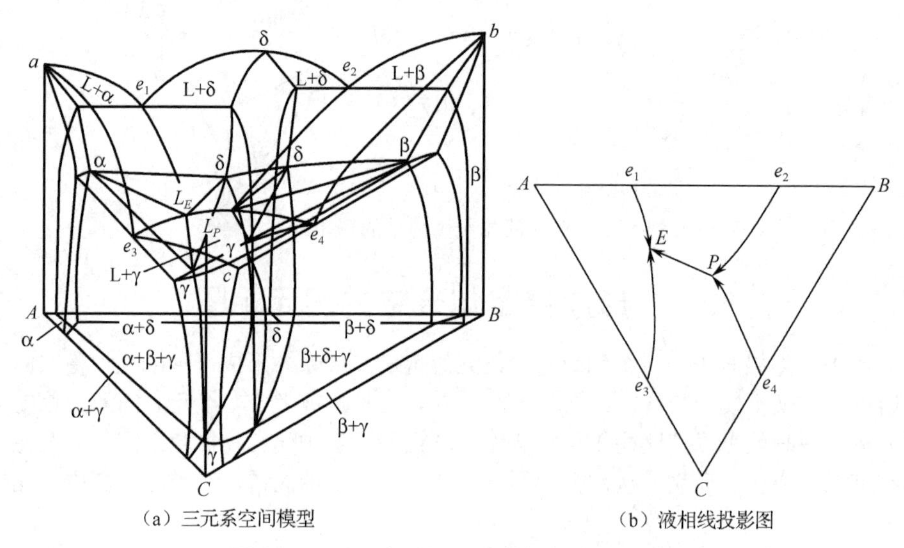

（a）三元系空间模型　　（b）液相线投影图

图 6-36　C-δ 系不具二元系特征的三元相图

6.8　三元相图举例

1. Fe-C-Si 三元系垂直截面

图 6-37 所示为 Fe-C-Si 三元相图的两个垂直截面图。它们在 Fe-C-Si 浓度三角形中都是平行于 Fe-C 边的。这些垂直截面是研究灰口铸铁组元含量与组织变化规律的重要依据。

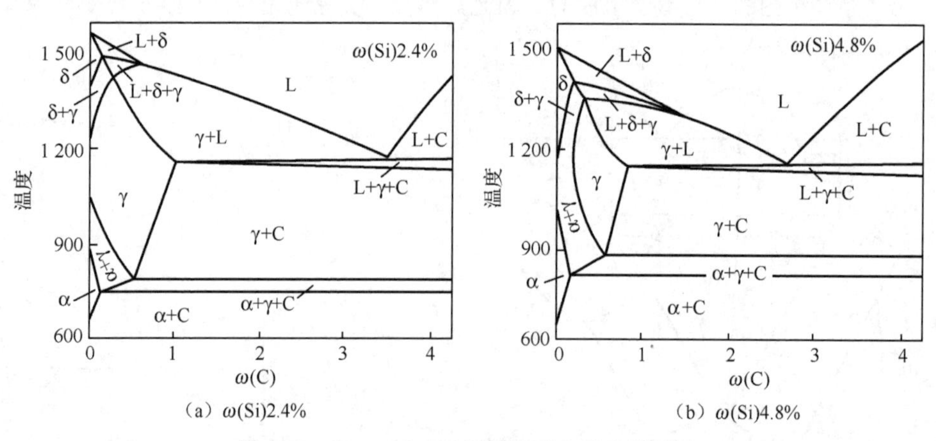

（a）ω(Si)2.4%　　（b）ω(Si)4.8%

图 6-37　Fe-C-Si 三元相图的两个垂直截面图

这两个垂直截面中有四个单相区：液相 L、铁素体 α、高温铁素体 δ 和奥氏体 γ，还有七个两相区和三个三相区。从图 6-37 中可看到，它们和铁碳二元相图有些相似，只是包晶转变（L+δ→γ）、共晶转变（L→γ+C）及共析转变（γ→α+C）等三相平衡区不是水平直线，而

是由几条界线所限定的相区。同时，由于加入 Si，包晶点、共晶点和共析点的位置都有所移动，并且随着 Si 含量增加，包晶转变温度降低，共晶转变和共析转变温度升高，γ 相区逐渐缩小。

2. Fe-Cr-C 三元相图

Fe-Cr-C 三元系合金（如铬不锈钢 0Crl3、1Crl3、2Crl3 及高碳高铬型模具钢 Crl2 等）在工业上被广泛地应用。此外，其他常用钢种也有很多是以 Fe-Cr-C 为主的多元合金。图 6-38 是 Cr 质量分数为 13%的 Fe-Cr-C 三元系的垂直截面。它的形状比 Fe-C-Si 三元系的垂直截面稍复杂，除了四个单相区、八个两相区和八个三相区，还有三条四相平衡的水平线。

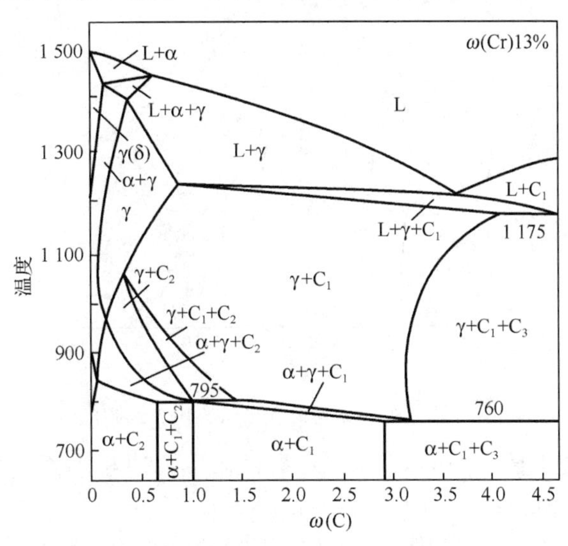

图 6-38　Cr 质量分数为 13%的 Fe-Cr-C 三元系的垂直截面

四个单相区是液相 L、铁素体 α、高温铁素体 δ 和奥氏体 γ。图 6-38 中的 C_1 和 C_2 分别是以 Cr_7C_3 和 $Cr_{23}C_6$ 为基础溶有 Fe 原子的碳化物，C_3 是以 Fe_3C 为基础溶有 Cr 原子的合金渗碳体。Fe-Cr-C 系 ω(Cr) =13%的垂直截面中各相区在合金冷却时发生的转变如表 6-2 所示。

表 6-2　Fe-Cr-C 系 ω(Cr) =13%的垂直截面中各相区在合金冷却时发生的转变

两相平衡区	三相平衡区	四相平衡区
$L \to \alpha$	$L+\alpha \to \gamma$	1 175℃: $L+C_1 \to \gamma+C_3$
$L \to \gamma$	$L \to \gamma+C_1$	795℃: $\gamma+C_2 \to \alpha+C_1$
$L \to C_1$	$\gamma \to \alpha+C_1$	760℃: $\gamma+C_1 \to \alpha+C_3$
$\alpha \to \gamma$	$\gamma+C_1 \to C_2$	—
$\gamma \to \alpha$	$\gamma \to \alpha+C_2$	—
$\gamma \to C_1$	$\gamma+C_1 \to C_3$	—
$\gamma \to C_2$	$\alpha+C_1+C_2$	—
$\alpha \to C_2$	—	—
$\alpha \to C_1$	$\alpha+C_1+C_3$	—

3. Al-Cu-Mg 三元系投影图

图 6-39 所示为 A1-Cu-Mg 三元系液相面投影图。图中细实线为等温（x℃）线。带箭头的粗实线是液相面交线投影，也是三相平衡转变的液相单变量线投影。其中一条单变量线上标有两个

方向相反的箭头，并在曲线中部画有一个黑点（518℃），这说明空间模型中相应的液相面在此处有凸起。图 6-39 中每个液相面都标有代表初生相的字母，这些字母的含义分别为：α-Al 是以 Al 为溶剂的固溶体，θ 为 $CuAl_2$，β 为 Mg_2Al_3，γ 为 $Mg_{17}Al_{12}$，S 为 $CuMgAl_2$，T 为 $Mg_{32}(Al,Cu)_{49}$，Q 为 $Cu_3Mg_6Al_7$。

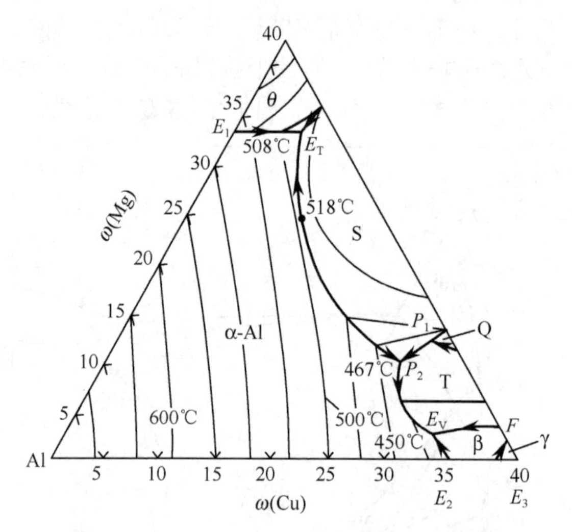

图 6-39　A1-Cu-Mg 三元系液相面投影图

根据四相平衡转变平面的特点，该三元系存在下列四相平衡转变：① E_T L → α + θ + S ② E_V L → α + β + T　③ P_1 L + Q → S + T　④ P_2 L + S → α + T 。

图 6-40 所示为 A1-Cu-Mg 三元相图富 Al 部分固相面的投影图。由图可知，它具有以下几个面。

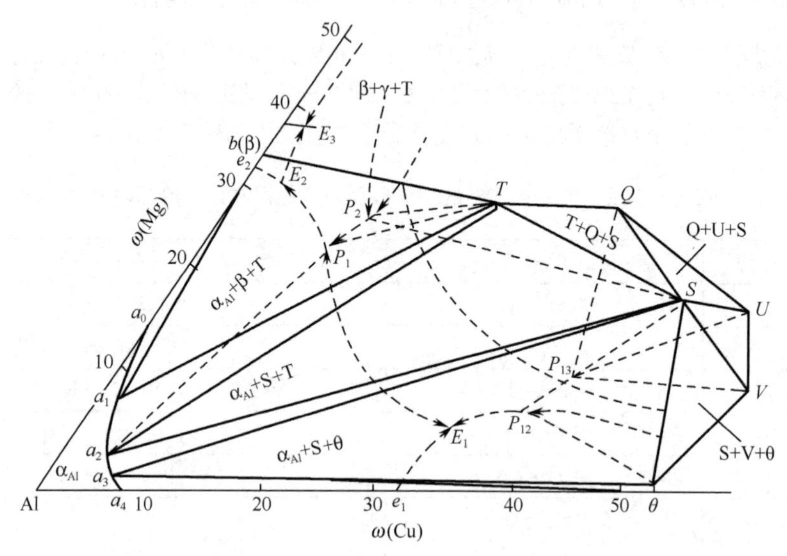

图 6-40　A1-Cu-Mg 三元相图富 Al 部分固相面的投影图

1）七个四相平衡水平面

四边形 $P_{13}SUV$ 为包共晶四相平衡转变 L+U ⇌ S+V 的投影面，其中三角形 SUV 为固相面；四边形 $P_{12}SV\theta$ 为包共晶四相平衡转变 L+V ⇌ S+θ 的投影图，其中三角形 $S\theta V$ 为固相面；三角形 $P_{13}QU$ 为包晶四相平衡转变 L+U+Q ⇌ S 的投影图，其中三角形 QUS 为固相面；四边形 P_2TQS 为包共晶四相平衡转变 L+Q ⇌ S+T，其中三角形 TQS 为固相面；三角形 $a_3S\theta$ 为共晶四相平衡转变 L→ α_{AL} +S+θ 的投影图；四边形 P_1TSa_2 为包共晶四相平衡转变 L+S ⇌ α_{AL} +T，其中三角形 a_2TS 为固相面；三角形 a_1Tb 为共晶四相平衡转变 L ⇌ α_{Al} +β+T 的投影图。

2）四个三相平衡转变终了面

共晶三相平衡 L ⇌ α_{Al} +θ，温度自 548℃降至 508℃时，各相浓度分别沿着 e_1E_1 变化，连接 a_3a_4 与 θ 的曲面为其转变终了面，投影为 $a_3a_4\theta$；共晶三相平衡 L ⇌ α_{Al} +S，温度自液相单变线 E_1P_1 上的最高温度 518℃，分别变为 508℃及 467℃，各相浓度分别沿着 P_1E_1 及 a_2a_3 曲线上的最高点向两边变化，连接 a_2a_3 与 S 的曲面为其转变终了面，投影为 a_2a_3S；共晶三相平衡 L ⇌ α_{Al} +T，温度自 467℃降至 450℃时，各相浓度分别沿着 P_1E_2 及 a_1a_2 变化，连接 a_1a_2T 的曲面为转变终了面，投影为 a_1a_2T；共晶三相平衡 L ⇌ α_{Al} +β，温度自 451℃降至 450℃，各相浓度分别沿着 e_2E_2 及 a_0a_1 变化，连接 a_0a_1 与 b 的曲面为其转变终了面，投影为 a_0a_1b。

3）一个初生相凝固终了面

初生相 α_{Al} 凝固终了面的投影为 Al $a_0a_1a_2a_3a_4$。

6.9　三元相图小结

三元相图与二元相图相比，由于增加了一个成分变量，即成分变量是两个，从而使相图形状变得更加复杂。

根据吉布斯相律，在不同状态下，三元系的平衡相数可以从单相至四相。三元系中的相平衡和相区特征归纳如下。

1. 单相状态

当三元系处于单相状态时，根据吉布斯相律可算得其自由度数为 $f = C - P + 1 = 3 - 1 + 1 = 3$，它包括一个温度变量和两个相成分的独立变量。在三元相图中，自由度为 3 的单相区占据了一定的温度和成分范围，在这个范围内温度和成分可以独立变化，彼此间不存在相互制约的关系。它的截面可以是各种形状的平面图形。

2. 两相平衡

三元系中两相平衡区的自由度为 2，这说明，除了温度，在共存两相的组成方面还有一个独立变量，即其中某一相的某一个组元的含量是独立可变的，而这一相中另两种组元的含量，以及第二相的成分都随之被确定，不能独立变化。在三元系中，一定温度下的两个平衡相之间存在着共轭关系。无论在垂直截面中还是在水平截面中，都有一对曲线作为它与两个单相区之间的界线。

两相区与三相区的界面由不同温度下两个平衡相的共轭线组成，因此在水平截面中，两相区以直线与三相区隔开，这条直线就是该温度下的一条共轭线。

3. 三相平衡

三相平衡时系统的自由度为 1，即温度和各相成分中只有一个是可以独立变化的。这时系统称为单变量系，三相平衡的转变称为单变量系转变。

三元系中三相平衡的转变有两类，即共晶式转变（I ⇌ II+III）和包晶转变（I+II ⇌ III）。与第 5 章中的表 5-1 一样，共晶式转变也包括共晶转变、共析转变、偏晶转变及熔晶转变；包晶转变包括包晶转变、包析转变、合晶转变。

在空间模型中，随着温度的变化，三个平衡相的成分点形成三条空间曲线，称为单变量线。每两条单变量线中间是一个空间曲面，三条单变量线构成一个空间不规则的三棱柱体，其棱边与单相区连接，其柱面与两相区相接。这个三棱柱体可以开始或终止于二元系的三相平衡线，也可以开始或终止于四相平衡的水平面。如图 6-19 和图 6-24 中包含液相的三相区都起始于二元系的三相平衡线而终止于四相平面。

任何三相空间的水平截面都是一个共轭三角形，顶点触及单相区，连接两个顶点的共轭线就是三相区和两相区的相区边界线。三角空间的垂直截面一般都是一个曲边三角形。

以合金冷却时发生的转变为例，无论发生何种三相平衡转变，三相空间中反应相单变量线的位置都比生成相单变量线的位置要高，因此其共轭三角形的移动都是以反应相的成分点为前导的，在垂直截面中，则应该是反应相的相区在三相区的上方，生成相的相区在三相区的下方。具体来说，对共晶式转变（L→α+β），因为反应相是一相，所以共轭三角形的移动以一个顶点领先，如图 6-41（a）所示。共晶转变时三相成分的变化轨迹为从液相成分作切线和 *ab* 边相交，三相区的垂直截面则是顶点朝上的曲边三角形；对于包晶式转变（L+β→α），因为反应相是两相，生成相是一相，所以共轭三角形的移动是以一条边领先的，如图 6-41（b）所示。包晶转变时三相浓度的变化轨迹为从液相成分作切线只和 *ab* 线的延长线相交，而从 *a* 点（α 相成分点）作切线则和 *cb* 边相交，三相区的垂直截面则是底边朝上的曲边三角形。

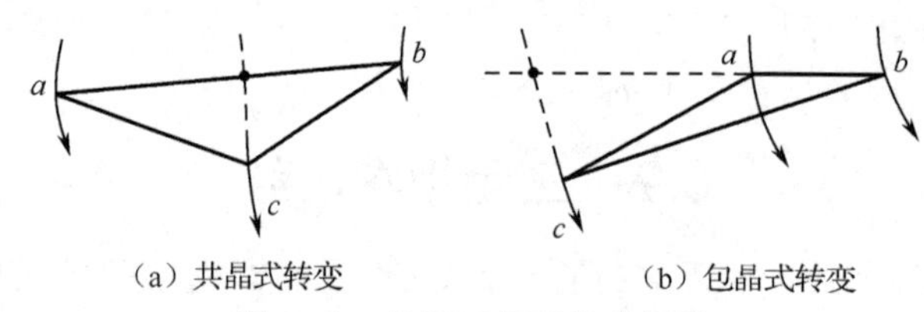

（a）共晶式转变　　（b）包晶式转变

图 6-41　共轭三角形移动规律

4. 四相平衡

根据吉布斯相律，三元系四相平衡的自由度为零，即平衡温度和平衡相的成分都是固定的。三元系中四相平衡转变大致可分为以下三类。

（1）共晶式转变，包括共晶转变（L ⇌ α+β+γ）、共析转变（δ ⇌ α+β+γ）。

（2）包共晶式转变，包括包共晶转变（L+α ⇌ β+γ）、包共析转变（δ+α ⇌ β+γ）。

（3）包晶式转变，包括包晶转变（L+α+β ⇌ γ）、包析转变（δ+α+β ⇌ γ）。

四相平衡区在三元相图中是一个水平面，在垂直截面中是一条水平线。四相平面以四个平衡相的成分点分别与四个单相区相连；以两个平衡相的共轭线与两相区为界，共与六个两相区相邻；同时与四个三相区以相界面相隔。三种四相平衡区的空间结构如图 6-42 所示。

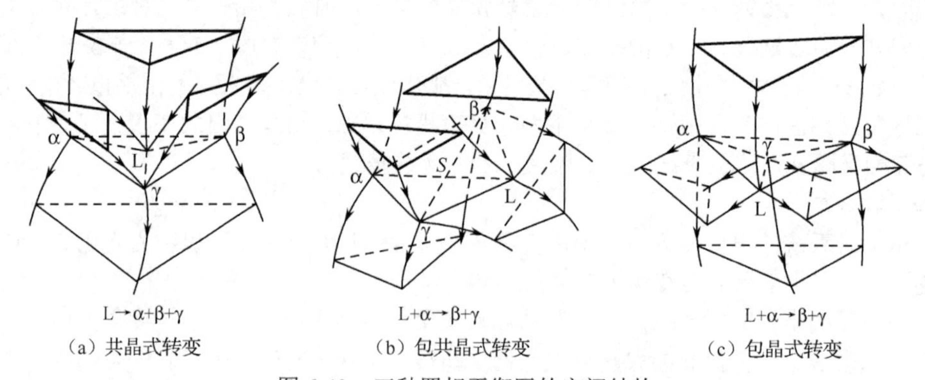

（a）共晶式转变　　（b）包共晶式转变　　（c）包晶式转变

图 6-42　三种四相平衡区的空间结构

各种类型四相平面的空间结构各不相同。在四相转变前后合金系中可能存在的三相平衡是不一样的，同时各种单变量线的空间走向也不相同。因此，只要根据四相转变前后的三相空间，或者根据单变量线的走向，就可以判断四相平衡转变的类型。表 6-3 所示为三元系中的四相平衡转变特点（单变量线投影以液相面交线为例）。

表 6-3　三元系中的四相平衡转变特点

转变类型	$L \to \alpha+\beta+\gamma$	$L+\alpha \to \beta+\gamma$	$L+\alpha+\beta \to \gamma$
转变前的三相平衡	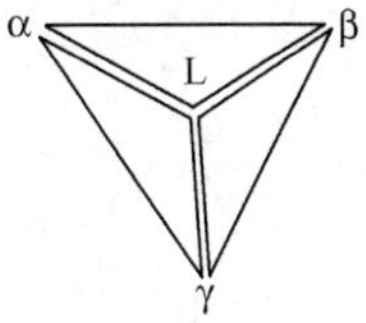	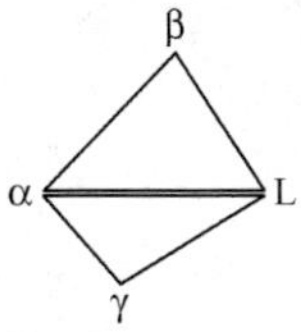	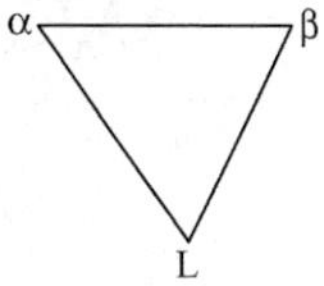
四相平衡	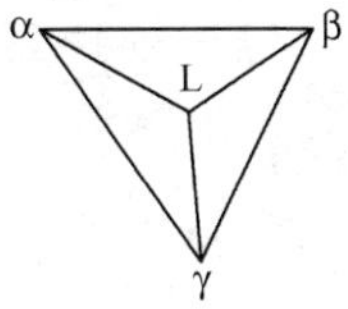	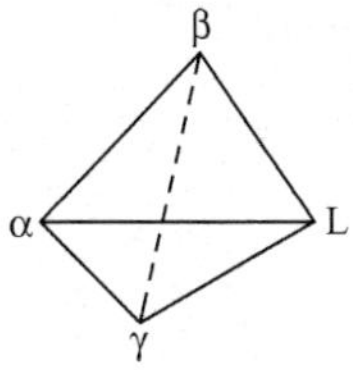	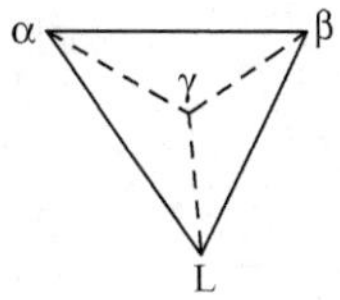
转变后的三相平衡	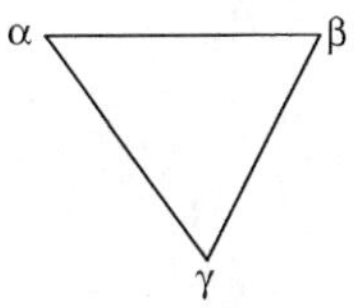	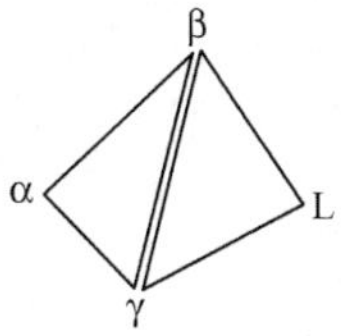	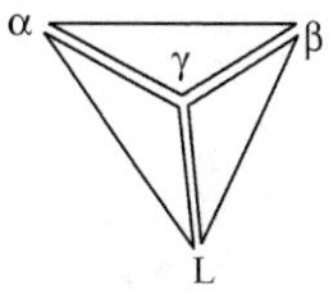
液相面交线的投影	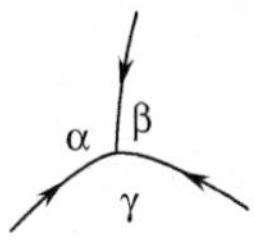	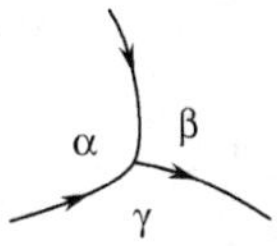	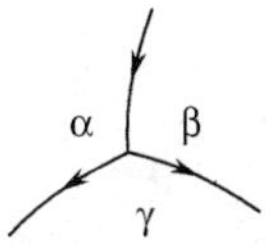

实际上有不少材料的组元数目会超过三个，如果组元数增加到四个、五个甚至更多个，就不可能用空间模型来直接表示它们的相组成随温度和成分的变化规律。通常可把系统的某些组元的含量固定，使其成分只剩一个自变量，最多两个自变量，利用实验或计算的方法绘制出以温度轴和成分轴为坐标的二维或三维图形，其分析和使用方法与前面讨论的二元和三元相图相似。这样处理的相图称为伪二元相图或伪三元相图。

课后练习题

1．名词解释。

等边成分三角形，液相面，固相面，水平截面，垂直截面，投影图。

2．有网格的成分三角形如图 6-43 所示，读出图示成分三角形中 *C*、*D*、*E*、*F*、*G*、*H* 各合金点的成分，它们在成分三角形的位置上有什么特点？

3．如图 6-44 所示，已知 A、B、C 三组元固态完全不互溶，质量分数分别为 80%A、10%B、10%C 的合金在冷却过程中将进行二元共晶反应和三元共晶反应，在二元共晶反应开始时，该合金液相成分（*a* 点）为 60%A、20%B、20%C，而三元共晶反应开始时的液相成分（*E* 点）为 50%A、10%B、40%C。

① 试计算 $A_{初}$、A+B 和 A+B+C 的相对量。

② 写出图中 *I* 和 *P* 两合金点的室温平衡组织。

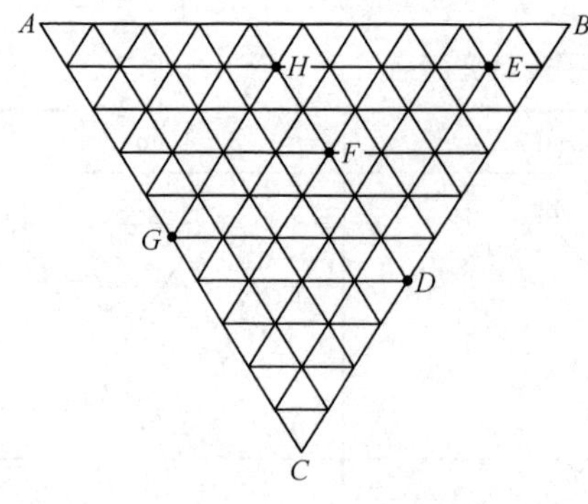

图 6-43 习题 2 图

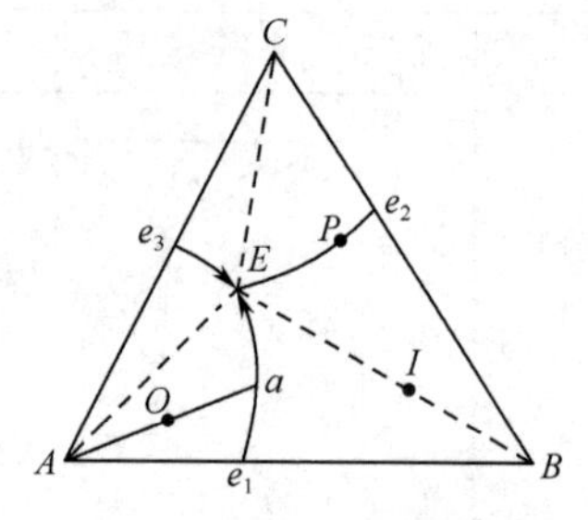

图 6-44 习题 3 图

第 7 章　材料的变形及回复与再结晶

材料在加工制备过程中或制成零部件后的工作运行中都要受外力的作用，产生应力应变。应力有正应力和切应力，正应力用σ表示，其数值为单位面积上所受到的与该截面垂直的外力分量大小，即$\sigma = F/A$；切应力用τ表示，其数值为单位面积上所受到的与该截面平行的外力分量大小，即$\tau = F_S/A$。材料在正应力的作用下产生正应变，用ε表示，一般就叫应变；而在切应力作用下产生切应变，用γ表示。外力较小时产生弹性变形，外力超过一定大小后产生塑性变形，而当外力过大时就会发生断裂。弹性变形（Elastic Deformation）是指材料在外力作用下所发生的变形，在外力去掉后，变形就消失，而材料回复到原来的形状与尺寸。材料受外力作用所引起的变形，在外力去掉后，材料不能回复到原来的形状及尺寸，即仍有一部分残余变形，这种残余变形就称为塑性变形（Plastic Deformation）。图 7-1 所示为低碳钢在单向拉伸时的应力-应变曲线，随着所受应力的增加，应变逐渐增大，且刚开始时应力与应变呈比例关系（*Oe* 阶段）。*es* 阶段为屈服阶段；*sb* 阶段为强化阶段；*bk* 阶段为颈缩阶段，此时试样的横向尺寸突然急剧缩小，曲线转为下降趋势；到 *k* 点，试样被拉断。在图中的应力-应变曲线上，出现σ_e、σ_s和σ_b三个特征点，它们分别为试样的弹性极限、屈服强度和抗拉强度，是工程上具有重要意义的强度指标。

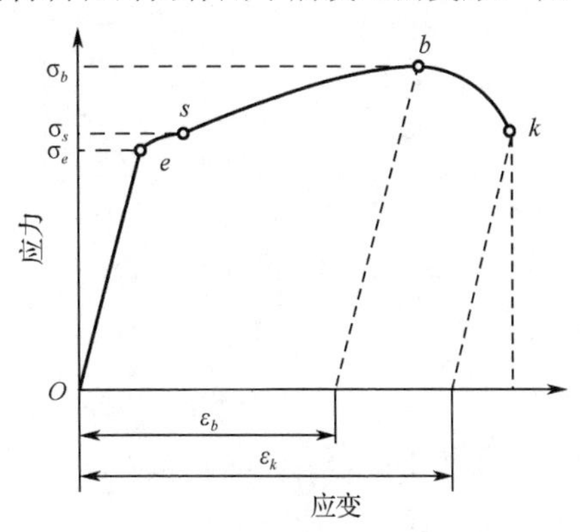

图 7-1　低碳钢在单向拉伸时的应力-应变曲线

材料经变形后，其外形、尺寸、内部组织、有关性能等都会发生变化，并且它处于自由焓较高的不稳定的状态。经塑性变形后的材料在重新加热时会发生回复和再结晶现象。研究材料的变形规律及其微观机制，分析了解各种内外因素对变形的影响，以及研究讨论冷变形材料在回复及再结晶过程中组织、结构和性能的变化规律，具有十分重要的理论和实际意义。

7.1　弹性和黏弹性

7.1.1　弹性变形的微观解释

材料受力时总是先发生弹性变形，弹性变形是塑性变形的先行阶段，而且在塑性变形中还伴随着一定的弹性变形。

弹性变形是指外力去除后能够完全恢复的那部分变形，可从原子间结合力的角度来了解其物理本质。当无外力作用时，晶体内原子间的势能 u 和结合力 F 可通过理论计算得出。原子间的势能 u 和结合力 F 与原子间距离 r 的关系如图 7-2 所示。

原子处于平衡位置时，其原子间距为 r_0，势能处于最低位置，相互作用力为零，这是最稳定的状态。当原子受力后将偏离其平衡位置，原子间距增大时将产生引力；原子间距减小时将产生斥力。在引力或斥力的作用下，原子都力图恢复原来的位置。外力去除后，原子都会恢复其原来的平衡位置，所产生的变形便完全消失，这就是弹性变形。发生弹性变形的难易程度取决于作用力-原子间距曲线的斜率 S_0。

$$S_0 = \frac{dF}{dr} = \frac{d^2u}{dr^2} \tag{7-1}$$

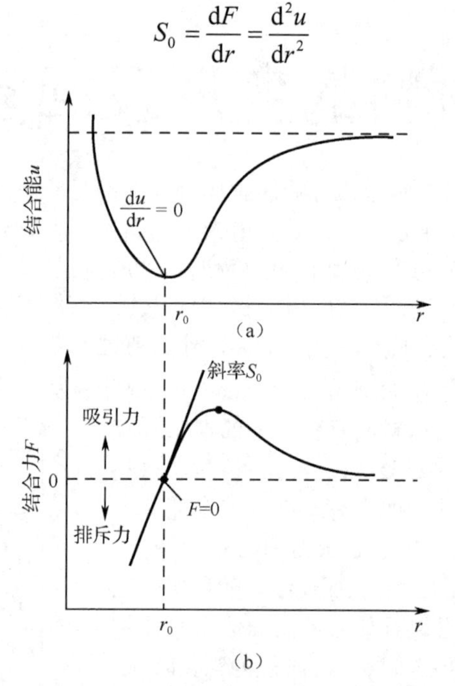

图 7-2　原子间的势能 u 和结合力 F 与原子间距离 r 的关系

由于金属材料的弹性变形量很小（小于 0.1%），原子间距变化很小，可以将 S_0 看成常数，则弹性变形所需的外力 F 为

$$F = S_0(r - r_0) \tag{7-2}$$

由于单位面积内原子键数为 $1/r_0^2$，所以

$$\frac{F_0}{r_0^2} = \sigma = \frac{S_0}{r_0}\frac{(r-r_0)}{r_0} = \frac{S_0}{r_0}\varepsilon \tag{7-3}$$

该式即虎克定律（$\sigma = E\varepsilon$）及弹性模量（Elastic Modulus）（$E = S_0/r_0$）的微观解释。

7.1.2　弹性变形的特征和弹性模量

弹性变形的主要特征如下。

（1）理想的弹性变形是可逆变形，加载时材料变形，卸载时材料变形消失并回复原状。

（2）金属、陶瓷和部分高分子材料不论是加载还是卸载，在弹性变形范围内，其应力与应变之间都保持单值线性函数关系，即服从虎克定律：

在正应力下　　$\sigma = \varepsilon E$

在切应力下　　$\tau = \gamma G$

式中，σ 和 τ 分别为正应力和切应力；ε 和 γ 分别为正应变和切应变；E 和 G 分别为弹性模量（杨氏模量）和切变弹性模量。

弹性模量与切变弹性模量之间的关系为

$$G = \frac{E}{2(1+\nu)} \tag{7-4}$$

式中，ν 为材料的泊松比，表示侧向收缩能力，在拉伸试验时为材料横向收缩率与纵向伸长率的比值。一般金属材料的泊松比为 0.25～0.35，高分子材料则相对较大些。

晶体的特性之一是各向异性，各个方向的弹性模量不相同，因此在三轴应力作用下各向异性

弹性体的应力应变关系，即广义虎克定律可用矩阵形式表示为

$$\begin{Bmatrix} \sigma_x \\ \sigma_y \\ \sigma_z \\ \sigma_{xy} \\ \sigma_{xz} \\ \sigma_{yz} \end{Bmatrix} = \begin{bmatrix} C_{11} & C_{12} & C_{13} & C_{14} & C_{15} & C_{16} \\ C_{21} & C_{21} & C_{23} & C_{24} & C_{25} & C_{26} \\ C_{31} & C_{32} & C_{33} & C_{34} & C_{35} & C_{36} \\ C_{41} & C_{42} & C_{43} & C_{44} & C_{45} & C_{46} \\ C_{51} & C_{52} & C_{53} & C_{54} & C_{55} & C_{56} \\ C_{61} & C_{62} & C_{63} & C_{64} & C_{65} & C_{66} \end{bmatrix} \begin{Bmatrix} \varepsilon_x \\ \varepsilon_y \\ \varepsilon_z \\ \gamma_{xy} \\ \gamma_{xz} \\ \gamma_{yz} \end{Bmatrix} \tag{7-5}$$

式中，36 个 C_{ij} 为弹性系数，或称刚度系数（Stiffness Coefficient）。

式（7-5）还可改写为

$$\begin{Bmatrix} \varepsilon_x \\ \varepsilon_y \\ \varepsilon_z \\ \gamma_{xy} \\ \gamma_{xz} \\ \gamma_{yz} \end{Bmatrix} = \begin{bmatrix} S_{11} & S_{12} & S_{13} & S_{14} & S_{15} & S_{16} \\ S_{21} & S_{21} & S_{23} & S_{24} & S_{25} & S_{26} \\ S_{31} & S_{32} & S_{33} & S_{34} & S_{35} & S_{36} \\ S_{41} & S_{42} & S_{43} & S_{44} & S_{45} & S_{46} \\ S_{51} & S_{52} & S_{53} & S_{54} & S_{55} & S_{56} \\ S_{61} & S_{62} & S_{63} & S_{64} & S_{65} & S_{66} \end{bmatrix} \begin{Bmatrix} \sigma_x \\ \sigma_y \\ \sigma_z \\ \tau_{xy} \\ \tau_{xz} \\ \tau_{yz} \end{Bmatrix} \tag{7-6}$$

式中，36 个 S_{ij} 为弹性顺序，或称柔度系数（Flexibility Coefficient）。

大多数情况下刚度矩阵与柔度矩阵互为逆矩阵，即

$$\boldsymbol{C} = \boldsymbol{S}^{-1} \qquad \boldsymbol{S} = \boldsymbol{C}^{-1} \tag{7-7}$$

由于对称性要求，$C_{ij} = C_{ji}$，$S_{ij} = S_{ji}$，独立的刚度系数和柔度系数均减少为 21 个。由于晶体存在对称性，独立的弹性系数还将进一步减小，对称性越高，独立弹性系数数量越少。立方晶系的对称性最高，只有三个独立弹性系数；六方晶系为五个，正交晶系则为九个。

晶体受力除了拉和剪切，还有可能受压，所以除了有 E 和 G，还有压缩模量或体弹性模量 K。它为压力 P 与体积变化率 $\Delta V/V$ 之比。

$$K = \frac{PV}{\Delta V} \tag{7-8}$$

并且与 E、ν 之间有如下关系

$$K = \frac{E}{3(1-2\nu)} \tag{7-9}$$

弹性模量代表着使原子离开平衡位置的难易程度，是表征晶体中原子间结合力强弱的物理量。共价键晶体由于其原子间结合力很大，故其弹性模量很高；金属和离子晶体的则相对较低；而分子键的固体如塑料、橡胶等的结合力更弱，故其弹性模量更低，通常比金属材料的弹性模量低几个数量级。正因为弹性模量反映原子间的结合力，故它是组织结构不敏感参数，添加少量合金元素或进行各种加工、处理都不能对某种材料的弹性模量产生明显的影响。例如，高强度合金钢的抗拉强度可高出低碳钢一个数量级，而各种钢的弹性模量却基本相同。

但对晶体材料而言，其弹性模量是各向异性的。在单晶体中，不同晶向上的弹性模量差别很大，沿着原子最密排的晶向弹性模量最高，而沿着原子排列最疏的晶向弹性模量最低。多晶体因各晶粒任意取向，总体呈各向同性。表 7-1 和表 7-2 列出了部分材料的弹性模量等参数。

表 7-1　部分材料的弹性模量 E、切变弹性模量 G 和泊松比 ν

材　料	E / GPa	G / GPa	ν
铸铁	110	51	0.17

续表

材　料	E / GPa	G / GPa	ν
α-Fe　钢	207～215	82	0.26～0.33
铜	110～125	44～46	0.35～0.36
铝	70～72	25-26	0.33～0.34
镍	200～215	80	0.30～0.31
黄铜（70/30）	100	37	—
钨	360	130	0.35
铅	16～18	5.5～6.2	0.40～0.44
金刚石	1 140	—	0.07
石英玻璃	76	23	0.17
有机玻璃	4	1.5	0.26
硬橡胶	5	2.4	0.2
橡胶	0.1	0.03	0.42
尼龙	2.8	—	0.40
聚苯乙烯	2.5	—	0.33
聚乙烯	0.2	—	0.38

表 7-2　某些金属单晶体和多晶体的弹性模量和切变弹性模量（室温）

金　属	E / GPa			G / GPa		
	单晶体		多晶体	单晶体		多晶体
	最大值	最小值		最大值	最小值	
铁	272.7	125.0	211.4	115.8	59.9	81.6
铝	76.1	63.7	70.3	28.4	24.5	26.1
铜	191.1	66.7	129.8	75.4	30.6	48.3
锌	123.5	34.9	100.7	48.7	27.3	39.4
镍	—	—	199.5	—	—	76.0
钛	—	—	115.7	—	—	43.8

工程上，弹性模量是材料刚度的度量。在外力相同的情况下，材料的 E 越大，刚度越大，材料发生的弹性变形量就越小，如钢的 E 为铝的 3 倍，因此钢的弹性变形只是铝的 1/3。

（3）材料的最大弹性变形量随材料的不同而异。多数金属材料仅在低于比例极限 σ_p 的应力范围内符合虎克定律，弹性变形量一般不超过 0.5%；而橡胶类高分子材料的弹性变形量则可高达 1 000%，但这种弹性变形是非线性的。

7.1.3　弹性的不完整性

上面讨论的弹性变形，仅仅考虑应力和应变的关系，而不考虑时间的影响，即把物体看作理想弹性体来处理。但是，多数工程上应用的材料为多晶体甚至为非晶态，或者是两者皆有的物质，其内部存在各种类型的缺陷，在弹性变形时，可能出现加载线与卸载线不重合、应变的发展跟不上应力的变化等有别于理想弹性变形特点的现象，称之为弹性的不完整性。弹性不完整性的现象有包申格效应、弹性后效、弹性滞后和循环韧性等。

1. 包申格效应

材料经预先加载产生少量塑性变形（小于 4%），而后同向加载则 σ_e 升高，反向加载则 σ_e 下降，此现象称为包申格效应。它是多晶体金属材料的普遍现象。

包申格效应对于承受应变疲劳的工件是很重要的，因为在应变疲劳中，每一周期都产生塑性变形，在反向加载时，σ_e 下降，显示出循环软化现象。

2. 弹性后效

一些实际晶体，在加载或卸载时，应变不是瞬时达到其平衡值，而是通过一种弛豫过程来完成其变化的。这种在弹性极限 σ_e 范围内，应变滞后于外加应力，并和时间有关的现象称为弹性后效或滞弹性。

图 7-3 所示为恒应力下的弹性后效。图中 Oa 为弹性应变，是瞬时产生的；$a'b$ 是在应力作用下逐渐产生的弹性应变，称为滞弹性应变；$bc=Oa$，是在应力去除时瞬间消失的弹性应变；$c'd = a'b$，是在去除应力后随着时间的延长逐渐消失的滞弹性应变。

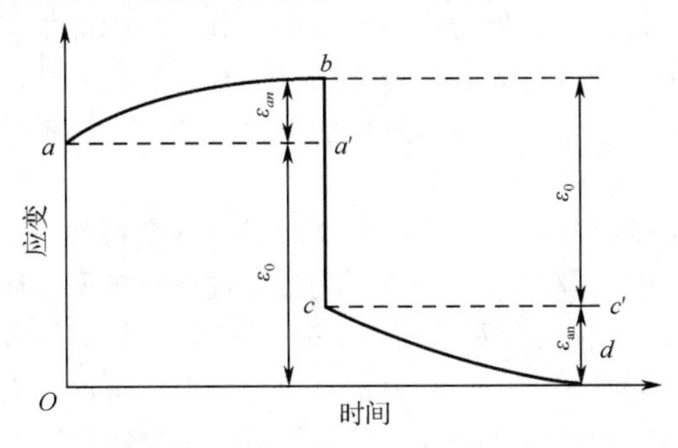

图 7-3　恒应力下的弹性后效

弹性后效速度与材料成分、组织有关，也与试验条件有关。组织越不均匀，温度越高，切应力越大，弹性后效也越明显。

3. 弹性滞后

由于应变落后于应力，在 σ-ε 曲线上使加载线与卸载线不重合而形成一封闭回线，称之为弹性滞后，图 7-4（a）所示为单向加载卸载的弹性滞后回线；图 7-4（b）所示为交变加载且加载速度慢所形成的弹性滞后回线；图 7-4（c）所示为交变加载且加载速度快所形成的弹性滞后回线；图 7-4（d）所示为交变加载的塑性滞后回线。

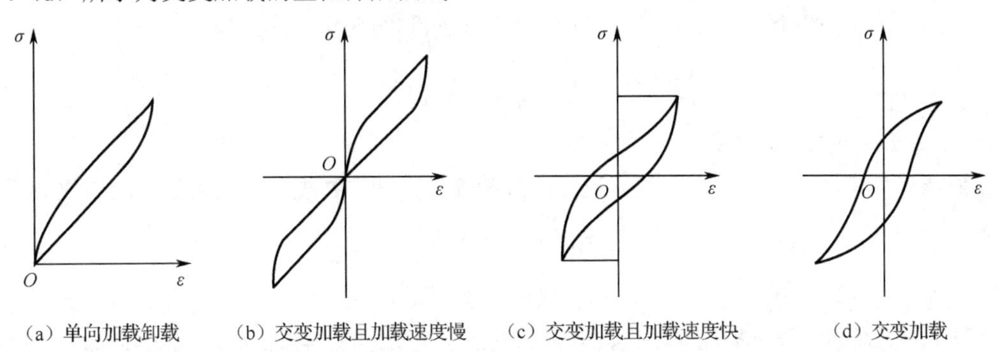

（a）单向加载卸载　（b）交变加载且加载速度慢　（c）交变加载且加载速度快　（d）交变加载

图 7-4　弹性滞后示意图

弹性滞后表明加载时消耗于材料的变形功大于卸载时材料恢复所释放的变形功，多余的部分被材料内部所消耗，称为内耗，其大小用弹性滞后环的面积度量。

7.1.4 黏弹性

除了弹性变形、塑性变形，还有一种叫作黏性流动的变形形式。黏性流动是指非晶态固体和液体在很小外力作用下，会发生没有确定形状的流变，并且在外力去除后，形变不能回复的流动。

纯黏性流动服从牛顿黏性流动定律，即

$$\sigma=\eta\frac{\mathrm{d}\varepsilon}{\mathrm{d}t} \tag{7-10}$$

式中，σ为应力；$\mathrm{d}\varepsilon/\mathrm{d}t$ 为应变速度；η 称为黏度系数，它反映了流体的内摩擦力，即流体流动的难易程度，其单位为 Pa·s。

一些非晶体，有时甚至多晶体，在比较小的应力时可以同时表现出弹性和黏性，这就是黏弹性现象。黏弹性变形既与时间有关，又具有可回复的弹性变形性质，即具有弹性和黏性变形两方面的特征，而且外界条件（如温度）对材料（特别是高聚物）的黏弹性行为有显著影响。

黏弹性是高分子材料的重要力学特性之一，故它也常被称为黏弹性材料。这主要是与其分子链结构密切相关。当高分子材料受到外力作用时，不仅分子内的键角和键长（原子间的距离）要相应发生变化，而且顺式结构链段也顺着外力方向舒展开；除此之外，分子链之间还产生相对滑动，产生黏性变形。当外力较小时，前者是可逆的弹性变形，而后者是不可逆形变。显然，这里必须考虑时间因素。

为了研究黏弹性变形的表象规律，可以用弹簧表示弹性变形部分，黏壶表示黏性变形部分，以两者的不同组合构成不同的模型。图 7-5 所示为黏弹性变形模型，该图展示了其中两种最典型的模型：麦克斯韦（Maxwell）模型和瓦依特（Voigt）模型。前者是串联型的，而后者是并联型的。这里，弹簧元件的变形同时间无关，应力、应变符合虎克定律，当应力去除后应变即回复为零。黏壶由装有黏性流体的气缸和活塞组成。活塞的运动是黏性流动的结果，因此符合牛顿黏性流动定律。

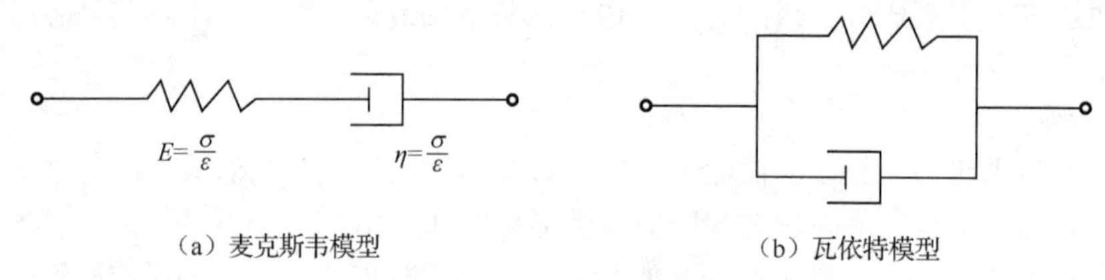

（a）麦克斯韦模型　　（b）瓦依特模型

图 7-5　黏弹性变形模型

麦克斯韦模型对解释应力松弛特别有用。其应力随时间变化的关系为

$$\sigma(t)=\sigma_0\exp\left(-\frac{Et}{\eta}\right)=\sigma_0\exp\left(-\frac{t}{\tau'}\right) \tag{7-11}$$

式中，$\tau'=\eta/E$，称为松弛常数。

瓦依特模型可用来描述蠕变回复、弹性后效和弹性记忆等过程。其应力随时间变化关系为

$$\sigma(t)=E\varepsilon+\eta\frac{\mathrm{d}\varepsilon}{\mathrm{d}t} \tag{7-12}$$

黏弹性变形的特点是应变落后于应力。当加上周期应力时，应力-应变曲线就成一回线，所包含的面积即应力循环一周所损耗的能量，即内耗。其图示类似于图 7-4 滞弹性引起的应力-应变回线。

7.2 晶体的塑性变形

材料受到的应力超过弹性极限后就发生塑性变形，即产生不可逆的永久变形。工程上用的材

料大多为多晶体，然而多晶体的变形是与其中各个晶粒的变形行为相关的。为了由简到繁，先讨论单晶体的塑性变形，然后再研究多晶体的塑性变形。

7.2.1　单晶体的塑性变形

在常温和低温下，单晶体的塑性变形主要通过滑移方式进行，此外还有孪生和扭折等方式。至于扩散性变形及晶界滑动和移动等方式则主要见于高温形变。首先，我们来讨论滑移。

7.2.1.1　滑移

1. 滑移线与滑移带

当应力超过晶体的弹性极限后，晶体中就会产生层片之间的相对滑移，大量的层片间滑动累积就构成晶体的宏观塑性变形。

为了观察滑移现象，将经良好抛光的单晶体金属棒试样进行适当的拉伸，使之产生一定的塑性变形，即可在金属棒表面见到一条条的细线，通常称为滑移带。这是由于晶体的滑移变形使试样的抛光表面上产生高低不一的台阶所造成的。进一步用电子显微镜作高倍分析发现：在宏观及金相观察中看到的滑移带并不是简单的一条线，而是由一系列相互平行的更细的线所组成的，称为滑移线。滑移线之间的距离约 100 个原子间距，而沿每一滑移线的滑移量约 1 000 个原子间距。滑移带形成示意图如图 7-6 所示。对滑移线的观察也表明了晶体塑性变形的不均匀性，滑移只是集中发生在一些晶面上，而滑移带或滑移线之间的晶体层片则未产生变形，只是彼此之间作相对位移而已。

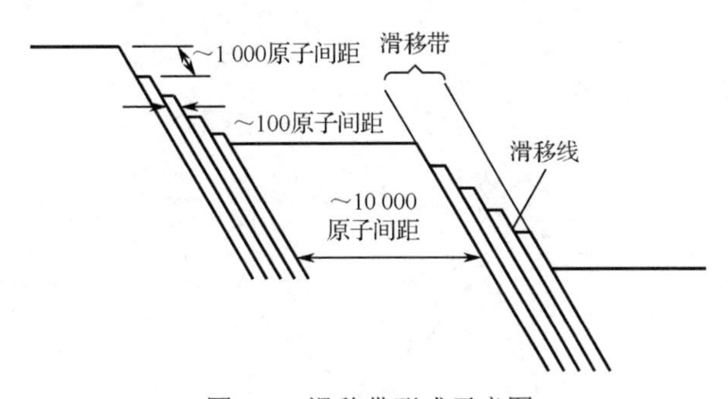

图 7-6　滑移带形成示意图

2. 滑移系

如前所述，塑性变形时位错只沿着一定的晶面和晶向运动，这些晶面和晶向分别称为滑移面和滑移方向。晶体结构不同，其滑移面和滑移方向也不同。表 7-3 所示为几种常见金属的滑移面、滑移方向和滑移系数。

表 7-3　几种常见金属的滑移面、滑移方向和滑移系数

晶体结构	金属举例	滑移面	滑移方向	滑移系数
面心立方	Cu、Al、Ni、Ag、Au	{111}	$<1\bar{1}0>$	12
体心立方	α-Fe、W、Mo	{110}	$<\bar{1}11>$	12
	α-Fe、W	{211}	$<\bar{1}11>$	12
	α-Fe、K	{321}	$<\bar{1}11>$	24
密排六方	Cd、Zn、Mg、Ti、Be	{0001}	$<11\bar{2}0>$	3
	Ti、Mg、Zr	$\{10\bar{1}0\}$	$<11\bar{2}0>$	3
	Ti、Mg	$\{10\bar{1}\bar{1}\}$	$<11\bar{2}0>$	6

从表 7-3 中可以看出，滑移面和滑移方向往往是金属晶体中原子排列最密的晶面和晶向。这是因为原子密度最大的晶面其面间距最大，点阵阻力最小，因而容易沿着这些面发生滑移；滑移方向为原子密度最大的方向是由于最密排方向上的原子间距最短，即位错 b 最小。例如，具有 FCC 的晶体，其滑移面是{111}晶面，滑移方向为<110>晶向；BCC 的原子密排程度不如 FCC 和 HCP，它不具有突出的最密排晶面，故其滑移面可有{110}、{112}和{123}三组，具体的滑移面因材料、温度等因素而定，但滑移方向总是<111>；至于 HCP，其滑移方向一般为$\langle 11\bar{2}0\rangle$，而滑移面除{0001}之外还与其轴比（$c/a$）有关，当 $c/a<1.633$ 时，则{0001}不再是唯一的原子密排面，滑移可发生于（$10\bar{1}1$）或（$10\bar{1}0$）等晶面。

一个滑移面和此面上的一个滑移方向合起来叫作一个滑移系。每一个滑移系表示晶体在进行滑移时可能采取的一个空间取向。在其他条件相同时，晶体中的滑移系越多，滑移过程可能采取的空间取向便越多，滑移便容易进行，它的塑性便越好。

面心立方金属的最密排面是{111}，最密排方向为[110]，因此其滑移面为{111}，共 4 个，而滑移面上的滑移方向为[110]，共 3 个，故其滑移面和滑移方向共有 12 个。这 12 个滑移面和滑移方向可清楚地表示在如图 7-7 所示的锥形八面体中。

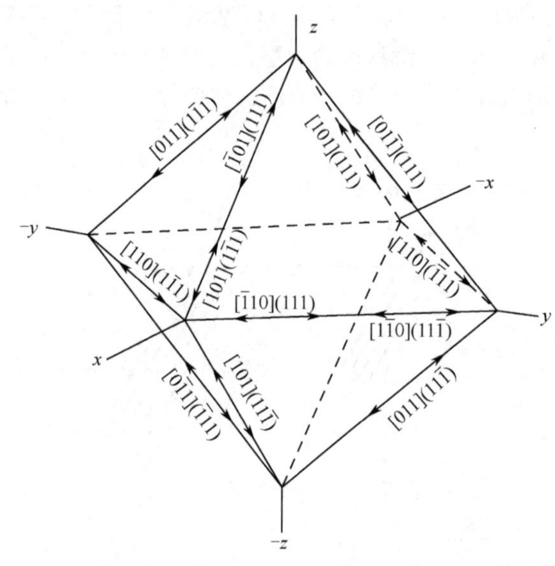

图 7-7 锥形八面体

体心立方晶体，如 α-Fe，由于可同时沿{110}、{112}、{123}晶面滑移，而其具有晶面指数{110}、{112}、{123}的个数分别为 6、12、24 个，并且在这些面上具有<111>方向的个数分别为 2、1、1，所以其滑移系共有 6×2+12×1+24×1=48 个；而密排六方晶体的滑移系仅有(0001)、$\langle 11\bar{2}0\rangle$，其滑移系的数量为 1×3=3。由于滑移系数目太少，HCP 多晶体的塑性不如 FCC 或 BCC 的好。

3. 滑移的临界分切应力

晶体的滑移是在切应力作用下进行的，但其中许多滑移系并非同时参与滑移，而只有当外力在某一滑移系中的分切应力达到一定临界值时，该滑移系方可首先发生滑移，该分切应力称为滑移的临界分切应力。

计算分切应力的分析图如图 7-8 所示，设有一截面积为 A 的圆柱形单晶体受轴向拉力 F 的作用，φ 为滑移面法线与外力 F 中心轴的夹角，λ 为滑移方向与外力 F 的夹角，则 F 在滑移方向的分力为 $F\cos\lambda$，而滑移面的面积为 $A/\cos\varphi$，于是外力在该滑移面沿滑移方向的分切应力为

$$\tau = \frac{F}{A}\cos\varphi\cos\lambda \tag{7-13}$$

式中，F/A 为试样拉伸时横截面上的正应力，当滑移系中的分切应力达到其临界分切应力值 τ_c 而开始滑移时，F/A 就是宏观上的起始屈服强度 σ_s，$\cos\varphi\cos\lambda$ 称为取向因子（Orientation Factor）或施密特因子 Ω，是分切应力 τ 与轴向应力 F/A 的比值，取向因子越大，分切应力也越大。

因此，滑移开始的条件可表达为

$$\tau \geqslant \tau_c = \sigma_s\cos\varphi\cos\lambda \tag{7-14}$$

此表达式也称为施密特定律（Schmidt Law）。显然，对任一给定 φ 角而言，若滑移方向位于 F 与滑移面法线所组成的平面上，即 $\varphi+\lambda=90°$，则沿此方向的 τ 值较其他方向的 τ 值大，这时取向因子 $\cos\varphi\cos\lambda=\sin2\varphi/2$，故当 φ 值为 45° 时，取向因子具有最大值 1/2。图 7-9 所示为镁晶体拉伸的屈服应力与晶体取向的关系，展示了密排六方镁单晶的取向因子对拉伸屈服应力 σ_s 的影响，图中的小圆点为实验测试值，曲线为计算值，两者吻合很好。

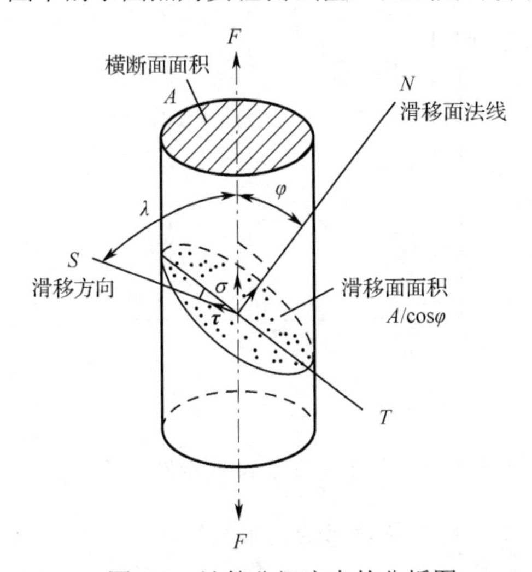

图 7-8　计算分切应力的分析图

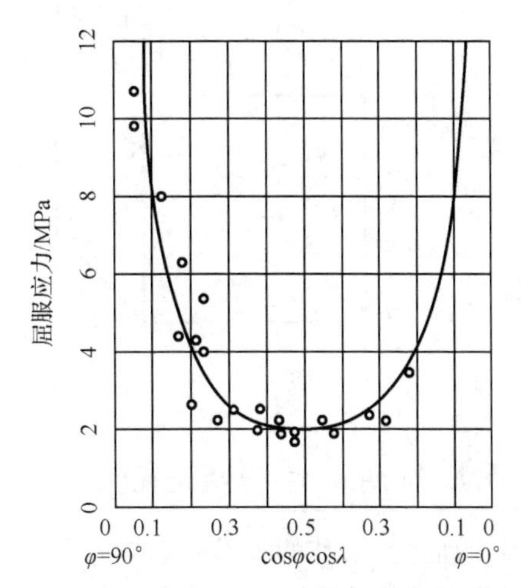

图 7-9　镁晶体拉伸的屈服应力与晶体取向的关系

从图 7-9 中可见，当 $\varphi=90°$ 或 $\lambda=90°$ 时，σ_s 均为无限大，这就是说，当滑移面与外力方向平行，或者是滑移方向与外力方向垂直时不可能产生滑移；而当滑移方向位于外力方向与滑移面法线所组成的平面上，且 φ 为 45° 时，取向因子达到最大值 0.5，σ_s 最小，也就是说，可以最小的拉应力就能达到发生滑移所需的分切应力值。通常，称取向因子大的为软取向，显然最大值为 0.5；而取向因子小的叫作硬取向。映像规则可帮助我们快速确定某外力作用下具有最大取向因子（$\cos\varphi\cos\lambda$）的滑移系（hkl）[uvw]，即首先在标准极射投影图上找出所给的外力方向的取向三角形（见第 1 章图 1-38），然后根据镜面对称原理，即可找到最先开动的位错滑移面和滑移方向。

例题　有一 80MPa 应力作用在面心立方晶胞晶体的[001]方向上，求滑移系（111）[$\bar{1}$01]上的分切应力。

解： 首先确定该滑移系滑移方向与拉力轴的夹角，然后再确定滑移面的法向方向与拉力轴的夹角。对于立方晶系，其晶面和晶向可以用两矢量来表示，不失一般性，假设它们分别为 $\boldsymbol{a}$ 和 $\boldsymbol{b}$，则它们夹角的余弦 $\cos\theta$ 为

$$\cos\theta = \frac{\boldsymbol{a}\cdot\boldsymbol{b}}{|\boldsymbol{a}|\cdot|\boldsymbol{b}|} = \frac{a_1b_1+a_2b_2+a_3b_3}{\sqrt{a_1^2+a_2^2+a_3^2}\cdot\sqrt{b_1^2+b_2^2+b_3^2}} \tag{7-15}$$

在滑移系（111）[$\bar{1}$01]上

$$\cos\lambda=\frac{0\times\bar{1}+0\times0+1\times1}{\sqrt{0^2+0^2+1^2}\cdot\sqrt{\bar{1}^2+0^2+1^2}}=\frac{1}{1\times\sqrt{2}}$$

$$\cos\varphi=\frac{0\times1+0\times1+1\times1}{\sqrt{0^2+0^2+1^2}\cdot\sqrt{1^2+1^2+1^2}}=\frac{1}{1\times\sqrt{3}}$$

所以，滑移系（111）[$\bar{1}$01]上的分切应力为

$$\tau=\sigma\cos\varphi\cos\lambda=80\times\frac{1}{\sqrt{2}}\times\frac{1}{\sqrt{3}}=32.66\text{MPa}$$

正应力方向[001]、滑移方向[$\bar{1}$01]及滑移面法向（111）之间的空间关系如图 7-10 所示。

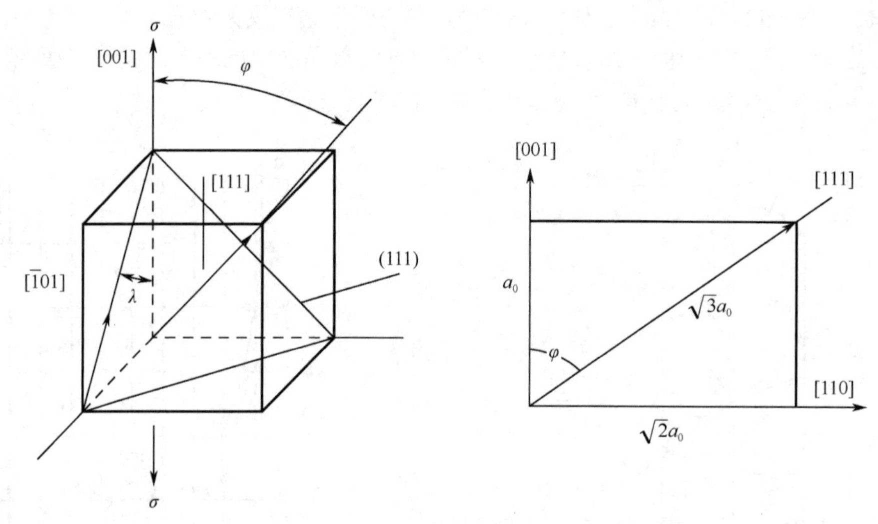

图 7-10 正应力方向[001]、滑移方向[$\bar{1}$01]及滑移面法向（111）之间的空间关系

综上所述，滑移的临界分切应力是一个真实反映单晶体受力起始屈服的物理量。其数值与晶体的类型、纯度及温度等因素有关，还与该晶体的加工和处理状态、变形速度及滑移系类型等因素有关。

4. *滑移时晶面的转动*

单晶体滑移时，除滑移面发生相对位移，往往伴随着晶面的转动，对于只有一组滑移面的 HCP，这种现象尤为明显。图 7-11 所示为单晶体拉伸变形过程。假设不受试样夹头对滑移的限制，则经外力 F 轴向拉伸，将发生如图 7-11（b）所示的滑移变形和轴线偏移。但由于拉伸夹头不能作横向动作，故为了保持拉伸轴线方向不变，单晶体的取向必须进行相应地转动，使滑移面逐渐趋于与轴向平行，如图 7-11（c）所示。其中，试样靠近两端处因受夹头之限制，晶面有可能发生一定程度的弯曲，以适应中间部分的位向变化。

图 7-12 所示为单轴拉伸时晶体转动的力偶作用。这里给出了图 7-11（b）中部某层滑移后的受力分解情况。

在图 7-12（a）中，σ_1、σ_2 为外力在该层上下滑移面的法向分应力。在该力偶作用下，滑移面将产生转动并逐渐趋于与轴向平行。图 7-12（b）为作用于两滑移面上的最大分切应力 τ_1、τ_2，各自分解为平行于滑移方向的分应力 τ_1'、τ_2'，以及垂直于滑移方向的分应力 τ_1''、τ_2''。其中，前者为引起滑移的有效分切应力；后者则组成力偶而使晶向发生旋转，即力求使滑移方向转至最大分切应力方向。

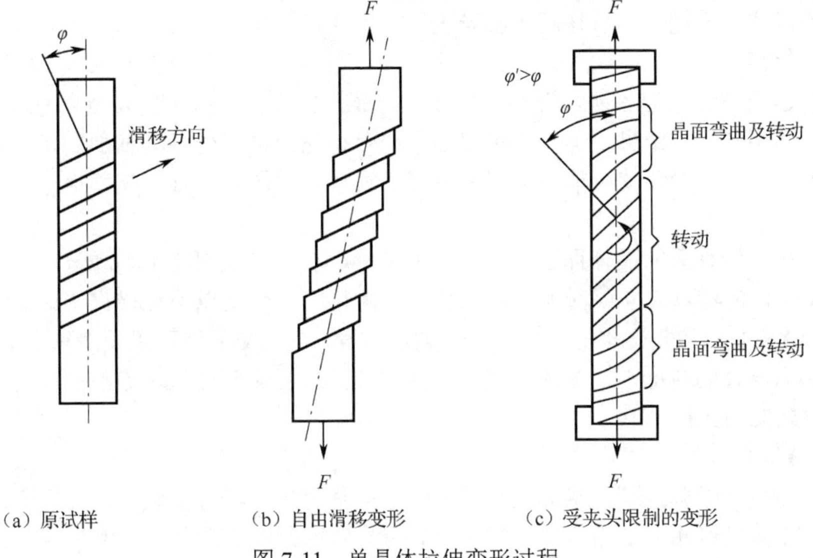

图 7-11　单晶体拉伸变形过程

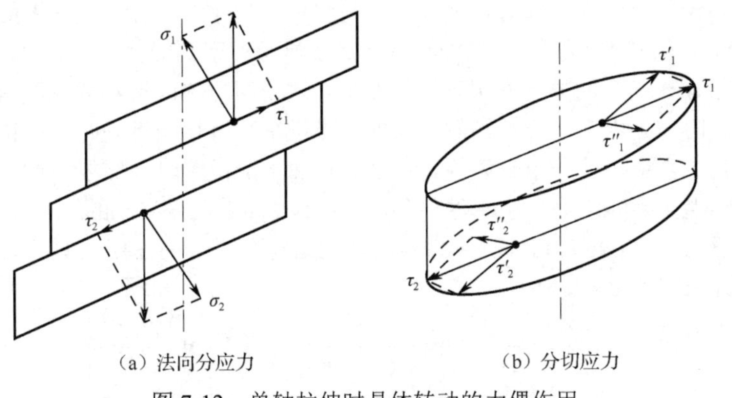

图 7-12　单轴拉伸时晶体转动的力偶作用

晶体受压变形时也要发生晶面转动，但转动的结果是使滑移面逐渐趋于与压力轴线相垂直。晶体受压时的晶面转动如图 7-13 所示。

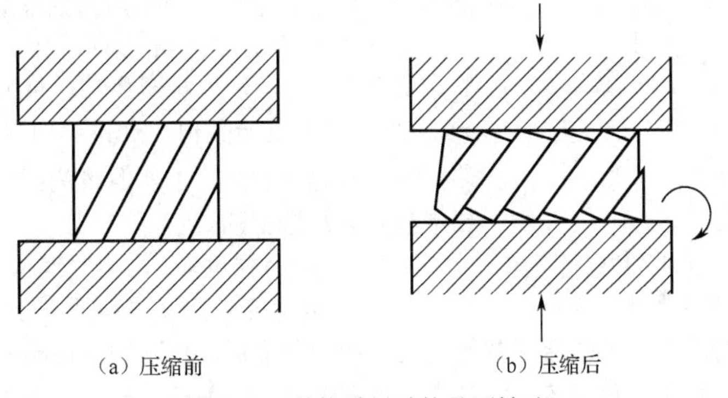

图 7-13　晶体受压时的晶面转动

所以，晶体在滑移过程中不仅滑移面发生转动，而且滑移方向也逐渐改变，最后导致滑移面上的分切应力也随之发生变化。由于在 φ=45° 时，其滑移系上的分切应力最大，故经滑移与转动后，若 φ 角趋近 45°，则分切应力不断增大而有利于滑移；反之，若 φ 角远离 45°，则分切应力逐渐减小，而使滑移系的进一步滑移趋于困难。

5. 多系滑移

对于具有多组滑移系的晶体，滑移首先在取向最有利的滑移系（其分切应力最大）中进行，但由于变形时晶面转动的结果，另一组滑移面上的分切应力也可能逐渐增加到足以发生滑移的临界值以上，于是晶体的滑移就可能在两组或更多的滑移面上同时进行或交替地进行，从而产生多系滑移。

对于具有较多滑移系的晶体而言，除了多系滑移，还常可发现交滑移现象，即两个或多个滑移面沿着某个共同的滑移方向同时或交替滑移。交滑移的实质是螺型位错在不改变滑移方向的前提下，从一个滑移面转到相交接的另一个滑移面的过程，可见交滑移可以使滑移有更大的灵活性。

但是在多系滑移的情况下，会因不同滑移系的位错相互交截而给位错的继续运动带来困难，形成了一种重要的强化机制。

6. 滑移的位错机制

在引入位错概念时曾提到，实际测得晶体滑移的临界分切应力值较理论计算值低 3～4 个数量级，这表明晶体滑移并不是晶体的一部分相对于另一部分沿着滑移面作刚性整体位移，而是借助位错在滑移面上的运动来逐步地进行的。通常，可将位错线看作是晶体中已滑移区域与未滑移区域的分界。当移动到晶体外表面时，晶体沿其滑移面产生了位移量为一个 b 的滑移，而大量的（n 个）位错沿着同一滑移面移到晶体表面，就形成了显微观察到的滑移带（$\Delta = nb$）。

晶体的滑移必须在一定的外力作用下才能发生，这说明位错的运动要克服阻力。位错运动的阻力首先来自点阵阻力。由于点阵结构的周期性，当位错沿滑移面运动时，位错中心的能量也要发生周期性的变化，当位错从一个平衡位置移动到相邻平衡位置时，需要越过一个能垒，这就是说位错在运动时会遇到点阵阻力。由于派尔斯（Peierls）和纳巴罗（Nabarro）首先估算了这一阻力，故其又称为派-纳（P-N）力。派-纳力与晶体的结构和原子间作用力等因素有关，采用连续介质模型可近似地求得派-纳力为

$$\tau_{\text{P-N}} = \frac{2G}{1-\nu}\exp\left[-\frac{2\pi d}{(1-\nu)b}\right] = \frac{2G}{1-\nu}\exp\left[-\frac{2\pi W}{b}\right] \tag{7-16}$$

式中，d 为滑移面的面间距；b 为滑移方向上的移量位（在简单立方点阵中如图 7-14 所示）；ν 为泊松比；W 为位错的宽度，$W=d/(1-\nu)$。错宽度 W 相当于在理想的简单立方晶体中，使一刃型位错运动所需的临界分切应力。

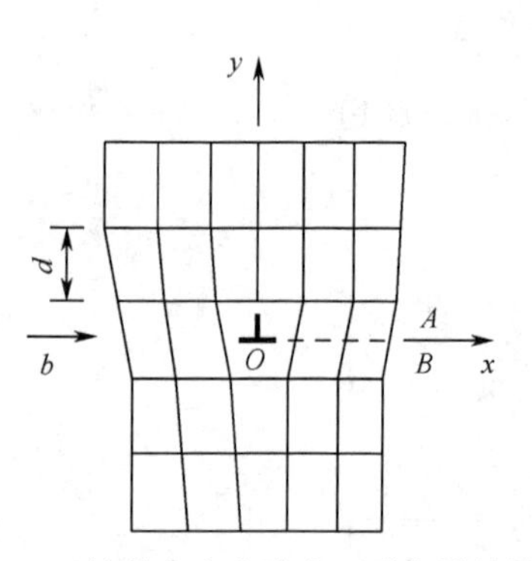

图 7-14 简单立方点阵中刃型位错的滑移面及滑移方向上的原子间距示意图

对于简单立方结构有 $d=b$，如取 $\nu = 0.3$，则可求得 $\tau_{\text{P-N}} = 3.6\times10^{-4}G$（$G$ 为切变弹性模量）；如取 $\nu = 0.35$，则 $\tau_{\text{P-N}} = 2\times10^{-4}G$。这一数值比理论剪切强度（$\tau \approx G/30$）小得多，而与临界分切应力的实测值为同一数量级。这说明位错滑移是容易进行的。

由派-纳力公式可知，位错宽度越大，则派-纳力越小，这是因为位错宽度表示了位错所导致的点阵严重畸变区的范围，宽度大，则位错周围的原子就能比较接近平衡位置，点阵的弹性畸变能低，故位错移动时其他原子所作相应移动的距离较小，产生的阻力也较小。此结论是符合实验结果的，如面心立方结构金属具有大的位错宽度，故其派-纳力甚小，屈服应力低；而体心立方金属结构的位错宽度较窄，故派-纳力较大，屈服应力较高；至于原子间作用力具有强烈方向性的共价晶体和离子晶体，其位错宽度极窄，则表现出硬而脆的特性。

此外，$\tau_{P\text{-}N}$ 与（$-d/b$）成指数关系，因此 d 值越大 b 值越小，即滑移面的面间距越大，位错强度越小，则派-纳力也越小，因而越容易滑移。由于晶体中原子最密排面的面间距最大，密排面上最密排方向上的原子间距最短，这就解释了为什么晶体的滑移面和滑移方向一般都是晶体的原子密排面与密排方向。

在实际晶体中，在一定温度下，当位错线从一个平衡位置移向相邻平衡位置时，并不是沿其全长同时越过能垒。很可能在热激活帮助下，有一小段位错线先越过能垒，同时形成位错扭折，即在两个平衡位置之间横跨能垒的一小段位错。位错扭折势能较高，可以很容易地沿位错线向旁侧运动，结果使整个位错线向前滑移，使得位错滑移所需的应力进一步降低。

位错运动的阻力除了点阵阻力，还有位错与位错的交互作用产生的阻力；运动位错交截后形成的扭折和割阶，尤其是螺型位错的割阶将对位错起钉扎作用，致使位错运动的阻力增加；位错与其他晶体缺陷（如点缺陷）、其他位错、晶界和第二相质点等交互作用产生的阻力，对位错运动均会产生阻碍，导致晶体强化。

7.2.1.2　孪生

孪生是除滑移之外塑性变形的一种最重要形式，它常作为滑移不易进行时的补充。

1. 孪生变形过程

面心立方晶体孪生变形示意图如图 7-15 所示。由第 1 章的晶体学基础知识可知，面心立方晶体可看成是一系列（111）沿着[111]方向按 *ABCABC*⋯的规律堆垛而成的。当晶体在切应力作用下发生孪生变形时，晶体内局部地区的各个（111）晶面沿着$[11\bar{2}]$方向（AC'方向）产生彼此相对移动距离为$(a/6)[11\bar{2}]$的均匀切变，即可得到如图 7-15(b)所示的情况。图中纸面相当于$(1\bar{1}0)$，（111）面垂直于纸面；*AB* 为（111）面与纸面的交线，相当于$[11\bar{2}]$晶向。从图中可看出，均匀切变集中发生在中部，由 *AB* 至 *GH* 中的每个（111）面都相对于其邻面沿$[11\bar{2}]$方向移动了大小为$(a/6)$ $[11\bar{2}]$的距离。这样的切变并未使晶体的点阵类型发生变化，但使均匀切变区中的晶体取向变更为与未切变区晶体呈镜面对称的取向。这一变形过程称为孪生。变形与未变形两部分晶体合称为孪晶；均匀切变区与未切变区的分界面（两者的镜面对称面）称为孪晶界；发生均匀切变的那组晶面称为孪晶面，即（111）面；孪晶面的移动方向，即$[11\bar{2}]$方向，称为孪生方向。

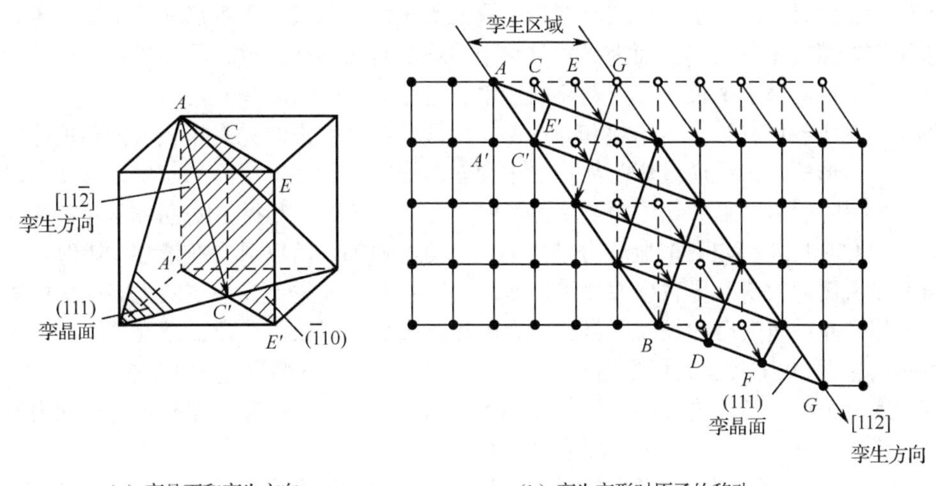

（a）孪晶面和孪生方向　　（b）孪生变形时原子的移动

图 7-15　面心立方晶体孪生变形示意图

2. 孪生的特点

根据以上对孪生变形过程的分析，孪生具有以下特点。

（1）孪生变形也是在切应力作用下发生的，并通常出现在由于滑移受阻而引起的应力集中区，因此孪生所需的临界切应力要比滑移时大得多。

（2）孪生是一种均匀切变，即切变区内与孪晶面平行的每一层原子面，均相对于其毗邻晶面沿孪生方向位移了一定的距离，且每一层原子相对于孪生面的切变量，跟它与孪生面的距离成正比。

（3）孪晶的两部分晶体形成镜面对称的位向关系。

由于这些特点，假如我们在一个预先经过抛光的试样上用针刻一条直线，当试样加载发生塑性变形时，如果是孪晶变形，可看到这一直线变成折线，且表面有倾动，在斜照明下可看到表面有浮凸，试样的轴线方向在孪晶变形区域改变了，滑移与孪晶的识别如图 7-16 所示，这样我们即使把表面的浮凸磨去，在经过腐蚀后，仍能看到孪晶带，它以两条线将孪晶和未变形的区域分开。但是滑移所造成的表面台阶在磨去后再腐蚀，就不能察觉了。据此，我们可以借助光学显微镜来判断变形形式是滑移还是孪晶。

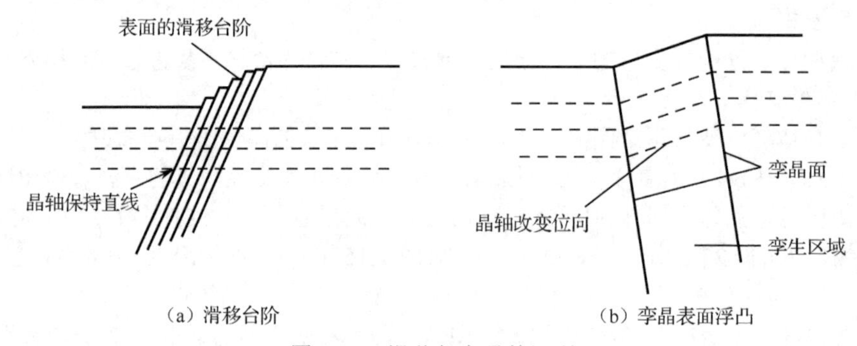

图 7-16　滑移与孪晶的识别

3. 孪晶的形成

在晶体中形成孪晶有三种主要方式：一是通过机械变形而产生的孪晶，也称为变形孪晶或机械孪晶，通常呈透镜状或片状；二是生长孪晶，它包括晶体自气态（如气相沉积）、液态（液相凝固）或固体中长大时形成的孪晶；三是变形金属在其再结晶退火过程中形成的孪晶，也称为退火孪晶，它往往以相互平行的孪晶面为界横贯整个晶粒，是在再结晶过程中通过堆垛层错的生长形成的。它实际上也应属于生长孪晶，是从固体生长过程中形成的。

变形孪晶的生长同样可分为形核和长大两个阶段。晶体变形时先是以极快的速度爆发出薄片孪晶，常称之为形核，然后通过孪晶界扩展来使孪晶增宽。就变形孪晶的萌生而言，一般需要较大的应力，即孪生所需的临界切应力要比滑移的大得多。例如，测得 Mg 晶体孪生所需的分切应力应为 4.9～34.3MPa，而滑移时临界分切应力仅为 0.49MPa，所以只有在滑移受阻时，应力才可能累积起孪生所需的数值，导致孪生变形。孪晶的萌生通常发生于晶体中应力高度集中的地方，如晶界等，但孪晶在萌生后的长大所需的应力则相对较小。例如，在 Zn 单晶中，孪晶形核时的局部应力必须超过 $10^{-1}G$（G 为切变模量），但成核后，只要应力略微超过 $10^{-4}G$ 即可长大。因此，孪晶的长大速度极快，与冲击波的传播速度相当。由于在孪生形成时，在极短的时间内有相当数量的能量被释放出来，因而有时可伴随明显的声响。

图 7-17 所示为铜单晶在 4.2K 温度下的拉伸曲线，塑性变形阶段的光滑曲线是与滑移过程相对应的，但应力增高到一定程度后突然下降，然后又反复地上升和下降，出现了锯齿形的变化，这就是孪生变形所造成的。因为形核所需的应力远高于扩展所需的应力，故当孪晶出现时就伴随着载荷突然下降的现象，在变形过程中孪晶不断形成，这就形成了锯齿形的拉伸曲线。图 7-17 中拉伸曲线的后阶段又呈光滑曲线，表明变形又转为滑移方式进行，这是由于孪生造成了晶体方位

的改变，使某些滑移系处于有利的位向，于是又开始了滑移变形。

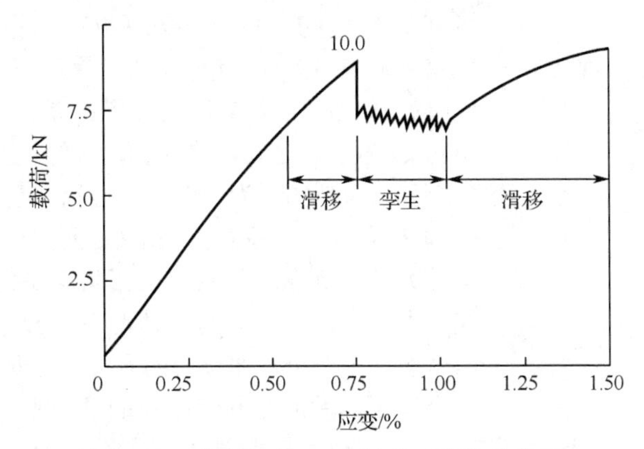

图 7-17　铜单晶在 4.2K 温度下的拉伸曲线

一般情况下，对称性低、滑移系少的密排六方金属如 Cd、Zn、Mg 等，往往容易出现孪生变形。密排六方金属的孪生面为{10$\bar{1}$2}，孪生方向为<$\bar{1}$011>；对具有体心立方晶体结构的金属，当形变温度较低、形变速度极快，或由于其他原因的限制使滑移过程难以进行时，也会通过孪生的方式进行塑性变形。体心立方金属的孪生面为{112}，孪生方向为<111>；面心立方金属由于对称性高，滑移系多而易于滑移，所以孪生很难发生，常见的是退火孪晶，只有在极低温度（4～78K）下滑移极为困难时，才会产生孪生。面心立方金属的孪生面为{111}，孪生方向为<112>。

与滑移相比，孪生本身对晶体变形量的直接贡献是较小的。例如，一个密排六方结构的 Zn 晶体单纯依靠孪生变形时，其伸长率仅为 7.2%。但是，由于孪晶的形成改变了晶体的位向，使其中某些原处于不利于滑移位置的滑移系转换到有利于发生滑移的位置，从而可以激发进一步的滑移和晶体变形。这样，滑移与孪生交替进行，相辅相成，可使晶体获得较大的变形量。

4. 孪生的位错机制

由于孪生变形时整个孪晶区发生均匀切变，故其各层晶面的相对位移是借助一个不全位错（肖克利不全位错）运动而形成的。以面心立方晶体为例，面心立方晶体中孪晶的形成如图 7-18 所示，如在某一{111}滑移面上有一个全位错（a/2）<110>扫过，滑移两侧晶体将产生一个原子间距 $\sqrt{2}a/2$ 的相对滑移量，且{111}面的堆垛顺序不变，即仍为 *ABCABC*…。

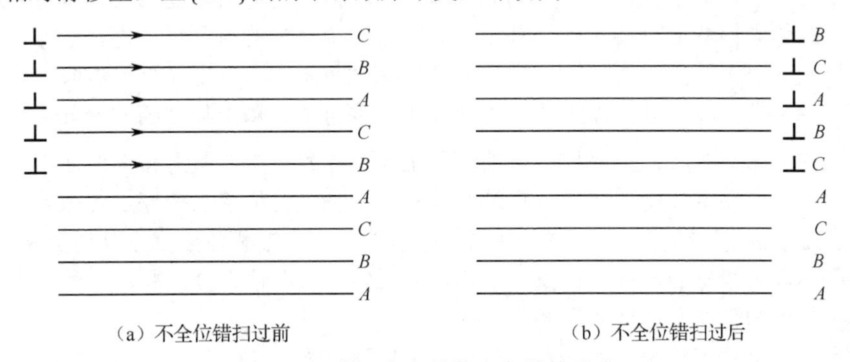

图 7-18　面心立方晶体中孪晶的形成

但如在相互平行且相邻的一组{111}面上各有一个肖克利不全位错扫过，则各滑移面间的相对位移就不是一个原子间距，而是 $\sqrt{6}a/6$，由于晶面发生层错而使堆垛顺序由原来的 *ABCABC* 改变为 *ABCACBACB*（即△△△▽▽▽▽▽），这样就在晶体的上半部形成一片孪晶。

上述过程是如何产生的呢？柯垂耳（A H Cottrell）和比耳贝（B A Bilby）提出：孪晶是通过

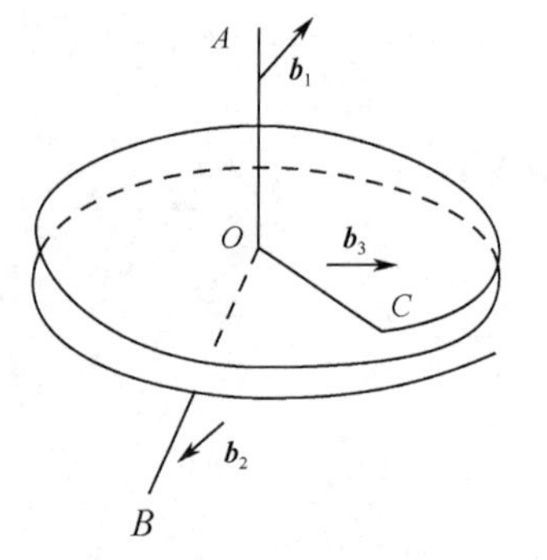

图 7-19 孪生的位错极轴机制示意图

位错增殖的极轴机制形成的。图 7-19 所示为孪生的位错极轴机制示意图。其中 *OA*、*OB* 和 *OC* 三条位错线相交于结点 *O*。位错 *OA* 与 *OB* 不在滑移面上，属于不动位错（此处称为极轴位错）。位错 *OC* 及其伯氏矢量 $\boldsymbol{b}_3$ 都位于滑移面上，它可以绕结点 *O* 做旋转运动，称为扫动位错，其滑移面称为扫动面。如果扫动位错 *OC* 为一个不全位错，且 *OA* 和 *OB* 的柏氏矢量 $\boldsymbol{b}_1$ 和 $\boldsymbol{b}_2$ 各有一个垂直于扫动面的分量，其值等于扫动面（滑移面）的面间距，那么扫动面将不是一个平面，而是一个连续蜷面（螺旋面）。在这种情况下，扫动位错 *OC* 每旋转一周，晶体便产生一个单原子层的孪晶，与此同时，*OC* 本身也攀移一个原子间距而上升到相邻的晶面上。扫动位错如此不断地扫动，就使位错线 *OC* 和结点 *O* 不断地上升，也就相当于每个面都有一个不全位错在扫动，于是会在晶体中一个相当宽的区域内造成均匀切变，即在晶体中形成变形孪晶。

7.2.2 多晶体的塑性变形

实际使用的材料通常是由多晶体组成的。室温下，多晶体中每个晶粒变形的基本方式与单晶体相同，但由于相邻晶粒之间取向不同，以及晶界的存在，因而多晶体的变形既须克服晶界的阻碍，又要求各晶粒的变形相互协调与配合，故多晶体的塑性变形较为复杂，下面分别加以讨论。

7.2.2.1 晶粒取向的影响

晶粒取向对多晶体塑性变形的影响主要表现在各晶粒变形过程中的相互制约和协调性。当外力作用于多晶体时，由于晶体的各向异性，位向不同的各个晶体所受应力并不一致，而作用在各晶粒的滑移系上的分切应力更因晶粒位向不同而相差很大，因此各晶粒并非同时开始变形，处于有利位向的晶粒首先发生滑移，处于不利位向的晶粒却还未开始滑移。而且，不同位向晶粒的滑移系取向也不相同，滑移方向也不相同，故滑移不可能从一个晶粒直接延续到另一晶粒中。但多晶体中每个晶粒都处于其他晶粒包围之中，它的变形必然与其邻近晶粒相互协调配合，不然就难以进行变形，甚至不能保持晶粒之间的连续性，会造成空隙而导致材料破裂。为了使多晶体中各晶粒之间的变形得到相互协调与配合，每个晶粒不只是在取向最有利的单滑移系上进行滑移，还必须在几个滑移系上，包括取向并非有利的滑移系上滑移，其形状才能相应地做各种改变。理论分析指出，多晶体塑性变形时要求每个晶粒至少能在 5 个独立的滑移系上进行滑移。这是因为任意变形均可用 ε_{xx}、ε_{yy}、ε_{zz}、γ_{xy}、γ_{yz}、γ_{xz} 6 个应变分量来表示，但塑性变形时，晶体的体积不变，即 $\Delta V/V=\varepsilon_{xx}+\varepsilon_{yy}+\varepsilon_{zz}=0$，故只有 5 个独立的应变分量，每个独立的应变分量是由一个独立滑移系来产生的。由此可见，多晶体的塑性变形是通过各晶粒的多系滑移来保证相互间协调的，即一个多晶体是否能够塑性变形取决于它是否具有 5 个独立的滑移系来满足各晶粒变形时相互协调的要求。这就与晶体的结构类型有关：滑移系甚多的面心立方和体心立方晶体能满足这个条件，故它们的多晶体具有很好的塑性；相反，密排六方晶体由于滑移系少，晶粒之间的应变协调性很差，所以其多晶体的塑性变形能力很低。

仿照单晶体的施密特定律，对多晶体的屈服强度可写为

$$\tau_{\mathrm{c}}=\sigma_s\bar{\Omega} \tag{7-17}$$

式中，$\bar{\Omega}$ 为多晶体的平均施密特因子，面心立方金属的 $\bar{\Omega}=1/3$，体心立方金属的 $\bar{\Omega}\approx 1/2$，密排立方金属的 $\bar{\Omega}\approx 1/6$。

7.2.2.2　晶界的影响

晶界上原子排列不规则，点阵畸变严重，而且晶界两侧的晶粒取向不同，滑移方向和滑移面彼此不一致，因此滑移要从一个晶粒直接延续到下一个晶粒是极其困难的，也就是说，在室温下晶界对滑移具有阻碍效应。

对只有 2～3 个晶粒的试样进行拉伸，表明其在晶界处呈竹节状（见图 7-20），这说明晶界附近滑移受阻，变形量较小，而晶粒内部变形量较大，整个晶粒变形是不均匀的。

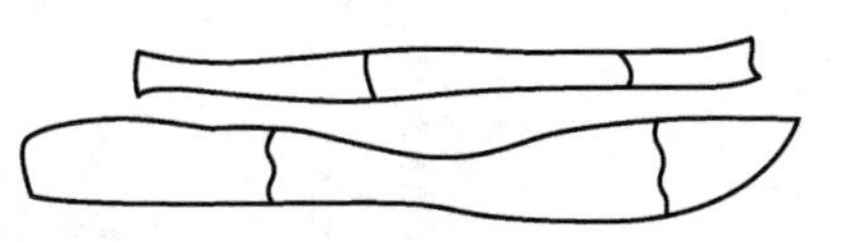

图 7-20　经拉伸后晶界处呈竹节状

多晶体试样经拉伸后，每一晶粒中的滑移带都终止在晶界附近。通过电镜仔细观察，可看到在变形过程中位错难以通过晶界被堵塞在晶界附近的情形（见图 7-21）。这种在晶界附近产生的位错塞积群会对晶内的位错源产生一反作用力。此反作用力随位错塞积数目 n 的增加而增大，n 与作用于滑移面上的外加分切应力 τ_0、位错源至晶界的距离 L 等有关。

$$n = \frac{k\pi\tau_0 L}{Gb} \tag{7-18}$$

式中，k 为系数，螺型位错 $k=1$，刃型位错 $k=1-\nu$，ν 为材料的泊松比。

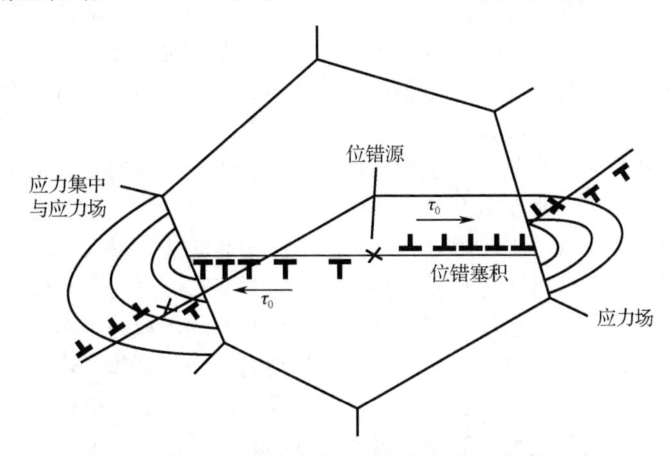

图 7-21　位错在晶界上被塞积的示意图

当 n 增大到某一数值时，可使位错源停止开动，使晶体显著强化。

由于晶界上点阵畸变严重且晶界两侧的晶粒取向不同，因而在一侧晶粒中滑移的位错不能直接进入第二晶粒，要使第二晶粒产生滑移，就必须增大外加应力，以启动第二晶粒中的位错源动作。因此，对多晶体而言，外加应力必须大至足以激发大量晶粒中的位错源动作，产生滑移，才能产生宏观的塑性变形。

由于晶界数量直接取决于晶粒的大小，因此晶界对多晶体起始塑性变形抗力的影响可通过晶粒大小直接体现。实践证明，多晶体的强度随其晶粒细化而提高。多晶体的屈服强度 σ_s 与晶粒平均直径 d 的关系可用著名的霍尔-佩奇（Hall-Petch）公式表示

$$\sigma_s = \sigma_0 + Kd^{-\frac{1}{2}} \tag{7-19}$$

式中，σ_0 反映晶内对变形的阻力，相当于极大单晶的屈服强度；K 反映晶界对变形的影响系数，与晶界结构有关。

图 7-22 所示为一些低碳钢的下屈服点与晶粒直径的关系，实验数据表明，σ_s 与 d 间关系与霍尔-佩奇公式符合得甚好。

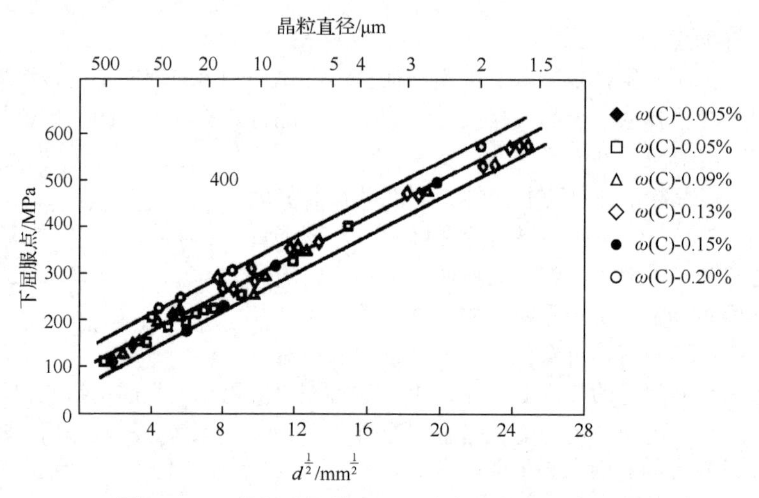

图 7-22 一些低碳钢的下屈服点与晶粒直径的关系

尽管霍尔-佩奇公式最初是一经验关系式，但也可根据位错理论，利用位错群在晶界附近引起的塞积模型导出。进一步实验证明，其适用性甚广。铜和铝的屈服值与其亚晶尺寸的关系如图 7-23 所示。亚晶粒大小或是两相片状组织的层片间距对屈服强度的影响、塑性材料的流变应力与晶粒大小之间、脆性材料的脆断应力与晶粒大小之间、金属材料的疲劳强度和硬度与其晶粒大小之间的关系都可用霍尔-佩奇公式来表达。

因为细晶粒不仅使材料具有较高的强度、硬度，而且也使它具有良好的塑性和韧性，即具有良好的综合力学性能，因此一般在室温使用的结构材料都希望获得细小而均匀的晶粒。

但是，当变形温度高于 $0.5T_m$（熔点）时，由于原子活动能力增大，以及原子沿晶界的扩散速度加快，使高温下的晶界具有一定的黏滞性特点，它对变形的阻力大为减弱，即使施加很小的应力，只要作用时间足够长，也会发生晶粒沿晶界的相对滑动，成为多晶体在高温时一种重要的变形方式，即蠕变。此外，在高温时，多晶体特别是细晶粒的多晶体，还可能出现另一种称为扩散性蠕变的变形机制，这个过程与空位的扩散有关。因为晶界本身是空位的源和湮没阱，多晶体的晶粒越细，扩散蠕变速度就越大，对高温强度也越不利。所以，在多晶体材料中往往存在一等强温度 T_E，低于 T_E 时晶界强度高于晶粒内部，高于 T_E 时则晶粒内部强度高于晶界强度。等强温度示意图如图 7-24 所示。

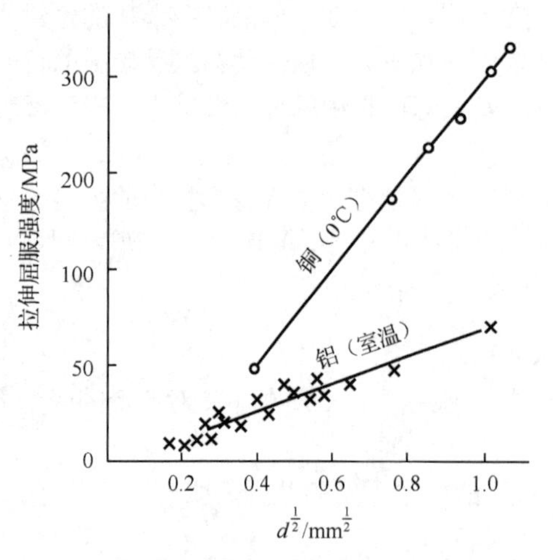

图 7-23 铜和铝的屈服值与其亚晶尺寸的关系

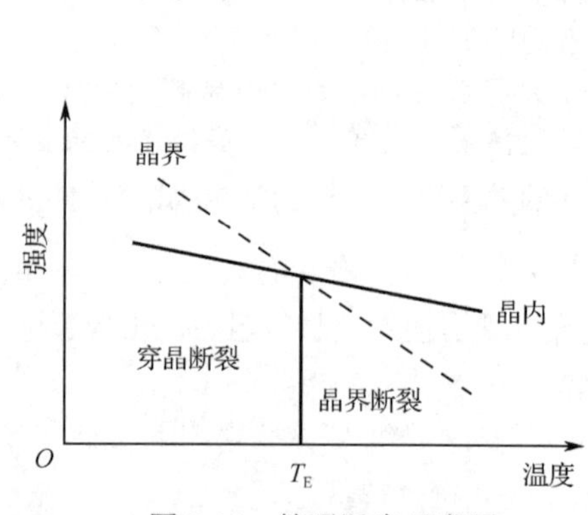

图 7-24 等强温度示意图

7.2.3　合金的塑性变形

工程上使用的金属材料绝大多数是合金。其变形方式总体来说和金属的情况类似，只是由于合金元素的存在，又具有一些新的特点。

按合金组成相不同，合金主要可分为单相固溶体合金和多相合金，它们的塑性变形具有不同的特点。

7.2.3.1　单相固溶体合金的塑性变形

单相固溶体合金和纯金属相比最大的区别在于，单相固溶体合金中存在溶质原子。溶质原子对合金塑性变形的影响主要表现在固溶强化作用，提高了塑性变形的阻力，此外有些固溶体会出现明显的屈服点和应变时效现象。

1. 固溶强化

溶质原子的存在及其固溶度的增加，使基体金属的变形抗力随之提高。Cu-Ni 合金固溶强化效果如图 7-25 所示，表示 Cu-Ni 固溶体的强度和塑性随溶质含量的增加，合金的强度、硬度提高，而塑性有所下降，即产生固溶强化效果。固溶强化的强化效果可用式（7-20）表示

$$\tau=\frac{\mathrm{d}\tau}{\mathrm{d}x}x \quad 或 \quad \sigma_s=A\frac{x}{a_0^2\boldsymbol{b}} \tag{7-20}$$

式中，$\frac{\mathrm{d}\tau}{\mathrm{d}x}$为单位溶质原子造成点阵畸变引起临界分切应力的增量；x 为溶质原子的原子数分数；a_0 为溶剂晶体的点阵常数；$\boldsymbol{b}$ 为位错的伯氏矢量；A 为常数。

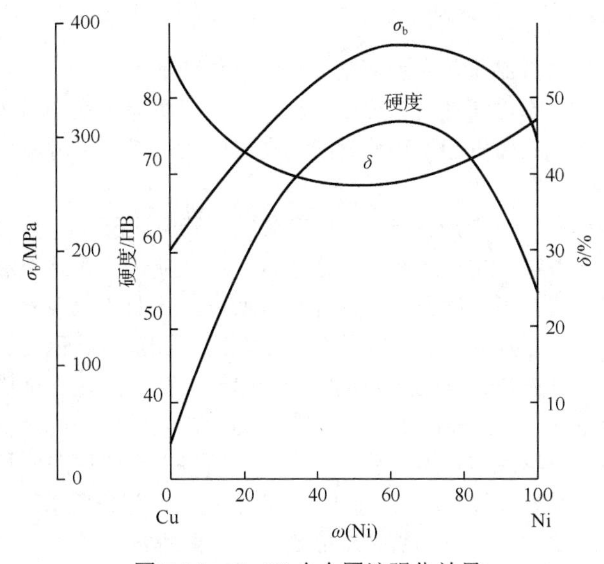

图 7-25　Cu-Ni 合金固溶强化效果

比较纯金属与不同浓度固溶体的应力-应变曲线（见图 7-26），可看到溶质原子的加入不仅提高了整个应力-应变曲线的水平，而且使合金的加工硬化速度提高。

不同溶质原子所引起的固溶强化效果存在很大的差别。图 7-27 所示为合金元素溶入铜单晶后的固溶强化效果。影响固溶强化的因素很多，主要有以下几个方面。

（1）溶质原子的原子数分数越高，强化作用也越大，特别是当原子数分数很低时，强化效应更为显著。

（2）溶质原子与基体金属的原子尺寸相差越大，强化作用也越大。

（3）间隙型溶质原子相比置换原子具有较强的固溶强化效果，且由于间隙原子在体心立方晶体中的点阵畸变是非对称性的，故其强化作用大于面心立方晶体；但间隙原子的固溶度很有限，故实际强化效果也有限。

（4）溶质原子与基体金属的价电子数相差越大，固溶强化作用越显著，即固溶体的屈服强度随合金电子浓度的增加而提高。

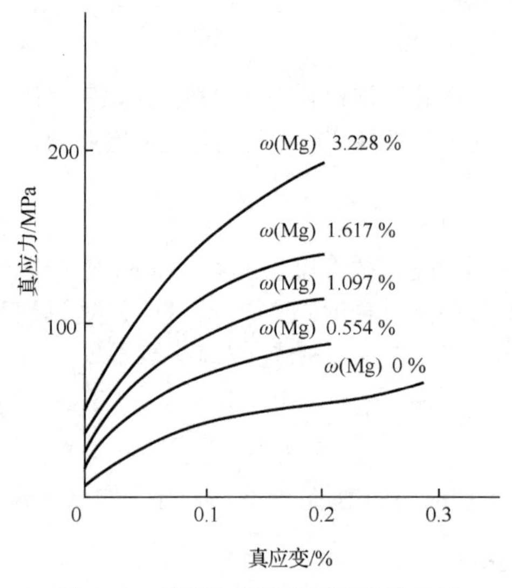

图 7-26　镁溶入铝后的固溶强化效果

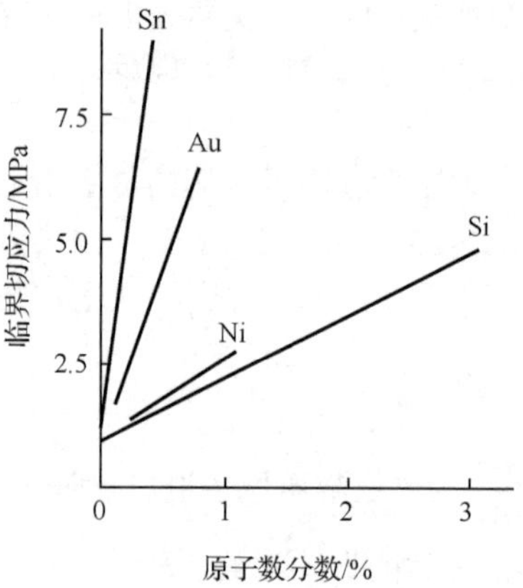

图 7-27　合金元素溶入铜单晶后的固溶强化效果

固溶强化是多方面作用的结果，主要有溶质原子与位错的弹性交互作用、化学交互作用和静电交互作用，当固溶体产生塑性变形时，位错运动改变了溶质原子在固溶体结构中以短程有序或偏聚形式存在的分布状态，从而引起系统能量的升高，由此也增加了滑移变形的阻力。

2. 屈服现象与应变时效

图 7-28 所示为低碳钢退火态的工程应力-应变曲线及屈服现象，它是低碳钢典型的应力-应变曲线，它与一般拉伸曲线不同，出现了明显的屈服点。当拉伸试样开始屈服时，应力随即突然下降，并在应力基本恒定的情况下继续发生屈服伸长，所以拉伸曲线出现应力平台区。开始屈服与应力下降时所对应的应力值分别为上、下屈服点。在发生屈服延伸阶段，试样的应变是不均匀的。当应力达到上屈服点时，首先在试样的应力集中处开始塑性变形，并在试样表面产生一个与拉伸轴约成 45° 交角的变形带——吕德斯（Liiders）带，与此同时，应力降到下屈服点。随后，这种变形带沿试样长度方向不断形成与扩展，从而产生拉伸曲线平台的屈服伸长。其中，应力的每一次微小波动，即对应一个新变形带的形成，如图 7-28 中的放大部分所示。当屈服扩展到整个试样标距范围时，屈服延伸阶段就告结束。需指出的是，屈服过程的吕德斯带与滑移带不同，它是由许多晶粒协调变形的结果，即吕德斯带穿过了试样横截面上的每个晶粒，而其中每个晶粒内部则仍按各自的滑移系进行滑移变形。

屈服现象最初是在低碳钢中发现的。在适当条件下，上、下屈服点的差别为 10%～20%，屈服伸长可超过 10%。后来在许多其他的金属和合金（如 Mo、Ti 和 Al 合金，以及 Cd、Zn 单晶，α 和 β 黄铜等）中，只要这些金属材料中含有适量的溶质原子足以钉扎住位错，屈服现象就会发生。在固溶体合金中，溶质原子或杂质原子可以与位错交互作用而形成溶质原子气团，即所谓的 Cottrell 气团。由刃型位错的应力场可知，在滑移面以上，位错中心区域为压应力，而滑移面以下的区域为拉应力。若有间隙原子 C、N 或比溶剂尺寸大的置换溶质原子存在，就会与位错交互作用偏聚于刃型位错的下方，以抵消部分或全部的张应力，从而使位错的弹性应变能降低。当位错处于能量较低的状态时，位错趋于稳定，不易运动，对位错有着钉扎作用，尤其在体心立方晶体中，间隙型溶质原子和位错的交互作用很强，位错被牢固地钉扎住。位错要运动，必须在更大的应力作用下才能挣脱 Cottrell 气团的钉扎而移动，这就形成了上屈服点；而一旦挣脱之后位错的运动就比较容易，因此应力减小，出现了下屈服点和水平台。这就是屈服现象的物理本质。

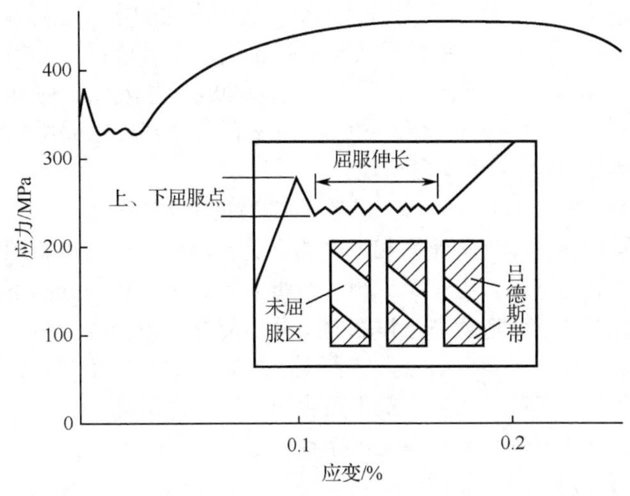

图 7-28　低碳钢退火态的工程应力-应变曲线及屈服现象

Cottrell 这一理论最初被人们广为接受。但后来发现，无位错的铜晶须，低位错密度的共价键晶体 Si、Ge，以及离子晶体 LiF 等也都有不连续屈服现象，这又如何解释？因此，需要从位错运动本身的规律来加以说明，这就发展了更一般的位错增殖理论。

从位错理论中得知，材料塑性变形的应变速度 $\dot{\varepsilon}_p$ 与晶体中可动位错的密度 ρ_m、位错运动的平均速度 υ 及位错的伯氏矢量 $\boldsymbol{b}$ 成正比

$$\dot{\varepsilon}_p \propto \rho_m \cdot \upsilon \cdot \boldsymbol{b} \tag{7-21}$$

位错的平均运动速度 υ 又与应力密切相关，

$$\upsilon = \left(\frac{\tau}{\tau_0}\right)^{m'} \tag{7-22}$$

式中，τ_0 为位错作单位速度运动所需的应力；τ 为位错受到的有效切应力；m' 为应力敏感指数，与材料有关。

在拉伸试验中，$\dot{\varepsilon}_p$ 由试验机夹头的运动速度决定，接近恒值。在塑性变形开始之前，晶体中的位错密度很低，或虽有大量位错被钉扎住，可动位错密度 ρ_m 较低，此时要维持一定的 $\dot{\varepsilon}_p$ 值，势必使 υ 增大，而要使 υ 增大就需要提高 τ，这就是上屈服点应力较高的原因。然而，一旦塑性变形开始后，位错迅速增殖，ρ_m 迅速增大，此时 $\dot{\varepsilon}_p$ 仍维持一定值，故 ρ_m 的突然增大必然导致 υ 的突然下降，于是所需的应力 τ 也突然下降，产生了屈服降落，这也就是下屈服点应力较低的原因。

两种理论并不是互相排斥而是互相补充的。两者结合起来可更好地解释低碳钢的屈服现象。单纯的位错增殖理论，其前提是原晶体材料中的可动位错密度很低。低碳钢中的原始位错密度 ρ 为 10^8cm^{-2}，但 ρ_m 只有 10^3cm^{-2}，低碳钢之所以可动位错如此之低，正是因为碳原子强烈钉扎位错，形成了 Cottrell 气团。

与低碳钢屈服现象相关联的还有一种应变时效行为，退火状态的低碳钢不同拉伸方式的应力-应变曲线如图 7-29 所示。当退火状态的低碳钢试样拉伸到超过屈服点发生少量塑性变形后（曲

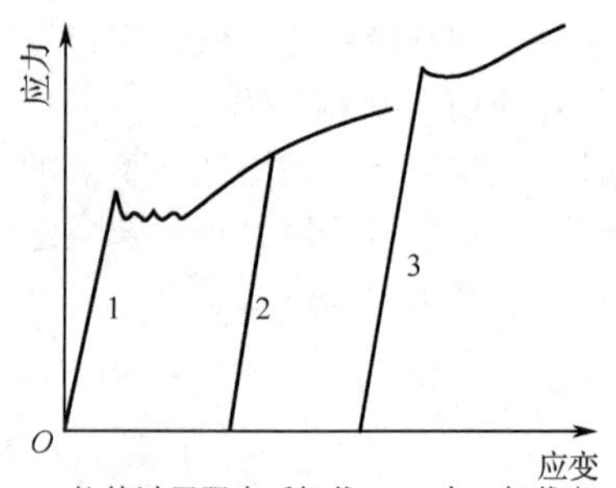

1—拉伸过屈服点后卸载；2—在 1 卸载完成后立即拉伸；3—预变形再时效后拉伸

图 7-29　退火状态的低碳钢不同拉伸方式的应力-应变曲线

线 1）卸载，然后立即重新加载拉伸，则可见其拉伸曲线不再出现屈服点（曲线 2），此时试样不会发生屈服现象。如果不采取上述方案，而是将预变形试样在常温下放置几天或经 200℃左右短时加热后再行拉伸，则屈服现象又复出现，且屈服应力进一步提高（曲线 3），此现象通常称为应变时效。

同样，Cottrell 气团理论能很好地解释低碳钢的应变时效。当卸载后立即重新加载，由于位错已经挣脱出气团的钉扎，故不出现屈服点；如果卸载后放置较长时间或经时效，则溶质原子已经通过扩散而重新聚集到位错周围形成了气团，故屈服现象又复出现。

7.2.3.2　多相合金的塑性变形

工程上使用的金属材料基本上都是两相或多相合金。多相合金与单相固溶体合金的不同之处是除基体相外，尚有其他相存在。由于第二相的数量、尺寸、形状和分布不同，它与基体相的结合状况不一，以及第二相的形变特征与基体相的差异，使得多相合金的塑性变形更加复杂。

根据第二相粒子的尺寸大小可将合金分成两大类：若第二相粒子与基体晶粒尺寸属同一数量级，称为聚合型两相合金；若第二相粒子细小而弥散地分布在基体晶粒中，则称为弥散分布型两相合金。这两类合金的塑性变形情况和强化规律有所不同。

1. 聚合型两相合金的塑性变形

当组成合金的两相晶粒尺寸属同一数量级，并且都为塑性相时，则合金的变形能力取决于两相的体积分数。作为一级近似，可以分别假设合金变形时两相的应变相同和应力相同。于是，合金在一定应变下的平均流变应力 $\bar{\sigma}$ 和一定应力下的平均应变 $\bar{\varepsilon}$ 可由混合律表达，即

$$\bar{\sigma} = \varphi_1\sigma_1 + \varphi_2\sigma_2 \tag{7-23}$$

$$\bar{\varepsilon} = \varphi_1\varepsilon_1 + \varphi_2\varepsilon_2 \tag{7-24}$$

式中，φ_1 和 φ_2 分别为两相的体积分数($\varphi_1 + \varphi_2 = 1$)；$\sigma_1$ 和 σ_2 分别为一定应变时的两相流变应力；ε_1 和 ε_2 分别为一定应力时的两相应变。

图 7-30 所示为聚合型两相合金等应变与等应力情况下的应力-应变曲线。

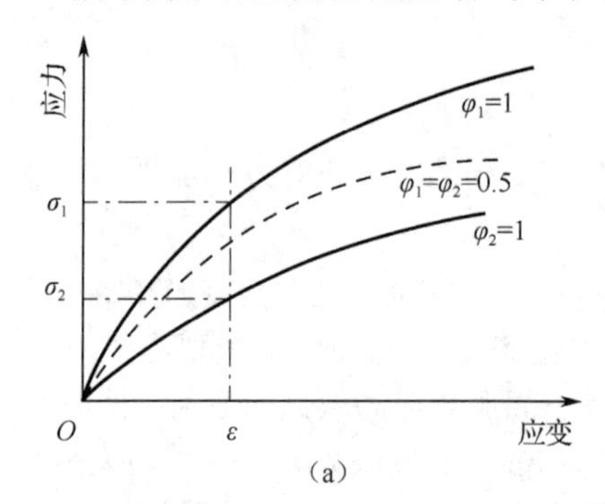

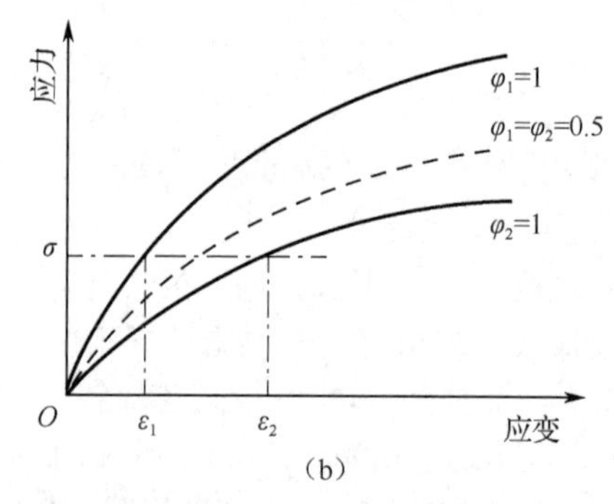

图 7-30　聚合型两相合金等应变与等应力情况下的应力-应变曲线

鉴于不论是应力还是应变都不可能在两相之间是均匀的，所以上述混合律只能作为第二相体积分数影响的定性估算。实验证明，这类合金在发生塑性变形时，滑移往往首先发生在较弱的相中，如果较强相数量较少，则塑性变形基本上是在较弱的相中；只有当第二相为较强相，且体积分数 φ 大于 30%时，才能起明显的强化作用。

如果聚合型两相合金两相中一个是塑性相，而另一个是脆性相，则合金在塑性变形过程中所

表现的性能，不仅取决于第二相的相对数量，而且与其形状、大小和分布密切相关。

以碳钢中的渗碳体（Fe_3C，硬而脆）在铁素体（α-Fe 为基的固溶体）基体中存在的情况为例，表 7-4 所示为渗碳体的形态与大小对碳钢力学性能的影响。

表 7-4　渗碳体的形态与大小对碳钢力学性能的影响

参　数	工业纯铁	共析钢[ω(C) 0.8%]					ω(C) 1.2%
		片状珠光体（片间距约 630nm）	索氏体（片间距约 250nm）	屈氏体（片间距约 100nm）	球状珠光体	淬火+350℃回火	网状渗碳体
σ_b /MPa	275	780	1 060	1 310	580	1 760	700
δ /%	47	15	16	14	29	3.8	4

2. 弥散分布型两相合金的塑性变形

当第二相以细小弥散的微粒均匀分布于基体相中时，将会产生显著的强化作用。第二相粒子的强化作用是通过其对位错运动的阻碍作用而表现出来的。通常可将第二相粒子分为“不可变形的”和“可变形的”两类。这两类粒子与位错交互作用的方式不同，其强化的途径也就不同。一般来说，弥散分布型两相合金中的第二相粒子（借助粉末冶金方法加入的）属于不可变形的，而沉淀相粒子（通过时效处理从过饱和固溶体中析出）多属可变形的。但当沉淀粒子在时效过程中长大到一定程度后，也能起着不可变形粒子的作用。

1）不可变形粒子的强化作用

不可变形粒子对位错的阻碍作用如图 7-31 所示。当运动位错与其相遇时，将受到粒子的阻挡，使位错线绕着它发生弯曲。随着外加应力增大，位错线受阻部分的弯曲加剧，以致围绕着粒子的位错线在左右两边相遇，于是正负位错彼此抵消，形成包围着粒子的位错环，而位错线的其余部分则越过粒子继续移动。显然，位错按这种方式移动时受到的阻力是很大的，而且每个留下的位错环要作用于位错源一反向应力，故继续变形时必须增大应力以克服此反向应力，使流变应力迅速提高。

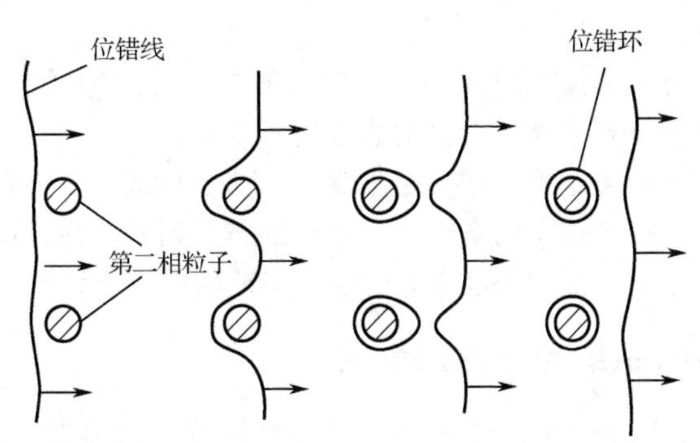

图 7-31　不可变形粒子对位错的阻碍作用

根据位错理论，迫使位错线弯曲到曲率半径为 R 时所需的切应力为

$$\tau = \frac{G\boldsymbol{b}}{2R} \tag{7-25}$$

此时由于 $R = \lambda/2$，所以位错线弯曲到该状态所需的切应力为

$$\tau = \frac{G\boldsymbol{b}}{\lambda} \tag{7-26}$$

式中，λ 为粒子间距；$\boldsymbol{b}$ 为位错柏氏矢量。

切应力 τ 是一临界值，只有外加应力大于此值时，位错线才能绕过去。由式（7-26）可见，不可变形粒子的强化作用与粒子间距成反比，即粒子越多，粒子间距越小，强化作用越明显。因此，减小粒子尺寸（在同样的体积分数时，粒子越小，则粒子间距也越小）或提高粒子的体积分数都会导致合金强度提高。

上述位错绕过障碍物的机制是由奥罗万（E.Orowan）首先提出的，故通常称为奥罗万机制，它已被实验所证实。

2）可变形微粒的强化作用

当第二相粒子为可变形微粒时，位错将切过粒子使之随基体一起变形。位错切割可变形微粒的机制如图 7-32 所示。

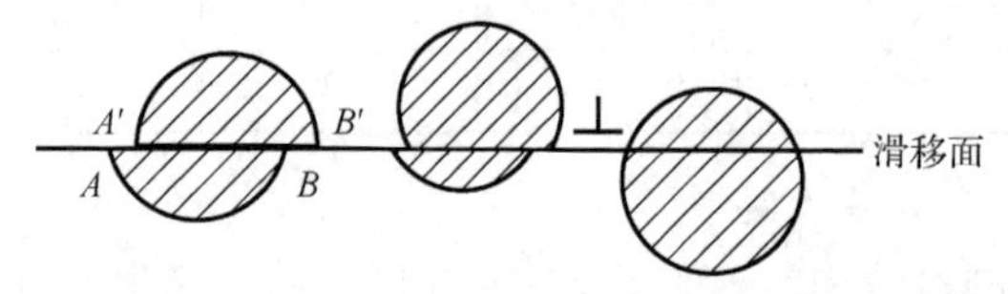

图 7-32 位错切割可变形微粒的机制

在这种情况下，强化作用主要取决于粒子本身的性质，以及其与基体的联系，其强化机制甚为复杂，且因合金而异，主要作用如下：

（1）位错切过粒子时，粒子产生宽度为 b 的表面台阶，由于出现了新的表面积，使总的界面能升高。

（2）当粒子是有序结构时，则位错切过粒子时会打乱滑移面上下的有序排列，产生反相畴界，引起能量升高。

（3）由于第二相粒子与基体的晶体点阵不同或至少是点阵常数不同，故当位错切过粒子时必然在其滑移面上造成原子的错排，需要额外做功，给位错运动带来困难。

（4）由于粒子与基体的比体积差别，而且沉淀粒子与母相之间保持共格或半共格结合，故在粒子周围产生弹性应力场，此应力场与位错会产生交互作用，对位错运动有阻碍。

（5）由于基体与粒子中的滑移面取向不一致，则位错切过后会产生一割阶，割阶的存在会阻碍整个位错线的运动。

（6）由于粒子的层错能与基体不同，当扩展位错通过后，其宽度会发生变化，引起能量升高。

以上这些强化因素的综合作用是使合金的强度得到提高。

总之，上述两种机制不仅可解释多相合金中第二相的强化效应，而且也可解释多相合金的塑性。然而不管哪种机制均受控于粒子的本性、尺寸和分布等因素，故合理地控制这些参数，可使沉淀强化型合金和弥散强化型合金的强度与塑性在一定范围内进行调整。

7.2.4 塑性变形对材料组织与性能的影响

塑性变形不但可以改变材料的外形和尺寸，而且能够使材料的内部组织和各种性能发生变化。

7.2.4.1 显微组织的变化

以经过冷轧加工后的工业纯铁为例，经塑性变形后，其显微组织发生明显改变。除了每个晶粒内部出现大量的滑移带或孪晶带，随着变形度的增加，原来的等轴晶粒将逐渐沿其变形方向伸长。工业纯铁不同程度塑性变形后的组织（×150）如图 7-33 所示。当变形量很大时，晶粒变得模糊不清，晶粒已难以分辨而呈现出一片如纤维状的条纹，这称为纤维组织。纤维的分布方向即材料流变伸展的方向。注意：冷变形金属的组织与所观察的试样截面位置有关，如果沿垂直变形方向截取试样，则截面的显微组织不能真实反映晶粒的变形情况。

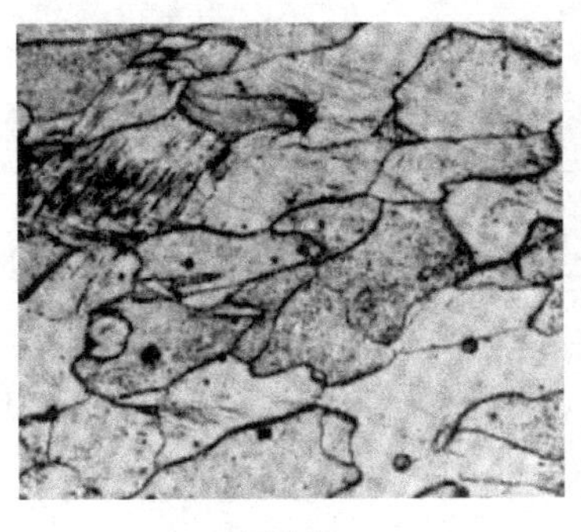
（a）压缩率30%

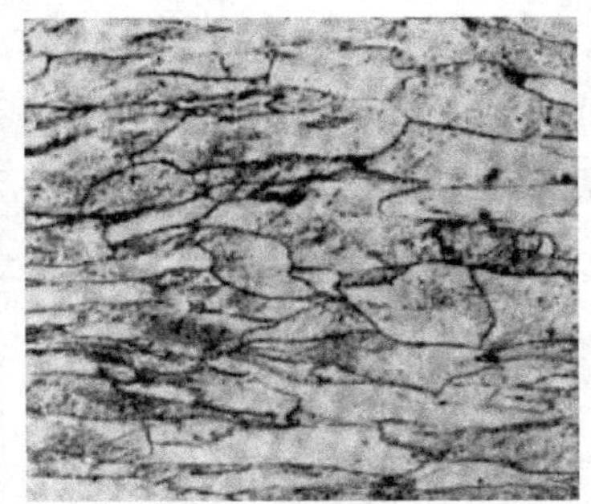
（b）压缩率50%

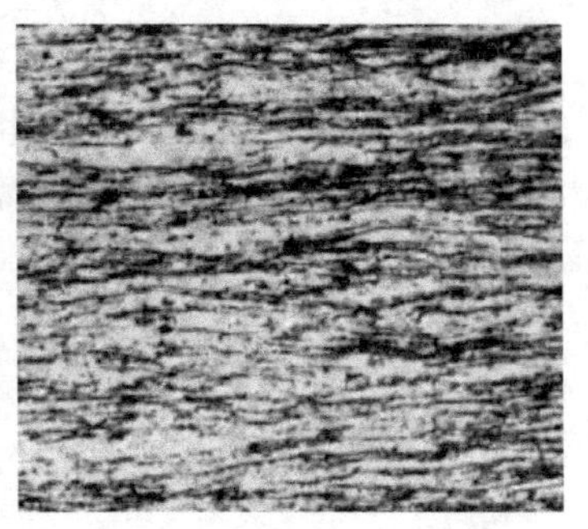
（c）压缩率90%

图 7-33　工业纯铁不同程度塑性变形后的组织（×150）

7.2.4.2　亚结构的变化

晶体的塑性变形是借助位错在应力作用下运动和不断增殖进行的。随着变形度的增大，晶体中的位错密度迅速提高，经严重冷变形后，位错密度可从原先退火态的 10^6～10^7cm^2 变为 10^{11}～10^{12}cm^2。

变形晶体中的位错组态及其分布等亚结构的变化主要可借助透射电子显微分析来了解。

经一定量的塑性变形后，晶体中的位错线通过运动与交互作用，开始呈现纷乱的不均匀分布，并形成位错缠结。进一步增加变形度时，大量位错发生聚集，并由缠结的位错组成胞状亚结构。其中，高密度的缠结位错主要集中于胞的周围，构成了胞壁，而胞内的位错密度甚低。此时，变形晶粒是由许多这种胞状亚结构组成的，各胞之间存在微小的位向差。随着变形度的增大，变形胞的数量增多、尺寸减小。如果经强烈冷轧或冷拉等，则出现纤维组织，其亚结构也将由大量细长状变形胞组成。

有研究指出，胞状亚结构的形成不仅与变形程度有关，而且还取决于材料类型。对于层错能较高的金属和合金（如铝、铁等），其扩展位错区较窄，可通过束集而发生交滑移，故在变形过程中经位错的增殖和交互作用，容易出现明显胞状结构（见图 7-34）；而层错能较低的金属材料（如不锈钢、α 黄铜），其扩展位错区较宽，使交滑移很困难，因此在这类材料中易观察到位错塞积群的存在。由于位错的移动性差，形变后大量的位错杂乱地排列于晶体中，构成较为均匀分布的复杂网络（见图 7-35），故这类材料即使在大量变形时，出现胞状亚结构的倾向性也较小。

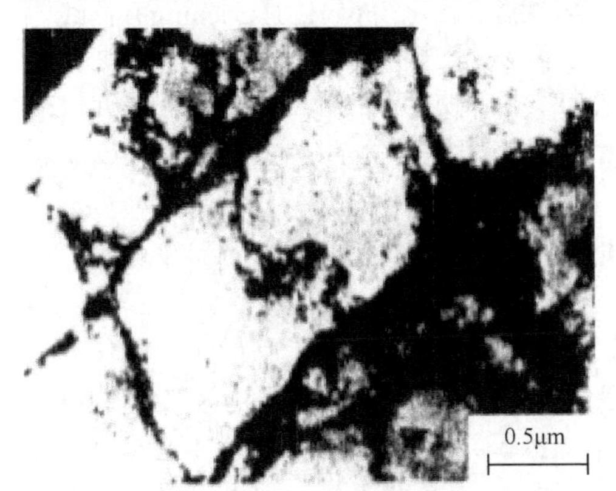

图 7-34　纯铁室温形变的胞状结构（20%应变）

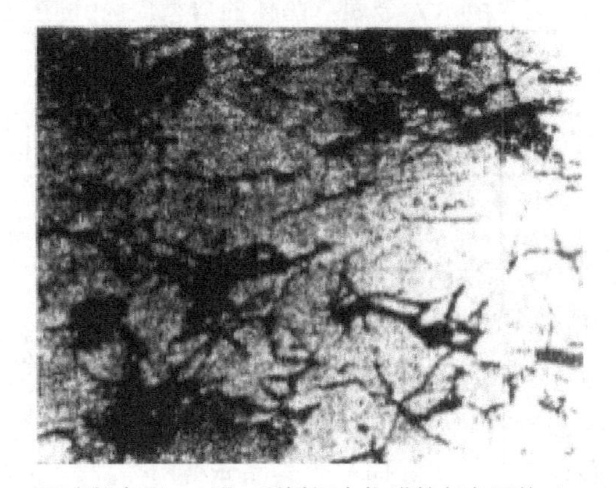

图 7-35　经冷轧变形 2%后，不锈钢中位错的复杂网络（TEM 像）

7.2.4.3　性能的变化

材料在塑性变形过程中，随着内部组织与结构的变化，其力学、物理和化学性能均发生明显的改变。

1. 冷加工硬化

图7-36所示为铜材经不同程度冷轧后的拉伸性能变化情况，表7-5是冷拉对低碳钢[ω(C) 0.16%]力学性能的影响。从上述两例可清楚地看到，金属材料经冷加工变形后，强度（硬度）显著提高，而塑性则很快下降，即产生了加工硬化现象。

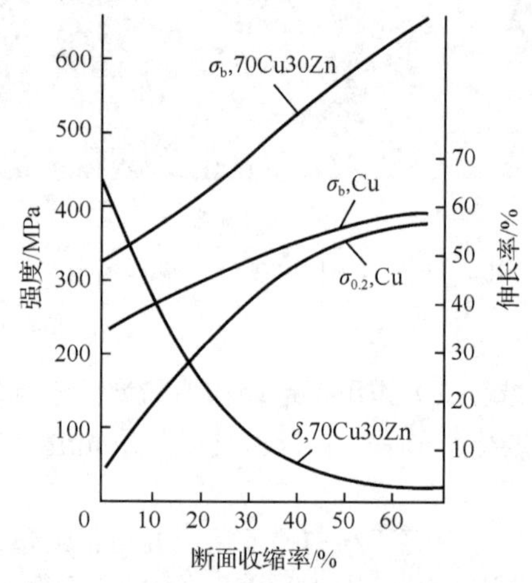

图7-36 铜材经不同程度冷轧后的拉伸性能变化情况

表7-5 冷拉对低碳钢[ω(C)0.16%]力学性能的影响

截面减缩率/%	屈服强度/MPa	抗拉强度/MPa	伸长率/%	断面收缩率/%
0	276	456	34	70
10	497	518	20	65
20	566	580	17	63
40	593	656	16	60
60	607	704	14	54
80	662	792	7	26

图7-37所示为金属单晶体的典型应力-应变曲线，也称加工硬化（Work Hardening）曲线。其塑性变形部分由三个阶段组成。

I阶段，易滑移阶段。当τ达到晶体的τ_c后，应力增加不多，便能产生相当大的变形。此段接近直线，其斜率为θ_I，其值较小，也就是说其加工硬化率低，一般θ_I约为$10^{-4}G$数量级（G为材料的切变模量）。

II阶段，线性硬化阶段。随着应变量增加，应力线性增长，此段也呈直线，且斜率较大，加工硬化十分显著，且θ_{II}约为$G/300$，近乎常数。

III阶段，抛物线型硬化阶段。随应变增加，应力上升缓慢，呈抛物线形，θ_{III}逐渐下降。

加工硬化是金属材料的一项重要特性，可被用作强化金属的途径。特别是那些不能通过热处理强化的材料（如纯金属），以及某些合金（如奥氏体不锈钢等），它们主要是借冷加工实现强化的。各种晶体的实际曲线随其晶体结构类型、晶体位向、杂质含量，以及试验温度等因素的不同而有所变化，但总的来说，其基本特征相同，只是各阶段的长短通过位错的运动、增殖和交互作用而受影响，甚至某一阶段可能就不再出现。图7-38所示为三种典型晶体结构金属单晶体的硬化曲线，其中面心立方晶体和体心立方晶体显示出典型的三阶段加工硬化情况，只有含有微量杂质原子的体心立方晶体因杂质原子与位错交互作用，将产生前面所述的屈服现象并使曲线有所变化，而密排六方金属单晶体的第 I 阶段通常很长，远远超过其他结构的晶体，以至于第Ⅱ阶段还未充分发展时试样就已经断裂了。

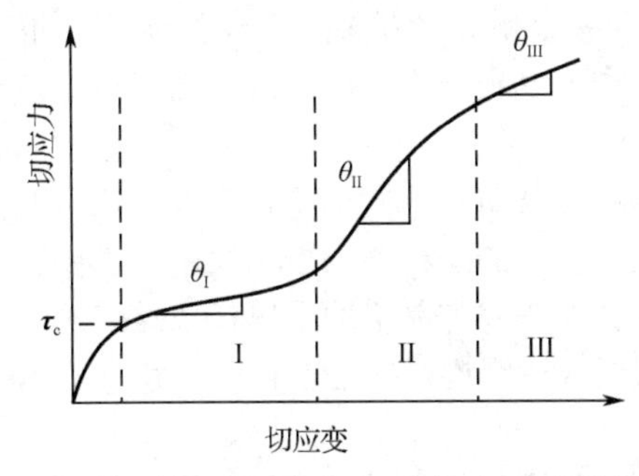

图 7-37　金属单晶体的典型应力-应变曲线

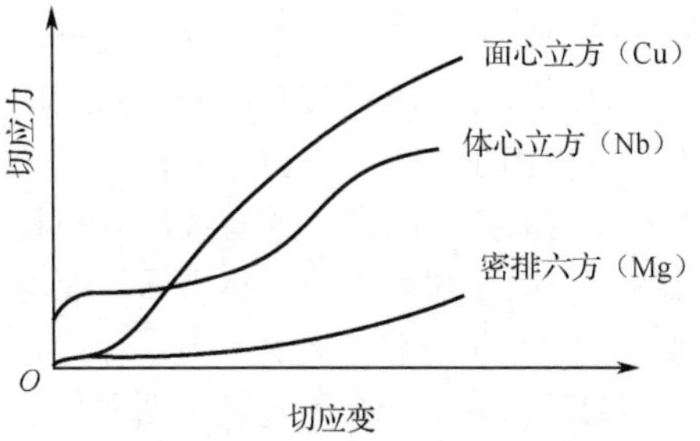

切应力
面心立方（Cu）
体心立方（Nb）
密排六方（Mg）
O
切应变

图 7-38　三种典型晶体结构金属单晶体的硬化曲线

多晶体的塑性变形由于晶界的阻碍作用和晶粒之间的协调配合要求，各晶粒不可能以单一滑移系动作，而必然有多组滑移系同时作用，因此多晶体的应力-应变曲线不会出现单晶曲线的第 I 阶段，而且其硬化曲线通常更陡，图 7-39 所示为单晶与多晶的应力-应变曲线的比较（室温），而且细晶粒多晶体在变形开始阶段尤为明显。

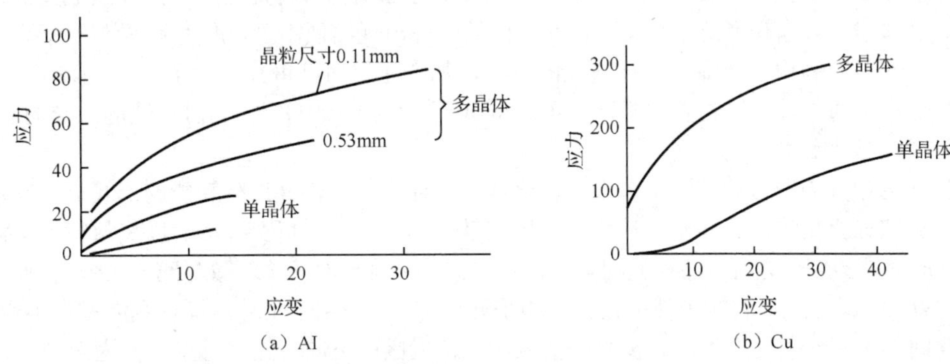

（a）Al　　（b）Cu

图 7-39　单晶与多晶的应力-应变曲线的比较（室温）

有关加工硬化的机制有学者曾提出不同的理论，然而最终导出的强化效果的表达式基本相同，即流变应力是位错密度的平方根的线性函数

$$\tau = \tau_0 + \alpha G\boldsymbol{b}\sqrt{\rho} \tag{7-27}$$

式中，τ 为加工硬化后所需要的切应力；τ_0 为无加工硬化时所需要的切应力；α 为与材料有关的常数，通常取 0.3～0.5；G 为切变模量；$\boldsymbol{b}$ 为位错的伯氏矢量；ρ 为位错密度。

式（7-27）已被许多实验证实。因此，塑性变形过程中位错密度的增加及其所产生的钉扎作用是导致加工硬化的决定性因素。

2. 其他性能的变化

经塑性变形后的金属材料，由于点阵畸变、空位和位错等结构缺陷增加，使其物理性能和化学性能也发生一定的变化。例如，塑性变形，通常可使金属的电阻率增高，增加的程度与形变量成正比，但增加的速度因材料而异，差别很大。例如，塑性变形后冷拔形变率为 82%的纯铜丝电阻率升高 2%，同样冷拔形变率的 H70 黄铜丝电阻率升高 20%，而冷拔形变率为 99%的钨丝电阻率升高为 50%。另外，塑性变形后，金属的电阻温度系数下降，磁导率下降，热导率也有所降低，铁磁材料的磁滞损耗及矫顽力增大。

由于塑性变形使得金属中的结构缺陷增多，自由焓升高，因而导致金属中的扩散过程加速，金属的化学活性增大，腐蚀速度也加快。

7.2.4.4 形变织构

在塑性变形中，随着形变程度的增加，各个晶粒的滑移面和滑移方向都要向主形变方向转动，逐渐使多晶体中原来取向互不相同的各个晶粒在空间取向上呈现一定程度的规律性，这一现象称为择优取向，这种组织状态则称为形变织构。

形变织构由于加工变形方式不同，可分为两种类型：拔丝时形成的织构称为丝织构，其主要特征为各晶粒的某一晶向大致与拔丝方向相平行；轧板时形成的织构称为板织构，其主要特征为各晶粒的某一晶面和晶向分别趋于同轧面与轧向相平行。面心立方晶格的金属在拔丝时大多数晶粒的取向是[111]晶向并与拔丝方向平行；而在轧制时则形成板织构，各晶粒的某一晶面（110）和某一晶向[112]都分别平行于轧制平面和轧制方向。

实际上，多晶体材料无论经过多么剧烈的塑性变形，也不可能使所有晶粒都完全转到织构的取向上去，其集中程度取决于加工变形的方法、变形量、变形温度，以及材料本身情况（金属类型、杂质、材料内原始取向等）等因素。

由于织构造成了各向异性，故它的存在对材料的加工成型性和使用性能都有很大的影响，尤其是织构不但出现在冷加工变形的材料中，而且即使材料进行了退火处理也仍然存在，故在工业生产中应予以高度重视。一般来说，不希望金属板材存在织构，特别是用于深冲压成型的板材，织构会造成其沿各方向变形的不均匀性，使工件的边缘出现高低不平，产生所谓的“制耳”。但在某些情况下，又有利用织构提高板材性能的例子，如变压器用硅钢片，由于α-Fe<100>方向最易磁化，故生产中通过适当控制轧制工艺，可获得具有（110）[001]织构和磁化性能优异的硅钢片。

7.2.4.5 残余应力

塑性变形中外力所做的功除了大部分转化成热，还有一小部分以畸变能的形式储存在形变材料内部。这部分能量叫作储存能，其大小因形变量、形变方式、形变温度，以及材料本身性质而异，占总形变功的百分之几。储存能的具体表现方式为宏观残余应力、微观残余应力及点阵畸变。残余应力是一种内应力，它在工件中处于自相平衡状态，其是由于工件内部各区域变形不均匀性，以及相互间的牵制作用而产生的。按照残余应力平衡范围的不同，通常可将其分为三种。

（1）第一类内应力，又称宏观残余应力。它是由工件不同部分的宏观变形不均匀性引起的，故其应力平衡范围包括整个工件。例如，将金属棒施以弯曲载荷，金属棒弯曲变形后的残余应力如图 7-40 所示，则上边受拉而伸长，下边受到压缩；变形超过弹性极限产生了塑性变形时，则外力去除后被伸长的一边就存在压应力，短边为张应力；又如，金属线材经拔丝加工，金属拔丝后的残余应力如图 7-41 所示，由于拔丝模壁的阻力作用，线材的外表面变形较心部小，故表面受拉应力，而心部受压应力。这类残余应力所对应的畸变能不大，仅占总储存能的 0.1%左右。

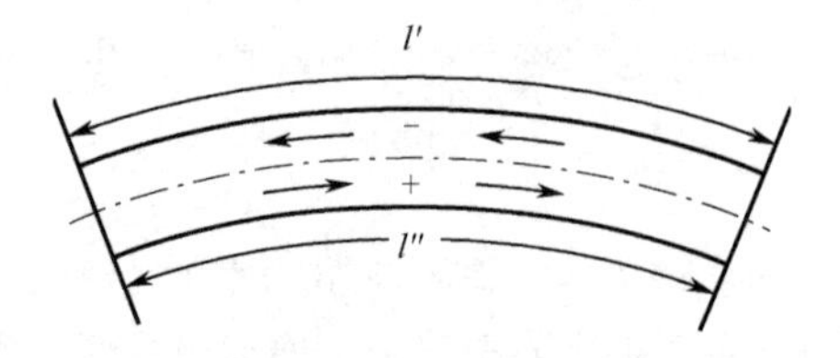

图 7-40 金属棒弯曲变形后的残余应力

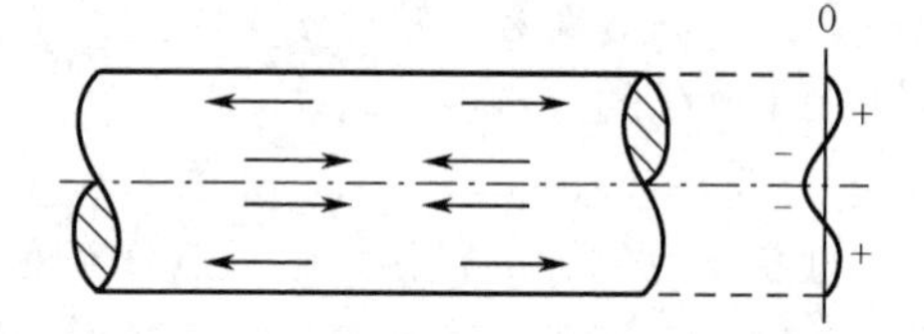

图 7-41 金属拔丝后的残余应力

（2）第二类内应力，又称微观残余应力。它是由晶粒或亚晶粒之间的变形不均匀性产生的。其作用范围与晶粒尺寸相当，即在晶粒或亚晶粒之间保持平衡。这种内应力有时可以是很大的数值，甚至可能造成显微裂纹并导致工件破坏。

（3）第三类内应力，又称点阵畸变。其作用范围是几十至几百纳米，它是由工件在塑性变形中形成的大量点阵缺陷(如空位、间隙原子、位错等)引起的。变形金属中储存能的绝大部分(80%~90%)用于形成点阵畸变。这部分能量提高了变形晶体的能量，使之处于热力学不稳定状态，故它有一种使变形金属重新恢复到自由焓最低的稳定结构状态的自发趋势，并导致塑性变形金属在加热时的回复及再结晶。

金属材料经塑性变形后的残余应力是不可避免的，它将对工件的变形、开裂和应力腐蚀产生影响和危害，故必须及时采取消除措施（如去应力退火处理）。但是，在某些特定条件下，残余应力的存在也是有利的。例如，承受交变载荷的零件，若用表面滚压和喷丸处理，使零件表面产生压应力的应变层，借以达到强化表面的目的，可使其疲劳寿命成倍提高。

7.3　回复和再结晶

金属和合金经塑性变形后，不仅内部组织结构与各项性能均发生相应的变化，而且由于空位、位错等结构缺陷密度的增加，以及畸变能的升高，将使其处于热力学不稳定的高自由能状态。因此，经塑性变形的材料具有自发恢复到变形前低自由能状态的趋势。当冷变形金属加热时会发生回复、再结晶和晶粒长大等过程。

7.3.1　冷变形金属在加热时的组织与性能变化

冷变形后材料经重新加热进行退火之后，其组织和性能会发生变化。观察在不同加热温度下变化的特点，可将退火过程分为回复、再结晶和晶粒长大三个阶段。回复是指新的无畸变晶粒出现之前所产生的亚结构和性能变化的阶段；再结晶是指出现无畸变的等轴新晶粒逐步取代变形晶粒的过程；晶粒长大是指再结晶结束之后晶粒的继续长大。

图 7-42 所示为冷变形金属退火时晶粒形状和大小的变化。由图 7-42 可见，在回复阶段，由于不发生大角度晶界的迁移，所以晶粒的形状和大小与变形态的晶粒相同，仍保持着纤维状或扁平状，从光学显微组织上几乎看不出变化。在再结晶阶段，首先是在畸变度大的区域产生新的无畸变晶粒的核心；然后逐渐消耗周围的变形基体而长大，直到形变组织完全改组为新的、无畸变的细等轴晶粒为止；最后在晶界表面能的驱动下，新晶粒互相吞食而长大，从而得到一个在该条件下较为稳定的尺寸，这称为晶粒长大阶段。

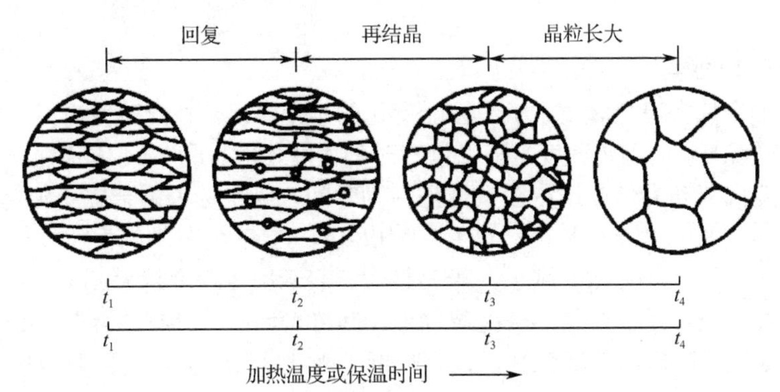

图 7-42　冷变形金属退火时晶粒形状和大小的变化

图 7-43 所示为冷变形金属在退火过程中某些性能、组织和能量的变化。

（1）强度与硬度：回复阶段的硬度变化很小，约占总变化的 1/5，而再结晶阶段则下降较大。可以推断，强度具有与硬度相似的变化规律。上述情况主要与金属中的位错机制有关，即回复阶段时，变形金属仍保持很高的位错密度，而发生再结晶后，则由于位错密度显著降低，故强度与硬度明显下降。

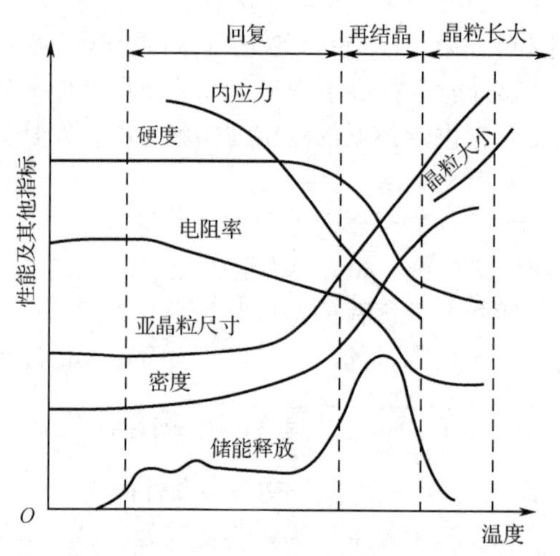

图 7-43 冷变形金属在退火过程中某些性能、组织和能量的变化

（2）电阻：变形金属的电阻在回复阶段已表现出明显的下降趋势。因为电阻率与晶体点阵中的点缺陷（如空位、间隙原子等）密切相关，所以点缺陷所引起的点阵畸变会使传导电子产生散射，提高电阻率。它的散射作用比位错所引起的散射作用更为强烈。因此，在回复阶段电阻率的明显下降就标志着在此阶段点缺陷浓度有明显减小。

（3）内应力：在回复阶段，大部分或全部的宏观内应力可以消除，而微观内应力则只有通过再结晶方可全部消除。

（4）亚晶粒尺寸：在回复的前期，亚晶粒尺寸变化不大，但在后期，尤其在接近再结晶时，亚晶粒尺寸就显著增大。

（5）密度：变形金属的密度在再结晶阶段发生急剧增高，显然密度除了与前期点缺陷数目减少有关，这与再结晶阶段中位错密度显著降低有关。

（6）储能释放：当冷变形金属加热到足以引起应力松弛的温度时，储能就被释放出来。在回复阶段，各材料释放的储能均较小，再结晶晶粒出现的温度对应储能释放曲线的高峰处。

7.3.2 回复

7.3.2.1 回复动力学

回复是冷变形金属在退火时发生组织性能变化的早期阶段，在此阶段内材料的物理或力学性能（如强度和电阻率等）的回复程度是随温度和时间而变化的。图 7-44 所示为同一变形程度的多晶体铁的屈服强度回复动力学曲线。图中横坐标为时间，纵坐标为剩余应变硬化分数（1−R），R 为屈服强度回复率，$R=(\sigma_m-\sigma_\tau)/(\sigma_m-\sigma_0)$，其中 σ_m、σ_τ 和 σ_0 分别代表变形后、回复后和完全退火后的屈服强度。显然，（1−R）越小，即 R 越大，表示回复程度越大。

回复动力学曲线表明，回复是一个弛豫过程。其特点为：①没有孕育期；②在一定温度下，初期的回复速度很大，随后即逐渐变慢，直到趋近于零；③每一温度的回复程度有一极限值，退火温度越高，这个极限值也越高，而达到此极限值所需的时间越短；④预变形量越大，起始的回复速度也越快，晶粒尺寸减小也有利于回复过程的加快。

这种回复特征通常可用一级反应方程来表达，即

$$\frac{dx}{dt}=-cx \tag{7-28}$$

式中，t 为恒温下的加热时间；x 为冷变形导致的性能增量经加热后的残留分数；c 为与材料和温度有关的比例常数。

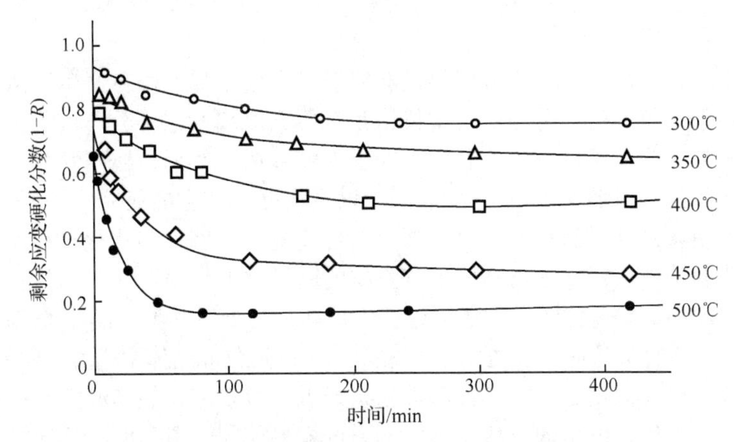

图 7-44　同一变形程度的多晶体铁的屈服强度回复动力学曲线

c 值与温度的关系具有典型的热激活过程的特点，可由著名的阿累尼乌斯（Arrhenius）方程来描述。

$$c = c_0 \exp\left(-\frac{Q}{RT}\right) \tag{7-29}$$

式中，Q 为激活能；R 为气体常数；T 为热力学温度；c_0 为比例常数。

将式（7-29）代入一级反应方程中并积分，以 x_0 表示开始时性能增量的残留分数，则得

$$\int_{x_0}^{x} \frac{\mathrm{d}x}{x} = -c_0 \exp\left(-\frac{Q}{RT}\right)\int_0^t \mathrm{d}t \tag{7-30}$$

$$\ln\frac{x_0}{x} = c_0 t \exp\left(-\frac{Q}{RT}\right) \tag{7-31}$$

在不同温度下，如以回复到相同程度做比较，此时式（7-31）的左边为一常数，两边取对数，可得

$$\ln t = A + \frac{Q}{RT} \tag{7-32}$$

式中，A 为常数。

作 $\ln t - 1/T$ 图，如为直线，则由直线斜率可求得回复过程的激活能。

实验研究表明，冷变形铁在回复时，其激活能因回复程度不同而有不同的激活能值。如在短时间回复时求得的激活能与空位迁移能相近，而在长时间回复时求得的激活能则与自扩散激活能相近。这说明对于冷变形铁的回复，不能用一种单一的回复机制来描述。

7.3.2.2　回复机制

回复阶段的加热温度不同，冷变形金属的回复机制各异。

1. 低温回复

低温时，回复主要与点缺陷的迁移有关。冷变形时产生了大量点缺陷、空位和间隙原子，而对于此类点缺陷，其运动所需的热激活较低，因而可在较低温度时进行。它们可迁移至晶界（或金属表面），并通过空位与位错的交互作用，空位与间隙原子的重新结合，以及空位聚合起来形成空位对、空位群和空位片崩塌成位错环而消失，从而使点缺陷密度明显下降，故对点缺陷很敏感的电阻率此时也明显下降。

2. 中温回复

加热温度稍高时，会发生位错运动和重新分布。回复的机制主要与位错的滑移有关：同一滑移面上异号位错可以相互吸引而抵消，位错偶极子的两条位错线相消等。

3. 高温回复

高温（约 $0.3T_m$）时，刃型位错可获得足够的能量产生攀移。攀移产生了两个重要的后果：①使滑移面上不规则的位错重新分布，刃型位错垂直排列成墙，这种分布可显著降低位错的弹性畸变能，因此可看到对应此温度范围，有较大的应变能释放；②使位错沿垂直于滑移面方向排列并形成了一定取向差的位错墙（小角度亚晶界），以及由此所产生的亚晶，即多边化结构。

显然，高温回复多边化过程的驱动力主要来自应变能的下降。多边化过程产生的条件：①塑性变形使晶体点阵发生弯曲；②在滑移面上有塞积的同号刃型位错；③须加热到较高的温度，使刃型位错能够产生攀移运动。位错在多边化过程中重新分布如图 7-45 所示，故形成了亚晶界。一般认为，在产生单滑移的单晶体中多边化过程最为典型；而在多晶体中，由于容易发生多系滑移，不同滑移系上的位错往往缠结在一起，会形成胞状组织，故多晶体的高温回复机制比单晶体更为复杂，但从本质上看也包含位错的滑移和攀移。通过攀移使同一滑移面上的异号位错相抵消，位错密度下降，位错重排成较稳定的组态，构成亚晶界，形成回复后的亚晶结构。

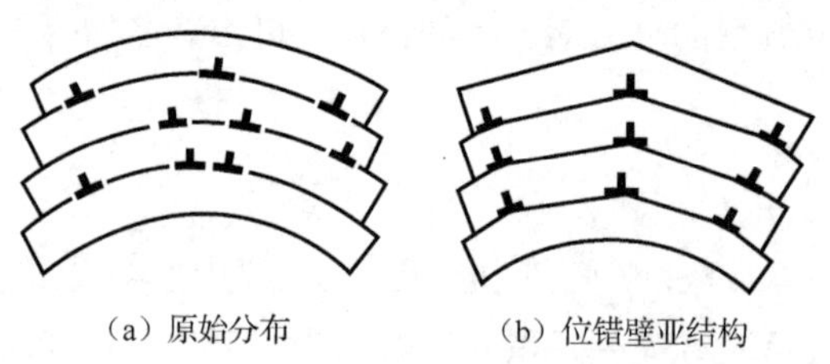

（a）原始分布　　（b）位错壁亚结构

图 7-45　位错在多边化过程中重新分布

从上述回复机制可以理解，回复过程中电阻率的明显下降，主要是由于过量空位的减少和位错应变能的降低；内应力的降低主要是由于晶体内弹性应变基本消除；硬度及强度下降不多则是由于位错密度下降不多，亚晶还较细小之故。

因此，回复退火主要是用作去应力退火，使冷加工的金属在基本上保持加工硬化状态的条件下降低其内应力，以避免变形并改善工件的耐蚀性。

7.3.3 再结晶

将冷变形后的金属加热到一定温度之后，在原变形组织中重新产生了无畸变的新晶粒，而性能也发生了明显的变化并回复到变形前的状况，这个过程称为再结晶。因此，与前述回复的变化不同，再结晶是一个显微组织重新改组的过程。

再结晶的驱动力是变形金属经回复后未被释放的储能（相当于变形总储能的 90%）。通过再结晶退火可以消除冷加工的影响，故在实际生产中起着重要作用。

7.3.3.1 再结晶过程

再结晶是一种形核和长大过程，即通过在变形组织的基体上产生新的无畸变再结晶晶核，并通过逐渐长大形成等轴晶粒，从而取代全部变形组织的过程。不过，再结晶的晶核不是新相，其晶体结构并未改变，这是与其他固态相变不同的地方。

形核再结晶时，晶核是如何产生的？透射电镜的观察表明，再结晶晶核是存在于局部高能量区域内的，一般以多边化形成的亚晶为基础形核。由此有学者提出了几种不同的再结晶形核机制。

（1）亚晶形核。此机制一般是在大的变形度下发生的。当变形度较大时，晶体中位错不断增殖，由位错缠结组成的胞状结构将在加热过程中发生胞壁平直化，并形成亚晶。借助亚晶作为再结晶的核心，其形核机制又可分为以下两种。

① 亚晶合并机制。在回复阶段形成的亚晶，其相邻亚晶边界上的位错网络通过解离、拆散，

以及位错的攀移与滑移，逐渐转移到周围其他亚晶界上，从而导致相邻亚晶边界消失和亚晶合并。合并后的亚晶由于尺寸增大，以及亚晶界上位错密度增加，使相邻亚晶的位向差相应增大，并逐渐转化为大角度晶界，它比小角度晶界具有大得多的迁移率，故可以迅速移动，清除其移动路程中存在的位错，以留下无畸变的晶体，从而构成再结晶核心。在变形度较大且具有高层错能的金属中，多以这种亚晶合并机制形核。

② 亚晶迁移机制。由于位错密度较高的亚晶界两侧亚晶的位向差较大，故在加热过程中容易发生迁移并逐渐变为大角度晶界，于是就可将它作为再结晶核心而长大。此机制常出现在变形度很大的低层错能金属中。

上述两机制都是依靠亚晶粒的粗化来发展为再结晶核心的。亚晶粒本身是在剧烈应变的基体中通过多边化形成的，几乎无位错的低能量地区，它通过消耗周围的高能量区长大成为再结晶的有效核心，因此随着变形度的增大，会产生更多的亚晶而有利于再结晶形核。这就可以解释再结晶后的晶粒为什么会随着变形度的增大而变细的问题。

（2）晶界弓出形核。对于变形度较小（一般小于 20%）的金属，其再结晶核心多以晶界弓出方式形成，即应变诱导晶界移动，因此其又称为凸出形核机制。

当变形度较小时，各晶粒之间将由于变形不均匀而引起位错密度不同。具有亚晶粒组织的晶粒间的凸出形核示意图如图 7-46 所示，在 A、B 两相邻晶粒中，若 B 晶粒因变形度较大而具有较高的位错密度，则经多边化后，其中所形成的亚晶尺寸也相对较为细小。于是，为了降低系统中的自由能，在一定温度条件下，晶界处 A 晶粒的某些亚晶将开始通过晶界弓出迁移而凸入 B 晶粒中，以吞食 B 晶粒中亚晶的方式，开始形成无畸变的再结晶晶核。再结晶时，晶界弓出形核的能量条件可根据如图 7-47 所示的晶界弓出形核模型推导。设弓出的晶界由位置Ⅰ移到位置Ⅱ时扫过的体积为 dV，其面积为 dA，单位体积总的自由能变化为 ΔG，令晶界的表面能为 γ，而冷变形晶粒中单位体积的储能为 E_s。假定晶界扫过地方的储能全部释放，则弓出的晶界由位置Ⅰ移到位置Ⅱ时的自由能变化是

$$\Delta G = -E_s + \gamma \frac{\mathrm{d}A}{\mathrm{d}V} \tag{7-33}$$

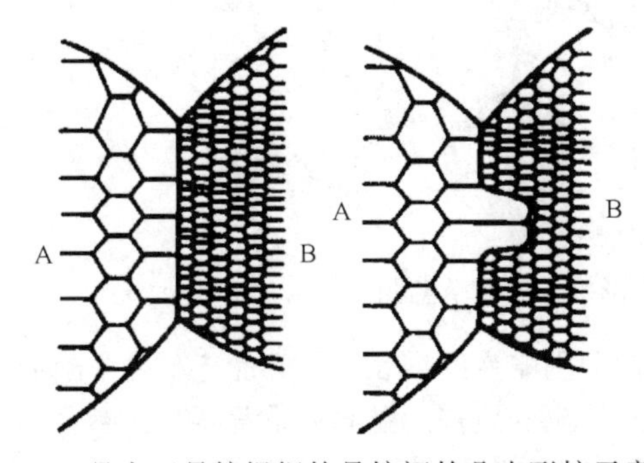

图 7-46　具有亚晶粒组织的晶粒间的凸出形核示意图

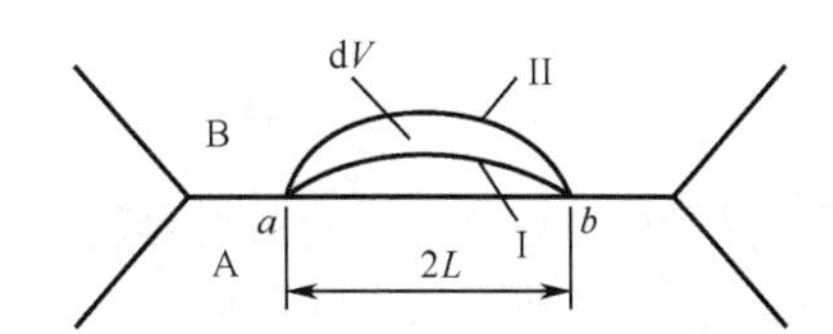

图 7-47　晶界弓出形核模型

对一个任意曲面，可以定义两个主曲率半径分别为 r_1 与 r_2，当这个曲面移动时，有

$$\frac{\mathrm{d}A}{\mathrm{d}V} = \frac{1}{r_1} + \frac{1}{r_2} \tag{7-34}$$

如果该曲面为一球面，$r = r_1 = r_2$，而

$$\frac{\mathrm{d}A}{\mathrm{d}V} = \frac{2}{r} \tag{7-35}$$

故，当弓出的晶界为一球面时，其自由能变化为

$$\Delta G = -E_s + \frac{2\gamma}{r} \tag{7-36}$$

显然，若晶界弓出段两端 a、b 固定，且 γ 值恒定，则开始阶段随 ab 弓出而弯曲，r 逐渐减小，ΔG 值增大，当 r 达到最小值（$r_{\min}=ab/2=L$）时，ΔG 将达到最大值。此后，若继续弓出，由于 r 的增大而使 ΔG 减小，于是晶界将自发向前推移。因此，一段长为 $2L$ 的晶界，其弓出形核的能量条件为 $\Delta G<0$，即

$$E_s \geqslant \frac{2\gamma}{L} \tag{7-37}$$

再结晶的形核在现成晶界凸起处进行并且该凸起晶界两端间的距离为 $2L$，而弓出距离大于 L。使弓出距离达到 L 所需的时间即再结晶的孕育期。图 7-48 所示为三种再结晶形核方式的示意图。

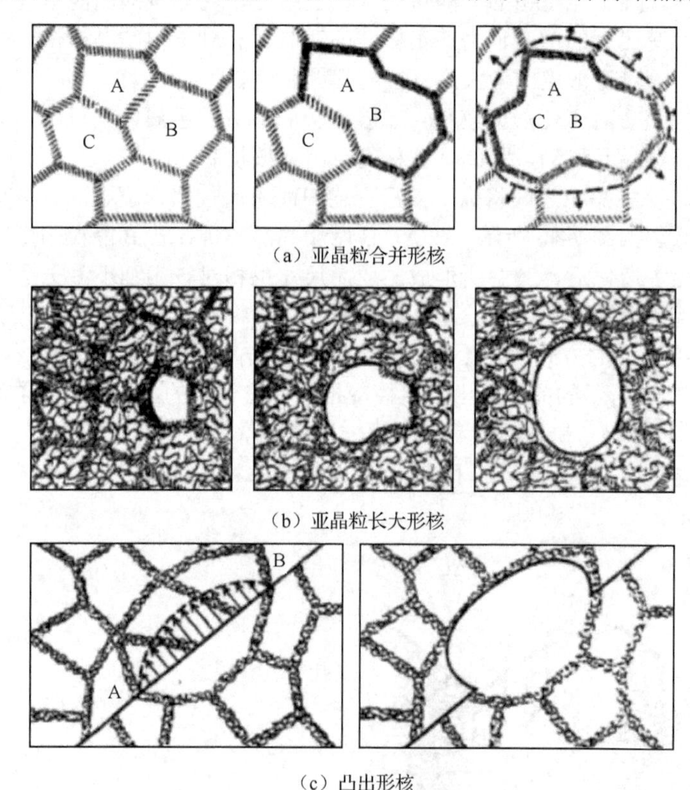

（a）亚晶粒合并形核

（b）亚晶粒长大形核

（c）凸出形核

图 7-48　三种再结晶形核方式的示意图

再结晶晶核形成之后，它就借界面的移动而向周围畸变区域长大。界面迁移的推动力是无畸变的新晶粒本身与周围畸变的母体（旧晶粒）之间的应变能差，晶界总是背离其曲率中心，向着畸变区域推进，直到全部形成无畸变的等轴晶粒为止，此时再结晶即告完成。

7.3.3.2　再结晶动力学

再结晶动力学取决于形核率 $\dot{N}$ 和长大速度 G 的大小。若以纵坐标表示已发生再结晶的体积分数，横坐标表示时间，则由试验得到的恒温动力学曲线具有如图 7-49 经 98%冷轧的纯铜在不同温度下的等温再结晶曲线所示的典型“S”曲线特征。该图为经 98%冷轧的纯铜在不同温度下的等温再结晶曲线，其表明再结晶过程有一孕育期，且再结晶开始时的速度很慢，随之逐渐加快，至再结晶的体积分数约为 50%时速度达到最大，最后又逐渐变慢，这与回复动力学有明显的区别。

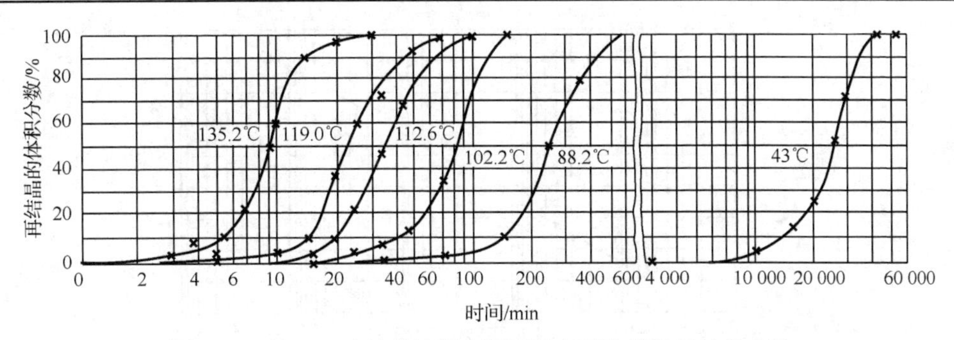

图 7-49　经 98%冷轧的纯铜在不同温度下的等温再结晶曲线

约翰逊和梅厄在假定均匀形核、晶核为球形，$\dot{N}$ 和 G 不随时间而改变的情况下，推导出在恒温下经过 t 时间后，已经再结晶的体积分数 φ_R 为

$$\varphi_R = 1 - \exp\left(-\frac{\pi \dot{N} G^3 t^4}{3}\right) \tag{7-38}$$

即约翰逊-梅厄方程，它适用于符合上述假定条件的任何相变（一些固态相变倾向于在晶界形核生长，不符合均匀形核条件，此方程就不能直接应用）。用它对 Al 的计算结果与实验符合。

但是，由于恒温再结晶时的形核率 $\dot{N}$ 是随时间的增加而呈指数关系衰减的，故通常采用阿弗拉密（Avrami）方程进行描述，即

$$\varphi_R = 1 - \exp(-Bt^K) \tag{7-39}$$

$$\lg\ln\frac{1}{1-\varphi_R} = \lg B + K\lg t \tag{7-40}$$

式中，B 和 K 均为常数，可通过实验确定（作 $\lg\ln\frac{1}{1-\varphi_R} - \lg t$ 图，直线的斜率即 K 值，直线的截距为 $\lg B$。

等温温度对再结晶速度 υ 的影响可用阿累尼乌斯公式表示，即

$$\upsilon = A\exp\left(-\frac{Q}{RT}\right) \tag{7-41}$$

而再结晶速度和产生某一体积分数 φ_R 所需的时间 t 成反比，故此

$$\frac{1}{t} = A'\exp\left(-\frac{Q}{RT}\right) \tag{7-42}$$

式中，A' 为常数；Q 为再结晶的激活能；R 为气体常数；T 为热力学温度。

对式（7-42）两边取对数，则得

$$\ln\frac{1}{t} = \ln A' - \frac{Q}{R}\cdot\frac{1}{T} \tag{7-43}$$

应用常用对数（$2.3\lg x=\ln x$），可得

$$\frac{1}{T} = \frac{2.3R}{Q}\lg A' + \frac{2.3R}{Q}\lg t \tag{7-44}$$

作 $(1/T)-\lg t$ 图，直线的斜率为 $2.3R/Q$。作图时常以 φ_R 为 50%作为比较标准。经 98%冷轧的纯铜在不同温度下等温再结晶时的 $(1/T)-\lg t$ 图如图 7-50 所示。照此方法求出的再结晶激活能是一定值，它与回复动力学中求出的激活能因回复程度而改变是有区别的。

和等温回复的情况相似，在两个不同的恒定温度产生同样程度的再结晶时，可得

$$\frac{t_1}{t_2} = \exp\left[-\frac{Q}{R}\left(\frac{1}{T_2} - \frac{1}{T_1}\right)\right] \tag{7-45}$$

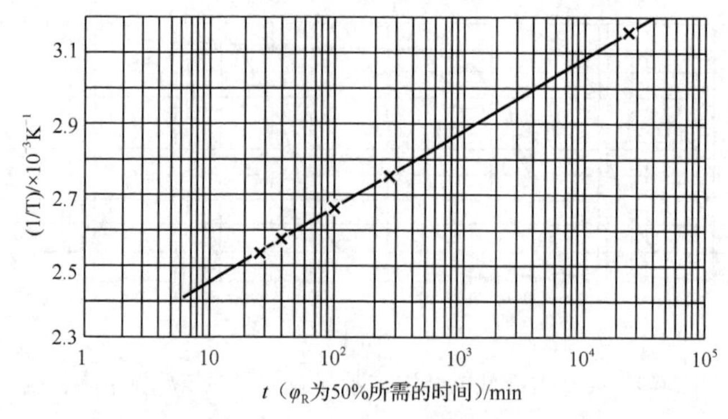

图 7-50 经 98%冷轧的纯铜在不同温度下等温再结晶时的 $(1/T)$ $-\lg t$ 图

这样，若已知某晶体的再结晶激活能及此晶体在某恒定温度完成再结晶所需的等温退火时间，就可计算出它在另一温度等温退火时完成再结晶所需的时间。例如，H70 黄铜的再结晶激活能为 251kJ/mol，它在 400℃的恒温下完成再结晶需要 1h，在 390℃的恒温下完成再结晶就需要 1.97h。

7.3.3.3 再结晶温度及其影响因素

由于再结晶可以在一定温度范围内进行，为了便于讨论和比较不同材料再结晶的难易程度，以及各种因素的影响，须对再结晶温度进行定义。

冷变形金属开始进行再结晶的最低温度称为再结晶温度，它可用金相法或硬度法测定，即将显微镜中出现第一颗新晶粒时的温度或硬度下降 50%所对应的温度定为再结晶温度。在工业生产中，则通常以具有大变形量（70%以上）的冷变形金属，经 1h 退火能完成再结晶（$\varphi_R \geqslant 95\%$）所对应的温度，为再结晶温度。

再结晶温度并不是一个物理常数，它不但随材料而改变，而且同一材料其冷变形程度、原始晶粒度等因素也影响着再结晶温度。

1. 变形程度的影响

随着冷变形程度的增加，储能也增多，再结晶的驱动力就增大，因此再结晶温度降低，同时等温退火时的再结晶速度也加快，铁和铝的开始再结晶温度与预先冷变形度的关系如图 7-51 所示。但当变形量增大到一定程度后，再结晶温度就基本上稳定不变了。对工业纯金属，经强烈冷变形后的最低再结晶温度 T_R(K)约等于其熔点 T_m(K)的 0.35～0.4 倍。表 7-6 所示为一些金属的再结晶温度。注意，在给定温度下发生再结晶需要一个最小变形量（临界变形度），低于此变形量，不发生再结晶。

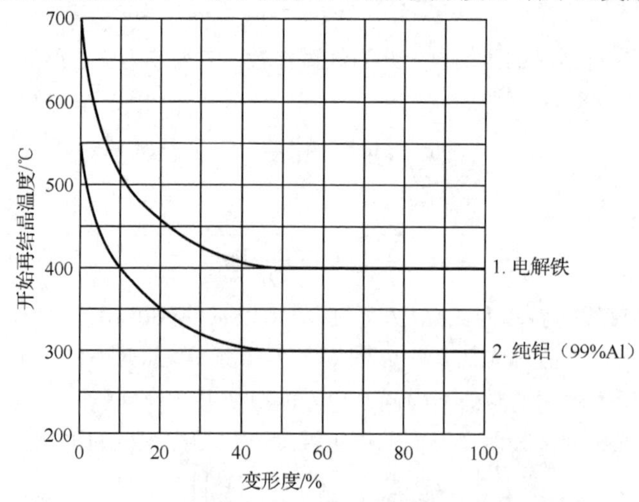

图 7-51 铁和铝的开始再结晶温度与预先冷变形度的关系

表 7-6　一些金属的再结晶温度（工业纯金属，经强烈冷变形，1h 退火后完全再结晶）

金　属	T_R/℃	熔点/℃	T_R/T_m	金　属	T_R/℃	熔点/℃	T_R/T_m
Sn	<15	232	—	Cu	200	1 083	0.35
Pb	<15	327	—	Fe	450	1 538	0.40
Zn	15	419	0.43	Ni	600	1 455	0.51
Al	150	660	0.45	Mo	900	2 625	0.41
Mg	150	650	0.46	W	1 200	3 410	0.40
Ag	200	960	0.39	—	—	—	—

2. 原始晶粒尺寸

在其他条件相同的情况下，金属的原始晶粒越细小，则变形的抗力越大，冷变形后储存的能量较高，再结晶温度则较低。此外，晶界往往是再结晶形核的有利地区，故细晶粒金属的再结晶形核率 $\dot{N}$ 和长大速度 G 均增加，所形成的新晶粒更细小，再结晶温度也将降低。

3. 微量溶质原子

微量溶质原子的存在能显著提高再结晶温度，其原因可能是溶质原子与位错及晶界间存在着交互作用，使溶质原子倾向于在位错及晶界处偏聚，对位错的滑移与攀移和晶界的迁移起着阻碍作用，从而不利于再结晶的形核和长大，阻碍了再结晶过程。

4. 第二相粒子

第二相粒子的存在既可促进基体金属的再结晶，又可阻碍再结晶，这主要取决于基体上分散相粒子的大小及其分布。当第二相粒子尺寸较大，间距较宽（一般大于 1μm）时，再结晶核心能在其表面产生。在钢中常可见到再结晶核心在夹杂物 MnO 或第二相粒状 Fe_3C 表面上产生；当第二相粒子尺寸很小且较密集时，则会阻碍再结晶的进行，在钢中常加入 Nb、V 或 Al，以形成 NbC、V_4C_3、AlN 等尺寸很小的化合物（<100nm），它们会抑制形核。

5. 再结晶退火工艺参数

加热速度、加热温度与保温时间等退火工艺参数，对变形金属的再结晶都有着不同程度的影响。若加热速度过于缓慢，变形金属在加热过程中有足够的时间进行回复，使点阵畸变度降低，储能减小，从而使再结晶的驱动力减小，再结晶温度上升。但是，极快速度的加热也会因在各温度下停留时间过短而来不及形核与长大，致使再结晶温度升高。当变形程度和退火保温时间一定时，退火温度越高，再结晶速度越快，产生一定体积分数的再结晶所需要的时间也越短，再结晶后的晶粒越粗大。在一定范围内延长保温时间会降低再结晶温度的情况。退火时间与再结晶温度的关系如图 7-52 所示。

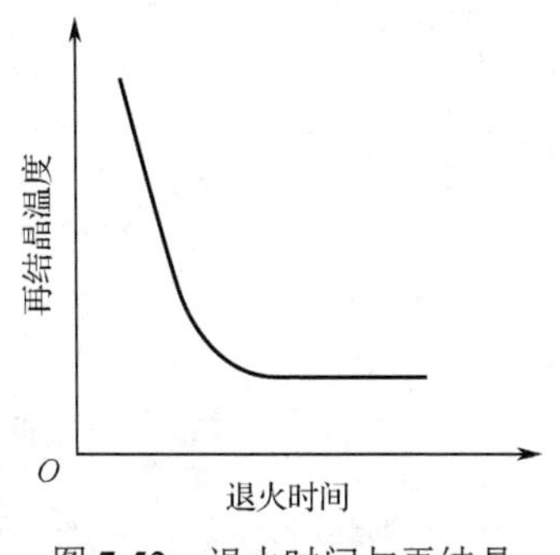

图 7-52　退火时间与再结晶温度的关系

7.3.3.4　再结晶后的晶粒大小

再结晶完成以后，位错密度较小的、新的无畸变晶粒取代了位错密度很高的冷变形晶粒。由于晶粒大小对材料性能将产生重要影响，因此调整再结晶退火参数、控制再结晶的晶粒尺寸，在生产中具有一定的实际意义。

利用约翰逊-梅厄方程，可以证明再结晶后晶粒尺寸 d 与 $\dot{N}$ 和长大速度 $\dot{G}$ 之间存在着下列关系

$$d = C\left(\frac{\dot{G}}{\dot{N}}\right)^{\frac{1}{4}} \tag{7-46}$$

式中，C 为常数。

因此，凡是影响 $\dot{N}$ 、$\dot{G}$ 的因素，均影响再结晶的晶粒大小。

1. 变形度的影响

变形度与再结晶晶粒尺寸的关系如图 7-53 所示。当变形程度很小时，晶粒尺寸即原始晶粒的尺寸，这是因为变形量过小，造成的储能不足以驱动再结晶，所以晶粒大小没有变化。当变形程度增大到一定数值后，此时的畸变能已足以引起再结晶，但由于变形度不大，$\dot{N}/\dot{G}$ 比值很小，因此得到特别粗大的晶粒。通常，把再结晶后得到特别粗大晶粒的变形度称为临界变形度，一般金属的临界变形度为 2%～10%。所以在生产实践中，细晶粒的金属材料应当避开这个变形度，以免降低工件的性能。当变形量大于临界变形度之后，驱动形核与长大的储能不断增大，而且形核率 $\dot{N}$ 增大较快，使 $\dot{N}/\dot{G}$ 变大，再结晶后晶粒细化，且变形度越大，晶粒越细化。

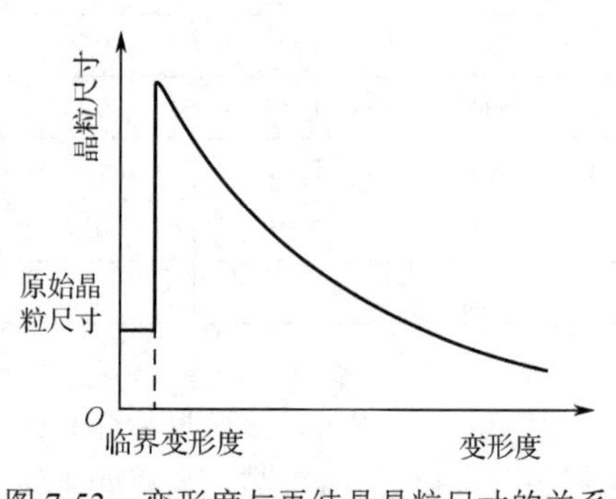

图 7-53　变形度与再结晶晶粒尺寸的关系

2. 退火温度的影响

退火温度对刚完成再结晶时晶粒尺寸的影响比较弱，这是因为它对 $\dot{N}/\dot{G}$ 比值影响微弱。但提高退火温度可使再结晶的速度显著加快，临界变形度的数值变小，图 7-54 所示的低碳钢 [$\omega(C)$ 0.06%]变形度及退火温度对再结晶后晶粒大小的影响就证明了这一点。若再结晶过程已完成，随后还有一个晶粒长大阶段。很明显，温度越高晶粒越粗。

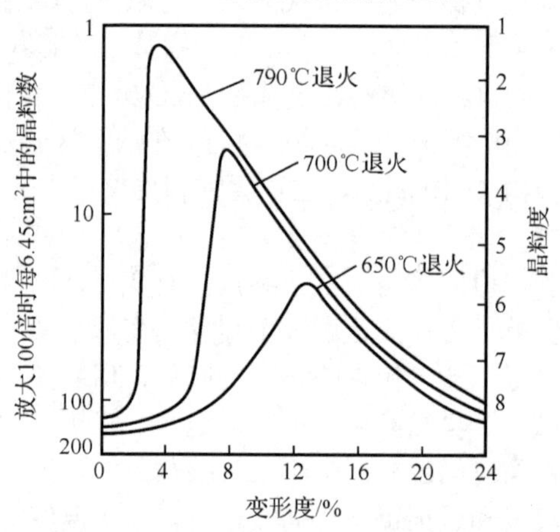

图 7-54　低碳钢[$\omega(C)$ 0.06%]变形度及退火温度对再结晶后晶粒大小的影响

如果将变形度、退火温度及再结晶后晶粒大小的关系，以及后面将要讨论的二次再结晶表示在一个立体图上，就形成了如图 7-55 所示的工业纯铝的再结晶全图，它对于控制冷变形后退火的金属材料的晶粒大小有很好的参考价值。

此外，原始晶粒大小、杂质含量，以及形变温度等对再结晶后的晶粒大小都有影响。

7.3.4　晶粒长大

再结晶结束后，材料通常得到细小的等轴晶粒，若继续提高加热温度或延长加热时间，则将引起晶粒进一步长大。

对晶粒长大而言，晶界移动的驱动力通常来自总的界面能降低。晶粒长大按其特点可分为两类：正常晶粒长大与异常晶粒长大（二次再结晶）。前者表现为大多数晶粒几乎同时逐渐均匀长大，而后者则为少数晶粒突发性的不均匀长大。

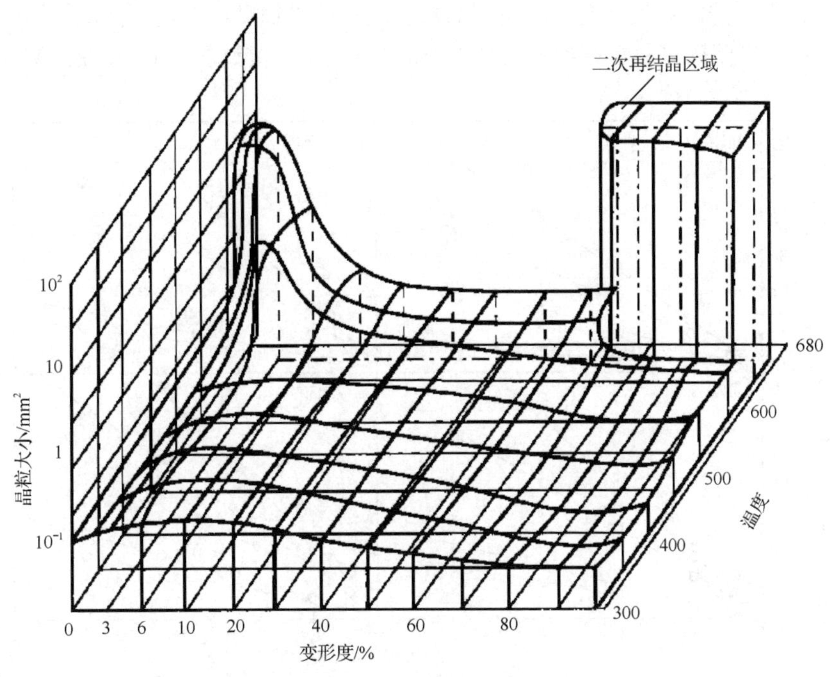

图 7-55　工业纯铝的再结晶图

7.3.4.1　晶粒的正常长大及其影响因素

再结晶完成后，晶粒长大为一个自发的过程。从整个系统而言，晶粒长大的驱动力是降低其总界面能。若就个别晶粒长大的微观过程来说，晶粒界面的不同曲率是造成晶界迁移的直接原因。实际上晶粒长大时，晶界总是向着曲率中心的方向移动，并不断平直化。因此，晶粒长大过程就是“大吞并小”和凹面变平的过程。在二维坐标中，晶界平直且夹角为 120° 的六边形是二维晶粒的最终稳定形状。

正常晶粒长大时，晶界的平均移动速度 $\bar{\upsilon}$ 由式（7-47）决定

$$\bar{\upsilon}=\bar{m}\cdot\bar{p}=\bar{m}\cdot\frac{2\gamma_{\mathrm{b}}}{R}\approx\frac{\mathrm{d}\bar{D}}{\mathrm{d}t} \tag{7-47}$$

式中，$\bar{m}$ 为晶界的平均迁移率；$\bar{p}$ 为晶界的平均驱动力；R 为晶界的平均曲率半径；γ_{b} 为单位面积的晶界能；$\frac{\mathrm{d}\bar{D}}{\mathrm{d}t}$ 为晶粒平均直径的增大速度。

对于近似于均匀的晶粒组织而言，$R\approx D/2$，而 $\bar{m}$ 和 γ_{b} 在一定温度下均可看作常数。因此式（7-47）可写成

$$K\frac{1}{D}=\frac{\mathrm{d}\bar{D}}{\mathrm{d}t} \tag{7-48}$$

分离变量并积分，可得

$$\bar{D}_t^2-\bar{D}_0^2=K't \tag{7-49}$$

式中，$\bar{D}_0$ 为恒定温度情况下的起始平均晶粒直径；$\bar{D}_t$ 为 t 时间时的平均晶粒直径；K' 为常数。

若 $\bar{D}_t\gg\bar{D}_0$，则式（7-48）中的 $\bar{D}_0^2$ 项可略去不计，则近似有

$$\bar{D}_t^2=K't \text{ 或 } \bar{D}_t=Ct^{\frac{1}{2}} \tag{7-50}$$

式中，$C=\sqrt{K'}$ 。

这表明在恒温下发生正常晶粒长大时，平均晶粒直径随保温时间的平方根而增大。图 7-56 所示的 α 黄铜在恒温下的晶粒长大曲线就表明晶粒长大时的平均晶粒直径与保温时间的平方根成正比。但当金属中存在阻碍晶界迁移的因素（如杂质）时，t 的指数项常小于 1/2，所以一般可表示为 $\bar{D}_t = Ct^n$ 。

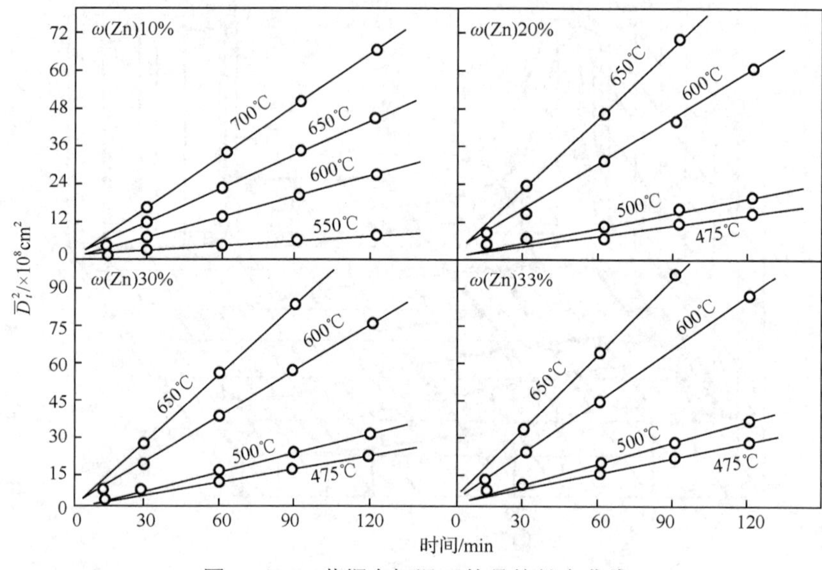

图 7-56　α 黄铜在恒温下的晶粒长大曲线

由于晶粒长大是通过大角度晶界的迁移来进行的，所以所有影响晶界迁移的因素均对晶粒长大有影响。

1. 温度

由图 7-56 可看出，温度越高，晶粒的长大速度也越快。这是因为晶界的平均迁移率 $\bar{m}$ 与 $\exp[-Q_m/(RT)]$ 成正比（Q_m 为晶界迁移的激活能或原子扩散通过晶界的激活能）。因此，将其代入式（7-47），恒温下的晶粒长大速度与温度存在如下关系

$$\frac{\mathrm{d}\bar{D}}{\mathrm{d}t} = K_1 \frac{1}{\bar{D}} \exp\left(-\frac{Q_m}{RT}\right) \tag{7-51}$$

式中，K_1 为常数。

将上式积分，则

$$\bar{D}_t^2 - \bar{D}_0^2 = K_2 \exp\left(-\frac{Q_m}{RT}\right) \cdot t \tag{7-52}$$

或者

$$\lg\left(\frac{\bar{D}_t^2 - \bar{D}_0^2}{t}\right) = \lg K_2 - \frac{Q_m}{2.3RT} \tag{7-53}$$

若将实验所测得的数据绘于 $\lg\left(\frac{\bar{D}_t^2 - \bar{D}_0^2}{t}\right) - 1/T$ 坐标中，应构成直线，直线的斜率为 $-\frac{Q_m}{2.3RT}$ 。图 7-57 所示为 H90 黄铜的晶粒长大速度 $\left(\frac{\bar{D}_t^2 - \bar{D}_0^2}{t}\right)$ 与 $1/T$ 的关系图，它呈线性关系，并由此线性关系可求得 H90 黄铜的晶界移动激活能 Q_m 为 73.6kJ/mol。

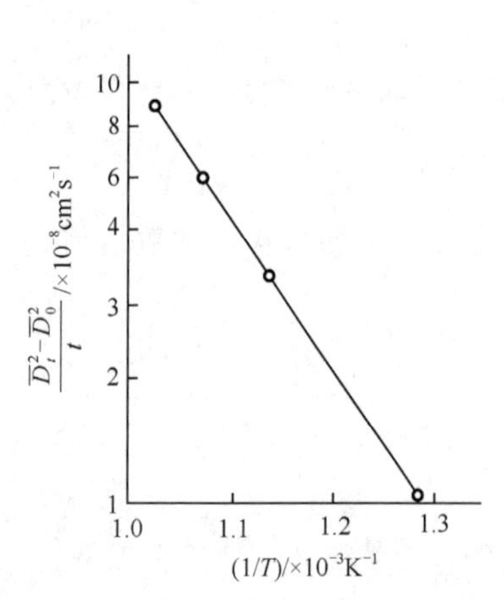

图 7-57　H90 黄铜的晶粒长大速度 $\left(\frac{\bar{D}_t^2 - \bar{D}_0^2}{t}\right)$ 与 $1/T$ 的关系图

2. 分散相粒子

当合金中存在第二相粒子时，由于分散颗粒对晶界的阻碍作用，从而使晶粒长大速度降低。为讨论方便，假设第二相粒子为球形，其半径为 r，单位面积的晶界能为γ_b，当第二相粒子与晶界的相对位置如图 7-58（a）所示时，其晶界面积减小 πr^2，晶界能则减小 $\pi r^2\gamma_b$，从而处于晶界能最小状态，此时粒子与晶界处于力学平衡的位置。当晶界右移至图 7-58（b）所示的位置时，不但因为晶界面积增大而增加了晶界能，而且在晶界表面张力的作用下，与粒子相接触处的晶界还会发生弯曲，以使晶界与粒子表面相垂直。若以θ表示与粒子接触处晶界表面张力的作用方向和晶界平衡位置间的夹角，则晶界右移至此位置时，晶界沿其移动方向对粒子所施的拉力 F 为

$$F = 2\pi r\cos\theta \cdot \gamma_b \sin\theta = \pi r\gamma_b \sin 2\theta \tag{7-54}$$

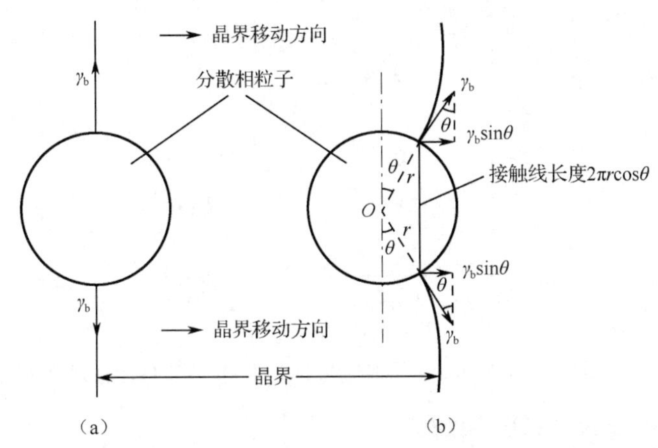

图 7-58　移动中的晶界与分散相粒子的交互作用示意图

根据牛顿第二定律，此力也等于在晶界移动的相反方向粒子对晶界移动所施的后拉力或约束力，当θ=45° 时，此约束力为最大，即

$$F_{max} = \pi r\gamma_b \tag{7-55}$$

实际上，由于合金基体均匀分布着许多第二相颗粒，因此晶界迁移能力及其所决定的晶粒长大速度，不但与分散相粒子的尺寸有关，而且与单位体积中第二相粒子的数量也有关联。通常，在第二相颗粒所占体积分数一定的条件下，颗粒越细，其数量越多，则晶界迁移所受到的阻力也越大，故晶粒长大速度随第二相颗粒的细化而减小。当晶界能所提供的晶界迁移驱动力正好与分散相粒子对晶界迁移所施加的阻力相等时，晶粒的正常长大即停止。此时的晶粒平均直径称为极限的晶粒平均直径 $\bar{D}_{lim}$。经分析与推导，可存在下列关系式

$$\bar{D}_{lim} = \frac{4r}{3\varphi} \tag{7-56}$$

式中，φ为单位体积合金中分散相粒子所占的体积分数。可见，当φ一定时，粒子的尺寸越小，极限平均晶粒尺寸也越小。

3. 晶粒间的位向差

实验表明，相邻晶粒间的位向差对晶界的迁移有很大影响。当晶界两侧的晶粒位向较为接近或具有孪晶位向时，晶界迁移速度很小。但若晶粒间具有大角晶界的位向差时，则由于晶界能和扩散系数相应增大，因而其晶界的迁移速度也随之加快。

4. 杂质与微量合金元素

图 7-59 所示为 300℃时微量 Sn 对区域提纯的高纯 Pb 的晶界迁移速度的影响。从图中可见，当 Sn 在纯 Pb 中ω(Sn)由小于 1×10^{-6} 增加到 60×10^{-6} 时，一般晶界的迁移速度降低约 4 个数量级。

通常认为，由于微量杂质原子与晶界的交互作用及其在晶界区域的吸附，就会形成一种阻碍晶界迁移的气团（如 Cottrell 气团对位错运动的钉扎），从而随着杂质含量的增加，显著降低晶界的迁移速度。但是，如图 7-59 中的虚线所示，微量杂质原子对某些具有特殊位向差的晶界迁移速度影响较小，这可能与该类晶界结构中的点阵重合性较高，从而不利于杂质原子的吸附有关。

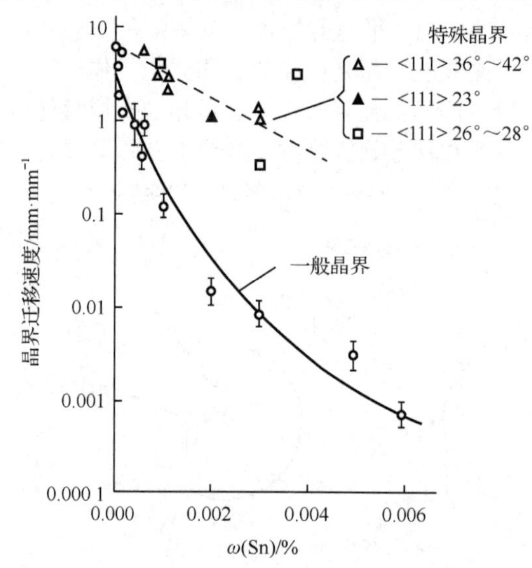

图 7-59　300℃时微量 Sn 对区域提纯的高纯 Pb 的晶界迁移速度的影响

7.3.4.2　异常晶粒长大（二次再结晶）

异常晶粒长大又称不连续晶粒长大或二次再结晶，是一种特殊的晶粒长大现象。

发生异常晶粒长大的基本条件是正常晶粒的长大过程被分散相微粒、织构或表面的热蚀沟等所强烈阻碍。当晶粒细小的一次再结晶组织被继续加热时，上述阻碍正常晶粒长大的因素一旦开始消除，少数特殊晶界将迅速迁移，这些晶粒一旦长到超过它周围的晶粒时，由于大晶粒的晶界总是凸向外侧的，因而晶界总是向外迁移而扩大，结果它就越长越大，直至互相接触为止，形成二次再结晶。因此，二次再结晶的驱动力来自界面能的降低，而不是来自应变能。它不是靠重新产生新的晶核，而是以一次再结晶后的某些特殊晶粒作为基础而长大的。图 7-60 所示为纯 Fe-3Si 合金和含 MnS 的 Fe-3Si 合金（冷轧到 0.35mm 厚，变形度 ε 为 50%）在不同温度退火 1h 的晶粒尺寸变化。从图 7-60 中可以清楚地看到二次再结晶（晶粒异常长大）的某些特征。

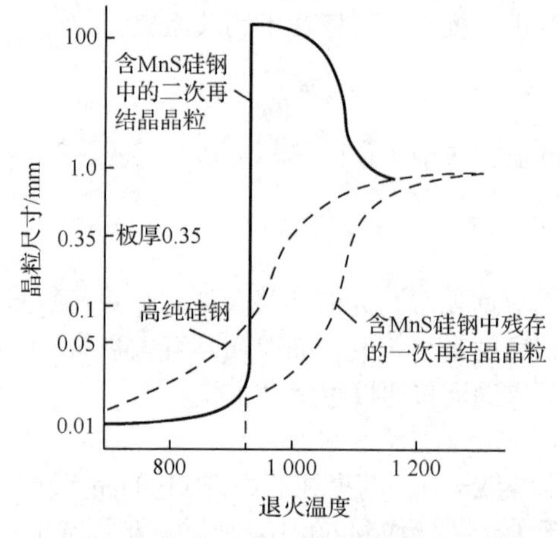

图 7-60　纯 Fe-3Si 合金和含 MnS 的 Fe-3Si 合金在不同温度退火 1h 的晶粒尺寸变化

7.3.5　再结晶退火后的组织

7.3.5.1　再结晶退火后的晶粒大小

从前面的讨论得知，再结晶退火后的晶粒大小主要取决于预先变形度和退火温度。通常，预先变形度越大，退火后的晶粒越细小，而退火温度越高，则晶粒越粗大。若将再结晶退火后的晶粒大小与冷变形量和退火温度间的关系绘制成三维图形，即构成静态再结晶图。

图 7-55 所示为工业纯铝的再结晶图。在图中可以发现在临界变形度下和二次再结晶阶段有两个粗大晶粒区。因此，尽管再结晶图不可能将所有影响晶粒尺寸的因素都反映出来，但对制定冷变形金属材料的退火工艺规范，控制其晶粒尺寸，有很好的参考价值。

7.3.5.2　再结晶织构

通常具有变形织构的金属经再结晶后的新晶粒若仍具有择优取向，称为再结晶织构。

再结晶织构与原变形织构之间可存在以下三种情况：①与原有的织构相一致；②原有织构消失而代之以新的织构；③原有织构消失不再形成新的织构。

关于再结晶织构的形成机制，有两种主要的理论：定向生长理论与定向形核理论。

定向生长理论认为：一次再结晶过程中形成了各种位向的晶核，但只有某些具有特殊位向的晶核才可能迅速向变形基体中长大，即形成再结晶织构。当基体存在变形织构时，其中大多数晶粒取向是相近的，晶粒不易长大，而某些与变形织构呈特殊位向关系的再结晶晶核，其晶界则具有很高的迁移速度，故发生择优生长，并通过逐渐吞食其周围变形基体达到互相接触，形成与原变形织构取向不同的再结晶织构。

定向形核理论认为：当变形量较大的金属组织存在变形织构时，由于各亚晶的位向相近，而使再结晶形核具有择优取向，并经长大形成与原有织构相一致的再结晶织构。

也有人提出了定向形核加择优生长的综合理论，并被认为更加符合实际。

7.3.5.3　退火孪晶

某些面心立方金属和合金，如铜及铜合金、镍及镍合金和奥氏体不锈钢等，冷变形后经再结晶退火，其晶粒中会出现如图 7-60 所示的退火孪晶。图 7-61（a）中的 A 为晶界交角处的退火孪晶，B 为贯穿晶粒的完整退火孪晶，C 为一端终止于晶内的不完整退火孪晶。它们是三种典型的退火孪晶形态。图 7-61（b）为纯铜的退火孪晶形貌图。孪晶带两侧互相平行的孪晶界属于共格的孪晶界，由（111）组成；孪晶带在晶粒内终止处的孪晶界，以及共格孪晶界的台阶处均属于非共格的孪晶界。

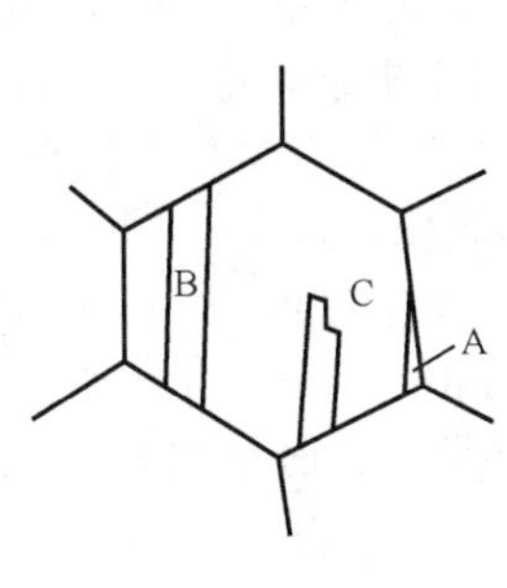

（a）示意图

（b）纯铜的退火孪晶形貌图

图 7-61　退火孪晶

在面心立方晶体中形成退火孪晶需在{111}面的堆垛次序中发生层错，即由正常堆垛顺序

ABCABC⋯改变为 $AB\bar{C}BACBACBA\bar{C}ABC$⋯，面心立方结构金属形成退火孪晶时（111）面的堆垛次序如图 7-62 所示，其中 $\bar{C}$ 和 $\bar{C}$ 两面为共格孪晶界面，其间的晶体则构成一退火孪晶带。

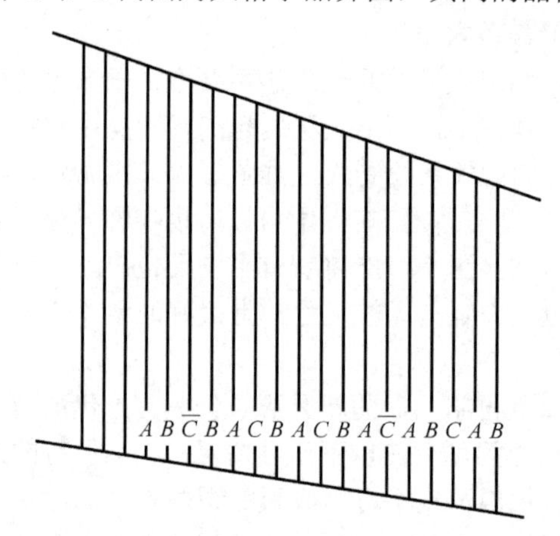

图 7-62 面心立方结构金属形成退火孪晶时（111）面的堆垛次序

关于退火孪晶的形成机制，一般认为退火孪晶是在晶粒生长过程中形成的。晶粒生长时晶界角处退火孪晶的形成及其长大如图 7-63 所示，当晶粒通过晶界移动而生长时，原子层在晶界角处（111）面上的堆垛顺序偶然错堆，就会出现一共格的孪晶界，并随之而在晶界角处形成退火孪晶，这种退火孪晶通过大角度晶界的移动而长大。在长大过程中，如果原子在（111）表面再次发生错堆而恢复原来的堆垛顺序，则又形成第二个共格孪晶界，构成了孪晶带。同样，形成退火孪晶必须满足能量条件，层错能低的晶体容易形成退火孪晶。

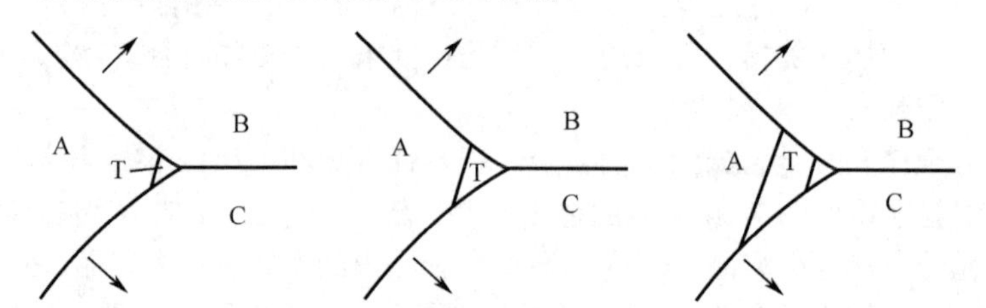

图 7-63 晶粒生长时晶界角处退火孪晶的形成及其长大

7.4 热变形与动态回复、再结晶

工程上常将再结晶温度以上的加工称为“热加工”，而把再结晶温度以下而又不加热的加工称为“冷加工”。至于“温加工”则介于两者之间，其变形温度低于再结晶温度，却高于室温。例如，Sn 的再结晶温度为-3℃，故在室温时对 Sn 进行加工系热加工，而 W 的最低再结晶温度为 1 200℃，在 1 000℃以下拉制钨丝则属于温加工。因此，再结晶温度是区分冷、热加工的分界线。

热加工时，由于变形温度高于再结晶温度，故在变形的同时伴随着回复、再结晶过程。为了与回复、再结晶加以区分，这里称之为动态回复和动态再结晶过程。因此，在热加工过程中，因形变而产生的加工硬化过程与动态回复、再结晶所引起的软化过程是同时存在的，热加工后金属的组织和性能就取决于它们之间相互抵消的程度。

7.4.1 动态回复与动态再结晶

热加工时的回复和再结晶过程比较复杂，按其特征可分为动态回复、动态再结晶、亚动态再结晶、静态回复、静态再结晶。其中，动态回复、动态再结晶是在热变形时，即在外力和温度共同作用下发生的；亚动态再结晶是在热加工完毕去除外力后，即在动态再结晶时，形成的再结晶核心及正在迁移的再结晶晶粒界面，不必再经过任何孕育期继续长大和迁移；静态回复、静态再结晶是在热加工完毕或中断后的冷却过程中，即在无外力作用下发生的。其中，静态回复和静态再结晶的变化规律与上一节讨论一致，唯一的不同之处是，它们利用热加工的余热来进行，而不需要重新加热，故在这里不再进行赘述，下面仅对动态回复和动态再结晶进行论述。

7.4.1.1　动态回复

通常高层错能金属（如 Al、α-Fe、Zr、Mo 和 W 等）的扩展位错很窄，螺型位错的交滑移和刃型位错的攀移均较易进行，这样就容易从结点和位错网中解脱出来而与异号位错相互抵消，因此亚组织中的位错密度较低，剩余的储能不足以引起动态再结晶，动态回复是这类金属热加工过程中起主导作用的软化机制。

1. 动态回复时的真应力-真应变曲线

图 7-64 所示为发生动态回复时的真应力-真应变曲线。动态回复可以分为三个不同的阶段。

I——微应变阶段，应力增大很快，并开始出现加工硬化，总应变<1%。

II——均匀应变阶段，斜率逐渐下降，材料开始均匀塑性变形，同时出现动态回复，加工硬化部分被动态回复所引起的软化所抵消。

III——稳态流变阶段，加工硬化与动态回复作用接近平衡，加工硬化率趋于零，出现应力不随应变而增高的稳定状态。稳态流变的应力受温度和应变速度影响很大。

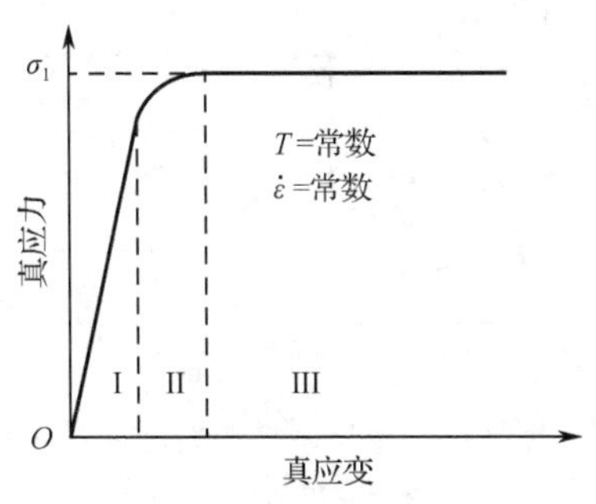

图 7-64　发生动态回复时的真应力-真应变曲线

2. 动态回复机制

随着应变量的增加，位错通过增殖，其密度不断增加，开始形成位错缠结和胞状亚结构。但由于热变形温度较高，从而为回复过程提供了热激活条件。通过刃型位错的攀移、螺型位错的交滑移、位错结点的脱钉，以及随后在新滑移面上异号位错相遇而发生抵消等过程，从而使位错密度不断减小。而位错的增殖速度和消亡速度达到平衡，因而不发生硬化，应力-应变曲线转为水平时的稳态流变阶段。

3. 动态回复时的组织结构

在动态回复所引起的稳态流变过程中，随着持续应变，虽然晶粒沿变形方向伸长呈纤维状，但晶粒内部却保持等轴亚晶无应变的结构。铝在 400℃挤压所形成的动态回复亚晶如图 7-65 所示。

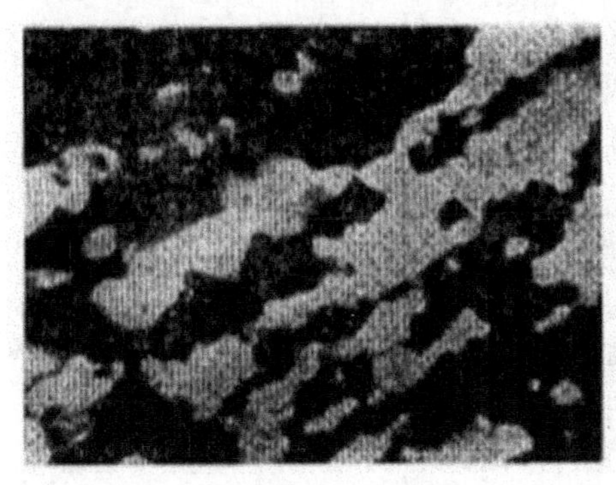

（a）光学显微组织（偏振光430×）

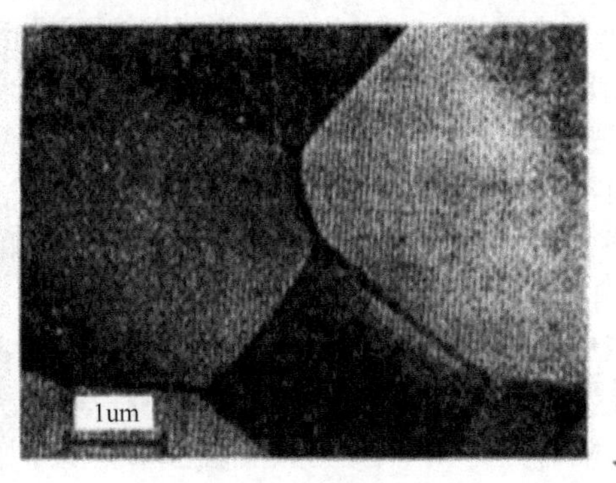

（b）TEM组织

图 7-65　铝在 400℃挤压所形成的动态回复亚晶

动态回复所形成的亚晶，其完整程度、尺寸大小及相邻亚晶间的位向差，主要取决于变形温度和变形速度，有以下关系

$$d^{-1} = a + b\lg Z \qquad (7\text{-}57)$$

式中，d 是亚晶的平均直径；a、b 为常数；$Z = \dot{\varepsilon}\exp(Q/RT)$，即用温度修正过的应变速度 $\dot{\varepsilon}$，其中 Q 为过程激活能，R 为气体常数。

7.4.1.2 动态再结晶

对于低层错能金属（如 Cu、Ni、γ-Fe、不锈钢等），由于它们的扩展位错宽度很宽，难以通过交滑移和刃型位错的攀移来进行动态回复，因此发生动态再结晶的倾向性大。

1. *动态再结晶时的真应力-真应变曲线*

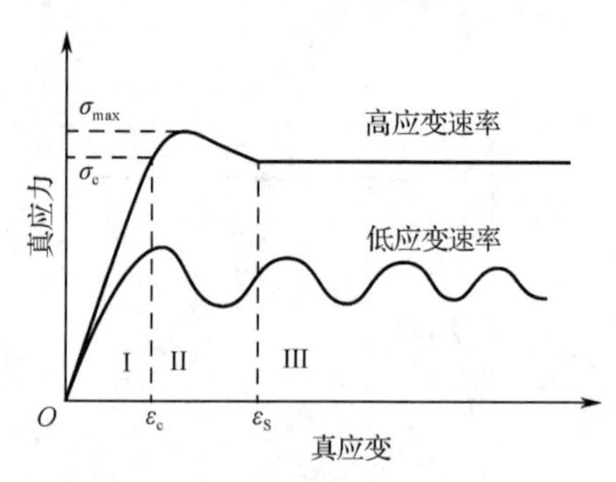

图 7-66 金属发生动态再结晶时的真应力-真应变曲线

金属发生动态再结晶时的真应力-真应变曲线如图 7-66 所示。在高应变速度下，动态再结晶过程也分三个阶段。

I——微应变加工硬化阶段。$\varepsilon < \varepsilon_c$（开始发生动态再结晶的临界应变度），应力随应变增加而迅速增加，不发生动态再结晶。

II——动态再结晶开始阶段。$\varepsilon > \varepsilon_c$，此时虽已经出现动态再结晶软化作用，但加工硬化仍占主导地位。当 $\sigma = \sigma_{max}$ 后，由于再结晶加快，应力将随应变增加而下降。

III——稳态流变阶段。$\varepsilon > \varepsilon_S$（发生均匀变形的应变量），加工硬化与动态再结晶软化达到动态平衡。

在低应变速度情况下，稳态流变曲线出现波动，主要与变形引起的加工硬化和动态再结晶产生的软化交替作用及周期性变化有关。

注意：当 t(℃)=常数，随着 $\dot{\varepsilon}$ 增加，动态再结晶的真应力-真应变曲线向上且向右移动，σ_{max} 所对应的 ε 增大；而当 ε=常数，随着 t(℃)提高，真应力-真应变曲线向下且向左移动，σ_{max} 所对应的 ε 减小。

2. *动态再结晶的机制*

在热加工过程中，动态再结晶也是通过形核和长大完成的。动态再结晶的形核方式与 $\dot{\varepsilon}$ 及由此引起的位错组态变化有关。当 $\dot{\varepsilon}$ 较低时，动态再结晶是通过原晶界的弓出机制形核，而当 $\dot{\varepsilon}$ 较高时，则通过亚晶聚集长大方式形核，具体可参考静态再结晶形核机制。

3. *动态再结晶的组织结构*

在稳态变形期间，金属的晶粒是等轴的，晶界呈锯齿状。在透射电镜下观察，则晶粒内还包含着被位错所分割的亚晶。这与退火时静态再结晶所产生的位错密度很低的晶粒显然不同，故同样晶粒大小的动态再结晶组织的强度和硬度要比静态再结晶组织高。

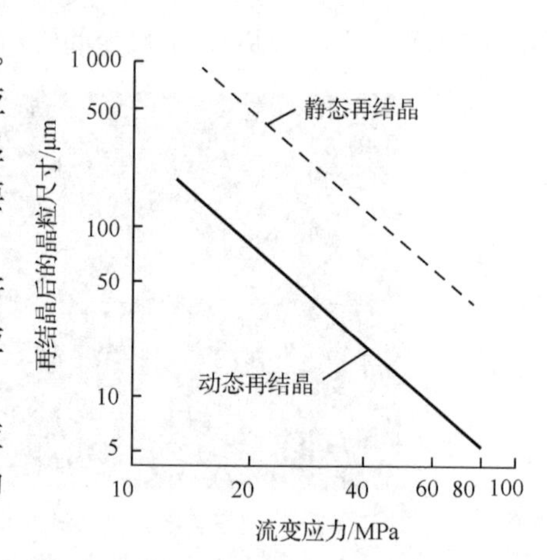

图 7-67 镍再结晶晶粒尺寸与流变应力之间的关系

镍再结晶晶粒尺寸与流变应力之间的关系如图 7-67 所示，动态再结晶后的晶粒大小与流变应力成反比。另外，应变速度越低，变形温度越高，则动态再结晶后的晶粒越大，而且越完整。因此，控制应变速度、温度、每道次变形的应变量和间隔时间，以及冷却速度，就可以调整热加工材料的晶粒度和强度。此外，溶质原子的存在常常阻碍动态回复，而有利于动态再结晶发生；在热加工时形成的弥散分布沉淀

物，能稳定亚晶粒、阻碍晶界移动，减缓动态再结晶的进行，有利于获得细小的晶粒。

7.4.2　热加工对组织性能的影响

除了铸件和烧结件，几乎所有的金属材料在制成成品的过程中均须经过热加工，而且不管是中间工序还是最终工序，金属经热加工后，其组织与性能必然会给最终产品性能带来巨大的影响。

7.4.2.1　热加工对室温力学性能的影响

热加工不会使金属材料发生加工硬化，但能消除铸造中的某些缺陷，如将气孔、疏松焊合；改善夹杂物和脆性物的形状、大小及分布；部分消除某些偏析；将粗大柱状晶、树枝晶变为细小且均匀的等轴晶粒，这样会使材料的致密度和力学性能有所提高。因此，金属材料经热加工后比铸态具有更好的力学性能。

金属热加工时通过对动态回复的控制，使亚晶细化，这种亚组织可借适当的冷却速度使之保留到室温，具有这种组织的材料，其强度要比动态再结晶的金属高。通常把形成亚组织而产生的强化称为“亚组织强化”，它可作为提高金属强度的有效途径。例如，铝及其合金的亚组织强化，钢和高温合金的形变热处理，低合金高强度钢控制轧制等，均与亚晶细化有关。

室温下金属的屈服强度 σ_s 与亚晶平均直径 d 有如下关系：

$$\sigma_s = \sigma_0 + kd^{-\rho} \tag{7-58}$$

式中，σ_0 为不存在亚晶界时的单晶屈服强度；k 为常数；指数 ρ 对大多数金属为 1～2。

7.4.2.2　热加工材料的组织特征

1. 加工流线

热加工时，由于夹杂物、偏析、第二相、晶界、相界等随着应变量的增大，逐渐沿变形方向延伸，在经浸蚀的宏观磨面上会出现流线或热加工纤维组织。这种纤维组织的存在，会使材料的力学性能呈现各向异性，顺纤维的方向较垂直于纤维方向具有较高的力学性能，特别是塑性与韧性。为了充分利用热加工纤维组织这一力学性能特点，用热加工方法制造零件时，所制定的热加工工艺应保证零件中的流线有正确的分布，尽量使流线与零件工作时所受到的最大拉应力的方向相一致，而与外加的切应力或冲击力的方向垂直。

2. 带状组织

复相合金中的各个相在热加工时沿着变形方向交替地呈带状分布，这种组织称为带状组织。例如，低碳钢经热轧后，珠光体和铁素体常沿轧向呈带状或层状分布，构成如图 7-68 所示的热轧低碳钢板的带状组织（×100）。对于高碳高合金钢，由于存在较多的共晶碳化物，因而在加热时也呈带状分布。带状组织往往是由于枝晶偏析或夹杂物在压力加工过程中被拉长所造成的。另外一种是铸锭中存在偏析，压延时偏析区沿变形方向伸长呈条带状分布，冷却时，由于偏析区成分不同而转变为不同的组织。

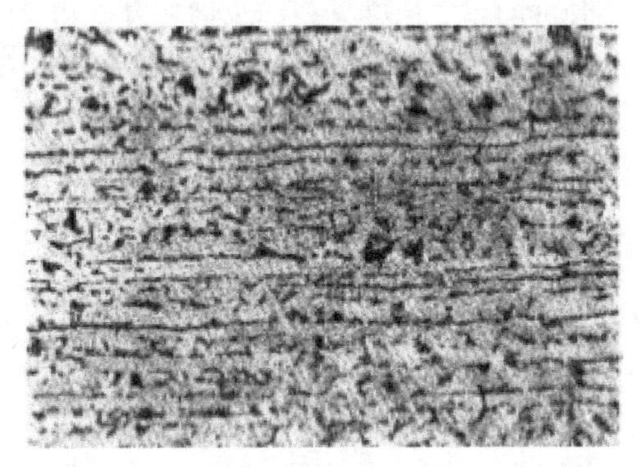

图 7-68　热轧低碳钢板的带状组织（×100）

带状组织的存在也将引起性能明显的方向性，尤其是在同时兼有纤维状夹杂物的情况下，其横向的塑性和冲击韧性显著降低。防止和消除带状组织有三种方法：一是不在两相区变形；二是减小夹杂物元素的含量；三是可用正火处理或高温扩散退火加正火处理消除之。

7.4.3 蠕变

在高压蒸汽锅炉、汽轮机、化工炼油设备，以及航空发动机中，许多金属零部件和在冶金炉、烧结炉及热处理炉中的耐火材料均长期在高温条件下工作。对于它们，如果仅考虑常温短时静载下的力学性能，显然是不够的。这里须引入一个蠕变的概念，对其温度和载荷持续作用时间因素的影响加以特别考虑。所谓蠕变，是指在某温度的恒定应力（通常$<\sigma_s$）下所发生的缓慢而连续的塑性流变现象。一般蠕变时应变速度很小，在 10^{-10}～10^{-3} 范围内，并且依应力大小而定，对金属晶体，通常要在温度高于 $0.3T_m$ 时，蠕变现象才比较明显。因此，对蠕变的研究，对于高温使用的材料具有重要的意义。

7.4.3.1 蠕变曲线

材料蠕变过程可用蠕变曲线来描述。典型的蠕变曲线如图 7-69 所示。蠕变曲线上任一点的斜率，均表示该点的蠕变速度。整个蠕变过程可分为以下三个阶段。

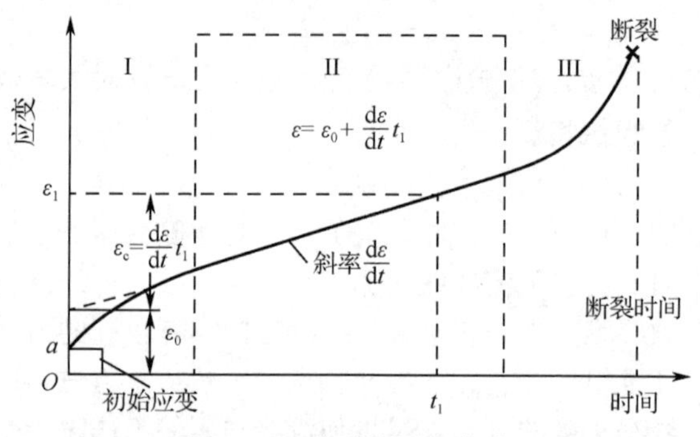

图 7-69 典型的蠕变曲线

I——瞬态或减速蠕变阶段。Oa 为外载荷引起的初始应变，从 a 点开始产生蠕变，并且一开始蠕变速度很大，随着时间延长，蠕变速度逐渐减小，是一加工硬化过程。

II——稳态蠕变阶段。这一阶段的特点是蠕变速度保持不变，因而也称为恒速蠕变阶段。一般说的蠕变速度就是指这一阶段的 $\dot{\varepsilon}_s$ 。

III——加速蠕变阶段。在蠕变过程后期，蠕变速度不断增大直至断裂。

不同材料在不同条件下的蠕变曲线是不同的。同一种材料的蠕变曲线随着温度和应力增高，蠕变第二阶段变短，直至完全消失，很快从 I 发展到 III，高温下使用的零件寿命将大大缩短。

蠕变过程最重要的参数是稳态的蠕变速度 $\dot{\varepsilon}_s$，因为蠕变寿命和总的伸长均取决于它。实验表明，$\dot{\varepsilon}_s$ 与应力有指数关系，并考虑到蠕变同回复再结晶等过程一样也是热激活过程，因此可用下列一般关系式表示

$$\dot{\varepsilon}=C\sigma^n\exp\left(-\frac{Q}{RT}\right) \tag{7-59}$$

$$Q=\frac{R\ln\dfrac{\dot{\varepsilon}_1}{\dot{\varepsilon}_2}}{\left(\dfrac{1}{T_2}-\dfrac{1}{T_1}\right)} \tag{7-60}$$

式中，Q 为蠕变激活能；C 为材料常数；$\dot{\varepsilon}_1$ 、$\dot{\varepsilon}_2$ 分别为 T_1 和 T_2 温度下的蠕变速度；n 为应力指数，

对高分子材料 n 为 1～2，对金属 n 为 3～7。如果固定 σ，分别测定 $\dot{\varepsilon}$ 与 $(1/T)$，可从 $\ln\dot{\varepsilon}$ 与 $(1/T)$ 关系中求得蠕变激活能 Q。对大多数金属和陶瓷，当温度为 $0.5T_m$ 时，蠕变激活能与自扩散的激活能十分相似，这说明蠕变现象可看作在应力作用下原子流的扩散，扩散过程起着决定性作用。

7.4.3.2　蠕变机制

已知晶体在室温下或在温度低于 $0.3T_m$ 时变形，变形机制主要是通过滑移和孪生两种方式进行的。热加工时，由于应变率大，位错滑移仍占重要地位。当应变率较小时，除了位错滑移，高温使空位（原子）的扩散得以明显地进行，这时变形的机制也会不同。

1. 位错蠕变（回复蠕变）

在蠕变过程中，滑移仍然是一种重要的变形方式。在一般情况下，若滑移面上的位错运动受阻产生塞积，滑移便不能进行，只有在更大的切应力下才能使位错重新开动增殖。但在高温下，刃型位错可借助热激活攀移到邻近的滑移面上并可继续滑移，很明显，攀移减小了位错塞积产生的应力集中，也就是使加工硬化减弱了。这个过程和螺型位错交滑移能减少加工硬化相似，但交滑移只在较低温度下对减弱强化是有效的，而在 $0.3T_m$ 以上，刃型位错的攀移就起较大的作用了。刃型位错通过攀移形成亚晶，或正负刃型位错通过攀移后消失，回复过程能充分进行，故高温下的回复过程主要是刃型位错的攀移。当蠕变变形引起的加工硬化速度和高温回复的软化速度相等时，就形成稳定的蠕变第二阶段。蠕变速度与应力和温度之间遵循式（7-60）。

2. 扩散蠕变

当温度很高（约 $0.9T_m$）和应力很低时，扩散蠕变是其变形机理。它是在高温条件下移动空位造成的。晶粒内部扩散蠕变示意图如图 7-70 所示。当多晶体两端有拉应力 σ 作用时，与外力轴垂直的晶界受拉伸，与外力轴平行的晶界受压缩。因为晶界本身是空位的源和湮没阱，垂直于力轴方向的晶界空位形成能低，空位数目多；而平行于力轴的晶界空位形成能高，空位数目少，从而在晶粒内部形成一定的空位浓度差。空位沿实线箭头方向向两侧流动，原子则朝着虚线箭头的方向流动，从而使晶体产生伸长的塑性变形。这种现象称为扩散蠕变。

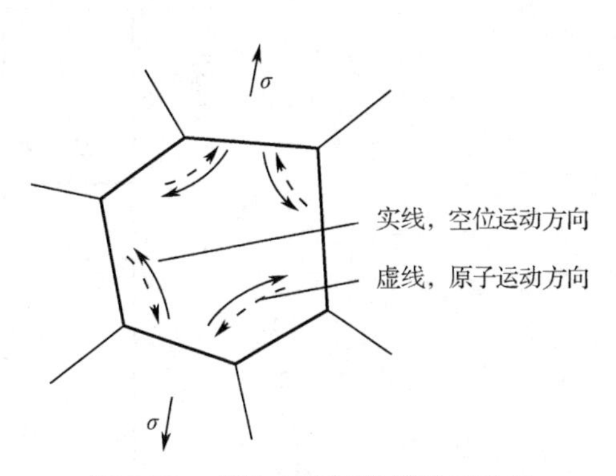

图 7-70　晶粒内部扩散蠕变示意图

蠕变速度 $\dot{\varepsilon}$ 与应力 σ 和温度 T 可用下列关系式表示

$$\dot{\varepsilon} = C\sigma\exp\left(-\frac{Q}{RT}\right) \tag{7-61}$$

式中，C 为材料常数；Q 为扩散蠕变激活能。

3. 晶界滑动蠕变

在高温下，由于晶界上的原子容易扩散，受力后易产生滑动，故会促进蠕变进行。随着温度升高、应力降低、晶粒尺寸减小，晶界滑动对蠕变的贡献也就增大。但在总的蠕变量中所占的比例并不大，一般为 10%左右。

实际上，为保持相邻晶粒之间的密合，扩散蠕变总是伴随着晶界滑动的。晶界的滑动是沿最大切应力方向进行的，主要靠晶界位错源产生的固有晶界位错来进行，与温度和晶界形貌等因素有关。

7.4.4　超塑性

材料在一定条件下进行热变形，可获得伸长率为 500%～2 000%的均匀塑性变形，并且不发生缩颈现象，材料的这种特性称为超塑性。

为了使材料获得超塑性，通常热变形应满足以下三个条件：

（1）具有等轴细小两相组织，晶粒直径<10μm，而且在超塑性变形过程中晶粒不显著长大；

（2）超塑性形变在（0.5～0.65）T_m温度范围内进行；

（3）低的应变速度$\dot{\varepsilon}$，一般在10^{-2}～10^{-1}范围内，以保证晶界扩散过程得以顺利进行。

7.4.4.1 超塑性的特征

在高温下材料的流变应力σ不仅是应变ε和温度T的函数，而且对应变速度$\dot{\varepsilon}$也很敏感，并存在以下关系

$$\sigma(\varepsilon,T)=K\cdot\dot{\varepsilon}^{m} \tag{7-62}$$

式中，K为常数；m为应变速度敏感指数。

在室温下，一般的金属材料m值很小，在0.01～0.04范围内，温度升高，晶粒变细，m值可变大。要使金属具备超塑性，m至少在0.3以上。例如，如图7-71所示的Mg-Al合金在350℃变形时σ、m与$\dot{\varepsilon}$的关系显示其在m>0.3时才具有超塑性，故在组织超塑性中，获得微晶是相当关键的。对共晶合金，可经热变形让共晶组织发生再结晶来获得微晶；对共析合金，可经热变形或淬火来获得；而对析出型合金，则经热变形或降温形变析出微晶组织。m值反映了材料拉伸时的抗缩颈能力，是评定材料潜在超塑性的重要参数。一般来说，一些金属材料的伸长率与应变速度敏感指数m的关系如图7-72所示，材料的伸长率随m值的增大而增大。

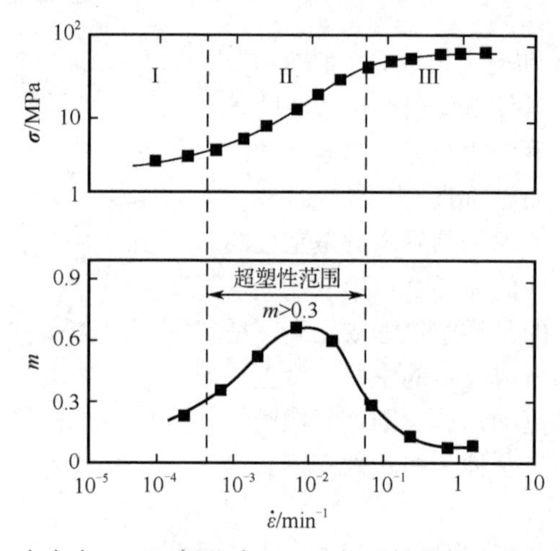

图7-71 Mg-Al合金在350℃变形时σ、m与$\dot{\varepsilon}$的关系（晶粒尺寸：10.6μm）

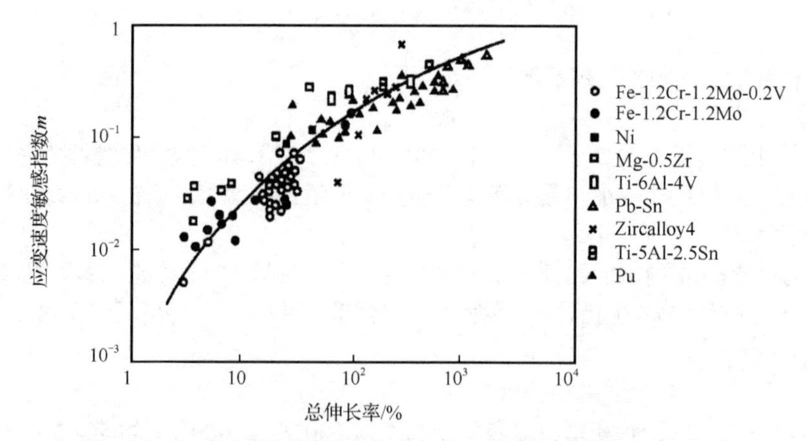

图7-72 一些金属材料的伸长率与应变速度敏感指数m的关系

为了获得较高的超塑性，要求材料的 m 值一般不小于 0.5。m 值越大，表示应力对应变速度越敏感，超塑性现象越显著。m 值可由式（7-63）求得

$$m=\left(\frac{\partial\lg\sigma}{\partial\lg\dot{\varepsilon}}\right)_{\varepsilon,T}\approx\frac{\Delta\lg\sigma}{\Delta\lg\dot{\varepsilon}}=\frac{\lg\sigma_2-\lg\sigma_1}{\lg\dot{\varepsilon}_2-\lg\dot{\varepsilon}_1}=\frac{\lg(\sigma_2/\sigma_1)}{\lg(\dot{\varepsilon}_2/\dot{\varepsilon}_1)} \tag{7-63}$$

7.4.4.2　超塑性的本质

多数观点认为超塑性的本质是由晶界转动与晶粒转动所致的。图 7-73 所示的微晶超塑性变形的机制很好地解释了超塑性材料在很大的应变之后为什么还能保持等轴晶位。如图 7-73 所示，假设对一组由四个六角晶粒所组成的整体沿纵向施加一个拉伸应力，则横向必受一压力，在这些应力作用下，通过晶界滑移、移动和原子的定向扩散，晶粒由初始状态（I）经过中间状态（II）至最终状态（III）。初始和最终状态的晶粒形状相同，但位置发生了变化，并导致整体沿纵向伸长，使整个试样发生变形。

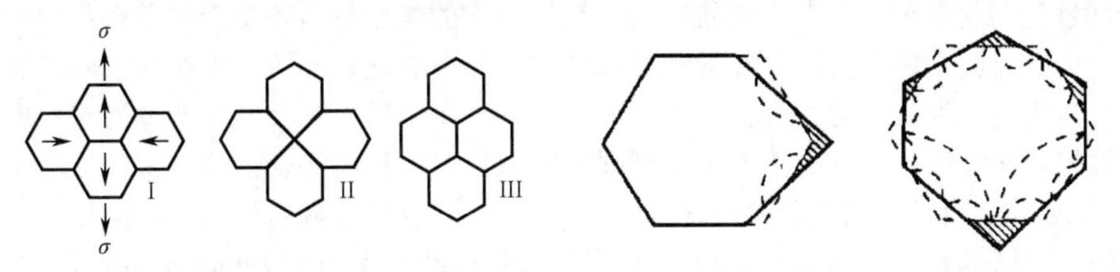

（a）晶粒转换机制二维表示法

（b）伴随定向扩展的晶界滑移机制（图中虚线代表体扩散方向）

图 7-73　微晶超塑性变形的机制

大量实验表明，超塑性变形时的组织结构变化具有以下特征：①超塑性变形时，没有晶内滑移也没有位错密度的增高；②由于超塑性变形在高温下长时间进行，因此晶粒会有所长大；③尽管变形量很大，但晶粒形状始终保持等轴；④原来两相呈带状分布的合金，在超塑性变形后可变为均匀分布；⑤当用冷形变和再结晶方法制取超细晶粒合金时，如果合金具有织构，则在超塑性变形后织构消失。

除了上述的组织超塑性，还有一种相变超塑性，即对具有固态相变的材料可以采用在相变温度上下循环加热与冷却，来诱导它们发生反复的相变过程，使其中的原子在未施加外力时就发生剧烈的运动，从而获得超塑性。

7.4.4.3　超塑性的应用

超塑性合金在特定的 T、$\dot{\varepsilon}$ 下，延展性特别大，具有和高温聚合物及玻璃相似的特征，故可采用塑料和玻璃工业的成型法加工，如像玻璃那样进行吹制，而且形状复杂的零件可以一次成型。由于在形变时无弹性变形，成型后也就没有回弹，故尺寸精密度高，光洁度好。

对于板材冲压，可以用一阴模，利用压力或真空一次成型；对于大块金属，也可用闭模压制一次成型，所需的设备吨位大大降低。另外，因形变速度低，故对模具材料要求也不高。

但该工艺也有缺点，如为了获得超塑性，有时要求多次形变、多次热处理，工艺较复杂。另外，它要求等温下成型，而成型速度慢，因而模具易氧化。目前超塑性已在 Sn 基、Zn 基、Al 基、Cu 基、Ti 基、Mg 基、Ni 基等一系列合金及多种钢中获得，并在工业中得到实际应用。

7.5　陶瓷材料和高聚物的变形特点

陶瓷材料原子之间通常是由离子键、共价键结合构成的，它脆，难以变形。在共价键结合的陶瓷中，原子之间是通过共用电子对的形式进行键合的，具有方向性和饱和性，并且其键能相当高。在塑性变形时，位错运动必须破坏这种强的原子键合，何况共价键晶体的位错宽度一般极窄，因此位错运动遇到很大的点阵阻力（P-N 力），而位错在金属晶体中运动，却不会破坏由大量自由

电子与金属正离子构成的金属键，所以结合键的本质就决定了金属固有的特性是容易变形，而共价晶体固有的特性是难以变形。

对离子键合的陶瓷材料，其离子晶体要求正负离子相间排列，在外力作用下，当位错运动一个原子间距时，由于存在巨大的同号离子的库仑静电斥力，致使位错沿垂直或平行于离子键方向很难运动。但若位错沿着 45°方向运动，则在滑移过程中，相邻晶面始终由库仑力保持吸引，因此，如 NaCl、MgO 等单晶体在室温压应力作用下可承受较大的塑性变形。然而多晶体陶瓷变形时，为了满足相邻晶粒变形相互协调、相互制约的条件，必须有至少 5 个独立的滑移系，这对即使具有 FCC 结构的 NaCl 型多晶体而言也难以实现。因 NaCl 单晶体的滑移系为{110}<1 $\bar{1}$ 0>，总共 6 个，而在多晶体中它只有 2 个独立的滑移系，所以就离子键的多晶体陶瓷而言，其往往很脆，并且易在晶界形成裂纹，最终导致脆断。

陶瓷脆性还与材料的工艺制备因素有关。烧结合成的陶瓷材料难免存在显微孔隙，在加热冷却过程中，由于热应力的存在，往往导致显微裂纹，并由氧化腐蚀等因素在其表面形成裂纹，因此在陶瓷材料中先天性裂纹总是存在。在外力作用下，在裂纹尖端会产生严重的应力集中。按照弹性力学估算，裂纹尖端的最大应力可达到理论断裂强度，何况陶瓷晶体中可动位错少，位错运动又极其困难，故一旦达到屈服往往就脆断了。当然，这也导致陶瓷材料在拉伸和压缩情况下，其力学特性也有明显不同。例如，Al_2O_3 烧结多晶体拉伸断裂应力为 280MPa，而压缩的断裂应力则为 2 100MPa。因为在拉伸时，当裂纹一达到临界尺寸时就失稳，扩展并立即断裂，故陶瓷的抗拉强度是由晶体中最大的裂纹尺寸决定的，而压缩时裂纹闭合或稳态缓慢扩展，并转向平行于压缩轴，故压缩强度是由裂纹的平均尺寸决定的。

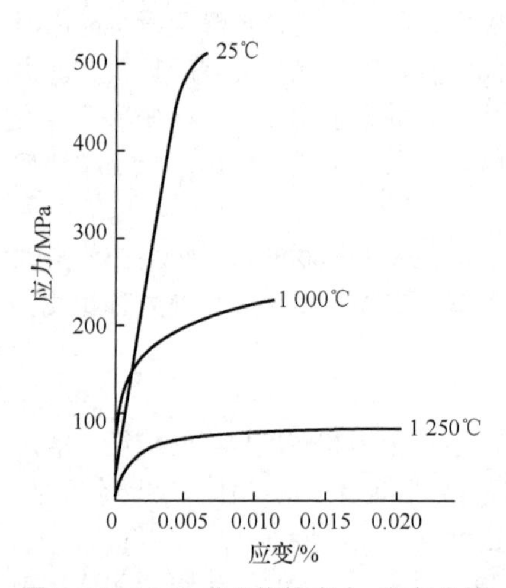

图 7-74 MgO 多晶体的应力-应变曲线

非晶态陶瓷与晶态陶瓷不同，在玻璃化温度 T_g 以下，会产生弹性变形，在 T_g 以上，材料的变形则类似液体发生黏性流动，此时可用式（7-10）来描述其力学行为。变形温度同样对陶瓷材料的力学行为产生显著影响。图 7-74 所示为 MgO 多晶体的应力–应变曲线。从图中可以清楚看出，室温下 MgO 多晶体几乎脆断，随变形温度提高致使塑性变形所需外加的力大幅下降，塑性变形能力变大，脆性则变小。在高温下，陶瓷除了塑性变形变得容易，还会发生蠕变和黏性流动现象。为了改善陶瓷的脆性，目前采取降低晶粒尺寸，使其亚微米或纳米化来提高其塑性和韧性，采取氧化锆增韧、相变增韧，或者采用纤维或颗粒原位生长增强等途径来改善之。

高分子材料受力时，它也显示出弹性和塑性的变形行为，其总应变 ε_t 为

$$\varepsilon_t = \varepsilon_e + \varepsilon_p \tag{7-64}$$

式中，ε_e、ε_p 分别为弹性变形和塑性变形。

弹性变形由两种机制组成，即链内部键的拉伸和畸变，以及整个链段的可回复运动，塑性变形是靠黏性流动而不是靠滑移产生的。当聚合物中的链彼此相对滑动时，就产生黏性流动。当外力去除时，这些链停留在新的位置上，聚合物就产生塑性变形。

聚合物产生塑性变形的难易程度与该材料的黏度有关，黏度与切应力的关系如图 7-75 所示。黏度 η 可表示为

$$\eta = \frac{\tau}{\Delta \upsilon / \Delta x} \tag{7-65}$$

式中，τ 为使链滑动的切应力；$\Delta v/\Delta x$ 代表链的位移。

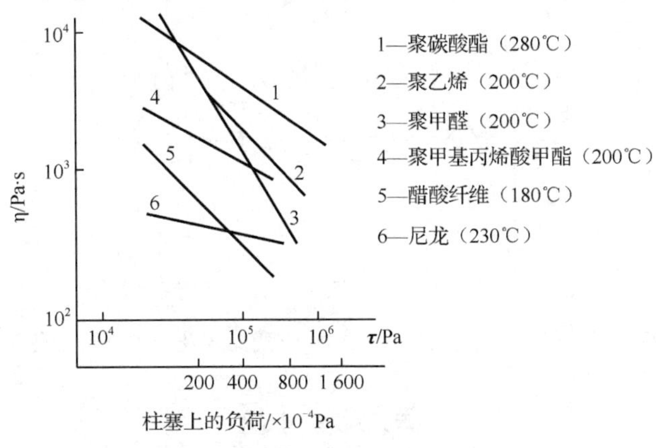

图 7-75　黏度与切应力的关系

如果黏度高，就要施加大的应力才能产生所要求的位移。因此，高黏度聚合物的黏性变形小。

与金属材料相比，高聚物的力学性能对温度和时间的依赖性要强烈得多，而且随其结晶度和交联程度的不同，其变形特性也不尽相同。例如，对于无定形线性聚合物，其在 T_g 以下只发生弹性变形，是刚硬的，在 T_g 以上就产生黏性流动，其变形情况与玻璃相似；而对晶态聚合物，其变形特性则与金属相似。

应力-应变试验是一种常用的研究高分子材料的力学行为试验。从应力-应变曲线上，可以获得模量、屈服强度、断裂强度和断裂伸长率等一些评价材料性能的重要特征参数。不同高分子具有不同的应力-应变曲线，高分子应力-应变曲线如图 7-76 所示。

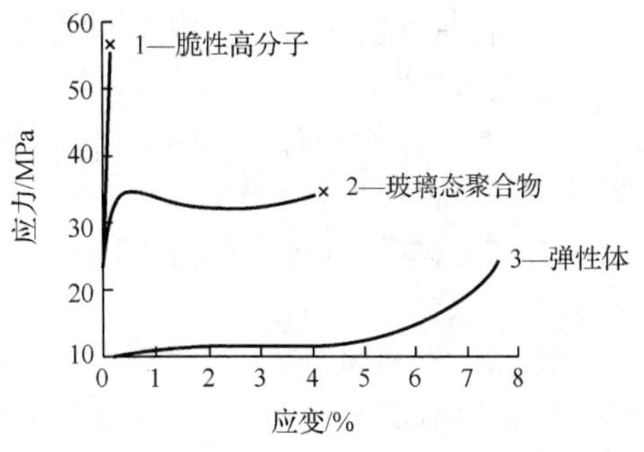

图 7-76　高分子应力-应变曲线

曲线 1 是脆性高分子的应力-应变特性，它在材料出现屈服之前发生断裂，是脆性断裂。在这种情况下，材料断裂前只发生很小的变形；曲线 2 是玻璃态聚合物的应力-应变行为，它在开始时是弹性形变，然后出现了一个转折点，即屈服点，最后进入塑性变形区域，材料呈现塑性行为，此时若除去应力，材料不再恢复原样，而留有永久变形；曲线 3 是弹性体的应力-应变曲线。

很多高分子材料在塑性变形时往往会出现均匀形变的不稳定性。在试样某个部位的应变比试样整体的应变增加得更加迅速，使本来均匀的形变变成了不均匀形变，呈现出各种塑性不稳定性，最常见和最重要的是拉伸试验中细颈的形成。图 7-77 所示为半结晶高分子拉伸过程应力-应变曲线及试样外形变化示意图。整个曲线可分为三段，第一阶段应力随应变线性增加，试样被均匀地拉长，伸长率为百分之几到百分之十几，随后进入屈服。聚合物在屈服点的应变值通常比金属材料大得多，而且许多聚合物过了屈服点之后，均发生应变软化现象。接着开始进入第二阶段，试样的截面突然变得不均匀，出现一个或几个细颈。在第二阶段，细颈与非细颈部分的截面积分别维持不变，而细颈部分不断扩展，非细颈部分逐渐缩短，直至整个试样完全变细为止。第三阶段，应力随应变的增加而增大，直到断裂点。

当结晶高分子受拉发生变形时，分子排列发生很大变化，尤其在屈服点附近，分子链及其微晶沿拉伸方向开始取向和重排，甚至有些晶体可能破裂成更小的单位，然后在取向的情况下再结晶，即变形前后发生结晶的破坏、取向和再结晶过程，其过程颇为复杂，这里就不再赘述。

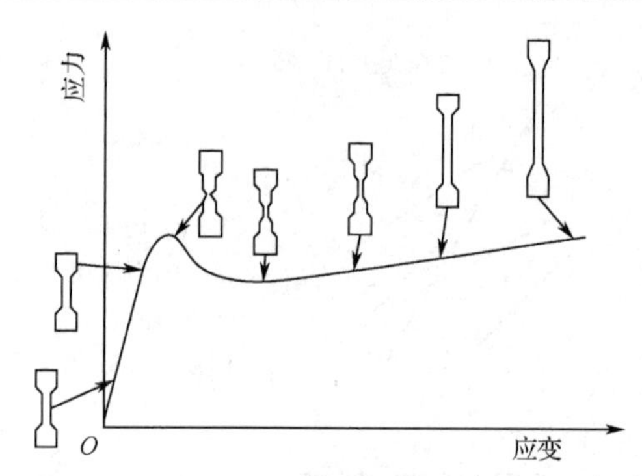

图 7-77　半结晶高分子拉伸过程应力-应变曲线及试样外形变化示意图

课后练习题

1．名词解释。

弹性变形，弹性模量，包申格效应，弹性滞后，黏弹性塑性变形，滑移，滑移系，滑移带，滑移线，交滑移，双交滑移，临界分切应力，施密持因子，软取向，硬取向，派-纳力，孪生，孪晶面，固溶强化，屈服现象，应变时效，加工硬化，弥散强化，形变织构，丝织构，板织构，残余应力，点阵畸变，带状组织，回复，再结晶，晶粒长大，二次再结晶，冷加工，热加工，动态再结晶，回复激活能，再结晶激活能，再结晶温度。

2．有一 70MPa 应力作用在 FCC 晶体的[001]方向上，求作用在（111）[10$\bar{1}$]和（111）[$\bar{1}$10]滑移系上的分切应力。

3．有一 BCC 晶体的（1$\bar{1}$0）[111]滑移系的临界分切力为 60MPa，试问在[001]和[010]方向必须施加多少的应力才会产生滑移？

4．Zn 单晶在拉伸之前的滑移方向与拉伸轴的夹角为 45°，拉伸后滑移方向与拉伸轴的夹角为 30°，求拉伸后的延伸率。

5．Mg 单晶体的试样拉伸时，3 个滑移方向与拉伸轴分别相交成 38°、45°、85°，而基面法线与拉伸轴相交成 60°。如果在拉应力为 2.05MPa 时开始观察到塑性变形，则 Mg 的临界分切应力为多少？

6．一个交滑移系包含一个滑移方向和包含这个滑移方向的两个晶面，如 BCC 晶体的（101）[$\bar{1}$11]（110），写出 BCC 晶体的其他 3 个同类型的交滑移系。

7．现有一直径为 6mm 的铝丝须要加工为 φ 0.5mm 铝细丝，但为保证产品质量，此铝材的冷加工量不能超过 85%，如何制订其合理的加工工艺？

8．铁的回复激活能为 88.9kJ/mol，如果将经冷变形的铁在 400℃下进行回复处理，使其残留加工硬化为 60%需 160min，问在 450℃下回复处理至同样效果需要多少时间？

9．工业纯铝在室温下经大变形量轧制成带材后，测得室温力学性能为冷加工态的性能。查表得知：工业纯铝的再结晶温度 $T_{再}$为 150℃，但若将上述工业纯铝薄带加热至 100℃，保温 16 天后冷至室温再测其强度，发现强度明显降低，请解释其原因。

10．某工厂用一冷拉钢丝绳将一大型钢件吊入热处理炉内，由于一时疏忽，未将钢丝绳取出，而是随同工件一起加热至 860℃，保温时间到了，打开炉门，要吊出工件时，钢丝绳发生断裂，试分析原因。

11．简述一次再结晶与二次再结晶的驱动力，并如何区分冷、热加工？动态再结晶与静态再结晶的组织结构的主要区别是什么？

第 8 章　材料的亚稳态结构

材料的稳定状态是指其体系自由能最低时的平衡状态，通常相图中所显示的就是稳定的平衡状态，而且在前面讨论合金的平衡凝固时，强调的是缓慢冷却，是希望固态也能扩散均匀并达到稳定态。但由于种种因素影响，材料会以高于平衡态时自由能的状态存在，即处于一种非平衡的亚稳态（Metastable State）。同一化学成分的材料，其亚稳态时的性能不同于平衡态的性能，而且亚稳态可因形成条件不同而使材料呈现出许多种形式，它们所表现的性能差异也比较大。在很多情况下，亚稳态材料的某些性能会优于其处于平衡态时的性能，甚至出现特殊的性能。因此，对材料亚稳态的研究不仅有理论上的意义，更具有重要的实用价值。

材料在平衡条件下只以一种状态存在，而非平衡的亚稳态则可出现多种形式，具体如下。

（1）细晶组织。当组织细小时，界面增多，自由能升高，故为亚稳态。其中突出的例子是超细的纳米晶组织，其晶界体积甚至可占材料总体积的 50%以上。

（2）高密度晶体缺陷的存在。晶体缺陷使原子偏离平衡位置、晶体结构排列的规则性下降，故体系自由能增高。另外，对于有序合金，当其有序度下降，甚至呈无序状态（化学无序）时，也会使自由能升高。

（3）形成过饱和固溶体。此时溶质原子在固溶体中的浓度超过平衡的饱和浓度，甚至在平衡状态时互不溶解的组元发生了相互溶解。

（4）非平衡转变组织。材料发生非平衡转变，生成具有与原先结构不同的亚稳新相，如钢及其合金中的马氏体、贝氏体，以及合金中的准晶态相等亚稳相。

（5）非晶态组织。由晶态转变为非晶态，由结构有序变为结构无序，自由能增高。

为什么非平衡的亚稳态能够存在？这可由图 8-1 所示的材料自由能随状态的变化示意图来解释。图中 a 点自由能最高，它是最不稳定的状态；d 点是自由能最低的位置，此时体系处于稳定状态；b 点位于它们之间的一个低谷，如果要进入自由能最低的 d 状态，需要越过能峰 c，即外界给提供相应的激活能（$G_c - G_b$）才能越过此能垒。在没有进一步的驱动力的情况下，体系就可能处于 b 这种亚稳态，故从热力学上说明了亚稳态是可以存在的。

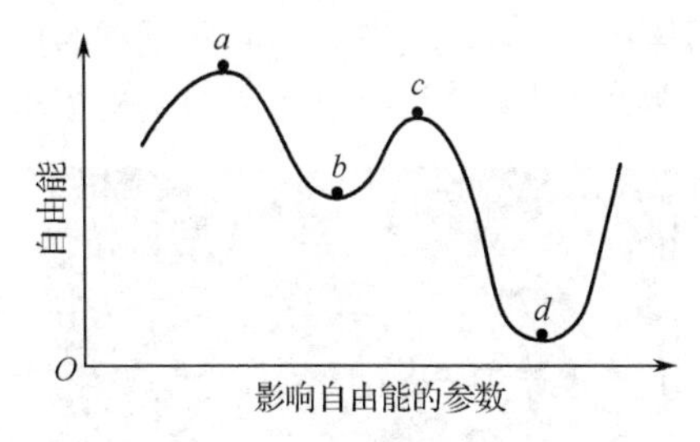

图 8-1　材料自由能随状态的变化示意图

8.1　纳米晶材料

霍尔-佩奇（Hall-Petch）指出了多晶体材料的强度与其晶粒尺寸之间的关系，晶粒越细小则强度越高。但通常的材料制备方法至多只能获得细小到微米级的晶粒，霍尔-佩奇公式的验证也只是到此范围。如果晶粒更为微小，材料的性能将如何变化？由于当时尚不能制得这种超细晶材料，故是一个留待解决的问题。20 世纪 80 年代以来，随着材料制备技术的发展，人们开始研制出晶粒尺寸为纳米（nm）级的材料，并发现这类材料不仅强度更高（但不符合霍尔-佩奇公式），而且其结构和光、电、磁、热学、化学等各种性能都具有特殊性，引起了人们极大的兴趣和关注。纳米晶材料（或称纳米构造材料）已成为国际上新材料领域中的一个重要内容，并在材料科学和凝聚态物理学科中引出了新的研究方向——纳米材料学。

纳米材料这一名称含义甚广，总体上是指尺度（三维中至少有一维）为纳米级（<100 nm）或由它们为基本单元所组成的固体，包括纳米晶单体、纳米晶粒构成的块体（纳米晶材料）、纳米粉体、纳米尺度物体（如纳米线、纳米带、纳米管、纳米薄膜、纳米粒子及纳米器件等）。由于纳米化出现的表面效应、小体积效应、量子尺寸效应、界面效应、量子隧穿效应等，这些纳米材料会分别显示出不同于其通常状态的特殊性能，因而纳米材料已成为当前研究和开发应用的热点。但其涉及的范围太广，这里则主要以纳米晶材料为重点作简要的介绍。

8.1.1 纳米晶材料的结构

纳米晶材料的概念最早是由 H. Gleiter 提出的，这类固体由（至少在一个方向上）尺寸为几个纳米的结构单元（主要是晶体）所构成。图 8-2 所示为纳米晶材料的二维模型，不同取向的纳米尺度小晶粒由晶界联结在一起，由于晶粒极微小，晶界所占的比例就相应地增大。若晶粒尺寸为 5～10nm，则按三维空间计算，晶界将占到 0.5 体积分数，即有约 50%的原子位于排列不规则的晶界处，其原子密度及配位数远远偏离了完整的晶体结构。因此纳米晶材料是一种非平衡态的结构，存在大量的晶体缺陷。此外，如果材料中存在杂质原子或溶质原子，则因这些原子的偏聚作用，使晶界区域的化学成分也不同于晶内成分。由于在结构上和化学上偏离正常的多晶结构，纳米晶材料所表现的各种性能也明显不同于通常的多晶体材料。

人们曾对双晶体（两单晶体组成，比单晶体多了一个晶界的晶体）的晶界应用高分辨率电子显微镜分析、广角 X 射线或中子衍射分析，以及计算机结构模拟等多种方法，测得双晶体晶界的相对密度是晶体密度的 75%～90%。纳米晶材料的晶界结构不同于双晶体晶界，当晶粒尺寸为几纳米时，其晶界的边长会短于晶界层厚度，存在大量的三叉晶界，故晶界处原子排列有明显变化。图 8-3 所示为纳米晶晶粒大小与平均正电子寿命关系，由图可见随着晶粒尺寸的减小，平均正电子寿命增加，这表示了晶界中自由体积增加。研究表明，纳米晶材料不仅由其化学成分和晶粒尺寸来表征，还与材料的化学键类型、杂质情况、制备方法等因素有关，即使是同一成分、同样尺寸晶粒的材料，其晶界区域的原子排列还会因上述因素而明显变化，其性能也会相应改变，图 8-2 只是一个被简单化了的结构模型。

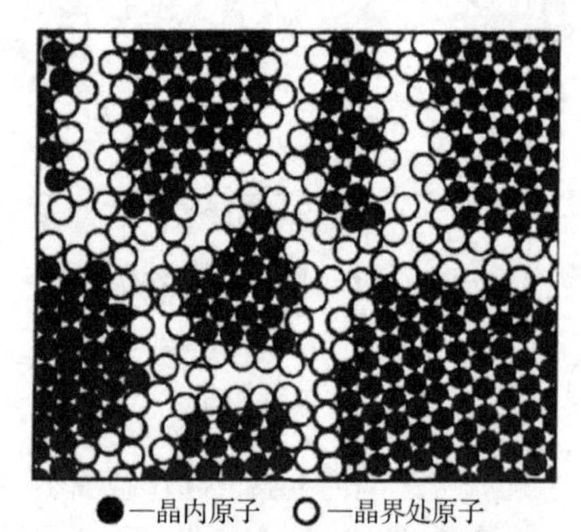

图 8-2 纳米晶材料的二维模型

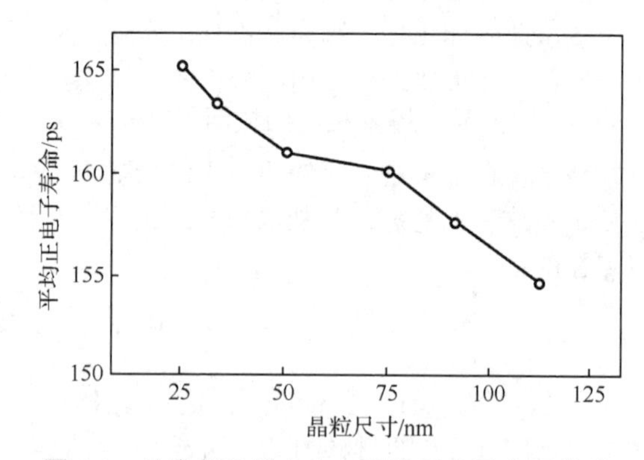

图 8-3 纳米晶晶粒大小与平均正电子寿命关系

纳米晶材料也可由非晶物质组成，如半晶态高分子聚合物是由厚度为纳米级的晶态层和非晶态层相间地构成的，它是一种二维层状纳米结构材料。由不同化学成分物相所组成的纳米晶材料，通常称为纳米复合材料。Ag 和 Fe 在液态和固态均不互溶，但在 Ag-Fe 纳米结构中却出现一定的固溶度，形成 Fe 原子在 Ag 中的固溶体和 Ag 原子在 Fe 中的固溶体，溶质原子多数分布在界面地区及界面附近。图 8-4 所示的纳米晶的构造示意图就示意地说明了它们的原子分布情况。除了

Ag-Fe，其他互不固溶的体系构成的纳米复合材料中也出现类似的情况。这种亚稳态的纳米晶固溶体可在高能球磨等制备纳米晶的过程中形成，称为机械化学反应。另一类纳米复合材料是由化学成分不相同的超细晶和非晶组成的，其例子是纳米级的金属或半导体微粒（如 Ag、CdS 或 CdSe）嵌在非晶的介电质基体中（如 SiO_2），构成如图 8-5 所示的纳米复合材料结构。

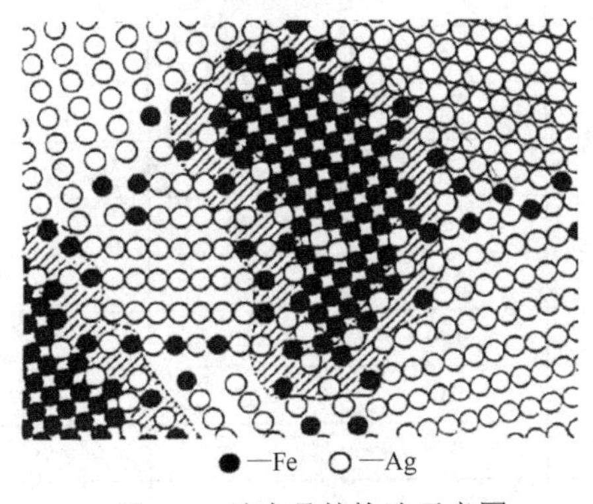

图 8-4　纳米晶的构造示意图

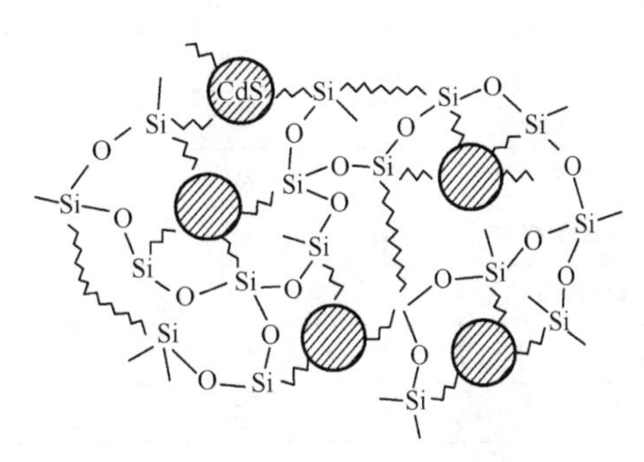

图 8-5　纳米复合材料结构

第三类纳米复合材料由掺杂的晶界所组成。若掺杂原子甚少，不足以构成一原子层，则它们将占据界面区的低能位置，如图 8-6（a）中的 Bi 原子在纳米晶 Cu 的晶界中，每三个 Cu 原子包围一个 Bi 原子。如果掺杂原子的浓度较高，它们组成的掺杂层就位于界面区域，图 8-6（b）为纳米尺寸的 W 微细晶粒被 Ga 原子层所隔开。晶界掺杂层原子排列是不规则的，这类晶界可能与应力诱导下溶质原子在晶界地区再分布有关，这样的再分布使晶界附近应力场储能下降。掺杂晶界的形成可阻碍晶粒长大，有利于纳米晶的稳定性。

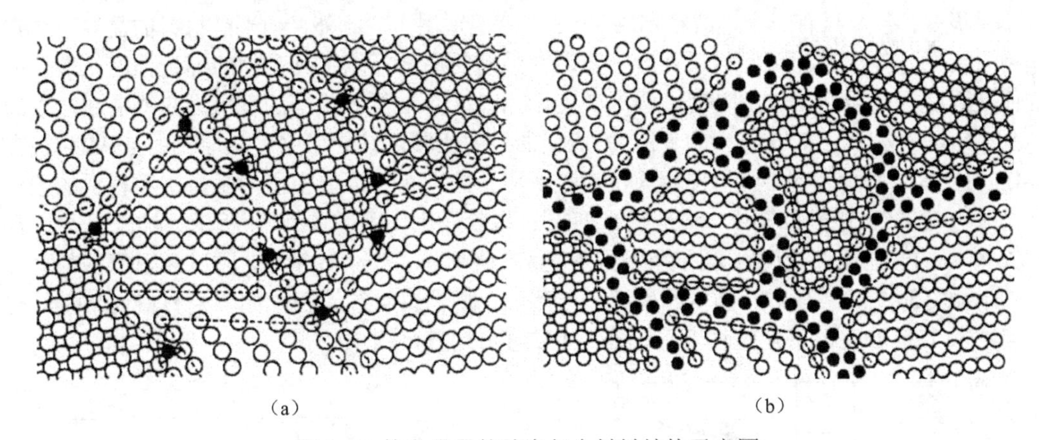

图 8-6　掺杂晶界的纳米复合材料结构示意图

8.1.2　纳米晶材料的性能及其形成

纳米晶材料因其超细的晶体尺寸（与电子波长、平均自由程等为同一数量级）和高体积分数的晶界（高密度缺陷）而呈现特殊的物理、化学和力学性能。部分纳米晶金属与通常的多晶或非晶态性能如表 8-1 所示，表中所列的一些纳米晶材料与通常的多晶体或非晶态时的性能比较，明显地反映了其变化特点。

表 8-1 部分纳米晶金属与通常的多晶或非晶态性能

性　能	单　位	金　属	纳米晶	多　晶	非　晶
热膨胀系数	$10^{-6}K^{-1}$	Cu	31	16	18
比热容（295K）	$J\ g^{-1}K^{-1}$	Pd	0.37	0.24	—
密度	$G\ cm^{-3}$	Fe	6	7.9	7.5
弹性模量	GPa	Pd	88	123	—
剪切模量	GPa	Pd	32	43	—
断裂强度	MPa	ω(C)1.8%Fe	8 000	700	—
屈服强度	MPa	Cu	185	83	—
饱和磁化强度（4K）	$4\pi\cdot10^{-7}T\ m^3kg^{-1}$	Fe	130	222	215
磁化率	$4\pi\cdot10^{-9}\ m^3kg^{-1}$	Sb	20	-1	-0.03
超导临界温度	K	Al	3.2	1.2	—
扩散激活能	eV	Cu(Ag)	0.39	2.0	—
		Cu 自扩散	0.64	2.04	—
德拜温度	K	Fe	3	467	—

纳米晶材料的力学性能远高于其通常的多晶状态，如表 8-1 中所举的高碳铁（质量分数 ω(C)=1.8%）就是一个突出的例子，其断裂强度由通常的 700MPa 提高到 8 000MPa，增加达 1 143%。一些实验结果表明，霍尔-佩奇公式的强度与晶粒尺寸的关系并不延续到纳米晶材料，这是因为霍尔-佩奇公式是根据位错塞积的强化作用而导出的，当晶粒尺寸为纳米级时，晶粒中可存在的位错极少，甚至只有一个，故霍尔-佩奇公式就不适用了。此外，纳米晶材料的晶界区域在应力作用下会发生弛豫过程而使材料强度下降，令强度的提高不能超过晶体的理论强度，所以晶粒变细而使强度提高会存在一个限度。图 8-7 所示为纳米晶铜与多晶铜的真应力应变曲线，与通常的多晶 Cu（晶粒大小约 50um）的真应力-应变曲线的比较，其屈服强度从原先的 83MPa 提高到 185MPa。图 8-8 所示为 Ni_3Al 析出相大小对流变应力的影响。需要指出的是，这类材料的强化作用不同于前述的细晶强化作用，它是纳米细粒的弥散强化作用。图 8-9 所示为纳米晶与通常的 WC-Co 材料的性能比较，其耐磨性实验中的失重数值下降了一个数量级，硬度和耐磨性都大幅提高。纳米晶材料不仅具有高的强度和硬度，其塑性、韧性也明显改善，如陶瓷材料通常不具有塑性，但纳米 TiO_2 在室温下能塑性变形，在 180℃时形变量可达 100%。

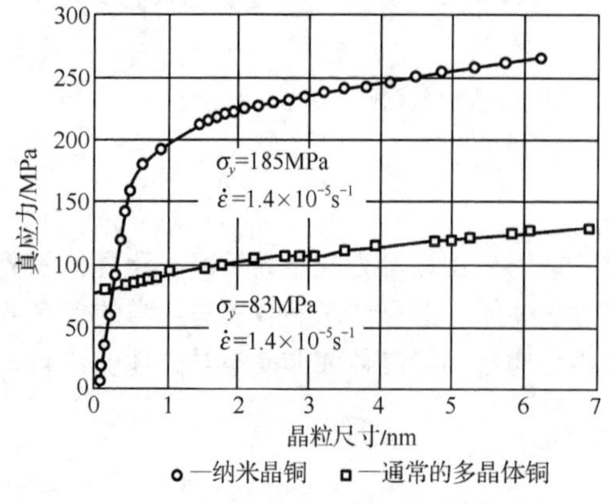

图 8-7 纳米晶铜与多晶铜的真应力应变曲线

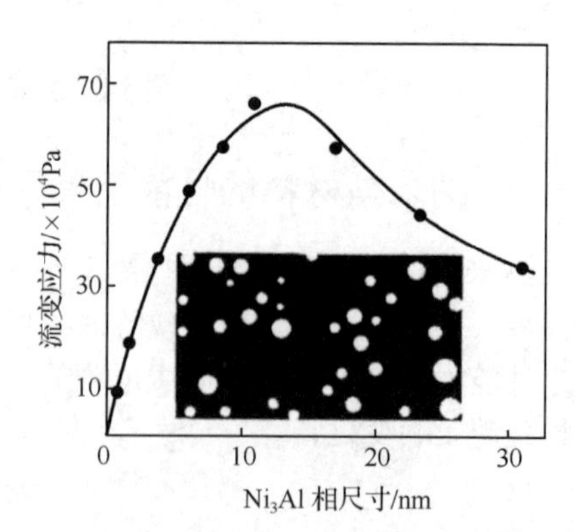

图 8-8 Ni_3Al 析出相大小对流变应力的影响

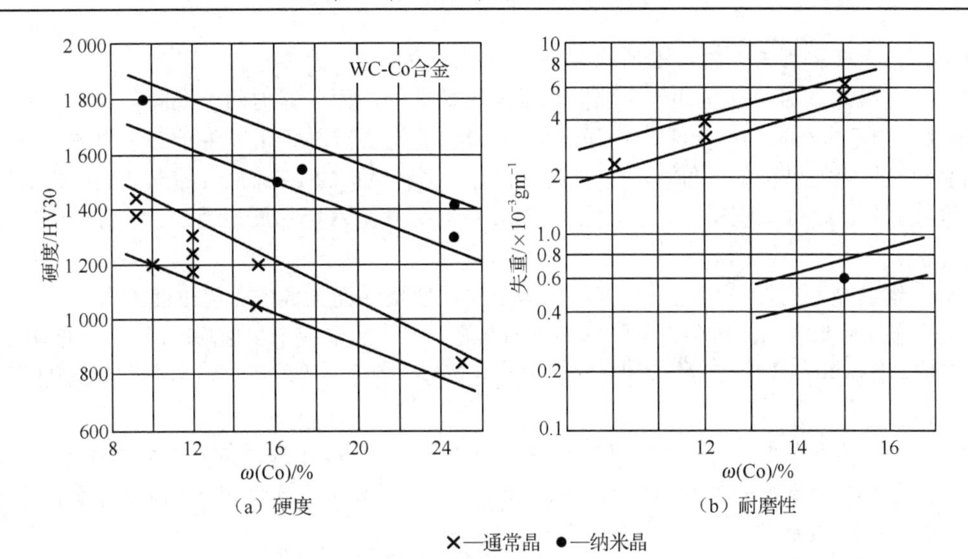

图 8-9　纳米晶与通常的 WC-Co 材料的性能比较

纳米晶微粒之间能产生量子输运的隧道效应、电荷转移和界面原子耦合等作用，故纳米材料的物理性能也异常于通常的材料。纳米晶导电金属的电阻高于多晶材料，因为晶界对电子有散射作用，所以当晶粒尺寸小于电子平均自由程时，晶界散射作用加强，电阻及电阻温度系数增加。但纳米半导体材料却具有高的电导率，如纳米硅薄膜的室温电导率高于多晶硅 3 个数量级，高于非晶硅达 5 个数量级。纳米晶材料的磁性也不同于普通的多晶材料，纳米铁磁材料具有低的饱和磁化强度、高的磁化率和低的矫顽力。纳米材料的其他性能，如超导临界温度和临界电流的提高、特殊的光学性质、触媒催化作用等也是引人注目的。

纳米晶材料可由多种途径形成，主要归纳于以下四方面。

（1）以非晶态（金属玻璃或溶胶）为起始相，使之在晶化过程中形成大量的晶核，生长为纳米晶材料。

（2）对起始为粗晶的材料，通过强烈塑性形变（如高能球磨、高速应变、爆炸成形等手段）或局域原子迁移（如高能粒子辐照、火花刻蚀等）使之产生高密度缺陷，以致自由能升高，转变形成亚稳态纳米晶。

（3）通过蒸发、溅射等沉积途径，如物理气相沉积（PVD）、化学气相沉积（CVD）、电化学方法等，生成纳米微粒然后固化，或在基底材料上形成纳米晶薄膜材料。

（4）沉淀反应方法，如利用溶胶-凝胶（Sol-Gel）、热处理时效沉淀法等，析出纳米微粒。

8.2　准晶态

经典的固体理论将固体物质按其原子聚集状态分为晶态和非晶态两种类型。由晶体学分析得出：晶体中原子呈有序排列，并且具有平移对称性，晶体点阵中各个阵点的周围环境必然完全相同，故晶体结构只能有 1、2、3、4、6 次旋转对称轴，而 5 次及高于 6 次的对称轴不能满足平移对称的条件，均不可能存在于晶体中。近年来，由于材料制备技术的发展，出现了不符合晶体对称条件但呈一定周期性有序排列的，类似晶态的固体，如急冷凝固的 AlMn 合金，在其中就发现了一类新的原子聚集状态，这种状态被称为准晶态（Quasicrystalline State），此固体称为准晶（Quasicrystal）。准晶态的出现引起了相关学者的高度重视，人们很快就在其他一些合金系中也发现了准晶，除了 5 次对称轴，还有 8、10、12 次对称轴，在准晶的结构分析和有关理论研究中都有了新的进展。

准晶结构有多种形式，就目前所知可分成下列几种类型。

（1）一维准晶。这类准晶在一个取向是呈准周期性的，而在其他两个取向是周期性的，它们具有 CsCl 型的基本结构而在[111]取向呈准周期的结构。这类准晶相常发生于二十面体相或十面体相与结晶相发生相互转变的中间状态，属亚稳状态。但在 $Al_{65}Cu_{20}Fe_{10}Mn_5$ 的充分退火样品中也发现了一维准晶相，此时就应属稳定态，它沿着 10 次对称轴呈六层的周期性，而垂直于此轴则呈八层周期性。

（2）二维准晶。它们是由准周期有序的原子层周期堆垛而构成的，将准晶态和晶态的结构特征结合在一起。按照它们的对称特点，它们可为八边形、十边形或十二边形准晶。八边形准晶的相的结构很接近β-Mn 型结构，其准周期原子层沿着 8 次对称轴周期（按恒定的点阵常数 a=0.631 5nm）堆垛上去。

（3）二十面体准晶。它可分为 A 和 B 两类。A 类以含有 54 个原子的二十面体作为结构单元；B 类则以含有 137 个原子的多面体作为结构单元；A 类二十面体多数是铝–过渡族元素化合物，而 B 类极少含有过渡族元素。

除了少数准晶为稳态相，大多数准晶均属亚稳态产物，它们主要通过快冷方法形成，此外经离子注入混合或气相沉积等途径也能形成准晶。准晶的形成过程包括形核和生长两个过程，故采用快冷法时其冷速要适当控制，冷速过慢则不能抑制结晶过程而会形成结晶相；冷速过快则准晶的形核生长也被抑制而形成非晶态。此外，其形成条件还与合金成分、晶体结构类型等多种因素有关，并非所有的合金都能形成准晶，这方面的规律还有待进一步探索。

亚稳态的准晶在一定条件下会转变为结晶相，即平衡相。加热（退火）促使准晶的转变，故准晶转变是热激活过程，其晶化激活能与原子扩散激活能相近。但稳态准晶的相在加热时不发生结晶化转变，如 $A1_6Cu_2Fe$ 为二十面体准晶，在 845℃下长期保温并不转变。

准晶也可能从非晶态转化形成，如 A1-Mn 合金经快速凝固形成非晶后，在一定的加热条件下会转变成准晶，这表明准晶相对于非晶态是热力学较稳定的亚稳态。

到目前为止，人们尚难以制成大块的准晶态材料，最大的也只有几毫米的直径，故对准晶的研究多集中在其结构方面，对性能的研究测试甚少报道。但从已获得的准晶都很脆这种特点来看，将它作为结构材料使用尚无前景。准晶的特殊结构对其物理性能有明显的影响，这方面或许有可利用之处，尚待进一步研究。

准晶的密度低于其晶态时的密度，这是由于其原子排列的规则性不及晶态严密，但其密度高于非晶态，说明其准周期性排列仍是较密集的。准晶的比热容较晶态大。准晶合金的电阻率甚高而电阻温度系数则甚小，其电阻随温度的变化规律也各不相同，没有一定的规律可循，因合金成分不同而不同。

总之，对准晶合金的性能目前人们还了解甚少，但准晶这一新兴领域已引起人们的高度重视，有关的研究工作正在不断开展。

8.3 非晶态材料

本节所讨论的是在常温下的平衡状态应为结晶态，但由于某些因素的作用而呈非晶态的材料，即亚稳态的非晶态材料。常温下以非晶态（玻璃态）为稳定状态的材料不属本节讨论范围。自从晶体 X 射线衍射现象被发现并应用以来，固态金属和合金都已被确定为结晶体。用快速冷凝方法已获得了 Au-Si 和 Au-Ge 系非晶态合金（称为金属玻璃），以及塑性的铁基非晶条带，它不仅有高的强度和韧性，更显示了极佳的磁性。这些年来，国际上对非晶态合金的研究从理论到生产应用等都取得了重要的进展。

8.3.1　非晶态的形成

非晶态可由气相、液相快冷形成，也可在固态直接形成（如离子注入、高能粒子轰击、高能球磨、电化学或化学沉积、固相反应等）。

不同状态时材料性能的变化如图 8-10 所示。随着温度的降低，可分为 *A*、*B*、*C* 三个状态的温度范围：在 *A* 范围，液相是平衡相；当温度降至 T_f 以下进入 *B* 范围时，液相处于过冷状态而发生结晶，T_f 是平衡凝固温度；如冷速很大使形核生长来不及进行而温度已冷至 T_g 以下的 *C* 范围时，液相的黏度大大增加，原子迁移难以进行，处于“冻结”状态，故结晶过程被抑制而进入玻璃态，T_g 是玻璃化温度，它不是一个热力学确定的温度，而是取决于动力学因素的。因此 T_g 不是固定不变的，冷速大时为 T_{g1}，如冷速降低（仍在抑制结晶的冷速范围），则就降低至 T_{g2}，如图 8-10 中的两条虚线所示。玻璃态的自由能高于晶态，故处于亚稳状态。从图 8-10 中还可看到，液相结晶时体积（密度）突变，而玻璃化时不出现突变；但比定压热容 C_p 在玻璃化时却明显地大于结晶时 C_p 的变化。按$\Delta H=\int_{T_1}^{T_2} C_p \mathrm{d}T$，对液相和固相的 C_p 分别在 T_f 及 T_g 温度区间积分可知玻璃态在 T_g 的结晶潜热明显低于于 T_f 时的熔化潜热，因此形成非晶时液相高的比热容是与其冷却过程熵的下降（大的熵变ΔS_m）直接相关的（$\Delta H_m = T_m \Delta S_m$）。

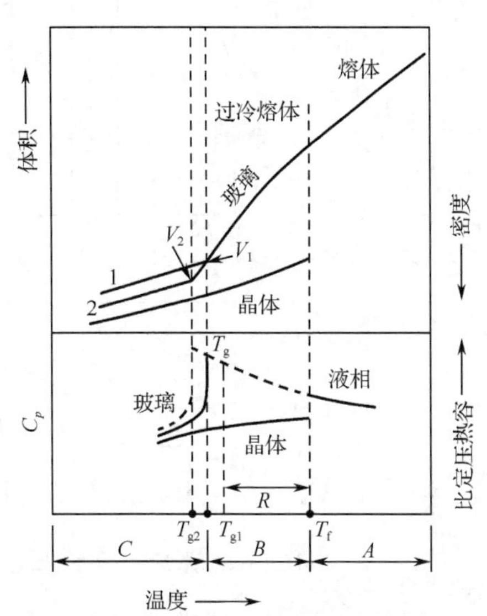

图 8-10　不同状态时材料性能的变化

合金由液相转变为非晶态（金属玻璃）的能力，既取决于冷却速度也取决于合金成分。能够抑制结晶过程实现非晶化的最小冷速称为临界冷速（R_c），对纯金属如 Ag、Cu、Ni、Pb 的结晶形核条件的理论计算得出，最小冷却速度要为 10^{12}～10^{13}K/s 时才能获得非晶，目前的熔体急冷方法尚难做到，故纯金属采用熔体急冷还不能形成非晶态；而某些合金熔液的临界冷速就较低，一般在 10^7K/s 以下，采用现有的急冷方法能获得非晶态。除了冷速，合金熔液形成非晶与否还与其成分有关，不同的合金系形成非晶的能力也不同，同一合金系中通常只是在某一成分范围内能够形成非晶（当然，这成分范围与采用的急冷方法和冷速有关），表 8-2 和图 8-11 分别列举了在一定实验条件下测得的一些合金系出现非晶时的合金成分范围。从图 8-11 所举的几个合金系相图例子可以发现，非晶的成分范围往往是在共晶成分附近的，即凝固温度较低、液相黏度较高的情况；此外此合金系通常存在着金属间化合物。

表 8-2　部分合金系中形成非晶的成分范围（原子百分数）

合金系（$A_{1-x}Bx$）	Ni-B	Ni-Zr	Nb-Ni	U-Co	Al-La
x/%	17～18.5	10～12	40～70	24～40	10
	31～41	33～80			50～80
合金系（$A_{1-x}Bx$）	Fe-B	Cu-Zr	Mg-Zn	Ca-Al	Ti-Si
x/%	12～25	25～60	25～32	12.5～47.5	15～20

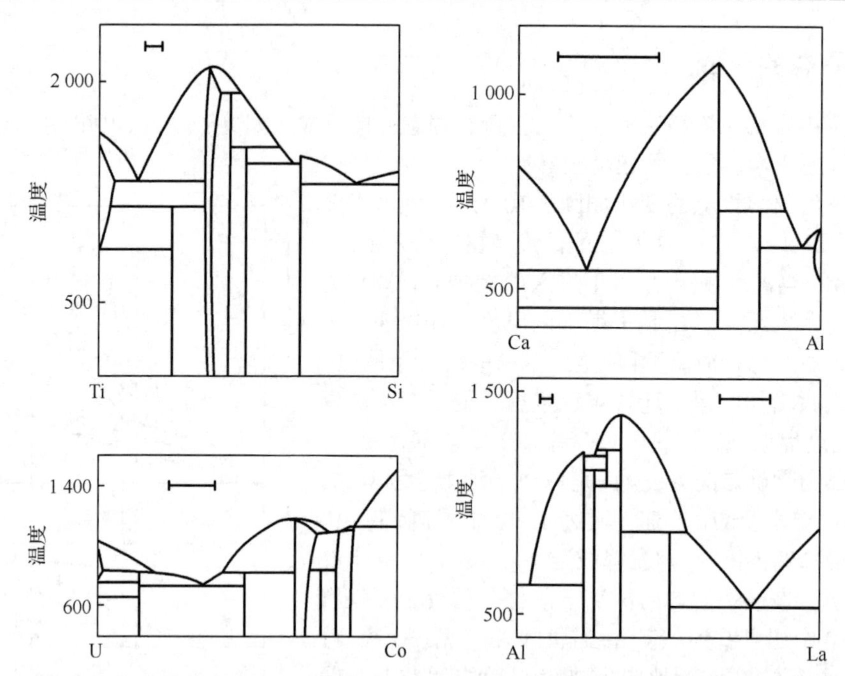

图 8-11　形成非晶态的部分合金系的平衡相图（上部线段为形成非晶范围）

合金成分与形成非晶能力的关系是一个十分复杂的问题，目前还未能得出较全面的规律，已了解的因素主要有：熔体的组成原子之间必须有较大的原子半径差异，至少约 15%；组元的原子体积之差的影响可用式（8-1）表示

$$x_{\mathrm{B}}^{\min}(V_{\mathrm{B}}-V_{\mathrm{A}})\approx 0.1 \tag{8-1}$$

式中，$x_{\mathrm{B}}^{\min}$ 是形成非晶时 B 组元的最小原子数分数；V_{A} 或 V_{B} 是组元 A 或 B 的原子体积。

临界冷速 R_{c} 与玻璃化温度跟平衡凝固温度的比值（$T_{\mathrm{g}}/T_{\mathrm{f}}$）有关，此比值越高，则 R_{c} 越小，非晶态越容易形成，Pd-Si 固溶体的 T_{g}、T_{f}、R_{c} 与 Si 浓度关系如图 8-12 所示；而组元原子之间可形成非晶的合金成分通常存在金属间化合物，这表明在原子间键合较强并有特定指向的情况下，被急冷的熔体在动力学上有利于形成非晶相。

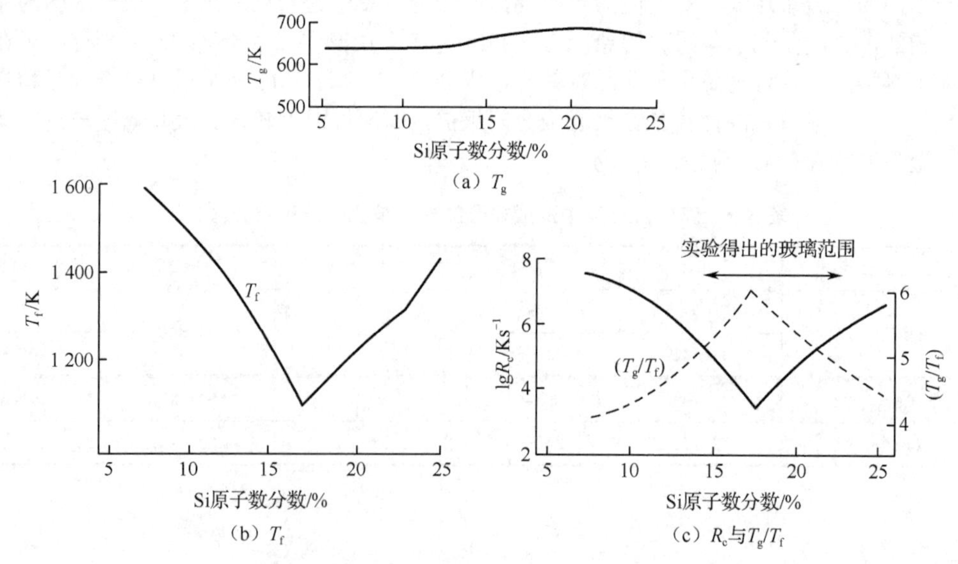

图 8-12　Pd-Si 固溶体的 T_{g}、T_{f}、R_{c} 与 Si 浓度关系

除了从熔体急冷可获得非晶态，晶体材料在高能辐射或机械驱动（如高能球磨、高速冲击等剧烈形变方式）等作用下也会发生非晶化转变，即从原先的有序结构转变为无序结构（对于化学有序的合金还包括转为化学无序状态），这类转变都是因为晶体中产生大量缺陷使其自由能升高，促使其发生非晶化。

现以高能球磨（High-Energy Ball-Milling）导致的非晶化为例来分析说明。对纯组元元素粉末按合金成分比例混合后直接进行高能球磨，所形成的非晶合金是“机械合金化（Mechanical Alloying，MA）”的产物；而晶态合金粉末经高能球磨后转变为非晶态，则属“机械研磨（Mechanical Milling，MM）”。

机械合金形成非晶态须满足热力学和动力学两方面的条件。热力学条件是两组元具有负的混合焓，即式（5-1）中，$\Delta H_m < 0$，这样就使非晶态合金的自由能低于两组元晶态混合物的自由能；动力学条件则因机械合金化过程是依靠固相扩散来进行的，故要求该系统为不对称的扩散偶：组元原子在对方晶格中有较高的扩散速度，才能通过固溶进一步发生非晶化，在图 8-13 所示的具有负混合焓的 A、B 两元素在不同状态下的自由能-成分曲线示意图中，化合物 A_mB_n 的自由能虽低于同样成分的非晶合金，但由于动力学原因而被抑制；而且球磨过程导致的缺陷也在热力学和动力学两方面为非晶化提供了条件。

有些具有正混合焓的合金系也可能通过机械合金化形成非晶态。具有正混合焓的 A、B 两元素的自由能-成分曲线示意图如图 8-14 所示，非晶态的自由能不仅高于 A、B 组元晶态混合自由能（曲线 λ），也高于不同晶体结构的固溶体（图中曲线 α_1、α_2）的自由能，因此不存在向非晶态转变的化学驱动力。对某些原子半径相差较大的合金系，在机械合金化过程中由于动力学条件的限制而难以形成金属间化合物，但经高能球磨，A、B 两元素的晶粒不断细化至纳米级，除了晶粒内部形成大量缺陷，A、B 原子在对方晶粒边界地区通过扩散而形成复合纳米晶 A(B)或 B(A)过饱和固溶体，使其自由能增高而发生非晶转变，这一过程随着球磨的进行而不断发展，导致了整体非晶化。

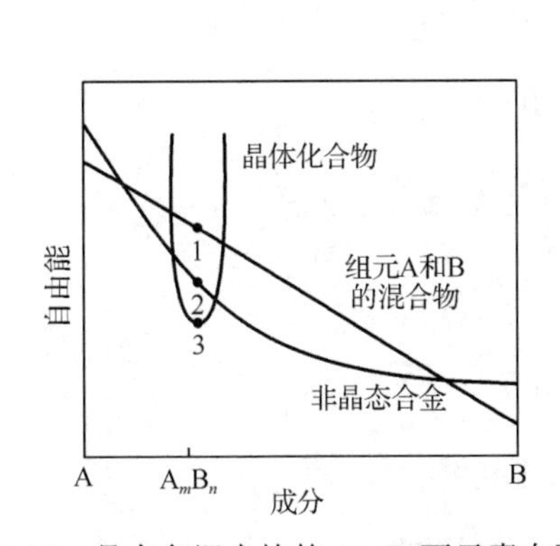

图 8-13　具有负混合焓的 A、B 两元素在不同状态下的自由能-成分曲线示意图

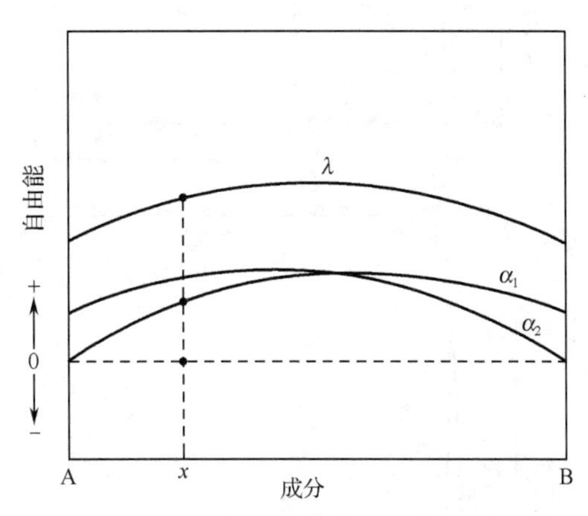

图 8-14　具有正混合焓的 A、B 两元素的自由能-成分曲线示意图

机械研磨与机械合金化不同，其起始状态是晶态合金而不是 A、B 组元，故不需要化学驱动力来形成非晶合金，其非晶化的能量条件是

$$G_C + \Delta G_D > G_A \tag{8-2}$$

式中，G_C 为晶态的自由能；G_D 是各种缺陷导致的自由能增量；G_A 则为非晶态的自由能。

可见，G_D 是决定因素。G_D 包含多方面因素对球磨合金的贡献，主要有点缺陷、位错、层错等晶体缺陷导致的晶格畸变能；晶粒超细化使晶界体积猛增，界面能升高；有序合金被磨成化学无序能、反位能和反向畴界能。

8.3.2 非晶态的结构

非晶态的结构不同于晶体结构，它不能取一个晶胞为代表，而且其周围环境也是变化的，故测定和描述非晶结构均属难题，只能统计性地表达之。常用的非晶结构分析方法是用 X 射线或中子散射得出的散射强度谱求出其径向分布函数［$G(r)$］，$G(r)$表达式为

$$G(r) = 4\pi r[\rho(r) - \rho_0]$$

式中，$G(r)$是以任一原子为中心，在距离 r 处找到其他原子的概率；$\rho(r)$ 是距离 r 处单位体积中的原子数目；ρ_0 为整体材料中的原子平均密度。

不过，此时的径向分布函数不能区别不同类型的原子，故对合金应分别求得每类原子对的“部分原子对分布函数”，其定义与上述相同，但针对合金的原子对而言，如二元合金中存在着三类原子对，即 A-A、B-B 和 A-B，故须根据 A、B 两种原子的不同散射能力，至少进行三次散射实验才能分别求出部分原子对的分布函数。图 8-15 所示为 NiB 合金的 XRD 衍射谱线，其中图 8-15（a）为过共晶 NiB 合金的 XRD 衍射谱线，图 8-15（b）为非晶态过共晶 $Ni_{81}B_{19}$ 合金的谱线，图 8-15（c）分别为 Ni-Ni 对、Ni-B 对和 B-B 对的径向分布函数。径向分布函数的第一个峰表示最近邻原子的间距，而峰所包含的面积则给出平均配位数。从图 8-15（c）所示的函数可推知，非晶态中的间距与凝聚态的间距相近，其配位数范围为 11.5～14.5，这些结果表示非晶态合金（金属玻璃）也是密集堆积型固体，与晶体相近。

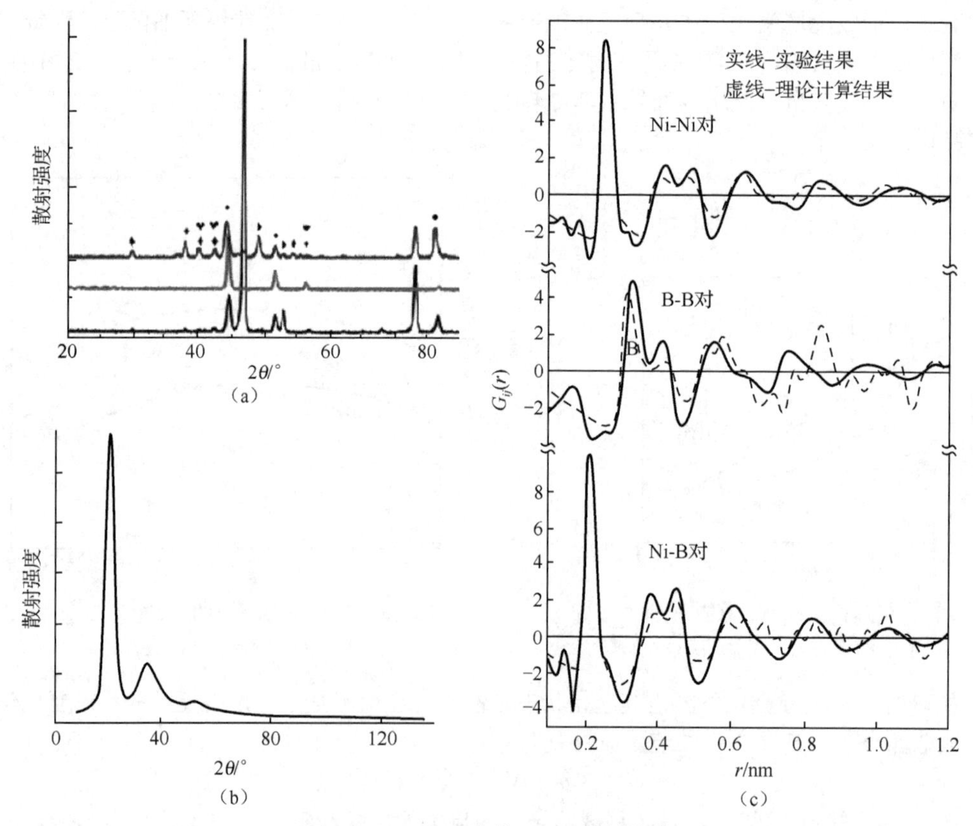

图 8-15　NiB 合金的 XRD 衍射谱线

从所得出的部分原子对分布函数可知：在非晶态合金中异类原子的分布也不是完全无序的，如 B-B 最近邻原子对就不存在，故实际上非晶合金仍具有一定程度的化学序。表 8-3 列出了几种金属-类金属型非晶合金的原子间参数。

表 8-3　几种金属-类金属型非晶合金的原子间参数

合　　金	原　子　对	平均原子间距 $\bar{r}$ /nm	配位数 CN
Co81P19	P-Co	0.232	8.9±0.6
	Co-Co	0.254	10.0±0.4
Fe80B20	B-Fe	0.214	8.6
	Fe -Fe	0.257	12.4
Ni81B19	B-Ni	0.211	8.9
	Ni-Ni	0.252	10.5
Fe75P25	P-Fe	0.238	8.1
	Fe-Fe	0.261	10.7
Pd84Si16	Si-Pd	0.240	9.0±0.9
	Pd-Pd	0.276	11.0±0.7

有些学者进一步应用计算机模拟来构成非晶态结构模型，并与实验结果相比较，提出了随机密堆模型、局域配位模型等模型，但这些模型都有其局限性，仅适用于某些类型化合物的非晶态，这说明非晶结构是甚为复杂多样的，目前人们对其了解还不深入，有待进一步研究。

8.3.3　非晶态的性能

非晶合金的结构不同于晶态合金，在性能上将会与晶态有很大的差异。

1. 力学性能

非晶合金的力学性能主要表现为高强度和高断裂韧性。表 8-4 列出了一些非晶态合金及超高强度材料的拉伸性能，与其他超高强度材料做对比可见它们已达到或接近这些超高强度材料的水平，但弹性模量较低。非晶合金的强度与组元类型有关，金属-类金属型的强度高（如 $Fe_{80}B_{20}$ 非晶），而金属-金属型则低一些（如 $Cu_{50}Zr_{50}$ 非晶）。

表 8-4　一些非晶态合金及超高强度材料的拉伸性能

材　　料	屈服强度/GPa	密度/g·cm^{-3}	弹性模量/GPa	比强度/GPa·cm^{3}·g^{-1}
$Fe_{80}B_{20}$ 非晶	3.6	7.4	170	0.5
$Ti_{50}Be_{40}Zr_{10}$ 非晶	2.3	4.1	105	0.55
$Ti_{60}B35Si_{5}$ 非晶	2.5	3.9	110	0.65
$Cu_{50}Zr_{50}$ 非晶	1.8	7.3	85	0.25
碳纤维	3.2	1.9	490	1.7
SiC 微晶丝	3.5	2.6	200	1.4
高分子 Kevlar 纤维	2.8	1.5	135	1.9
高碳钢丝	4.1	7.9	210	0.55

非晶合金的塑性较低，在拉伸时小于 1%，但在压缩、弯曲时有较好的塑性，压缩塑性可达

40%，非晶合金薄带弯曲达 180° 也不断裂。非晶合金塑性变形方式与应力大小有关，当拉伸应力接近断裂强度时，其形变极不均匀，沿着最大分切应力以极快速度形成很薄（10～20nm 厚度）的切变带；在低应力情况下，不形成切变带而是以均匀蠕变方式变形，其蠕变速度很低，测得的总应变量通常小于 1%。当温度升至接近 T_g 时，非晶合金有可能热加工变形，如 $Fe_{40}Ni_{40}P_{14}B_6$ 合金，可热压使其应变达到 1 的数量级，此时合金呈黏滞性均匀流变。有些非晶合金在远低于晶化温度加热后会出现脆化现象，使原先可在室温弯曲变形的条带发生脆断，这是由于其韧-脆转变温度被提高到室温以上，如 $Fe_{79.3}Be_{16.4}Si_{4.0}C_{0.3}$ 非晶合金在 350℃加热 2h 后，其韧-脆转变温度升到 97℃，故在室温呈脆性。

2. 物理性能

非晶态合金因其结构呈长程无序，故在物理性能上与晶态合金相比具有异常的情况。非晶合金一般具有高的电阻率和小的电阻温度系数，有些非晶合金（如 Nb-Si、Mo-Si-B、Ti-Ni-Si 等）在低于其临界转变温度时可具有超导电性。目前，非晶合金最令人注目的是其优良的磁学性能，包括软磁性能和硬磁性能。一些非晶合金很易于磁化，磁矫顽力甚低，并且涡流损失少，是极佳的软磁材料，其中有代表性的是 Fe-B-Si 合金。此外，使非晶合金部分晶化可获得 10～20 nm 尺度的极细晶粒，因而细化磁畴可以产生更好的高频软磁性能。有些非晶合金具有很好的硬磁性能，其磁化强度、剩磁、矫顽力、磁能积都很高，如 Nd-Fe-B 非晶合金是重要的永磁材料，它们经部分晶化处理后（14～50nm 尺寸晶粒），可达到目前永磁合金的最高磁能积值。

3. 化学性能

许多非晶态合金具有极佳的抗腐蚀性，这是由于其结构的均匀性极佳，不存在晶界、位错、沉淀相，以及在凝固结晶过程产生的成分偏析等能导致局部电化学腐蚀的因素。图 8-16 所示为 304 多晶不锈钢与非晶态 $Fe_{70}Cr_{10}P_{13}C_7$ 合金在 30℃HCl 溶液中的腐蚀速度比较。由此可见，非晶合金每年的腐蚀量基本检测不到，304 多晶不锈钢的腐蚀速度明显高于非晶态合金，且随 HCl 浓度的提高而进一步增大，而非晶合金即使在强酸中也是抗蚀的。

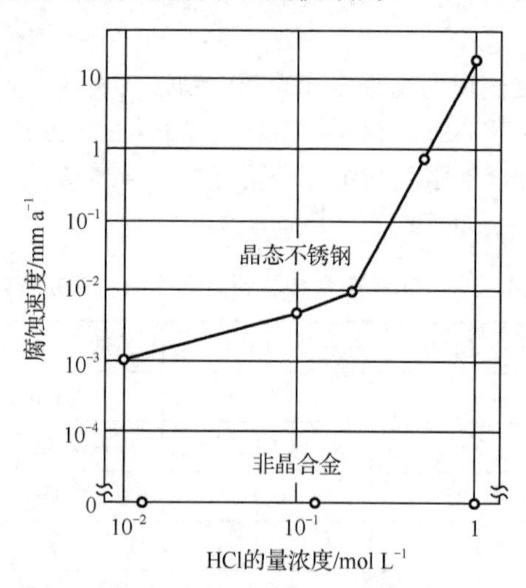

图 8-16 304 多晶不锈钢与非晶态 $Fe_{70}Cr_{10}P_{13}C_7$ 合金在 30℃HCl 溶液中的腐蚀速度比较

8.3.4 高分子的玻璃化转变

材料成型及控制工程专业的一个重要内容是塑料成型，因此本节进行高分子的玻璃化转变的讨论和学习。在早期的研究文献中常把高分子玻璃化转变看作二级相变，T_g 常被称为二级转变点。这是因为二级相变可定义为在转变温度时两相的化学位的一阶偏导数相等而二阶偏导数不相等，

故转变时定压热容 C_p、膨胀系数 a 和压缩系数 k 发生不连续变化。在高分子玻璃化转变时，其 C_p、a 和 k 恰好都发生不连续变化，故被认作二级相变。通过实验可观察到，玻璃化转变温度强烈地依赖加热冷却速度和测量的方法，是一个松弛过程而不是热力学平衡条件下的二级相变（后者的转变温度仅取决于热力学平衡条件），故玻璃化转变不是热力学相变，而是非平衡条件下的状态转变。

非晶态（无定形）高分子可以按其力学性质区分为玻璃态、高弹态和黏流态三种状态。无定形聚合物的温度形变曲线如图 8-17 所示，高弹态的高分子材料随着温度的降低会发生由高弹态向玻璃态的转变，这个转变称为玻璃化转变。它的转变温度称为玻璃化温度 T_g。如果高弹态材料温度升高，则高分子将发生由高弹态向黏流态的转变，其转变温度称为黏流温度 T_f。

当玻璃态高分子在 T_g 温度发生转变时，其模量降落 3 个数量级，使材料从坚硬的固体突然变成柔软的弹性体（见图 8-18），完全改变了材料的使用性能。高分子的其他很多物理性能，如体积（比体积）、热力学性质（比热容、焓）和电磁性质（介电常数和介电损耗、核磁共振吸收谱线宽度等）均有明显的变化。

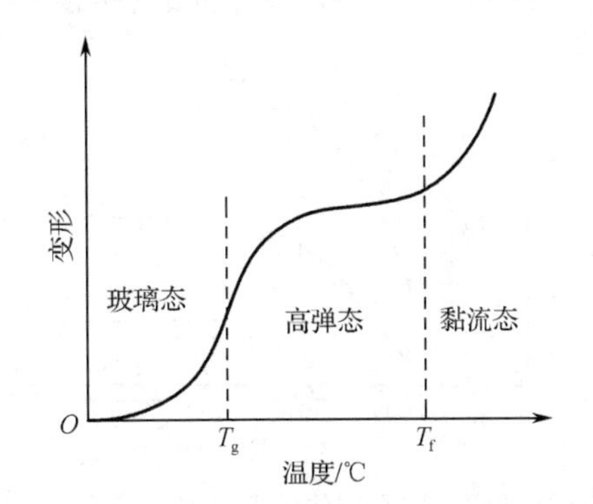

图 8-17　无定形聚合物的温度形变曲线

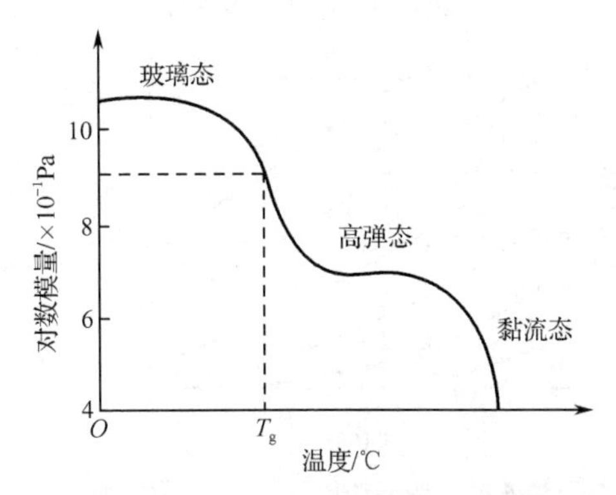

图 8-18　非晶高分子的模量温度曲线

作为塑料使用的高分子，当温度升高到玻璃化转变温度以上时，便失去了塑料的性能，变成了橡胶。平时我们所说的塑料和橡胶是按它们的 T_g 是在室温以上还是在室温以下而言的，T_g 在室温以下的是橡胶，T_g 在室温以上的是塑料。因此从工艺的角度来看，T_g 是非晶态热塑性塑料使用的上限温度，是橡胶使用的下限温度。T_g 是高分子的特征温度之一，可以作为表征高分子的指标。

图 8-19 所示的比体积温度曲线是非晶态（1）、部分结晶（2）和晶态高分子（3）材料的比体积与温度之间的关系曲线。直线段与曲线段的交点作为 T_g。由图 8-19 可见，由曲线 1 可获得 T_g；由曲线 2 既得到 T_g 又得到了 T_m；而从曲线 3 仅能得到 T_m，故晶态高分子使用的上限温度是 T_m（熔融温度）。图 8-20 所示为聚乙酸乙烯酯的比体积［$v(t)$，单位 $m^3\ kg^{-1}$］温度曲线，试验结果显示，T_g 具有速度依赖性，快速冷却得到的 T_g 比缓慢冷却得到的 T_g 来得高。这表明玻璃化转变是一种松弛过程。为了说明这一点，有人做了聚乙酸乙烯酯的比体积-时间等温线，如图 8-21 所示。由图可见，当温度较低时，需要很长的时间才能达到平衡比体积 $v(\infty)$。一般来说，测定 T_g 时所采用的冷却速度所提供的观察时间很短，而冷却至 T_g 时，高分子达到平衡比体积所需的时间极长，可以认为是无限大。因此，在 T_g 测得的比体积是一非平衡值。

对于三维网状高分子，由于分子链间的交联限制了整链运动。当交联密度较小时，两交联点之间的链长较长，在外力的作用下，它仍能通过单键内旋转改变其构象，所以这类高分子仍能出现明显的玻璃化转变，呈玻璃态和高弹态两种力学状态。随着交联密度的增加，两交联点之间的链长缩短，链段运动越来越困难，高弹形变也就越来越小，其玻璃化转变就不明显。例如酚醛树脂，当其固化剂六次甲基四胺的质量分数低于 2%时，树脂的相对分子质量仍较小，而且是支链形的，所以可能变为黏流态；当固化剂含量等于或大于 2%时，形成了三维网状高分子，黏流态消失；随着固化剂含量增加到 11%，高弹态几乎消失。六次甲基四胺固化的酚醛树脂温度形变曲线如图 8-22 所示。

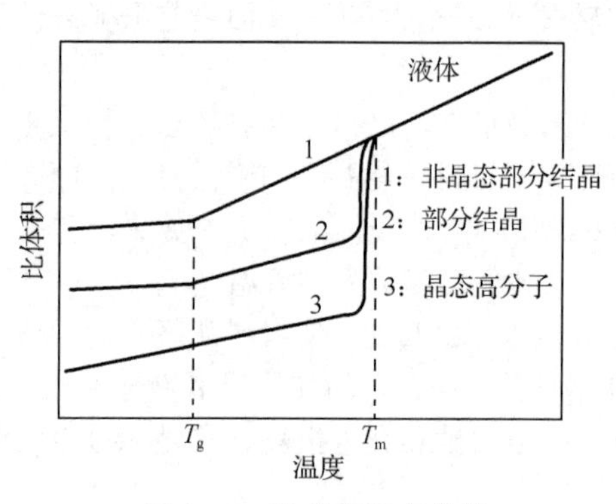

图 8-19 比体积温度曲线

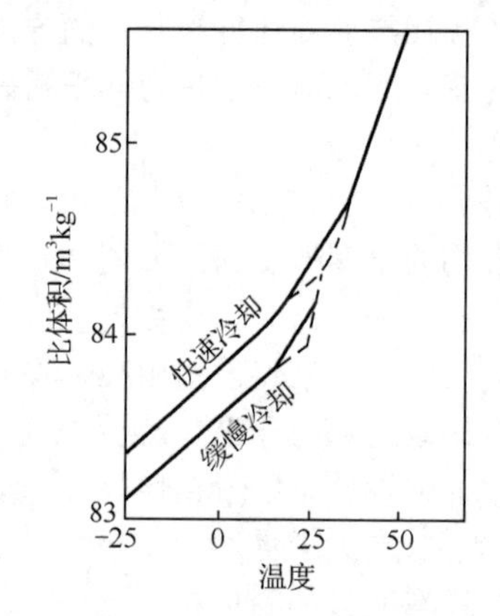

图 8-20 聚乙酸乙烯酯的比体积温度曲线

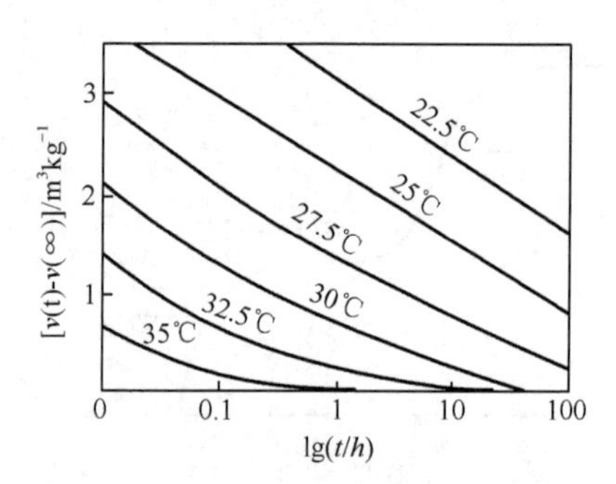

图 8-21 聚乙酸乙烯酯的比体积-时间等温线

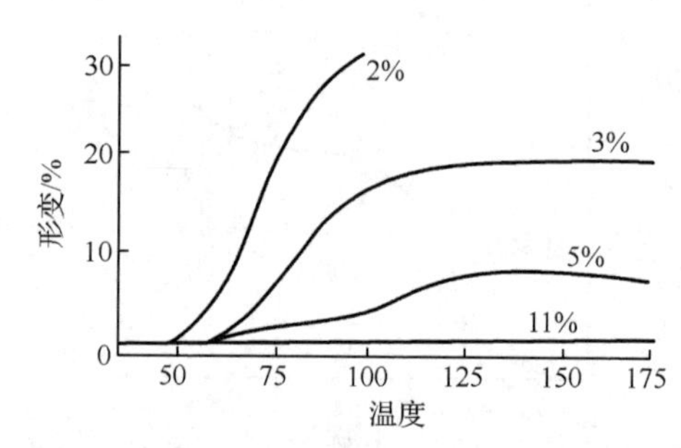

图 8-22 六次甲基四胺固化的酚醛树脂温度形变曲线

影响玻璃化转变温度的因素很多。因为玻璃化温度是高分子的链段从冻结到运动的一个转变温度，而链段运动是通过主链的单键内旋转来实现的，所以凡是影响高分子链柔性的因素，都会对 T_g 产生影响，如引入刚性基团或极性基团、交联和结晶这种减弱高分子链柔性或增加分子间作用力的因素都会使 T_g 升高；如加入增塑剂或溶剂、引进柔性基团等这种增加高分子链柔性的因素都将使 T_g 降低。

其实，上述的玻璃化温度只不过是测定玻璃化转变的一个指标，如果温度保持不变，而改变其他因素，我们也能观察到玻璃化转变现象，即玻璃化转变的多维性。例如，在等温条件下观察高分子的比体积随压力的变化，可得到玻璃化转变压力；在温度保持不变的条件下改变电场频率，也能观察到高分子的玻璃化转变现象，即高分子的玻璃化转变频率；在一定的温度下，从比体积对相对分子质量曲线上可以得到玻璃化转变相对分子质量。此外，还有玻璃化转变增塑剂浓度、玻璃化转变共聚物组成等。虽然上述因素都能反映出玻璃化转变现象，但用改变温度来观察玻璃化转变现象最为方便，又具有实际意义。因此，玻璃化温度仍然是指示玻璃化转变最重要的指标。

8.4 固态相变形成的亚稳相

8.4.1 亚稳相热力学基础

从相图分析可知，许多材料体系中都存在着固态相变，如同素异构转变、共析转变、包析转变、固溶体脱溶分解、合金有序化转变等。

固态相变的类型虽然很多，但从热力学角度可分为一级相变和二级相变两大类。一级相变是指相变时新相α与旧相β的化学势相等，而化学势的一次偏导不相等，即

$$\mu^{\alpha}=\mu^{\beta},\ \left(\frac{\partial\mu^{\alpha}}{\partial T}\right)_P\neq\left(\frac{\partial\mu^{\beta}}{\partial T}\right)_P,\ \left(\frac{\partial\mu^{\alpha}}{\partial P}\right)_T\neq\left(\frac{\partial\mu^{\beta}}{\partial P}\right)_T \tag{8-3}$$

因为

$$\left(\frac{\partial\mu}{\partial T}\right)_P=-S,\ \left(\frac{\partial\mu}{\partial P}\right)_T=V \tag{8-4}$$

所以，一级相变时伴有熵变和体积改变。

二级相变指相变时新旧相的化学势相等，其一次偏导亦相等，但二次偏导不等，即

$$\mu^{\alpha}=\mu^{\beta},\ \left(\frac{\partial\mu^{\alpha}}{\partial T}\right)_P=\left(\frac{\partial\mu^{\beta}}{\partial T}\right)_P,\ \left(\frac{\partial\mu^{\alpha}}{\partial P}\right)_T=\left(\frac{\partial\mu^{\beta}}{\partial P}\right)_T \tag{8-5}$$

$$\left(\frac{\partial^2\mu^{\alpha}}{\partial T^2}\right)_P\neq\left(\frac{\partial^2\mu^{\beta}}{\partial T^2}\right)_P,\ \left(\frac{\partial^2\mu^{\alpha}}{\partial P^2}\right)_T\neq\left(\frac{\partial^2\mu^{\beta}}{\partial P^2}\right)_T,\ \frac{\partial^2\mu^{\alpha}}{\partial T\partial P}\neq\frac{\partial^2\mu^{\beta}}{\partial T\partial P} \tag{8-6}$$

因

$$\left(\frac{\partial^2\mu}{\partial T^2}\right)_P=-\frac{\partial S}{\partial T}_P=-\frac{c_p}{T} \tag{8-7}$$

故 $c_p^{\alpha}\neq c_p^{\beta}$， c_p 为比定压热容。

$$\left(\frac{\partial^2\mu}{\partial P^2}\right)_T=\left(\frac{\partial V}{\partial P}\right)_T=\frac{V}{V}\left(\frac{\partial V}{\partial P}\right)_T=Vk \tag{8-8}$$

故 $k^{\alpha}\neq k^{\beta}$， k 为压缩系数。

$$\frac{\partial^2\mu}{\partial T\partial P}=\left(\frac{\partial V}{\partial T}\right)_P=\frac{V}{V}\left(\frac{\partial V}{\partial T}\right)_P=Va \tag{8-9}$$

故 $a^{\alpha}\neq a^{\beta}$， a 为膨胀系数。

故二级相变时，熵和体积不变，但比定压热容、压缩系数、膨胀系数改变。材料的固态相变多属一级相变，而有些固溶体的有序无序相变则为二级相变，铁磁性合金的磁性转变亦为二级相变。

除了从热力学对固态相变分类，人们在研究固态中亚稳相变时更关注其转变过程中原子的迁移状况，由此将相变分为扩散型和非扩散型相变两类。

固态相变时，新相与母相的化学成分和晶体结构（或两者之一）发生改变，故转变过程通常需借原子扩散进行重构。新相通过母相中的原子扩散而形核、生长，扩散条件决定着转变速度和形成的产物。扩散型相变是固态相变的通常形式，而非扩散相变则是在特定的非平衡条件下通过特殊的方式进行的，如马氏体相变是借母相晶格中原子群体作有规则的协同位移（或称切变式位移）构成新相晶格，其位移量很小，仅为几分之一的原子间距，故不存在原子扩散过程，新、旧相的成分也不改变。

固态相变多数以形核和生长方式进行，由于过程发生于固态中，其形核和生长时不仅在新、旧相之间因构成界面而有界面能，还需克服因新、旧相之间的比体积差而产生的应变能，因此相变需要更大的驱动力，往往在低于平衡相变温度的过冷条件下进行，其形核通常优先发生于母相的晶体缺陷如晶界、位错、层错、空位等处，呈不均匀形核。此外，也有个别不需形核而构成新相的事例，如后面将要介绍的调幅分解，此时特定成分范围内的固溶体能够自发分解形成不同成分的、均匀分布的两相微区。

固态相变往往处于非平衡状态，通过非平衡转变形成亚稳相，并且因形成时条件不同，可能出现不同的过渡相。这种亚稳状态不仅使材料的组织结构发生变化，还会使材料的性能也发生很大的改变，甚至出现特殊的性能。恰当地利用这些亚稳转变可以进一步发挥材料的潜力，以满足不同的使用要求。固态相变形成的亚稳相有多种类型，这里仅介绍固溶体脱溶分解产物、马氏体和贝氏体。

8.4.2　固溶体脱溶分解产物

当固溶体因温度变化等原因而呈过饱和（Super-Saturated）状态时，将自发地发生分解，其所含的过饱和溶质原子通过扩散而形成新相析出，此过程称为脱溶（Precipitation）。新相的脱溶通常以形核和生长方式进行，由于固态中原子扩散速度低，尤其在温度较低时更为困难，故脱溶过程难以达到平衡，脱溶产物往往以亚稳态的过渡相存在。

8.4.2.1　脱溶转变

相图中具有溶解度变化的体系，从单相区冷却经过溶解度饱和线进入两相区时，就要发生脱溶转变，相图中脱溶转变举例如图 8-23 所示。在温度较高时可发生平衡脱溶，析出平衡的第二相；如温度较低，则可能先形成亚稳的过渡相；如快速冷却至室温或低温（称为淬火或称固溶处理），还可能保持原先的过饱和固溶体而不分解，但这种亚稳态很不稳定，在一定条件下会发生脱溶析出过程（称为沉淀或时效），生成亚稳的过渡相。

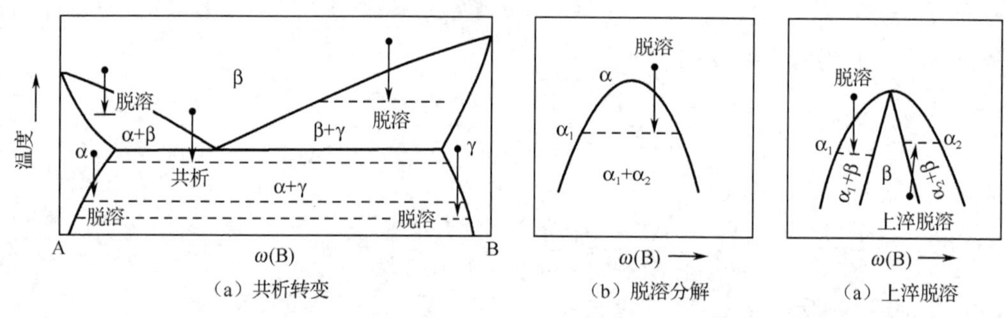

图 8-23　相图中脱溶转变举例

脱溶温度下的自由能-成分曲线如图 8-24 所示，新相脱溶使体系自由能下降，故脱溶分解是自发过程。固溶体 α 相分解前后的自由能差 $\Delta G=\dfrac{1}{2}\dfrac{\alpha^2 G}{\alpha C^2}(\Delta C)^2$，$(\Delta C)^2$ 大于 0，故成分在 as_1 和 s_2b 范围内，因 $\dfrac{\alpha^2 G}{\alpha C^2}>0$，成分起伏的 $\Delta G>0$，使自发分解难以进行，脱溶时新相的形成是通过形核和长大方式，形核需要克服能垒，借能量起伏及浓度起伏进行。而在图 8-24（b）中成分在 s_1s_2 之间（自由能曲线的二阶导数的两个拐点之间）的合金，因 $\Delta G<0$，则不需形核而自发分解，从而发生后面的调幅分解过程。

1. *形核-长大方式脱溶*

脱溶过程的动力学取决于新相的形核率和长大速度。设在 dt 时间内在体积 V 中形成的晶核数为

$$n=\dot{N}\mathrm{d}tV \tag{8-10}$$

式中，$\dot{N}$ 为新相形核率，是单位时间形核数目与未转变体积之比。

对一个球形晶核，其转变体积为 $\dfrac{4}{3}\pi R^3$，R 为新相半径。

设新相晶核在彼此接触前的长大线速度 G 为恒值，在某一温度经 τ 时间孕育后

$$R=G(t-\tau) \tag{8-11}$$

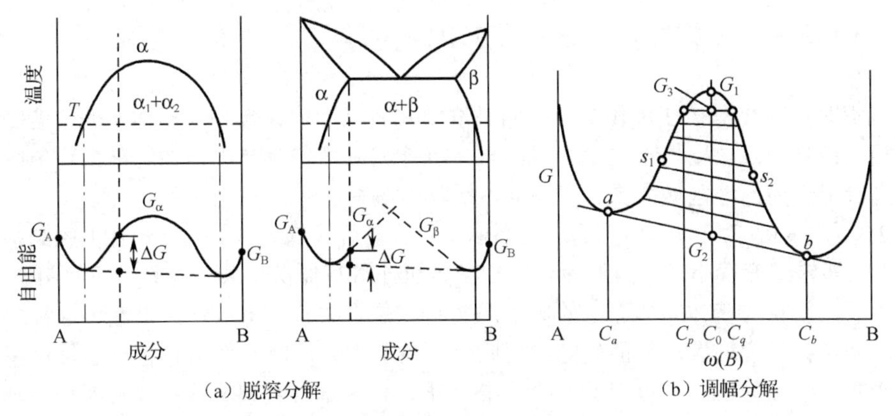

（a）脱溶分解　　（b）调幅分解

图 8-24　脱溶温度下的自由能-成分曲线

故转变体积为

$$V' = \int_0^t \frac{4}{3}\pi G^3 (t-\tau)^3 \dot{N} V \mathrm{d}t \tag{8-12}$$

转变体积分数则为

$$X = \frac{V'}{V} = \int_0^t \frac{4}{3}\pi G^3 (t-\tau)^3 \dot{N} \mathrm{d}t \tag{8-13}$$

设 G 和 $\dot{N}$ 均为常数，τ 甚小可忽略，积分后，得

$$X = \frac{\pi}{3}\dot{N}G^3 t^4 \tag{8-14}$$

但以上计算未考虑到已转变的体积，把已转变体积中的晶核数也计算在内，这与实际不符。设所有晶核的体积相同，则实际晶核数 n_r 与晶核数 n 之比为

$$\frac{n_\mathrm{r}}{n} = \frac{V_\mathrm{r}}{V} = \frac{X_\mathrm{r}}{X} \tag{8-15}$$

微分，得

$$\frac{\mathrm{d}n_\mathrm{r}}{\mathrm{d}n} = \frac{\mathrm{d}X_\mathrm{r}}{\mathrm{d}X} \tag{8-16}$$

设在 $\mathrm{d}t$ 时间内单位体积中形成的晶核数为 $\mathrm{d}p$，则

$$dn_\mathrm{r} = V_\mathrm{n}\mathrm{d}p \tag{8-17}$$

$$\mathrm{d}n = V\mathrm{d}p \tag{8-18}$$

式中，V_n 为未转变的体积。
如 $\mathrm{d}p$ 与基体位置无关，即随机形核，则

$$\frac{\mathrm{d}n_\mathrm{r}}{\mathrm{d}n} = \frac{V_\mathrm{r}}{V} = 1 - X_\mathrm{r} = \frac{\mathrm{d}X_\mathrm{r}}{\mathrm{d}X} \tag{8-19}$$

积分，即得

$$X_\mathrm{r} = 1 - \exp\left(-\frac{\pi}{3}\dot{N}G^3 t^4\right) \tag{8-20}$$

于是得出第 4 章中已介绍过的 Johnson-Mehl 动力学方程，它适用于具有随机形核、形核率 $\dot{N}$ 和长大线速度为恒值且 τ 很小的相变过程。如果 $\dot{N}$ 不是恒值，则以 Avrami 的经验方程式来近似地表达

$$X_\mathrm{r} = 1 - \exp(-kt^n) \tag{8-21}$$

式中，k 和 n 为有关系数。

脱溶方式可分为连续脱溶（连续沉淀）和不连续脱溶（不连续沉淀）两类。连续脱溶又分为

均匀脱溶和不均匀脱溶（或称局部脱溶）。下面分别予以说明。

（1）连续脱溶。

连续脱溶时，新相晶核在母相中各处同时发生并随机形成，母相（基体）的浓度随之连续变化，但母相晶粒外形及位向均不改变。脱溶相（沉淀相）均匀分布于基体时称为均匀脱溶；如果脱溶相优先析出于局部地区如晶界、孪晶界、滑移带等处，则为不均匀脱溶。

图 8-25 所示为脱溶相与基体界面的关系示意图。当脱溶新相与基体（母相）的结构和点阵常数都很相近，即错配度很小时，其形核和生长在界面处与基体保持共格关系，即如图 8-25（a）所示的共格界面，新相与基体间界面上的原子同属两相晶格共有，形成连续过渡，这种共格界面的界面能很低。若错配度增大，界面处的弹性应变能也增大，这时界面将包含一些位错来调节错配以降低应变能，形成图 8-25（b）所示的半共格界面，也叫部分共格界面。如果新相与基体在界面处的原子排列相差很大，即错配度很大时，则形成图 8-25（c）所示的非共格界面，其界面能高。

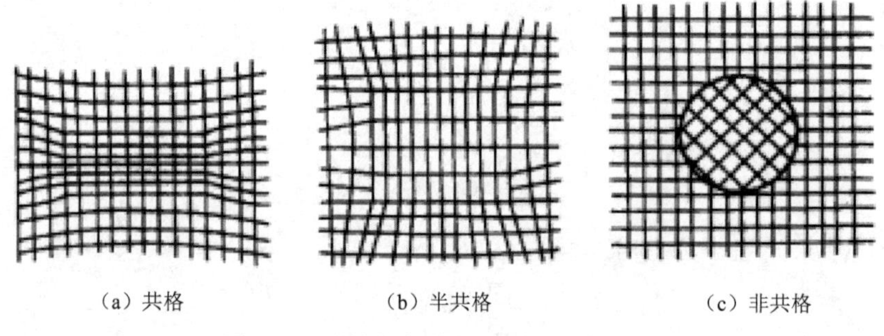

（a）共格　　（b）半共格　　（c）非共格

图 8-25　脱溶相与基体界面的关系示意图

相界面为共格或半共格时，两相之间存在确定的取向关系，两相在界面处以彼此匹配较好的晶面相互平行排列，以降低界面能，而非共格界面的两相之间往往不存在取向关系。

脱溶相的形状与界面处的应变能等因素有关。对于共格或半共格界面的脱溶相，其应变能主要取决于两相晶格之间的错配度，错配度越大则应变能越大。当错配度减小时，共格脱溶相趋于形成球形粒子，以求得最小界面面积，即其界面能最小；当错配度增大时，则脱溶相以立方形状分布于基体，使错配度最小的晶面相匹配，减小应变能；而错配度更大时则呈薄片状，使错配度最小的晶面占到最大的界面来减小应变能。

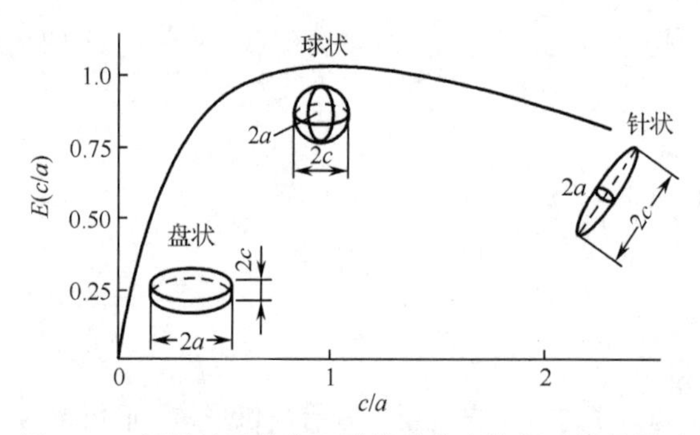

图 8-26　新相粒子的几何形状对应变能相对值的影响

对于非共格界面的脱溶相，虽不存在共格应变，但因母相和脱溶相两者的比体积不同，脱溶相析出时将受到周围基体的约束而产生弹性应变。脱溶相粒子形状也与应变能有关，新相粒子的几何形状对应变能相对值的影响如图 8-26 所示，图中尺寸 a 为粒子椭圆形球体的赤道半径，c 为该粒子椭圆形球体的两极之间的距离，当 c/a 由小到大时，粒子分别由盘状到球状再到针状。由 8-26 图可知，盘状（圆盘状）脱溶相所导致的应变能最小，其次为针状，而球状的应变能最大。但脱溶相究竟呈何形状还要考虑表面能因素，盘状的表面积大，总表面能高；而球状表面积最小，总表面能低。故表面能大者倾向于球状，表面能小者倾向于盘状。由此可见，实际的脱溶相形状是由应变能和表面能综合作用的结果。

连续脱溶也可呈不均匀分布，即呈局部脱溶。脱溶相优先析出在晶界、滑移带、位错线等晶体缺陷处，因为这些位置有利于新相形核，尤其在过冷度较小、形核率较低的情况下，晶格缺陷为形核提供有利条件。

新相脱溶以后，以一定的大小颗粒与一定浓度的周围基体形成准态平衡，如果所处的温度低，原子扩散困难，则这样的准态平衡能保持不变；但所处温度较高或升温至较高温度时，扩散能够进行，则脱溶颗粒要发生聚集长大，即粗化，以降低其总界面能。图 8-27 所示为不同半径的β相在α基体中的饱和度曲线。在一定温度下，较大的颗粒对基体具有较小的饱和度，如在 T_3 时，半径为 r_1 的颗粒已具一定的过饱和度，但半径为 r_3 的颗粒却刚达到饱和度。因此小颗粒会发生溶解而大颗粒则进一步长大，总的 β 相体积分数维持不变。颗粒长大过程是借溶质原子的扩散而进行的，扩散的驱动力来自大小颗粒周围基体的浓度差。图 8-28 所示为α固溶体、粗粒、细粒的自由能-成分关系图，因大颗粒的表面原子所占体积分数较小颗粒的低，其表面能较同样体积的小颗粒的总表面能低，故大颗粒的自由能低于小颗粒。由公切线法则，与小颗粒相平衡的 α 基体浓度要高于与大颗粒保持平衡的 α 基体浓度，故大小颗粒造成了 α 基体中的浓度梯度，浓度高处会向浓度低处扩散，使小颗粒溶解而大颗粒长大。

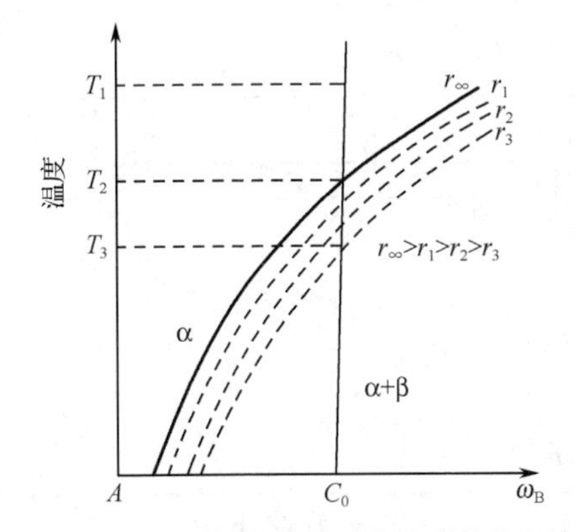

图 8-27　不同半径的β相在α基体中的饱和度曲线

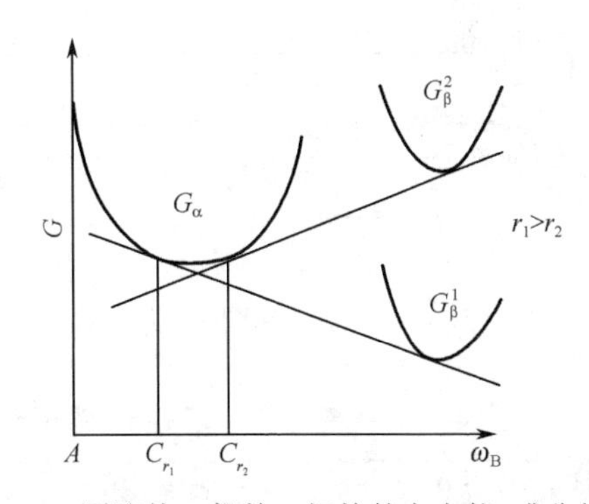

图 8-28　α固溶体、粗粒、细粒的自由能-成分关系图

（2）不连续脱溶。

发生不连续脱溶时，从过饱和的基体中以胞状形式同时析出包含有α与β两相的产物，其中α相是成分有所改变的基体相，而β相则是脱溶新相，两者以层片状相间分布，通常形核于晶界并向某侧晶粒生长，转变区形成的胞状领域与未转变基体有明晰的分界面，基体成分在界面处突变且晶体取向也往往有改变。图 8-29 所示为不连续脱溶示意图，脱溶时两相耦合生长，与共析转变类似，发生 $\alpha_0 \rightarrow \alpha_1+\beta$ 转变。脱溶相 β 一旦在 α 相中的特定地区（如晶界）析出，仅仅引起母相局部地区成分的改变，并且在此脱溶微区内达到两相成分和数量的平衡或介稳平衡，形成区别于母相其他地区的胞状脱溶区（与片状珠光体类似，一相为平衡脱溶物，另一相为贫化的固溶体基体，有一定过饱和度）。在同一合金中，可同时有连续脱溶和不连续脱溶存在，但两者的脱溶相往往不相同。

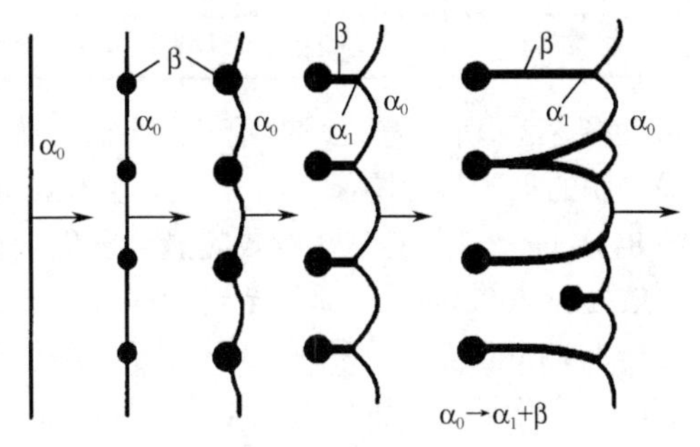

图 8-29　不连续脱溶示意图

在这种情况下，通常先发生连续脱溶，所沉淀析出的均匀弥散相处于亚稳状态（亚稳相），它进一步发生不连续脱溶时，胞状区的亚稳相随着稳定的不连续脱溶相的生长而重新溶入基体中，

此时基体相因析出新相而贫化，故能重新固溶原先析出的亚稳相。发生不连续脱溶使体系自由能进一步下降，但其形成须克服一定的能垒，故往往先析出连续脱溶的亚稳相，在一定温度下经过一段时间后再发生不连续脱溶。

实验证实，试样中的应变会促进不连续脱溶过程产生。关于不连续脱溶机制，有人认为它有些类似于再结晶时晶界的迁移过程：脱溶相首先形核于基体的晶界，其生长是通过推动晶界向一侧晶粒弓出迁移而逐步发展的，故人们认为胞状脱溶分解领域前沿的界面是晶界突出所致的。胞状脱溶可借晶界作快速的短程扩散生长，而不像连续脱溶时需要依靠溶质原子的长程扩散，故不连续脱溶形核后的生长速度是较快的。

2. 不形核方式分解（调幅分解）

调幅分解是自发的脱溶过程，它不需要形核，而是通过溶质原子的上坡扩散形成结构相同而成分呈周期性波动的纳米尺度共格微畴，以连续变化的溶质富集区与贫化区彼此交替且均匀地分布于整体中。图 8-30（a）表示调幅分解时其浓度变化的特点，图 8-30（b）表示形核–长大方式的浓度情况以做对比，在分解早期，微畴之间呈共格，不存在相界面，只有浓度梯度，随后逐步增加幅度，形成亚稳态的调幅结构，在条件充分时，最终可形成平衡成分的脱溶相。调幅分解与形核生长的区别对比如表 8-5 所示。

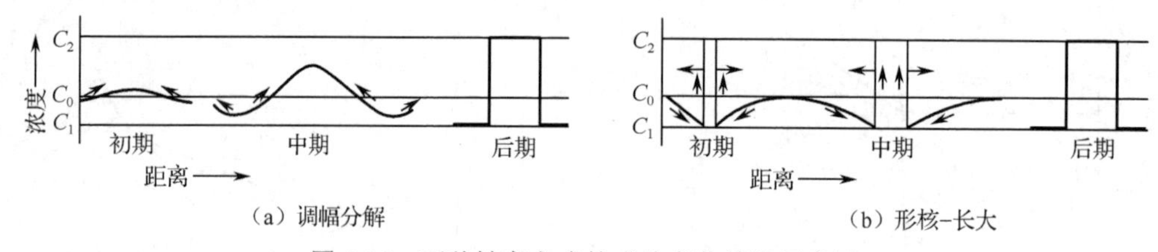

图 8-30 两种转变方式的成分变化情况示意图

表 8-5 调幅分解与形核生长的区别对比

项 目	调 幅 分 解	形 核 生 长
成核特点	无核、无热力学势垒	有核、有热力学势垒
界面特点	宽泛、不明晰、共格界面	明晰，共格、半共格、非共格
成分变化	连续过渡	不连续突变（新相保持平衡浓度）
扩散方式	下坡扩散	上坡扩散
转变速度	慢	快
相变产物	尺寸小、组织均匀细密、分解规则	尺寸大、组织均匀性较差、常呈球状

图 8-31 所示为 Cu-4Ti 合金中调幅分解的 TEM 像，以 Cu-4Ti 合金为例，显示不同阶段的调幅组织的电子显微图像。当合金固溶体从 900℃快冷（淬火）至室温后，即出现初期的调幅分解，图 8-31（a）借其应变衬度效应显示出周期性波动，调幅波长 $\lambda \approx 6.5$nm；图 8-31（b）是经 500℃时效处理 200min 后，λ 增至约 40nm，显示“织纹状”组织特征；图 8-31（c）是在经 500℃时效处理 1 000min 后，组织进一步粗化，λ 增至 70nm；如果长期在 500℃时效处理，时效保温 8 000min 后，脱溶粒子进一步长大，与基体只能维持半共格界面，如图 8-31（d）所示。

调幅分解的机制是溶质原子的上坡扩散，故可解扩散方程进行定量处理。在起始阶段，由于浓度起伏，在微小区域有少量成分偏离，若过饱和固溶体成分是在自由能–成分曲线的拐点之内，则体系自由能下降，故分解能不断地进行。调幅分解不仅在一些合金系中发现，如 Au-Pt、Au-Ni、Fe-Cr 等二元系，以及 Cu-Ni-Fe、Co-Cu-Ni、Fe-Ni-Al 等三元系，也在陶瓷材料如 Na_2O-SiO_2 系的玻璃中，当经受很大的过冷时会由非晶态转变为调幅分解组织。

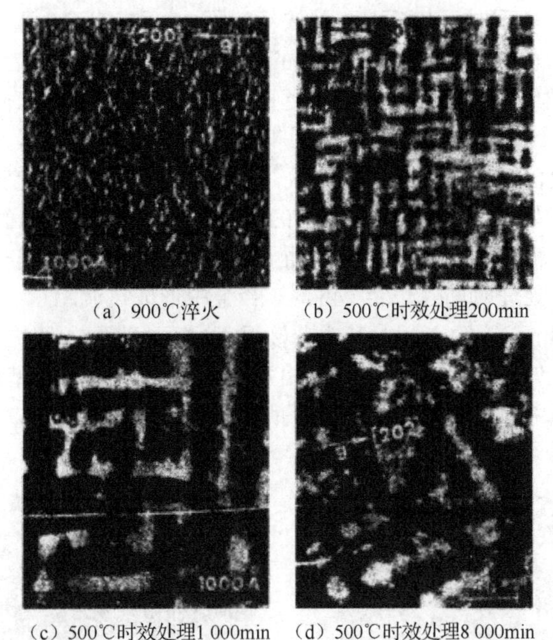

（a）900℃淬火　（b）500℃时效处理200min

（c）500℃时效处理1 000min　（d）500℃时效处理8 000min

图 8-31　Cu-4Ti 合金中调幅分解的 TEM 像

8.4.2.2　脱溶过程的亚稳相

过饱和固溶体脱溶分解过程因成分、温度、应力状态及加工处理条件等因素而异，是复杂多样的，通常不直接析出平衡相，而是通过亚稳态的过渡相逐步演变过来，前述的调幅分解就是一个例子。

对于形核-长大型脱溶，也往往是分成几个阶段发展的，这里以典型的 Al-4.5%Cu 合金为例来分析。人们对固溶体脱溶（通常称作“时效析出”）的最早研究就是从这个合金开始的，经过长期的、多方面的分析研究，对它的认识也是最完善的。Al-Cu 合金相图如图 8-32 所示，Al-4.5%Cu 合金在室温的平衡组成相应为α固溶体和 $CuAl_2$ 金属间化合物（θ相）。若将合金加热到 540℃，使θ相溶入，呈单相α固溶体，再从这温度快冷（淬水）到室温，可得到单相的过饱和α固溶体（这称为固溶处理），此时脱溶不发生，为亚稳状态。

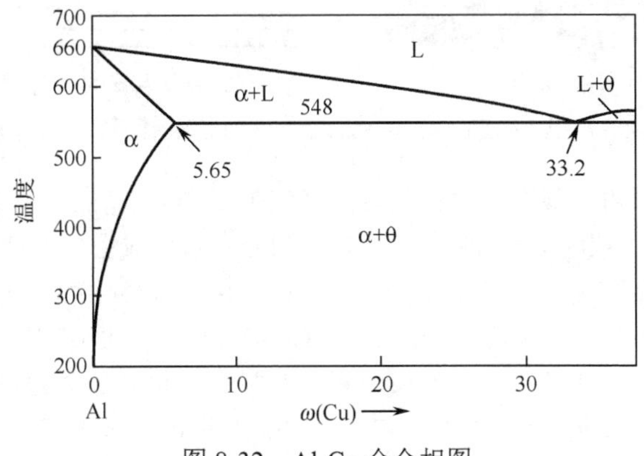

图 8-32　Al-Cu 合金相图

如再加热到 100～200℃保温（时效处理），则过饱和α将发生脱溶分解，并随保温时间增长而形成不同类型的过渡相（Transition Phase）。早期应用 X 射线衍射方法进行了大量的研究，得出此合金经固溶处理后时效处理时，其沉淀相是按 G.P.区-θ″（或称 G.P.Ⅱ）-θ′-θ（$CuAl_2$）的顺序逐步进行的（G.P.为纪念最早对此做出贡献的 Guinier 和 Preston 两位学者），而透射电子显微学的发展，使人们对此过程的结构和组织变化有了更直接的了解。图 8-33（a）是时效初期（540℃淬水后，在 130℃时效处理 16h）形成 G.P.区的透射电镜像，G.P.区呈圆片状，直径约 8nm，厚为 0.3～0.6nm，是沿着基体{100}面分布的铜原子富集区，它们在基体中的密度为 10^{17}～$10^{18}/cm^3$。由于观察时试样取向是以{100}晶面平行于电子束方向的，故平行于这组{100}面的 G.P.区就表现为图中所显示的暗或白色细条，而平行于另两组{100}面的 G.P.则是倾斜的，其有效厚度还不足以产生可以观察到的衬度。当时效处理时间延长至 24h 时，合金中形成过渡相θ″，如图 8-33（b）所示。*θ″*相为圆盘形，直径约 40nm，厚约 2nm，其成分接近 $CuAl_2$，为四方结构，$a=b=0.404nm$，与基体的晶胞尺寸一致，而 $c=0.78nm$（与析出物薄片相垂直的方向），较两个基体晶胞 $2a=0.808nm$ 略小一些，故θ″虽与α基体保持共格，但产生一定的弹性畸变，图 8-33（d）表示θ″与基体间的共格应变场，这种应变场是合金时效强化的重要因素。

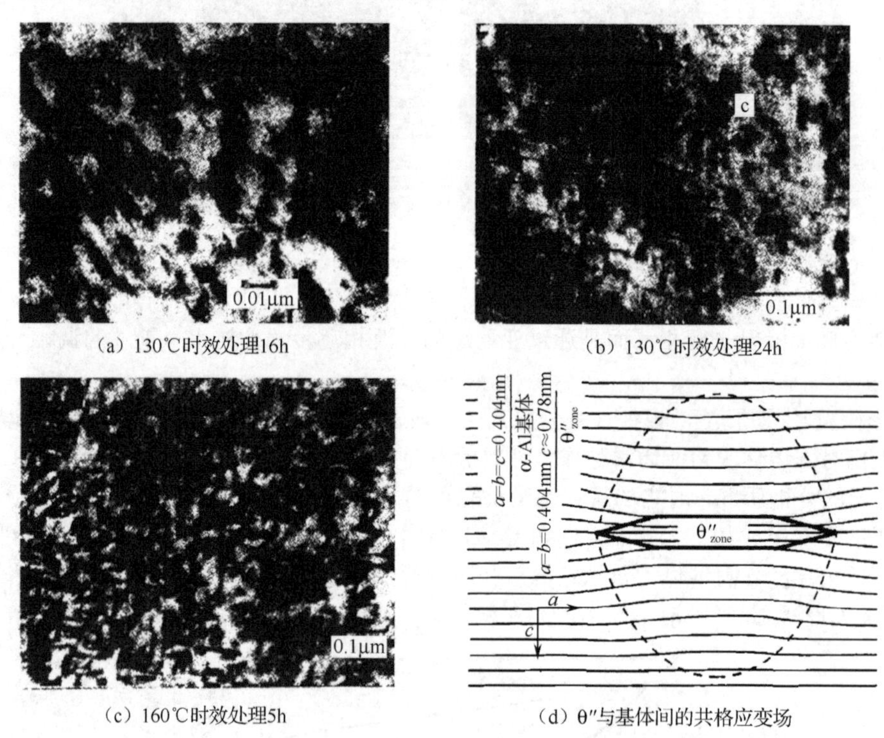

（a）130℃时效处理16h
（b）130℃时效处理24h
（c）160℃时效处理5h
（d）θ″与基体间的共格应变场

图 8-33　Al-ω(Cu) 4.5wt.%合金在 540℃淬水后的显微组织

图 8-33（b）的透射电镜像是取自样品表面平行于（100）晶面（电子束垂直于（100）面）的情况，故平行于（010）或（001）的θ″可被观察到，呈暗色或白色细针状，而与表面平行的θ″则不可见，但图像中出现暗色斑块（如标以 c 者）则是由于基体中弹性应变而引起的衍射衬度变化。图 8-33（c）是以 160℃经 5h 时效处理后的透射电镜像，此时θ″相的密度很高，共格应变场也增大并扩展成彼此相互衔接的一片，形成波涛状的背景，此时合金达到最高的硬度值。当时效处理温度更高或时效处理时间更长，合金中析出θ′相，此时θ″相逐渐减小以至消失，θ′为沿{100}面析出的较大圆片，它们与基体之间已不能保持共格，借界面位错联系，故θ′周围的应变场减弱，合金的硬度开始下降，表明已经过时效了。θ′也是四方结构，*a*、*b* 点阵常数仍与α基体接近，但

c 大约为 0.58nm。平衡相 θ 为 $a=b=0.606$nm，$c=0.487$nm，与 α 基体晶胞相差甚大，故与基体不共格，含有平衡相 θ 的 Al-Cu 合金已明显软化。

以上是 Al-Cu 合金中可能出现的脱溶相及其演变顺序，但如果时效处理温度改变或合金成分变化，脱溶过程及形成的过渡相也会发生变化。表 8-6 所示为一些合金系的脱溶分解情况，由表可见不同的合金存在着差异。

表 8-6　一些合金系的脱溶分解情况

基体金属	合　金	脱溶沉淀的顺序	平衡沉淀相
铝	Al-Ag	G.P.区(球形) → γ′(片状)	→ γ (Ag_2Al)
	Al-Cu	G.P.区(圆盘) → θ″(圆盘) → θ′	→ θ($CuAl_2$)
	Al-Zn-Mg	G.P.区(球) → M′	→ M ($MgZn_2$)
	Al-Mg-Si	G.P.区(棒状) → β′	→ β(Mg_2Si)
	Al-Mg-Cu	G.P.区(棒或球状) → S′	→ S(Al_2CuMg)
铜	Cu-Be	G.P.区(圆盘) → γ′	→ γ (CuBe)
	Cu-Co	G.P.区(球状)	→ β
铁	Fe-C	ε碳化物(圆盘)	→ Fe_3C
	Fe-N	α″(圆盘)	→ Fe_4N
镍	Ni-Cr-Ti-Al	γ′ (球或立方体)	→ γ [Ni_3(Ti, Al)]

8.4.2.3　脱溶分解对性能的影响

脱溶分解对材料的力学性能有很大的影响，其作用取决于脱溶相的形态、大小、数量和分布等因素。一般来说，均匀脱溶对性能有利，能起到明显的强化作用，称为“时效强化（Aging Strengthening）”或“沉淀强化（Precipitation Strengthening）”；而局部脱溶，尤其是沿着晶界（Grain Boundary）析出（包括不连续脱溶导致的胞状析出），往往对性能有害，使材料塑性下降，呈现脆化，强度也因此下降。

均匀脱溶形成弥散分布的第二相微粒，下面以 A1-Cu 合金为例来介绍脱溶各阶段的性能变化。图 8-34 所示为 A1-Cu 合金的时效硬化曲线，是含 Cu 量为 2.0%～4.5%的 4 种 A1-Cu 合金经固溶处理后，在 130℃时效处理不同时间后的硬度变化曲线。

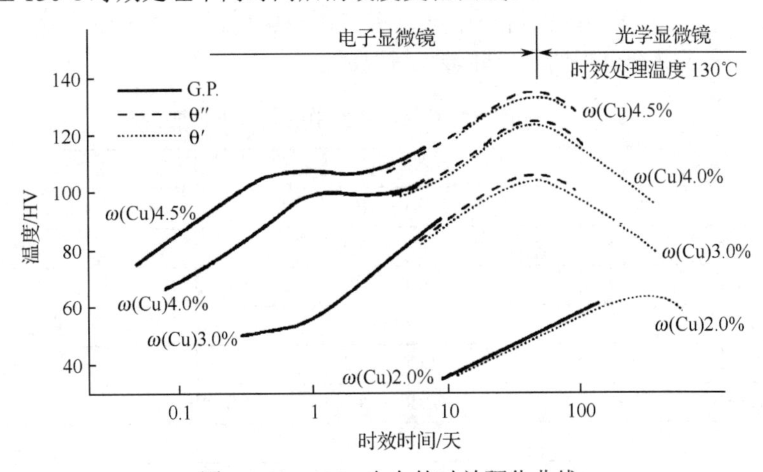

图 8-34　A1-Cu 合金的时效硬化曲线

从图中可以看出，含 Cu 量为 4.0%或 4.5%的合金在短时时效处理后即形成 G.P.区，硬度不断提高，而在θ″相充分析出时达到最高硬度，继续在130℃时效处理则因θ′相的大量形成使硬度下降。对于含Cu量较低的合金［质量分数ω(Cu)3.0%］，脱溶相数量减少，故硬度提高较缓慢，所能达到的峰值也较低。至于含Cu量降低到2%时，析出量少且很快就转为θ′相，时效硬化作用甚弱。以上情况进一步表明，在Al-Cu合金中，θ″相起主要强化作用，这不仅是因其高密度且细小弥散分布，更由于其共格弹性应变场增至最大、形成衔接的一片，对位错运动有很大的阻碍作用。

以上所举是A1-Cu合金的时效强化特性，对于其他的合金系，如表8-6所列，各有不同的脱溶规律，故其时效强化的特点也不相同，应根据各个合金的特点来确定其时效处理工艺，以获得最佳的力学性能。通过脱溶分解而产生的时效强化是合金强化的主要途径之一，许多合金特别是铝基、镁基、镍基合金，以及不锈钢等基体不具有固态多型性转变的材料，都须通过合金设计利用时效强化来满足使用要求。

脱溶分解也会导致材料物理性能的变化，这变化来自时效后基体中浓度的改变、脱溶相微粒的影响和合金中应变场的作用等。时效处理初期使电子散射概率增加，故合金电阻上升；但过时效则因基体中溶质原子贫化而使电阻下降。合金的磁性也因时效处理而变化，由于脱溶相阻碍了磁畴壁移动，软磁材料的磁导率会因时效处理而下降。对硬磁材料来说，因矫顽力Hc、剩磁Br也都是组织敏感的，它们与第二相的弥散度、分布情况和晶格畸变等因素有关，矫顽力的大小取决于畴壁反向运动的难易程度，故时效处理使Hc增大；脱溶相的弥散度越大，反迁移越困难，则Hc越大，Br也越大。

调幅分解也导致材料性能的变化，所形成的精细组织使硬度、强度增高。例如，Cu-Ti合金经时效处理发生调幅分解后，其强度已接近于铍青铜的高强度水平。调幅分解对合金磁性的影响也是明显的，例如，Al-Ni-Co永磁合金所呈现的组织是调幅分解形成的，由于在发生分解时合金已有磁性，故磁能与弹性能将联合影响脱溶组织。通过在分解时施加外磁场，使浓度波动沿着磁场方向发展而形成所需的磁性异向性（定向磁合金），使磁性能显著提高。

8.4.3 马氏体转变

马氏体转变是一类非扩散型的固态相变，其转变产物（马氏体）通常为亚稳相。马氏体是钢中加热至奥氏体（γ固溶体）后快速淬火所形成的高硬度的针片状组织，为纪念冶金学家Martens而命名。马氏体转变的主要特点是无扩散过程，原子协同作小范围位移，以类似孪生的切变方式形成亚稳态的新相（马氏体），新旧相化学成分不变并具有共格关系。目前已得知，不仅在钢中，在其他一些合金系及纯金属和陶瓷材料中都可有马氏体转变，故其含义已被广泛应用。表8-7所示为一些有色金属及其合金中的马氏体转变情况。

表8-7 一些有色金属及其合金中的马氏体转变情况

材料及其成分	晶体结构的变化	惯 析 面
纯Ti	BCC→HCP	{8, 8, 11}或{8, 9, 12}
Ti-11%Mo	BCC→HCP	{3 3 4}或{3 4 4}
Ti-5%Mo	BCC→HCP	{3 3 4}或{3 4 4}
纯Zr	BCC→HCP	—
Zr-2.5%Cr	BCC→HCP	—
Zr-0.75%Cr	BCC→HCP	—
纯Li	BCC→HCP（层错）	—
	BCC→HCP（应力诱发）	{1 4 4}
纯Na	BCC→HCP（层错）	—

续表

材料及其成分	晶体结构的变化	惯　析　面
Cu-40%Zn	BCC→面心四方（层错）	~{1 5 5}
Cu-（11～13.1）%Al	BCC→FCC（层错）	~{1 3 3}
Cu-（12.9～14.9）%Al	BCC→正交	~{1 2 2}
Cu-Sn	BCC→FCC（层错）	—

8.4.3.1　马氏体转变的晶体学

1．组织及结构特征

马氏体的显微组织因合金成分不同而异，以钢中马氏体为例，随含碳量不同其形貌发生了变化：低碳钢中马氏体呈板条状（Lath Martensite），它们成束分布于原奥氏体晶粒内，同一束中马氏体条大致平行分布，而束与束之间则有不同的位向，如图 8-35（a）所示。高碳马氏体呈片状，各片之间具有不同的位向，并且大小不一。大片是先形成者，小片则分布于大片之间，如图 8-35（b）所示。应用透射电镜分析，可得出上述马氏体的细节情况，低碳的条状马氏体是由宽度为零点几微米的平行板条组成的，板条内存在着密度甚高的位错亚结构（位错胞），如图 8-36（a）所示。平行的马氏体条之间是小角度晶界，而不同位向的马氏体束之间以大角度晶界分界。马氏体条的长轴方向是其$\langle 111\rangle_M$晶向，测得其长轴平行于母相奥氏体的晶向$\langle 110\rangle\gamma$，由此得出两者之间具有一定的位向关系：$\langle 111\rangle_M \| \langle 110\rangle\gamma$。片状马氏体内的亚结构为微孪晶，如图 8-36（b）所示，马氏体片中的平行条纹全部是孪晶，其厚度为几到几十纳米。

（a）ω(C)=0.15%钢

（b）ω(C)=1.30%钢

图 8-35　钢中马氏体形貌（光学显微镜像）

（a）ω(C)=0.23%钢

（b）ω(C)=1.28%钢

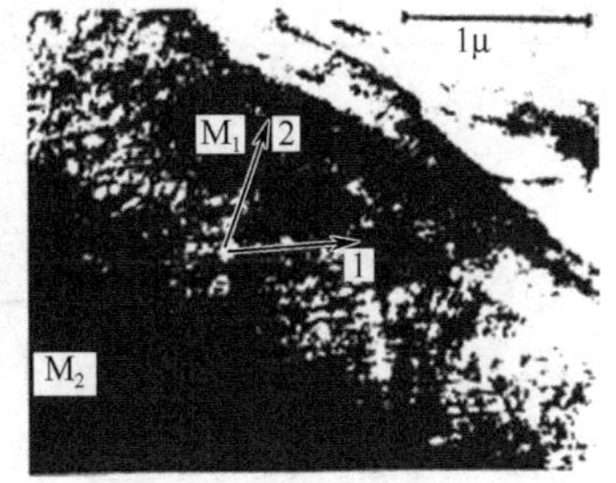

（c）ω(C)=1.28%钢，显示中脊面

图 8-36　钢中马氏体的透射电镜（TEM）像

图 8-36（c）是一个大片马氏体的高倍形貌，可以看到它被一条中脊线分成 M1 及 M2 两部分，在 M1 中，平行于 1 和 2 两个方向的孪晶清晰可见，而在 M2 区域中图像较模糊，这表明两个区

域有少量的位向差，当 M1 区清晰时，M2 区的衬度就微弱不清了，经选区电子衍射分析得出，线 1 相当于马氏体的$(112)_M$，而线 2 则是$(\bar{1}\bar{1}2)_M$，由此可知孪晶面为$\{112\}_M$，中脊面相当于奥氏体的$(252)_\gamma$，这个面称为片状马氏体的惯析面。

通过大量的分析工作确定：含碳量为 0.6%～1.4%的片状马氏体具有$(225)_\gamma$惯析面，而含碳量高于 1.4%的碳钢及 Fe-Ni 合金等其片状马氏体具有$(259)_\gamma$惯析面，但它们的内部亚结构均为孪晶型。事实上，淬火钢中往往同时有条状的位错型马氏体和片状的孪晶马氏体，对碳钢来说，含碳量低于 0.6%时其淬火组织以条状马氏体为主，但也会含有一些片状马氏体；含碳量在 0.6%～1.0%为两类马氏体混合组织，而含碳量大于 1.0%则基本上是片状马氏体。此外，在某些高合金钢［如含 Mn(>15%)，含 Cr(11%～19%)-Ni(7%～17%)等］中观察到一种薄片状的马氏体，称为ε马氏体。它们呈平行的狭长形薄片，由于薄片很薄，故用透射电镜观察时未能显示其亚结构，经测定，其晶体结构为密排六方。有的有色合金（如 In-Tl 合金、Mn-Cu 合金等）中还可以观察到带状马氏体，它们呈宽大的平行带分布，其亚结构也为孪晶型。以上表明，不同合金中马氏体形貌和结构是有变化的。

2. 马氏体转变的晶体学特点

在预先抛光表面观察马氏体转变时，可发现原先平整的表面因一片马氏体的形成而产生浮凸，马氏体片形成时产生的浮凸示意图如图 8-37 所示，如原先在抛光表面画直线 *PS*，则 *PS* 线沿倾动面改变方向（*QR* 段倾斜为 *QR'* 线段），但仍保持连续而不位移（中断）或扭曲。由此可见，平面 $A_1A_2B_2B_1$ 在转变后成为 $A_1'A_2B_2B_1'$，仍保持原平面，未有扭曲，表明此为均匀的变形，而且新相（马氏体）与母相（奥氏体）的界面平面（惯析面，为基体和马氏体所共有的面）$A_1B_1C_1D_1$ 及 $A_2B_2C_2D_2$ 的形状和尺寸均未改变，也未发生转动，表明在马氏体转变时惯析面（Habit Plane）是一个不变平面（与孪生时的 K_1 面一样）。具有不变惯析面和均匀变形的应变称为不变平面应变（Invariam Plane Strain），发生这类应变时，形变区中任意点的位移是该点与不变平面之间距离的线性函数，这与孪生变形时的切变情况相似，如图 8-38（a）所示，但马氏体转变时的不变平面应变还包含少量垂直于惯析面方向的正应变分量，如图 8-38（b）所示。

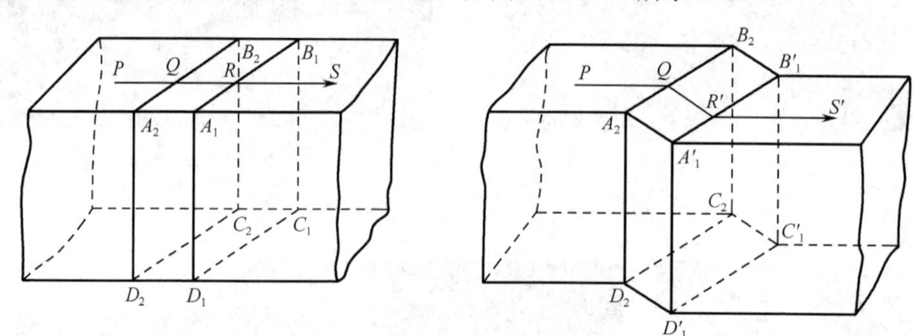

图 8-37 马氏体片形成时产生的浮凸示意图

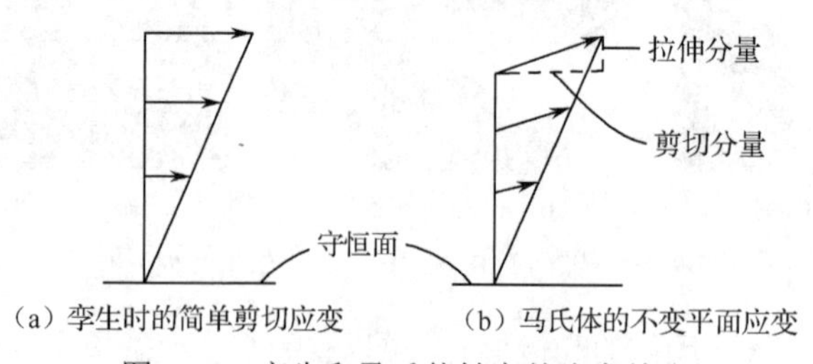

（a）孪生时的简单剪切应变 （b）马氏体的不变平面应变

图 8-38 孪生和马氏体转变的应变特点

马氏体的晶体结构因合金成分而异，对于碳钢来说，面心立方结构的奥氏体快速冷却可形成体心四方结构的马氏体，奥氏体所含碳原子过饱和地溶于马氏体中，故马氏体晶胞的轴比 c/a 随含碳量变化而改变。含碳量对马氏体点阵常数的影响如图 8-39 所示。

早在 1924 年，贝恩（Bain）提出一个由面心立方晶胞转变成体心四方晶胞的模型，贝恩畸变示意图如图 8-40 所示。按此模型，当含碳量为 0.8%时，体心四方晶胞沿 c 轴收缩约 20%，a 和 b 轴膨胀约 12%，就形成 ω (C)0.8%的马氏体晶胞，这样的膨胀和收缩称为贝恩畸变，它符合最小应变原则。从图 8-38 中还可得出，马氏体转变时新、旧相之间有下列取向关系

$$\{111\}_\gamma \parallel \{110\}_M, <110>_\gamma \parallel <110>_M$$

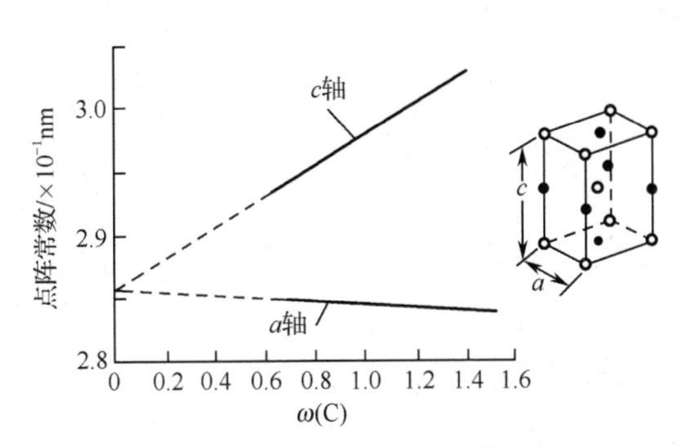

图 8-39　含碳量对马氏体点阵常数的影响

图 8-40　贝恩畸变示意图

对于含碳量低于 1.4%的碳钢，上述取向关系已被实验证实，通常称为 *K-S* 关系。但对高于 1.4%含碳量或含高镍的钢，则

$$\{111\}_\gamma \parallel \{110\}_M, <211>_\gamma \parallel <011>_M$$

此关系称为西山关系。

贝恩模型只能简单地解释两者间的晶体学关系，但按此模型却没有不变平面，故不符合马氏体转变的特点。为此，需要在贝恩畸变上加上另外的应变来构成平面不变应变，后人就此提出了马氏体转变晶体学的唯象理论，以贝恩畸变为主应变，再经旋转和引入点阵不变的切变，得到平面不变应变。这里的关键是，切变不能改变贝恩畸变所构成的马氏体晶体结构，如果切变均匀地发生，必然要破坏马氏体结构，因此切变只能通过滑移或孪生方式来实现，如图 8-41（a）所示。这理论与所观察到马氏体组织是相符的，即马氏体内部亚结构由平行晶面强烈滑移导致的高密度位错或由孪生形成的大量微孪晶所组成，如图 8-41（b）所示。

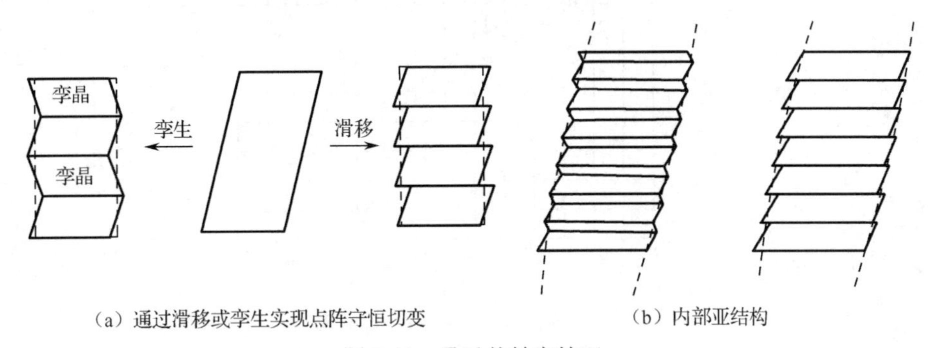

（a）通过滑移或孪生实现点阵守恒切变　（b）内部亚结构

图 8-41　马氏体转变情况

马氏体的结构和亚结构特点决定了其性能不同于同样成分的平衡组织。以碳钢为例，过饱和碳原子的固溶及位错型或孪晶型亚结构使其硬度显著提高，并且随含碳量的增加而不断增高，马

氏体含碳量与硬度的关系如图 8-42 所示。但马氏体的塑性、韧性却有不同的变化规律，低碳马氏体（板条状组织）具有良好的塑性、韧性；但含碳量提高则塑性、韧性下降，高碳的孪晶马氏体很脆，而且高碳的片状马氏体形成时，由于片和片之间的撞击而发生显微裂纹，使脆性进一步增加。根据其性能的不同，低、中碳马氏体钢可用作结构材料（中碳钢马氏体须进行“回火”处理，加热至适当温度使马氏体发生一定程度的分解，以提高韧性）；高碳马氏体组织的钢则用于要求高硬度的工具、刃具等，但也要经过适当的低温回火处理以降低脆性。

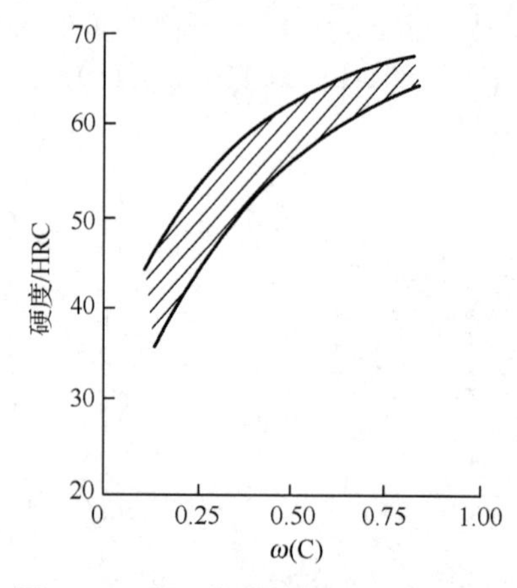

图 8-42　马氏体含碳量与硬度的关系

8.4.3.2　马氏体转变动力学

1. 马氏体转变温度

当奥氏体过冷到一定温度时，开始发生马氏体转变，此开始转变的温度用 M_s 表示。通常情况下，马氏体在瞬时即形成，马氏体转变量只与温度有关，而与时间无关，即随着温度下降马氏体不断增加，但停留在某温度保温时不再继续转变，故转变要冷却到某一低温时才能全部完成，此温度用 M_f 表示。马氏体转变温度主要取决于合金成分，以碳钢为例，含碳量对马氏体转变温度有很大影响，图 8-43 所示为钢中含碳量对 M_s 点的影响，也显示了即使少量合金元素 Mn、Si 也会影响马氏体转变温度，此例中，Mn 含量为 0.42%～0.62%，Si 含量为 0.02%～0.25%。由于上述的马氏体转变在瞬间形成，不需要热激活过程，故称为非热马氏体。

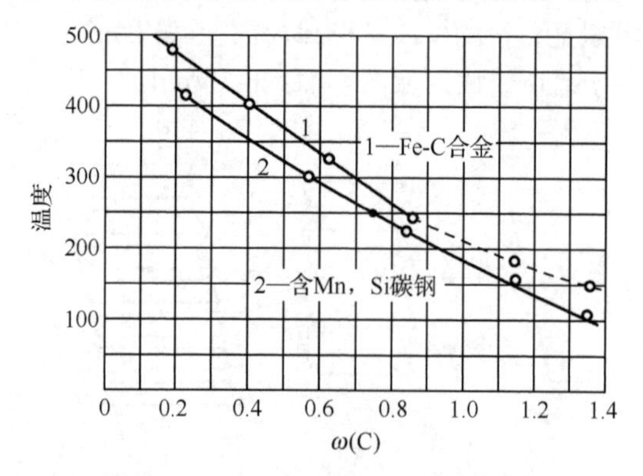

图 8-43　钢中含碳量对 M_s 点的影响

但是，人们也发现有些合金中马氏体能在恒温下继续转变，即在等温时形成，称为等温马氏体。等温时马氏体量的增加是借助新马氏体片不断形成的，显然新片的形成是热激活性质的。等温马氏体的转变速度较低，并且与温度有关，随着等温温度的降低先是加快，然后又降低，形成

C 形转变曲线，高镍钢中马氏体等温转变曲线如图 8-44 所示。人们发现有等温马氏体转变过程的合金有 Fe-Ni-Mn 合金、Fe-Ni-Cr 合金、Cu-Au 合金、Co-Pt 合金、U-Cr 合金等。

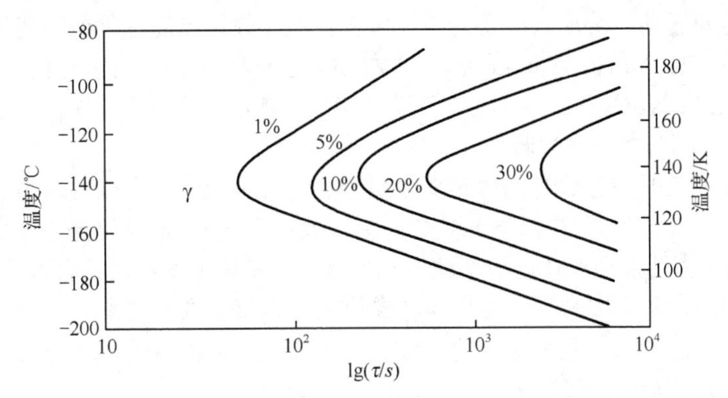

图 8-44　高镍钢中马氏体等温转变曲线

2. 马氏体形核

马氏体转变虽为非扩散性的，并且其转变速度极快，在瞬间形成，但其过程仍然是由形核和长大所组成的，由于生长速度很快，故转变的体积增长率是由形核率所控制的。研究马氏体形核理论是一个比较困难的问题，因为极高的转变速度使实验分析难以奏效。因此，马氏体形核理论目前尚不成熟，这里仅进行简单的介绍。

一种理论是基于经典的形核理论。由于马氏体是高温母相快速冷却时形成的亚稳相，其形核功很大，不可能均匀形核，故提出一个以位错和层错为特殊组态的形核模型，其特点是考虑母相密排面上的层错，通过存在的不全位错而实现位移（切变），形成体心立方点阵的马氏体晶胚，这样就使马氏体形核的能垒降至最低，即马氏体不均匀形核能够进行。由于形核过程中层错面不发生转动，故母相和马氏体之间的晶体取向关系得以保证，这符合实验测定的结果。母相和马氏体间的相界面连续性和共格关系也由界面位错（包括共格位错和错配位错）使弹性畸变能降低而能维持。上述马氏体形核理论的缺点是，不能说明惯析面{225}、{259}的形成。

另一种是软模形核理论，该理论认为在基体晶体结构原子热振动（声子）中，那些振幅大、频率低的声波振动所产生的动力学不稳定性会大大降低形核能垒，故有利于形核。这是一种软声子模式，简称“软模”。软模理论在解决马氏体形核的能量学上有新的见解，在一些有色合金系中发现了弹性常数在 M_s 温度附近随温度下降反而下降的现象，即点阵软化现象，故认为这种应变导致的弹性不稳定性，触发了马氏体转变的起始形核。但在 Fe-C、Fe-Ni 等合金中却未发现弹性常数的反常变化，故软模理论有其局限性。

所以上述形核理论都有一定的理论和实验依据，但同时都有不足之处，这表明马氏体形核理论还有待进一步发展和完善。

8.4.3.3　热弹性马氏体

1. 热弹性马氏体转变

1949 年，库久莫夫发现在 CuAlNi 合金中马氏体随加热和冷却会发生消、长现象，即马氏体有可逆性，可在加热时直接转为母相，冷却时又转回马氏体，这称为热弹性马氏体转变。但碳钢及一般低合金钢中马氏体在加热时却不会发生这样的逆转变，而是分解析出碳化物（回火），这是由于碳在 α-Fe 中扩散较快，加热易于析出。在一些有色合金及 Fe 基合金中，确实发现了热弹性马氏体。热弹性马氏体转变如图 8-45 所示，母相冷至 M_s 温度开始发生马氏体转变，继续冷却时马氏体片会长大并有新的马氏体形核生长，到 M_f 温度转变完成；当加热时，在 A_s 温度开始马氏体逆转变，形成母相，随着温度上升，马氏体不断缩小直至最后消失，逆转变进程到 A_f 温度完成，全部变回母相。从图 8-45 还可看到，马氏体转变点与逆转变点不一致，存在温度滞后现象。热弹性马氏体转变具有以下三个特点：①相变驱动力小、热滞小，即 A_s-M_s 小；②马氏体与母相的相界面能进行正、逆向迁动；③形状应变为弹性协作性质，弹性储能提供逆相变的驱动力。一些有色合金如 Ni-Ti、In-Tl、Au-Cd、Cu-Al-Ni、Cu-Zn-A1 等的马氏体转变为热弹性转变，有些铁基合金如 Fe-30Mn-6Si、Fe-Ni-Co-Ti、Fe-Ni-C 等只能部分地满足上述特点，属于半热弹性转变；而通常的钢及 Fe-30Ni 等则为非热弹性转变。

除了温度下降或上升能导致马氏体转变或逆转变，应力或应变也能对这类合金产生同样的效应。在 M_s 温度以上（不超过 M_d 温度）施加应力（或有应变），也会使合金发生马氏体转变而生成马氏体，这称为应力诱发马氏体或应变诱发马氏体。形成马氏体的临界应力-温度的关系示意图如图 8-46 所示。图中 AB 为应力诱发马氏体转变所需应力与温度的关系，在 M_s^σ 温度（B 点），诱发马氏体转变的临界应力与母相屈服强度相等，故高于 M_s^σ 时，马氏体转变所需应力已高于母相屈服强度，母相要发生塑性应变，故为应变诱发马氏体转变，如 BF 线所示；当温度到 M_d 点以上时，马氏体转变已不能发生，称为形变马氏体点。有些应力诱发马氏体也属弹性马氏体，应力增大时马氏体增大；反之马氏体缩小，应力去除则马氏体消失，这种马氏体称为应力弹性马氏体。

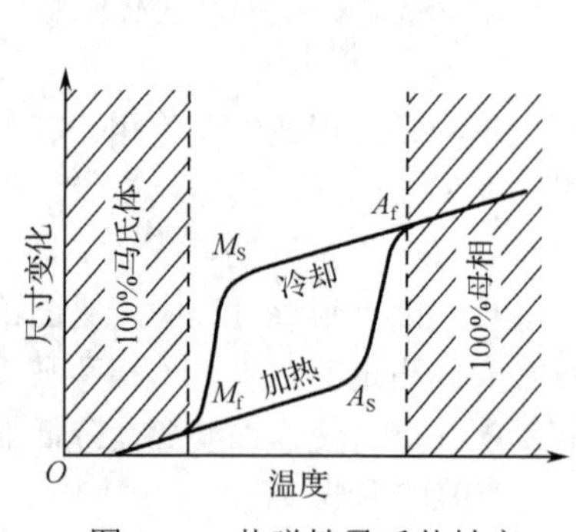

图 8-45 热弹性马氏体转变

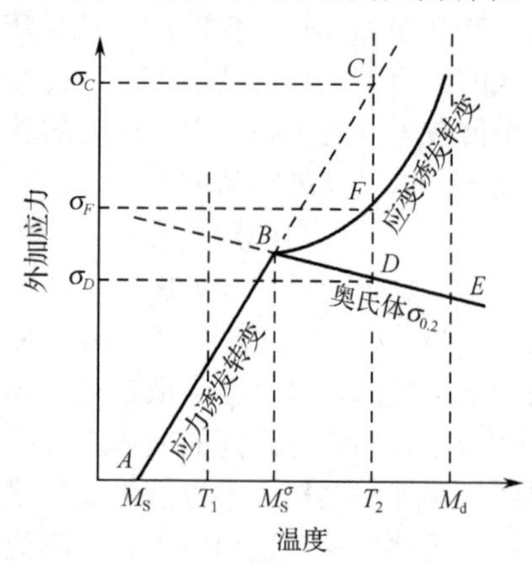

图 8-46 形成马氏体的临界应力-温度的关系示意图

2．形状记忆效应（Shape Memory Effect）

人们在 20 世纪 50 年代初已发现 Au-Cd 合金、In-Tl 合金具有形状记忆效应：将合金冷至 M_f 温度以下使其转变为马氏体，由于马氏体组织的自协同作用，物体并不会产生宏观的变形，自协同马氏体单元所组成的工件不产宏观变形如图 8-47 所示，但这时如果施加外力改变物件形状，然后加热至 A_f 温度以上使马氏体逆转变为母相时，由于晶体学条件的限制，逆转变只能按唯一的途径，则合金工件的外形会恢复到原先的形状，即具有形状记忆效应，形状记忆效应如图 8-48 所示。具有形状记忆效应的合金称为形状记忆合金，后来又发现诸如 Ni-Ti、Cu-A1-Ni、Cu-Zn-Al、Cu-Zn-Si 等具有热弹性马氏体转变的合金都有形状记忆效应，而且半热弹性转变的一些 Fe 基合金等也可能产生形状记忆效应，从而引起人们的重视，对它们在理论上和应用上进行了大量研究，不仅使人们对热弹性马氏体的热力学、晶体结构变化、马氏体亚结构、马氏体界面结构、记忆机制等有了较深入的了解，还在开发形状记忆功能（从合金设计及工艺方法两方面）及实际应用等方面取得很大的进展。根据应用需要，形状记忆效应不能只是一次性发生（称为单程形状记忆效应）的，通过对合金进行一定的“训练”之后，可获得双程的形状记忆效应，物体在反复加热和冷却过程中能反复地发生形状恢复和改变，如图 8-48（b）所示。目前，形状记忆合金已在多方面被应用，如航天航空、机械、电子、生物医疗工程、化工等领域，都已取得很好的使用效果。

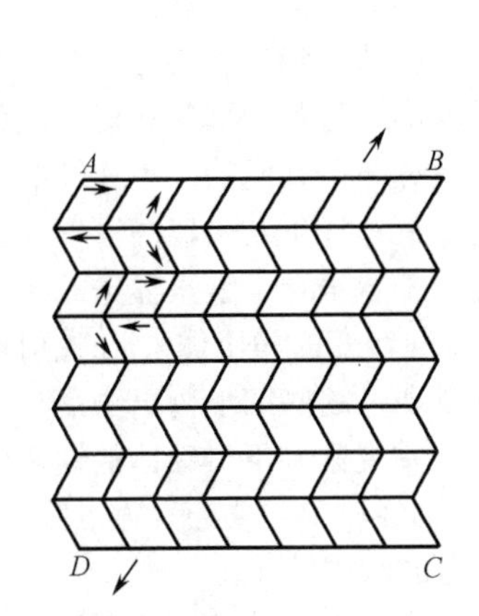

图 8-47　自协同马氏体单元所组成的工件不产宏观变形

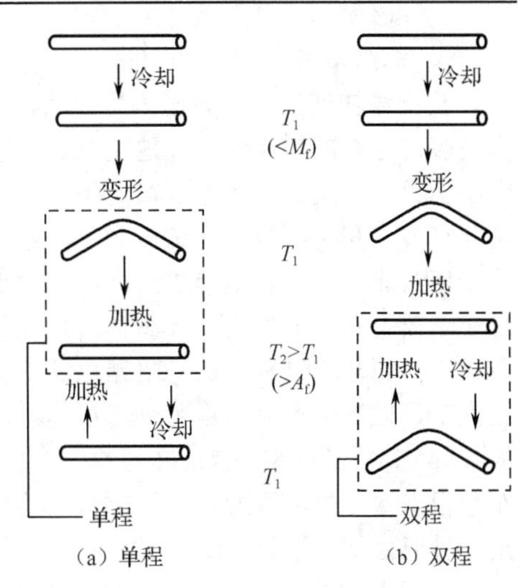

（a）单程　（b）双程

图 8-48　形状记忆效应

8.4.4　贝氏体转变

贝氏体组织是钢中过冷奥氏体在中温范围内转变形成的亚稳产物的名称。贝恩（Bain）和戴文博（Davenport）在 1930 年测得钢中过冷奥氏体的等温转变动力学曲线，并且发现在中温保温时会形成一种不同于珠光体或马氏体的组织，后人就命名其为贝氏体。贝氏体的光学组织形貌与其形成温度有关，在较高温度形成的呈羽毛状；温度低时则呈针状。于是人们把前者称为上贝氏体，后者称为下贝氏体。后来发现，除了钢中贝氏体组织，一些有色合金中也会发生贝氏体转变，形成类似的贝氏体组织。因此，研究贝氏体转变具有较普遍的意义。

8.4.4.1　钢中贝氏体转变的特征

1. 转变动力学曲线

将钢加热到奥氏体温度范围使之形成奥氏体，然后快速冷却到不同温度保持等温，测定过冷奥氏体在不同温度的转变开始点、转变结束点及其转变产物类型，就可做出其转变温度-转变时间—转变产物的等温转变曲线，简称 *T-T-T* 曲线，如图 8-49 所示。由图 8-49 可见，在 A_1 以下较高温度范围会发生珠光体转变，随着等温温度下降，珠光体转变速度加快，所形成的珠光体较细密（称为索氏体、屈氏体）；到达最快转变（曲线鼻端）后，转变速度又减慢，即贝氏体转变范围；当温度更低达到 M_s 点时，则开始发生马氏体转变，其转变随着温度下降而增加，为变温形成。碳钢的 *T-T-T* 曲线呈 C 字形，故也称 C 曲线，但有些合金钢由于合金元素的影响使贝氏体转变速度改变，形成如图 8-49（b）所示的某些合金钢的等温转变曲线。

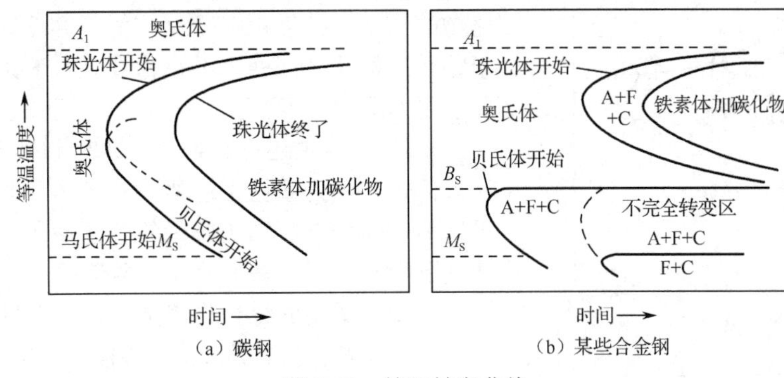

（a）碳钢　（b）某些合金钢

图 8-49　等温转变曲线

2. 组织结构

贝氏体转变使样品表面产生浮凸，在上贝氏体形成时可观察到群集的条状浮凸，而下贝氏体则是多向分布的针状浮凸。这是与金相观察所看到的上、下贝氏体组织形貌特征相一致的，共析钢中上贝氏体组织在光学显微镜下显示为从原先奥氏体晶界向晶内生长的羽毛状组织，但不能辨别其细节。在透射电镜高倍放大下，看到它是由条状铁素体及分布于其间的、不连续的细杆状碳化物所组成的，透射电镜进一步显示，上贝氏体是由平行的铁素体板条（含较高密度的位错）及分布于板条间或板条内的渗碳体所组成的，渗碳体的分布方向基本平行于铁素体条的生长主轴。下贝氏体的金相组织特征是暗黑色针叶状（白色背景是随后冷却转变的马氏体），在透射电镜高倍放大下可见其中有大量白色细小析出物，对电镜复型观察可发现，这些细小析出物是与铁素体片的长轴交成55°～60°交角排列的；透射电镜证实了这一特点，并观察到下贝氏体的铁素体片中分布着很高密度的位错缠结着的位错亚结构。下贝氏体中的碳化物经测定主要为六方点阵的碳化物，是一种亚稳相。当等温时间延长时，碳化物就逐渐转变成稳定的渗碳体相。

除了上述的上、下贝氏体的典型组织，在某些合金钢中，在特定的冷却条件下还可形成其他形态的贝氏体，如粒状贝氏体等。

3. 贝氏体转变的基本特征

钢中贝氏体转变可有以下基本特征。

（1）贝氏体转变发生于过冷奥氏体的中温转变区域，转变前有一段孕育期，孕育期长短与钢种及转变温度有关。贝氏体转变往往不能进行完全，转变温度越低则转变越不完全，未转变的奥氏体在随后冷却时形成马氏体或保留为残余奥氏体。

（2）贝氏体转变是形核和长大方式，转变过程中可存在碳原子在奥氏体中扩散（其扩散速度对贝氏体转变速度及生成的组织形态都有影响）、铁的自扩散及晶格切变。在不同转变温度起主导作用的因素不同，故形成不同类型的贝氏体。

（3）钢中贝氏体是铁素体和碳化物组成的两相组织，随转变温度改变和化学成分不同，贝氏体的形貌也有变化。贝氏体中铁素体与母相奥氏体之间有一定的取向关系，铁素体与碳化物之间一般也存在取向关系。

4. 贝氏体的性能特点

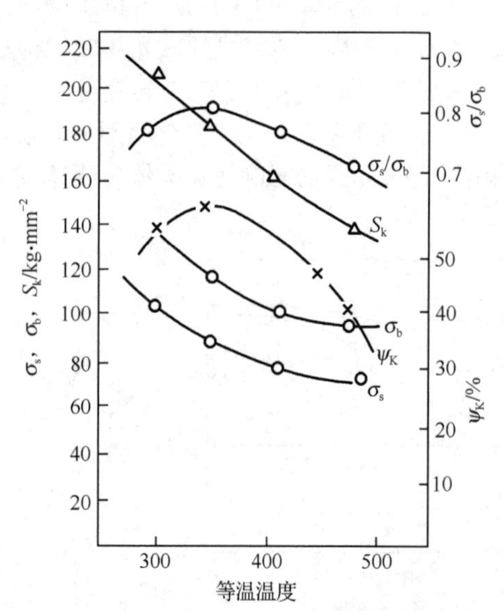

图8-50 中碳结构钢40Cr等温淬火的力学性能

贝氏体组织的力学性能因组织形态不同而变化。图8-50所示为中碳结构钢40Cr等温淬火的力学性能，表示中碳铬钢［质量分数ω(C)0.4%、ω(Cr)1.0%］在不同温度等温转变形成贝氏体后的力学性能变化的情况，由图8-50可见，随着等温温度下降，钢的强度逐步提高，这是由于铁素体组织更细，所含位错密度更高，并且碳化物的形态、密度也在变化，由上贝氏体中呈条状分布于铁素体板条之间变为细小弥散分布于铁素体内部，因此强化作用增大了。

从图8-50中还可看到，上贝氏体的断裂塑性也低于下贝氏体，因为塑性也主要与铁素体和碳化物有关，上贝氏体条间分布着细长条状的碳化物，这种组织不均匀性使形变不均匀、条间易于开裂造成过早断裂。由于韧性是强度和塑性的综合作用结果，故上贝氏体的韧性也比下贝氏体差。但上贝氏体的性能还与钢的含碳量有关，含碳量低的钢其上贝氏体组织可有较好的塑性和韧性，其综合力学性能是良好的，并且加入合金元素后上贝氏体可在连续冷却中形成，不像下贝氏体必须通过等温处理，因此低碳低合金的贝氏体结构钢近些年来得到了开发和应用，而下贝氏组织主要用于要求高硬度、强度和韧性的工具与模具制造中。总之，贝氏体的应用使钢材的成分设计、工艺制定及力学性能提高等都有了进一步的发展，提供了更宽广的优化途径。

8.4.4.2　贝氏体转变机制

贝氏体转变机制至今仍是一个有争议的问题，其主要矛盾点在于其属于切变型转变还是属于扩散型转变，但总体而言，也是一个形核与长大的问题。本教材不对其进行详细讨论。

课后练习题

1．名词解释。

平衡态，亚稳态，纳米材料，量子尺寸效应，准晶，5 次对称轴，非晶芯材料，临界冷却，机械合金化，玻璃化转变，固态相变，扩散型相变，无扩散型相变，脱溶分解，连续脱溶，不连续脱溶，调幅分解，时效处理，过时效，G.P.区，马氏体，贝氏体，应变能，惯析面，热弹性马氏体，形状记忆效应，上贝氏体，下贝氏体。

2．亚共析钢 *T-T-T* 图如图 8-51 所示，按图中所示的不同冷却和等温方式热处理后，分析其形成的组织并作显微组织示意图。

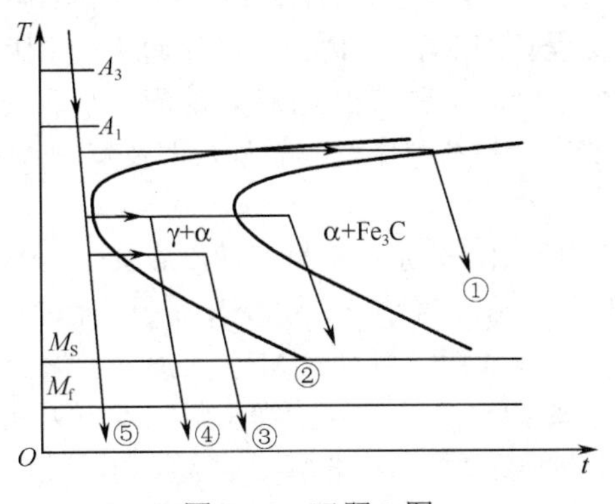

图 8-51　习题 2 图

3．ω(C)1.2%钢淬火后获得马氏体和少量残留奥氏体组织，如果分别加热至 180℃、300℃和 680℃保温 2h，将各发生怎样的变化？说明其组织特征并解释。

4. 某厂采用 9Mn2V 钢制造塑料模具，要求硬度为 58～63HRC。采用 790℃油淬后 200～220℃回火，使用时经常发生脆断。后来改用 790℃加热后在 260～280℃的硝盐槽中等温 4h 后空冷，硬度虽然降低至 50HRC，但寿命大大提高，试分析其原因。

参考文献

[1] 胡赓祥，蔡殉．材料科学基础[M]．上海：上海交通大学出版社，2000．

[2] 石德珂．材料科学基础[M]．2 版．北京：机械工业出版社，2003．

[3] 胡赓祥，蔡殉，戎咏华．材料科学基础[M]．2 版．上海：上海交通大学出版社，2006．

[4] 靳正国，郭瑞松，侯信，等．材料科学基础[M]．2 版．天津：天津大学出版社，2015．

[5] 王矜奉．固体物理教程[M]．济南：山东大学出版社，2004．

[6] 李见．材料科学基础[M]．北京：冶金工业出版社，2000．

[7] 石德珂，沈莲．材料科学基础[M]．西安：西安交通大学出版社，1995．

[8] 潘金生，仝健民，田民波．材料科学基础[M]．北京：清华大学出版社，2011．

[9] 谢希文，过梅丽．材料科学基础[M]．北京：北京航空航天大学出版社，1999．

[10] 冯端，师昌绪．材料科学导论：融贯的论述[M]．北京：化学工业出版社，2002．

[11] 刘智恩．材料科学基础[M]．西安：西北工业大学出版社，2000．

[12] 赵品，谢辅洲，孙振国．材料科学基础教程[M]．哈尔滨：哈尔滨工业大学出版社，2009．

[13] 蔡珣．材料科学与工程基础[M]．上海：上海交通大学出版社，2010．

[14] 孙振岩，刘春明．合金中的扩散与相变[M]．沈阳：东北大学出版社，2002．

[15] 赵品，宋润滨，崔占全．材料科学基础教程习题及解答[M]．哈尔滨：哈尔滨工业大学出版社，2005．

[16] 王章忠．材料科学基础[M]．北京：机械工业出版社，2005．

[17] 蔡珣，戎咏华．材料科学基础辅导与习题[M]．3 版．上海：上海交通大学出版社，2008．

[18] 蔡珣．材料科学与工程基础辅导与习题[M]．上海：上海交通大学出版社，2013．

[19] 胡赓祥，钱苗根．金属学[M]．上海：上海科学技术出版社，1980．

[20] 徐恒钧．材料科学基础[M]．北京；北京工业大学出版社，2001．

[21] 顾宜．材料科学与工程基础[M]．北京：化学工业出版社，2002．

[22] Schaffer J P, Saxena A S, Antolovich S D, et a1. The Science and design of engineering materials[M]. New York : McGraw-Hill，1999．

[23] W D Callister. Materials Science and Engineering An Introduction 7th edition[M]. New York: John Wiley & Sons Inc, 2007.

[24] R W. Cahn, P Haasen. Physical metallurgy[M]. Amsterdam: North-holland, 1996.

[25] Kurz W, Fisher D J. Fundamentals of Solidification[M]. Zurich: Trans Tech Publications, 1984.

[26] W F Smith, J Hashemi, F P Moreno. Foundations of Materials Science and Engineering 6th ed[M]. New York: McGraw-Hill Education, 2019.

[27] 王昆林．材料工程基础[M]．北京：清华大学出版社，2003．

[28] 李恒德，肖纪美．材料表面与界面[M]．北京：清华大学出版社，1990．

[29] 陈进化．位错基础[M]．上海：上海科学技术出版社，1984．

[30] 王亚男，陈树江，董希淳．位错理论及其应用[M]．北京：冶金工业出版社，2007．

[31] 刘国勋．金属学原理[M]．北京：冶金工业出版社，1980．

[32] 胡德林．金属学原理[M]．西安：西北工业大学出版社，1984．

[33] 杜丕一，潘颐．材料科学基础[M]．北京：中国建材工业出版社，2001.
[34] 潘金生，仝健民，田民波．材料科学基础[M]．西安：西安交通大学出版社，1995.
[35] 陈国发，李运刚．相图原理与冶金相图[M]．北京：冶金工业出版社，2002.
[36] 胡赓祥，钱苗根．金属学[M]．上海：上海科学技术出版社，1980.
[37] 曹明盛．物理冶金基础[M]．北京：冶金工业出版社，1985.
[38] 唐仁正．物理冶金基础[M]．北京：冶金工业出版社，1997.
[39] 马泗春．材料科学基础[M]. 西安：陕西科学技术出版社，1998.
[40] 王顺花，王彦平，材料科学基础[M]. 成都：西南交通大学出版社，2011.
[41] 徐祖耀．相变原理[M]．北京：科学出版社，1988.
[42] 崔忠圻．金属学及热处理[M]．哈尔滨：哈尔滨工业大学出版社，1998.
[43] 刘全坤．材料成形基本原理[M]．北京：机械工业出版社，2004.
[44] 吴锵．材料科学基础[M]．南京：东南大学出版社，2000.
[45] 胡汉起．金属凝固原理[M]．北京：机械工业出版社，1991.
[46] 靳正国，郭瑞松，师春生，等．材料科学基础[M]．天津：天津大学出版社，2005.
[47] 冯端，金国钧．凝聚态物理学（上卷）[M]．北京：高等教育出版社，2003.
[48] 惠希东，陈国良．块体非晶合金[M]．北京：化学工业出版社，2006.
[49] 王亚男，陈树江，董希淳．位错理论及其应用[M]．北京：冶金工业出版社，2007.
[50] 余永宁．材料科学基础[M]．北京：高等教育出版社，2006.
[51] 张联盟，黄学辉，宋晓岚．材料科学基础[M]．武汉：武汉理工大学出版社，2004.
[52] 范群成，田民波．材料科学基础学习辅导[M]．北京：机械工业出版社，2005.
[53] 周如松．金属物理[M]．北京：高等教育出版社，1992.
[54] 刘东亮，邓建国．材料科学基础[M]．上海：华东理工大学出版社，2016.
[55] 王亚男，陈树江，张峻巍，等．材料科学基础教程[M]．北京：冶金工业出版社，2011.
[56] 梁英教，车荫昌．无机物热力学数据手册[M]．沈阳：东北大学出版社，1993.